计 算 机 科 学 丛 书

原书第2版

多处理器编程的艺术

[美] 莫里斯·赫利希（Maurice Herlihy）
尼尔·沙维特（Nir Shavit）
维克多·卢昌科（Victor Luchangco）
迈克尔·斯皮尔（Michael Spear） 著

江红 余青松 余靖 译

The Art of Multiprocessor Programming

Second Edition

U0394851

机械工业出版社
China Machine Press

图书在版编目（CIP）数据

多处理器编程的艺术：原书第 2 版 /（美）莫里斯・赫利希（Maurice Herlihy）等著；江红，余青松，余靖译 . -- 北京：机械工业出版社，2022.5
（计算机科学丛书）
书名原文：The Art of Multiprocessor Programming, Second Edition
ISBN 978-7-111-70432-4

I. ①多… II. ①莫… ②江… ③余… ④余… III. ①微处理器–程序设计 IV. ① TP332

中国版本图书馆 CIP 数据核字（2022）第 048734 号

北京市版权局著作权合同登记　图字：01-2021-2290 号。

The Art of Multiprocessor Programming, Second Edition
Maurice Herlihy, Nir Shavit, Victor Luchangco, Michael Spear
ISBN: 9780124159501
Copyright © 2021 Elsevier Inc. All rights reserved.
Authorized Chinese translation published by China Machine Press.
《多处理器编程的艺术》（原书第 2 版）（江红　余青松　余靖　译）
ISBN: 9787111704324
Copyright © Elsevier Inc. and China Machine Press. All rights reserved.

No part of this publication may be reproduced or transmitted in any form or by any means, electronic or mechanical, including photocopying, recording, or any information storage and retrieval system, without permission in writing from Elsevier (Singapore) Pte Ltd. Details on how to seek permission, further information about the Elsevier's permissions policies and arrangements with organizations such as the Copyright Clearance Center and the Copyright Licensing Agency, can be found at our website: www.elsevier.com/permissions.

This book and the individual contributions contained in it are protected under copyright by Elsevier Inc. and China Machine Press (other than as may be noted herein).

This edition of The Art of Multiprocessor Programming, Second Edition is published by China Machine Press under arrangement with ELSEVIER INC.

This edition is authorized for sale in Chinese mainland (excluding Hong Kong SAR, Macao SAR and Taiwan). Unauthorized export of this edition is a violation of the Copyright Act. Violation of this Law is subject to Civil and Criminal Penalties.

本版由 ELSEVIER INC. 授权机械工业出版社在中国大陆地区（不包括香港、澳门特别行政区及台湾地区）出版发行。

本版仅限在中国大陆地区（不包括香港、澳门特别行政区及台湾地区）出版及标价销售。未经许可之出口，视为违反著作权法，将受民事及刑事法律之制裁。

本书封底贴有 Elsevier 防伪标签，无标签者不得销售。

注意

本书涉及领域的知识和实践标准在不断变化。新的研究和经验拓展我们的理解，因此须对研究方法、专业实践或医疗方法作出调整。从业者和研究人员必须始终依靠自身经验和知识来评估和使用本书中提到的所有信息、方法、化合物或本书中描述的实验。在使用这些信息或方法时，他们应注意自身和他人的安全，包括注意他们负有专业责任的当事人的安全。在法律允许的最大范围内，爱思唯尔、译文的原文作者、原文编辑及原文内容提供者均不对因产品责任、疏忽或其他人身或财产伤害及 / 或损失承担责任，亦不对由于使用或操作文中提到的方法、产品、说明或思想而导致的人身或财产伤害及 / 或损失承担责任。

出版发行：机械工业出版社（北京市西城区百万庄大街 22 号　邮政编码：100037）
责任编辑：曲　熠　　　　责任校对：马荣敏
印　　刷：北京诚信伟业印刷有限公司　　　　版　　次：2022 年 5 月第 1 版第 1 次印刷
开　　本：185mm × 260mm　1/16　　　　印　　张：28
书　　号：ISBN 978-7-111-70432-4　　　　定　　价：149.00 元

客服电话：（010）88361066　88379833　68326294　　投稿热线：（010）88379604
华章网站：www.hzbook.com　　读者信箱：hzjsj@hzbook.com

版权所有・侵权必究
封底无防伪标均为盗版

译者序

进入 21 世纪后，随着摩尔定律 50 年的统治生涯接近尾声，计算机 CPU 开始转向“多核”架构。现代处理器芯片都包含多个内核，从而具有强大的并行计算能力。如何充分利用“多核”处理器的并行计算能力来解决大数据时代的计算问题，是计算机科学家面临的挑战，也是广大程序员必须具备的技能和素养。

本书主要介绍共享存储通信方式下的多处理器并发程序设计所涉及的算法。全书分为两大部分。

第一部分包含第 2 章至第 6 章，涵盖多处理器并发程序设计的基本原理，讨论异步并发环境中的可计算问题。这一部分介绍了一系列用于分析推理并发程序的度量标准和方法，这些度量标准和方法将为后续章节讨论实际应用中对象和程序的正确性奠定基础。本书有关基本原理的章节将引导读者快速浏览并了解异步可计算性的理论，并尝试揭示各种各样的可计算性问题，以及如何使用硬件机制和软件机制来解决这些问题。

第二部分包含第 7 章至第 20 章，涵盖多处理器并发程序设计的应用实践，侧重于并发程序的性能分析。这一部分的每一章都对应一个主题，详细阐述该主题涉及的并发数据结构、程序设计模式，以及相应的算法技巧。借助这些并发数据结构和算法，读者可以充分理解锁涉及的知识和面临的问题，从而能够将学到的知识应用到特定的多处理器系统设计中。本部分主要采用 Java 程序设计语言提供实现代码，涉及手动存储管理的部分则采用 C++ 语言。

附录 A 描述了理解本书的示例和编写并发程序所需的基本程序设计语言结构，包括 Java、C++ 和 C#。附录 B 则涵盖了编写高效并发算法和数据结构所需的多处理器体系结构的基本知识。建议读者先阅读附录 A 和附录 B，并在阅读正文时参考附录中的相关内容。

本书提供了大量的练习题，读者可以通过练习题探索如何修改算法以适用于新的场景，从而巩固算法所展示的主要技术。

本书展现了多处理器编程的艺术，涉及大量并行算法的前沿研究成果。建议读者在阅读正文的同时，拓展阅读书后列出的原始参考文献。本书讨论的许多并行算法都是众多主流的程序设计语言（例如 Java 语言）所提供的算法，理解和掌握书中的理论以及应用，可以帮助读者正确使用程序设计语言所提供的并行算法，进而实现更有效的并行算法，从而解决大数据时代面临的海量计算难题。

本书是一本将理论和实践相结合的多处理器并行算法设计教程，是高年级本科生和研究生相关课程的经典教材，也是技术人员必备的参考资料。

本书由 Maurice Herlihy、Nir Shavit、Victor Luchangco 和 Michael Spear 共同撰写。Maurice Herlihy 教授和 Nir Shavit 教授在并行程序设计领域长期从事研究和教学工作，具有很深的造诣，并共同成为 2004 年 ACM/EATCS Gödel 奖获得者。他们合作的专著已经成为世界各地大学的本科生课程以及研究生课程的主要教材，同时也成为各种不同规模公司的技术人员的重要参考书。

本书由华东师范大学江红、余青松和余靖共同翻译。衷心感谢本书的编辑曲熠，她积极帮助我们筹划翻译事宜并认真审阅翻译稿件。翻译是一种再创造，同样需要艰辛的付出，感谢朋友、家人以及同事的理解和支持。在本书翻译的过程中，我们力求忠于原著，但由于时间和学识有限，且本书涉及各个领域的专业知识，故书中的不足之处在所难免，敬请诸位同行、专家和读者指正。

江红　余青松　余靖

2022 年 1 月

自十年前本书第 1 版问世以来，已成为世界各地大学的本科生课程和研究生课程的主要教材，同时也成为各种不同规模公司的技术人员的重要参考书。更值得欣慰的是，本书也帮助读者在多处理器程序设计方面进入了新的境界。本书第 2 版的目标是通过提供新增的章节以及更新的内容来延续这种“良性循环”。我们的目标与第 1 版相同：为高年级本科生的相关课程提供教材，同时也为技术人员提供相关的参考资料。

章节结构

本书的第一部分涵盖并发程序设计的**基本原理**，向读者展示如何站在并发程序员的角度思考问题，同时培养读者的基本技能，例如理解各种操作“发生”的时机，考虑所有可能的交互，以及识别可能影响进程演进的障碍。就像许多技能（例如驾驶车辆、烹饪食物或者品鉴鱼子酱）一样，并发思维的能力也需要加以培养，并且可以通过适当的努力来获取。迫不及待想要直接开始程序设计的读者可以跳过第一部分中的大多数内容，但是仍然需要阅读第 2 章和第 3 章，因为这两章涵盖了理解本书其余部分所必备的基本知识。

首先我们讨论了经典的**互斥**（mutual exclusion）问题（第 2 章）。第 2 章对于理解并发程序设计所面临的挑战是至关重要的，其中涵盖公平性和死锁等基本概念。其次我们讨论了并发程序正确性的含义（第 3 章）。我们讨论了几种替代条件，以及在何种情况下可能需要使用哪一种条件。我们还研究了对并发计算至关重要的**共享存储**（shared memory）的特性（第 4 章），并讨论为了实现高度并发的数据结构所需要的几种**同步原语**（第 5 章和第 6 章）。

我们认为想要真正掌握多处理器程序设计技术，读者需要花费一定的时间来解决本书第一部分中提出的问题。虽然这些问题都是理想化的，但是读者仍然可以从中提炼出编写高效的多处理器程序所需的思维方式。尤为重要的是，从第一部分中提炼出的思维方式，能帮助几乎所有的新手程序员在初次编写并发程序时引以为鉴，从而避免易犯的常见错误。

本书的第二部分讲述并发程序设计的**应用实践**。在第二部分的大部分章节中，示例均采用 Java 语言来实现，因为这样可以避免陷入底层细节的泥潭。然而，在第 2 版中扩展了这方面的内容，增加了一些对于底层问题的讨论，这些问题对于理解多处理器系统以及有效地进行程序设计是至关重要的。我们将采用 C++ 语言编写的示例来阐述这些底层问题。

第二部分的每一章都包含一个相应的主题，用于阐述一种特定的程序设计模式或者一种算法技巧。第 7 章阐述**自旋锁**（spin lock）和**争用**（contention）的概念，并强调底层体系结构的重要性——只有理解了多处理器内存的层次结构，才能理解自旋锁的性能。第 8 章阐述**管程锁**（monitor lock，或称监视器锁、监管锁）和**等待**（waiting）的概念，这是一种常见的同步模式。

本书许多章节都涉及并发数据结构。第 9 章阐述**链表**（linked list）。链表演示了各种不同类型的同步模式，包括粗粒度锁结构、细粒度锁结构以及无锁结构。后续章节均以第 9 章的概念为基础，因此建议读者阅读第 9 章的内容后再阅读其后各章节的内容。**先进先出**（FIFO）队列演示了使用原子同步原语时可能出现的“ABA 问题”（第 10 章），**栈**（stack）演示了一种称为**消除**（elimination）的重要同步模式（第 11 章），**哈希映射**（hash map，或称散列图、哈希图）演示了如何利用自然并行性实现算法设计（第 13 章），**跳跃链表**（skip list，简称跳表）数据结构演示了高效的并行搜索算法（第 14 章），**优先级队列**（priority queue）演示了有时降低正确性以提高性能的设计理念（第 15 章）。

本书还讨论了并发计算中的其他基本问题。第 12 章讨论了**计数**和**排序**，这两个经典问题的并发解决方案有细微的不同。并发程序设计的一项基本技能是将程序分解为可并行化的任务，并组织协调各子任务的执行。本书将讨论实现该目标的几种方法，包括**调度和工作分配**（第 16 章）、**数据并行**（第 17 章）、**屏障**（barrier，第 18 章）、**事务性编程**（第 20 章）。并发程序的另一个重要挑战是**内存管理**，本书将在第 19 章讨论如何手动回收内存。因为 Java 语言提供的是自动内存管理，所以本书采用 C++ 语言来阐述这些问题。

第 16 章以及后续章节大多都是第 2 版中的新内容：第 17 章和第 19 章是全新内容，第 16 章和第 20 章与第 1 版相比有了实质性的更新。尤其需要注意的是，第 20 章现在包含了事务性编程的硬件原语以及软件策略，并且书中示例均采用 C++ 语言进行了重构，这使我们能够关注较低层的机制。

从理论上而言，理论和实践并没有什么区别。但在实践中，二者存在着重大差异。

虽然这句话的来历尚不明确，但与本书的主题息息相关。为了获得最佳的学习效果，读者必须理论结合实践：将学习书中的概念性内容与真正动手编写实际的多处理器系统程序相结合。

预备知识

第 2 版所需的预备知识与第 1 版基本相同。为了理解算法及其性质，读者需要具备一定的离散数学基础知识，能够理解“大 O”符号的含义，以及它在 **NP 完全**（NP-complete）问题中所起的作用。读者还需要具备一定的数据结构知识，例如栈、队列、列表、平衡树和哈希表等。熟悉基本的计算机体系结构和系统架构（例如处理器、线程和高速缓存）也有助于本书的学习。虽然选修一门关于操作系统或者计算机组成的课程就能满足要求，但两者都不是必需的，很多大学在没有讲解上述预备知识的情况下也成功地使用本书作为教材。

为了更好地理解书中的示例，还要求读者具备初步的 Java 或者 C++ 知识。在需要深入理解程序设计语言的高级功能或者深入理解硬件时，我们将首先给出相关的解释。有关程序设计语言构造以及多处理器硬件体系结构的更多细节，可以分别参考附录 A 和附录 B。

致谢

感谢我们的同事、学生和朋友在本书编写的过程中提供了指导、意见和建议，包括 Yehuda Afek、Shai Ber、Hans Boehm、Martin Buchholz、Vladimir Budovsky、Christian Cachin、Cliff Click、Yoav Cohen、Tom Cormen、Michael Coulombe、Dave Dice、Alexandra Fedorova、Pascal Felber、Christof Fetzer、Rati Gelasvili、Mohsen Ghaffari、Brian Goetz、Shafi Goldwasser、Rachid Guerraoui、Tim Harris、Will Hasenplaugh、Steve Heller、Danny Hendler、Maor Hizkiev、Alex Kogan、Justin Kopinsky、Hank Korth、Eric Koskinen、Christos Kozyrakis、Edya Ladan、Doug Lea、Oren Lederman、Will Leiserson、Pierre Leone、Yossi Lev、Wei Lu、Virendra Marathe、Kevin Marth、Alex Matveev、John Mellor-Crummey、Mark Moir、Adam Morrison、Dan Nussbaum、Roberto Palmieri、Kiran Pamnany、Ben Pere、Radia Perlman、Torvald Riegel、Ron Rivest、Vijay Saraswat、Bill

Scherer、Warren Schudy、Michael Scott、Ori Shalev、Marc Shapiro、Michael Sipser、Yotam Soen、Ralf Suckow、Seth Syberg、Joseph Tassarotti、John Tristan、George Varghese、Alex Weiss、Kelly Zhang 和 Zhenyuan Zhao。同时，也向在这里未提及的朋友表示歉意和感谢。

我们还要感谢许多为改进本书而反馈勘误的读者，包括 Matthew Allen、Rajeev Alur、Karolos Antoniadis、Liran Barsisa、Cristina Basescu、Igor Berman、Konstantin Boudnik、Bjoern Brandenburg、Kyle Cackett、Mario Calha、Michael Champigny、Neill Clift、Eran Cohen、Daniel B. Curtis、Gil Danziger、Venkat Dhinakaran、Wan Fokkink、David Fort、Robert P. Goddard、Enes Goktas、Bart Golsteijn、K. Gopinath、Jason T. Greene、Dan Grossman、Tim Halloran、Muhammad Amber Hassaan、Matt Hayes、Francis Hools、Ben Horowitz、Barak Itkin、Paulo Janotti、Kyungho Jeon、Irena Karlinsky、Ahmed Khademzadeh、Habib Khan、Omar Khan、Namhyung Kim、Guy Korland、Sergey Kotov、Jonathan Lawrence、Adam MacBeth、Mike Maloney、Tim McIver、Sergejs Melderis、Bartosz Milewski、Jose Pedro Oliveira、Dale Parson、Jonathan Perry、Amir Pnueli、Pat Quillen、Sudarshan Raghunathan、Binoy Ravindran、Roei Raviv、Jean-Paul Rigault、Michael Rueppel、Mohamed M. Saad、Assaf Schuster、Konrad Schwarz、Nathar Shah、Huang-Ti Shih、Joseph P. Skudlarek、James Stout、Mark Summerfield、Deqing Sun、Fuad Tabba、Binil Thomas、John A Trono、Menno Vermeulen、Thomas Weibel、Adam Weinstock、Chong Xing、Jaeheon Yi 和 Ruiwen Zuo。

我们还要感谢 Beula Christopher、Beth LoGiudice、Steve Merken 以及 Morgan Kaufmann 出版公司的员工，感谢他们在本书出版过程中所给予的耐心和帮助。

教学建议

使用本书的内容进行多处理器程序设计课程的教学时，可以采用以下三种教学方案：

- 第一种教学方案是面向技术人员的短期课程，侧重于直接应用于解决实际问题的技术。
- 第二种教学方案是面向非计算机专业学生的课程（比第一种教学方案的课时要长），这类学生期望学习多处理器程序设计的基础知识，以及适用于自己专业领域的实用技术。
- 第三种教学方案是面向计算机专业学生的课程（课时为一个学期），适用于高年级的本科生或者研究生。

面向技术人员的教学方案

涵盖第 1 章，强调**阿姆达尔定律**（Amdahl's law）及其含义。在第 2 章中，涵盖 2.1 节至 2.4 节以及 2.7 节，同时涵盖在 2.9 节中提到的**不可解性证明**（impossibility proof）的含义。在第 3 章中，跳过 3.5 节和 3.6 节。

涵盖第 7 章，7.7 节、7.8 节和 7.9 节除外。第 8 章涉及管程和可重入锁，对于一些技术人员而言可能并不陌生。跳过关于信号量描述的 8.5 节。

涵盖第 9 章和第 10 章，10.7 节除外。涵盖 11.1 节和 11.2 节，跳过 11.3 节以及其后的内容。跳过第 12 章。

涵盖第 13 章和第 14 章。跳过第 15 章。涵盖第 16 章，16.5 节除外。第 17 章是可选章节。在第 18 章中，讲授 18.1 节至 18.3 节。对于专注于 C++ 的技术人员而言，第 19 章是不可或缺的内容，可以在第 9 章和 10.6 节之后讲述。第 20 章是可选章节。

面向非计算机专业学生的教学方案

涵盖第 1 章，特别强调阿姆达尔定律及其含义。在第 2 章中，涵盖 2.1 节至 2.4 节以及 2.6 节和 2.7 节，涵盖在 2.9 节中提到的不可解性证明的含义。在第 3 章中，跳过 3.6 节的内容。

涵盖 4.1 节和 4.2 节以及第 5 章的内容。提及共识性的通用性这一知识点，但跳过第 6 章。

涵盖第 7 章，7.7 节、7.8 节和 7.9 节除外。涵盖第 8 章。

涵盖第 9 章和第 10 章，10.7 节除外。涵盖第 11 章。跳过第 12 章。

涵盖第 13 章和第 14 章。跳过第 15 章。涵盖第 16 章和第 17 章。在第 18 章中，讲授 18.1 节至 18.3 节。对于专注于 C++ 的技术人员来说，第 19 章是不可或缺的内容，可以在第 9 章和 10.6 节之后讲述。在第 20 章中，涵盖 20.1 节到 20.3 节的内容。

面向计算机专业学生的教学方案

本书配套网站（elsevier. com/books-and-journals/book-companion/9780124159501）上的教学幻灯片适用于一个学期的课程。

涵盖第 1 章和第 2 章（2.8 节可选），以及第 3 章（3.6 节可选）。涵盖第 4 章、第 5 章和第 6 章。在讲述第 7 章之前，有必要先回顾有关多处理器体系结构的基本知识（附录 B）。

涵盖第 7 章（7.7 节、7.8 节和 7.9 节可选）。如果学生不熟悉 Java 监视器，并且没有学习过操作系统的相关课程，请涵盖第 8 章。涵盖第 9 章和第 10 章（10.7 节可选）。涵盖第 11 章、第 12 章（12.7 节、12.8 节、12.9 节可选）、第 13 章、第 14 章。

本书的其余章节可以根据专业需求进行选择性讲述。对于数学或者计算机科学专业的学生，应该增加讲述第 15 章以及第 16 章和第 17 章。对于数据科学专业的学生，可以跳过第 15 章，以便重点关注第 16 章、第 17 章和第 18 章。对于计算机工程专业的学生，重点应该放在第 18 章、第 19 章和第 20 章上。最后，对于授课内容，教师当然应该考虑学生的兴趣和背景。

译者序
前言

第 1 章 导论……1
1.1 共享对象和同步……2
1.2 一则寓言故事……4
1.2.1 互斥协议的特性……6
1.2.2 故事的寓意……7
1.3 生产者 – 消费者问题……7
1.4 读者 – 写者问题……9
1.5 并行化的严酷现实……10
1.6 并行程序设计……11
1.7 章节注释……12
1.8 练习题……12

第一部分 基本原理

第 2 章 互斥……16
2.1 时间和事件……16
2.2 临界区……16
2.3 双线程解决方案……19
2.3.1 LockOne 类……19
2.3.2 LockTwo 类……20
2.3.3 彼得森锁……21
2.4 关于死锁的说明……22
2.5 过滤锁……23
2.6 公平性……25
2.7 兰波特的面包房锁算法……25
2.8 有界时间戳……27
2.9 存储单元数量的下界……29
2.10 章节注释……32
2.11 练习题……32

第 3 章 并发对象……36
3.1 并发性和正确性……36
3.2 串行对象……38
3.3 顺序一致性……39
3.3.1 顺序一致性与实时次序……41
3.3.2 顺序一致性是非阻塞的……41
3.3.3 可组合性……42
3.4 线性一致性……43
3.4.1 可线性化点……43
3.4.2 线性一致性和顺序一致性……43
3.5 静态一致性……44
3.5.1 静态一致性的特性……44
3.6 形式化定义……44
3.6.1 历史记录……45
3.6.2 线性一致性……46
3.6.3 线性一致性满足可组合性……47
3.6.4 线性一致性是非阻塞的……47
3.7 内存一致性模型……47
3.8 演进条件……48
3.8.1 无等待性……48
3.8.2 无锁性……49
3.8.3 无阻塞性……49
3.8.4 阻塞演进条件……50
3.8.5 演进条件的特征描述……50
3.9 评析……51
3.10 章节注释……52
3.11 练习题……52

第 4 章 共享存储器基础……57
4.1 寄存器空间……58
4.2 寄存器构造……62
4.2.1 MRSW 安全寄存器……63
4.2.2 MRSW 常规布尔寄存器……63
4.2.3 MRSW 常规 *M*- 值寄存器……64
4.2.4 SRSW 原子寄存器……65
4.2.5 MRSW 原子寄存器……67
4.2.6 MRMW 原子寄存器……69

4.3 原子快照……71
4.3.1 无阻塞快照……71
4.3.2 无等待快照……73
4.3.3 正确性证明……75
4.4 章节注释……76
4.5 练习题……77

第 5 章 同步操作原语的相对能力……80

5.1 共识数……80
5.1.1 状态和价……81
5.2 原子寄存器……82
5.3 共识性协议……84
5.4 FIFO 队列……85
5.5 多重赋值对象……87
5.6 读取－修改－写入操作……90
5.7 Common2 RMW 操作……91
5.8 compareAndSet 操作……92
5.9 章节注释……93
5.10 练习题……94

第 6 章 共识性的通用性……99

6.1 引言……99
6.2 通用性……99
6.3 无锁的通用构造……100
6.4 无等待的通用构造……103
6.5 章节注释……107
6.6 练习题……108

第二部分 应用实践

第 7 章 自旋锁和争用……112

7.1 实际问题的研究……112
7.2 易失性字段和原子对象……114
7.3 测试－设置锁……115
7.4 指数退避算法……117
7.5 队列锁……119
7.5.1 基于数组的锁……119
7.5.2 CLH 队列锁……121
7.5.3 MCS 队列锁……123
7.6 时限队列锁……125
7.7 层级锁……127
7.7.1 层级退避锁……128
7.7.2 同类群组锁……129
7.7.3 同类群组锁的实现……130
7.8 复合锁……132
7.9 线程单独运行的快速路径……137
7.10 锁的选择说明……138
7.11 章节注释……138
7.12 练习题……139

第 8 章 管程和阻塞同步……141

8.1 引言……141
8.2 管程锁和条件……141
8.2.1 条件……142
8.2.2 唤醒丢失的问题……145
8.3 读取－写入锁……146
8.3.1 简单的读取－写入锁……146
8.3.2 公平的读取－写入锁……148
8.4 可重入锁……150
8.5 信号量……151
8.6 章节注释……151
8.7 练习题……152

第 9 章 链表：锁的作用……155

9.1 引言……155
9.2 基于链表的集合……156
9.3 并发推理……157
9.4 粗粒度同步……159
9.5 细粒度同步……160
9.6 乐观同步……163
9.7 惰性同步……167
9.8 非阻塞同步……170
9.9 讨论……175
9.10 章节注释……176
9.11 练习题……176

第 10 章 队列、内存管理和 ABA 问题……178

10.1 引言……178
10.2 队列……179
10.3 有界部分队列……179
10.4 无界完全队列……183

10.5 无锁的无界队列……184
10.6 内存回收和 ABA 问题……187
10.6.1 简单的同步队列……190
10.7 双重数据结构……192
10.8 章节注释……194
10.9 练习题……194

第 11 章 栈和消除……196

11.1 引言……196
11.2 无锁的无界栈……196
11.3 消除……198
11.4 消除退避栈……199
11.4.1 无锁交换机……199
11.4.2 消除数组……201
11.5 章节注释……204
11.6 练习题……204

第 12 章 计数、排序和分布式协作……208

12.1 引言……208
12.2 共享计数……208
12.3 软件组合……209
12.3.1 概述……209
12.3.2 一个扩展的实例……215
12.3.3 性能和健壮性……216
12.4 静态一致池和计数器……217
12.5 计数网络……217
12.5.1 可计数网络……218
12.5.2 双调计数网络……219
12.5.3 性能和流水线……227
12.6 衍射树……228
12.7 并行排序……231
12.8 排序网络……231
12.8.1 设计一个排序网络……232
12.9 样本排序……234
12.10 分布式协作……235
12.11 章节注释……236
12.12 练习题……237

第 13 章 并发哈希和固有并行……240

13.1 引言……240
13.2 封闭地址哈希集……241
13.2.1 粗粒度哈希集……243
13.2.2 带状哈希集……244
13.2.3 可细化的哈希集……246
13.3 无锁的哈希集……249
13.3.1 递归有序拆分……249
13.3.2 BucketList 类……252
13.3.3 LockFreeHashSet<T> 类……253
13.4 开放地址哈希集……255
13.4.1 布谷鸟哈希算法……255
13.4.2 并发布谷鸟算法……257
13.4.3 带状并发布谷鸟哈希算法……261
13.4.4 可细化的并发布谷鸟哈希算法……262
13.5 章节注释……265
13.6 练习题……265

第 14 章 跳跃链表和平衡查找……266

14.1 引言……266
14.2 顺序跳跃链表……266
14.3 基于锁的并发跳跃链表……268
14.3.1 概述……268
14.3.2 算法……269
14.4 无锁的并发跳跃链表……275
14.4.1 概述……275
14.4.2 算法……277
14.5 并发跳跃链表……283
14.6 章节注释……284
14.7 练习题……284

第 15 章 优先级队列……286

15.1 引言……286
15.1.1 并发优先级队列……286
15.2 基于数组的有界优先级队列……286
15.3 基于树的有界优先级队列……287
15.4 基于堆的无界优先级队列……290
15.4.1 顺序堆……290
15.4.2 并发堆……292
15.5 基于跳跃链表的无界优先级队列……297
15.6 章节注释……299

15.7 练习题 300

第 16 章 调度和工作分配 302

16.1 引言 302
16.2 并行化分析 308
16.3 多处理器的实际调度 311
16.4 工作分配 312
16.4.1 工作窃取 312
16.4.2 让步和多道程序设计 313
16.5 工作窃取双端队列 314
16.5.1 有界工作窃取双端队列 314
16.5.2 无界工作窃取双端队列 318
16.5.3 工作交易 321
16.6 章节注释 322
16.7 练习题 323

第 17 章 数据并行 326

17.1 MapReduce 328
17.1.1 MapReduce 框架 328
17.1.2 基于 MapReduce 的 WordCount 应用程序 330
17.1.3 基于 MapReduce 的 KMeans 应用程序 331
17.1.4 MapReduce 的实现 332
17.2 流计算 334
17.2.1 基于流的 WordCount 应用程序 335
17.2.2 基于流的 KMeans 应用程序 336
17.2.3 实现聚合运算的并行化 338
17.3 章节注释 340
17.4 练习题 341

第 18 章 屏障 347

18.1 引言 347
18.2 屏障的实现 348
18.3 语义反向屏障 348
18.4 组合树屏障 349
18.5 静态树屏障 352
18.6 终止检测屏障 353
18.7 章节注释 356
18.8 练习题 357

第 19 章 乐观主义和手动内存管理 363

19.1 从 Java 过渡到 C++ 363
19.2 乐观主义和显式回收 364
19.3 保护挂起的操作 365
19.4 用于管理内存的对象 366
19.5 遍历链表 367
19.6 风险指针 369
19.7 基于周期的内存回收 372
19.8 章节注释 374
19.9 练习题 375

第 20 章 事务性编程 376

20.1 并发程序设计面临的挑战 376
20.1.1 锁的问题 376
20.1.2 明确预测的问题 377
20.1.3 非阻塞算法的问题 378
20.1.4 可组合性问题 379
20.1.5 总结 380
20.2 事务性编程 380
20.2.1 事务性编程示例 381
20.3 事务性编程的硬件支持 382
20.3.1 硬件预测 382
20.3.2 基本缓存一致性 382
20.3.3 事务缓存一致性 383
20.3.4 硬件支持的局限性 384
20.4 事务性锁消除 384
20.4.1 讨论 386
20.5 事务性内存 387
20.5.1 运行时调度 388
20.5.2 显式自我中止 388
20.6 软件事务 389
20.6.1 使用所有权记录的事务 390
20.6.2 基于值验证的事务 394
20.7 硬件事务和软件事务的有机结合 396
20.8 事务数据结构设计 397
20.9 章节注释 397
20.10 练习题 398

附录 A 软件基础 399

附录 B 硬件基础 417

参考文献 428

第1章
The Art of Multiprocessor Programming, Second Edition

导论

21世纪初，计算机行业又经历了一场变革。主要的芯片制造商渐渐无法制造出更小并且更快的处理器芯片。随着摩尔定律（Moore's law）50年统治生涯接近尾声，制造商开始转向“多核”架构，即单个芯片上的多个处理器（核）通过共享硬件高速缓存实现直接通信。多核芯片利用多个电路处理单个任务，即通过**并行性**（parallelism）来提高计算效率。

多处理器体系结构的普及对计算机软件的发展产生了深远而广泛的影响。20世纪，技术的进步带来了时钟速度的规律性增长，因此软件将随着时间的推移而有效地“加速”。然而，在21世纪，这种“搭便车”方式已经走到了尽头。在当代，技术的进步带来了并行性计算能力的规律性增长，但时钟速度提高的幅度并不大。如何充分利用并行性的计算能力是现代计算机科学的重要挑战之一。

本书重点讲述共享存储通信方式下的多处理器程序设计技术。这种系统通常被称为**共享存储的多处理器**（shared-memory multiprocessor，又被称为共享内存的多处理器），近年来也被称为**多核**（multicore）。在各种规模的多处理器系统中都面临着程序设计的挑战：在较小规模的多处理器系统中，需要协调单个芯片内的多个处理器对同一个共享存储单元的访问；而在较大规模的多处理器系统中，需要协调超级计算机中处理器之间的数据路由。多处理器程序设计极具挑战性，因为现代计算机系统本质上是**异步**（asynchronous）的：由于中断、抢占、高速缓存未命中、系统故障等事件，各类系统行为可能会在毫无预警的情况下中止或者延迟。延迟本质上是不可预测的，并且延迟的时间千差万别：一个高速缓存未命中现象可能会造成处理器近十条指令执行时间的延迟，一个页面错误可能会导致几百万条指令执行时间的延迟，而一个操作系统抢占行为则可能导致数亿条指令执行时间的延迟。

我们将从基本原理和应用实践两方面探讨多处理器程序设计，这两个方面相辅相成、缺一不可。本书的**基本原理**（principle）部分将关注**可计算性**（computability）理论：理解在异步并发环境中的可计算问题。本书将使用一个理想化的计算模型，使得多个并发的**线程**（thread）可以操控一组共享的**对象**（object）。在共享对象上执行的线程操作序列被称为**并发程序**（concurrent program）或者**并发算法**（concurrent algorithm）。Java、C#和C++语言中的线程模型本质上均属于这个模型。

令人出乎意料的是，的确存在一些使用任何并发算法都无法实现的常见共享对象。因此，在编写多处理器程序之前，有必要了解哪些问题根本无法使用计算机来尝试解决。使多处理器程序员陷入困境的大多数问题都是源于计算模型本身的局限性，因此我们认为对并发共享存储的可计算性理论有基本的了解是学习多处理器程序设计的关键。本书有关基本原理的章节将引导读者快速浏览并了解异步可计算性的理论，并尝试揭示各种各样的可计算性问题，以及如何通过使用硬件机制和软件机制来解决这些问题。

理解可计算性的一个重要步骤是对给定程序的实际操作进行描述和验证。更准确地说，即**程序正确性**（program correctness）的问题。就其本质而言，多处理器程序的正确性比相对应的**串行程序**（sequential program，顺序执行的程序，又称为顺序程序）更加复杂，并且需要一套不同的工具来证明并发程序的正确性，即使仅仅是为了采用“非形式化推理”的方法来证明（实际上，大多数程序员都采取这种操作）。

串行程序的正确性主要与安全特性有关。**安全**（safety）特性表明一些“不好的事情”永远不会发生。例如，即使停电，交通信号灯也永远不会同时在各个方向上都显示绿色。当然，并发的正确性也涉及安全特性，但其所面临的问题要困难得多，因为尽管存在并发线程交错执行的各种情形，但都必须确保安全特性。另外，还要考虑一个同样重要的因素，就是并发程序的正确性还包含了各种各样的**活跃**（liveness）特性，而这种特性在串行程序中不存在。活跃特性是指一个特定的“好的事情”一定会发生。例如，一个红色的交通信号灯最终会变成绿色。

本书有关基本原理部分的终极目标是介绍一系列用于分析推理并发程序的度量标准和方法，这些度量标准和方法将为后续章节讨论实际应用中对象和程序的正确性奠定基础。

本书的第二部分将讨论多处理器程序设计的**实践应用**（practice），并侧重于并发程序的性能分析。多处理器并发程序算法的性能分析不同于串行程序的性能分析。串行程序设计基于一组完备定义且被充分理解的抽象集。当编写串行程序时，通常可以忽略其底层实现的具体细节，例如，页面如何在磁盘和内存之间交换，更小的存储单元如何在处理器高速缓存的层次结构中来回移动等。这些复杂的存储器层次结构本质上对程序员是不可见的，完全隐藏在编程抽象中。

然而在多处理器环境中，这种编程抽象被破坏了（至少从性能的角度来看）。为了获得足够好的性能，程序设计人员有时必须凭借自己的聪明才智才能充分利用底层的存储器系统，因此他们编写的程序可能会让那些不熟悉多处理器体系结构的人感到怪诞离奇。也许有一天，并发体系结构将提供与串行体系结构同样程度的高效抽象，但与此同时，程序设计人员仍然需要小心谨慎。

本书的实践应用部分循序渐进地介绍了一组共享对象和编程工具集合。每一个共享对象和编程工具本身都有其作用。本书借助这些共享对象和编程工具向读者揭示更高层次的问题：使用自旋锁演示争用问题，使用链表演示锁在数据结构设计中的作用，等等。这些问题都会对程序性能产生重要的影响。希望读者能够充分理解这些问题，以便日后能够将所学到的知识应用到特定的多处理器系统设计中。本书最后将讨论一些最先进的技术，例如**事务性内存**（transactional memory，或者称为事务性存储）。

本书大部分内容采用 Java 程序设计语言提供实现代码，因为 Java 语言支持自动存储管理。然而，存储管理是程序设计的一个重要方面，尤其是并发程序设计。因此，在本书最后两章中，我们使用了 C++ 语言。在某些情况下，本书通过省略不重要的细节来简化代码。所有例子的完整代码都可以在本书的配套网站（https://textbooks.elsevier.com/web/product_details.aspx?isbn=978124159501）上找到。

当然，读者也可以采用其他程序设计语言。在附录中，我们解释了如何在其他一些流行的程序设计语言或者库中实现 Java 或者 C++ 中所表达的概念。我们还提供了多处理器硬件的入门知识。

贯穿全书，我们尽量避免为程序和算法提供具体的性能指标数据，而是关注总体性能趋势。理由如下：多处理器系统之间差别很大，在一台机器上运行良好的并发程序可能在另一台机器上的运行效果相差甚多。我们专注于总体趋势，以确保得出的结论不受特定时间和特定平台的限制。

本书每一章都包含进一步阅读的建议，以及相应的练习题。

1.1　共享对象和同步

设想在你上班的第一天，老板要求你使用一个支持 10 个并发线程的并行计算机来找出

1 到 10^{10} 之间的所有素数（不要纠结为什么让你这么做）。这台计算机是按分钟计费租用的，所以程序运行的时间越长，所需的成本就越高。如果你想给老板留下一个良好的印象，应该如何编写实现程序？

在最初的尝试中，你可能会考虑为每个线程分配相同大小的输入范围。每个线程分别从 10^9 个数字中查找素数，如图 1.1 所示。

```
1  void primePrint {
2    int i = ThreadID.get();    // 线程 ID 范围为 {0..9}
3    long block = power(10, 9);
4    for (long j = (i * block) + 1; j <= (i + 1) * block; j++) {
5      if (isPrime(j))
6        print(j);
7    }
8  }
```

图 1.1 通过平均分配输入范围来均衡工作负载。{0..9} 中的每个线程都分配该输入范围的相同子集

这种方法不能均衡地分配工作量，一个基本但很重要的原因是：相同大小的输入范围并不意味着相等的工作量。素数的分布是不均匀的：1 到 10^9 之间的素数比 9×10^9 到 10^{10} 之间的素数要多。更为糟糕的是，在整个输入范围内，每个素数的计算时间并不相同：测试一个较大的数是否为素数通常要比测试一个较小的数是否为素数花费更长的时间。简而言之，没有理由相信这种方式将在线程之间均衡分配工作量，甚至也不清楚哪些线程将承担最多的工作量。

在线程之间分配工作的一种更好的方法是给每个线程一次分配一个整数（如图 1.2 所示）。当一个线程测试完一个整数后，线程会请求分配另一个整数。为此，我们引入了一个**共享计数器**（shared counter）对象，该对象将一个整数值封装起来，并提供一个 getAndIncrement() 方法递增计数器的值并返回计数器在递增之前的值。

```
1  Counter counter = new Counter(1);     // 所有的线程共享此对象
2  void primePrint {
3    long i = 0;
4    long limit = power(10, 10);
5    while (i < limit) {                 // 循环直到所有的数据都被处理结束
6      i = counter.getAndIncrement();    // 处理下一个未被处理的数
7      if (isPrime(i))
8        print(i);
9    }
10 }
```

图 1.2 使用一个共享计数器来均衡工作负载。每个线程对动态确定的数值进行测试

```
1  public class Counter {
2    private long value;                  // 通过构造函数进行初始化
3    public Counter(long i) {
4      value = i;
5    }
6    public long getAndIncrement() { // 递增，并返回先前值
7      return value++;
8    }
9  }
```

图 1.3 共享计数器的一种实现方式

图 1.3 显示了采用 Java 语言对**计数器**（Counter）**对象**的一种简单实现。在使用单个线程时此计数器运行效果良好，但在由多个线程共享使用时将出现错误。问题在于如下表达式：

```
return value++;
```

实际上是以下几行更加复杂代码的缩写：

```
long temp = value;
value = temp + 1;
return temp;
```

在这个代码片段中，value 是 Counter 对象的一个字段，该字段被所有的线程共享。但是，每个线程都有自己的 temp 副本，temp 是每个线程的局部变量。

现在假设两个线程几乎同时调用计数器的 getAndIncrement() 方法，因此都从 value 中读取 1。在这种情况下，每个线程都会将其局部变量 temp 设置为 1，再将 value 设置为 2，然后返回 1。显然，这种行为并不符合我们的预期：我们期望对计数器 getAndIncrement() 方法的并发调用返回不同的值。更糟糕的情况是：当一个线程从 value 中读取 1 之后，在将 value 设置为 2 之前，另一个线程可能执行了多次增量循环，读取 1 并将 value 的值递增为 2，然后读取 2 并将 value 的值递增为 3。当第一个线程最终完成其增量操作并将 value 值设置为 2 时，线程实际上将计数器从 3 又设置回 2。

出现上述问题的根本原因在于递增计数器的值时需要对共享变量执行两个不同的操作：将 value 字段的值读入临时变量 temp，并将 temp 的值写回计数器对象。

当我们试图在走廊里避让一个迎面而来的人时，也会发生类似的情况。你可能会发现自己向右避让然后向左避让好几次，以试图避开正在做相同动作的对方。有时我们可以设法避免碰撞到对方，但有时候却还是碰撞上了。事实上，正如我们将在后面的章节中所阐述的那样，这种冲突在很多时候是无法避免的㊀。尽管从直觉的角度来看，你和向你迎面走来的人都在执行两个不同的动作：观察（“读取”）对方的当前位置，然后移动（“写入”）到一边或者另一边。然而问题是，当你读取对方的位置时，你无法知道对方下一秒是决定留在原位还是移动躲闪。就像你和陌生人必须决定对方从哪一边通过一样，访问共享计数器的各个线程也必须决定谁先执行操作，谁后执行操作。

正如我们将在第 5 章中所讨论的，现代多处理器硬件提供了特殊的**读取 – 修改 – 写入**（read-modify-write）指令，允许线程在一个**原子**（即不可分割的）硬件步骤中读取、修改和写入存储器的值。对于上述的计数器对象，我们可以使用这样的硬件以原子方式递增计数器。

我们还可以通过在软件（只使用读取和写入指令）中保证一次只有一个线程执行读取和写入序列操作来确保原子行为。这种确保一次只有一个线程可以执行特定代码块的问题称为**互斥**（mutual exclusion）问题，这是多处理器程序设计中经典的协作问题之一。

在实际程序设计应用中，通常不需要我们自己设计互斥算法（一般会调用库来实现）。尽管如此，从根本上了解如何实现互斥算法，可以帮助我们从总体上理解并发计算。同样，对于互斥、死锁、有界公平性、阻塞同步与非阻塞同步等这些重要且普遍存在的问题，有效的学习和推理非常有助于我们理解其中的实现原理。

1.2　一则寓言故事

虽然协作问题（例如互斥）可以当作程序设计练习来处理，但我们更倾向于将并发的协

㊀ 采用类似“总是靠右行”的预防措施是行不通的，因为迎面而来的人可能是英国人。

作问题定义为人际关系问题。在接下来的章节中，我们将借助一系列寓言故事来说明一些基本的并发协作问题。与大多数创作家类似，我们将复述由他人编撰出来的故事（具体参见本章末尾的章节注释）。

爱丽丝（Alice）和鲍勃（Bob）是邻居，他们共用一个院子。爱丽丝养了一只猫，鲍勃养了一只狗。两只宠物都喜欢在院子里跑来跑去，但是很显然它们总是不能和睦相处。在经历了一些不愉快的冲突后，爱丽丝和鲍勃认为他们应该采取措施，以确保两只宠物不会同时出现在院子里。当然，他们首先排除了一些不切实际的解决方案，即不允许任何一只宠物进入空旷的院子，或者只把院子留给一只或者另一只宠物。

他们应该采取什么办法呢？艾丽斯和鲍勃需要就相互都可以接受的实施过程达成一致，以决定应该采取什么具体的方案。我们称这种约定为**协作协议**（coordination protocol），或者简称**协议**（protocol）。

因为院子很大，所以爱丽丝无法仅仅透过窗户向外观察来判断鲍勃的狗是否在院子中。当然，她可以走过去敲鲍勃家的门，但这太浪费时间，况且万一下雨了怎么办？爱丽丝也可以探出窗外大喊："嗨，鲍勃！我能放猫出去了吗？"但是，问题是鲍勃有可能没听到她的喊话。鲍勃可能在看电视，或者外出看望他的女朋友，或者外出去买狗粮了。当然，他们也可以尝试使用手机进行协商，但同样会存在问题，例如鲍勃正在洗澡，正在开车穿过隧道，或者手机没电了正在处于充电的情况下。

于是，爱丽丝想出了一个聪明的办法。她把几个空啤酒罐放置在鲍勃的窗台上（up 状态）(见图 1.4)，在每一个啤酒罐上系上一根绳子，然后把绳子的另一端连接到她家。鲍勃也如法炮制，将空啤酒罐放置在爱丽丝的窗台上，并把绳子的另一端连接到他家。当爱丽丝想给鲍勃发信号时，她使劲拉动绳子把一个啤酒罐打翻倒地（down 状态）。当鲍勃发现一个啤酒罐被打翻倒地时，他就把啤酒罐扶正。

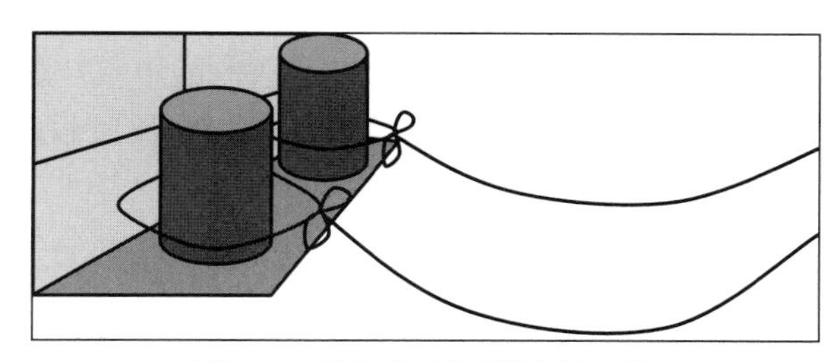

图 1.4　使用空啤酒罐进行通信

远程控制啤酒罐的方法似乎是一个创造性的想法，但还是不能解决问题。问题在于爱丽丝只能在鲍勃的窗台上放置有限数量的啤酒罐，迟早有一天，她会打翻所有的啤酒罐。诚然，即便鲍勃一发现啤酒罐被打翻了，就会马上把啤酒罐扶正，但如果他去坎昆度春假了该怎么办呢？只要爱丽丝指望鲍勃来扶正啤酒罐，那么她迟早会用光所有的啤酒罐。

因此爱丽丝和鲍勃又尝试了另一种不同的方法。他俩各自在很容易被对方看见的地方竖了一根旗杆。每当爱丽丝想放她的猫去院子的时候，她就会做以下事情：

1. 爱丽丝升起她的旗帜。

2. 当鲍勃的旗帜降下时，爱丽丝放她的猫去院子里。

3. 当爱丽丝的猫从院子里回来时，她降下她的旗帜。

当鲍勃想放他的狗去院子的时候，他所采取的行为稍微复杂些：

1. 鲍勃升起他的旗帜。

2. 当爱丽丝的旗帜处于升起状态时：

   a. 鲍勃降下他的旗帜。

   b. 鲍勃等待爱丽丝的旗帜降下来。

   c. 鲍勃重新升起他的旗帜。

3. 一旦爱丽丝的旗帜降下而鲍勃的旗帜升起，鲍勃就放他的狗去院子里。

4. 当鲍勃的狗从院子里回来时，他降下他的旗帜。

该协议作为解决爱丽丝和鲍勃问题的一种方法还值得进一步研究。从直观的角度来看，该协议之所以有效，是因为下面的**旗帜原则**（flag principle）：如果爱丽丝和鲍勃都

1. 升起各自的旗帜，

2. 然后观察对方的旗帜状态，

那么至少有一个人会看到另一个人的旗帜升起（很明显，最后一个观察的人会看到另一个人的旗帜处于升起状态），并且不会让其宠物进入院子。然而，采用这种观察方法并不能**证明**（prove）两只宠物永远不会同时出现在院子里。例如，如果在鲍勃观察的时候，爱丽丝让她的猫进出院子了好几次呢？

为了证明两只宠物永远不会同时出现在院子里，可以利用假设两只宠物同时出现在院子里的情况将产生矛盾结论的反证法。考虑上一次爱丽丝和鲍勃在把各自的宠物放到院子里之前，各自升起了自己的旗帜，并观察对方旗帜的状态。当爱丽丝最后一次观察的时候，她的旗帜已经完全升起了，而且她一定没有看到鲍勃的旗帜，否则她就不会放她的猫到院子里去。所以在爱丽丝开始观察之前，鲍勃一定还没有升完旗帜。因此，当鲍勃最后一次升旗后，并且最后一次观察时，一定是在爱丽丝开始观察之后，所以他一定看到爱丽丝的旗帜升起来了，不会放他的狗到院子里去，这与假设相矛盾。

本书后面将会经常使用这种反证的论证方法，因此值得花些时间来理解为什么上述断言是成立的。需要注意的是，我们从来没有假设过“升起自己的旗帜”或者“观察对方的旗帜”的行为是瞬间发生的，也没有对这些行为会持续多长时间做出任何假设。我们只关心这些行为何时开始或者何时结束。

1.2.1　互斥协议的特性

为了证明旗帜协议是爱丽丝和鲍勃问题的正确解决方案，首先必须了解正确的解决方案需要满足哪些特性，然后证明旗帜协议能够满足这些特性。

前面已经证明，两只宠物不会同时出现在院子里，这种特性称为**互斥**（mutual exclusion）。

互斥只是协作问题所需满足的若干特性之一。毕竟，爱丽丝和鲍勃从不释放宠物到院子里的协议也满足互斥特性，但这种协议很显然不能让他们的宠物感到满意。

下面分析另外一个重要的特性。如果只有一只宠物想进入院子，那么它最终会如愿以偿。另外，如果两只宠物都想进入院子，那么最终至少有一只宠物会得偿所愿。这种特性称为**无死锁性**（deadlock-freedom），它也是解决爱丽丝和鲍勃问题的必要特性。注意，互斥是一种安全特性，无死锁性是一种活跃特性。

可以断定爱丽丝和鲍勃的协议满足无死锁特性。假设两只宠物都想去院子里，爱丽丝和鲍勃都升起自己的旗帜。鲍勃最终注意到爱丽丝的旗帜升起来了，所以遵从她的意愿，降下自己的旗帜，允许爱丽丝的猫进入院子。

另一种需要讨论的特性是**无饥饿性**（starvation-freedom），有时被称为**无锁定性**（lockout-freedom）：如果某只宠物想进入院子，它最终会成功吗？对此，爱丽丝和鲍勃的协议并不能完全保证。每当爱丽丝和鲍勃发生冲突时，鲍勃都会遵从爱丽丝的意愿，所以爱丽丝的猫可能会一遍又一遍地进入院子里，而鲍勃的狗却因为一直不能出去而变得越来越焦躁不安。稍后，我们将讨论防止出现这种饥饿现象的协议。

最后一种引人关注的特性是**等待**（waiting）。假设爱丽丝升起了自己的旗帜后，随后突发阑尾炎。她（带着她的猫）被送到医院，手术成功后，她被留在医院里观察了一个星期。尽管鲍勃对爱丽丝恢复了健康而感到欣慰，但他的狗却无法容忍在爱丽丝回来之前一个星期不能去院子里的事实。问题的根源就在于协议规定鲍勃（和他的狗）必须等待爱丽丝降下旗帜后才能行动。如果爱丽丝被耽搁了（即使有正当的理由），那么鲍勃也被耽搁了（并没有明显的正当理由）。

作为**容错**（fault-tolerance）的一个例子，等待问题很重要。通常情况下，我们希望爱丽丝和鲍勃在一段合理的时间内做出及时回应，但是如果他们都没有做出及时回应呢？互斥问题的本质就是等待：无论一个互斥协议设计得多么完美，都无法避免等待。然而，我们随后将注意到，大多数其他的协作问题可以无须等待，有时甚至可以采用出乎意料的方式得到解决。

1.2.2　故事的寓意

在分析了爱丽丝和鲍勃协议的优缺点之后，我们现在将注意力转向计算机科学。

首先，我们要研究为什么隔着院子呼喊和打电话的方式都不起作用。并发系统中通常会发生两种类型的通信：

- **瞬时**（transient）通信要求通信双方同时参与。呼喊、打手势或者手机通话都是瞬时通信的例子。
- **持续**（persistent）通信允许发送方和接收方在不同的时间参与通信。邮寄信件、发电子邮件或者在石头底下留便条都是持续通信的例子。

互斥需要持续通信。隔着院子呼喊或者打电话方式的问题在于，如果爱丽丝不回复信息，鲍勃永远无法确定他是否能够放狗到院子里。

“啤酒罐 – 绳子”协议似乎有些编造痕迹，但它准确地对应于并发系统中常用的一种通信协议：**中断**（interrupt）。在现代操作系统中，一个线程要引起另一个线程注意的一种常见方法是向它发送一个中断信号。更准确地说，线程 A 通过在线程 B 定期检查的位置上设置一个二进制位来中断线程 B。线程 B 迟早会注意到该二进制位是否已被设置并做出响应。线程 B 做出响应后，通常由线程 B 重置位（线程 A 不能重置位）。尽管中断不能解决互斥问题，但它仍然非常有用。例如，在 Java 语言中，wait() 方法调用和 notifyAll() 方法调用的基础就是中断通信。

从更积极的角度来看，这个故事表明，两个线程之间的互斥问题可以使用两个 1 位大小的变量来解决（尽管不完美），每个变量都只能由一个线程写入，而由另一个线程读取。

1.3　生产者 – 消费者问题

除了互斥问题，还存在其他值得研究的问题。假设故事的最后爱丽丝和鲍勃相爱并且结了婚，但最终他们又离了婚（天知道他们究竟在想什么）。法官把宠物的监护权判给了爱丽丝，并让鲍勃负责喂养它们。两只宠物现在相处得很融洽，但它们只和爱丽丝亲近，一见到鲍勃就会攻击他。因此，爱丽丝和鲍勃需要设计一个协议，在鲍勃和宠物不同时在院子里的情况下，让鲍勃给两只宠物投喂食物。此外，该协议不能浪费双方的时间：除非院子里有食物，否则爱丽丝不会把她的宠物放进院子里；除非两只宠物把所有的食物都吃光了，否则鲍勃也不想进入院子里去放置食物。这个问题被称为**生产者–消费者**（producer-consumer）问题。

令人惊讶的是，在互斥问题中被摒弃的“啤酒罐–绳子”协议正好是解决生产者–消费者问题所需要的协议。鲍勃把一个啤酒罐竖直放在爱丽丝的窗台上，把绳子的一端系在啤酒罐上，绳子的另一端则放在自己的房间里。然后他把食物放在院子里，拉动绳子把啤酒罐打翻。当爱丽丝想放两只宠物进入院子时，她会执行以下操作：

1. 等待，直到啤酒罐被打翻（处于 down 状态）。
2. 爱丽丝把两只宠物放到院子里。
3. 当两只宠物回家时，爱丽丝检查食物是否被宠物吃光。如果食物被吃光，则爱丽丝重新竖起啤酒罐。

鲍勃会执行以下操作：

1. 等待。直到啤酒罐被摆正（处于 up 状态）。
2. 鲍勃把食物投放在院子里。
3. 鲍勃拉动绳子将啤酒罐打翻。

因此，啤酒罐的状态反映了院子的状态。如果啤酒罐被打翻（处于 down 状态），就意味着院子里有食物，宠物可以进食；如果啤酒罐被摆正（处于 up 状态），就意味着院子里的食物已经被吃光了，鲍勃可以再投放一些食物。我们检查以下三种特性：

- **互斥**（mutual exclusion）：鲍勃和宠物不会同时出现在院子里。
- **无饥饿性**（starvation-freedom）：如果鲍勃总是愿意投放食物，而两只宠物又总是处于饥饿状态，那么两只宠物最终会吃到食物。
- **生产者–消费者**（producer-consumer）：除非院子里有食物，否则两只宠物不会进入院子；如果院子里存在尚未消耗完的食物，则鲍勃不会继续投放更多的食物。

生产者–消费者协议和前面讨论的互斥协议都能够确保爱丽丝和鲍勃永远不会同时出现在院子里。然而，爱丽丝和鲍勃不能使用这个生产者–消费者协议来实现互斥，理解其中的原因很重要。互斥问题要求无死锁性：如果院子是空的，每个人都应该能够进入院子（前提是对方没有试图想进入院子）。与此相反，生产者–消费者协议的无饥饿特性却假设双方保持持续的合作关系。

有关该协议的推导如下：

- **互斥**（mutual exclusion）：我们使用基于归纳“状态机”的证明方法，而不是先前使用的反证法。可以把系着绳子的啤酒罐看成一个状态机，它在 up（竖直）和 down（翻倒）这两种状态之间反复转换。为了证明对于该协议而言互斥特性总是成立的，我们必须检查状态机的初始状态是否满足互斥特性，并在从一个状态过渡到另一个状态时是否继续满足互斥特性。

  在初始状态下，院子里是空的，所以无论啤酒罐处于竖直状态还是翻倒状态，都满足互斥特性。接下来，我们检查互斥特性一旦成立，在状态发生变化时是否继续保持互斥特性。假设此时啤酒罐处于翻倒状态。鲍勃不在院子里，从协议中我们可以看出，当啤酒罐处于翻倒状态时，他不会进入院子，所以只有宠物可以进入院子。在宠物离开院子之前，啤酒罐是不会处于竖直状态的，所以当啤酒罐被放到窗台上（处于竖直状态）时，可以断定宠物不在院子里。当啤酒罐处于竖直状态时，根据协议我们知道宠物不会进入院子，所以只有鲍勃可能进入院子。当鲍勃离开院子后，啤酒罐才被拉翻倒地（处于翻倒状态）。以上是所有可能的状态转换情况，所以我们的协议满足互斥特性。

- **无饥饿特性**（starvation-freedom）：假设协议不具备无饥饿特性，那么必然存在以下情形：假设宠物饿了，并且没有食物，而鲍勃试图放置食物，但他没有成功。如果啤酒罐处于竖直状态，那么鲍勃会到院子里放置食物，并把啤酒罐拉翻倒地（处于翻倒状态），以允许宠物去吃食物。如果啤酒罐处于翻倒状态，那么既然宠物饿了，爱丽丝最终会把啤酒罐放到窗台上（处于竖直状态），从而与前述矛盾。
- **生产者 – 消费者**（producer-consumer）：互斥特性意味着宠物和鲍勃永远不会同时出现在院子里。在爱丽丝把啤酒罐放到窗台上摆正之前（她只有在院子里没有食物的时候才会这样做），鲍勃是不会进入院子的。同样，在鲍勃把啤酒罐拉翻倒地之前（他只有在放置好食物后才会这样做），宠物也不会进入院子。

和前面讨论的互斥协议一样，这个协议也呈现**等待**（waiting）特性：如果鲍勃把食物放置在院子里后，忘记把啤酒罐拉翻倒地而是马上去度假了，那么即使院子里有食物存在，宠物也可能会被饿死。

现在把注意力转向计算机科学，几乎所有的并行系统和分布式系统中都存在生产者 – 消费者问题。生产者 – 消费者方式是线程在通信缓冲区中放置数据，以便其他线程读取或者通过互连网络或共享总线传输。

1.4　读者 – 写者问题

由于鲍勃和爱丽丝都非常爱他们的宠物，因此他们决定彼此之间交流一些与宠物相关的简单信息。鲍勃在他家门前竖起一块公告牌。公告牌上可以粘贴若干大瓷砖，每个瓷砖上只能书写一个字母。鲍勃在闲暇时，通过一次写一个字母的方式在公告牌上留言。爱丽丝的视力比较差，所以她闲暇时会通过望远镜观看公告牌上的信息，一次也只读取一个字母。

上述系统貌似是一个可行的方案，但事实并非如此。假设鲍勃发布了以下消息：

```
sell the cat
```

爱丽丝通过望远镜把信息抄录下来：

```
sell the
```

此时，鲍勃取下所有的瓷砖，写下一条新消息：

```
wash the dog
```

爱丽丝继续扫视着公告牌，把信息抄录下来：

```
sell the dog
```

结果可想而知。

读者 – 写者问题（reader-writer problem）还有其他一些简单的解决方案：

- 爱丽丝和鲍勃可以使用互斥协议来确保爱丽丝只阅读完整的句子。然而，她可能会漏掉一句话。

- 他们可以使用“啤酒罐－绳子”协议，由鲍勃“生产”语句，爱丽丝“消费”语句。

如果这个问题这么容易解决，那我们为什么要提出来呢？互斥协议和生产者－消费者协议都需要**等待**（waiting）：如果一个参与者受到意外的延迟的影响，那么另一个参与者也必然被延迟。在多处理器共享存储环境中，“读者－写者问题”的解决方案是允许线程捕获多个存储单元的瞬时视图。无须任何等待即可捕获这样的视图，也就是说，在这些存储单元正在被读取的同时并不阻止其他线程修改这些存储单元的内容。这种解决方案功能十分强大，可以用于备份、调试等其他许多情况。令人惊讶的是，的确存在一些并不需要等待的方法来解决“读者－写者”问题。我们将在后面的章节中研究若干这样的方法。

1.5　并行化的严酷现实

接下来讨论多处理器程序设计的趣味性所在。在理想的情况下，从单处理器升级到 n 路多处理器应该可以提升大约 n 倍的计算能力。遗憾的是，实际上几乎不可能实现这一点。主要原因在于，大多数现实世界的计算问题在不考虑处理器之间通信和协调成本的情况下无法有效地并行化。

假设有五个朋友，他们决定一起粉刷一套包含五个房间的房子。如果所有的房间都有同样的大小，那么让每个朋友粉刷一个房间是合情合理的。只要每个人都以同样的速度粉刷墙壁，我们就可以得到单个粉刷匠五倍的效率。如果每个房间的大小不同，任务就变得更复杂。例如，如果一个房间的大小是其他房间的两倍，那么五个粉刷匠将无法实现五倍的速度，因为整个任务的完成时间取决于粉刷耗费时间最长的那个房间。

这种分析对于并行计算非常重要。这里我们使用称为**阿姆达尔定律**（Amdahl's law）的公式进行解释。阿姆达尔定律包含了这样一个理念，即任何复杂工作（不仅仅是粉刷房子）速度提升的程度（加速比）受限于这个工作中必须按顺序串行执行的作业的数量。

将作业的**加速比**（speedup）S 定义为一个处理器完成作业所花费的时间（用挂钟时间来测量）与采用 n 个处理器并发完成同一个作业所花费时间的比率。阿姆达尔定律描述了 n 个处理器协作完成一个应用程序时所能达到的最大加速比 S，其中 p 是该应用程序可以并行执行的作业。为了简单起见，假设单个处理器完成作业需要一个单位的标准化时间。对于 n 个并发处理器，并行部分需要时间 p/n，串行部分需要时间 $1-p$。总体而言，并行化计算所需要的时间为：

$$1-p+\frac{p}{n}$$

阿姆达尔定律指出，最大加速比 S 为串行（单处理器）时间与并行时间之比，即

$$S=\frac{1}{1-p+\frac{p}{n}}$$

为了说明阿姆达尔定律的含义，我们仍然以粉刷房间作为示例。假设每个小房间是一个单位，单个大房间是两个单位。为每个房间分配一个粉刷匠（处理器）意味着六个单位中的五个可以并行粉刷，即 $p=5/6$，而 $1-p=1/6$。根据阿姆达尔定律，其产生的加速比如下：

$$S=\frac{1}{1-p+\frac{p}{n}}=\frac{1}{1/6+1/6}=3$$

令人震惊的是，五个粉刷匠在五个房间里工作，其中一个房间的大小是其他房间大小的两倍，结果只有三倍的加速比。

还有更糟糕的情况。假设我们有 10 个房间和 10 个粉刷匠，每个粉刷匠都被分配到一个房间，但其中一个房间（10 个房间中）的大小是其他房间大小的两倍。结果加速比如下：

$$S=\frac{1}{1/11+1/11}=5.5$$

即使房间大小存在很小的不平衡，将十个粉刷匠分配到一个粉刷工作中也只会产生五倍的加速比，大约是理想预期值的一半。

因此，与我们之前的素数打印问题类似，解决办法似乎是只要一个粉刷匠粉刷完了一个房间，他就会去帮助其他人粉刷剩下的房间。当然，问题是这种共享式粉刷需要粉刷匠之间的协调。那么，是否可以设法避免这种协调问题呢？

阿姆达尔定律展示了有关多处理器利用率的问题。有些计算问题是“**完全并行**（embarrassingly parallel，又被称为易并行、尴尬并行）”的，这些计算问题可以很容易地将整个任务划分为可以并发执行的若干小任务。这类问题有时出现在科学计算或者图形处理中，但很少出现在系统中。然而，一般来说，对于一个给定的问题以及一台 10 个处理器的计算机，根据阿姆达尔定律，即使我们设法并行化 90% 的执行任务，其余的 10% 仍然无法并行化（需要串行），那么我们最终也只能得到五倍的加速比，而不是十倍的加速比。换而言之，无法并行化的 10%，使得这台机器的利用率降低了一半。由此可见，似乎值得投入精力使得剩余的 10% 实现尽可能大的并行化，即使这一点实现起来非常困难。一般来说，之所以难以实现，主要原因在于这些额外的并行部分往往需要大量的通信和协作。本书的重点是理解和掌握那些使程序员能够有效地针对需要协作和同步的代码部分进行高效编程的工具和技术，因为在这部分代码上的改进所取得的成果能够对性能产生深远的影响。

回顾图 1.2 的素数打印程序，让我们重新审阅其中的三行主要代码：

```
i = counter.getAndIncrement(); // 处理下一个未被处理的数
if (isPrime(i))
  print(i);
```

如果让线程以原子方式执行这三行代码，也就是说，将这三行代码放在一个互斥块中执行，那么问题的解决就会很简单。然而，目前只有对 getAndIncrement() 方法的调用是原子的。当我们考虑阿姆达尔定律的含义时，这种方法是有意义的：最小化串行代码的粒度非常重要，在本例中，我们使用互斥访问代码。此外，有效地实现互斥非常重要，因为围绕互斥的共享计数器的通信和协作会极大地影响整个程序的性能。

1.6 并行程序设计

对于许多希望并行化的应用程序，可以很容易地确定其中能够并行执行的关键部分，因为这些部分不需要任何形式的协作或者通信。然而，在撰写本书的时候，还没有专门讲述如何辨别出应用中可并行的关键部分的指导手册。因为这种判断需要应用程序设计者对并行化算法有着充分的理解和一定的经验积累。幸运的是，在大多数情况下，这些可并行化的关键部分是显而易见的。更实质性的问题是如何处理程序中其余不可并行化的部分，这正是本书所讨论的重点所在。如前所述，这些剩余的部分很难被并行化，因为程序必须访问共享数据，并且需要进程间的协作和通信。

本书的目标是向读者揭示现代协作范式和并发数据结构中所蕴含的核心思想。从基本原理到最佳实践应用技术，向读者全方位地呈现实现高效多处理器程序设计的关键要素。

多处理器程序设计面临着许多挑战，从重大的智能化问题到微妙的工程技巧。我们采用逐步求精的方法来解决这些问题。首先从一个理想化的模型开始（在理想模型中数学问题至关重要），然后逐步细化到更实用的模型（在实用模型中将越来越关注基本的工程原理）。

例如，我们讨论的第一个问题是互斥问题，这是该领域最古老也是最基本的问题。我们先从数学的角度出发，分析对于一个理想化的体系结构，各种算法的可计算性和正确性。这些算法本身虽然非常经典，但在现代多核的体系结构中并不实用。然而，学习如何推理这些理想化的算法是学习如何设计更现实和更复杂算法的重要步骤。尤其重要的是要学会如何推理和分析诸如饥饿特性和死锁这样微妙的活跃度问题。

一旦理解了如何对这些算法进行推理和分析，就可以将注意力转向更现实的情形。针对不同的多处理器体系结构，我们将设计与开发各种不同的算法和数据结构，目的在于理解哪些算法和数据结构更有效，以及其中所蕴含的原理。

1.7　章节注释

爱丽丝和鲍勃的寓言故事大多改编自 Leslie Lamport 在 1984 年 ACM 分布式计算原理研讨会上的特邀演讲 [104]。“读者 - 写者问题”是一个经典的同步问题，在过去的 20 年里一直被众多论文所讨论。阿姆达尔定律源于并行处理领域中的先驱人物 Gene Amdahl[9]。

1.8　练习题

练习题 1.1　**哲学家进餐问题**（dining philosophers problem）是由并发计算的先驱 E. W. Dijkstra 提出的，主要用于阐述死锁和无饥饿性的概念。假设有五位哲学家，他们的一生就是思考和进餐。他们围坐在一张圆桌旁，如图 1.5 所示。但是，只有五根可用的筷子（原始版本中为叉子）。所有的哲学家都在思考。当某个哲学家饿了的时候，他就拿起离他最近的两根筷子。如果他能够拿到这两根筷子，他就可以进餐。当这个哲学家进餐完毕，就会放下筷子，又开始继续思考。

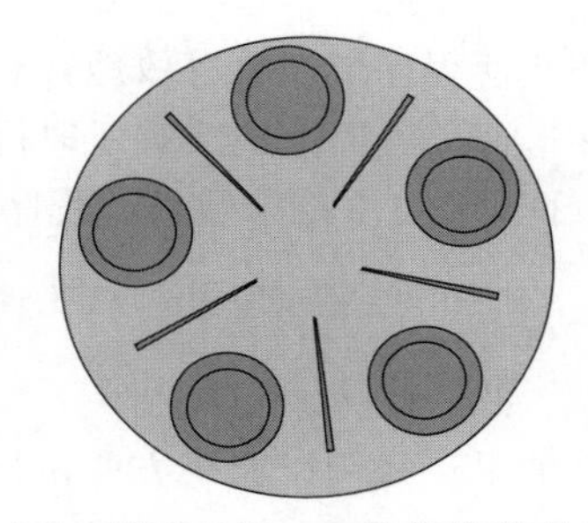

图 1.5　基于 Dijkstra 的传统餐桌布置

1. 请编写一个程序来模拟哲学家的就餐行为，其中每个哲学家都是一个线程，筷子是共享的对象。注意，程序必须防止两个哲学家同时使用同一根筷子的情形。
2. 请修改所编写的程序，使其不会使哲学家陷入死锁状态，也就是说，绝不会出现每个哲学家都拿着一根筷子，而在等待另一根筷子以获得一双筷子的情况。
3. 请修改所编写的程序，保证没有哲学家会挨饿。
4. 请编写一个程序，为 n（n 是任意一个自然数）个哲学家提供一个无饥饿性的就餐解决方案。

练习题 1.2　对于以下每一项描述，说明它是满足安全特性还是满足活跃特性，并辨别其所关心的“好的事情”和“坏的事情”。

1. 按到达的先后顺序为顾客提供服务。
2. 越怕出事，越会出事（也就是说，凡事只要有可能出错，那就一定会出错）。
3. 每个人都不想死。
4. 人的一生有两件事是肯定的：死亡与纳税。
5. 一个人自出生伊始，就开始走向死亡。

6. 如果发生中断，则在一秒内输出一条消息。
7. 如果发生中断，则输出一条消息。
8. 我会完成 Darth Vader 所开始的工作。
9. 生活的成本永远不会下降。
10. 你总是能够辨别一个哈佛人。

练习题 1.3　在生产者 – 消费者寓言故事中，我们假设鲍勃能够看到爱丽丝窗台上的啤酒罐是竖直状态还是翻倒状态。使用“啤酒罐 – 绳子协议”来设计一个生产者 – 消费者协议，使得即使鲍勃看不到爱丽丝窗台上的啤酒罐状态，该协议也能正常工作（这是实际中断位的工作方式）。

练习题 1.4　假设你是最近被捕的 P 个囚犯之一。监狱长是一个疯狂的计算机科学家，他向囚犯们发出了如下通告：

今天你们可以聚在一起制定一个策略，但今天之后，你们将被单独羁押在不同的囚室中，彼此之间不能再交流。

我已经建造了一个“配电室”，里面有一个电灯开关，可以是**开着的**（on），也可以是**关闭的**（off）。开关没有和任何东西相连接。

我将时不时随机挑选你们中的一个囚犯进入“配电室”，这个囚犯可以拨动开关（从开到关，或者从关到开），也可以保持开关状态不变。其他人这时候不允许进入这个房间。

每一个囚犯都会被任意多次选中进出“配电室”。更准确地说，对于任意数字 N，你们中的每个人最终都将进出“配电室”至少 N 次。

在任何时候，你们中的任何一个人都可以声明：“我们中的所有人都已经至少去过一次配电室了。”如果这一声明是正确的，我将释放你们。如果这个声明错了，我就把你们全都送去喂鳄鱼。请明智地做出选择吧！

- 当已知开关的初始状态为“关”时，请设计一个可以成功的策略。
- 当不知道开关的初始状态是“开”还是“关”时，请设计一个可以成功的策略。

提示：每一个囚犯不必都做同样的动作。

练习题 1.5　上一题的监狱长又有了一个不同的想法。他命令囚犯们排成一列，给他们每人都戴上一顶红色或者蓝色的帽子。没有一个囚犯知道他自己所戴帽子的颜色，也不知道他身后其他任何一个囚犯帽子的颜色，但他能看到他前面所有囚犯帽子的颜色。监狱长从队伍的后面开始，让每个囚犯猜猜自己帽子的颜色。囚犯们只能回答“红色”或者“蓝色”，如果他回答错误，就会被送去喂鳄鱼。如果他回答正确，就会被释放。每一个囚犯都能听到身后所有囚犯的回答，但无法判断囚犯的回答是否正确。

囚犯们被允许事先协商一个策略并相互达成一致意见（而监狱长在旁听），但一旦排好队后，除了回答“红色”或者“蓝色”之外，囚犯之间不能使用任何方式进行交流。

请设计一个策略，使得 P 名囚犯中至少有 $P-1$ 名囚犯会被获释。

练习题 1.6　假设有一个财务风险管理程序，通过使该应用程序的 85% 来并行运行以提高运行速度，而该应用程序的 15% 仍然保持串行运行。但是，在并行运行过程中，高速缓存未命中的数量会以某种方式增长，增长的速度取决于所使用的内核数量 N。高速缓存未命中率 $\text{CacheMiss} = \dfrac{N}{N+10}$。通过对该程序进行性能分析会发现，无论是串行运行还是并行运行，两种运行方式 20% 的执行操作均为存储访问。其他操作（包括高速缓存访问）的成本是 1 个单位。对于并行运行部分，其存储访问的成本是 $3N+11$ 个单位。对于串行运行部分，其存储访问的成本是 14 个单位。请计算运行该应用程序所需处理器的最佳数量。

练习题 1.7　给定一个程序，其中包含一个按顺序串行执行的方法 M。请使用阿姆达尔定律来解决以下问题。

- 假设方法 M 的执行时间占据程序总执行时间的 30%。在一台包括 n 个处理器的计算机上运行此程序，则可以达到的总体加速比上限是多少？

- 假设方法 M 的执行时间占据程序总执行时间的 40%。你另外雇用了一个程序员，使用方法 M' 代替方法 M，假设方法 M' 的运行速度是方法 M 的 k 倍。当 k 值是多少时，可以使整个程序的加速比提高一倍？
- 假设 M' 是用来替换 M 的一种并行方法，有 4 倍的加速比。如果使用方法 M' 代替 M 使程序的加速比提高一倍，那么方法 M 的执行时间必须占整个程序总执行时间的百分之多少？

我们可以假设当程序按顺序串行执行时，需要一个单位时间。

练习题 1.8　假设在两个处理器上运行某个应用程序的加速比为 S_2。利用阿姆达尔定律推导出在 n 个处理器上运行该应用程序的加速比 S_n 的公式，要求递推公式使用 n 和 S_2 来表示。

练习题 1.9　假设我们可以选择购买一个每秒执行 5 **万亿**（zillion）条指令的单处理器，或者购买一个包括 10 个处理器（每个处理器每秒执行 1 万亿条指令）的多处理器。使用阿姆达尔定律解释针对一个特定的应用，应该选择购买哪种类型的处理器。

第一部分

The Art of Multiprocessor Programming, Second Edition

基本原理

第 2 章　互斥
第 3 章　并发对象
第 4 章　共享存储器基础
第 5 章　同步操作原语的相对能力
第 6 章　共识性的通用性

互　　斥

互斥也许是多处理器程序设计中最普遍的一种协作形式。本章涵盖基于读写共享存储的各种经典互斥算法，虽然这些算法并没有在实际中使用，但是因为其中涉及在所有同步领域中出现的各种算法设计和正确性证明问题的入门知识，因此值得深入研究。本章还提供了一种不可解性的证明（impossibility proof)，指出了通过读写共享存储解决互斥问题的局限性，这将为后续章节中为实际应用领域所提出的互斥算法奠定基础。本章是包含算法证明的为数不多的章节之一。尽管读者可以选择随意跳过这些证明部分，但理解它们所呈现的推理方式是有帮助的，因为我们可以使用同样的方法来推导后面章节中所讨论的实用算法。

2.1　时间和事件

关于并发计算的推理主要是关于时间的推理。有时我们希望事件同时发生，有时我们希望事件在不同的时间发生。为了解释各种复杂的情况，包括多个时间间隔如何交叉重叠，或者它们相互之间不能重叠，我们需要一种简单并且无二义性的语言来讨论与时间相关的事件及其持续时间。由于日常英语的二义性以及不精确性，我们引入了一个简单的词汇表和符号来描述并发线程与时间相关的行为特征。

1687 年，Isaac Newton 写道："绝对的、真实的、数学意义上的时间，由其自身以及自身的性质所决定，总是匀速流逝着，与任何外在事物无关。"我们完全赞同牛顿的时间观念，虽然不是很赞成他的散文风格。所有线程共享一个共同的时间（尽管不一定是同一个公共时钟)。一个线程就是一个**状态机**（state machine)，其状态的转换称为**事件**（event)。

事件是**瞬时发生的**（instantaneous)：它们都发生在一瞬间。为了方便讨论，我们认定不同的事件永远不是同时发生的：不同的事件发生在不同的时间。(实际上，如果我们不能确定在非常相近的两个时间内两个不同事件发生的先后次序，那么任何一个次序都可以。）线程 A 产生了一个事件系列 a_0，a_1，…。程序中通常包含循环语句，因此单个程序语句可以产生许多事件。如果事件 a **先于**（precede）事件 b 发生，则记作 $a \rightarrow b$，即事件 a 发生的时间较早。事件集上的**优先关系**（precedence relation)"→" 是**全序关系**（total order)。

假设 a_0 和 a_1 都表示事件，并且满足 $a_0 \rightarrow a_1$。**时间间隔** interval（a_0, a_1）表示 a_0 和 a_1 两个事件发生时间之间的间隔。假设有两个时间间隔 $I_A = (a_0, a_1)$ 和 $I_B = (b_0, b_1)$，如果 $a_1 \rightarrow b_0$（即 I_A 的终止事件先于 I_B 的开始事件)，那么时间间隔 I_A 先于时间间隔 I_B，记作 $I_A \rightarrow I_B$。"→" 优先关系是时间间隔集合上的**偏序关系**。多个不存在 "→" 优先关系的时间间隔称为**并发**（concurrent)。如果事件 a 和时间间隔 $I = (b_0, b_1)$ 满足条件 $a \rightarrow b_0$，那么我们称事件 a 先于时间间隔 I，记作 $a \rightarrow I$；如果 $b_1 \rightarrow a$，那么时间间隔 I 先于事件 a，记作 $I \rightarrow a$。

2.2　临界区

在第 1 章中，我们讨论了如图 2.1 所示的 Counter（计数器）类的实现。可以看到，这种实现在单线程系统中是正确的，但是当被两个或者多个线程使用时会出现错误行为。如果两个线程都读取了标记为“危险区域开始”那一行的 value 字段的值，然后又都更新了标记为“危险区域结束”那一行的 value 字段的值，就会出现此类问题。

```
1  class Counter {
2    private long value;
3    public Counter(long c) {       // 构造函数
4      value = c;
5    }
6    // 递增并返回先前值
7    public long getAndIncrement() {
8      long temp = value;           // 危险区域开始
9      value = temp + 1;            // 危险区域结束
10     return temp;
11   }
12 }
```

图 2.1 Counter 类

我们可以通过将这两行代码变成一个**临界区**（critical section）来避免这个问题：临界区中的代码块一次只能由一个线程执行。我们称这种特性为**互斥**（mutual exclusion）。实现互斥的标准方法是采用满足图 2.2 所示接口的 Lock（锁）对象。

```
1  public interface Lock {
2    public void lock();     // 进入临界区之前调用
3    public void unlock();   // 离开临界区之前调用
4  }
```

图 2.2 Lock 对象的接口

图 2.3 显示了如何使用 Lock 对象在共享计数器对象中实现互斥。使用 lock() 方法和 unlock() 方法的线程必须遵循特定的格式。符合语法规则的线程满足以下条件：

1. 每个临界区都与一个 Lock 对象相关联。
2. 当线程进入临界区时，调用该 Lock 对象的 lock() 方法。
3. 当线程离开临界区时，调用该 Lock 对象的 unlock() 方法。

```
1  public class Counter {
2    private long value;
3    private Lock lock;                // 用于保护临界区
4
5    public long getAndIncrement() {
6      lock.lock();                    // 进入临界区
7      try {
8        long temp = value;            // 在临界区中
9        value = temp + 1;             // 在临界区中
10       return temp;
11     } finally {
12       lock.unlock();                // 离开临界区
13     }
14   }
15 }
```

图 2.3 使用一个 Lock（锁）对象

程序注释 2.2.1

在 Java 中，使用 lock() 方法和 unlock() 方法应该遵循以下规范：

```
1  mutex.lock();
2  try {
3    ...           // 程序主体
4  } finally {
5    ... // 如果需要，恢复不变量
6    mutex.unlock();
7  }
```

上述惯用方法确保在进入 try 语句块之前获得锁，并且在离开 try 语句块时释放锁。如果程序块中的语句引发意外的异常，则可能需要在返回之前将对象还原到一致状态。

当从 lock() 方法的调用返回时，线程**获取**或者**锁定**（acquire 或者 lock）一个锁，在调用 unlock() 方法时，线程**释放**或者**解锁**（release 或者 unlock）该锁。如果线程已经获得了一个锁，并且随后并没有释放该锁，我们称线程**持有**（hold）该锁。任何线程都不能在其他线程持有某个锁的情况下获取该锁，因此在任何时候最多只有一个线程持有该锁。如果一个线程持有锁，我们称该锁为**占有状态**（busy）；否则，我们称该锁为**空闲状态**（free）。

多个临界区可能与同一个锁相关联，在这种情况下，当任何其他线程正在执行与同一个锁相关联的临界区时，其他线程不可以执行该临界区。从锁算法的角度来看，线程在其对 lock() 方法的调用返回时启动执行临界区，并通过调用 unlock() 方法结束执行临界区；也就是说，线程在持有锁的同时执行临界区代码。

假设每个获得锁的线程最终都会释放锁，下面我们将更精确地阐述一个好的锁算法应该满足哪些特性。

- **互斥**（mutual exclusion）：在任何时候最多只能有一个线程持有锁。
- **无死锁性**（freedom from deadlock）：如果一个线程正在试图获取或者释放锁（即该线程调用了 lock() 方法或者 unlock() 方法但没有返回），那么肯定有某个线程会获取或者释放锁（即该线程在调用 lock() 方法或者 unlock() 方法后返回）。如果一个线程调用 lock() 方法并且永远没有返回，那么一定存在其他线程正在无限重复地执行临界区代码。
- **无饥饿性**（freedom from starvation）：每一个试图获取或者释放锁的线程最终都会成功（即该线程每次调用 lock() 方法或者 unlock() 方法后最终都会返回）。

请注意，无饥饿性蕴含着无死锁性。

很显然，互斥特性是必不可少的。这个特性可以确保临界区（即在获取锁和释放锁之间执行的代码）一次最多由一个线程执行。换而言之，临界区的执行不能重叠。如果没有这个互斥特性，我们就不能保证计算结果的正确性。

设 CS_A^j 是线程 A 第 j 次执行临界区的时间间隔。因此 $CS_A^j=(a_0, a_1)$,，其中 a_0 是线程 A 对 lock() 方法的第 j 次调用的响应事件，a_1 是线程 A 对 unlock() 方法的第 j 次调用的调用事件。对于两个不同的线程 A 和 B 以及整数 j 和 k，要么 $CS_A^j \to CS_B^k$ 成立，要么 $CS_B^k \to CS_A^j$ 成立。

无死锁特性非常重要。这意味着系统永远不会“冻结”。如果某个线程调用 lock() 方法并且从未获取锁，则意味着要么其他某个线程获取但从不释放该锁，要么其他线程必须无限重复执行临界区代码。个别线程可能会永远被阻塞（称为饥饿），但有些线程会正在运行。

无饥饿特性虽然是最令人满意的一种特性，但在三个特性中却是最不需要保持的一种特性。这个特性有时被称为**无锁定性**（lockout-freedom）。在后面的章节中，我们将讨论一些切实可行的互斥算法，虽然这些算法并不满足无饥饿特性。这些算法通常部署在理论上可能出现饥饿但实际上不太可能会出现饥饿的应用场景中。然而，掌握饥饿特性的推理能力对于理解饥饿是否存在实际的威胁至关重要。

在某种意义上无饥饿特性并不严格，因为它不能保证线程在进入临界区之前需要等待多长时间。在后面的章节中，我们将讨论能够限制线程等待时间的算法。

根据第 1 章中的术语，互斥是一种安全特性，而无死锁特性和无饥饿特性是活跃特性。

2.3 双线程解决方案

接下来我们讨论解决双线程互斥问题的算法。假设双线程锁算法遵循以下约定：线程的标识 ID 分别为 0 和 1，线程可以通过调用 ThreadID.get() 获取其标识。我们将调用线程的标识存储在 i 中，另一个线程的标识存储在 $j = 1-i$ 中。

我们首先讨论两个不完美但却十分有趣的线程锁算法。

2.3.1 LockOne 类

LockOne 算法如图 2.4 所示，该算法为每个线程设置一个布尔 flag（标志）变量。为了获得锁，线程将其布尔标志设置为 true，并等待另一个线程的布尔标志变为 false。线程通过将其布尔标志重置为 false 来释放该标志。

我们使用 $\text{write}_A(x = v)$ 表示线程 A 将值 v 赋给字段 x 这一事件，使用 $\text{read}_A(x == v)$ 表示线程 A 从字段 x 读取 v 这一事件。例如，在图 2.4 中，第 7 行代码中的 lock() 方法引发事件 $\text{write}_A(\text{flag[i]} = \text{true})$。当值 v 无关紧要时，有时会忽略。

```
1   class LockOne implements Lock {
2     private boolean[] flag = new boolean[2];
3     // 线程本地索引，0或者1
4     public void lock() {
5       int i = ThreadID.get();
6       int j = 1 - i;
7       flag[i] = true;
8       while (flag[j]) {}          // 等待，直到 flag[j] == false
9     }
10    public void unlock() {
11      int i = ThreadID.get();
12      flag[i] = false;
13    }
14  }
```

图 2.4 LockOne 算法的伪代码

程序注释 2.3.1

实际上，图 2.4 中的布尔标志变量 flag 以及后面算法中使用的 victim 和 label 变量都必须声明为 volatile（易变性），这样程序才能正常工作。我们在将第 3 章和附录 B 中解释其原因。为了程序的可读性，目前我们暂时省略了 volatile 声明。我们将从第 7 章开始声明这些变量为 volatile。

引理 2.3.1　LockOne 算法满足互斥特性。

证明　假设 LockOne 算法不满足互斥特性。那么，线程 A 和线程 $B(A\neq B)$ 分别对应的临界区 CS_A 和 CS_B 存在重叠。考虑每个线程在进入临界区之前最后一次执行 lock() 方法的情形。通过观察代码我们发现：

$$\text{write}_A(\texttt{flag}[A]=\text{true}) \rightarrow \text{read}_A(\texttt{flag}[B]==\text{false}) \rightarrow CS_A$$
$$\text{write}_B(\texttt{flag}[B]=\text{true}) \rightarrow \text{read}_B(\texttt{flag}[A]==\text{false}) \rightarrow CS_B$$

注意，一旦将 flag[B] 设置为 true，它将保持为 true，直到线程 B 退出其临界区。由于临界区重叠，线程 A 必须在线程 B 设置为 true 之前读取 flag[B]。类似地，线程 B 必须在线程 A 将其设置为 true 之前读取 flag[A]。综上所述，我们得到：

$$\begin{aligned}&\text{write}_A(\texttt{flag}[A]=\text{true}) \rightarrow \text{read}_A(\texttt{flag}[B]==\text{false})\\&\quad\rightarrow \text{write}_B(\texttt{flag}[B]=\text{true}) \rightarrow \text{read}_B(\texttt{flag}[A]==\text{false})\\&\quad\rightarrow \text{write}_A(\texttt{flag}[A]=\text{true})\end{aligned}$$

因为“→”运算是偏序关系（事件不能先于自身），所以在“→”运算中存在有一个循环，从而产生了矛盾。证毕。□

LockOne 算法并不完美，因为如果两个线程交错执行，结果会产生死锁：如果 $\text{write}_A(\text{flag}[A]=\text{true})$ 和 $\text{write}_B(\text{flag}[B]=\text{true})$ 事件发生在 $\text{read}_A(\text{flag}[B])$ 和 $\text{read}_B(\text{flag}[A])$ 事件之前，那么这两个线程都将永远相互等待。然而，LockOne 算法有一个有趣的特性：如果一个线程在另一个线程之前运行，那么将不会发生死锁，一切运行良好。

2.3.2 LockTwo 类

另一种锁算法 LockTwo 类如图 2.5 所示。该算法使用单个 victim 字段来指示哪个线程应该让步。为了获取锁，一个线程将 victim 字段设置为自己的标识 ID，然后等待，直到另一个线程更改该字段。

```
class LockTwo implements Lock {
  private int victim;
  public void lock() {
    int i = ThreadID.get();
    victim = i;                // 让另一个线程先运行
    while (victim == i) {}     // 等待
  }
  public void unlock() {}
}
```

图 2.5　LockTwo 算法的伪代码

引理 2.3.2　LockTwo 算法满足互斥特性。

证明　假设 LockTwo 算法不满足互斥特性。那么，线程 A 和线程 $B(A\neq B)$ 分别对应的临界区 CS_A 和 CS_B 存在重叠。考虑每个线程在进入临界区之前最后一次执行 lock() 方法的情形。通过观察代码我们发现：

$$\text{write}_A(\texttt{victim}=A) \rightarrow \text{read}_A(\texttt{victim}==B) \rightarrow CS_A$$
$$\text{write}_B(\texttt{victim}=B) \rightarrow \text{read}_B(\texttt{victim}==A) \rightarrow CS_B$$

线程 B 必须在 $\text{write}_A(\text{victim}=A)$ 和 $\text{read}_A(\text{victim}=B)$ 之间将 B 赋值给 victim 字段，因此，

线程 B 必须在线程 A 之后对 victim 赋值。然而，根据同样的推理，线程 A 必须在线程 B 之后对 victim 赋值，因而产生了矛盾。证毕。 □

LockTwo 算法也并不完美，因为除非多个线程并发运行，否则也会产生死锁。不过，LockTwo 算法也有一个有趣的特性：如果多个线程并发运行，lock() 方法一定会成功。LockOne 算法和 LockTwo 算法彼此互补：每个算法在导致另一个死锁的情况下都能成功。

2.3.3 彼得森锁

我们结合 LockOne 算法和 LockTwo 算法构造了一个无饥饿特性的锁算法，如图 2.6 所示。这种算法被称为**彼得森算法**（Peterson's algorithm），以其发明者命名。可以说，彼得森算法是最简洁优雅的双线程互斥算法。

```
1  class Peterson implements Lock {
2    // 线程本地索引，0 或者 1
3    private boolean[] flag = new boolean[2];
4    private int victim;
5    public void lock() {
6      int i = ThreadID.get();
7      int j = 1 - i;
8      flag[i] = true;              // 我感兴趣（需要运行临界区）
9      victim = i;                  // 你先运行（让步使对方先运行临界区）
10     while (flag[j] && victim == i) {} // 等待
11   }
12   public void unlock() {
13     int i = ThreadID.get();
14     flag[i] = false;             // 我不感兴趣（不需要执行临界区）
15   }
16 }
```

图 2.6　彼得森锁算法的伪代码

引理 2.3.3　*彼得森锁算法满足互斥特性。*

证明　假设彼得森锁算法不满足互斥特性。如前所述，考虑线程 A 和线程 B 在进入重叠临界区 CS_A 和 CS_B 之前最后一次执行 lock() 方法的情形。通过观察代码我们发现：

$$\begin{aligned}&\text{write}_A(\texttt{flag}[A]=\text{true}) \to \text{write}_A(\texttt{victim}=A)\\&\to \text{read}_A(\texttt{flag}[B]) \to \text{read}_A(\texttt{victim}) \to CS_A\end{aligned} \tag{2.3.1}$$

$$\begin{aligned}&\text{write}_B(\texttt{flag}[B]=\text{true}) \to \text{write}_B(\texttt{victim}=B)\\&\to \text{read}_B(\texttt{flag}[A]) \to \text{read}_B(\texttt{victim}) \to CS_B\end{aligned} \tag{2.3.2}$$

在不失一般性的情况下，假设线程 A 是最后一个写入 victim 字段的线程，即

$$\text{write}_B(\texttt{victim}=B) \to \text{write}_A(\texttt{victim}=A) \tag{2.3.3}$$

公式（2.3.3）表明，线程 A 观察到公式（2.3.1）中 victim 为线程 A。既然线程 A 从未进入其临界区，那么它一定观察到 flag[B] 为 false，因此

$$\text{write}_A(\texttt{victim}=A) \to \text{read}_A(\texttt{flag}[B]==\text{false}) \tag{2.3.4}$$

结合公式（2.3.2）、公式（2.3.3）和公式（2.3.4），可以得出：

$$\begin{aligned}&\text{write}_B(\texttt{flag}[B]=\text{true}) \to \text{write}_B(\texttt{victim}=B)\\&\to \text{write}_A(\texttt{victim}=A) \to \text{read}_A(\texttt{flag}[B]==\text{false})\end{aligned} \tag{2.3.5}$$

根据“→”运算的传递性，$write_B(flag[B] = true) \rightarrow read_A(flag[B] == false)$。这一观察结果产生了矛盾，因为在临界区运行之前没有执行其他写入 flag[*B*] 的操作。证毕。 □

引理 2.3.4 *彼得森锁算法满足无饥饿特性。*

证明 假设彼得森锁算法不满足无饥饿特性，那么一定有线程一直在 lock() 方法中运行。假设（不失一般性）该线程是 *A*，则它必定在执行 while 语句，并等待 flag[*B*] 变为 false 或者 victim 被设置为 *B*。

当线程 *A* 停滞不前时，线程 *B* 在做什么呢？也许线程 *B* 在反复地进入和离开其临界区。如果是这样的话，那么线程 *B* 会在再次进入临界区之前将 victim 设置为 *B*。一旦 victim 被设置为 *B*，它就不会改变，线程 *A* 最终肯定会从 lock() 方法返回，因而产生了矛盾。

所以线程 *B* 也一定是在其 lock() 方法调用中被阻塞了，一直等到 flag[*A*] 变为 false 或者 victim 被设置为 *A*。但是 victim 不能同时是 *A* 和 *B*，因而产生了矛盾。证毕。 □

推论 2.3.5 *彼得森锁算法满足无死锁特性。*

2.4 关于死锁的说明

尽管彼得森锁算法满足无死锁特性（甚至还满足无饥饿特性），但是在使用多个彼得森锁（或者任何其他锁实现）的程序中可能会出现另一种类型的死锁。例如，假设线程 *A* 和线程 *B* 共享锁 l_0 和锁 l_1，并且线程 *A* 获取锁 l_0，线程 *B* 获取锁 l_1。如果线程 *A* 随后尝试获取锁 l_1，而线程 *B* 尝试获取锁 l_0，则两个线程都会死锁，因为每个线程都在等待另一个线程释放其锁。

在文献中，术语**死锁**（deadlock）有时被更狭义地用来指系统进入某种状态，在这种状态下线程无法继续执行。LockOne 算法和 LockTwo 算法容易受到这种死锁的影响：在这两种算法中，两个线程都会在各自的 while 循环中等待停滞。

上述死锁的狭义概念与**活锁**（livelock）不同。在活锁中，两个或者多个线程通过颠覆其他线程所执行的步骤来主动阻止彼此取得进展。当系统处于活锁状态而不是死锁状态时，通过某种方式来调度线程，系统能够取得进展（但通过另外某种方式来调度线程，系统不会有任何进展）。我们对无死锁特性的定义排除活锁以及这种死锁的狭义概念。

例如，考虑图 2.7 中的 Livelock 算法。（这是 1.2 节中描述的旗帜协议的变体，其中两个线程都遵循鲍勃的部分协议。）如果两个线程都执行 lock() 方法，它们可能会无限循环地重复以下步骤：

- 将它们各自的 flag 变量设置为 true。
- 检查另一个线程的 flag 值是否为真。
- 将各自的 flag 变量的值设置为 false。
- 检查另一个线程的 flag 值是否为 false。

由于存在这种可能的活锁，根据我们的定义，Livelock 算法并不满足无死锁特性。

但是，Livelock 算法并不会因为如上的狭义定义而产生死锁，因为总有一些方法可以调度线程，以便其中一个线程能够继续运行：如果一个线程的 flag 的值为 false，那么执行另一个线程，

```
1  class Livelock implements Lock {
2    // 线程本地索引，0或者1
3    private boolean[] flag = new boolean[2];
4    public void lock() {
5      int i = ThreadID.get();
6      int j = 1 - i;
7      flag[i] = true;
8      while (flag[j]) {
9        flag[i] = false;
10       while (flag[j]) {}          // 等待
11       flag[i] = true;
12     }
13   }
14   public void unlock() {
15     int i = ThreadID.get();
16     flag[i] = false;
17   }
18 }
```

图 2.7 可能会导致活锁的一种锁算法的伪代码

直到它退出循环并返回。如果两个线程的 flag 变量的值都为 true，那么执行其中一个线程，直到该线程将其 flag 的值设置为 false，然后按上述方法（即直到该线程返回为止）执行另一个线程。

2.5 过滤锁

过滤锁（filter lock）将彼得森锁泛化到 $n(n>2)$ 个线程，如图 2.8 所示。它创建 $n-1$ 个"等待室"，称为**级别**（level），每个线程在获取锁之前必须穿越所有的级别。级别的示意图如图 2.9 所示。所有的级别都必须满足如下两个重要特性：

- 至少有一个线程会尝试成功进入级别 ℓ。
- 如果有一个以上的线程试图进入级别 ℓ，则至少有一个线程会被阻塞（即继续等待，没有进入该级别）。

```
1  class Filter implements Lock {
2    int[] level;
3    int[] victim;
4    public Filter(int n) {
5      level = new int[n];
6      victim = new int[n]; // 使用 1,···,n-1
7      for (int i = 0; i < n; i++) {
8         level[i] = 0;
9      }
10   }
11   public void lock() {
12     int me = ThreadID.get();
13     for (int i = 1; i < n; i++) { // 尝试进入级别 i
14       level[me] = i;
15       victim[i] = me;
16       // 存在冲突时自旋
17       while ((∃k != me) (level[k] >= i && victim[i] == me)) {};
18     }
19   }
20   public void unlock() {
21     int me = ThreadID.get();
22     level[me] = 0;
23   }
24 }
```

图 2.8 过滤锁算法的伪代码

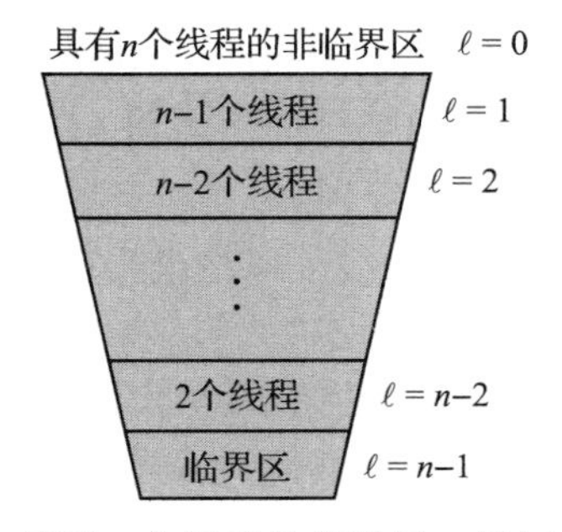

图 2.9 线程通过 $n-1$ 个级别，最后一个级别是临界区。最初，所有 n 个线程都处于第 0 级。最多 $n-1$ 个线程进入级别 1，最多 $n-2$ 个线程进入级别 2，依此类推，这样只有一个线程进入级别 $n-1$ 的临界区

彼得森锁使用一个二元布尔数组 flag 来表示线程是否正在试图进入临界区。过滤锁则使用一个 n 元整数数组 level[] 来泛化这个概念，其中 level[A] 的值表示线程 A 正在试图进入的最高级别。每个线程必须通过 n-1 个级别的**隔断**（exclusion）才能进入自己的临界区。每个级别 ℓ 都有一个不同的 victim[ℓ] 字段，用于“过滤出”一个线程，除非没有线程处于该级别或者更高级别，否则将其排除在该级别之外。

最初，线程 A 处于级别 0。当 level[A] = ℓ（即当它停止在该循环代码处等待时），并完成第 17 行代码的等待循环时，线程 A 进入 ℓ（$\ell>0$）级别。当线程 A 进入 n-1 级时，线程 A 进入其临界区。当线程 A 离开临界区时，它将 level[A] 设置为 0。

引理 2.5.1　*对于 0 和 n-1 之间的整数 j，最多 $n-j$ 个线程可以进入第 j 级（并且随后并未退出临界区）。*

证明　我们使用归纳法来证明本引理对 j 成立。在基本情况下（$j=0$），结论是显而易见的。对于归纳步骤，假设对 j-1 最多 $n-j+1$ 个线程可以进入级别 $j-1$。为了证明对 j 至少有一个线程没有进入级别 j，我们采用反证法进行论证。假设 $n-j+1$ 线程可以进入级别 j。由于 $j\leqslant n-1$，则必须至少存在两个这样的线程。

假设线程 A 是最后一个写入 victim[j] 的线程。由于 victim[j] 仅被进入级别 j-1 的线程写入，因此线程 A 必须已经进入级别 j，并且，根据归纳假设，每个进入级别 j-1 的线程也都进入了级别 j。假设线程 B 是除线程 A 之外的任何已进入级别 j 的线程。通过观察代码，我们注意到在线程 B 进入级别 j 之前，它首先将 j 写入 level[B]，然后将 B 写入 victim[j]。由于线程 A 是最后一个写入 victim[j] 的线程，因此

$$\text{write}_B(\texttt{level}[B]=j) \rightarrow \text{write}_B(\texttt{victim}[j]) \rightarrow \text{write}_A(\texttt{victim}[j])$$

我们还注意到线程 A 在写入 victim[j] 后读取 level[B]（第 17 行代码），因此

$$\begin{aligned}&\text{write}_B(\texttt{level}[B]=j) \rightarrow \text{write}_B(\texttt{victim}[j])\\ &\rightarrow \text{write}_A(\texttt{victim}[j]) \rightarrow \text{read}_A(\texttt{level}[B])\end{aligned}$$

因为线程 B 已经进入了级别 j，所以每次当线程 A 读取 level[B] 时，它都会读取到一个大于或等于 j 的值，而且由于 victim[j] = A（因为线程 A 是最后一个写入该值的线程），线程 A 不可能完成第 17 行代码处的等待循环，因此产生了矛盾。证毕。□

推论 2.5.2　*过滤锁算法满足互斥特性。*

证明　进入临界区等同于进入级别 n-1，因此最多有一个线程进入临界区。证毕。□

引理 2.5.3　*过滤锁算法满足无饥饿特性。*

证明　我们使用归纳法来证明本引理对 j 成立。每个进入级别 $n-j$ 的线程最终都会进入和离开临界区（假设它不断地进行尝试，并且每个进入临界区的线程最终都离开临界区）。在基本情况下（$j=1$），结论是显而易见的，因为级别 n-1 是临界区。

对于归纳步骤，我们假设每个进入级别 $n-j$ 或者更高级别的线程最终都进入和离开临界区，并且证明每个进入级别 $n-j-1$ 的线程最终也会进入和离开临界区。

为了采用反证法来证明，假设线程 A 已进入级别 $n-j-1$ 并被阻塞。根据归纳假设，它永远不会进入级别 $n-j$，因此它必须被困在第 17 行代码处，level[A] = $n-j$ 并且 victim[n-j] = A。在线程 A 写入 victim[$n-j$] 之后，没有其他线程进入级别 $n-j-1$，因为任何进入该级别的线程都会覆盖 victim[$n-j$]，从而允许线程 A 进入级别 $n-j$。此外，任何其他试图进入级别 $n-j$ 的线程 B 最终都会成功，因为 victim[$n-j$] = $A\neq B$，因此最终除了线程 A 之外没有线程试图进入 $n-j$。此外，根据归纳假设，任何进入级别 $n-j$ 的线程都将进入和离开临界区，

并将其级别设置为0。在某个时间点，线程 A 是唯一进入级别 $n-j-1$ 但未进入和离开临界段的线程。特别是，在这个时间点之后，对于除了线程 A 之外的每个线程 B，level[B]$<n-j$，因此线程 A 可以进入级别 $n-j$，由此产生了矛盾。证毕。 □

推论 2.5.4 过滤锁算法满足无死锁特性。

2.6 公平性

无饥饿特性保证调用 lock() 方法的每个线程最终都会进入临界区，但它不能保证这个过程所需要的时间，也不能保证锁对试图获取它的所有线程都是“公平的”。例如，虽然过滤锁算法满足无饥饿特性，但某个试图获取锁的线程可能会被另一个线程任意多次超越。

理想情况下（非形式化地），如果线程 A 在线程 B 之前调用 lock() 方法，那么线程 A 应该在线程 B 之前进入临界区。也就是说，锁应该是“先到先服务”。但是，使用目前介绍的工具，我们无法确定哪个线程先调用 lock() 方法。

为了定义公平性，我们将 lock() 方法的代码分为两个部分：**入口**（doorway）区和**等待**（waiting）区，其中入口区的代码总是在有限的步骤数内完成（等待区的代码则可能需要无限多个步骤）。也就是说，在调用 lock() 方法之后，线程可以在有限步骤数内完成入口区的代码。

确保可以在有限步数内完成的代码段称为**有界无等待**（bounded wait-free）。有界无等待特性是一个很强的进程需求，不包含循环语句的代码可以满足该需求。在后面的章节中，我们将讨论如何在包含有循环语句的代码中提供此特性。根据这个定义，我们定义了以下的公平特性。

定义 2.6.1 如果一个锁的 lock() 方法可以拆分为一个有界无等待的入口区代码，后跟一个等待区代码，这样的锁被称为**先到先服务**（first-come-first-served）锁。若线程 A 在线程 B 开始执行其入口区代码之前就完成了自己的入口区代码，线程 A 就不会被线程 B 超越。也就是说，对于任何线程 A 和线程 B 以及整数 j 和整数 k，满足：

$$\text{如果 } D_A^j \rightarrow D_B^k\text{，那么 } CS_A^j \rightarrow CS_B^k$$

其中 D_A^j 和 CS_A^j 分别是线程 A 执行第 j 次调用 lock() 方法时执行入口区代码的时间间隔及第 j 次临界区的时间间隔。

请注意，任何满足无死锁特性和先到先服务的算法也满足无饥饿特性。

2.7 兰波特的面包房锁算法

对于包含 n 个线程的互斥问题，最优雅的解决方案也许是**面包房（Bakery）锁算法**，如图2.10所示。该算法通过使用面包房中常见的取号机的分布式版本来保证“先到先服务”的特性：每个线程在入口区取得一个序号，然后等待，直到没有具有较早序号的线程试图进入临界区。

在面包房锁算法中，flag[A] 是一个布尔型标志，它表示线程 A 是否想要进入临界区，而 label[A] 是一个整数，用于表示线程 A 进入面包房时的相对次序。为了获取锁，线程首先将其 flag 标志设置为 true（即升起标志），然后读取所有线程的标签值（按任意次序）并生成一个大于它读取的所有标签的标签值（当前最大标签值 +1）。从调用 lock() 方法到写入新标签值（第14行）的这一段代码就是**入口区**（doorway）：入口区代码确立了线程相对于其他试图获取锁的线程的次序。同时执行其入口区代码的任意两个线程都可能会读取到相同的标签值并选择相同的新标签值。为了打破这种对称性，该算法在标签和线程 ID 上定义了一种字典序 << 来进行大小比较：

```
1  class Bakery implements Lock {
2    boolean[] flag;
3    Label[] label;
4    public Bakery (int n) {
5      flag = new boolean[n];
6      label = new Label[n];
7      for (int i = 0; i < n; i++) {
8         flag[i] = false; label[i] = 0;
9      }
10   }
11   public void lock() {
12     int i = ThreadID.get();
13     flag[i] = true;
14     label[i] = max(label[0], ··· ,label[n-1]) + 1;
15     while ((∃k != i)(flag[k] && (label[k],k) << (label[i],i))) {};
16   }
17   public void unlock() {
18     flag[ThreadID.get()] = false;
19   }
20 }
```

图 2.10　面包房锁算法的伪代码

$$(\mathsf{label}[i], i) \ll (\mathsf{label}[j], j)$$
$$\text{当且仅当} \qquad (2.7.1)$$
$$\mathsf{label}[i] < \mathsf{label}[j] \text{ 或者 } \mathsf{label}[i] = \mathsf{label}[j] \text{ 并且 } i < j$$

在面包房锁算法的等待区（第 15 行代码），每个线程以任意次序重复读取其他线程的标志和标签值，直到它确定没有一个具有升起标志的线程具有按字典序排列更小的 label/ID 对。

由于释放锁并不会重置 label[]，所以很容易看到每个线程的标签值都是严格单调递增的。有趣的是，在入口区代码和等待区代码处，所有线程可以任意地按异步方式读取标签值。例如，在选择新标签之前所看到的标签集可能从未在同一时刻存在于存储器中。尽管如此，面包房锁算法依然有效。

引理 2.7.1　*面包房锁算法满足无死锁特性。*

证明　对于那些正在等待的线程，其中必定存在某个线程 A 具有唯一的最小 (label[A], A) 对，并且该线程从不需要等待另一个线程。证毕。　□

引理 2.7.2　*面包房锁算法满足先到先服务的特性。*

证明　如果线程 A 的入口区代码位于线程 B 的入口区代码之前，那么线程 A 的标签值必定小于线程 B 的标签值，因为：

$$\text{write}_A(\mathsf{label}[A]) \rightarrow \text{read}_B(\mathsf{label}[A]) \rightarrow \text{write}_B(\mathsf{label}[B]) \rightarrow \text{read}_B(\mathtt{flag}[A])$$

因此当 flag[A] 为真时，线程 B 被锁定。证毕。　□

推论 2.7.3　*面包房锁算法满足无饥饿特性。*

证明　根据引理 2.7.1 和 2.7.2，任何满足无死锁特性和先到先服务特性的锁算法也满足无饥饿特性。证毕。　□

引理 2.7.4　*面包房锁算法满足互斥特性。*

证明　假设面包房锁算法不满足互斥特性。设线程 A 和线程 B 是临界区上同时存在的两个线程，并且满足 (label[A], A) << (label[B], B)。假设 labeling_A 和 labeling_B 分别是在进入临界区之前获取新标签值的最后一个序列（第 14 行代码）。为了完成其等待区代码，线程

B 必须读到 flag[A] 的值为 false 或者 (label[B]，B) << (label[A]，A)。但是，对于一个给定的线程而言，它的 ID 是固定的，并且它的 label[] 值是严格单调递增的，所以线程 B 读取的 flag[A] 一定是 false。因此：

$$\text{labeling}_B \rightarrow \text{read}_B(\text{flag}[A] == \textit{false}) \rightarrow \text{write}_A(\text{flag}[A] = \text{true}) \rightarrow \text{labeling}_A$$

这与假设 (label[A]，A) << (label[B]，B) 产生了矛盾。证毕。 □

2.8 有界时间戳

请注意，面包房锁算法的标签值将无限增长，因此在一个长时间运行的系统中，我们不得不考虑溢出问题。如果某个线程的 label 字段在其他线程不知情的情况下从一个大的数字溢出并清零，那么将不再满足先到先服务的特性。

在后续章节中，我们将讨论如何使用计数器对线程排序，甚至可以为每个线程生成唯一的 ID。在实际应用中，溢出问题的严重程度究竟如何？很难一概而论，有的时候其后果非常严重。在 20 世纪的最后几年，著名的“千年虫”引起了媒体的关注，这是一个真实的溢出问题典型示例，即使其引发的后果并不像预测的那样可怕。2038 年 1 月 19 日，即自 1970 年 1 月 1 日以来的秒数超过 2^{31} 秒时，UNIX 系统的 time_t 数据结构将溢出。没有人知道这是否会带来严重的后果。当然，有的时候计数器的溢出并不会产生什么大问题。例如，大多数使用 64 位计数器的应用程序可以持续运行足够长的时间，不太可能会发生这种溢出清零事件。（让我们的子孙后代们去担心吧！）

在面包房锁算法中，标签充当**时间戳**（timestamp）的角色：它们在争用线程之间建立一个次序。通俗地说，我们需要确保如果一个线程在另一个线程之后得到一个标签值，那么第二个线程得到的标签值会比第一个线程得到的标签值大。仔细回顾面包房锁算法的代码，可以观察到每个线程需要具备两种能力：

- 读取其他线程的时间戳（**扫描**）。
- 为自己分配一个更晚的时间戳（**标记**）。

实现该时间戳系统的一种 Java 接口如图 2.11 所示。由于有界时间戳系统主要用于实现 Lock 类的入口区代码，所以时间戳系统必须满足无等待特性。构建这样一个无等待的并发时间戳系统是可行的（参见章节注释），但是构建过程比较耗时并且需要一定的技巧。相反，我们关注一个相对简单一点的问题，仅考虑其自身的正确性：构建一个**串行**（sequential）的时间戳系统。在该系统中，所有线程严格按照顺序一个接着一个执行**扫描**（scan）操作和**标记**（label）操作，就像每个线程都是使用互斥方式来完成的。换而言之，我们只考虑一个线程可以执行对其他线程的所有标签进行一次性扫描操作（或者一次扫描），然后分配一个新的标签。其中每个这样的操作序列都是一个单独的原子操作步骤。虽然并发时间戳系统和串行时间戳系统的实现细节差别很大，但它们的基本原理本质上是相同的。

```
1  public interface Timestamp {
2    boolean compare(Timestamp);
3  }
4  public interface TimestampSystem {
5    public Timestamp[] scan();
6    public void label(Timestamp timestamp, int i);
7  }
```

图 2.11 一个时间戳系统的接口

可以把所有可能取值的时间戳看作有向图（称为**前驱图**或者**优先图**（precedence graph））中的节点。从节点 a 到节点 b 的边意味着 a 的时间戳比 b 的时间戳要晚。时间戳的次序是**非自反的**（irreflexive）：不存在从任何节点 a 出发再回到其自身的边。时间戳的次序也是**反对称的**（antisymmetric）：如果存在从 a 到 b 的边，那么一定不存在从 b 到 a 的边。我们并不要求时间戳的次序是**可传递的**（transitive）：虽然存在一条从 a 到 b 的边和一条从 b 到 c 的边，但并不一定意味着存在一条从 a 到 c 的边。

将一个时间戳分配给一个线程可以看作将该线程的令牌放在该时间戳的节点上。一个线程通过定位其他线程的令牌来执行扫描操作，然后通过将自己的令牌移动到节点 a 来为自己分配一个新的时间戳，以便从 a 到每个其他线程的节点都存在一条边。

实际的程序设计中，我们可以使用一个单写入 / 多读取字段组成的数组来实现这种系统，其中每个线程 A 都对应一个元素，表示最近分配给它的令牌的节点。scan() 方法获取该数组的一个“快照”，线程 A 的 label() 方法更新线程 A 所对应的数组元素。

图 2.12 说明了面包房锁算法中使用的无界时间戳系统的前驱关系图。不出所料，该图是无界的：每一个自然数都对应一个节点，当 $a>b$ 时，存在一条从节点 a 到节点 b 的有向边。

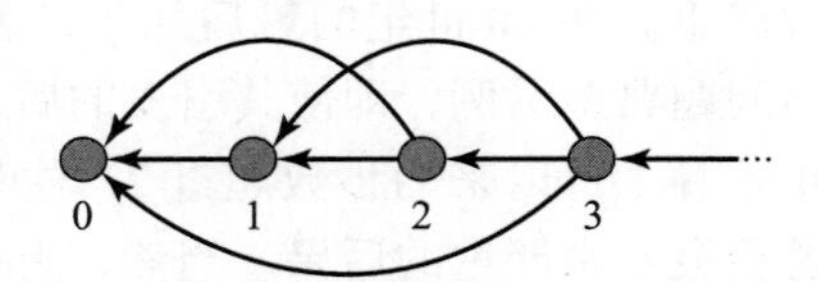

图 2.12　无界时间戳系统的前驱图。节点表示所有自然数的集合，边表示它们之间的全序关系

考虑图 2.13 所示的前驱图 T^2。该图中有三个节点，分别标记为 0、1 和 2，其中边定义了节点间的次序关系：0 小于 1，1 小于 2，2 又小于 0。如果只有两个线程，那么我们可以使用这个图来定义一个有界（串行）时间戳系统。该系统满足以下不变性：两个线程的令牌总是放在相邻的节点上，边的方向指示它们的相对次序。假设线程 A 的令牌在节点 0 上，线程 B 的令牌在节点 1 上（因此线程 B 的时间戳比线程 A 的时间戳稍晚）。对于线程 B，label() 方法很简单：它已经有了最晚的时间戳，所以不做任何动作。对于线程 A 而言，label() 方法通过从 0 跳到 2 来“跳过”线程 B 的节点。

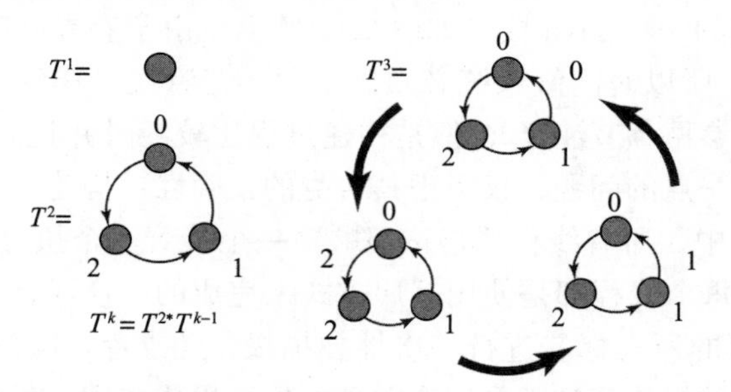

图 2.13　有界时间戳系统的前驱图。初始时节点 12（子图 1 中的节点 2）上有一个令牌 A，节点 21 和 22（子图 2 中的节点 1 和 2）上有令牌 B 和令牌 C。令牌 B 将移动到节点 20 来支配其他令牌。然后令牌 C 将移动到节点 21 来支配其他令牌，并且令牌 B 和令牌 C 可以继续在 T^2 子图 2 中循环。如果令牌 A 要移动以支配令牌 B 和令牌 C，那么它无法在子图 2 中挑选出一个节点，因为子图 2 已经满了（任何 T^k 子图最多可以容纳 k 个令牌）。于是，令牌 A 移动到节点 00。如果令牌 B 现在要移动，它将选择节点 01，令牌 C 将选择节点 10，以此类推

回想一下，有向图中的**环**（cycle）是指一系列节点 n_0，n_1，…，n_k，其中存在从 n_0 到 n_1，从 n_1 到 n_2，最终从 n_{k-1} 到 n_k，再从 n_k 回到 n_0 的边。

图 T^2 中唯一的环的长度为3，并且只有两个线程，因此线程之间的次序始终是明确的。如果要拓展到两个线程以上，我们需要额外的概念工具。设 G 是一个前驱图，A 和 B 是 G 的子图（可能是单节点子图）。如果 A 中的每个节点都有指向 B 中的所有节点的边，则称图 G 中的 ***A* 支配**（dominate）***B***。假设**图的乘法**（graph multiplication）定义为图的以下不可交换的复合运算（记为 $G \circ H$）：

将 G 的每个节点 v 替换为 H 的一个副本（表示为 H_v），如果图 G 中的 v 支配 u，则在 $G \circ H$ 中 H_v 支配 H_u。

图 T^k 的递归定义如下：

1. T^1 是一个单节点。
2. T^2 是前面定义的三节点图。
3. 对于 $k>2$，$T^k=T^2 \circ T^{k-1}$。

例如，图 T^3 如图2.13所示。

前驱图 T^n 是 n 线程有界序列时间戳系统的基础。我们可以采用三进制，通过 $n-1$ 位数字对 T^n 图中的任何节点进行“编址”。例如，图 T^2 中的节点被编址为0、1和2。图 T^3 中的节点被编址为00，01，…，22，其中高位数字表示三个子图中的一个子图，低位数字表示对应子图中的一个节点。

理解 n 线程标记算法的关键是被令牌所覆盖的节点永远不会形成一个环。如前所述，两个线程在 T^2 上永远不会形成一个环，因为 T^2 中最短的环至少需要三个节点。

对于三个线程，label() 方法是如何工作的呢？当 A 调用 label() 方法时，如果其他两个线程在同一个 T^2 子图上都有令牌，则令牌将移动到下一个最高 T^2 子图中的某个节点上，该子图的所有节点支配前面的 T^2 子图。例如，考虑如图2.13所示的图 T^3。假设初始状态没有闭环的情况，其中节点12（子图1中的节点2）上有令牌 A，节点21和22（子图2中的节点1和节点2）上有令牌 B 和 C。令牌 B 将移动到节点20以支配所有其他令牌。然后令牌 C 将移动到节点21来支配所有其他令牌，并且令牌 B 和令牌 C 可以继续在 T^2 子图2中无限循环。如果令牌 A 要移动到可以支配令牌 B 和令牌 C 的位置，那么令牌 A 不能在子图2中选择某个节点，因为子图2已经满了（任何 T^k 子图最多可以容纳 k 个令牌）。令牌 A 因此移动到节点00。如果令牌 B 接着要移动，它将选择节点01，令牌 C 将选择节点10，依此类推。

2.9 存储单元数量的下界

面包房锁算法具有简洁、典雅并且公平的特性。然而，为什么该算法并不实用呢？其主要缺点是需要读取和写入 n 个不同的存储单元，其中 n 是并发线程的最大数量（可能会非常大）。

是否存在一种更好的基于读取和写入存储器并且可以避免这种开销的智能锁算法呢？接下来我们将证明答案是否定的。也就是说，任何满足无死锁特性的互斥算法，在最坏的情况下都需要分配并读取或者写入至少 n 个不同的存储单元。这个结论是至关重要的：它促使我们在多处理器中增加一些比读取和写入更强大的同步操作功能，并将它们作为互斥算法的基础。我们将在后面的章节讨论更实用的互斥算法。

在本节中，我们将研究为什么这种线性边界是互斥问题固有的特性。可以观察到，仅仅由**读取**（read）指令或者**写入**（write）指令（通常称为**加载**（load）和**存储**（store））访问的存储单元具有以下限制：由某个线程写入一个给定存储单元的信息，在其他线程读取其内容之前，可能会被**覆盖**（overwritten，或者称为重写）。

为了完成证明，首先讨论给定的多线程程序使用的所有存储器的状态。一个对象的**状态**

(state)就是该对象字段的状态。一个线程的**局部状态**(local state)就是其程序计数器和局部变量的状态。**全局状态**(global state)或者**系统状态**(system state)包含所有对象的状态以及所有线程的局部状态。

定义 2.9.1 当某个线程处于临界区时，一个 Lock 对象的状态 s 在任意全局状态下都是不一致的。但当全局状态中没有线程处于临界区或者试图进入临界区时，该锁的状态与全局状态相符。

引理 2.9.2 满足无死锁特性的 Lock(锁)算法不可能进入不一致状态。

证明 假设 Lock 对象处于不一致的状态 s，其中某个线程 A 处于临界区。如果线程 B 试图进入临界区，它最终会成功，因为算法满足无死锁特性，并且线程 B 不能确定线程 A 在临界区，这就导致了矛盾。证毕。 □

任何解决无死锁互斥的锁算法都必须有 n 个不同的存储单元。此处，我们只考虑三个线程的情况，说明被三个线程访问的无死锁特性的锁算法必须使用三个不同的存储单元。

定义 2.9.3 一个 Lock(锁)对象的**覆盖状态**(covering state)是指至少有一个线程将要写入每个共享存储单元，但该锁对象的存储单元“看起来”似乎临界区是空的(也就是说，这些存储单元的状态看起来好像没有任何线程位于临界区或者试图进入临界区)。

定理 2.9.4 任何通过读取和写入存储器的方式来解决三个线程无死锁互斥的锁算法都必须使用至少三个不同的存储单元。

证明 采用反证法的方式，假设存在一个只使用两个存储单元解决三线程无死锁问题的锁算法。在初始状态 s 中，没有一个线程处于临界区或者试图进入临界区。如果我们单独运行任何一个线程，那么它必须在进入临界区之前至少写入一个存储单元，否则 s 是一个不一致的状态。因此，每个线程在进入临界区前必须至少写入一个存储单元。如果共享存储单元是面包房锁算法中单个线程写入的存储单元，那么很显然需要三个不同的存储单元。

接下来考虑多个线程写入的存储单元，例如彼得森锁算法中 victim 数组的元素(图 2.6)。假设我们可以使系统进入覆盖锁状态 s，其中线程 A 和线程 B 覆盖不同的存储单元。考虑从图 2.14 所示的状态 s 开始，存在以下可能的执行方式。

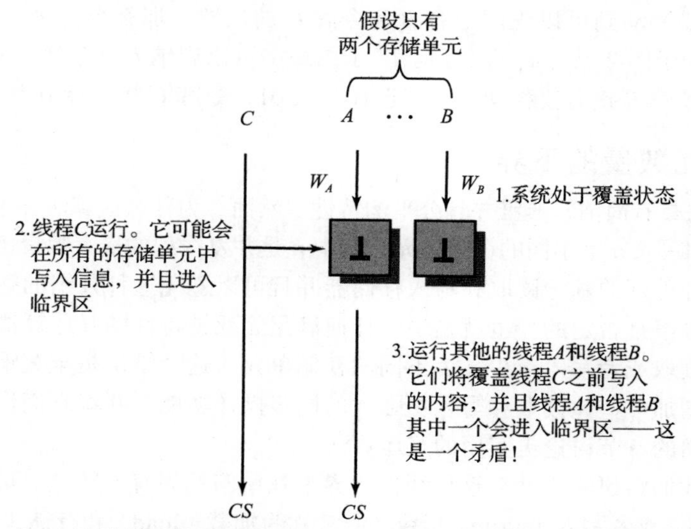

图 2.14 对两个存储单元使用覆盖状态会产生矛盾。最初两个存储单元都为空值⊥

让线程 C 单独运行。由于锁算法满足无死锁特性，线程 C 将最终进入临界区。然后让线程 A 和线程 B 分别更新它们所覆盖的存储单元，使锁对象处于状态 s' 中。

状态 s' 是不一致的，因为没有一个线程可以判断线程 C 是否处于临界区。因此，一个锁不可能位于两个不同的内存单元。

接下来还需要讨论如何设法使线程 A 和线程 B 进入覆盖状态。考虑这样一种执行方法，其中线程 B 反复三次进入了临界区。每一次进入临界区，线程 B 都必须写入某个存储单元，因此在线程 B 尝试进入临界区时，请考虑它所写入的第一个存储单元。由于只有两个存储单元，线程 B 必须两次写入同一个存储单元。我们把这个存储单元称为 L_B。

让线程 B 继续运行，直到它准备好第一次写入存储单元 L_B。如果线程 A 现在正在运行，那么线程 A 将进入临界区，因为线程 B 没有写入任何信息。线程 A 在进入临界区之前必须写入 L_A。否则，如果线程 A 只写入 L_B，就让线程 A 进入临界区，并且让线程 B 写入 L_B（覆盖线程 A 最后一次写入的信息）。这个结果将是一个不一致的状态：因为线程 B 无法判断线程 A 是否在临界区内。

让线程 A 继续运行，直到它准备好写入存储单元 L_A。此状态可能不是一个覆盖状态，因为线程 A 可能已经 L_B 向写入了某些信息，并向线程 C 指示它正在尝试进入临界区。让线程 B 继续运行，覆盖线程 A 可能写入 L_B 的任何信息，并且最多进入和离开临界区三次，而且在第二次写入 L_B 之前停止。请注意，每次线程 B 进入和离开临界区时，不管它在存储单元写入什么信息，这都无关紧要。

在这种状态下，线程 A 将要写入 L_A，线程 B 将要写入 L_B，没有任何一个线程试图进入或者处于临界区，因此这些存储单元保持一致，这正好满足覆盖状态所需的情形。图 2.15 说明了这种情况。证毕。 □

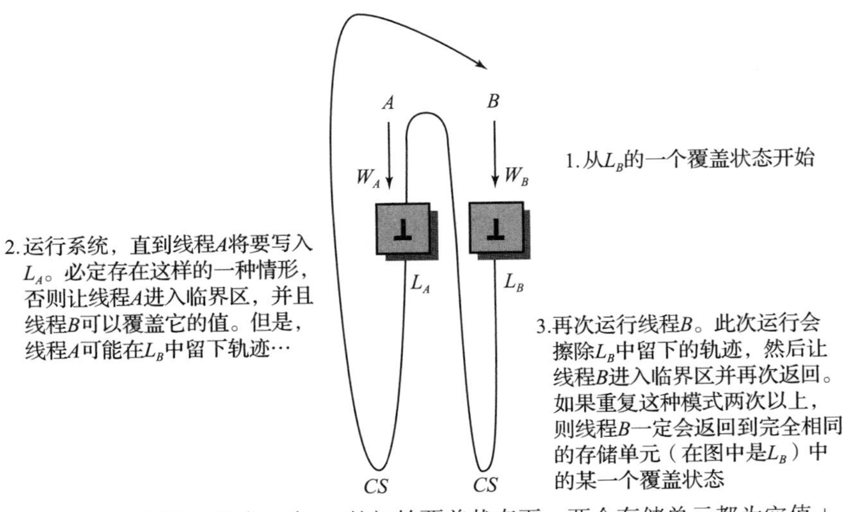

图 2.15 达到覆盖状态。在 L_B 的初始覆盖状态下，两个存储单元都为空值⊥

可以扩展以上论证来证明 n 线程无死锁互斥需要 n 个不同的存储单元。因此，彼得森锁算法和面包房锁算法是最优的（在不变的因素下）。但是，这两种算法都需要为每个锁分配 n 个存储单元，因此都不是很实用。

上述证明说明了读取和写入操作固有的局限性：由一个线程写入的信息可能会在没有被任何其他线程读取之前又被重写。当我们在本书后续章节讨论其他算法时，将会回顾这个限制。

如后续章节所述，现代计算机体系结构提供了专门的指令，可以克服读取指令和写入指令的“重写”限制，并且允许只使用固定数量存储单元的 n 线程锁的实现方式。然而，真正有效地利用这些指令来解决互斥问题绝非易事。

2.10　章节注释

Isaac Newton 关于时间流动的观点出自他所撰写的著名的《原理》一书[135]。形式化的符号“→”要归功于 Leslie Lamport[101]。本章的前三个算法归功于 Gary Peterson，他在 1981 年发表的一篇两页纸的文章中[138]提出了这些算法。本章介绍的面包房锁算法是 Leslie Lamport[100]对原始面包房锁算法的简化。串行时间戳算法源于 Amos Israeli 和 Ming Li[85]，他们提出了有界时间戳系统的概念。Danny Dolev 和 Nir Shavit[39]研发了第一个有界并发时间戳系统。其他的有界时间戳系统还包括 Sibsankar Haldar 和 Paul Vitányi[56]，以及 Cynthia Dwork 和 Orli Waarts[42]所提出的方案。锁字段数量的下限是由 Jim Burns 和 Nancy Lynch[24]提出的。他们的证明技术被称为**覆盖论证法**（covering argument），被广泛用于证明分布式计算中的下界问题。有兴趣的读者可以在 Michel Raynal[147]的经典著作中找到更多关于互斥算法的历史综述。

2.11　练习题

练习题 2.1　对于一个互斥算法，如果存在一种方法来定义一个入口，并且满足当 $D_A^j \rightarrow D_B^k$ 时 $CS_A^j \rightarrow CS_B^{k+r}$，那么该互斥算法提供 r **有界等待**（r-bounded waiting）。请问对于某个 r 值，彼得森锁算法是否提供 r 有界等待？

练习题 2.2　为什么我们必须定义**入口区**（doorway section）代码，而不是根据 lock() 方法中第一条指令的执行顺序来定义互斥算法中的先到先服务？根据 lock() 方法执行第一条指令的方式——对不同的存储单元或者相同的存储单元进行读取或者写入，逐一地具体分析和证明你的结论。

练习题 2.3　Flaky 计算机公司的程序员设计了一个如图 2.16 所示的协议，以实现 n 线程互斥。对于以下每个问题，要么给出证明，要么给出一个反例。

- 该协议是否满足互斥特性？
- 该方案是否满足无饥饿特性？
- 该协议是否满足无死锁特性？
- 该协议是否满足无活锁特性？

练习题 2.4　解释为什么过滤锁允许某些线程任意次数地超过其他线程？

练习题 2.5　考虑彼得森锁算法的一个变体，我们修改了 unlock() 方法，如图 2.17 所示。改进后的算法是否满足无死锁特性？是否满足无饥饿特性？请给出证明，说明为什么它同时满足这两个特性，或者给出一个反例。

```
1  class Flaky implements Lock {
2    private int turn;
3    private boolean busy = false;
4    public void lock() {
5      int me = ThreadID.get();
6      do {
7        do {
8          turn = me;
9        } while (busy);
10       busy = true;
11     } while (turn != me);
12   }
13   public void unlock() {
14     busy = false;
15   }
16 }
```

图 2.16　练习题 2.3 中使用的 Flaky 锁算法

```
1  public void unlock() {
2    int i = ThreadID.get();
3    flag[i] = false;
4    int j = 1 - i;
5    while (flag[j] == true) {}
6  }
```

图 2.17　练习题 2.5 中使用的彼得森锁算法改进的 unlock() 方法

练习题 2.6 泛化扩展双线程彼得森锁的另一种方法是在一棵二叉树中安排多个双线程彼得森锁。假设 n 是 2 的幂。为每个线程分配一个叶子锁，该锁可以与另一个线程共享。每个锁将一个线程视为线程 0，另一个线程视为线程 1。

在树 - 锁的请求方法中，某个线程获取从该线程的叶子到根的所有双线程彼得森锁。在树 - 锁的释放方法中，从根到叶子释放线程所获得的每一个双线程彼得森锁。在任何时候，每个线程都可以被延迟有限的时间。(换句话说，线程可以打盹小憩，甚至休假，但它们不会死机。) 对于以下每个特性，要么给出证明，证明特性成立；要么描述一个（可能是无限的）执行反例，该反例违反了相应的特性：

- 互斥特性。
- 无死锁特性。
- 无饥饿特性。

在一个线程开始请求树 - 锁到成功获取树 - 锁之间，树 - 锁可以被请求和释放的次数有上限吗？

练习题 2.7 ℓ 互斥问题是无饥饿互斥问题的一个变体，它有如下两个变化：在同一个时刻，最多有 ℓ 个线程可能处于临界区；在临界区内，可能有小于 ℓ 个线程会失败（停止）。

ℓ 互斥问题的实现必须满足以下条件：

- **ℓ 互斥**（ℓ-exclusion）：在任何时候，最多 ℓ 个线程可能同时处于临界区内。
- **ℓ 无饥饿特性**（ℓ-starvation-freedom）：只要处于临界区的线程少于 ℓ 个，那么一些想要进入临界区的线程最终会成功（即使临界区中的某些线程已经停止）。

请修改 n 线程过滤互斥算法，以解决 ℓ 互斥问题。

练习题 2.8 在实践应用中，几乎所有的锁请求都是无争用的，因此最实用的锁的性能度量方式是当没有其他线程同时尝试请求锁时，一个线程请求锁所需的步骤数。

Cantaloupe-Melon 大学的科学家设计了针对任意锁的“包装器”，如图 2.18 所示。他们声称，如果基本的 Lock 类提供互斥并且满足无饥饿特性，那么 FastPath 锁也同样具有这两个特性，但是在没有争用的情况下，可以通过固定的执行步骤来获取该锁。请给出此结论正确性的证明，或者给出一个反例。

```
1  class FastPath implements Lock {
2    private Lock lock;
3    private int x, y = -1;
4    public void lock() {
5      int i = ThreadID.get();
6      x = i;                      // 我在这
7      while (y != -1) {}          // 锁被释放了吗?
8      y = i;                      // 又是我吗?
9      if (x != i)                 // 我还在这儿吗?
10       lock.lock();              // 慢速路径
11   }
12   public void unlock() {
13     y = -1;
14     lock.unlock();
15   }
16 }
```

图 2.18 练习题 2.8 中使用的快速路径互斥算法

练习题 2.9 假设 n 个线程调用 Bouncer 类的 visit() 方法，如图 2.19 所示。请证明以下结论：

- 最多只有一个线程获得值 STOP。
- 最多有 n-1 个线程获得值 DOWN。
- 最多 n-1 个线程获得值 RIGHT。(注意，最后两个证明并不是对称的。)

练习题 2.10　到目前为止，我们假设所有 n 个线程都有一个较小值的唯一标识码。下面是一种为线程分配较小值的唯一标识码的方法。在一个三角形矩阵中排列 Bouncer 对象，每个 Bouncer 都有一个标识码，如图 2.20 所示。每个线程从访问 Bouncer 0 开始。如果线程获取值 STOP，那么该线程就停下来。如果线程获取值 RIGHT，那么该线程就访问 1。如果线程获取值 DOWN，那么该线程就访问 2。一般来说，如果一个线程获取值 STOP，那么该线程就会停止。如果线程获取值 RIGHT，那么该线程访问该行的下一个 Bouncer。如果线程获取值 DOWN，那么该线程访问该列中的下一个 Bouncer。每个线程都获取它停止时的 Bouncer 对象的标识码。

- 证明每个线程最终都会停在某个 Bouncer 对象上。
- 如果事先知道线程的总数 n，那么在数组中需要多少个 Bouncer 对象？

```
1  class Bouncer {
2    public static final int DOWN = 0;
3    public static final int RIGHT = 1;
4    public static final int STOP = 2;
5    private boolean goRight = false;
6    private int last = -1;
7    int visit() {
8      int i = ThreadID.get();
9      last = i;
10     if (goRight)
11       return RIGHT;
12     goRight = true;
13     if (last == i)
14       return STOP;
15     else
16       return DOWN;
17   }
18 }
```

图 2.19　练习题 2.9 的 Bouncer 类的实现

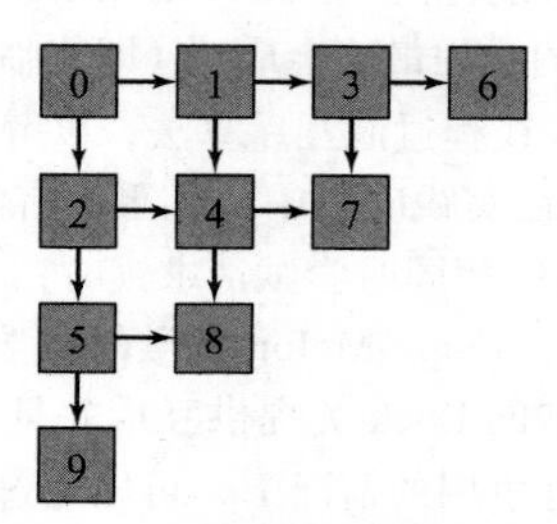

图 2.20　练习题 2.10 的 Bouncer 对象的数组布局

练习题 2.11　通过列举反例的方式来证明，对于一个串行时间戳系统 T^3，如果从一个有效状态开始（标签之间没有环路），该系统并不支持三个线程的并发。注意，可以允许存在两个相同的标签，因为可以使用线程标识码来破坏这种联系。所列举的反例应该显示这样一个执行状态，其中三个标签并不满足全序关系。

练习题 2.12　串行时间戳系统 T^n 具有一系列 $O(3^n)$ 个不同的可能标签值。请设计一个只需要 $O(n2^n)$ 个标签的串行时间戳系统。请注意，在一个时间戳系统中，线程可以查看所有标签来选择新标签，但是一旦选择了一个标签，它应该与任何其他标签进行大小比较，而无须知道系统中的其他标签是什么。提示：根据标签的位表示来设计标签。

练习题 2.13　给出使用无界标签实现图 2.11 的 Timestamp 接口的 Java 代码。然后，演示如何使用 Timestamp Java 代码替换图 2.10 中面包房锁算法的伪代码。

练习题 2.14　在前文中我们讨论了以下关于互斥共享存储边界的定理：对于 n 个线程的任何无死锁互斥算法必须至少使用 n 个共享寄存器。在这个练习中，我们研究了一个新的算法，该算法证明了上述定理的空间下界是严格的。具体来说，我们将证明以下内容：

定理　*对于 n 个共享线程，存在一个正好使用 n 个共享位的无死锁互斥算法。*

为了证明这个新定理，我们研究图 2.21 所示的 OneBit 算法。该算法由 J. E. Burns 和 L. Lamport 独立开发，使用 n 个位来实现互斥，也就是说，使用最小可能的共享存储空间。

OneBit 算法的工作原理如下：首先，某个线程通过将其位设置为 true 来指示线程想要获取锁。然后，该线程循环并读取所有具有比自己的 ID 更小的线程的位。如果所有这些位都为 false

(而它自己的位为 true)，则该线程退出循环。否则，该线程将其位设置为 false，直到它发现曾经为 true 的位现在变为了 false，然后又重新开始。最后，该线程读取 ID 大于其自身 ID 的所有线程的位，并等待直到这些位都为 false。一旦完成了这个检测条件，线程就可以安全地进入临界区。

- 证明 OneBit 算法满足互斥特性。
- 证明 OneBit 算法满足无死锁特性。

```
1  class OneBit implements Lock {
2    private boolean[] flag;
3    public OneBit (int n) {
4      flag = new boolean[n]; //所有的初始值均为 false
5    }
6    public void lock() {
7      int i = ThreadID.get();
8      do {
9        flag[i] = true;
10       for (int j = 0; j < i; j++) {
11         if (flag[j] == true) {
12           flag[i] = false;
13           while (flag[j] == true) {} //等待直到 flag[j] == false
14           break;
15         }
16       }
17     } while (flag[i] == false);
18     for (int j = i+1; j < n; j++) {
19       while (flag[j] == true) {} //等待直到 flag[j] == false
20     }
21   }
22   public void unlock() {
23     flag[ThreadID.get()] = false;
24   }
25 }
```

图 2.21 OneBit 算法的伪代码

并发对象

并发对象的行为可以使用其安全特性和活跃特性来有效地描述，这两个特性通常分别称为**正确性**（correctness）和**演进性**（progress）。本章将阐述用以刻画并发对象正确性和演进性的各种方法。

虽然并发对象正确性的所有概念都是基于与串行行为等价的概念，但不同的概念适用于不同的系统。下面我们研究三种正确性条件。**串行一致性**（sequential consistency）是一种强制约束条件，通常用于描述诸如硬件存储器接口之类的独立系统。**线性一致性**（linearizability）是一种更强的约束条件，它支持**组合**（composition），适合描述由**可线性化的**（linearizable）组件所组成的高级系统。**静态一致性**（quiescent consistency）适用于以相对较弱的对象行为约束代价获得高性能的应用。**静态一致性**（quiescent consistency）适用于在对象行为上施加相对较弱的约束条件从而换取更高性能的应用。

在确保正确性的不同方面，不同的方法实现提供了不同的演进保证。有些演进保证是**阻塞式的**（blocking），即一个线程的延迟会影响其他线程的演进；有些演进保证是**非阻塞式的**（nonblocking），即一个线程的延迟不能无限期地延迟其他线程。

3.1 并发性和正确性

并发对象的正确性意味着什么？图 3.1 显示了一种简单的基于锁的先进先出（FIFO）并发队列。其中，enq() 方法和 deq() 方法采用第 2 章中介绍的互斥锁来实现同步。从直觉上看这种实现方法应该是正确的：因为每个方法在访问字段和修改字段的整个过程中都持有一个**独占锁**（exclusive lock，也称互斥锁、排他锁或者排斥锁），所以这些方法的调用将按顺序依次执行。

```
1  class LockBasedQueue<T> {
2    int head, tail;
3    T[] items;
4    Lock lock;
5    public LockBasedQueue(int capacity) {
6      head = 0; tail = 0;
7      lock = new ReentrantLock();
8      items = (T[])new Object[capacity];
9    }
10   public void enq(T x) throws FullException {
11     lock.lock();
12     try {
13       if (tail - head == items.length)
```

图 3.1　基于锁的 FIFO（先进先出）队列。队列的所有元素都存储在一个名为 items 的数组中，其中 head 是下一个要出队的元素（如果存在）的索引，tail 是第一个空闲数组位置的索引（其值为 capacity 的余数）。lock 字段包含确保方法互斥执行的锁。在初始状态时，head 和 tail 均为 0，队列为空。如果 enq() 方法发现队列已满（即 head 和 tail 之间的距离为队列的长度），则抛出一个异常。否则，表明队列中仍有空闲空间，因此 enq() 方法将要出队的元素存储在 tail 指向的数组位置，然后递增 tail。deq() 方法的工作方式与 enq() 方法相对称

```
14          throw new FullException();
15        items[tail % items.length] = x;
16        tail++;
17      } finally {
18        lock.unlock();
19      }
20    }
21    public T deq() throws EmptyException {
22      lock.lock();
23      try {
24        if (tail == head)
25          throw new EmptyException();
26        T x = items[head % items.length];
27        head++;
28        return x;
29      } finally {
30        lock.unlock();
31      }
32    }
33  }
```

图 3.1 （续）

图 3.2 描述了这种队列的实现思想，图中展示了以下执行场景：线程 A 让元素 a 入队，线程 B 让元素 b 入队；线程 C 执行了两次出队操作，第一次抛出空异常 EmptyException，第二次返回 b。图中重叠的区间表示并发的方法调用。所有的方法调用在时间上都是相互重叠的。和其他图示相类似，在图 3.2 中时间从左向右移动，黑线表示时间间隔。单个线程的时间间隔沿一条单水平线显示。为了方便起见，线程名称标记在水平线的左侧。条形栅栏表示具有固定起始时间和停止时间的时间间隔。右侧虚线形式的条形栅栏表示具有固定的起始时间和不确定的停止时间的时间间隔。标记“q.enq(x)”表示线程使得元素 x 在对象 q 中入队，而“q.deq(x)”则表示线程使得元素 x 从对象 q 中出队。

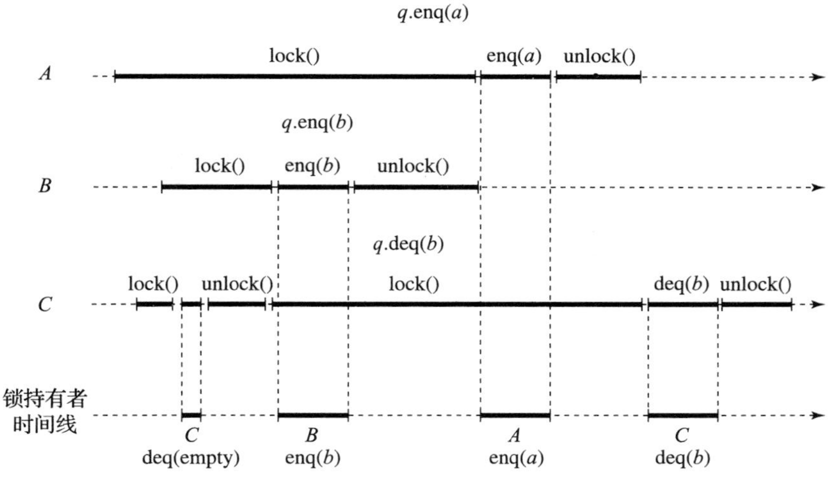

图 3.2　基于锁的队列的执行过程。在图中，线程 C 首先获取锁，并且发现队列为空，于是释放锁，并抛出一个异常。接着线程 B 获取锁，并且将元素 b 插入队列中，然后释放锁。接着线程 A 获取锁，将元素 a 插入队列中，然后释放锁。随后线程 C 重新获取锁，对元素执行出队操作，并释放锁，然后返回元素 b

图中的时间线显示哪个线程持有锁。在图 3.2 中，线程 *C* 首先获取锁，发现队列为空，于是释放锁，并抛出一个异常。线程 *C* 不会修改队列。接着线程 *B* 获取锁，并且将元素 *b* 插入队列中，然后释放锁。接着线程 *A* 获取锁，并且将元素 *a* 插入队列中，然后释放锁。随后线程 *C* 重新获取锁，对元素 *b* 执行出队操作，并释放锁，然后返回元素 *b*。所有这些调用都按顺序执行，因此可以很容易地验证元素 *b* 先于元素 *a* 出队，这与通常顺序的 FIFO 队列行为的理解是一致的。

令人遗憾的是，阿姆达尔定律（第 1 章）指出，持有互斥锁的并发对象的方法会一个接一个有效地执行，因此其效率比那些具有细粒度锁或者根本没有锁的对象要差。因此，我们需要一种不依赖于对象方法级锁定的方法，以此来规范并发对象上所实施的行为，并对其实现进行分析推理。

图 3.3 给出了并发队列的另一种实现。它的内部构造与图 3.1 中基于锁的队列几乎相同，唯一的区别是没有锁。如果只有一个入队线程和一个出队线程，我们可以认为这个实现是完全正确的。然而要解释其中的原因就没有那么简单了。如果该队列支持并发入队或者并发出队，那么该队列是否满足 FIFO 队列的要求就不得而知了。

基于锁的队列示例说明了一个很有用的原则：如果我们能够以某种方式将并发对象的并发执行映射到串行执行，则只需要对串行执行的行为进行分析推理，从而可以简化对并发对象执行行为的分析推理。这条原则是本章阐述的正确性特性的关键准则。因此，接下来我们首先讨论串行对象的行为规范。

```
1  class WaitFreeQueue<T> {
2    int head = 0, tail = 0;
3    T[] items;
4    public WaitFreeQueue(int capacity) {
5      items = (T[]) new Object[capacity];
6    }
7    public void enq(T x) throws FullException {
8      if (tail - head == items.length)
9        throw new FullException();
10     items[tail % items.length] = x;
11     tail++;
12   }
13   public T deq() throws EmptyException {
14     if (tail - head == 0)
15       throw new EmptyException();
16     T x = items[head % items.length];
17     head++;
18     return x;
19   }
20 }
```

图 3.3 单入队线程 / 单出队线程的 FIFO 队列。除了不需要使用锁机制来协调访问之外，其构造与基于锁的 FIFO 队列基本相同

3.2 串行对象

在 Java 和 C++ 等程序设计语言中，**对象**（object）是一个包含数据和一组**方法**（method）的容器，并且规定只能通过对象的方法才能操作对象的数据。每个对象属于某个**类**（class），

类定义了对象的方法以及对象的行为方式。对象具有严格定义的**状态**（state），例如 FIFO 队列的当前元素序列。有很多方式可以描述对象方法的行为，例如形式化的规范说明，甚至直观的自然语言。我们日常使用的应用程序接口（API）文档是介于两者之间的一种方式。

API 文档通常采用以下描述方式：如果对象在调用方法之前处于某个状态，那么当方法调用返回时，对象将处于某个其他的状态，并且方法调用将返回一个特定的值，或者抛出一个特定的异常。很显然，这种描述可以分为**前置条件**（precondition）和**后置条件**（postcondition），**前置条件**描述方法调用前对象的状态，**后置条件**则描述方法返回时对象的状态和返回值。对象状态的变化有时称为**副作用**（side effect）。

例如，FIFO 队列可以采用以下描述方式：该类提供两个方法 enq() 和 deq()。队列状态是其中元素的序列，也有可能为空。如果队列的状态是一个序列 q（前置条件），那么调用 enq(z) 方法将使队列的状态变为 $q \cdot z$（具有副作用的后置条件），其中“·”表示串联。如果队列对象是非空的（前置条件），记作 $a \cdot q$，那么 deq() 方法将删除该序列中的第一个元素 a，使队列处于状态 q，并且返回元素 a（后置条件）。相反，如果队列对象为空（前置条件），则该方法将抛出一个 EmptyException 异常并保持队列的状态不变（后置条件，没有副作用）。

这种类型的说明文档称为**顺序规范说明**（sequential specification），该规范说明十分常用，具有简单优雅、功能强大的特点。由于每个方法都需要单独描述，因此对象文档的长度与方法的数量呈线性关系。在各个方法之间存在大量潜在的交互作用，所有这些交互作用都通过方法对对象状态的副作用进行简洁描述。对象的说明文档描述了每次方法调用之前和调用之后的对象状态，我们可以安全地忽略对象在方法调用过程中可能出现的任何中间状态。

在由单个线程操作一组对象的串行计算模型中，采用前置条件和后置条件来定义对象是非常合乎情理的。然而，对于多线程共享的对象，这种常用的文档样式并不适用。如果一个对象的方法可以被多个线程同时调用，那么这些方法调用就会在时间上相互重叠，讨论它们之间的执行顺序就不再合乎情理了。例如，在一个多线程程序中，如果元素 x 和 y 在重叠的时间间隔内入队到 FIFO 队列中，结果将是什么呢？哪一个会先出队？我们是可以继续通过前置条件和后置条件来独立地描述其实现方法，还是必须对并发方法多次调用之间的各种可能的交互情形提供明确的描述？

在这种情况下，甚至连对象状态的概念也变得模糊不清。在单线程程序中，必须假定对象在方法调用之间存在着一个有意义的状态[⊖]。然而，在多线程程序中，重叠的方法调用可能随时都在进行，因此并发对象可能永远不会处于方法调用之间的某个状态。每个方法调用都必须面临一种由并发方法调用产生的不完全结果的对象状态，这个问题在单线程程序中显然是不会发生的。

3.3　顺序一致性

为了直观地理解并发对象的执行行为，可以采用以下方法：考察涉及一些简单对象的并发计算的实例，并分析在各种情况下其行为是否与我们直觉上预想的并发对象行为相一致。

方法的调用需要执行时间。**方法调用**（method call）是从**调用**（invocation）事件开始并持续到相应的**响应**（response）事件（如果有）的一段时间间隔。并发线程的方法调用可能相互重叠，而单个线程的方法调用总是按顺序串行执行（无重叠，一个接着一个）。如果一

⊖　存在一个例外：如果一个方法部分更改了对象的状态，然后调用同一对象的另一个方法，则必须引起注意。

个方法的调用事件已经发生，但是它的响应事件还没有发生，我们称这个方法调用是**挂起的**(pending)。

出于一些历史上的原因，通常将一个读写存储单元相对应的对象版本称为**寄存器**(register，参见第 4 章)。在图 3.4 中，两个线程并发地将 -3 和 7 写入共享寄存器 *r*（如前所述，“*r*. read(*x*)”表示线程从寄存器对象 *r* 中读取 *x*，“*r*. write(*x*)”表示线程向寄存器 *r* 写入 *x*)。随后，一个线程读取 *r* 并返回值 -7。这种行为会令人困惑。我们期望寄存器的值要么是 7 要么是 -3，而不是两者的混合。该示例提出了以下原理：

原理 3.3.1　所有的方法调用都应该遵循一次只调用一个方法，并且按顺序串行执行的原则。

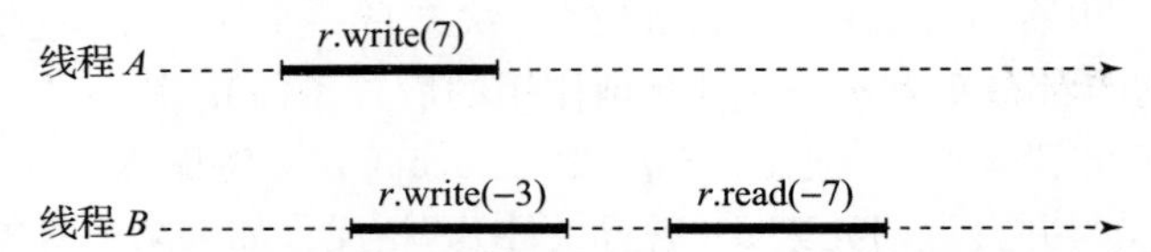

图 3.4　为什么每个方法调用都应该按照一次执行一个方法的顺序执行的示意图。两个线程同时将 -3 和 7 写入共享寄存器 *r*。随后，一个线程读取 *r* 并返回值 -7。我们期望寄存器中的值要么为 7 要么为 -3，而不是两者的混合

由于这个原理本身约束性太弱，所以并不实用。例如，该原理允许读取操作总是返回对象的初始状态，即使是按顺序串行执行（即方法调用不重叠的执行）也是如此。现在考虑图 3.5 中的执行情况，其中一个线程先向共享寄存器 *r* 中写入 7，然后写入 -3。之后，它读取 *r* 并返回 7。对于某些应用程序，此行为不符合期望，因为线程读取的值不是它最近写入的值。一个单线程的方法调用顺序称为该线程的**程序次序**(program order)。(多个不同线程的方法调用与程序次序无关。)在本例中，操作的调用并没有按照程序次序执行，这不符合我们的预期。根据该示例我们提出了以下原理：

原理 3.3.2　所有的方法调用都应该按程序次序执行。

r.write(7)　r.write(−3)　r.read(7)

图 3.5　为什么每个方法调用都应该按照程序次序执行的示意图。图中的行为不符合预期，因为线程读取的值不是它写入的最后一个值（并且没有其他线程写入寄存器）

这一原理确保纯粹的顺序计算按照我们期望的方式进行。原理 3.3.1 和原理 3.3.2 共同定义了**顺序一致性**(sequential consistency，也称串行一致性)，这是一个在多处理器同步的相关文献中广泛使用的正确性条件。

顺序一致性要求方法调用的执行行为按照与程序次序一致的顺序来执行。也就是说，在任何并发执行中，存在一种方式可以对所有的方法调用进行排序，并且这种排序次序满足：(1)与程序次序相一致；(2)符合对象的顺序规范说明。可以存在多个满足这些条件的方法调用次序。例如，在图 3.6 中，线程 *A* 将元素 *x* 入队，同时线程 *B* 将元素 *y* 入队，然后线程 *A* 将元素 *y* 出队，同时线程 *B* 将 *x* 出队。存在两种都可以满足上述结果的执行次序：(1)线程 *A* 入队 *x*，线程 *B* 入队 *y*，线程 *B* 出队 *x*，线程 *A* 出队 *y*；(2)线程 *B* 入队 *y*，线程 *A* 入队 *x*，线程 *A* 出队 *y*，线程 *B* 出队 *x*。这两种执行次序都与程序次序相一致，每一种都足以证明执行顺序的一致性。

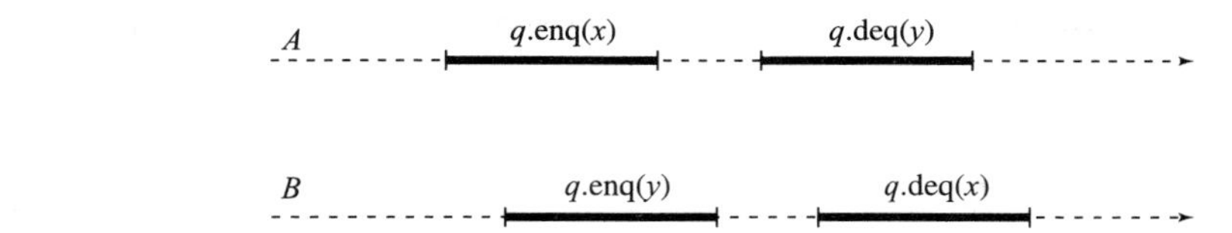

图 3.6 有两种符合执行结果要求的执行次序。这两种执行次序都与方法调用的程序次序相一致，并且任何一种执行次序都足以证明执行顺序的一致性

3.3.1 顺序一致性与实时次序

在图 3.7 中，线程 A 将对象 x 入队，然后线程 B 将对象 y 入队，最后线程 A 将对象 y 出队。这种执行顺序可能违背我们对 FIFO 队列运行方式的直观理解：将对象 x 入队在将对象 y 入队开始之前已经完成，因此对象 y 在对象 x 之后入队，但是对象 y 却在对象 x 之前出队。尽管如此，这种执行方式满足顺序一致性。虽然对象 x 入队的调用发生在让对象 y 入队的调用之前，但是这些调用与程序次序并不相关，因此顺序一致性可以自由地对它们重新排序。当一个操作在另一个操作开始之前完成时，按**实时次序**（real-time order）的规定，第一个操作在第二个操作之前。这个例子表明，顺序一致性不需要保持实时次序。

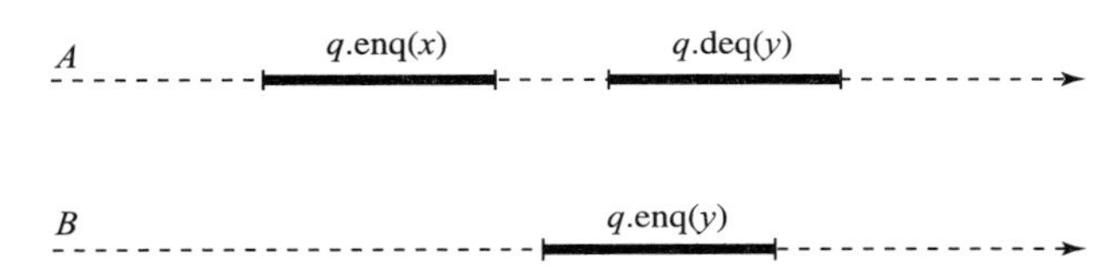

图 3.7 顺序一致性与实时次序。线程 A 将对象 x 入队，随后线程 B 将对象 y 入队，最后线程 A 将对象 y 出队。这种执行顺序可能违背我们对 FIFO 队列运行方式的直观理解：对象 x 入队在对象 y 入队开始之前已经完成，因此对象 y 在对象 x 之后入队，但是对象 y 却在对象 x 之前出队。尽管如此，这种执行方式满足顺序一致性

人们可能会讨论是否可以对时间间隔不重叠的方法调用（即使发生在不同的线程中）进行重新排序。例如，我们在星期一存入工资收入支票，但银行在星期五退回了我们的租金支付支票，因为银行把存款支票重新安排在租金支付支票的后面，这样就会给我们造成麻烦和带来不愉快。

3.3.2 顺序一致性是非阻塞的

顺序一致性在多大程度上限制了并发性？具体来说，在什么情况下，顺序一致性要求一个方法调用阻塞，同时等待另一个方法调用完成？结果也许会出人意料，但答案是（基本上）**永远不会**阻塞。更准确地说，对于满足顺序一致性的并发执行，任何挂起的方法调用都对应某些满足顺序一致性的响应，也就是说，可以在不违反顺序一致性的情况下立即给出对方法调用的响应。具有这个特性的正确性条件被称为**非阻塞的**（nonblocking）。顺序一致性是一个**非阻塞的**（nonblocking）正确性条件。

请注意，上述观察结果并不意味着很容易为挂起的方法调用找出满足顺序一致性的响应，只是正确性条件本身并不妨碍。观察结果仅适用于为每个对象状态定义的**完全方法**（total method），即对于调用完全方法的任何状态，总是存在顺序规范说明允许的某种响应。当然，如果没有满足顺序规范说明的响应，就没有对方法调用的顺序一致性响应。到目前为

止，我们对顺序一致性的非形式化描述还不足以精确描述这一点以及其他重要细节，例如，对于具有挂起的方法调用的执行而言，顺序一致性到底意味着什么。我们将在 3.6 节中进一步阐明这个概念。

注释 3.3.1

术语**非阻塞**（nonblocking）用于表示几个不同的概念。在本小节的上下文中，术语**非阻塞**与正确性条件相关，它表示对于一个完全方法的任何挂起调用，都存在一个满足正确性条件的响应。在 3.8 节中，术语**非阻塞**则与演进条件相关，它表示一个演进条件保证一个或者多个线程的延迟不能阻止其他线程的演进。当与对象实现相关时，术语**非阻塞**表示该实现满足非阻塞演进条件。（甚至可以在更细的粒度上使用该术语，当与对象实现的单个方法相关时，表示其他线程的延迟不能阻止该方法的演进。）在系统方面的文献中，**非阻塞**操作立即返回，无须等待操作完成；而**阻塞**（blocking）操作直到操作完成才返回。阻塞还用于描述一种锁实现，它挂起一个试图获取另一个线程持有的锁的线程，第 7 章中讨论的自旋锁的实现则采取非阻塞方式。可惜的是，这些用法都已约定俗成，很难被改变，但是从上下文中应该能够清楚地知晓其含义。

3.3.3　可组合性

任何比较复杂的系统都必须以**模块化**（modular）的方式来设计和实现，并且需要独立地设计、实现和验证各个组件。每个组件都必须明确区分其**接口**（interface，描述组件对其他组件的保证）和**实现**（implementation，对用户隐藏）。例如，如果一个并发对象的接口声明它是一个满足顺序一致性的 FIFO 队列，那么使用该队列的用户不需要知道队列具体的实现方式，仅仅需要依赖于接口对各个正确的组件进行组合，并且其组合结果本身应该也是一个正确的系统。

当系统中的各个对象都满足正确性特性 P 时，如果系统作为一个整体也满足 $\mathcal{P}$，那么正确性特性 $\mathcal{P}$ 称为**可组合**的（compositional）。可组合性非常重要，因为它允许通过独立派生的组件简单地组装系统。基于非组合正确性特性的系统不能仅仅依赖于其组件的接口，还需要某种附加的约束来确保组件实际上的兼容性。

顺序一致性满足可组合性吗？换而言之，把多个满足顺序一致性的对象组合起来，其结果本身是否也满足顺序一致性？令人遗憾的是，答案是否定的。在图 3.8 中，两个线程 A 和 B 分别调用两个队列对象 p 和 q 的入队方法和出队方法。不难看出，队列对象 p 和 q 都满足顺序一致性：p 的方法调用顺序与图 3.7 所示的顺序一致执行中的方法调用顺序相同，并且 q 的行为是对称的。但是，作为一个整体的执行行为并不满足顺序一致性。

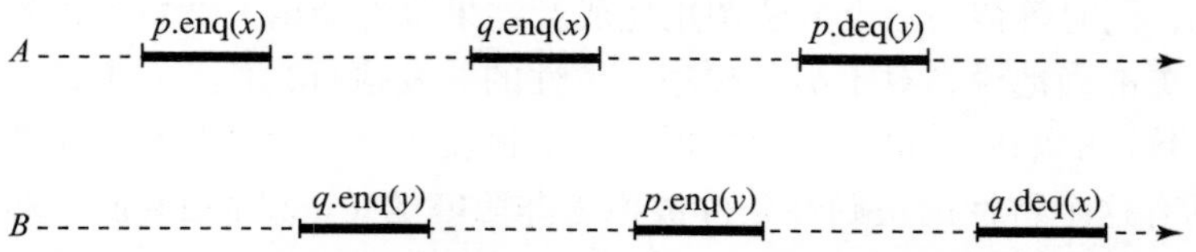

图 3.8　顺序一致性并不满足可组合性。两个线程 A 和 B 分别调用两个队列对象 p 和 q 的入队方法和出队方法。不难看出队列对象 p 和 q 都满足顺序一致性，但是，作为一个整体的执行行为并不满足顺序一致性

接下来我们采用反证法，证明这些方法调用不存在与程序次序相一致的正确顺序执行

方式。我们使用以下简便符号$\langle p.\mathrm{enq}(x)\ A\rangle \to \langle p.\mathrm{deq}(x)\ B\rangle$来表示对于任何顺序执行而言，都必须遵循以下顺序：线程A对对象p的入队x操作先于线程B对对象q的出队x操作，以此类推。因为对象p是FIFO队列，并且线程A从p中出队y，所以y必须在x之前在p中入队：

$$\langle p.\mathrm{enq}(y)\ B\rangle \to \langle p.\mathrm{enq}(x)\ A\rangle$$

同理，队列对象x必须在y之前在q中入队：

$$\langle q.\mathrm{enq}(x)\ A\rangle \to \langle q.\mathrm{enq}(y)\ B\rangle$$

然而，根据程序次序我们有：

$$\langle p.\mathrm{enq}(x)\ A\rangle \to \langle q.\mathrm{enq}(x)\ A\rangle \quad \text{并且} \quad \langle q.\mathrm{enq}(y)\ B\rangle \to \langle p.\mathrm{enq}(y)\ B\rangle$$

综上所述，这些排列次序形成了一个闭环。

3.4 线性一致性

顺序一致性存在一个严重的缺陷：它不满足可组合性。也就是说，将多个顺序一致的组件进行组合，其结果本身并不一定满足顺序一致性。为了解决这个问题，方法调用与程序次序相一致的前提条件需要替换为以下更强的约束条件：

原理 3.4.1 *每个方法调用都应该在调用和响应之间的某个时刻立即生效。*

这个原理指出，必须保持方法调用的实时次序。我们称这种正确性特性为**线性一致性**(linearizability)。每个可线性化的执行都满足顺序一致性，但反之则不然。

3.4.1 可线性化点

为了说明一个并发对象的实现是可线性化的，常用方式是把每个方法识别为一个**可线性化点**(linearization point)，用于表示该方法生效的瞬间。方法在它的线性化点上被**线性化**(linearized)。对于基于锁的实现，每个方法的临界区内的任何点都可以作为其可线性化点。对于不使用锁的实现，可线性化点通常是该方法调用的效果对其他方法调用可见的单个步骤。

例如，回顾图3.3中的单入队线程/单出队线程队列。这种实现没有临界区，但我们可以确定这个方法的可线性化点。例如，如果一个deq()方法返回一个元素，那么它的可线性化点就在head字段被更新时（第17行代码）。如果队列为空，则deq()方法在读取tail字段（第14行代码）时被线性化。enq()方法的分析与之类似。

3.4.2 线性一致性和顺序一致性

与顺序一致性相类似，线性一致性也是非阻塞的：对一个完全方法的任何挂起调用都有一个可线性化的响应。因此，线性一致性不会限制并发性。

仅仅通过单个共享对象（例如，一个共享存储多处理器的内存）进行通信的线程无法区分顺序一致性和线性一致性。只有能够观察到一个操作的实时次序先于另一个操作的实时次序的外部观察者，才能判断顺序一致的对象是不可线性化的。因此，顺序一致性和线性一致性之间的差异有时被称为**外部一致性**(external consistency)。顺序一致性是描述独立系统的一种好方法，在这种系统中，组合不是问题。但是，如果线程共享多个对象，这些对象可能是彼此之间的外部观察者，如图3.8所示。

与顺序一致性不同，线性一致性满足可组合性：将多个可线性化对象进行组合后，其结果也是可线性化的。因此，线性一致性是描述大规模系统组件的好方法。在大规模系统中，各个组件必须独立实现和验证。因为我们关注的是组合系统，所以本书中讨论的大多数（但不是所有）数据结构都是可线性化的。

3.5 静态一致性

对于某些系统，实现者可能愿意牺牲一致性来换取性能的提升。也就是说，我们可以放宽一致性条件，以实现更便宜、更快速或更高效的实现。放松一致性条件的一种方法是，仅当对象处于**静态**（quiescent）时（也就是说，当对象没有挂起的方法调用时）才强制按次序执行。我们将采用以下原理代替原理 3.3.2 和原理 3.4.1：

原理 3.5.1　由一段静态时间分隔的若干方法调用必须按照其实时次序执行。

例如，假设线程 *A* 和 *B* 在 FIFO 队列中同时将对象 *x* 和 *y* 入队。随后队列处于静态，然后线程 *C* 将对象 *z* 入队。我们无法预测队列中对象 *x* 和 *y* 的相对次序，但我们知道它们位于对象 *z* 之前。

原理 3.3.1 和原理 3.5.1 共同定义了一个称为**静态一致性**（quiescent consistency）的正确性特性。通俗地说，只要对象处于静态状态，到目前为止的执行就相当于所完成调用的顺序执行。

作为静态一致性的一个例子，请回顾第 1 章中讨论的共享计数器。静态一致的共享计数器将返回若干数字，虽然不一定按照 getAndIncrement() 方法请求的次序，但是不会返回重复的数字或者跳过某个数字。如果一个对象满足静态一致性，则其执行就类似于一个播放音乐的抢座位游戏（game of musical chair）：在任何时候，音乐都有可能停止，也就是说，状态都有可能变为静态。此时，每个挂起的方法调用必须返回一个索引，以便所有索引一起满足顺序计数器的规范，即没有重复数字或者跳过的数字。换句话说，静态一致计数器是一种**索引分布**（index distribution）的实现机制，在不考虑索引发布顺序的程序中，可作为一个“循环计数器”。

3.5.1 静态一致性的特性

请注意，顺序一致性和静态一致性没有可比性：存在非静态一致的顺序一致性执行，反之亦然。静态一致性并不一定保持程序次序，并且顺序一致性不受静态周期的影响。另一方面，线性一致性强于静态一致性和顺序一致性。也就是说，可线性化对象既是静态一致的又是顺序一致的。

与顺序一致性和线性一致性一样，静态一致性是非阻塞的：在一个满足静态一致性的执行中，对完全方法的任何挂起调用都可以完成。

静态一致性满足可组合性：由若干静态一致性对象组合而得的系统本身就是静态一致的。因此，可以将若干静态一致性对象进行组合来构造更复杂的静态一致性对象。值得进一步研究的是，我们是否可以使用静态一致性而不是线性一致性作为基本的正确性特性来构建有用的系统，以及这种系统的设计与现有的系统设计有何不同之处。

3.6 形式化定义

接下来我们讨论更精确的定义。我们重点讨论线性一致性的形式化定义，因为它是本书中涉及最多的并行特性。为静态一致性和顺序一致性提供类似的形式化定义，则作为练习留给读者。

非形式化而言，如果并发对象的每个方法调用在其调用和返回事件之间的某个时刻立即生效，那么该并发对象是可线性化的。对于大多数非形式化的推理过程，这种描述已经满足要求。但是对于更加细致的情形（例如对于那些尚未返回的方法调用），则需要更精确的形式化定义，以满足更严谨的论证方式。

3.6.1 历史记录

并发系统执行的可观察行为可以通过一系列称为**历史记录**（history）的**事件**（event）来建模。历史记录中的事件是方法的**调用**（invocation）或者**响应**（response）。我们将方法调用记作 <$x.m(a^*)$ A>，其中 x 表示一个对象，m 表示一个方法名，a^* 表示一个参数序列，A 表示一个线程。我们将方法响应记作 <$x{:}t(r^*)$ A>，其中 t 是 OK 或者一个异常名称，r^* 是一个结果值系列。

如果一次调用和一个响应具有相同的对象和线程，则称这个响应匹配这次调用。如果历史记录 H 中的一次调用没有相匹配的响应，则该调用处于**挂起状态**（pending）。历史记录 H 中的**方法调用**（method call）是一个二元组，由一个调用和 H 中的下一个匹配响应或者特殊的 $\perp$ 值（读作“bottom”，如果方法调用被挂起，则意味着没有后续相匹配的响应）构成。如果某个**调用**（invocation）处于挂起状态，则称该**方法调用**（method call）处于挂起状态，否则该方法调用处于**完成状态**（complete）。如果一个历史记录中的所有方法调用都处于完成状态，那么该历史记录处于完成状态。对于历史记录 H，我们使用 complete(H) 表示包含完成状态的方法调用的所有事件（即省略 H 中所有挂起的调用）。

历史记录 H 中的方法调用的**时间间隔**（interval）是从其调用开始到响应结束之间的所有历史记录事件序列。但是如果方法调用挂起，则是指从调用开始的 H 末尾的历史记录系列。如果两个方法调用的间隔重叠，则方法调用也会重叠。

如果历史记录的第一个事件是一个调用，并且每个调用（可能最后一个除外）后面紧跟着一个相匹配的响应，并且每个响应前面紧跟着下一调用，则称该历史记录为**顺序的**（sequential）。顺序历史记录中不存在重叠的方法调用，并且顺序历史记录最多包含一个挂起的调用。

历史记录 H 的**子历史记录**（subhistory）是 H 的子序列。有时我们关注单个线程或者对象：A **线程的子历史记录**（thread subhistory），记为 $H|A$（“H at A”），是指 H 中所有线程名称为 A 的事件的子序列。与之类似，可以定义关于对象 x 的**对象子历史记录**（object subhistory）$H|x$。我们要求每个线程在完成一个方法调用之后，再调用另一个方法。如果线程的每个子历史记录都是顺序的，则称历史记录 H 是**良构的**。稍后我们仅讨论良构的历史记录。对于良构的历史记录，尽管其线程子历史记录都是顺序的，但对象子历史记录不一定是顺序的；在良构的历史记录中，对同一对象的方法调用可能会重叠。最后同时也是最重要的是，每个线程如何看待历史记录。如果每个线程在两个历史记录 H 和 H' 中都有相同的线程子历史记录，则称这两个历史记录是**等价的**（equivalent）。也就是说，对于任意一个线程 A，如果 $H|A = H'|A$，那么 H 和 H' 是等价的。

如何判断一个并发对象的正确性呢？或者换而言之，如何定义一个并发对象的正确性？基本思想是要求并发执行在某种意义上等价于某些顺序历史记录。对于不同的正确性特性，等价的确切意义有所差别。我们假设可以判断顺序对象的正确性，也就是说，可以判断顺序对象的历史记录是否是对象类的合法历史记录。对象的**顺序规范说明**（sequential specification）就是该对象的一个合法顺序历史记录的集合。如果每个对象的子历史记录对该对象是合法的，则顺序历史记录 H 也是合法的。

在对象 x 的顺序规范说明中，如果所有有限完整历史记录 H 的方法 m 的调用 $<x.m(a^*)\ A>$ 都有一个响应 $<x:t(r^*)\ A>$，使得 $H \cdot <x.m(a^*)\ A> \cdot <x:t(r^*)\ A>$ 存在于顺序规范说明中，则称对象 x 的方法 m 是**完全的**（total）。如果一个方法不是完全的，则称该方法是**局部的**（partial）。

3.6.2 线性一致性

定义线性一致性的一个关键概念是历史记录的**实时次序**（real-time order）。回想一下，集合 X 上的（严格）**偏序关系**（(strict) partial order）"→"是一个非自反和可传递的关系。也就是说，$x \rightarrow x$ 永远不会成立，而当 $x \rightarrow y$ 和 $y \rightarrow z$ 时，则有 $x \rightarrow z$。注意，可能存在不同的 x 和 y，使得 $x \rightarrow y$ 和 $y \rightarrow x$ 都不成立。集合 X 上的**全序关系**（total order）"<"也是一种偏序关系，即对于集合 X 中的任意不同的 x 和 y，必有 $x<y$ 或者 $y<x$。

任何偏序关系都可以推广到全序关系。

结论 3.6.1 如果"→"是集合 X 上的偏序关系，那么在集合 X 上必定存在一个全序关系"<"，使得如果 $x \rightarrow y$，那么 $x<y$。

在历史记录 H 中，如果方法调用 m_0 在方法调用 m_1 开始之前完成，也就是说，如果方法调用 m_0 的响应事件发生在 m_1 的调用事件之前，则称方法调用 m_0 先于方法调用 m_1。这个概念非常重要，据此我们引入一些简便符号：给定一个历史记录 H，其中包含方法调用 m_0 和 m_1，如果 m_0 先于 m_1，则记作 $m_0 \rightarrow_H m_1$。$\rightarrow_H$ 是一种偏序关系，其证明留作练习题。注意，如果 H 是顺序历史记录，那么 $\rightarrow_H$ 是一个全序关系。给定一个历史记录 H 和一个对象 x，并且 $H|x$ 包含方法调用 m_0 和 m_1，如果在 $H|x$ 中 m_0 先于 m_1，则记作 $m_0 \rightarrow_x m_1$（当上下文中包含 H 时）。

对于线性一致性而言，其基本规则是，如果一个方法调用先于另一个方法调用，则前一个调用必须在后一个调用之前生效（每个调用必须在其时间间隔内线性化，并且前一个调用的时间间隔完全在后一个调用的时间间隔之前）。相反，如果两个方法调用相互重叠，那么它们的次序是不明确的，因此可以以任何方便的方式对它们进行排序。

定义 3.6.2 称 S 是历史记录 H 的**可线性化历史记录**，如果历史记录 H 存在一个合法的顺序历史记录，并且可以通过附加零个或者多个响应扩展到历史记录 H'，满足：

- L1 complete(H') 等价于 S；
- L2 在 H 中，如果方法调用 m_0 先于 m_1，那么在 S 中也成立（也就是说，$m_0 \rightarrow_H m_q$ 蕴含着 $m_0 \rightarrow_S m_1$）。

如果 H 存在可线性化历史记录，则称 H 是**可线性化的**。

通俗地说，将 H 扩展到 H' 表示一些挂起的调用可能已经生效，即使它们的响应尚未返回给调用者。图 3.9 说明了这种概念：我们必须先完成挂起的方法调用 enq(x)，以确保方法调用 deq() 返回 x。第二个条件表示，在原始历史记录中如果一个方法调用先于另一个方法调用，那么在线性化操作中必须保留这种次序。

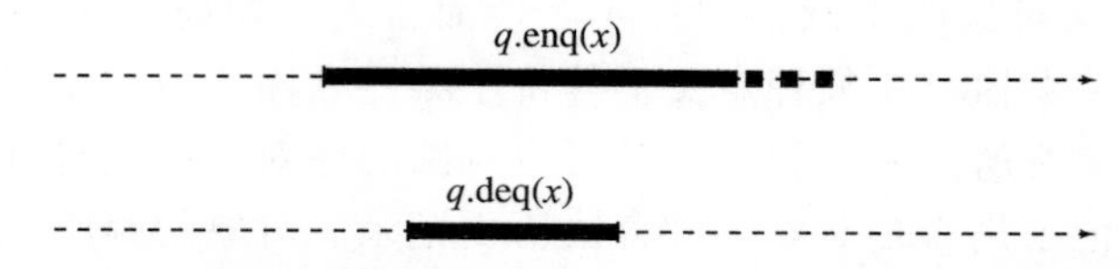

图 3.9 必须先完成挂起的方法调用 enq(x)，以确保方法调用 deq() 返回 x

3.6.3　线性一致性满足可组合性

线性一致性满足可组合性。

定理 3.6.3　*对于历史记录 H 和任意对象，当且仅当 $H|x$ 是可线性化的，H 才是可线性化的。*

证明　"仅当"部分的证明留作练习题。

对于任意一个对象 x，选择一个可线性化的 $H|x$。假设 R_x 是 $H|x$ 构造该线性化的所有响应的集合，令$\rightarrow_x$是相应的线性化次序。令 H' 是将 R_x 中的每个响应附加到 H 而构建的历史记录（附加的次序无关紧要）。

我们通过归纳法对 H' 中方法调用的数量进行证明。对于基本情况，如果 H' 不包含任何方法调用，则结论显然成立。否则，假设每个 H' 包含少于 k（$k \geqslant 1$）个方法调用。对于每个对象 x，考虑 $H'|x$ 中的最后一个方法调用。其中一个调用 m 必须相对于$\rightarrow_H$是最大的。也就是说，不存在 m'，使得 $m \rightarrow_H m'$。令 G' 为从 H' 中删除 m 后的历史记录。因为 m 是最大的，所以 H' 等价于 $G' \cdot m$。根据归纳假设，G' 对于顺序历史记录 S' 是可线性化的，H' 和 H 对于 $S' \cdot m$ 也都是可线性化的。证毕。 □

3.6.4　线性一致性是非阻塞的

线性一致性是一种**非阻塞**（nonblocking）特性：一个完全方法的挂起调用不需要等待另一个挂起调用的完成。

定理 3.6.4　*如果 m 是对象 x 的完全方法，并且 $\langle x.m(a^*)\ P\rangle$ 是一个可线性化历史记录 H 中的挂起调用，那么必定存在一个响应 $\langle x{:}t(r^*)\ P\rangle$，使得 $H \cdot \langle x{:}t(r^*)P\rangle$ 是可线性化的。*

证明　令 S 是 H 的任意一个可线性化历史记录。如果 S 中包含一个对应于 $\langle x.m(a^*)\ P\rangle$ 的响应 $\langle x{:}t(r^*)\ P\rangle$，那么 S 也是 $H \cdot \langle x{:}t(r^*)\ P\rangle$ 的一个可线性化历史记录，因此结论成立。否则，根据定义，由于可线性化不包含任何挂起的调用，因此 $\langle x.m(a^*)\ P\rangle$ 也不会出现在 S 中。由于方法是一个完全方法，所以存在一个响应 $\langle x{:}t(r^*)\ P\rangle$，使得

$$S' = S \cdot \langle x.m(a^*)\ P\rangle \cdot \langle x : t(r^*)\ P\rangle$$

是一个合法的顺序历史记录。而 S' 是 $H \cdot \langle x{:}t(r^*)\ P\rangle$ 的一个可线性化历史记录，因此它也是 H 的一个可线性化历史记录。证毕。 □

定理 3.6.4 表明，线性一致性本身并不会强制一个完全方法的挂起调用的线程被阻塞。当然，阻塞（甚至死锁）可能作为线性一致性的特定实现中的一个因素而出现，但不是正确性特性本身所固有的。这个定理表明，对于并发性和实时响应要求很高的系统，线性一致性是一个衡量正确性的合适特性。

非阻塞特性并不排除那些以显式方式说明的阻塞情况。例如，一个线程试图对一个空队列执行元素出队操作时，就有必要阻塞该线程，直到另一个线程将一个元素加入队列。为了说明该意图，队列规范说明中可以将 deq() 方法定义为局部方法：当将该方法应用于一个空队列时，其执行操作不需要定义。对于部分顺序规范说明，最自然的并发解释就是使调用一直等待，直到对象达到一个该方法调用的响应被定义了的状态。

3.7　内存一致性模型

我们可以把一个程序读写的内存看作一个单一的对象，它是由程序所有线程共享的多

个寄存器组成的。这种共享存储通常是线程间通信的唯一方式（也就是说，线程可以观察到其他线程运行效果的唯一方式）。它的正确性特性称为**内存一致性模型**（memory consistency model，或称存储一致性模型），简称**内存模型**（memory model，或称存储模型）。

早期的并发程序假定内存是顺序一致的。事实上，引入顺序一致性的概念来捕捉那些程序中隐含的假设。然而，大多数现代多处理器系统的内存并不是顺序一致的：编译器和硬件可能以复杂的方式对内存读写进行重新排序。因为绝大多数读写操作并不是用于同步操作的，因此大多数时候无法保证顺序一致的内存。这些系统还提供了抑制重新排序的同步原语。

在本书的第一部分中，我们将遵循这种方法，重点介绍多处理器程序设计的原理。例如，第 2 章中各种锁算法的伪代码都基于以下假设：如果一个线程依次连续写入两个存储单元，那么这两次写入将以相同的顺序对其他线程可见，因此任何看到后面写入的线程也将看到前面的写入。但是，Java 不能保证普通读取和写入的顺序。正如“程序注释 2.3.1”所述，这些存储单元需要声明为 volatile 才能在实际系统中正常使用。我们省略了这些声明，因为这些算法并没有应用于任何实际情形，而且这些声明会降低代码的可读性，并模糊算法中所包含的思想。在本书的第二部分，我们将讨论算法的实际使用，因此代码中将包括这些声明。（我们在附录 A.3 节中描述了 Java 存储模型。）

3.8 演进条件

线性一致性的非阻塞特性（以及顺序一致性和静态一致性）确保任何挂起的方法调用都有一个正确的响应。但是线性一致性并没有说明如何计算这样的响应，甚至根本没有要求提供实现方法来产生一个响应。例如，考虑图 3.1 所示的基于锁的队列。假设队列的初始状态为空，线程 A 在将对象 x 入队的中途发生了中断并持有锁，随后线程 B 调用 deq() 方法。非阻塞特性要求确保线程 B 的 deq() 方法调用必须有一个正确的响应。实际上，有两种可能的响应：抛出一个异常，或者返回 x。但是在这个实现中，线程 B 无法获取锁，结果只要线程 A 被延迟，那么线程 B 也将被延迟。

这种实现称为**阻塞**（blocking），因为一个线程的意外延迟会阻止其他线程的演进。而在多处理器中，线程的意外延迟十分常见。一个缓存未命中可能会使处理器延迟上百个指令周期，一个页面错误可能会导致几百万个指令周期的延迟，操作系统的抢占可能会导致数以亿计个指令周期的延迟。具体的延迟取决于计算机和操作系统的情况。系统中决定线程何时执行的部件称为**调度程序**（scheduler），线程执行的次序称为**调度**（schedule）。

在本节中，我们将考虑**演进条件**（progress condition），它要求提供具体的实现方法来生成对挂起调用的响应。理想情况下，我们可能会说每个挂起的调用都会得到一个响应。当然，如果具有挂起调用的线程停止执行，很显然不可能得到响应。因此，只需要为一直在执行的那些线程获取演进。

3.8.1 无等待性

如果一个对象实现方法的所有调用执行都可以在有限的步骤内完成，则该方法的实现是**无等待的**（wait-free）。也就是说，对于一个无等待方法的挂起调用的线程，如果该线程可以继续执行，则它必将在有限的步骤内完成。如果一个对象实现的所有方法都是无等待的，那么这个对象的实现就是**无等待的**。如果一个类的每个对象都是无等待的，那么这个类就是**无**

等待的。

图 3.3 所示的队列是无等待的。例如，如果线程 *B* 调用 deq() 方法，而线程 *A* 在将 *x* 入队的中途发生了中断，则线程 *B* 要么抛出一个 EmptyException 异常（如果线程 *A* 在递增 tail 字段之前发生中断），要么返回 *x*（如果线程 *A* 在递增 tail 字段之后发生中断）。相反，基于锁的队列不是无等待的，因为线程 *B* 可能会采取无限次的步骤尝试获取锁，但始终没有成功。

无等待性是一个**非阻塞**的演进条件㊀，因为无等待性的实现不能被阻塞：一个线程的任意延迟（比如，一个线程持有一个锁）不能阻止其他线程取得演进。

3.8.2 无锁性

无等待性可以确保每个线程在有限的步骤内取得演进，因而具有一定的吸引力。然而，无等待性算法可能效率不高，有时候需要选择一个较弱的演进保证条件。

放宽演进条件的一种方法是只保证**某些**线程的演进，而不是保证**所有**线程的演进。对于一个对象实现的方法，如果方法的**某些**调用可以在有限的步骤内完成其执行，则该方法的实现是**无锁的**（wait-free）。也就是说，对于一个无等待方法的挂起调用的线程，如果该线程继续执行，则该对象的某些挂起调用（不一定是无锁的方法）将在有限的步骤内完成。如果一个对象实现的所有方法都是**无锁的**，那么这个对象的实现就是**无锁的**。无锁性保证了**最小的演进**（minimal progress），因为执行无锁的方法可以保证系统作为一个整体取得演进，但不能保证任意特定的线程取得演进。相反，无等待性保证了**最大的演进**（maximal progress）：每一个不断执行的线程都会取得演进。

显然，任何满足无等待性的方法实现也是无锁的，但反之则不然。虽然无锁性比无等待性弱，但是如果程序只执行有限个方法调用，那么该程序的无锁性等价于无等待性。

无锁性允许某些线程处于饥饿状态。作为一个实际问题，有许多情况下，虽然可能会产生饥饿，但是其概率非常小，因此一个快速的无锁性算法可能比一个较慢的无等待性算法更好。我们将在后续章节中讨论若干满足无锁性的并发对象。

无锁性也是一种非阻塞的演进条件：只要系统作为一个整体执行，那么延迟的线程就不会阻止其他线程取得演进。

3.8.3 无阻塞性

另一种放宽演进条件的方法是仅在有关线程调度方式（即线程执行步骤的次序）的特定假设下保证线程的演进。例如，只有在没有其他线程主动干预的情况下，具体的实现才能保证线程的演进。如果某个线程在某个时间间隔内执行时再没有其他线程执行，则称该线程在该时间间隔内**独立**（in isolation）执行。如果一个对象实现的方法从任何一点开始独立执行并且在有限的步骤中完成，则称该方法实现是**无阻塞的**（obstruction-free，或称**无障碍的**）。也就是说，如果一个线程对一个无阻塞方法的一个挂起的调用从任何一点（不必从它的调用）独立执行，则它将在有限的步骤中完成执行。

与其他非阻塞演进条件一样，无阻塞性确保线程不会被其他线程的延迟所阻塞。无阻塞性保证每一个独立执行线程的演进，所以和无等待性一样，它保证了最大的线程演进。

㊀ 有关非阻塞术语的各种使用方法，请参见注释 3.3.1。

通过确保一个线程被调度到独立执行时（即防止其他线程同时执行）的演进，无阻塞性似乎与大多数操作系统的调度程序不相符合，操作系统通常尝试执行公平调度，以确保每个线程都将执行。然而，在实践中，这并不是问题。确保无阻塞方法的线程不需要暂停所有其他线程，而只需要暂停那些有冲突的线程，也就是那些在同一对象上执行方法调用的线程。在后续章节中，我们将考虑各种**争用管理技术**（contention management technique），以减少或者消除有冲突的并发方法调用。实现争用管理技术的一种简单方法是引入一种称为**退避**（back-off）的机制：检测到冲突的线程将自动暂停，以便较早的线程有时间完成任务。第7章将详细讨论选择何时退避，以及退避多长时间。

3.8.4　阻塞演进条件

在第2章中，我们定义了有关锁实现的两个演进条件：**无死锁性**和**无饥饿性**。无死锁性与无锁性相类似，而无饥饿性与无等待性相类似。无死锁性确保某个线程取得演进，而无饥饿性则确保每个线程取得演进，当然前提条件是**锁不被其他线程所持有**。这里需要特别强调的是，前提条件"锁不被其他线程所持有"是必要的，因为当一个线程持有锁时，没有任何一个其他线程可以在不违反互斥（锁的正确性特性）的情况下获取锁。为了保证线程演进，我们还必须假设持有锁的线程最终会释放锁。这个假设由两个部分构成：（a）每个获得锁的线程都必须在有限的执行步骤之后释放锁；（b）调度程序必须允许持有锁的线程继续执行。

通过对执行方法调用的线程进行类似的假设，我们可以将无死锁性和无饥饿性推广到并发对象。具体来说，假设调度程序是公平的，也就是说，它允许每个具有挂起的方法调用的线程执行。（假设的第一部分必须由并发对象的实现来保证。）只要具有挂起的方法调用的线程在执行，并且对象的方法执行将在有限的步骤内完成，那么对象的方法实现就是**无饥饿的**（starvation-free）。只要具有挂起的方法调用的线程在执行，并且对象的某个方法调用将在有限的步骤内完成，那么对象的方法实现就是**无死锁的**（deadlock -free）。

当操作系统保证每个线程不断地执行操作步骤，特别是每个线程**按时**（in a timely manner）地执行操作步骤时，无死锁性和无饥饿性就是非常有用的演进条件。由于无死锁性和无饥饿性允许阻塞实现，即单个线程的延迟可以阻止所有其他线程的演进，因此这些特性是阻塞的演进条件。

如果一个类的方法实现依赖于基于锁的同步，那么最多只能保证一个阻塞的演进条件。这个结论是否意味着应该避免使用基于锁的算法呢？答案是不能一概而论。如果在临界区的中间抢占现象非常罕见，那么阻塞的演进条件可能实际上与它们相对应的非阻塞实现相差甚微。但是如果抢占现象经常发生，或者基于抢占的延迟成本非常高，那么应该考虑使用非阻塞的演进条件。

3.8.5　演进条件的特征描述

接下来我们将讨论各种演进条件以及它们之间的相互关系。例如，无论线程如何调度，无等待性和无锁性都保证演进，因此我们称这两个条件为**独立的**（independent）演进条件。相反，无阻塞性、无饥饿性和无死锁性都是**非独立的**（dependent）演进条件，仅当底层操作系统满足特定的属性时，才能保证进程演进：无饥饿性和无死锁性要求公平调度，无障碍性要求独立执行。另外，如前所述，无等待性、无锁性和无阻塞性都是非阻塞的演进条件，而无饥饿性和无死锁性则是阻塞的演进条件。

对于这些演进条件，我们还可以通过它们在各自的系统假设下是否保证最大演进或者最小演进来进行描述：无等待性、无饥饿性和无阻塞性可以保证最大演进，而无锁性和无死锁性则只保证最小演进。

关于各种演进条件及其特性的总结参见图 3.10 中的表格，该表格中有一个空白单元格，因为对于独立执行的线程而言，任何确保最小演进的条件，也可以确保这些线程的最大演进。

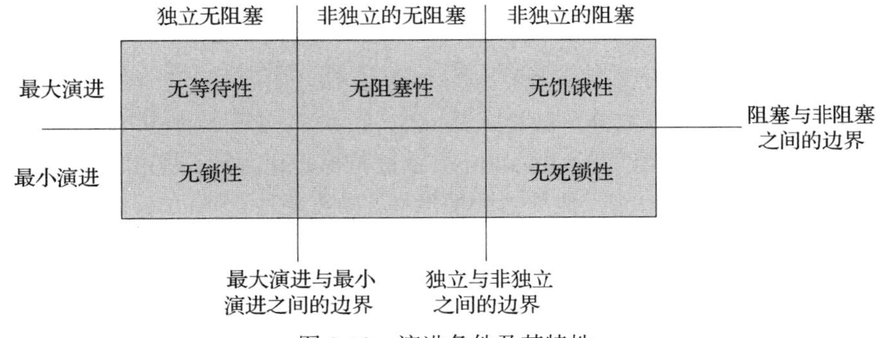

图 3.10　演进条件及其特性

为并发对象的实现选择相应的演进条件不仅取决于应用程序的需要，同时还取决于底层平台的特性。无等待性和无锁性具有强大的理论支撑特性，它们几乎可以在任何平台上工作，并且能够为音乐、电子游戏以及其他交互式应用程序等实时应用程序提供有力的保证。非独立的无阻塞性、无死锁性和无饥饿性等特性依赖于底层平台提供的保证。然而，只要有了底层平台的保证，非独立特性的实现通常就更简单、更有效。

3.9　评析

对于应用程序而言，应该选择哪种正确性条件呢？这取决于应用程序的需求。负载较轻的打印服务器可能会满足于使用静态一致的作业队列，因为文档打印的先后次序是无关紧要的。而银行服务器则必须按照程序的次序来执行顾客的请求（例如，从储蓄账户中将 100 美元取出并转存到支票账户中，然后开具一张 50 美元的支票），所以需要使用顺序一致的队列。股票交易服务器则必须公平，以确保不同客户的订单按照到达的先后次序执行，这意味着需要使用一个可线性化的队列。

应用程序需要选择哪种演进条件呢？同样，这也取决于应用程序的需求。在某种程度上，这是一个技巧性的问题。因为不同的方法，甚至是针对同一个对象的不同方法，都有可能需要使用不同的演进条件。例如，防火墙程序的表格查阅方法用于检查数据包的源地址是否可疑，它会经常被调用并且要求及时处理，因此可能希望该方法是无等待的。相比之下，更新表格条目的方法却很少被调用，因此可以使用互斥来实现。后文我们将发现，在编写应用程序时，常常会自然而然地采用不同的演进保证来实现不同的方法。

那么对于一个特定的操作，应该选择哪一种演进条件呢？程序员通常希望所执行的任何操作最终都能完成。也就是说，程序员希望实现最大的演进。然而，确保最大的演进需要对底层平台进行假设。例如，操作系统如何调度线程的执行？演进条件的选择反映了程序员为了保证一个操作完成所做的假设。对于任何演进保证，程序员必须假设执行操作的线程最终会被调度。对于某些关键操作，程序员可能不愿意做出进一步的假设，从而导致额外的开销以确保演进。对于其他操作，可以接受更强的假设，例如公平性或者用于调度的特定优先级方案，从而实现成本更低的解决方案。

对于程序设计人员而言，最理想的情形可能就是拥有可线性化的硬件、可线性化的数据结构以及良好的性能。令人遗憾的是，技术总是不完善的，就目前而言，性能良好的硬件通常甚至都不是顺序一致性的。具有良好的性能并且具有可线性化的数据结构，其实现的可能性是不得而知的。毫无疑问，为了让这个幻想成为现实还面临着许多挑战，本书的其余章节将介绍实现这一目标的路线图。

3.10　章节注释

Leslie Lamport[102] 提出了**顺序一致性**（sequential consistency）的概念，而 Christos Papadimitriou[137] 则提出了**可串行化**（serializability）的规范形式化特征。William Weihl[166] 首先指出了**可组合性**（compositionality，他称之为**局部性**）的重要性。Maurice Herlihy 和 Jeannette Wing[75] 提出了**线性一致性**（linearizability）的概念。**静态一致性**（quiescent consistency）是由 James Aspnes、Maurice Herlihy 和 Nir Shavit[14] 隐含提出的，由 Nir Shavit 和 Asaph Zemach[158] 更明确地引入。Leslie Lamport[99, 105] 提出了**原子寄存器**（atomic register）的概念。

双线程队列是一种习惯性叫法，据我们所知，这一概念以文字形式最早出现在 Leslie Lamport 的一篇论文中 [103]。

根据目前所掌握的情况，**无等待性**（wait-freedom）的概念首先隐含地出现在 Leslie Lamport 的面包房锁算法中 [100]。**无锁性**（lock-freedom）曾经有过几种不同的含义，最近几年才倾向于其目前的定义。Maurice Herlihy 和 Nir Shavit[72] 提出了**非独立演进**（dependent progress）、**最小演进**（minimal progress）和**最大演进**（maximal progress）的概念以及演进条件表。Maurice Herlihy、Victor Luchangco 和 Mark Moir 提出了**无阻塞性**（obstruction-freedom）的概念 [68]。

3.11　练习题

练习题 3.1　试解释为什么静态一致性是可组合的。

练习题 3.2　考虑一个包含两个寄存器组件的**存储器对象**（memory object）。如果已知这两个寄存器都满足静态一致性，那么该存储器对象也满足静态一致性。请问反过来是否也成立？也就是说，如果该存储器对象满足静态一致性，那么每个寄存器也分别满足静态一致性吗？请给出简单的证明，或者给出一个反例。

练习题 3.3　请举出一个例子，其执行满足静态一致性但是不满足顺序一致性。再举出一个例子，其执行满足顺序一致性但不满足静态一致性。

练习题 3.4　请问图 3.11 和图 3.12 中的历史记录，是否都满足静态一致性，是否都满足顺序一致性，是否都是可线性化的？请给出简单的证明。

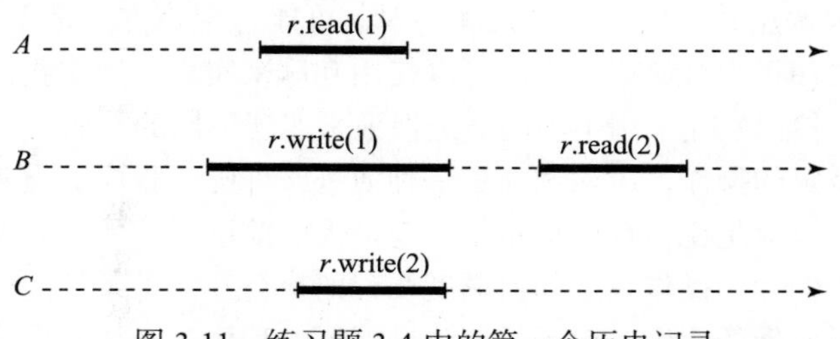

图 3.11　练习题 3.4 中的第一个历史记录

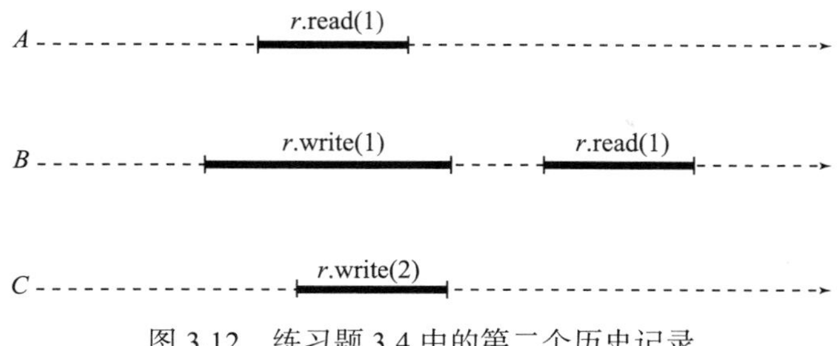

图 3.12 练习题 3.4 中的第二个历史记录

练习题 3.5 如果从线性一致性定义中去掉条件 L2，所得到的特性是否与顺序一致性相同？请解释说明。

练习题 3.6 证明定理 3.6.3 中的“仅当”部分。

练习题 3.7 AtomicInteger 类（在 java.util.concurrent.atomic 包中）是一个整数值的容器。它包含以下这个方法：

```
boolean compareAndSet(int expect, int update)
```

该方法将对象的当前值与预期值 expect 进行比较。如果两者值相等，那么它会使用 update 值原子地替换对象的值并返回 true。否则，它将保持对象的值不变，并返回 false。这个类还提供以下方法：

```
int get()
```

该方法返回对象的值。

考虑图 3.13 所示的 FIFO 队列实现。该实现将元素存储在一个数组 items 中，为了简单起见，我们假设该数组没有大小限制。该队列有两个 AtomicInteger 字段：head 字段是下一个将被移除元素所在的数组位置索引，tail 字段是下一个要被存入元素的数组位置索引。请举出一个例子，说明这种实现不满足线性一致性。

```
1  class IQueue<T> {
2    AtomicInteger head = new AtomicInteger(0);
3    AtomicInteger tail = new AtomicInteger(0);
4    T[] items = (T[]) new Object[Integer.MAX_VALUE];
5    public void enq(T x) {
6      int slot;
7      do {
8        slot = tail.get();
9      } while (!tail.compareAndSet(slot, slot+1));
10     items[slot] = x;
11   }
12   public T deq() throws EmptyException {
13     T value;
14     int slot;
15     do {
16       slot = head.get();
17       value = items[slot];
18       if (value == null)
19         throw new EmptyException();
20     } while (!head.compareAndSet(slot, slot+1));
21     return value;
22   }
23 }
```

图 3.13 练习题 3.7 中的 IQueue 实现

练习题 3.8　考虑以下关于方法 m 的极少被使用的实现方式：在所有的历史记录中，当线程第 i 次调用 m 时，则调用在 2^i 步之后返回。请问这个方法满足无等待性吗？

练习题 3.9　考虑一个包含一个对象 x 和 n 个线程的系统。确定以下特性是否等价于以下说法：x 是无死锁的、x 是无饥饿的、x 是无阻塞的、x 是无锁的、x 是无等待的。请简要证明你的结论。

1. 对于 x 的每一个无限历史记录 H，都有无限多个方法调用完成。
2. 对于 x 的每一个有限历史记录 H，都存在一个无限历史记录 $H' = H \cdot G$。
3. 对于 x 的每个无限历史记录 H，每个线程都会执行无限多个步骤。
4. 对于 x 的每个无限历史记录 H，在 H 中执行无限多个步骤的每个线程都会完成无限多个方法调用。
5. 对于 x 的每个有限历史记录 H，存在 n 个无限历史记录 $H_i = H \cdot G_i$，其中只有线程 i 在 G_i 中有相应的执行步骤，它在 G_i 中完成无限多个方法调用。
6. 对于 x 的每个有限历史记录 H，存在一个无限历史记录 $H' = H \cdot G$，其中每个线程在 G 中完成无限多个方法调用。

练习题 3.10　本练习题讨论图 3.14 中的队列实现。在代码中，enq() 方法没有一个固定的可线性化点。

队列将其元素存储在一个 items 数组中，为了简单起见，我们假设该数组没有大小限制，并且 tail 字段是 AtomicInteger 数据类型，且初始化为 0。

enq() 方法通过递增 tail 字段来保留一个位置，然后将元素存储在该位置。请注意，这两个步骤不是原子性的：在 tail 字段递增之后，在元素被存储到数组之前，存在一个时间间隔。

deq() 方法读取 tail 字段的值，然后按照升序次序从位置 0 到 tail 遍历数组。对于每个数组位置，使用空值与当前内容交换，返回找到的第一个非空数据元素。如果数组中的所有位置处都为空值，则重新启动该过程。

- 举出一个执行例子，说明 enq() 方法的可线性化点不可能位于代码的第 15 行。（提示：举出一个执行例子，其中两个 enq() 方法调用并没有按照它们执行第 15 行代码的次序被线性化。）
- 再举出一个执行例子，说明 enq() 方法的可线性化点不可能位于代码的第 16 行。
- 由于代码的第 15 行和第 16 行是 enq() 方法中仅有的两个存储访问位置，因此可以得出结论：enq() 方法没有单一的可线性化点。请问这是否意味着 enq() 方法不满足线性一致性？

```
1  public class HWQueue<T> {
2    AtomicReference<T>[] items;
3    AtomicInteger tail;
4    static final int CAPACITY = Integer.MAX_VALUE;
5
6    public HWQueue() {
7      items =(AtomicReference<T>[])Array.newInstance(AtomicReference.class,
8          CAPACITY);
9      for (int i = 0; i < items.length; i++) {
10       items[i] = new AtomicReference<T>(null);
11     }
12     tail = new AtomicInteger(0);
13   }
14   public void enq(T x) {
15     int i = tail.getAndIncrement();
16     items[i].set(x);
17   }
```

图 3.14　练习题 3.10 中的 Herlihy–Wing 队列

```
18    public T deq() {
19      while (true) {
20        int range = tail.get();
21        for (int i = 0; i < range; i++) {
22          T value = items[i].getAndSet(null);
23          if (value != null) {
24            return value;
25          }
26        }
27      }
28    }
29  }
```

图 3.14 （续）

练习题 3.11 本练习题讨论一个堆栈的实现（图 3.15），在代码中，push() 方法没有一个固定的可线性化点。

堆栈将其元素存储在一个 items 数组中，为了简单起见，我们假设该数组没有大小限制，并且 top 字段是 AtomicInteger 数据类型，且初始化为 0。

push() 方法通过递增 top 字段来保留一个位置，然后将元素存储在该位置。请注意，这两个步骤不是原子性的：在 top 字段递增之后，在元素被存储到数组之前，存在一个时间间隔。

pop() 方法读取 top 字段的值，然后按照降序次序从位置 top 到 0 遍历数组。对于每个数组位置，使用空值与当前内容交换，返回找到的第一个非空数据元素。如果数组中的所有位置处都为空值，则重新启动该过程。

- 举出一个执行例子，说明 push() 方法的可线性化点不可能位于代码的第 11 行。（提示：举出一个执行例子，其中两个 push() 方法调用没有按照它们执行第 11 行代码的次序被线性化。）
- 再举出一个执行例子，说明 push() 方法的可线性化点不可能位于代码的第 12 行。
- 由于代码的第 11 行和第 12 行是 push() 方法中仅有的两个存储访问位置，因此可以得出结论：push() 方法没有单一的可线性化点。请问这是否意味着 push() 方法不满足线性一致性？

```
1   public class AGMStack<T> {
2     AtomicReferenceArray<T> items;
3     AtomicInteger top;
4     static final int CAPACITY = Integer.MAX_VALUE;
5
6     public AGMStack() {
7       items = new AtomicReferenceArray<T>(CAPACITY);
8       top = new AtomicInteger(0);
9     }
10    public void push(T x) {
11      int i = top.getAndIncrement();
12      items.set(i,x);
13    }
14    public T pop() {
15      int range = top.get();
16      for (int i = range - 1; i > -1; i--) {
17        T value = items.getAndSet(i, null);
18        if (value != null) {
19          return value;
```

图 3.15 练习题 3.11 中的 Afek–Gafni–Morrison 队列

```
20            }
21        }
22        // 返回空。
23        return null;
24    }
25 }
```

图 3.15 （续）

练习题 3.12 证明顺序一致性是非阻塞的。

第4章

The Art of Multiprocessor Programming, Second Edition

共享存储器基础

几千年以来，世界各地的养鸡专业户都需要等待5周到6周以后，才能分辨出小鸡的性别。然而这意味着有5周到6周的时间和金钱浪费，因为母鸡发育成熟后可以下蛋，并且最终还能做成肯德基式炸鸡；但是公鸡则没有多大价值，并且通常被丢弃。然而，在20世纪20年代，日本科学家发现了一个价值连城的小技巧：雄性小鸡的肛门上有一个小突起，而雌性小鸡则没有。只要检查一下小鸡的肛门，就可以立即判断哪些小鸡应该被丢弃（根本无须等待5周的时间）。但是问题是，相当一部分雄性小鸡和雌性小鸡肛门处的小突起并不明显，因此可能无法准确判断这些小鸡的性别。于是诞生了一个新的职业“小鸡性别鉴定师”。在日本开设了许多专门培训“小鸡性别鉴定师”的学校，所培养的专家每小时大约可以对1000只小鸡进行性别鉴定，并且几乎达到了百分百的准确性。经过严格的训练，专业的“小鸡性别鉴定师”使用一组微妙的感知线索，能够看一眼就能马上准确地判别出只有一天大的小鸡的性别。这个职业一直延续到今天。在采访中，“小鸡性别鉴定师”声称在很多情况下，他们并不知道自己是如何做出决定的。这种能力有一个专业名称，就是**直觉**（intuition）”。这个没有明确答案的例子表明，训练和实践可以增强我们的直觉。

在本章中，我们开始研究**并发共享存储器计算**（concurrent shared memory computation）的基本理论。读者学习这些算法时，可能会质疑它们的“现实价值”。如果你产生了质疑，请记住它们的价值在于训练读者的直觉，能告诉你哪些类型的算法和方法在并发共享存储环境中有效，哪些类型的算法和方法无效，虽然有时很难做出判断。但无论如何，这都将有助于我们尽早放弃无效的算法，从而节省时间和金钱。

串行计算的基础是由Alan Turing和Alonzo Church在20世纪30年代奠定的，他们各自独立地提出了**丘奇–图灵理论**（Church-Turing thesis）：任何可以计算的事情，都可以通过图灵机（或者等价地，通过丘奇的lambda演算子）进行计算。任何由图灵机无法求解的问题（例如，判断一个程序对于一个任意的输入是否会停机），普遍认为在任何一种实际计算设备上也都无法求解。丘奇–图灵理论只是一个理论，而不是一个定理，因为“什么是可计算的”这个概念无法用精确的、数学上严格的方式来定义。尽管如此，几乎所有的人都认同丘奇–图灵理论。

为了研究并发共享存储器的计算，我们从一个计算模型开始。一个共享存储器的计算由多个**线程**组成，每个线程本身是一个串行的程序。这些线程之间通过调用驻留在共享存储器中的对象所提供的方法进行通信。线程是**异步的**（asynchronous），这意味着它们可能以不同的速度运行，并且任何线程都可能在任何时候停止，停止所持续的时间间隔也不可预知。这种异步概念反映了现代多处理器体系结构的实际情况，在这种体系结构中，线程延迟是不可预测的，从微秒（缓存未命中）级别到毫秒（页面错误）级别到秒（调度中断）级别。

串行可计算性经典理论的发展可以分为多个阶段。最初的阶段是有限状态自动机，接下来的阶段是下推自动机，最后以图灵机达到顶峰。本书也同样分阶段研究并发的计算模型。

本章从最简单的共享存储器计算模型开始：并发线程读取和写入共享的存储单元。由于历史上的原因，共享存储单元也被称为**寄存器**（register）。我们从简单的寄存器开始阐述，并进一步说明如何使用这些简单的寄存器来构造一系列更为复杂的寄存器。

大多数串行可计算性的经典理论并不考虑效率因素：为了证明一个问题是可计算的，只需要证明它可以用图灵机来求解就足够了。很少有人去考虑如何提高图灵机的效率，因为图灵机并不是一种实际的计算模型。同样，我们不大会尝试提高寄存器构造的效率，而是着重于理解这些结构是否存在以及这些结构的工作原理。这些理论计算模型并不会用作实际的计算模型。本章侧重于讨论容易理解但是效率不高的寄存器结构，而对于那些效率较高但却结构复杂的寄存器结构将不予考虑。

特别是在某些构造方法中，我们使用**时间戳**（即计数器值）来区分旧值和新值。时间戳的问题在于其增长不受限制，因而对于固定大小的变量最终会溢出。有界的解决方案（例如2.8节中的例子）也许更具说服力，因此我们鼓励读者通过阅读本章的章节注释中所提供的参考文献进行深入研究。然而，本章将重点讨论更简单的、无界的构造方式，这样可以更好地阐述并发程序设计的基本原理，从而避免读者的注意力被技术细节所分散。

4.1　寄存器空间

在硬件层，线程通过读取和写入共享存储器进行通信。理解线程之间通信的一种好方法是对硬件原语进行抽象，并将通信看作是通过读取和写入**共享并发对象**（shared concurrent object）来实现的。第3章详细地描述了共享对象。现在，只需要回顾一下共享对象设计的两个关键特性：安全特性和活跃特性。安全特性由一致性条件来定义，而活跃特性则由演进条件来定义。

读取－写入寄存器（read-write register，或者简称**寄存器** register）是一个对象，它封装了一个值，通过read()方法可以读取该值，也可以通过write()方法修改该值，这些方法通常被称为**加载**（load）和**存储**（store）。图4.1显示了由所有寄存器实现的Register<T>接口。值的类型T通常是布尔值、整数或者对另一个对象的引用。实现Register<布尔类型>接口的寄存器称为**布尔**（boolean）寄存器（有时使用1和0来表示true和false）。实现Register<整数类型>接口并且取值范围为M个整数的寄存器称为**M-值寄存器**（M-valued register）。本章不再具体讨论其他类型的寄存器，但是我们必须意识到，在具体实现中可以将整数类型替换为对象引用，因为任何实现整数类型寄存器的算法都可以适用于其他对象引用类型的寄存器（通过将引用表示为整数）。

```
1 public interface Register<T> {
2   T read();
3   void write(T v);
4 }
```

图4.1　寄存器Register<T>接口

```
1 public class SequentialRegister<T> implements Register<T> {
2   private T value;
3   public T read() {
4     return value;
5   }
6   public void write(T v) {
7     value = v;
8   }
9 }
```

图4.2　串行寄存器SequentialRegister类

如果方法调用之间不重叠，那么寄存器实现的行为应该如图4.2所示。然而，在多处理器中，我们期望方法调用在任何时候都是重叠的，因此需要规范化地说明并发方法调用的具体含义。

图 4.2 所示串行寄存器类的一种可线性化实现是**原子寄存器**（atomic register）。不正式地说，一个原子寄存器的行为与我们预期的完全一致：每次读取操作都返回“上次”写入的值。从直观来看，线程通过读取和写入原子寄存器进行通信的模型非常有效，而且该模型在很长一段时间内一直作为并发计算的标准模型。

实现原子寄存器的一种方法是依赖于互斥：每一次调用 read() 方法或者 write() 方法时，通过获得互斥锁来保护寄存器。然而遗憾的是，在多处理器系统结构中，我们不能使用第 2 章阐述的锁算法：这些锁算法使用寄存器实现互斥，因此再使用互斥来实现寄存器显然并没有太大的意义。而且，正如第 3 章所述，使用互斥方法，即使其实现是无死锁的或者无饥饿的，计算的演进仍然将取决于操作系统的调度程序，需要通过调度程序来确保线程永远不会在临界区内阻塞。因为我们的目标是讨论如何使用共享对象来研究并发计算的基本构成要素，所以假设存在一个单独的实体来提供关键的演进特性是没有意义的。

下面介绍另外一种不同的方法。回顾前文简述的内容，如果对象的每个方法调用都能在有限的步骤内完成，并且每个方法的调用执行与其他并发方法的交错调用执行无关，则称这个对象的实现是**无等待的**。虽然无等待性条件看似简单并且自然，但却有着深远的影响。特别是，无等待性条件排除了任何类型的互斥，并且能够保证独立的演进，也就是说，这种方式不依赖于操作系统的调度程序。因此，通常要求寄存器的实现是无等待的。

另外，还必须明确指定所期望读取的线程和写入的线程的数量。很显然，实现支持单一读取线程和写入线程的读写器比实现支持多个读取线程和写入线程的寄存器更加容易。为了简洁起见，我们使用 SRSW 表示“单读取线程，单写入线程”，MRSW 表示“多读取线程，单写入线程”，MRMW 表示“多读取线程，多写入线程”。

在本章中，我们讨论以下基本问题：

使用功能最强大的寄存器实现的数据结构，是否也可以使用功能最弱的寄存器来实现？

回顾第 1 章所讲述的内容，线程之间的有效通信方式必定是持续的：发送消息所持续的时间必须比发送方主动参与的时间更长。这种持续同步的最弱形式是（尚待论证）能够在共享存储器中设置一个持续位，而同步的最弱形式（毋庸置疑）是什么都没有。如果设置一个位的行为与读取这个位的行为不重叠，那么读取的值与写入的值是一致的。否则，有重叠行为的读取与写入可以返回任意值。

不同类型的寄存器能够提供不同的保障，因而使得寄存器的功能有强弱之别。例如，如前所述，不同寄存器封装的值的范围（例如，布尔值，或者 M- 值）以及支持的读取线程和写入线程的数量上有所差异。不同的寄存器所提供的一致性也可能不同。

如果满足以下条件，则 SRSW 或者 MRSW 寄存器的实现是**安全的**（safe）：

- 如果 read() 方法调用与 write() 方法调用不重叠，那么 read() 方法调用返回最近一次 write() 方法调用写入的值。（“最近一次 write() 方法调用”没有任何歧义，因为只有一个写入线程。）
- 如果 read() 方法调用与 write() 方法调用相互重叠，那么 read() 方法调用可以返回寄存器允许的值范围内的任意值（例如，对于一个 M- 值寄存器，将返回 0 到 $M-1$ 中的任意值）。

注意，“安全”一词是历史的偶然。因为它们提供的保证其实很弱，“安全”寄存器实际上非常不安全。

考虑图 4.3 所示的历史记录。如果寄存器是**安全的**，那么三次 read() 方法调用的行为应该如下所示：

- R^1 返回最近一次写入的值 0。
- R^2 和 R^3 与 $W(1)$ 并发执行，因此它们可能返回寄存器范围内的任意值。

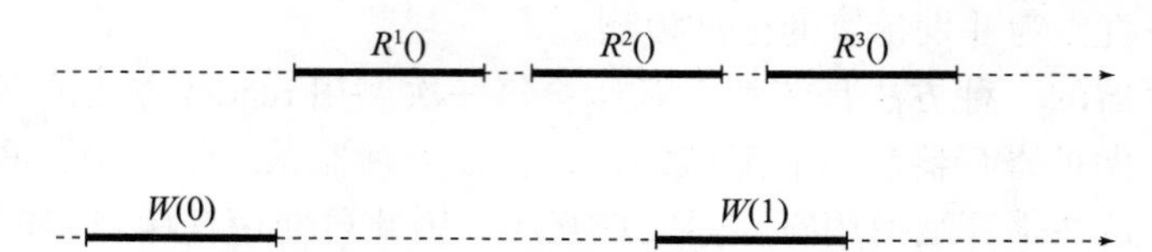

图 4.3　一个 SRSW 寄存器的执行过程：R^i 表示第 i 次读取，$W(v)$ 表示写入值 v。时间轴从左到右。无论寄存器是否是**安全的**（safe）、**常规的**（regular）还是**原子的**（atomic），R^1 必定返回 0，即最近一次写入的值。如果寄存器是安全的，那么由于 R^2 和 R^3 与 $W(1)$ 并发执行，它们可以返回寄存器允许范围内的任意值。如果寄存器是常规的，那么 R^2 和 R^3 可以分别返回 0 或者 1。如果寄存器是原子的，那么如果 R^2 返回 1，那么 R^3 也必定返回 1；如果 R^2 返回 0，那么 R^3 可能返回 0 或者 1

有必要定义一种介于安全寄存器和原子寄存器之间的一致性。**常规**（regular）寄存器是一种 SRSW 或者 MRSW 寄存器，其中写入操作不会以原子方式进行。相反，当 write() 方法调用正在执行时，在新值还没有最终替换旧值之前，正在读取的值可能会在新值和旧值之间“闪动”。更准确地说：

- 常规寄存器是安全的，因此任何一个 read() 方法调用，如果与 write() 方法调用不重叠，则 read() 方法调用都会返回最近写入的值。
- 假设一个 read() 方法调用与一个或者多个 write() 方法调用重叠。令 v^0 为最后一次 write() 方法调用写入的值，v^1，…，v^k 是与 read() 方法调用相重叠的 write() 方法调用所写入的值序列，那么 read() 方法调用可能会返回 v^i，其中 i 为 0 到 k 之间的任意值。

对于图 4.3 中的执行过程，一个常规寄存器的执行行为如下：

- R^1 返回旧的值 0。
- R^2 和 R^3 分别返回旧的值 0 或者新的值 1。

常规寄存器是满足静态一致性的（参见第 3 章），但反之则不然。安全寄存器和常规寄存器都只允许有一个写入线程。注意，常规寄存器实际上是一个满足静态一致性的单线程串行寄存器。

对于一个原子寄存器，图 4.3 中的执行过程可能会产生以下结果：

- R^1 返回旧的值 0。
- 如果 R^2 返回 1，那么 R^3 也返回 1。
- 如果 R^2 返回 0，那么 R^3 返回 0 或者 1。

各种寄存器的三维示意图如图 4.4 所示：其中，第一个维度定义寄存器的大小；第二个维度定义读取线程和写入线程的数量；第三个维度定义寄存器的一致性特性。

千万不要完全按照字面意义来解读该示意图：其中有几种组合没有明确定义，例如多写入安全寄存器。

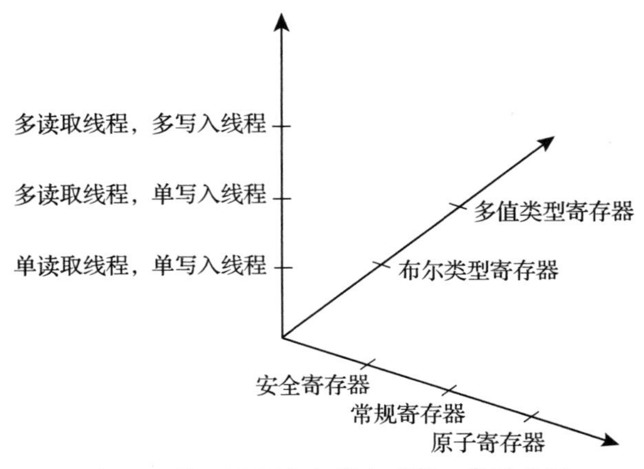

图 4.4　基于读写寄存器实现的三维示意图

为了便于分析常规寄存器和原子寄存器的实现算法，可以直接根据对象的历史记录来重新进行定义。从现在起，我们只考虑每一个 read() 方法调用返回由某个 write() 方法调用写入的值的历史记录（常规寄存器和原子寄存器不允许读取操作对返回值进行虚构）。为了简单起见，我们假设读取或者写入的值都是唯一的[⊖]。

回顾前文所述内容，一个对象的历史记录是由**调用**事件和**响应**事件所构成的系列，当一个线程调用方法时发生调用事件，当调用返回时发生与之相匹配的响应事件。**方法调用**（或者简称**调用**）是相匹配的调用事件和响应事件（包括调用事件和响应事件）之间的时间间隔。对于任意一个历史记录，必定存在着一个关于方法调用的偏序关系“→”，其定义如下：对于方法调用 m_0 和 m_1，如果 m_0 的响应事件先于 m_1 的调用事件，那么 $m_0 \rightarrow m_1$。（完整定义请参见第 3 章。）

任意一个寄存器的实现（无论是安全的、常规的还是原子的），都可以在 write() 方法调用上定义一个全序关系，称为**写入次序**（write order），用以表示在寄存器中写入操作“生效”的次序。对于安全寄存器和常规寄存器，写入次序并不重要，因为它们一次只允许一个写入线程。对于原子寄存器，所有的方法调用具有一个可线性化的次序。我们使用这个次序来对写入调用进行索引排序：写入调用 W^0 的次序是第一个，W^1 的次序是第二个，依此类推。我们使用 v^i 来表示 W^i 写入的唯一值。请注意，对于 SRSW 或者 MRSW 的安全寄存器或者常规寄存器而言，写入次序与数据写入的优先顺序完全相同。

使用 R^i 来表示任意一个返回 v^i 的 read() 方法调用。注意，尽管一个历史记录中最多包含一个 W^i 调用，但它可能包含多个 R^i 调用。

可以证明以下条件能够准确地描述什么是一个常规寄存器。首先，read() 方法调用不会返回将来的值：

$$\text{绝不可能存在 } R^i \rightarrow W^i \tag{4.1.1}$$

其次，read() 方法调用不会返回更远的过去值，也就是说，先于最近一次写入的并且不重叠的值：

$$\text{对于某个值 } j\text{，绝不可能存在 } W^i \rightarrow W^j \rightarrow R^i \tag{4.1.2}$$

⊖ 如果值本身不是唯一的，我们可以使用标准方法，在这些值上附加对算法不可见的辅助值，并在推理中使用辅助值进行区分。

为了证明一个寄存器的实现是常规的，必须证明该寄存器的历史记录满足条件（4.1.1）和条件（4.1.2）。

一个原子寄存器还要满足另一个附加条件：

$$\text{如果 } R^i \rightarrow R^j \text{，那么 } i \leqslant j \tag{4.1.3}$$

这个条件表明，一个较早的读取操作的返回值不能晚于一个较晚的读取操作所返回的值。常规寄存器不需要满足条件（4.1.3）。为了证明寄存器的实现是原子的，我们首先需要定义一个写入次序，然后证明其历史记录满足条件（4.1.1）～（4.1.3）。

4.2　寄存器构造

下面我们将讨论如何利用简单的安全的布尔型 SRSW 寄存器来实现一系列功能强大的寄存器。我们将讨论一系列寄存器构造（如图 4.5 所示），通过功能较弱的寄存器来构造功能强大的寄存器。这些构造意味着所有的读取和写入寄存器类型都是等价的，至少在可计算性方面是如此。

基类	实现的类	所在章节
SRSW安全寄存器	MRSW安全寄存器	4.2.1
MRSW安全布尔寄存器	MRSW常规布尔寄存器	4.2.2
MRSW常规布尔寄存器	MRSW常规寄存器	4.2.3
SRSW常规寄存器	SRSW原子寄存器	4.2.4
SRSW原子寄存器	MRSW原子寄存器	4.2.5
MRSW原子寄存器	MRMW原子寄存器	4.2.6
MRSW原子寄存器	原子快照	4.3

图 4.5　寄存器的构造系列

在本章的最后，我们将讨论如何使用原子寄存器（以及安全寄存器）来实现一个**原子快照**（atomic snapshot）。原子快照是由不同线程写入的 MRSW 寄存器数组，可以由任何线程以原子方式读取。

上述表格中的一些构造比实现派生序列所需的功能更为强大（例如，实现 SRSW 原子寄存器的派生类，并不需要为常规寄存器和安全寄存器提供多线程读取特性）。我们之所以罗列这些寄存器，其目的在于这些构造提供了有价值的见解。

本书的代码示例遵循以下约定。在描述实现特定类型寄存器的算法时（例如，一个 MRSW 安全布尔寄存器时，我们使用如下形式来表示该算法：

```
class SafeBooleanMRSWRegister implements Register<Boolean>
 {
 ...
 }
```

虽然上述表示方法能够清楚地说明所要实现的 Register<> 类的属性，但是如果使用这个类来实现其他类时会变得十分烦琐。因此，在描述类的实现时，我们使用以下约定来表示特定字段是否为安全的、常规的或者是原子的。以一个名为 mumble 的字段为例，如果它是安全的，则命名为 *s*_mumble；如果它是常规的，则命名为 *r*_mumble；如果它是原子的，则命名为 *a*_mumble。有关某个字段其他方面的特性（例如，字段的类型，以及它是否支持多个读取线程或者多个写入线程），则在代码中使用注释方式加以说明，并且在上下文中其语义也应该清楚无误。

4.2.1 MRSW 安全寄存器

图 4.6 描述了如何使用一种 SRSW 安全寄存器构造一种 MRSW 安全寄存器。

```
1  public class SafeBooleanMRSWRegister implements Register<Boolean> {
2    boolean[] s_table; // SRSW安全寄存器数组
3    public SafeBooleanMRSWRegister(int capacity) {
4      s_table = new boolean[capacity];
5    }
6    public Boolean read() {
7      return s_table[ThreadID.get()];
8    }
9    public void write(Boolean x) {
10     for (int i = 0; i < s_table.length; i++)
11       s_table[i] = x;
12   }
13 }
```

图 4.6　SafeBooleanMRSWRegister 类：一种 MRSW 安全布尔寄存器

引理 4.2.1　图 4.6 中的构造是一种 MRSW 安全寄存器。

证明　如果线程 A 的 read() 方法调用不与任何一个 write() 方法调用重叠，那么该 read() 方法的调用不与组件寄存器 $s\_table[A]$ 的任何一个 write() 方法调用重叠，因此 read() 方法的调用返回 $s\_table[A]$ 的值，即最近一次写入的值。如果线程 A 的 read() 方法调用与一个 write() 方法调用重叠，则允许它返回任意值。证毕。 □

4.2.2 MRSW 常规布尔寄存器

图 4.7 描述了如何使用一种 MRSW 安全布尔寄存器构造一种 MRSW 常规布尔寄存器。对于布尔寄存器而言，只有当要写入的新值 x 与旧值相同时，安全布尔寄存器和常规布尔寄存器之间才会有所区别。常规寄存器只能返回 x，而安全寄存器可以返回任意一个布尔值。因此，只需确保写入的新值与以前写入的值不相同时才允许修改值，这样就可以解决这个问题了。

```
1  public class RegularBooleanMRSWRegister implements Register<Boolean> {
2    ThreadLocal<Boolean> last;
3    boolean s_value; // MRSW安全寄存器
4    RegularBooleanMRSWRegister(int capacity) {
5      last = new ThreadLocal<Boolean>() {
6        protected Boolean initialValue() { return false; };
7      };
8    }
9    public void write(Boolean x) {
10     if (x != last.get()) {
11       last.set(x);
12       s_value = x;
13     }
14   }
15   public Boolean read() {
16     return s_value;
17   }
18 }
```

图 4.7　RegularBooleanMRSWRegister 类：一种使用 MRSW 安全布尔寄存器构造的 MRSW 常规布尔寄存器

引理 4.2.2　*图 4.7 中的构造是一种 MRSW 常规布尔寄存器。*

证明　如果一个 read() 方法调用不与任何一个 write() 方法调用相重叠，则返回最近一次写入的值。如果两个调用之间存在着重叠，则需要考虑以下两种情况：

- 如果需要写入的值与最后一次写入的值相同，那么写入线程将不写入安全寄存器，从而确保读取线程读取到正确的值。
- 如果需要写入的值与最后一次写入的值不相同，由于寄存器是布尔值类型，因此这些值要么为 true 要么为 false。一个并发的读取线程将返回寄存器取值范围内的某个值，要么是 true 要么是 false，这两种行为都是正确的。

证毕。 □

4.2.3　MRSW 常规 *M*- 值寄存器

如果使用一元符表示值的方法，可以很容易地使用布尔寄存器实现 *M*- 值寄存器，尽管这种实现方式的效率会低得惊人。在图 4.8 中，我们将 *M*- 值寄存器实现为 *M* 个布尔寄存器的数组。寄存器的初始值为 0，通过将数组的第 0 位设置为 true 来表示。如果一个写入方法需要写入值 x，则在数组的第 x 个索引位置处中写入 true，然后按照数组索引的降序次序将所有较低的位置设置为 false。读取方法则按照索引的升序次序读取数组单元的值，直到第一次读取某个索引位置 i 中的值 true 为止，然后返回 i。图 4.9 中的示例描述了一个 8- 值寄存器。

```
1  public class RegularMRSWRegister implements Register<Byte> {
2    private static int RANGE = Byte.MAX_VALUE - Byte.MIN_VALUE + 1;
3    boolean[] r_bit = new boolean[RANGE]; // MRSW常规布尔寄存器
4    public RegularMRSWRegister(int capacity) {
5      for (int i = 1; i < r_bit.length; i++)
6        r_bit[i] = false;
7      r_bit[0] = true;
8    }
9    public void write(Byte x) {
10     r_bit[x] = true;
11     for (int i = x - 1; i >= 0; i--)
12       r_bit[i] = false;
13   }
14   public Byte read() {
15     for (int i = 0; i < RANGE; i++)
16       if (r_bit[i]) {
17         return i;
18       }
19     return -1; // 读取失败
20   }
21 }
```

图 4.8　RegularMRSWRegister 类：一种 MRSW 常规 *M*- 值寄存器

引理 4.2.3　*在图 4.8 所示的构造中，read() 方法调用总是返回一个值，该值对应于 0 到 M−1 之间由某个 write() 方法调用所设置的一个位。*

证明　以下特性是不变的：如果一个读取线程正在读取 r_bit[j]，则必定有某个索引号大于或者等于 j 的位被一个 write() 方法调用设置为 true。

当寄存器初始化时，并没有读写线程，构造函数将 r_bit[0] 设置为 true。假设一个读取线程正在读取 r_bit[j]，并且 r_bit[k] 为 true（$k \geqslant j$）。那么：

- 如果读取线程从 j 前进到 $j+1$，那么 r_bit[j] 为 false，因此 $k>j$（即，一个大于或者等于 $j+1$ 的位的值为 true）。
- 仅当写入线程将更高的位 r_bit[ℓ]（$\ell>$k）设置为 true 时，才会清除 r_bit[k] 的值。

证毕。 □

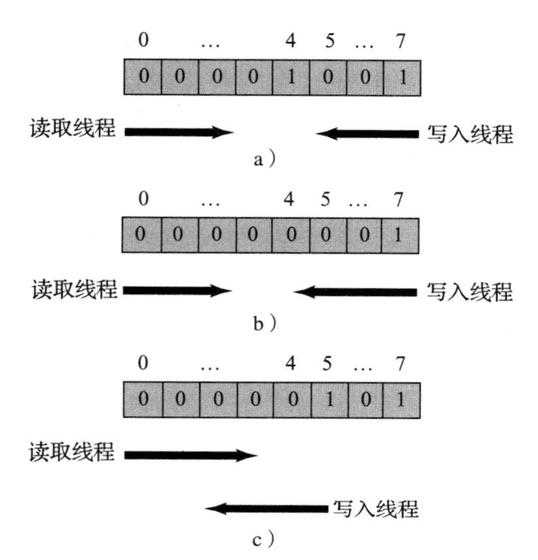

图 4.9 RegularMRSWRegister 类：一种 8- 值 MRSW 常规寄存器的执行过程。0 和 1 分别表示 false 和 true。在图 4.9a 中，写入之前的值是 4，线程 R 无法读取线程 W 写入的值 7，因为在线程 W 将 false 值重新写入到数组的索引位置 4 之前，线程 R 已经到达该位置。在图 4.9b 中，数组索引位置 4 在读取之前已经被线程 W 重写，因此读取操作返回值 7。在图 4.9c 中，线程 W 准备写入值 5，因为它在读取数组索引位置 5 之前完成了重写，所以读取线程 R 返回值 5，即使索引位置 7 的值也为 true

引理 4.2.4 图 4.8 中的构造是一种 MRSW 常规 M- 值寄存器。

证明 对于任意一个读取操作，令 x 是由最近一次与之不相重叠的 write() 方法所写入的值。在 write() 方法调用完成时，a_bit[x] 被设置为 true，并且对于所有的 $i<x$，a_bit[i] 都为 false。根据引理 4.2.3 可知，如果读取线程返回的值不是 x，那么它必定观察到某个 a_bit[j]（$j\neq x$）为 true，并且该位必定由某个并发的写入操作所设置，从而证明了满足条件（4.1.1）和条件（4.1.2）。

证毕。 □

4.2.4 SRSW 原子寄存器

本节将讨论如何使用 SRSW 常规寄存器来构造 SRSW 原子寄存器。（请注意，我们的构造使用无界时间戳。）

常规寄存器满足条件（4.1.1）和条件（4.1.2），而原子寄存器同时还必须满足条件（4.1.3）。由于 SRSW 常规寄存器不支持并发读取操作，所以违背条件（4.1.3）的唯一情形是：对于两个读取线程，如果它们都与一个写入线程相重叠，并且这两个读取线程所读取的值的次序颠倒，第一个读取线程返回 v^i，而第二个读取线程返回 v^j，其中 $j<i$。

图 4.10 描述了一个封装值的类，其中每个值都有一个包含时间戳的附加标签。我们实

现的 AtomicSRSWRegister（如图 4.11 所示）寄存器使用这些标签对写入调用进行排序，从而使得并发的读取调用可以按照正确的次序进行读取。每次读取调用都会记住其读取的最新（最高时间戳）时间戳或值对，以便为后续读取所使用。如果一个较晚的读取操作读到一个较早的值（时间戳较低的值），则忽略该值并仅使用所记住的最新值。类似地，写入线程也会记住其写入的最新时间戳，并用一个更新的时间戳（例如，比前一个时间戳大 1）来标记每个要写入的新值。

该算法要求系统能够将一个值和一个时间戳作为独立的单元进行读取或者写入。在类似 C 这样的语言中，可以将值和时间戳一起视为无类型的位（“原始数据位”），并使用移位和逻辑屏蔽将两个值打包和解包到一个或者多个字中。在 Java 中，可以很容易创建一个用于保存时间戳或值对的 StampedValue<T> 结构，并且在寄存器中存储对该结构的引用。

```
1  public class StampedValue<T> {
2    public long stamp;
3    public T value;
4    // 初始值时间戳为0
5    public StampedValue(T init) {
6      stamp = 0;
7      value = init;
8    }
9    // 提供包含时间戳标签的值
10   public StampedValue(long ts, T v) {
11     stamp = ts;
12     value = v;
13   }
14   public static StampedValue max(StampedValue x, StampedValue y) {
15     if (x.stamp > y.stamp) {
16       return x;
17     } else {
18       return y;
19     }
20   }
21   public static StampedValue MIN_VALUE = new StampedValue(null);
22 }
```

图 4.10　StampedValue<T> 类：允许作为一个整体同时读取或者写入时间戳和值

```
1  public class AtomicSRSWRegister<T> implements Register<T> {
2    ThreadLocal<Long> lastStamp;
3    ThreadLocal<StampedValue<T>> lastRead;
4    StampedValue<T> r_value;             // SRSW常规时间戳-值对
5    public AtomicSRSWRegister(T init) {
6      r_value = new StampedValue<T>(init);
7      lastStamp = new ThreadLocal<Long>() {
8        protected Long initialValue() { return 0; };
9      };
10     lastRead = new ThreadLocal<StampedValue<T>>() {
11       protected StampedValue<T> initialValue() { return r_value; };
12     };
13   }
14   public T read() {
```

图 4.11　AtomicSRSWRegister 类：一种使用 SRSW 常规寄存器构造的 SRSW 原子寄存器

```
15      StampedValue<T> value = r_value;
16      StampedValue<T> last = lastRead.get();
17      StampedValue<T> result = StampedValue.max(value, last);
18      lastRead.set(result);
19      return result.value;
20    }
21    public void write(T v) {
22      long stamp = lastStamp.get() + 1;
23      r_value = new StampedValue(stamp, v);
24      lastStamp.set(stamp);
25    }
26  }
```

图 4.11 （续）

引理 4.2.5　图 4.11 中的构造是一种 SRSW 原子寄存器。

证明　因为图 4.11 中的寄存器是常规的，因此满足条件（4.1.1）和条件（4.1.2）。同时，由于写入操作完全按照时间戳排序，如果一个读取操作返回一个给定的值，则较晚的读取操作将无法读取较早写入的值，因为较早写入的值具有较小的时间戳。所以，该算法满足条件（4.1.3）。证毕。　□

4.2.5　MRSW 原子寄存器

为了理解如何使用 SRSW 原子寄存器构造 MRSW 原子寄存器，我们首先考虑一个简单的算法，该算法直接使用 4.2.1 节中的构造，使用 SRSW 安全寄存器构造 MRSW 安全寄存器。由数组 *a*_table[0..*n*−1] 组成的 SRSW 寄存器是原子的，而不是安全的，并且所有其他的调用保持不变：写入线程按照索引号递增的次序写入数组位置，然后，每个读取线程读取并返回其关联的数组数据元素。然而，其结果并不是一个多读取线程的原子寄存器。因为每个读取线程都从一个原子寄存器中读取数据，所以条件（4.1.3）对单读取线程成立；但是对多读取线程，该条件并不成立。例如，考虑这样的一个写入操作，该操作首先设置 SRSW 寄存器的第一个数据元素 *a*_table[0]，但是在写入剩余位置 *a*_table[1..*n*−1] 之前被延迟。随后线程 0 读取并返回正确的新值，但是对于一个紧接着读取线程 0 之后的后续线程 1，会读取并返回较早的值，因为写入线程尚未更新 *a*_table[1..*n*−1]。对于这个问题，我们可以通过让较早的读取线程将它们读取的值告知较晚的线程来解决。

具体的实现如图 4.12 所示。n 个线程共享一个具有时间戳标记的值所组成的 $n \times n$ 数组 *a*_table[0..*n*−1][0..*n*−1]。正如 4.2.4 节所述，我们使用时间戳值以允许较早的读取线程告知较晚的读取线程，从而判断读取的哪个值是最新的。对角线上的位置上，即 *a*_table[*i*][*i*]（对所有 i），对应于前面讨论的简单但是无效的寄存器构造。写入线程只需要使用新值和时间戳（随 write() 方法调用不断递增）一个接一个地写入到对角线位置上。与前面的算法一样，读取线程 A 首先读取 *a*_table[*A*][*A*]，然后它使用剩余的 SRSW 位置 *a*_table[*A*][*B*]（$A \neq B$）来完成读取线程 A 和读取线程 B 之间的通信。在读取 *a*_table[*A*][*A*] 之后，每一个读取线程 A 都会通过遍历其对应的列（所有的读取线程 B 所对应的 *a*_table[*B*][*A*]）以检查其他读取线程是否读取了较后的值，并检查其是否包含一个较新的值（具有较高时间戳的值）。然后，读取线程 A 通过将该值写入其对应行中的所有位置（所有的读取线程 B 所对应的 *a*_table[*A*][*B*]），从而让所有较晚的读取线程知道它读取的最新值。因此，在线程 A 的读取完成之后，随后线

程 B 的每次读取都会看到线程 A 最后读取的值（因为它读取了 $a\_table[A][B]$）。图 4.13 给出该算法的一个执行示例。

```
1  public class AtomicMRSWRegister<T> implements Register<T> {
2    ThreadLocal<Long> lastStamp;
3    private StampedValue<T>[][] a_table; // 每个数据元素都是一个SRSW原子寄存器
4    public AtomicMRSWRegister(T init, int readers) {
5      lastStamp = new ThreadLocal<Long>() {
6        protected Long initialValue() { return 0; };
7      };
8      a_table = (StampedValue<T>[][]) new StampedValue[readers][readers];
9      StampedValue<T> value = new StampedValue<T>(init);
10     for (int i = 0; i < readers; i++) {
11       for (int j = 0; j < readers; j++) {
12         a_table[i][j] = value;
13       }
14     }
15   }
16   public T read() {
17     int me = ThreadID.get();
18     StampedValue<T> value = a_table[me][me];
19     for (int i = 0; i < a_table.length; i++) {
20       value = StampedValue.max(value, a_table[i][me]);
21     }
22     for (int i = 0; i < a_table.length; i++) {
23       if (i == me) continue;
24       a_table[me][i] = value;
25     }
26     return value;
27   }
28   public void write(T v) {
29     long stamp = lastStamp.get() + 1;
30     lastStamp.set(stamp);
31     StampedValue<T> value = new StampedValue<T>(stamp, v);
32     for (int i = 0; i < a_table.length; i++) {
33       a_table[i][i] = value;
34     }
35   }
36 }
```

图 4.12 AtomicMRSWRegister 类：一种使用 SRSW 原子寄存器构造的 MRSW 原子寄存器

引理 4.2.6 图 4.12 中的构造是一种 MRSW 原子寄存器。

证明 首先，任何读取线程都不会返回一个来自未来的值，因此很显然条件（4.1.1）成立。其次，由构造可知，write() 方法调用是严格按递增的次序写入时间戳的。理解该算法的关键是观察到任何行或者任何列上的最大时间戳也是严格递增的。如果线程 A 写入值的时间戳为 t，那么线程 B 的任何后续 read() 方法调用（这里线程 A 的调用完全先于线程 B 的调用）所读取的（从 a_table 表的对角线上）最大时间戳必定大于或者等于 t，从而满足条件（4.1.2）。最后，如前所述，如果线程 A 的 read() 方法调用完全先于线程 B 的 read() 方法调用，那么线程 A 将把时间戳为 t 的值写入线程 B 的所有列中，因此线程 B 将选择一个时间戳大于或者等于 t 的值，所以满足条件（4.1.3）。证毕。 □

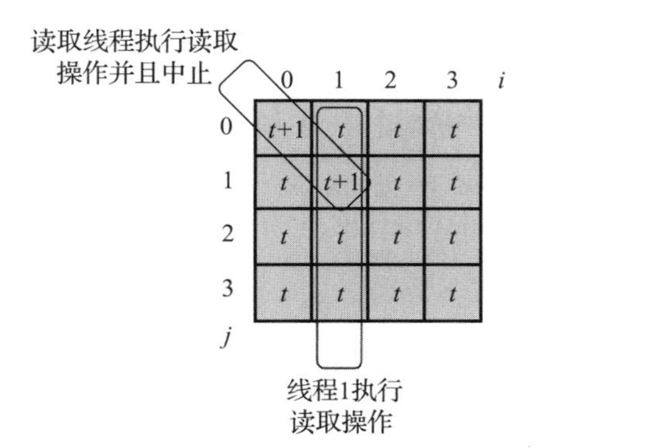

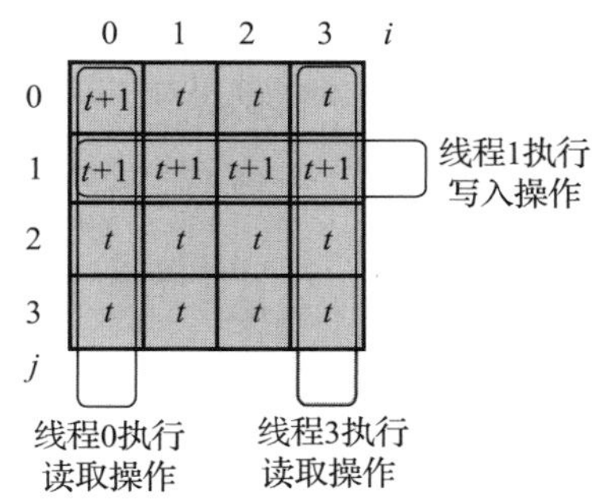

图 4.13　MRSW 原子寄存器的一个执行过程。每个读取线程都有一个介于 0 和 3 之间的索引号，可以通过索引来代表每个线程。在示例中，写入线程将具有时间戳 $t+1$ 的新值写入 a_table[0][0] 和 a_table[1][1] 中，然后中止。然后，对于所有的 i，线程 1 读取其对应列 a_table[i][1] 的值，并将值写入相对应行的 a_table[1][i] 中，然后返回具有新的时间戳 $t+1$ 的新值。在线程 1 读取完成后，线程 0 和线程 3 才开始读取。线程 0 读取时间戳为 $t+1$ 的值 a_table[0][0]。线程 3 无法读取时间戳为 $t+1$ 的新值，因为写入线程尚未写入 a_table[3][3]。然而，线程 3 读取 a_table[1][3]，并返回由前面的线程 1 读取的时间戳为 $t+1$ 的正确值

从直观上看（类似于“小鸡性别鉴定师”的直观程度），违反原子性的反例是由两个不重叠的读取事件引起的，较早读取的值比那些较晚读取的值要旧。如果两个读取线程相重叠，那么可以任意重新排列它们的可线性化点。然而，由于这两个读取线程不重叠，它们的可线性化点的次序是固定的，因此不能满足原子性要求。这是我们在设计算法时应该寻找的反例类型。（顺便说一句，我们在单读取线程原子寄存器构造中也使用了相同的反例。）

我们的解决方案使用了两种算法工具：时间戳（在后续章节的许多实际算法中被使用）和间接帮助（一个线程告诉其他线程它所读取的内容）。通过这两种方式，如果一个写入线程在只向一部分读取线程传递信息后中止，那么这些读取线程之间可以通过传递信息来进行协作。

4.2.6　MRMW 原子寄存器

接下来讨论如何使用一个 MRSW 原子寄存器数组（每个元素对应一个线程）构造一个 MRMW 原子寄存器。

当线程 A 需要写入寄存器时，线程 A 首先读取所有的数组元素，选择一个比线程观察到的任何时间戳都要大的时间戳，并将一个标记该时间戳的值写入数组元素 A。当一个线程需要读取寄存器时，该线程首先读取所有的数组元素，然后返回其中具有最大时间戳的元素值。这与 2.7 节中讨论的面包房锁算法所使用的时间戳算法完全相同。与面包房锁算法中一致，我们使用具有较小索引号的线程来解决问题，换而言之，使用时间戳和线程 ID 值对的字典次序。

引理 4.2.7　*图 4.14 中的构造是一种 MRMW 原子寄存器。*

证明　按照 write() 方法调用的时间戳和线程 ID 的字典次序，对所有的 write() 方法调用进行排序，使得在 $t_A < t_B$ 或者 $t_A = t_B$ 时，并且 $A < B$ 的情况下，则线程 A（时间戳为 t_A）的 write() 方法调用先于线程 B（时间戳为 t_B）的 write() 方法调用。这种字典次序与“→”是相一致的，有关证明留作练习题。如前文所述，我们按写入的次序把每个 write() 方法调用排列成 $W^0, W^1, \cdots$。

```
1  public class AtomicMRMWRegister<T> implements Register<T>{
2    private StampedValue<T>[] a_table; // MRSW原子寄存器数组
3    public AtomicMRMWRegister(int capacity, T init) {
4      a_table = (StampedValue<T>[]) new StampedValue[capacity];
5      StampedValue<T> value = new StampedValue<T>(init);
6      for (int j = 0; j < a_table.length; j++) {
7        a_table[j] = value;
8      }
9    }
10   public void write(T value) {
11     int me = ThreadID.get();
12     StampedValue<T> max = StampedValue.MIN_VALUE;
13     for (int i = 0; i < a_table.length; i++) {
14       max = StampedValue.max(max, a_table[i]);
15     }
16     a_table[me] = new StampedValue(max.stamp + 1, value);
17   }
18   public T read() {
19     StampedValue<T> max = StampedValue.MIN_VALUE;
20     for (int i = 0; i < a_table.length; i++) {
21       max = StampedValue.max(max, a_table[i]);
22     }
23     return max.value;
24   }
25 }
```

图 4.14　MRMW 原子寄存器

很明显，当一个 read() 方法调用完成后，它不能读取 *a*_table[] 中写入的值，并且任意一个完全在该 read() 方法调用之后的 write() 方法调用，其时间戳都要大于读取完成前的任何 write() 方法调用的时间戳，这意味着满足条件（4.1.1）。

考虑条件（4.1.2），该条件不允许跳过先前最近的 write() 方法调用。假设线程 *A* 的一个 write() 方法调用先于线程 *B* 的一个 write() 方法调用，而线程 *B* 的一个 write() 方法调用又先于线程 *C* 的一个 read() 方法调用。如果 $A = B$，那么较晚的 write() 方法调用会覆盖 *a*_table[*A*]，并且 read() 方法调用不会返回较早写入的值。如果 $A \neq B$，那么由于线程 *A* 的时间戳小于线程 *B* 的时间戳，任何观察到两个操作的线程 *C* 会返回线程 *B* 的值（或者时间戳更高的值），所有构造满足条件（4.1.2）。

最后，考虑条件（4.1.3），该条件不允许读取次序违背写入次序。假设线程 *A* 的所有 read() 方法调用都完全先于线程 *B* 的某个 read() 方法调用，并且在写入次序上线程 *C* 的所有 write() 方法调用都先于线程 *D* 的 write() 方法调用。我们需要证明，如果线程 *A* 返回线程 *D* 的值，那么线程 *B* 就不会返回线程 *C* 的值。如果 $t_C < t_D$，那么当线程 *A* 从 *a*_table[*D*] 中读取时间戳 t_D，线程 *B* 从 *a*_table[*D*] 中读取到大于或者等于 t_D 的时间戳，并且不会返回与时间戳 t_C 相关联的值。如果 $t_C = t_D$，即写入操作是并发的，那么按照写入顺序有 $C < D$，因此如果线程 *A* 从 *a*_table[*D*] 中读取到时间戳 t_D，那么线程 *B* 也会从 *a*_table[*D*] 中读取时间戳 t_D，并且返回与时间戳 t_D（或者更高）相关联的值，即使它从 *a*_table[*C*] 中读取到 t_C 也是如此。证毕。 □

前文讨论的一系列寄存器构造表明，可以使用 SRSW 安全布尔寄存器构造出一个无等待的 MRMW 原子 *M*- 值寄存器。当然，没有人愿意使用安全寄存器来编写并发算法，但是这些构造表明，任何使用原子寄存器的算法都可以在一个只支持安全寄存器的体系结构上实现。稍后，当讨论更实际的体系结构时，我们将重新讨论这种实现算法的主题：在只能直接提供较弱特性的体系结构上，实现更强大的同步特性。

4.3　原子快照

前文讨论了如何以原子方式读取和写入单个寄存器的值。如果需要以原子方式读取多个寄存器的值时该如何操作呢？这样的操作称为**原子快照**（atomic snapshot）。

一个原子快照构造了一个 MRSW 寄存器数组的瞬时视图。通过构造一个无等待的快照，一个线程可以在不延迟任何其他线程的情况下获取寄存器数组的一个快照。原子快照可以用于备份或者设置检查点。

Snapshot 接口（图 4.15）是一个 MRSW 原子寄存器数组，每个寄存器对应于一个线程。其中，update() 方法将值 v 写入该数组中与调用线程相对应的寄存器，scan() 方法返回该寄存器数组的原子快照。

我们的目标是构造一种无等待的实现，使其等价于图 4.16 所示的串行规范说明（也就是说可线性化）。这种串行实现的关键特性是其 scan() 方法调用能够返回多个值组成的一个集合，集合中的每个值对应于先前最近的 update() 方法调用；也就是说，scan() 方法调用返回在同一时刻同时存在的寄存器值的集合。

```
1 public interface Snapshot<T> {
2   public void update(T v);
3   public T[] scan();
4 }
```

图 4.15　快照接口

```
1  public class SeqSnapshot<T> implements Snapshot<T> {
2    T[] a_value;
3    public SeqSnapshot(int capacity, T init) {
4      a_value = (T[]) new Object[capacity];
5      for (int i = 0; i < a_value.length; i++) {
6        a_value[i] = init;
7      }
8    }
9    public synchronized void update(T v) {
10     a_value[ThreadID.get()] = v;
11   }
12   public synchronized T[] scan() {
13     T[] result = (T[]) new Object[a_value.length];
14     for (int i = 0; i < a_value.length; i++)
15       result[i] = a_value[i];
16     return result;
17   }
18 }
```

图 4.16　一种串行快照

4.3.1　无阻塞快照

我们首先讨论一个简单的快照类：SimpleSnapshot 类，其 update() 方法是无等待的，但是 scan() 方法是无阻塞的。然后我们再对这个算法进行扩展，使其 scan() 方法也是无等待的。

参照 MRSW 原子寄存器的构造，把每个值都封装为一个包含时间戳 stamp 字段和值 value 字段的 StampedValue<T> 对象。每次 update() 方法的调用都会递增时间戳。

收集（collect）是一种非原子方式的操作，用于将寄存器的值逐个复制到一个数组中。

如果在一次收集操作后紧接着又做了一次收集操作，并且两次收集操作都读取到了相同的时间戳，那么可以推断出必定存在一个时间间隔，并且在这个时间间隔中没有任何一个线程对寄存器进行更新，因此这次收集操作的结果是在第一次收集操作结束后立即生成的数组快照。我们把这样的一对收集称为**干净的双重收集**（clean double collect）。

在 SimpleSnapshot<T> 类（参见图 4.17）中所示的构造中，每个线程重复调用 collect() 方法（第 25 行），一旦检测到**干净的双重收集**（其中两次收集的时间戳相同），则调用立即返回。

这种构造总是返回正确的值。update() 方法的调用是无等待的，但是 scan() 方法调用不是无等待的。其原因在于 scan() 方法的调用可能被 update() 方法的调用重复中断，从而有可能永远无法完成执行操作。然而，scan() 方法的调用是无阻塞的，因为如果 scan() 方法的调用运行足够长的时间，最终会完成执行操作。

```
1  public class SimpleSnapshot<T> implements Snapshot<T> {
2    private StampedValue<T>[] a_table; // MRSW原子寄存器数组
3    public SimpleSnapshot(int capacity, T init) {
4      a_table = (StampedValue<T>[]) new StampedValue[capacity];
5      for (int i = 0; i < capacity; i++) {
6        a_table[i] = new StampedValue<T>(init);
7      }
8    }
9    public void update(T value) {
10     int me = ThreadID.get();
11     StampedValue<T> oldValue = a_table[me];
12     StampedValue<T> newValue = new StampedValue<T>((oldValue.stamp)+1, value);
13     a_table[me] = newValue;
14   }
15   private StampedValue<T>[] collect() {
16     StampedValue<T>[] copy = (StampedValue<T>[]) new StampedValue[a_table.length];
17     for (int j = 0; j < a_table.length; j++)
18       copy[j] = a_table[j];
19     return copy;
20   }
21   public T[] scan() {
22     StampedValue<T>[] oldCopy, newCopy;
23     oldCopy = collect();
24     collect: while (true) {
25       newCopy = collect();
26       if (! Arrays.equals(oldCopy, newCopy)) {
27         oldCopy = newCopy;
28         continue collect;
29       }
30       T[] result = (T[]) new Object[a_table.length];
31       for (int j = 0; j < a_table.length; j++)
32         result[j] = newCopy[j].value;
33       return result;
34     }
35   }
36 }
```

图 4.17　一种简单的快照对象

注意，我们使用时间戳而不是寄存器中的值来验证双重收集。其原因是什么呢？我们鼓励读者设想出一个反例，假设同一个值的重复出现与其他值交织在一起，这样读取同一个值就会产生"什么都没有改变"的错觉。这是并发程序设计人员经常犯的错误，试图通过将要写入的值用作特性性的指示符来节省时间戳所需的空间。我们建议不要采用这种方法，通常情况下，这会导致一个**错误**（bug）。例如在**干净的双重收集**中，我们必须通过检查时间戳来检测结果，而不是检查所收集的值集的相等性。

4.3.2　无等待快照

为了使 scan() 方法是无等待的，每次 update() 方法的调用都会在写入其寄存器之前先获取一个快照，以此来帮助可能与之相冲突的 scan() 方法调用。如果一个 scan() 方法的调用在执行干净的双重收集时总是失败，则可以将与之冲突的 update() 方法调用中的快照作为自己的快照。关键之处在于，我们必须确保从提供帮助的 update() 方法调用中获取的快照可以在 scan() 方法调用的执行过程中可线性化。

如果一个线程完成了一次 update() 方法的调用，则称该线程发生了**迁移**（move）。如果由于线程 B 的迁移，导致线程 A 无法得到一个干净的收集，那么线程 A 是否可以简单地将线程 B 最近一次的快照作为自己的快照呢？令人遗憾的是，答案是否定的。例如，在图 4.18 所示的情形中，当线程 A 在开始其 scan() 方法调用之前，线程 B 已经拍摄了快照，而线程 A 看到线程 B 正在迁移，因此线程 B 的这个快照并不是在线程 A 的扫描期间内拍摄的。

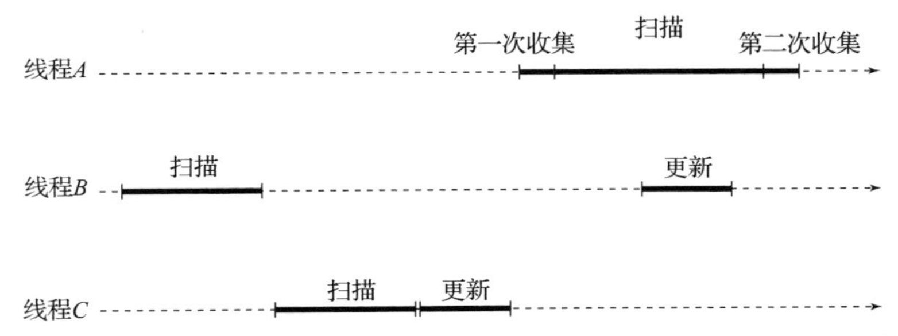

图 4.18　图中的示例说明了为什么未能完成干净的双重收集的线程 A 不能简单地使用在线程 A 的第二次收集期间执行 update() 方法调用的线程 B 的最新快照。线程 B 的快照是在线程 A 开始 scan() 方法调用之前拍摄的，也就是说，线程 B 的快照没有与线程 A 的扫描相重叠。结果可能导致以下的危险：线程 C 可能在线程 B 的 scan() 方法调用和线程 A 的 scan() 方法调用之间调用 update() 方法，从而使得线程 A 所使用的线程 B 的 scan() 方法调用的结果是不正确的

无等待的构造基于以下观察结果：如果一个正在扫描的线程 A 在执行重复收集时观察到线程 B 迁移了两次，则线程 B 必定在线程 A 的 scan() 方法调用过程中执行了一次完整的 update() 方法调用，因此线程 A 可以正确地使用线程 B 的快照。

图 4.19 和图 4.20 描述了无等待的快照算法的实现。每个 update() 方法的调用都会调用 scan() 方法，并且将扫描结果附加到值上（同时也会附加到时间戳上）。更准确地说，每个写入寄存器的值的结构如图 4.19 所示：一个 stamp 字段，每次线程更新其值时，stamp 字段都会递增；一个 value 字段，包含寄存器的实际值；一个 snap 字段，包含该线程最近一次扫描的快照。快照算法如图 4.20 所示。一个正在扫描的线程将创建一个名为 moved[]（第 24 行代码）的布尔型数组，该数组记录在扫描过程中观察到进行了迁移的线程。如前所述，每

个线程执行两次收集（第 25 行和第 27 行代码），并且检测是否有线程的时间戳发生了更改。如果线程的时间戳没有任何更改，那么收集是干净的，扫描返回收集的结果。如果一旦有线程的时间戳发生了更改（第 29 行代码），则正在扫描的线程将检测 moved[] 数组，以检测这次改变是否是该线程的第二次迁移（第 30 行代码）。如果是，算法将返回该线程的扫描（第 31 行代码）；否则，算法将更新数组 moved[] 的内容并重新进入外层循环（第 32 行代码）。

```
1  public class StampedSnap<T> {
2    public long stamp;
3    public T value;
4    public T[] snap;
5    public StampedSnap(T value) {
6      stamp = 0;
7      value = value;
8      snap = null;
9    }
10   public StampedSnap(long ts, T v, T[] s) {
11     stamp = ts;
12     value = v;
13     snap = s;
14   }
15 }
```

图 4.19　一种时间戳快照类

```
1  public class WFSnapshot<T> implements Snapshot<T> {
2    private StampedSnap<T>[] a_table; // MRSW原子寄存器数组
3    public WFSnapshot(int capacity, T init) {
4      a_table = (StampedSnap<T>[]) new StampedSnap[capacity];
5      for (int i = 0; i < a_table.length; i++) {
6        a_table[i] = new StampedSnap<T>(init);
7      }
8    }
9    private StampedSnap<T>[] collect() {
10     StampedSnap<T>[] copy = (StampedSnap<T>[]) new StampedSnap[a_table.length];
11     for (int j = 0; j < a_table.length; j++)
12       copy[j] = a_table[j];
13     return copy;
14   }
15   public void update(T value) {
16     int me = ThreadID.get();
17     T[] snap = scan();
18     StampedSnap<T> oldValue = a_table[me];
19     StampedSnap<T> newValue = new StampedSnap<T>(oldValue.stamp+1, value, snap);
20     a_table[me] = newValue;
21   }
22   public T[] scan() {
23     StampedSnap<T>[] oldCopy, newCopy;
24     boolean[] moved = new boolean[a_table.length]; // 初始值全部为false
25     oldCopy = collect();
26     collect: while (true) {
27       newCopy = collect();
28       for (int j = 0; j < a_table.length; j++) {
29         if (oldCopy[j].stamp != newCopy[j].stamp) {
```

图 4.20　单写入线程的原子快照类

```
30            if (moved[j]) {
31              return newCopy[j].snap;
32            } else {
33              moved[j] = true;
34              oldCopy = newCopy;
35              continue collect;
36            }
37          }
38        }
39        T[] result = (T[]) new Object[a_table.length];
40        for (int j = 0; j < a_table.length; j++)
41          result[j] = newCopy[j].value;
42        return result;
43      }
44    }
45  }
```

图 4.20 （续）

4.3.3 正确性证明

在本小节中，我们将稍微展开对无等待快照算法正确性的证明。

引理 4.3.1 *如果一个正在扫描的线程执行了一次干净的双重收集，那么它所返回的值一定是在执行过程中某个状态下存在于寄存器中的值。*

证明 考虑第一次收集的最后一次读取操作和第二次收集的第一次读取操作之间的时间间隔。如果在该时间间隔内，任意一个寄存器被更新，那么时间戳将不匹配，并且双重收集将是不干净的。证毕。 □

引理 4.3.2 *如果一个正在扫描的线程 A 在两次不同的双重收集期间观察到另一个线程 B 的时间戳发生了变化，那么在最后一次收集期间读取的线程 B 的寄存器的值必定是由第一次收集开始后 update() 方法调用所写入的。*

证明 如果在一次 scan() 方法调用期间，线程 A 对线程 B 的寄存器的两次连续读取返回不同的时间戳，那么在这两次读取之间，线程 B 至少执行了一次写入操作。由于线程 B 在 update() 方法调用的最后一步才对其寄存器执行写入操作，因此线程 B 的某个 update() 方法调用是在线程 A 的第一次读取之后的某个时间结束，而另一个 update() 方法调用的写入步骤发生在线程 A 的最后两次读取操作之间。因为只有线程 B 才能对其寄存器执行写入操作，所以断言成立。证毕。 □

引理 4.3.3 *一个 scan() 方法调用返回的值位于该 scan() 方法的调用和响应之间的某个状态的寄存器中。*

证明 如果 scan() 方法调用执行了一次干净的双重收集，那么根据引理 4.3.1，该断言成立。如果方法调用从另一个线程 B 的寄存器中获取扫描值，那么根据引理 4.3.2，在线程 B 寄存器中得到的扫描值是由线程 B 通过 scan() 方法的调用所获得的，该调用的间隔介于线程 A 对线程 B 寄存器的第一次和最后一次读取操作之间。存在两种情况。第一种情况是线程 B 的 scan() 方法调用完成了一个干净的双重收集，那么根据引理 4.3.1，结论成立。第二种情况是在线程 B 的 scan() 方法调用的时间间隔内，线程 C 执行了一次嵌入的 scan() 方法调用。第二种情况可以通过归纳法进行证明。请注意，在所有线程执行完毕之前，最多存在 $n-1$ 个嵌套调用，其中 n 为最大的线程数量（参见图 4.21）。所以最终必定有某个嵌套的

scan() 方法调用完成了一次干净的双重收集。证毕。 □

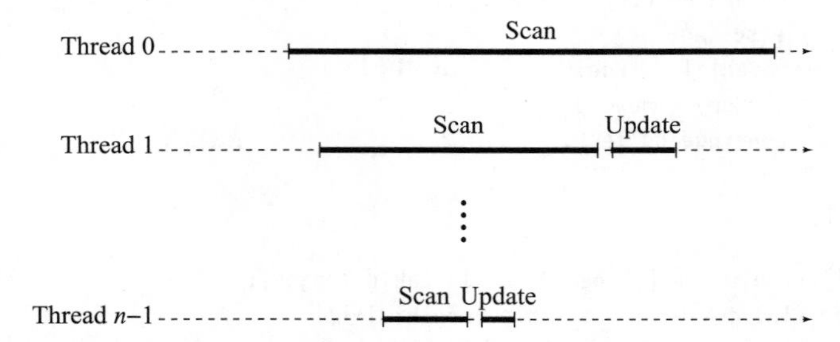

图 4.21 在所有线程运行完毕之前，最多存在 $n-1$ 个嵌套的 scan() 方法调用，其中 n 为最大的线程数量。线程 $n-1$ 的 scan() 方法调用包含在所有其他 scan() 方法调用的间隔中，线程 $n-1$ 的 scan() 方法调用必定会完成一次干净的双重收集

引理 4.3.4 任何一次 scan() 方法调用或者 update() 方法调用最多执行 $O(n^2)$ 次读取或者写入操作之后会返回。

证明 对于任意一次 scan() 方法的调用，最多存在 $n-1$ 个其他线程，因此经过 n 次双重收集之后，要么其中一次双重收集是干净的，要么观察到某个线程迁移了两次。由于每次双重收集都执行了 $O(n)$ 次读取，因此断言成立。证毕。 □

根据引理 4.3.3，由 scan() 方法调用返回的值形成了一个快照，因为它们都是在这个调用执行期间的某个状态存在于寄存器中的值：该方法调用可以在该时间点上被线性化。同理，可以在寄存器被写入的时间点上将 update() 方法调用线性化。

定理 4.3.5 图 4.20 中所示的代码是一种无等待的快照实现。

本章实现的无等待的原子快照构造是我们在原子寄存器构造中讨论的传播方法的一种变体。在本例中，线程将自己的快照告知给其他线程，并且这些快照被重用。另一个实用的技巧是，即使一个线程中断另一个线程并阻止线程的完成，如果中断线程完成被中断线程的操作，那么仍然可以保证结果是无等待的。这种采用相互帮助的范式在设计多处理器算法时非常具有使用价值。

4.4 章节注释

Alonzo Church 于 1935 年左右提出了 Lambda 演算子 [30]。Alan Turing 在 1937 年的一篇经典论文中定义了图灵机 [163]。Leslie Lamport 定义了安全寄存器、常规寄存器和原子寄存器以及寄存器层次结构的概念，他还最先证明了可以使用安全位实现其他复杂的共享存储器 [99, 105]。Gary Peterson 提出了原子寄存器的构造问题 [139]。Jaydev Misra 给出了一种关于原子寄存器的公理推导方法 [128]。线性一致性的概念是由 Herlihy 和 Wing[75] 提出的，这种概念泛化了 Lamport 和 Misra 的原子寄存器概念。Susmita Haldar 和 Krishnamurthy Vidyasankar 给出了使用常规寄存器构造 MRSW 有界原子寄存器的方法 [55]。Leslie Lamport[99, 105] 以及 Paul Vitányi 和 Baruch Awerbuch[165] 提出了使用单读取线程原子寄存器构造多读取线程原子寄存器的开放式问题，Paul Vitányi 和 Baruch Awerbuch 也最早提出了 MRMW 原子寄存器设计方法。该问题的第一种解决方案是由 Jim Anderson、Mohamed Gouda 和 Ambuj Singh[87, 160] 提出的。其他原子寄存器构造（仅列举少数名字）分别由 Jim Burns 和 Gary Peterson[25]、Richard Newman Wolfe[134]、Lefteris Kirousis、Paul Spirakis 和 Philippas Tsigas[92]、Amos Israel 和 Amnon Shaham[86] 以及 Ming Li、John Tromp 和 Paul Vitányi[113] 所提出。本章涉及

的基于时间戳的 MRMW 原子构造简单方法是由 Danny Dolev 和 Nir Shavit[39] 提出的。

最早由 Mike Saks、Nir Shavit 和 Heather Woll 给出了收集操作的形式化定义 [152]。第一种原子快照的构造方法是由 Jim Anderson[10] 和 Yehuda Afek、Hagit Attiya、Danny Dolev、Eli Gafni、Michael Merritt 和 Nir Shavit[2] 同时各自独立发现的。本章讨论的原子快照构造方法是第二种算法。其他的快照算法是由 Elizabeth Borowsky 和 Eli Gafni[21] 以及 Yehuda Afek、Gideon Stupp 和 Dan Touitou[4] 提出的。

在本章提到的所有算法中，时间戳都是有界的，因此构造本身使用了有界的寄存器。有界时间戳系统由 Amos Israel 和 Ming Li[85] 提出，有界并发时间戳系统的提出则归功于 Danny Dolev 和 Nir Shavit[39]。

Horsey[78] 撰写了一篇优美的文章，阐述了小鸡性别鉴定与直觉的关系。

4.5　练习题

练习题 4.1　考虑图 4.6 所示的 MRSW 安全布尔构造。请判断以下描述是否正确：如果使用一个 SRSW 安全 *M*- 值寄存器数组替换 SRSW 安全布尔寄存器数组，那么该构造将会产生一个 MRSW 安全 *M*- 值寄存器。请证明你的结论。

练习题 4.2　考虑图 4.6 所示的 MRSW 安全布尔构造。请判断以下描述是否正确：如果使用一个 SRSW 常规布尔寄存器数组替换 SRSW 安全布尔寄存器数组，那么该构造将会产生一个 MRSW 常规布尔寄存器。请证明你的结论。

练习题 4.3　考虑图 4.6 所示的 MRSW 安全布尔构造。请判断以下描述是否正确：如果使用一个 SRSW 常规 *M*- 值寄存器数组替换 SRSW 安全布尔寄存器数组，那么该构造将会产生一个 MRSW 常规 *M*- 值寄存器。请证明你的结论。

练习题 4.4　考虑图 4.7 所示的 MRSW 常规布尔构造。请判断以下描述是否正确：如果使用一个 MRSW 安全 *M*- 值寄存器替换 MRSW 安全布尔寄存器，那么该构造将会产生一个 MRSW 常规 *M*- 值寄存器。请证明你的结论。

练习题 4.5　考虑图 4.12 所示的 MRSW 原子构造。请判断以下描述是否正确：如果使用 SRSW 常规寄存器替换 SRSW 原子寄存器，那么该构造仍然会产生一个 MRSW 原子寄存器。请证明你的结论。

练习题 4.6　给出一个满足静态一致性的寄存器但非常规执行的实例。

练习题 4.7　图 4.22 给出了使用 SRSW 原子布尔寄存器构造 SRSW 原子 *M*- 值寄存器的算法。请问这个算法是否有效？如果该算法有效，请证明其正确性；如果该算法无效，请给出一个反例。

```
1  public class AtomicSRSWRegister implements Register<int> {
2    private static int RANGE = M;
3    boolean[] r_bit = new boolean[RANGE]; // SRSW原子布尔寄存器数组
4    public AtomicSRSWRegister(int capacity) {
5      for (int i = 1; i <= RANGE; i++)
6        r_bit[i] = false;
7      r_bit[0] = true;
8    }
9    public void write(int x) {
10     r_bit[x] = true;
11     for (int i = x - 1; i >= 0; i--)
12       r_bit[i] = false;
13   }
14   public int read() {
15     for (int i = 0; i <= RANGE; i++)
16       if (r_bit[i]) {
```

图 4.22　一种使用 SRSW 原子布尔寄存器构造 SRSW 原子 *M*- 值寄存器的算法

```
17            return i;
18          }
19        return -1; // 算法无效
20      }
21    }
```

图 4.22 (续)

练习题 4.8 设想在一个 32 位系统上运行 64 位系统，其中每个 64 位内存位置（寄存器）使用两个原子的 32 位内存位置（寄存器）来实现。写入操作通过简单地将第一个 32 位写入第一个寄存器，然后将第二个 32 位写入第二个寄存器来实现。类似地，读取操作从第一个寄存器中读取前半部分，从第二个寄存器中读取后半部分，然后将两部分拼接在一起并返回结果。请问对于以下特性，这个 64 位寄存器构造能够满足的最强特性是什么？

- 安全寄存器。
- 常规寄存器。
- 原子寄存器。
- 不满足上述任何特性。

练习题 4.9 如果把彼得森的双线程互斥算法中的共享原子 flag 标志寄存器替换为常规寄存器，请问修改后的算法是否有效？

练习题 4.10 考虑以下分布式消息传递系统中寄存器的一种实现。假设将 n 个处理器 P_0, …, P_{n-1} 排列在一个环中，其中 P_i 只能向 $P_{i+1 \bmod n}$ 发送消息。消息按照 FIFO 先进先出的顺序沿着每个链路发送。每个处理器保留一份共享寄存器的副本。

- 为了读取寄存器，处理器读取其本地内存中的副本。
- 处理器 P_i 通过向处理器 $P_{i+1 \bmod n}$ 发送消息“P_i: write v to x”，启动 write() 方法调用，将值 v 写入寄存器 x 中。
- 如果 P_i 收到消息“P_j: write v to x”($i \neq j$)，则它将值 v 写入寄存器 x 的本地副本，并将消息转发给 $P_{i+1 \bmod n}$。
- 如果 P_i 收到消息“P_i: write v to x”，则它将值 v 写入寄存器 x 的本地副本，并丢弃该消息。至此，write() 方法调用已完成。

  请回答以下问题，并给出一个简短的证明，或者给出一个反例。

  如果 write() 方法调用从不重叠，那么：

- 请问该寄存器的实现是否是常规的？
- 请问该寄存器的实现是否是原子的？

  如果有多个处理器调用 write() 方法，那么：

- 请问该寄存器实现是否是安全的？

练习题 4.11 图 4.23 显示了 MRSW **一次写入**（write-once）M- 值寄存器的一种实现，该实现使用 MRSW 安全 M- 值寄存器数组来实现。注意，存在一个写入线程，它可以使用一个新值覆盖寄存器的初始值，但该线程只能写入一次。我们事先并不知道寄存器的初始值。

请问这种实现是否是常规的？是否是原子的？

```
1  class WriteOnceRegister implements Register{
2    private SafeMRSWRegister[] s = new SafeMRSWRegister[3];
3
4    public void write(int x) {
5      s[0].write(x);
6      s[1].write(x);
```

图 4.23 一次写入的寄存器

```
7      s[2].write(x);
8    }
9    public int read() {
10     v2 = s[2].read()
11     v1 = s[1].read()
12     v0 = s[0].read()
13     if (v0 == v1) return v0;
14     else if (v1 == v2) return v1;
15     else return v0;
16   }
17 }
```

图 4.23 （续）

练习题 4.12 如果满足以下条件，则单写入线程寄存器称为 1- **常规寄存器**（1-regular）：

- 如果 read() 操作不与任何 write() 操作相重叠，则返回上次 write() 操作写入的值。
- 如果 read() 操作正好与一个 write() 操作相重叠，则返回上一次 write() 操作或者并发 write() 操作写入的值。
- 否则，read() 操作可能返回一个任意值。

使用运行时间为 O(log*M*) 的 SRSW 布尔常规寄存器构造一个 SRSW *M*- 值 1- 常规寄存器。并证明所构造寄存器的有效性。

练习题 4.13 证明图 4.6 所示的使用 SRSW 安全布尔寄存器构造的 MRSW 安全布尔寄存器是 MRSW 常规寄存器的正确实现，假设组件寄存器是 SRSW 常规寄存器。

练习题 4.14 定义一个具有 *k*- 值属性的**环绕**（wraparound）寄存器，满足写入值 *v* 时将寄存器的值设置为 *v* mod *k*。

如果使用（a）常规的，（b）安全的，或者（c）原子环绕的寄存器替换面包房锁算法中的共享变量，那么修改后的面包房锁算法是否仍然满足（1）互斥特性，（2）FIFO 先进先出顺序？

请给出六种情况下的答案（有些答案可能隐含其他答案），并逐个证明你的结论。

同步操作原语的相对能力

假设你正在负责设计一款新的多处理器，那么应该包括哪些原子指令呢？在相关的文献中包括一系列令人困惑的不同选择和组合：read() 和 write()、getAndIncrement()、getAndComplement()、swap()、compareAndSet() 以及许多其他的指令。如果选择支持文献中所有的指令，那么自己的设计将会变得非常复杂并且效率低下。但是如果选择支持错误的指令，那么可能会增加解决重要的同步问题的难度，甚至无法解决同步问题。

我们的目标是确定一组足够强大的同步操作原语集，以解决应用实践中可能出现的各种同步问题。（为了方便起见，我们还可以支持其他非基本的同步操作。）为了达到这个目标，我们需要一些方法来评估各种同步原语的**能力**（power）：这些同步原语可以解决什么样的同步问题？以及解决问题的效率如何？

如果对一个并发对象的每一次方法调用都能在有限的步骤内完成，那么该并发对象的实现是**无等待的**（wait-free）。如果能够保证一个方法基本上每次调用都能在有限的步骤内完成，则称该方法是**无锁的**（lock-free）。我们在第 4 章中讨论过无等待的（因此也是无锁的）寄存器的实现。评测同步指令能力的一种方法是评估它们对共享对象（例如队列、堆栈、树等）实现的支持程度。正如 4.1 节中所述，我们评估了那些无等待的或者无锁的解决方案，即在不依赖底层平台的情况下确保演进的解决方案[⊖]。

并非所有的同步指令都是等价的。如果将同步原语指令视为其外部方法就是指令本身的对象（这些对象通常被称为**同步原语** synchronization primitives），则可以证明存在一种由同步原语组成的无限层次的层次结构，任何一层的原语都不能用于更高层的原语的无等待或者无锁实现中。其基本思路非常简单：在这种层次结构中，每个类都有一个相关联的**共识数**（consensus number），所谓共识数就是指一个类的对象可以解决的基本同步问题（称为共识性 consensus）的最大线程数量。在由 n 个或者更多并发线程组成的系统中，不可能使用共识数小于 n 的对象构造一个共识数为 n 的无等待的或者无锁对象。

5.1 共识数

共识性（consensus）是一个看起来无关痛痒并且还有些抽象的问题，但它对从算法设计乃至硬件体系架构等各方面都有着巨大的影响。**共识性对象**（consensus object）仅提供了一个方法 decide()，如图 5.1 所示。每个线程使用其输入 v 最多调用 decide() 方法一次。共识性对象的 decide() 方法返回一个满足以下条件的值：

- **一致性**（consistent）：所有的线程对同一个值做出决策。
- **有效性**（valid）：这个共同确定的决策值是某个线程的输入。

换而言之，并发共识性对象可以被线性化为一个串行共识性对象，其中值被选中的线程首先完成它的 decide() 方法调用。为了方便表述，我们将只讨论所有输入都是 0 或者 1 的二

⊖ 如果仅仅评估满足非独立演进条件（例如无阻塞的或者无死锁的）的解决方案是无意义的，因为此类解决方案的实际能力被其所依赖的操作系统的能力所掩盖。

值共识性（binary consensus），但所有的结论同样适用于一般的共识性问题。

```
1  public interface Consensus<T> {
2    T decide(T value);
3  }
```

图 5.1　共识性对象的接口

接下来重点讨论共识性问题的无等待解决方案，也就是共识性对象的无等待并发实现方法。读者将会注意到，由于给定的一个**共识**对象的 decide() 方法只由每个线程执行一次，并且线程数量有限，因此无锁实现也将是无等待的，反之亦然。因此，后文将只讨论无等待的实现。出于历史上的原因，所有以无等待方式实现共识性的类均被称为**共识性协议**（consensus protocol）。

我们需要判断一个特定类的对象是否有足够的能力来解决共识性问题㊀。但是应该如何明确这个概念呢？首先，如果将这些对象看作是由较低级别的系统（可能是操作系统，甚至是硬件）支持的，那么我们只需要考虑类的属性，而无须关心对象的数量。（如果系统可以提供这种类中的一个对象，那么该系统也可以提供更多的对象。）其次，可以合理地假设现代系统都可以为簿记提供大量的读取和写入存储器。基于上述两种观点，我们可以给出以下的定义。

定义 5.1.1　对于使用类 C 的任意数量的对象和任意数量的原子寄存器的 n 个线程，如果它们之间存在一个**共识**协议，则类 C 能够解决 n- 线程的共识性问题。

定义 5.1.2　类 C 的共识数是指使用类 C 求解 n- 线程共识性问题的最大 n 值。如果不存在最大的 n 值，则称类 C 的共识数的数量是**无限的**（infinite）。

推论 5.1.3　假设可以通过类 D 的一个或者多个对象以及一定数量的原子寄存器来实现类 C 的一个对象，如果类 C 可以解决 n- 线程共识性问题，那么类 D 也可以解决 n- 线程共识性问题。

5.1.1　状态和价

建议首先讨论以下两种最简单的情形：双线程（称为线程 A 和线程 B）的二值共识性（即输入为 0 或者 1）。每个线程不断地进行迁移直到该线程确定了一个决策值。这里的**迁移**（move）是对一个共享对象的一次方法调用。**协议状态**（protocol state）由线程的状态和共享对象的状态所组成。**初始状态**（initial state）包含所有线程开始迁移前的协议状态，**最终状态**（final state）是指所有线程完成后的协议状态。最终状态的**决策值**（decision value）是指最终状态下所有线程所确定的值。

一个无等待协议的所有可能状态可以形成一棵树，其中每个节点表示一种可能的协议状态，每条边表示某个线程一次可能的迁移。图 5.2 描述了一棵双线程协议树，其中每个线程都迁移了两次。线程 A 的一条从节点 s 到节点 s' 的边表示：如果线程 A 在协议状态 s 中发生了迁移，那么新的协议状态就为 s'。s' 称为 s 的后继状态。因为协议是无等待的，所以从根节点开始的每条（简单）路径都是有限的（即最终在叶子节点结束）。叶子节点表示最终的协议状态，并且被标记上它们的决策值（0 或者 1）。

如果一个协议状态的决策值是不确定的，则该协议状态是**二价的**（bivalent）：从该状态开始执行的线程可以确定决策值 0 或者 1。反之，如果决策值是确定的，则协议状态是**单价的**（univalent）：从该状态开始的每个执行都对同一个值做出决策。如果一个协议状态是单价的，则它是 **1- 价的**（1-valent）并且决策值将是 1，同样可以定义 **0- 价**（0-valent）的协议状

㊀ 本章仅限于讨论具有确定性串行规范的对象类（即每个串行方法的调用都有单一结果的对象类）。本章避免使用不确定的对象，因为其结构过于复杂。具体请参阅本章末尾注释中的讨论。

态。如图 5.2 所示，如果在树中一个节点的子节点包括标记为 0 的叶子节点和标记为 1 的叶子节点，那么该节点为二价状态；如果一个节点的子节点仅包括标记为单一决策值的叶子节点，则该节点为单价状态。

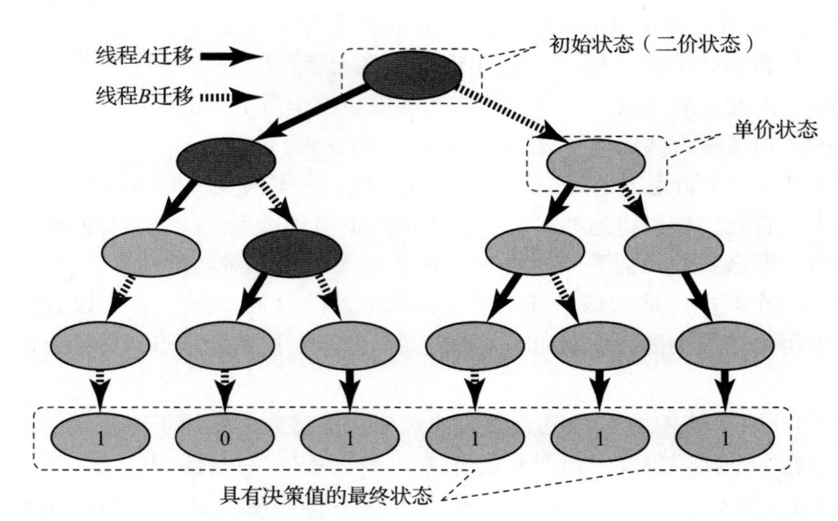

图 5.2　双线程 A 和 B 的一棵执行树。深色节点表示二价状态，浅色节点表示单价状态

下面的引理说明存在一个二价的初始状态。该结论表明协议的结果不能预先确定，而必须取决于读取和写入的交错次序。

引理 5.1.4　*所有双线程***共识***协议都存在一个二价的初始状态。*

证明　假设初始状态时线程 A 的输入为 0，线程 B 的输入为 1。如果线程 A 在线程 B 执行之前完成了协议，那么线程 A 必须确定决策值为 0，因为线程 A 必须确定某个线程的输入，而 0 是线程 A 看到的唯一输入（线程 A 不能确定决策值为 1，因为它无法区分线程 B 的输入是 1 还是 0）。与之对应，如果线程 B 在线程 A 执行之前完成了协议，那么线程 B 必须确定决策值为 1。由此可见，线程 A 的输入为 0、线程 B 的输入为 1 的初始状态是二价的。证毕。　□

引理 5.1.5　*每个 n- 线程***共识***协议都有一个二价的初始状态。*

证明　作为练习题。

一个协议状态如果满足以下条件，则该协议的状态是**临界的**（critical）：

- 协议的状态是二价的，
- 如果任何一个线程迁移，该协议的状态将变为单价状态。

引理 5.1.6　*所有无等待的共识性协议都有一个临界状态。*

证明　根据引理 5.1.5，该协议具有一个二价的初始状态。在此状态下启动协议。只要存在某个线程可以在不使协议状态变为单价的情况下发生迁移，则让该线程迁移。由于协议是无等待的，因此该协议不能一直运行。因此，该协议最终进入一个不可能进行上述迁移的状态，根据定义，这个状态是一个临界状态。证毕。　□

到目前为止，我们所证明的一切结论都适用于任何共识性协议，无论它使用的是什么类型的共享对象。接下来我们讨论特定的对象类。

5.2　原子寄存器

首先考虑以下问题：是否可以使用原子寄存器来解决共识性问题。令人惊讶的是，答案是否定的。我们将证明对于两个线程而言，不存在双线程的二值**共识**协议。

作为练习题，请读者证明以下结论：如果两个线程不能在两个值上达成**共识**，那么 n 个线程就不可能在 k 个值上达成**共识**，其中 $n \geqslant 2$ 和 $k \geqslant 2$。

在讨论是否存在解决某个特定问题的协议时，通常会构造以下场景："如果存在一个这样的协议，则在以下的情况下，该协议具有这样的行为。"其中一个常用的场景是让一个线程（例如线程 A）完全独立运行，直到它完成协议。由于这个特殊的场景非常常见，所以我们称之为"线程 A **独立运行**（solo）"。

定理 5.2.1　*原子寄存器的共识数为 1。*

证明　假设两个线程 A 和 B 存在一个二值**共识**协议，我们对该协议的特性进行了推理，从而得出矛盾的结论。

根据引理 5.1.6，可以让这个协议运行直到它达到一个临界状态 s。假设线程 A 的下一步迁移将使该协议变为 0- 价状态，线程 B 的下一步迁移将使协议变为 1- 价状态。（如果结果相反，那么请交换线程名称。）请问接下来线程 A 和 B 将要调用什么方法呢？现在考虑所有的可能性：其中的一个线程对一个寄存器执行读取操作，或者两个线程都写入不同的寄存器，再或者两个线程都写入同一个寄存器。

假设线程 A 准备读取一个给定的寄存器（线程 B 可能准备读取或者写入相同的寄存器，或者读取 / 写入不同的寄存器），如图 5.3 所示。考虑两种可能的执行情形。在第一种情形中，线程 B 首先迁移，使协议变为 1- 价状态 s'，然后线程 B 独立运行并最终确定决策值 1。在第二种执行情形中，线程 A 首先迁移，使协议变为 0- 价状态，然后线程 B 执行一步并且到达状态 s''。然后线程 B 从状态 s'' 开始独立运行并且最终确定决策值 0。此时所面临的问题是，线程 B 无法区分状态 s' 和 s''（线程 A 的读取只能更改其本地状态，而线程 A 的本地状态对于线程 B 是不可见的），这意味着线程 B 必须在两种情况下确定相同的决策值，从而产生了矛盾。

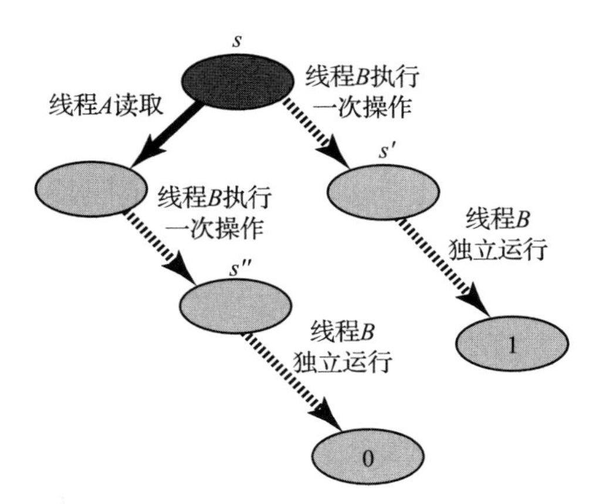

图 5.3　场景：线程 A 先读取。在第一种执行情形中，线程 B 首先迁移，使其协议变为 1- 价状态 s'，然后线程 B 独立运行并最终确定决策值为 1。在第二种执行情形中，线程 A 首先迁移，使其协议变为 0- 价状态，然后线程 B 执行一步并且到达状态 s''。然后线程 B 从 s'' 开始独立运行并最终确定决策值为 0

假设另一种场景，两个线程都将写入不同的寄存器，如图 5.4 所示。线程 A 准备写入 r_0，而线程 B 准备写入 r_1。考虑两种可能的执行情况。在第一种情形下，首先线程 A 写入

r_0，然后线程 B 写入 r_1；由于线程 A 首先执行，因此产生的协议状态是 0- 价的。在第二种情形下，线程 B 写入 r_1，然后线程 A 写入 r_0；由于线程 B 首先执行，因此最终的协议状态是 1- 价的。

问题是上述两种情形都会导致相同的协议状态。无论线程 A 还是线程 B 都无法确定哪一个迁移首先进行。由此产生的结果状态既是 0- 价状态又是 1- 价状态，从而产生了矛盾。

最后，假设两个线程都准备写入同一寄存器 r，如图 5.5 所示。再次考虑两种可能的执行情形。在第一种情形下，线程 A 首先写入，线程 B 再写入；得到的协议状态 s' 是 0- 价的，然后线程 B 单独运行，并决定决策值为 0。在另一种情形下，线程 B 首先写入，得到的协议状态 s'' 是 1- 价的，然后线程 B 独立运行并确定决策值为 1。现在的问题是，线程 B 不能区分状态 s' 和 s''（因为不管是在状态 s' 还是 s'' 中，线程 B 都重写了寄存器 r 并擦除了线程 A 的任何写入痕迹），所以线程 B 必须从任意状态开始确定相同的值，从而产生了矛盾。

证毕。 □

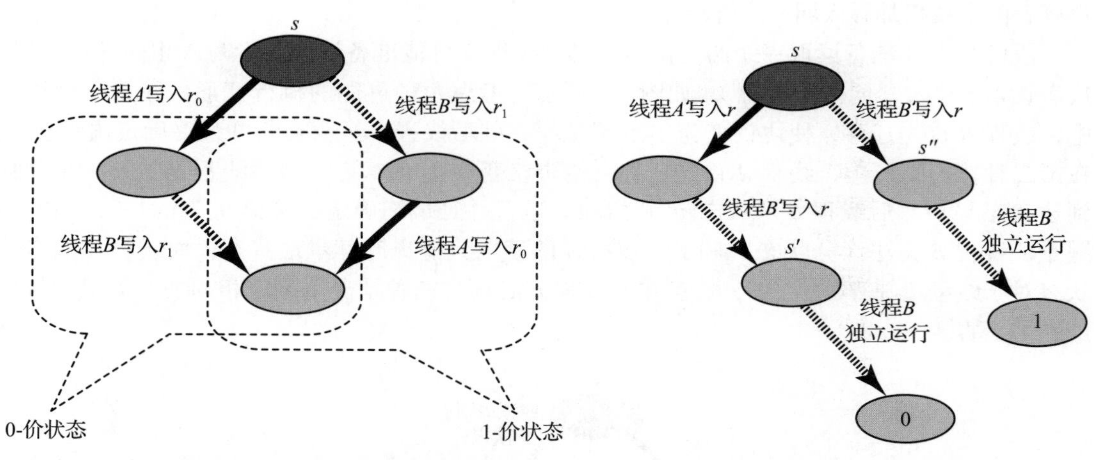

图 5.4　场景：线程 A 和线程 B 写入到不同的寄存器

图 5.5　场景：线程 A 和线程 B 写入到同一个寄存器

推论 5.2.2　对于任意一个共识数大于 1 的对象，使用原子寄存器不可能为该对象构造一个无等待的实现。

上述推论是计算机科学中最引人注目的不可能结论之一。它给出了以下结论，如果我们想在现代多处理器上实现无锁的并发数据结构，那么硬件除了必须提供加载和存储（即读取和写入）操作外，还必须提供同步操作原语。

5.3　共识性协议

接下来我们将讨论一系列令人关注的对象类，研究每种对象类可以在多大程度上解决共识性的问题。这些协议具有一种通用范式，如图 5.6 所示。对象具有一个原子寄存器数组，每个 decide() 方法在其数组中指定自己的输入值，然后继续执行一系列的操作步骤，以从所有指定的值中确定一个决策值。我们使用不同的同步对象来构造 decide() 方法的不同实现。

```
public abstract class ConsensusProtocol<T> implements Consensus<T> {
  protected T[] proposed = (T[]) new Object[N]; // N是线程的数量
  // 向其他线程通知自己的输入值
  void propose(T value) {
    proposed[ThreadID.get()] = value;
  }
  // 决定哪个线程优先
  abstract public T decide(T value);
}
```

图 5.6　通用共识性协议

5.4 FIFO 队列

在第 3 章中，我们讨论了一种仅使用原子寄存器来实现一个无等待的 FIFO 先入先出队列的方法，但该实现仅限于一个线程入队和一个线程出队的情况。很自然读者就会提出疑问，是否可以提供一个支持多个入队线程和多个出队线程的 FIFO 队列的无等待实现方法呢？现在让我们讨论一个更具体的问题：是否可以使用原子寄存器构造一个双出队线程的 FIFO 队列的无等待实现方法？

引理 5.4.1　*双出队线程的 FIFO 队列类的共识数至少为 2。*

证明　图 5.7 描述了使用单个 FIFO 队列实现的双线程**共识**协议。其中，该队列中存储整数值。通过将值 WIN 和值 LOSE 先后入队来初始化队列。与本文讨论的其他所有共识性协议一样，decide() 方法首先调用 propose(v) 方法，将值 v 存储在 proposed[] 数组中，其中，proposed[] 数组是一个指定输入值的共享数组。然后继续让队列中的下一个数据元素出队。如果该数据元素的值是 WIN，那么调用线程优先，它确定自己的决策值。如果该数据元素的值是 LOSE，则另一个线程优先，因此调用线程返回存储在 proposed[] 数组中的另一个线程的输入值。

该协议是无等待的，因为它不包含闭环。如果每一个线程都返回自己的输入，那么它们必须都让值 WIN 出队，这违反了 FIFO 队列的定义规范。如果每一个线程都返回另一个线程的输入，那么它们必须都让值 LOSE 出队，这也违反了 FIFO 队列的定义规范。

在任何值出队列之前，出队值 WIN 的线程将其输入存储在 proposed[] 数组中。因此，有效性条件成立。证毕。 □

只需要稍微修改一下这个程序，就可以构造出适用于诸如堆栈、优先级队列、列表、集合，以及其他以不同的调用次序返回不同结果的对象的协议。

```
public class QueueConsensus<T> extends ConsensusProtocol<T> {
  private static final int WIN = 0; // 第一个线程
  private static final int LOSE = 1; // 第二个线程
  Queue queue;
  // 使用两个数据元素来初始化队列
  public QueueConsensus() {
    queue = new Queue();
    queue.enq(WIN);
    queue.enq(LOSE);
  }
  // 决定哪个线程优先
```

图 5.7　使用一个单一 FIFO 队列实现的双线程共识协议

```
12    public T decide(T value) {
13      propose(value);
14      int status = queue.deq();
15      int i = ThreadID.get();
16      if (status == WIN)
17        return proposed[i];
18      else
19        return proposed[1-i];
20    }
21  }
```

图 5.7 （续）

推论 5.4.2 使用一组原子寄存器不可能构造出队列、堆栈、优先级队列、列表、集合的无等待实现。

虽然 FIFO 队列解决了双线程的共识性问题，但并不能解决三个线程的共识性问题。

定理 5.4.3 FIFO 队列的共识数为 2。

证明 采用反证法来证明。假设存在一个针对线程 A、B 和 C 的共识性协议。根据引理 5.1.6，该协议有一个临界状态 s。不失一般性，可以假设线程 A 的下一步迁移将使协议变为 0- 价状态，而线程 B 的下一步迁移将使协议变为 1- 价状态。接下来采用如前所述的案例分析法进行分析。

由于线程 A 和线程 B 的挂起迁移不可以交换，因此它们都将调用同一对象的方法。另外，根据定理 5.2.1 的证明，线程 A 和线程 B 不能读取或者写入共享寄存器。因此，它们将调用单个队列对象的方法。

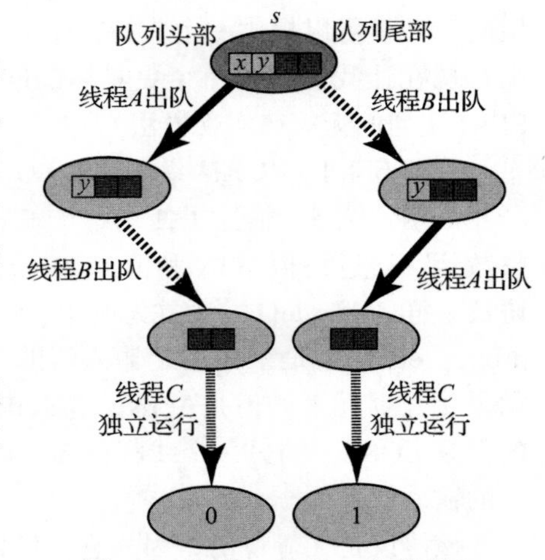

图 5.8　场景：线程 A 和线程 B 都调用 deq() 方法

首先，假设线程 A 和线程 B 都调用 deq() 方法，如图 5.8 所示。假设线程 A 先出队然后线程 B 再出队后的协议状态为 s'，而线程 B 先出队然后线程 A 再出队后的协议状态为 s''。由于 s' 是 0- 价的，如果线程 C 从 s' 开始无中断地一直运行，那么线程 C 将确定决策值为 0。因为 s'' 是 1- 价的，如果线程 C 从 s'' 开始无中断地一直运行，那么线程 C 将确定决策值为 1。但是线程 C 无法区分 s' 和 s''（从队列中移除了两个相同的数据元素），因此线程 C 必须在两种状态下确定相同的值，从而产生了矛盾。

其次，假设线程 A 调用 enq(a) 方法，而线程 B 调用 deq() 方法。如果队列是非空的，那么直接产生了矛盾。其原因在于：这两种方法可以交换（每种方法在队列的不同端进行操作），而线程 C 无法观察到它们发生的次序。假设队列是空的，那么如果线程 B 对空队列执行一个出队操作然后线程 A 执行了入队操作，则到达 1- 价状态；如果线程 A 单独执行了入队操作，则到达 0- 价状态。然而，从这个 0- 价状态到达 1- 价状态对线程 C 是不可区分的。请注意，在一个空队列上执行 deq() 操作的效果（即中止还是等待）并不重要，因为这不会影响该状态对线程 C 的可见性。

最后，假设线程 A 调用 enq(a) 方法，而线程 B 调用 enq(b) 方法，如图 5.9 所示。设 s' 为以下操作结束时的状态：

1. 线程 A 和线程 B 分别将元素 a 和 b 按先后次序入队。

2. 运行线程 A，直到它将元素 a 出队。（因为观察队列状态的唯一方法是调用 deq() 方法，所以线程 A 在未观察到 a 或者 b 之前无法做出决定。）

3. 在线程 A 继续执行之前，运行线程 B 直到该线程使元素 b 出队。

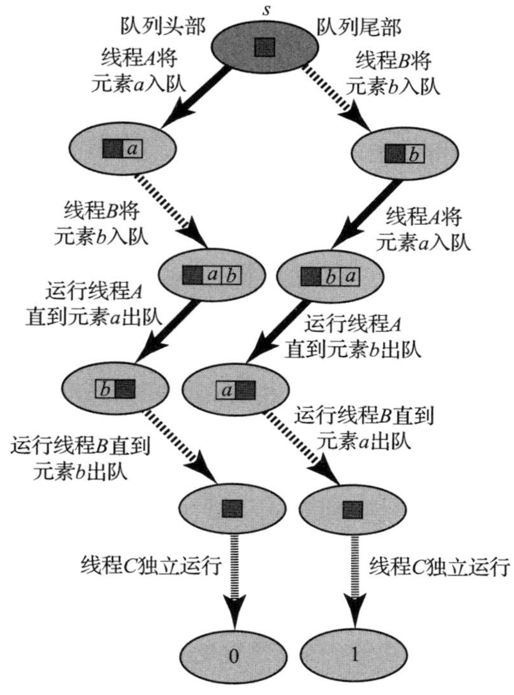

图 5.9 案例：线程 A 调用 enq(a) 方法，线程 B 调用 enq(b) 方法。请注意，在线程 A 和线程 B 将其各自的元素入队列之后和出队列之前，线程 A 把一个新元素入队列（并且线程 B 也可以在元素出队之前将一个新元素入队列），在两种执行方案中该数据元素是相同的

设 s'' 为以下操作交替执行后的状态：

1. 线程 B 和线程 A 分别将元素 b 和 a 按先后次序入队。

2. 运行线程 A，直到该线程将元素 b 出队。

3. 在线程 A 继续执行之前，运行线程 B 直到该线程使元素 a 出队。

很明显，s' 是 0- 价的，s'' 是 1 价的。在这两种情形下，线程 A 的执行都是相同的，线程 A 一直运行直到元素 a 或者 b 出队。由于线程 A 在修改任何其他对象之前可能被停止，所以这两种情形下线程 B 的执行也是相同的，线程 B 一直运行直到使元素 a 或者 b 出队。根据迄今为止很常见的论证方法，由于线程 C 无法区分 s' 和 s''，因此产生了矛盾。证毕。 □

对上述论证过程稍加修改，就可以证明许多类似的数据类型，例如集合、堆栈、双端队列和优先级队列，它们的共识数也正好为 2。

5.5 多重赋值对象

在 **(m, n)- 赋值问题**（有时称为**多重赋值** multiple assignment）中（其中 $n \geqslant m > 1$），将给定一个具有 n 个字段的对象（有时是一个包含 n 个元素的数组）。方法 assign() 将 m 个值 $v_j(j \in 0, \cdots, m-1)$ 和 m 个索引 $i_j(i_j \in 0, \cdots, n-1)$ 作为参数，将值 v_j 以原子方式赋值给数组元素 i_j。方法 read() 接受一个索引参数 i，并返回数组的第 i 个元素。

图 5.10 显示了一个 (2, 3)-赋值对象的基于锁的实现。其中，线程能够以原子方式对三个数组元素中的任意两个元素进行赋值。

```
1  public class Assign23 {
2    int[] r = new int[3];
3    public Assign23(int init) {
4     for (int i = 0; i < r.length; i++)
5       r[i] = init;
6    }
7    public synchronized void assign(int v0, int v1, int i0, int i1) {
8      r[i0] = v0;
9      r[i1] = v1;
10   }
11   public synchronized int read(int i) {
12     return r[i];
13   }
14 }
```

图 5.10 (2, 3)-赋值对象的基于锁的实现

多重赋值问题是**原子快照**的对偶问题（4.3 节），在原子快照对象中，是对单个字段赋值，并以原子方式读取多个字段。由于快照可以使用读取 – 写入寄存器来实现，因此定理 5.2.1 隐含地表明快照对象的共识数为 1。但是，对于多个赋值对象，情况并非如此。

定理 5.5.1 *使用原子寄存器无法构造一个* (m, n)*-赋值对象（*$n>m>1$*）的无等待实现。*

证明 对于给定的两个线程以及一个 (2, 3)-赋值对象，只需要证明能够求解 2-共识性问题即可。（练习题 5.26 要求读者证明这个断言的正确性。）和通常一样，decide() 方法必须决定首先运行哪一个线程。所有的数组元素都被初始化为**空值**（null）。图 5.11 描述了该协议。线程 A（ID 为 0）以原子方式写入字段 0 和 1，而线程 B（ID 为 1）以原子方式写入字段 1 和字段 2。然后他们尝试决定谁先运行。从线程 A 的角度来看，存在着以下三种情况（如图 5.12 所示）：

- 如果首先执行线程 A 的赋值，而线程 B 的赋值尚未发生，则字段 0 和 1 包含线程 A 的值，字段 2 为空值。线程 A 确定自己的输入值。
- 如果首先执行线程 A 的赋值，随后执行线程 B 的赋值，那么字段 0 包含线程 A 的值，字段 1 和字段 2 包含线程 B 的值。线程 A 确定自己的输入值。
- 如果首先执行线程 B 的赋值，随后执行线程 A 的赋值，那么字段 0 和 1 包含线程 A 的值，字段 2 包含线程的值。由线程 A 确定线程 B 的输入值。

同样的分析也适用于线程 B。证毕。 □

```
1  public class MultiConsensus<T> extends ConsensusProtocol<T> {
2    private final int NULL = -1;
3    Assign23 assign23 = new Assign23(NULL);
4    public T decide(T value) {
5      propose(value);
6      int i = ThreadID.get();
7      int j = 1-i;
8      // 双重赋值
9      assign23.assign(i, i, i, i+1);
10     int other = assign23.read((i+2) % 3);
11     if (other == NULL || other == assign23.read(1))
12       return proposed[i];       // 胜出
```

图 5.11 使用 (2, 3)-多重赋值对象的双线程共识性

```
13      else
14        return proposed[j];      // 出局
15    }
16  }
```

图 5.11（续）

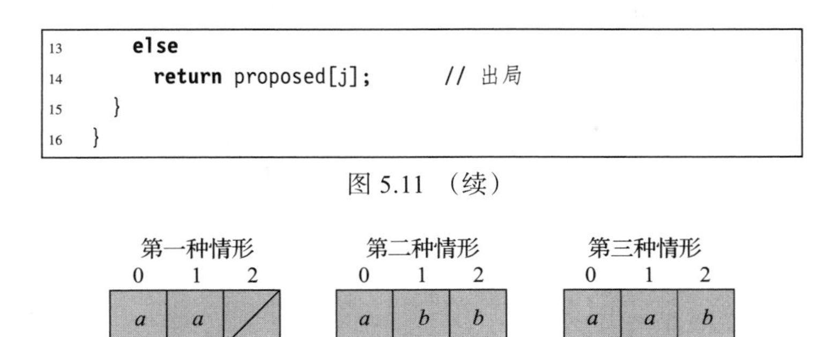

图 5.12　使用多重赋值的共识：各种可能的情形

定理 5.5.2　对于 $n>1$，$\left(n, \frac{n(n+1)}{2}\right)$ - 赋值的共识数至少为 n。

证明　首先使用 $\left(n, \frac{n(n+1)}{2}\right)$ - 赋值对象为 n 个线程（线程的 ID 分别为 0、…、$n-1$）设计一个共识性协议。为了方便起见，我们使用以下方式命名对象的字段：其中 n 个字段将分别命名为 r_0、…、r_{n-1}（其中线程 i 写入寄存器 r_i），另外 $n(n-1)/2$ 个字段命名为 r_{ij}（$i>j$，线程 i 和线程 j 都写入字段 r_{ij}）。所有字段都被初始化为空值。每个线程 i 都自动地将其输入值赋值给 n 个字段：包括一个单写入线程字段 r_i 和 $n-1$ 个多线程写入字段 r_{ij} 和 r_{ji}。由协议来确定需要分配的第一个值。

在为对象的各个字段赋值之后，一个线程按以下方式确定两个线程 i 和 j 赋值的相对次序：

- 读取字段 r_{ij} 或者 r_{ji} 的值。如果该值为空值，则不进行任何赋值操作。
- 否则，读取字段 r_i 和 r_j 的值。如果 r_i 的值为空值，那么线程 j 在线程 i 之前赋值。按照同样的方法处理 r_j。
- 如果字段 r_i 和 r_j 的值都不为空值，则重新读取字段 r_{ij} 的值。如果其值等于从字段 r_i 读取的值，则线程 j 在线程 i 之前赋值，否则，线程 i 在线程 j 之前赋值。

不断重复上述过程，则一个线程可以确定哪个值是由最早的赋值写入的。图 5.13 给出了线程确定赋值相对次序的两个示例。

证毕。□

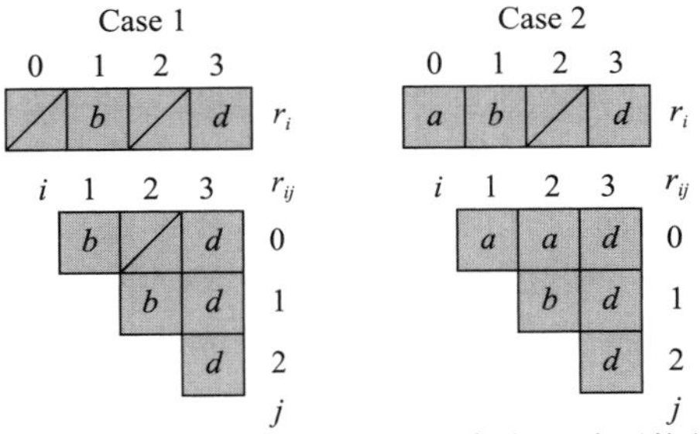

图 5.13　使用 (4, 10)- 赋值求解四个线程的共识性问题存在两种可能的情况。在第一种情况下，只包含线程 B 和线程 D。线程 B 首先赋值并赢得共识性。在第二种情况下，包含三个线程 A、B 和 D，和前面一样，线程 B 首先赋值并赢得共识性，线程 D 最后赋值。线程之间的赋值次序可以通过查看任意两个线程之间的成对次序来确定。因为是以原子方式赋值的，所以这些单独的次序总是一致的，并且定义了所有调用之间的全序关系

请注意，$\left(n, \frac{n(n+1)}{2}\right)$ - 赋值能够解决 n（$n>1$）个线程的共识性问题，其对偶的原子快照结构的共识数为 1。虽然这两个问题看起来相似，但我们已经证明了以原子方式写入多存储器单元比以原子方式读取多存储器单元需要更多的计算能力。

5.6　读取 – 修改 – 写入操作

大多数（几乎可以说是全部）由多处理器硬件所提供的同步操作通常可以表示为**读取 – 修改 – 写入**（read-modify-write，简称 RMW）操作，或者按照其对象术语，称为“读取 – 修改 – 写入”寄存器。下面讨论一个封装了整数值的 RMW 寄存器，令 $\mathcal{F}$ 是一组从整数到整数的映射函数[⊖]。（有时候 $\mathcal{F}$ 是一个单例集。）

对于某个 $f \in \mathcal{F}$，如果一个方法能够使用 $f(v)$ 以原子方式替换当前寄存器的值 v，并返回原始值 v，那么该方法就是函数集 $\mathcal{F}$ 的一个 RMW 操作。本书基本上遵循 Java 约定，把使用函数 mumble 的 RMW 方法称为 getAndMumble()。

例如，java.util.concurrent.atomic 包中提供了 AtomicInteger 类，该类包含各种 RMW 方法。

- getAndSet(v) 方法使用 v 以原子方式替换寄存器的当前值，并返回寄存器中的先前值。这个方法（也称为 swap() 方法）是类型为 $f_v(x)=v$ 的常量函数集的一个 RMW 方法。
- getAndIncrement() 方法以原子方式将寄存器的当前值递增 1，并返回寄存器中的先前值。这种方法（也称为读取并递增方法，fetch-and-increment）是函数 $f(x) = x+1$ 的一个 RMW 方法。
- getAndAdd(k) 方法以原子方式把值 k 累加到寄存器的当前值，并返回寄存器的先前值。这种方法（也称为读取并累加方法，fetch-and-add）是函数集 $f_k(x) = x + k$ 的一个 RMW 方法。
- compareAndSet() 方法包含两个参数值：一个是期望值 e，一个是更新值 u。如果寄存器的当前值等于 e，它将被以原子方式替换为 u；否则寄存器的值将保持不变。无论采取哪种方式，该方法都会返回一个布尔值，指示寄存器的值是否被更改。非形式化地说，如果 $x \neq e$，那么 $f_{e,u}(x) = x$，否则 $f_{e,u}(x) = u$。（严格意义上说，compareAndSet() 方法并不是 $f_{e,u}$ 的一个 RMW 方法，因为 RMW 方法应该返回寄存器的先前值而不是布尔值，但这种区别是技术层面上的问题。）
- get() 方法返回寄存器的值。该方法是恒等函数 $f(v) = v$ 的一个 RMW 方法。

RMW 方法之所以备受关注，其原因在于它们可以在硅片上实现的潜在的硬件原语。本书采用**同步的**（synchronized）Java 方法定义 RMW 寄存器及其方法，但在实际应用中，它们与许多实际的或者被提议的硬件同步原语（完全或者几乎）相对应。

如果一组函数至少包含一个不是恒等函数的函数，则它是非平凡的函数（nontrivial）。如果一个 RMW 方法的函数集是非平凡的，则该 RMW 方法是非平凡的；如果一个 RMW 寄存器包含非平凡的 RMW 方法，则该 RMW 寄存器是非平凡的。

定理 5.6.1　任何一个非平凡 RMW 寄存器的共识数至少为 2。

证明　图 5.14 描述了一种双线程共识性协议。由于 $\mathcal{F}$ 中存在不是恒等函数的函数 f，因

⊖ 为了简单起见，我们只讨论存储整数值的寄存器，但它们同样也可以存储其他值（例如，对其他对象的引用）。

此存在一个值 v，使得 $f(v)\neq v$。在 decide() 方法中，propose(v) 方法将线程的输入 v 写入到 proposed[] 数组中，然后每个线程将 RMW 方法应用于一个共享寄存器。如果一个线程的调用返回 v，则该线程首先第一个被线性化，然后它确定自己的决策值。否则，该线程会第二个被线性化，然后确定另一个线程的建议值。证毕。 □

推论 5.6.2 对于两个或者更多线程，使用原子寄存器不可能构造出一个非平凡的 RMW 方法的无等待实现。

```
1  class RMWConsensus extends ConsensusProtocol {
2    // 初始化为v，使得f(v)!=v
3    private RMWRegister r = new RMWRegister(v);
4    public Object decide(Object value) {
5      propose(value);
6      int i = ThreadID.get();       // 该线程的索引
7      int j = 1-i;                  // 其他线程的索引
8      if (r.rmw() == v)             // 线程是第一个，获胜
9        return proposed[i];
10     else                          // 线程是第二个，出局
11       return proposed[j];
12   }
13 }
```

图 5.14　使用 RMV 操作的双线程共识性协议

5.7 Common2 RMW 操作

接下来讨论一类称为 Common2 的 RMW 寄存器，这种寄存器对应于 20 世纪末大多数处理器所支持的常用同步原语。尽管 Common2 寄存器和所有非平凡的 RMW 寄存器一样，具有比原子寄存器更为强大的能力，但我们发现它们的共识数正好是 2，这意味着 Common2 寄存器的同步能力是有限的。幸运的是，在当代处理器体系结构中已经基本上放弃了这些同步原语。

定义 5.7.1 对于任意的值 v 以及函数集 $\mathcal{F}$ 中的函数 f_i 和 f_j，如果它们满足以下条件之一：

- f_i 和 f_j 可**交换**：$f_i(f_j(v)) = f_j(f_i(v))$，
- 一个函数可以**重写**另一个函数：$f_i(f_j(v)) = f_i(v)$ 或者 $f_j(f_i(v))=f_j(v)$。

则函数集 $\mathcal{F}$ 属于 Common2。

定义 5.7.2 如果一个 RMW 寄存器的函数集 $\mathcal{F}$ 属于 Common2，那么该寄存器也属于 Common2。

文献中的许多 RMW 寄存器都属于 Common2。例如，getAndSet() 方法使用一个常量函数，它重写任何先前的值。getAndIncrement() 方法和 getAndAdd() 方法使用了可相互交换的函数。

这里非形式化地解释说明一下为什么 Common2 中的 RMW 寄存器不能解决三线程共识性问题：第一个线程（获胜者）总是可以判断它自己是第一个线程，而第二个线程和第三个线程（都是出局者）也都能够判断它们自己不是第一个线程。但是，由于 Common2 中用来定义操作之后协议状态的函数是可交换和可重写的，所以出局的线程无法识别其他哪个线程是获胜线程（即运行的第一个线程），并且由于协议是无等待的，所以出局的线程也不可能一直等待直到发现哪个是获胜者为止。接下来对该结论进行更为准确的论证。

定理 5.7.3　Common2 中的任意一个 RMW 寄存器的共识数（恰好）为 2。

证明　根据定理 5.6.1，所有 RMW 寄存器的共识数至少为 2。现在只需要证明 Common2 寄存器不能够解决三线程的共识性问题即可。

采用反证法。假设存在一个只使用 Common2 寄存器和读取 - 写入寄存器的三线程协议。假设线程 A、B 和 C 通过 Common2 寄存器达成了共识性。根据引理 5.1.6，任何这样的协议都有一个临界状态 s，在此状态下的协议是二价的，但是任何线程的任何方法调用都会导致协议进入一个单价状态。

接下来进行案例分析，检查每种可能的方法调用。定理 5.2.1 证明中使用的推理方法表明，挂起的方法不能被读取或者写入，线程也不能调用不同对象的方法。因此，线程将调用单个寄存器 r 的 RMW 方法。

假设线程 A 准备调用函数 f_A，使协议状态到达一个 0- 价状态，而线程 B 准备调用函数 f_B，使协议状态到达一个 1- 价状态。存在以下两种可能的情况：

1. 如图 5.15 所示，一个函数重写了另一个函数：$f_B(f_A(v)) = f_B(v)$。假设线程 A 先调用 f_A，随后线程 B 调用 f_B 后所导致的状态为 s'。由于 s' 是 0- 价的，所以如果线程 C 单独从 s' 运行直到完成协议，那么线程 C 将确定决策值为 0。假设线程 B 单独调用 f_B 后导致的状态为 s''。因为 s'' 是 1- 价的，所以如果线程 C 从 s'' 独立运行直到完成协议，那么线程 B 将确定决策值为 1。然而问题是，这两个可能的寄存器状态 $f_B(f_A(v))$ 和 $f_B(v)$ 是相同的，因此 s' 和 s'' 只在线程 A 和线程 B 的内部状态中有所不同。如果现在让线程 C 开始执行，因为线程 C 不需要与线程 A 或者线程 B 通信即可完成协议，所以这两个状态对线程 C 而言是一样的，因此无法从这两个状态确定出不同的决策值。

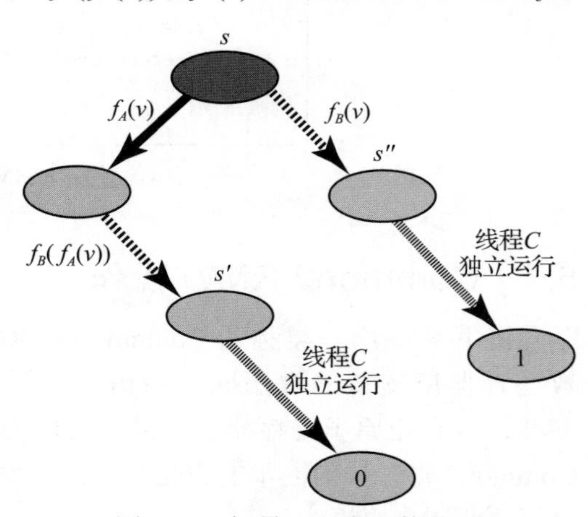

图 5.15　场景：两个函数重写

2. 函数交换：$f_A(f_B(v)) = f_B(f_A(v))$。假设线程 A 先调用 f_A，随后线程 B 调用 f_B 后所导致的状态为 s'。由于 s' 是 0- 价的，所以如果线程 C 从 s' 独立运行直到完成协议，那么线程 C 将确定决策值为 0。假设线程 B 先调用 f_B，随后线程 A 调用 f_A 后所导致的状态为 s''。因为 s'' 是 1- 价的，所以如果线程 C 从 s'' 独立运行直到完成协议，那么线程 C 将确定决策值为 1。然而问题是，这两个可能的寄存器状态 $f_A(f_B(v))$ 和 $f_B(f_A(v))$ 是相同的，因此 s' 和 s'' 只在线程 A 和线程 B 的内部状态中有所不同。如果现在让线程 C 开始执行，因为线程 C 不需要与线程 A 或者线程 B 通信即可完成协议，所以这两个状态对线程 C 而言是一样的，因此无法从这两个状态决定出不同的值。

证毕。　□

5.8　compareAndSet 操作

本节讨论 compareAndSet() 操作（也被称为**比较和交换** compare and swap 操作），它是多种型号的现代计算机体系结构（例如英特尔奔腾的 CMPXCHG）所支持的一种同步操作。该操作包含两个参数：一个**期望值**和一个**更新值**。如果当前寄存器的值等于期望值，则使用更新值替换当前寄存器的值，否则寄存器的值保持不变。该方法调用返回一个布尔值，用以指示寄存器的值是否被更改。

定理 5.8.1　能够支持 compareAndSet() 方法和 get() 方法的寄存器，其共识数的数量是无限的。

证明　图 5.16 描述了一种使用 AtomicInteger 类的 compareAndSet() 方法而构造的 n 个线程的共识性协议。所有这 n 个线程共享一个 AtomicInteger 对象，该对象初始化为一个常量值 FIRST，该常量值不同于任何线程的索引。每个线程以 FIRST 作为期望值、以线程自己的索引作为更新值，为参数调用 compareAndSet() 方法。如果线程 A 的调用返回 true，那么该方法调用是线性化次序中的第一个，因此线程 A 决定自己的值。否则，线程 A 读取 AtomicInteger 的当前值，并从 proposed[] 数组中获取该线程的输入。证毕。　□

注意，图 5.16 中 compareAndSet() 寄存器只提供了一个 get() 方法，这仅仅是为了方便起见，对于协议来说并不是必需的。

```
1  class CASConsensus extends ConsensusProtocol {
2    private final int FIRST = -1;
3    private AtomicInteger r = new AtomicInteger(FIRST);
4    public Object decide(Object value) {
5      propose(value);
6      int i = ThreadID.get();
7      if (r.compareAndSet(FIRST, i)) // 该线程胜出
8        return proposed[i];
9      else                           // 该线程出局
10       return proposed[r.get()];
11   }
12 }
```

图 5.16　使用 compareAndSet() 方法的共识性协议

推论 5.8.2　仅支持 compareAndSet() 方法的寄存器，其共识数的数量是无限的。

我们将在第 6 章中讨论，提供 compareAndSet()[⊖]等原语操作的机器是串行计算图灵机的异步计算等价机器：对于任意一个并发对象，如果该对象是可实现的，那么必定可以在这种机器上以无等待的方式实现。因此，我们引用 Maurice Sendak 的话：compareAndSet() 原语操作是“万物之王”。

5.9　章节注释

Michael Fischer、Nancy Lynch 和 Michael Paterson[46] 最早证明了在单线程可以中止的消息传递系统中，不可能实现共识性。在他们的这篇开创性论文中，引入了目前在分布式计算中广泛使用的不可能性证明的“二价”形式。M. Loui 和 H. Abu-Amara[116] 以及 Herlihy[69] 最早将这个结论推广到共享存储器。

Clyde Kruskal、Larry Rudolph 和 Marc Snir[96] 在纽约大学超级计算机项目中，提出了“读取 - 修改 - 写入”的操作术语。

Maurice Herlihy[69] 引入了共识数的概念，将其作为计算能力的度量，并且最早证明了本

⊖ 有些体系结构提供了一对类似于 get() 方法 /compareAndSet() 方法的操作，被称为**链式加载**（load-linked）/**条件存储**（store-conditional）。通常，**链式加载**方法会将一个位置标记为已加载，如果在加载后另一个线程修改了该位置，**条件存储**方法就会失败。详细信息请参见附录 B。

章和下一章中的大多数不可能性和普遍性结论。

包含几个常见的基本同步操作的类 Common2 是由 Yehuda Afek、Eytan Weisberger 和 Hanan Weisman[5] 定义的。练习题中使用的“**黏滞位**（sticky-bit，或者称为黏着位）”对象则归功于 Serge Plotkin[140]。

练习题 5.24 中具有任意共识数 n 的 n-界 compareAndSet() 对象则是基于 Prasad Jayanti 和 Sam Toueg[90] 提出的一种构造。在这种层次结构中，如果能够使用任意数量的 X 的实例和任意数量的读取 – 写入存储器构建一个无等待的共识性协议，那么就称 X 解决了共识性问题。Prasad Jayanti[88] 指出，在只能使用固定数量的 X 实例或者固定数量的存储器的情形下，也可以定义资源有限的层次结构。无界层次结构似乎是最自然的层次结构，因为任何其他层次结构都是无界层次结构的一种粗粒度形式。

Jayanti 还提出了关于层次结构健壮性的问题，也就是说，是否可以通过将层次 m 上的一个对象 X 与相同层次或者较低层次上的另一个对象 Y 相组合，从而“提升”到更高的共识性层次。Wai-Kau Lo 和 Vassos Hadzilacos[114] 以及 Eric Schenk[159] 证明了共识性层次结构并不健壮：只有一部分对象可以被提升。非形式化而言，它们的构造过程如下：令 X 是一个具有以下奇特性质的对象：X 能够解决 n-线程共识性问题，但它“拒绝”透露结果，除非调用者能够证明其本身能够解决一种中间级别的任务，该任务比 n-线程共识性问题要弱，但又比原子读写寄存器可以解决的任何任务要强。如果 Y 是一个可以用来解决中间级别任务的对象，那么 Y 可以通过设法获得 X 的信任，让 X 透露 n-线程共识性的结果，从而提升 X。在这些证明中，所使用的对象都是不确定的。

Maurice Sendak 的引用出自“Where the Wild Things Are（野兽出没的地方，也被译为野兽家园、野兽国、野兽冒险乐园）”[155]。

5.10　练习题

练习题 5.1　证明引理 5.1.5，即 n-线程共识性协议具有一个二价的初始状态。

练习题 5.2　证明在一个临界状态下，一个后继状态必须是 0-价状态，另一个后继状态是 1-价状态。

练习题 5.3　证明如果使用原子寄存器不可能为两个线程构造出二值共识性协议，也不可能为 n（$n>2$）个线程构造出二值共识性协议。*提示*：使用归纳法证明。如果存在一个针对 n 个线程的二值共识性协议，那么也可以将该协议转换为一个双线程协议。

练习题 5.4　证明如果不能使用原子寄存器为 n 个线程构造一个二值共识性协议，那么也不能为 n 个线程构造出一个 k 值（$k>2$）共识性协议。

练习题 5.5　证明可以使用足够多的 n-线程二值共识性对象和原子寄存器，构造 n-线程 n 值共识性协议。

练习题 5.6　考虑图 5.17 中双线程二值共识性的算法。

- 证明算法是一致的和有效的（即，输出值必须是其中某个线程的输入，并且输出值都必须相同）。
- 由于算法是一致的和有效的，并且只使用读取 – 写入寄存器，因此不可能是无等待的。给出一个执行历史记录，作为无等待的反例。

```
1 public class ConsensusProposal {
2         boolean proposed = new boolean[2];
3         int speed = new Integer[2];
4         int position = new Integer[2];
```

图 5.17　线程 $i\in\{0, 1\}$ 所提议的共识性代码

```
5        public ConsensusProposal(){
6                position[0] = 0;
7                position[1] = 0;
8                speed[0] = 3;
9                speed[1] = 1;
10       }
11       public decide(Boolean value) {
12               int i = myIndex.get();
13               int j = 1 - i;
14               proposed[i] = value;
15               while (true) {
16                       position[i] = position[i] + speed[i];
17                       if (position[i] > position[j] + speed[j]) // 该线程位于其他线程的前面
18                               return proposed[i];
19                       else if (position[i] < position[j]) // 该线程位于其他线程的后面
20                               return proposed[j];
21               }
22       }
23 }
```

图 5.17 （续）

练习题 5.7 Stack 类提供两个方法：push(*x*) 方法将一个值压入到栈顶，pop() 方法删除并返回最近入栈的值。证明 Stack 类的共识数正好为 2。

练习题 5.8 假设我们为 FIFO Queue 类扩展增加一个 peek() 方法，该方法返回但不删除队列中的第一个元素。证明该扩展队列共识数的数量是无限的。

练习题 5.9 考虑三个线程 A、B 和 C，它们分别各有一个 MRSW 寄存器 X_A、X_B 和 X_C。每个线程都可以单独写入自己的寄存器，而其他线程则可以读取该寄存器。每一对线程还共享一个提供 compareAndSet() 方法的 RMWRegister 寄存器：其中，线程 A 和线程 B 共享 R_{AB}，线程 B 和线程 C 共享 R_{BC}，线程 A 和线程 C 共享 R_{AC}。只有共享某个寄存器的线程才能调用该寄存器的 compareAndSet() 方法或者读取其值。

要么给出一个三线程共识性协议并解释其工作原理，要么给出一个不可能性的证明。

练习题 5.10 假设练习题 5.9 中线程 A、B 和 C 可以同时对两个寄存器两次调用 compareAndSet() 方法，分析练习题 5.9 中的情况。

练习题 5.11 在图 5.7 所示的共识性协议中，如果在从队列中出队后通告线程的值，那么结果会如何？

练习题 5.12 StickyBit 类的对象有三种可能的状态，⊥、0、1，初始状态为⊥。线程对 write(*v*) 方法（其中 *v* 是 0 或者 1）的调用将产生以下效果：

- 如果对象的状态为⊥，则将其状态变为 *v*。
- 如果对象的状态为 0 或者 1，则将其状态保持不变。

线程对 read() 方法的调用将返回对象的当前状态。

1. 证明这种对象可以解决任意数量个线程的无等待二值共识性（即所有输入值都是 0 或者 1）问题。
2. 证明当有 *m* 个可能的输入时，使用由 $\log_2 m$ 个 StickyBit 对象（使用原子寄存器）的数组可以解决任意数量个线程的无等待共识性问题。（提示：为每个线程指定一个单线程写入多线程读取的原子寄存器。）

练习题 5.13 与 Consensus 类一样，SetAgree 类提供了一个 decide() 方法，调用该方法将返回一个值，该值是某个线程的 decide() 方法调用的输入。但是，与 Consensus 类不同，decide() 方法调用返回的值不需要保持一致。相反，这些调用可能返回不超过 *k* 个不同的值。（当 *k* 为 1 时，SetAgree 与 Consensus 相同。）

当 $k>1$ 时，SetAgree 类的共识数是多少？

练习题 5.14　对于一个给定的 $\varepsilon>0$，双线程的**近似一致**（approximate agreement）类的定义如下：线程 A 和线程 B 分别调用 decide(x_a) 方法和 decide(x_b) 方法，其中 x_a 和 x_b 是实数；这两个方法调用分别返回值 y_a 和 y_b，并且 y_a 和 y_b 都位于闭区间 $[\min(x_a, x_b), \max(x_a, x_b)]$ 内，并且 $|y_a-y_b|\leqslant\epsilon$。注意这个对象是不确定的。

这种近似一致性对象的共识数是多少？

练习题 5.15　A2Cas 对象表示两个位置，其值可以单独读取并由 a2cas() 修改。如果两个位置处都有相应的期望值 $e0$ 和 $e1$，那么调用 a2cas($e0$, $e1$, v) 方法将把 v 写入到这两个位置中的其中一个，并且位置选择是不确定的。

请问 a2cas() 对象的共识数是多少？证明你的结论。

练习题 5.16　考虑一个线程之间通过消息传递进行通信的分布式系统。一个 A 类广播可以保证：

1. 每个无故障线程最终都会接收到每条消息。
2. 如果线程 P 先广播 M_1，然后广播 M_2，那么每个线程在 M_2 之前接收 M_1。
3. 不同线程广播的消息可以被不同的线程以不同的次序接收。

一个 B 类广播可以保证：

1. 每个无故障线程最终都会接收到每条消息。
2. 如果线程 P 广播 M_1，线程 Q 广播 M_2，那么每个线程以相同的次序接收 M_1 和 M_2。

对于每种类型的广播：

- 如果可能，请给出一个共识性协议。
- 否则，给出不可能性的证明。

练习题 5.17　考虑以下双线程**准共识性**（QuasiConsensus）问题。

给定两个线程 A 和线程 B，每个线程都有一个二值输入。如果两个线程都有一个输入 v，则两个线程都必须确定决策值为 v。如果两个线程输入的数值不相同，两个线程要么必须达成一致，要么线程 B 确定决策值为 0 而线程 A 确定决策值为 1（但反之则不然）。

试完成以下三道练习题（其中只有一种是正确的）：

1. 给出一个双线程的共识性协议，利用准共识性证明其共识数至少为 2。
2. 给出一个临界状态的证明，说明该对象的共识数为 1。
3. 给出一个准一致性的读取 - 写入实现，从而证明其共识数为 1。

练习题 5.18　如果共享对象是一个共识性对象，说明为什么不能使用临界状态证明其共识性。

练习题 5.19　与共识性对象一样，**团队共识性**（team consensus）对象也提供同样的 decide() 方法。当最多提议两个不同的值时，团队共识性对象可以解决共识性问题。（如果提议两个以上的值，则允许任意的结果。）

证明如何使用一系列团队共识性对象来解决 n- 线程的最多 n 个不同值的共识性问题。

练习题 5.20　一个三值寄存器可以储存三个值：⊥、0、1，并提供具有通常含义的 compareAndSet() 方法和 get() 方法。每个这种三值寄存器的初始值都是⊥。请给出一个协议，如果线程的输入是二值的（即 0 或者 1），则使用一个这样的三值寄存器可以解决 n- 线程共识性问题。

能否使用多个这样的寄存器（可以结合原子的读取 – 写入寄存器）来解决 n- 线程多值共识性问题？其中，每个线程的输入值范围为 $0...2^k-1$（$K>1$）。（可以假设一个输入适合于一个原子寄存器。）重要提示：请记住共识性协议必须是无等待的。

- 设计一个最多使用 $O(n)$ 个三值寄存器的解决方案。
- 设计一个使用 $O(K)$ 个三值寄存器的解决方案。

设计过程中可以随意使用任意数量的原子寄存器（因为原子寄存器很便宜！）。

练习题 5.21　前面我们定义了无锁特性。证明对于两个或者多个线程，不存在使用读取 – 写入寄存器构造的共识性协议的无锁实现。

练习题 5.22　图 5.18 描述了一种使用 read() 方法、write() 方法、getAndSet() 方法（即 swap）和 getAnd-

Increment() 方法实现的 FIFO 队列。只要不对空队列调用 deq() 方法，就可以假设此队列是可线性化的并且是无等待的。考虑以下的陈述：

- getAndSet() 方法和 getAndIncrement() 方法的共识数都是 2。
- 只需通过获取队列的快照（使用前面研究的方法）并返回位于队列头部的元素，就可以简单地增加一个 peek() 方法的实现。
- 使用为练习 5.8 设计的协议，并且可以使用所生成的队列来解决任意的 n- 共识性问题。

这样，我们就使用了共识数为 2 的对象构建了一个 n- 线程共识性协议。

指出这个推理过程中的错误步骤，并解释错误的原因。

```
1  class Queue {
2    AtomicInteger head = new AtomicInteger(0);
3    AtomicReference items[] = new AtomicReference[Integer.MAX_VALUE];
4    void enq(Object x){
5      int slot = head.getAndIncrement();
6      items[slot] = x;
7    }
8    Object deq() {
9      while (true) {
10       int limit = head.get();
11       for (int i = 0; i < limit; i++) {
12         Object y = items[i].getAndSet(); // 交换
13         if (y != null)
14           return y;
15       }
16     }
17   }
18 }
```

图 5.18　队列的实现

练习题 5.23　回顾 compareAndSet() 方法的定义，从严格的意义上说，compareAndSet() 方法并不是一个 $f_{e,u}$ 的 RMW 方法，因为 RMW 方法将返回寄存器的先前值，而不是布尔值。请使用一个支持 compareAndSet() 方法和 get() 方法的对象来构造一个新的对象，这个新对象提供一个可线性化的 NewCompareAndSet() 方法，该方法返回寄存器的当前值而不是布尔值。

练习题 5.24　根据以下要求定义一个 n– 界的（n-bounded）compareAndSet() 对象。该对象提供一个 compareAndSet() 方法，该方法接受两个参数值：一个期望值 e 和一个更新值 u。在 compareAndSet() 方法的前 n 次调用时，其行为与常规的 compareAndSet() 寄存器相同：如果对象的值等于 e，则使用 u 以原子方式替换对象的值，然后方法调用返回 true。如果对象值 v 不等于 e，则对象的值保持不变，然后方法调用将返回 false，同时返回值 v。但是，在 compareAndSet() 方法被调用 n 次之后，该对象将进入一个错误状态，并且所有后续的方法调用都返回 $\perp$。

证明当 $n \geqslant 2$ 时的 n- 界 compareAndSet() 对象的共识数正好为 n。

练习题 5.25　使用三个 compareAndSet() 对象（即支持 compareAndSet() 操作和 get() 操作的对象）构造一个双线程 (2, 3)- 赋值对象的无等待实现。

练习题 5.26　在定理 5.5.1 的证明中，我们曾经做过如下断言：如果给定两个线程和一个 (2，3)- 赋值对象，就足以求解 2- 共识性问题。请证明这个断言。

练习题 5.27　可以将调度程序视为一个**对手**（adversary），它能够利用协议和输入值的有关信息来阻止共识性的达成。战胜对手的一种方法是采用随机化方法。假设有两个线程想要达成共识性，每一个线程都可以投掷一枚公平的硬币，这样对手就不能控制随后的硬币投掷，但可以观察到每一枚硬币投掷的结果以及每一次读取或者写入的值。对手的调度程序可以在投掷硬币或者读取 / 写入共享寄存器之前或者之后停止线程。一个**随机共识性协议**（randomized consensus protocol）以无限接近 1 的概率（给定足够长的时间）来终止对手的调度程序的执行。

图 5.19 描述了一个看似合理的随机二值共识性协议。举出一个反例，证明这个协议是不正确的。

- 这个算法是否满足共识性的安全特性（即有效性和一致性）？也就是说，每个线程只能输出两个线程中某个线程的输入值，而且输出值必须相同。上述结论是否正确？
- 这个算法是否能够以无限接近 1 的概率终止？

```
1  Object prefer[2] = {null, null};
2
3  Object decide(Object input) {
4    int i = Thread.getID();
5    int j = 1-i;
6    prefer[i] = input;
7    while (true) {
8      if (prefer[j] == null) {
9        return prefer[i];
10     } else if (prefer[i] == prefer[j]) {
11       return prefer[i];
12     } else {
13       if (flip()) {
14         prefer[i] = prefer[j];
15       }
16     }
17   }
18 }
```

图 5.19　这是一种随机共识性协议的实现吗？

练习题 5.28　通过实现一个无死锁或者无饥饿的互斥锁来使用读取 – 写入寄存器实现一个共识性对象。但是，这种实现只提供非独立的演进，操作系统必须确保线程不会在临界区内阻塞，从而保证计算作为一个整体进行。

- 对于无阻塞情形（即无阻塞的非独立演进），结论是否也成立？请给出一个仅使用原子寄存器的共识性对象的无阻塞实现。
- 在共识性问题的无阻塞解决方案中，操作系统扮演的角色是什么？假设让一个 Oracle 数据库管理系统不断地暂停线程，以允许其他线程取得演进，那么基于临界区状态的共识性的不可能证明方法会在哪里失效？

提示：考虑如何限制所允许的执行集。

共识性的通用性

6.1 引言

在第 5 章中，我们讨论了一种证明命题形式为“不存在通过 Y 构造 X 的无等待的实现”的简单方法。下面讨论具有确定性串行规范的对象类[㊀]。我们为对象构造了一种层次结构，在这种层次结构中，无法使用某一层的对象来实现更高层的对象（参见图 6.1）。回想一下，每个对象都有一个与之关联的共识数，它是该对象可以解决共识性问题的最大线程数量。在一个具有 n 个或者多个并发线程的系统中，不可能使用共识数小于 n 的对象构造出一种共识数为 n 的对象的无等待实现。同样的结论也适用于无锁实现。此后，除非我们显式地明确说明，否则就意味着适用于无等待实现的结论也同样适用于无锁的实现。

第 5 章的不可能性结论并不意味着无等待同步是不可能或者不可行的。在本章中，我们将证明存在一些**通用的**（universal）类对象：只要给定足够多的这种对象，就可以为**任何一个**并发对象构造一种无等待可线性化的实现。

在一个包含 n 个线程的系统中，当且仅当一个类的共识数大于或者等于 n 时，这个类是通用的。在图 6.1 中，第 n 层的每个类对于一个包含 n 个线程的系统是通用的。当且仅当一种机器的体系结构或者程序设计语言能够以通用类的对象作为操作原语时，该机器的体系结构或者程序设计语言才具有支持任意无等待同步的计算能力。例如，提供 compareAndSet() 操作的现代多处理器机器对于任意数量的线程都是通用的：它们能够以无等待的方式实现任何并发对象。

共识数	对象
1	原子寄存器
2	getAndSet(), getAndAdd(), Queue, Stack
⋮	⋮
m	$(m, m(m+1)/2)$–寄存器赋值
⋮	⋮
∞	存储器 - 存储器迁移，compareAndSet()，链式加载/条件存储[㊁]

图 6.1 并发可计算性和同步操作的通用层次结构

本章主要阐述如何使用共识性对象来实现并发对象的**通用构造**（universal construction）。本章并没有涉及实现无等待对象的实用技术。与经典的可计算性理论一样，理解通用结构及其本质含义可以避免犯试图去解决那些无法解决的问题的幼稚错误。一旦理解了为什么共识性足够强大并且能够用以实现任何类型的对象，我们就可以通过工程实践使这种构造更加有效。

6.2 通用性

如果可以使用类 C 的一些对象以及一些读取 – 写入寄存器构造任何对象的一种无等待实

㊀ 非确定对象的情形要复杂得多。

㊁ 详细信息请参见附录 B。

现，那么称类 C 是通用的。在这种构造中可以使用类 C 的多个对象，因为我们实际感兴趣的是理解机器指令的同步能力，并且大多数机器允许将其指令应用于多个存储单元上。在实现中允许使用多个读取－写入寄存器，这是因为它们便于簿记，而且在现代体系结构中通常能提供大量的存储器。为了避免分散注意力，对所使用的读取－写入寄存器的数量以及共识性对象的数量不作任何限制，而有关存储器的回收问题则留作练习题。本章首先讨论一种无锁实现，然后将其扩展到一种稍微复杂的无等待实现。

6.3 无锁的通用构造

图 6.2 描述了串行对象的一个**通用**（generic）定义，该定义基于第 3 章的调用－响应表达公式。每个对象都以一种固定的初始状态被创建。apply() 方法以一个**调用**（invocation）作为其参数，该参数描述正在调用的方法及其参数，并返回一个响应，该响应包含调用的终止条件（正常或者异常）以及返回值（如果有返回值的话）。例如，一个栈的调用可能包含方法 push() 及一个参数，而对应的响应将是一个正常状态和无返回值。

```
1  public interface SeqObject {
2   public abstract Response apply(Invoc invoc);
3  }
```

图 6.2 一个通用的串行对象：apply() 方法执行调用并返回一个响应

图 6.3 和图 6.4 描述了一种通用构造，该通用构造可以将任何串行对象转换为无锁并且可线性化的并发对象。这种构造假定串行对象都是**确定的**（deterministic）：如果对处于特定状态的某个对象调用一个方法，那么只有一个可能的响应和一个可能的新对象状态。可以将任何一个对象表示为处于初始状态的一个串行对象和一个日志的组合：日志是由节点组成的链表，表示应用于该对象的方法调用序列（即对象的状态转换序列）。线程通过将新调用添加到链表头部来执行方法调用。然后，线程从尾部到头部遍历链表，并将方法调用应用于对象的私有副本。线程最终返回执行它自己操作的结果。关键之处在于，一定要理解只有日志的头部是可变的：初始状态和日志头部前面的所有节点永远不会改变。

```
1  public class Node {
2   public Invoc invoc;                    // 方法名称及其参数
3   public Consensus<Node> decideNext; // 决定链表中的下一个节点
4   public Node next;                      // 下一个节点
5   public int seq;                        // 序列号
6   public Node(Invoc invoc) {
7     invoc = invoc;
8     decideNext = new Consensus<Node>()
9     seq = 0;
10  }
11  public static Node max(Node[] array) {
12    Node max = array[0];
13    for (int i = 1; i < array.length; i++)
14      if (max.seq < array[i].seq)
15        max = array[i];
16    return max;
17  }
18 }
```

图 6.3 Node 类

```
1  public class LFUniversal {
2    private Node[] head;
3    private Node tail;
4    public LFUniversal() {
5      tail = new Node();
6      tail.seq = 1;
7      for (int i = 0; i < n; i++)
8        head[i] = tail
9    }
10   public Response apply(Invoc invoc) {
11     int i = ThreadID.get();
12     Node prefer = new Node(invoc);
13     while (prefer.seq == 0) {
14       Node before = Node.max(head);
15       Node after = before.decideNext.decide(prefer);
16       before.next = after;
17       after.seq = before.seq + 1;
18       head[i] = after;
19     }
20     SeqObject myObject = new SeqObject();
21     Node current = tail.next;
22     while (current != prefer){
23       myObject.apply(current.invoc);
24       current = current.next;
25     }
26     return myObject.apply(current.invoc);
27   }
28 }
```

图 6.4 无锁的通用构造

如何使这种基于日志的构造支持并发（也就是说，允许线程对 apply() 方法进行并发调用）呢？试图调用 apply() 方法的某个线程会创建一个节点来保存其调用。然后，这些并发线程通过竞争以将它们各自的节点加入到日志链表的头部，它们通过运行一个 n-线程共识性协议，以决定将哪个节点添加到日志链表中。这个共识性协议的输入是对这些线程节点的引用，而输出结果是唯一的获胜节点。

然后，获胜线程可以继续计算其响应。获胜线程将创建一个并行对象的本地副本，并跟随 next 引用从日志链表的尾部到头部反向遍历日志，将日志中的操作应用到它的副本，最后返回与它自己的调用相关联的响应。即使 apply() 方法的调用是并发的，这个算法也能够正常工作，因为日志链表中该线程自己的节点之前的所有节点永远不会改变。那些没有被共识性对象选中的出局者线程，则必须再次尝试将位于日志头部（在尝试期间会发生变化）的当前节点设置为指向它们。

接下来详细分析这种构造。无锁通用结构的代码如图 6.4 所示。图 6.5 是这个构造的一个执行实例。对象的状态由节点所构成的链表来定义，每个节点都包含一个调用。节点的代码如图 6.3 所示。节点的 decideNext 字段是一个共识性对象，用于决定下一个要被添加到链表中的节点。next 字段用于存储共识性协议的结果（即对下一个节点的引用）。seq 字段是节点在链表中的序号。当节点还没有被线程加入到链表中时，此字段的值为 0，否则为一个正数值。链表中后继节点的序号每次递增 1。初始状态时，日志链表中只包含唯一一个序号为 1 的哨兵节点。

在设计并发无锁的通用构造过程中，其难点在于共识性对象只能被使用一次[⊖]。

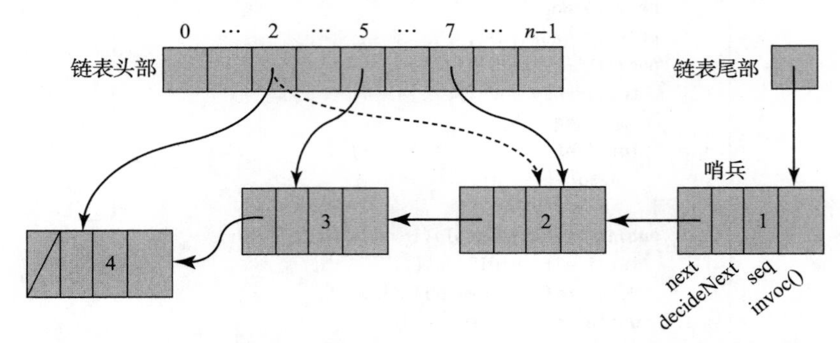

图 6.5 无锁通用构造的执行过程。线程 2 在**哨兵**（sentinel）节点的 decideNext 字段上获得了共识性协议，并把第二个节点添加到日志链表中。然后，它将节点的序号从 0 设置为 2，并将其在 head[] 数组中的数据元素指向该节点。线程 7 在哨兵节点的 decideNext 字段上没有获得共识性，因此将其 next 引用以及所决定的后继节点的序号设置为 2（线程 2 已经将它们设置为相同的值），并将其在 head[] 数组中的数据元素指向该节点。线程 5 附加第三个节点，将其序号更新为 3，并将其在 head[] 数组中的数据元素指向该节点。最后，线程 2 附加第四个节点，将其序号设置为 4，并将其在 head[] 数组中的数据元素指向该节点。head[] 数组中的最大值总是指向日志链表的头部

在图 6.4 中的无锁算法中，每个线程分配一个节点来保存它的调用，并反复尝试将该节点附加到日志链表的头部。每个节点都有一个 decideNext 字段，该字段是一个共识性对象。每个线程通过将其节点作为链表头部节点的 decideNext 字段上一个共识性协议的输入，以尝试将该节点添加到日志链表中。由于不参与此共识性的线程需要遍历链表，所以将这个共识性的结果存储在节点的 next 字段中。多个线程可以同时更新这个字段，但它们都必须写入相同的值。当一个线程把一个节点附加到日志链表时，该线程会设置这个节点的序号。

一旦某个线程的节点成为日志链表的一部分，该线程就会从日志链表尾部到新添加节点进行反向遍历，从而计算与其调用相对应的响应。它将每个调用应用于对象的私有副本，并返回它自己调用的响应。请注意，当一个线程计算其响应时，必须已经将其所有前置线程的 next 引用设置完成，因为这些节点已经添加到链表的头部。任何将节点添加到链表中的线程都必定已经使用 decideNext 共识性协议的结果更新了它之前的 next 引用。

如何确定该日志链表的头部呢？由于日志链表头部必须不断更新，而且每个线程只能访问共识性对象一次，因此不能使用一个共识性对象来跟踪日志链表的头部。相反，我们创建了一种在面包房（bakery）锁算法中使用的针对每一个线程的结构（2.7 节）。采用一个 n 元数组 head[]，其中 head[i] 是线程 i 观察到的链表中的最后一个节点。在初始状态中，数组 head[] 中的所有数据元素都指向尾部哨兵节点 tail。链表的头部是 head[] 数组中所指向的节点中具有最大序号的节点。图 6.3 中的 max() 方法执行一次收集操作，读取 head[] 数组中的所有数据元素并返回具有最大序号的节点。

该构造是串行对象的一种可线性化实现。每个 apply() 方法的调用都可以利用 decide()

⊖ 创建一个可重用的共识性对象，或者即使是一个仅决定值可读的对象，并不是一项简单的任务。其实质与我们将要设计的通用构造基本上是同一个问题。例如，考虑 5.4 节中基于队列的共识性协议。在共识性对象状态被决定之后，如何使用一个 Queue 队列来允许重复读取共识性对象的状态并不是一件很容易的事情。

方法的调用将节点添加到日志链表中的时间点线性化。

为什么这个构造是无锁的？因为日志链表的头部（就是最新添加的节点）可以在有限的步数内添加到 head[] 数组中。节点的前置节点必须出现在 head[] 数组中，因此任何重复尝试添加新节点的节点都将在 head[] 数组上重复运行 max() 函数。该构造检测到前一个节点，对其 decideNext 字段应用共识性协议，然后更新获胜节点的字段及其序号。最后，它将决定后的节点存储在该线程 head[] 数组的数据元素中。新的头部节点最终总是会出现在 head[] 中的。某个线程总是未能成功将自己的节点添加到日志链表中的唯一可能就是其他线程不断成功地将自己的节点添加到日志链表中。因此，只有当其他节点不断地完成它们的调用时，一个节点才会被饿死，这就说明该构造是无锁的。

6.4　无等待的通用构造

如何使一个无锁的算法变成无等待的算法呢？图 6.6 描述了一种无等待的完整算法。我们必须保证每个线程在有限的步数内完成 apply() 方法的调用，换而言之，所有的线程都不会被饿死。为了保证这一特性，正在演进的线程可以帮助没有机会演进的线程完成它们的调用。这种互帮互助的模式稍后将以一种特殊的形式出现在其他无等待算法中。

为了启用这种互帮互助的模式，每个线程都必须与其他线程共享其试图完成的 apply() 方法调用。为此，我们增加了一个 n 元数组 announce[]，其中 announce[i] 是线程 i 当前正在尝试加入到链表中的节点。在初始状态中，所有的数组元素都指向哨兵节点（其序号为 1）。当线程 i 将一个节点存储在 announce[i] 中时，它会宣告这个节点。

为了执行 apply() 方法，线程首先宣告它的新节点。这个步骤可以确保如果线程本身无法成功地将它的节点附加到日志链表中，则其他的某个线程可以代表该线程将其节点加入到日志链表中。然后像以前一样继续执行，并尝试着将该节点加入到日志链表中。为此，该方法只读取一次 head[] 数组（第 15 行代码），然后进入算法的主循环，然后一直循环直到它自己的节点被加入到日志链表中（在第 16 行代码中，当序号变为非零时被检测到）。下面是对无锁算法的一种改进。线程首先检查 announce[] 数组中是否有需要帮助的节点（第 18 行代码）。由于节点会不断添加到日志链表中，因此必须动态确定需要帮助的节点。线程尝试以递增的次序去帮助 announce[] 数组中的节点，该次序由序号除以 announce[] 数组的长度 n 后所得到的余数所决定。我们可以证明这种方法能够保证任何一个靠自己的力量最终无法演进的节点，一旦其拥有者线程的索引与最大序号模 n 的结果值相匹配，最终都会得到其他节点的帮助。如果省略了这个帮助步骤，那么一个单独的线程就有可能被超越任意次。如果被选中进行帮助的节点不需要帮助（例如第 19 行代码中的序号不为零），那么每个线程都会尝试把自己的节点加入到日志链表中（第 22 行代码）。（announce[] 数组中的所有元素都被初始化为序号为 1 的哨兵节点。）算法的其余部分与无锁算法几乎相同。当节点的序号变为非零时，该节点会被加入到日志链表中。在这种情形下，线程会像以前一样继续执行，并根据从链表尾部到自己节点的固定日志段来计算其结果。

```
1  public class Universal {
2    private Node[] announce; // 用于协调帮助的数组
3    private Node[] head;
4    private Node tail = new Node();
5    public Universal() {
```

图 6.6　无等待的通用构造

```
6      tail.seq = 1;
7      for (int j = 0; j < n; j++) {
8        head[j] = tail;
9        announce[j] = tail;
10     }
11   }
12   public Response apply(Invoc invoc) {
13     int i = ThreadID.get();
14     announce[i] = new Node(invoc);
15     head[i] = Node.max(head);
16     while (announce[i].seq == 0) {
17       Node before = head[i];
18       Node help =  announce[(before.seq + 1) % n];
19       if (help.seq == 0)
20         prefer = help;
21       else
22         prefer = announce[i];
23       Node after = before.decideNext.decide(prefer);
24       before.next = after;
25       after.seq = before.seq + 1;
26       head[i] = after;
27     }
28     head[i] = announce[i];
29     SeqObject myObject = new SeqObject();
30     Node current = tail.next;
31     while (current != announce[i]){
32       myObject.apply(current.invoc);
33       current = current.next;
34     }
35     return myObject.apply(current.invoc);
36   }
37 }
```

图 6.6 （续）

图 6.7 显示了无等待通用构造的一个执行过程。从初始状态开始，线程 5 宣告它的新节点并将该节点加入到日志链表中，并在将该节点添加到 head[] 数组之前暂停。然后线程 7 开始执行。由于值 (before.seq + 1) mod n 的结果是 2，但线程 2 并没有尝试添加一个节点，因此线程 7 尝试添加自己的节点。由于线程 5 已经获胜，所以线程 7 在对哨兵节点的 decideNext 对象的共识性协议中出局，因此算法将完成线程 5 的操作，将线程 5 节点的序号设置为 2，并将线程 5 的节点添加到 head[] 数组中。接下来，线程 3 宣告它的节点并在进入主循环之前暂停。然后线程 7 帮助线程 3：把线程 3 的节点加入到链表中，但是在将其序号设置为 3 之后，在将节点添加到 head[] 数组之前暂停。现在线程 3 被唤醒，它不会进入主循环，因为其节点的序号不为零，但会更新第 28 行代码处 head[] 数组的内容，并使用哨兵对象的副本计算其输出值。

对无锁算法的这些修改有一个精妙之处。由于不止一个线程可以尝试将特定的节点附加到日志链表中，因此必须确保没有节点被附加两次。一个线程可能正在附加一个节点并设置其序号，而与此同时，另一个线程也在附加同一节点并设置其序号。由于规定了线程读取最大 head[] 数组值的次序以及 announce[] 数组中节点的序号，因此该算法避免了这种错误。设 a 是由线程 A 所创建并由线程 A 和线程 B 附加到日志链表中的节点。在第二次被附加之前，该节点必须至少向 head[] 数组中添加一次。但是，注意由线程 *B* 从 head[*A*] 读取的 before 节点（第 17 行代码）必须是 *a* 本身，或者是日志链表中 *a* 的后继节点。此外，在将任何节点添加到 head[] 数组之前（第 26 行代码或者第 28 行代码），其序号将变为非零（第 25 行代码）。操作的次序确保了线程 *B* 在第 15 行或者第 26 行代码中设置它的 head[*B*] 数据元素（基于该数据元素设置 *B* 的 before 变量，从而导致一个错误的追加），然后才验证第 16 行或者第 19 行代码中 *a* 的序号是否为非零（取决于线程 *A* 或者另一个线程是否执行该操作）。由此可见，对错误的第二次追加的验证将失败，因为节点 *a* 的序号已经是非零的，并且不会再次将其添加到日志链表中。

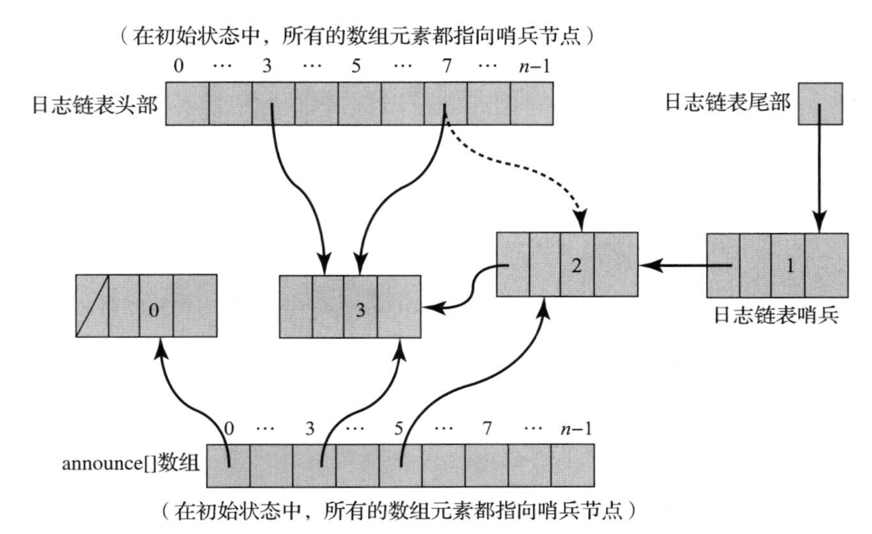

图 6.7　无等待的通用构造的执行过程。线程 5 宣布其新节点并将其加入到日志链表中，并在将节点添加到 head[] 数组之前暂停。线程 7 在 head[] 数组中并没有看到线程 5 的节点，由于线程 2（其 ID 为 (before.seq + 1) mod *n*）也没有尝试添加节点，因此线程 7 尝试添加自己的节点。然而，由于线程 5 已经获胜，所以线程 7 在对哨兵节点的 decideNext 对象的共识性协议中出局，因此线程 7 将完成更新线程 5 的节点的操作，将线程 5 的节点的序列号设置为 2，并将其节点添加到 head[] 数组中。注意，线程 5 自己在数组 head[] 中的数据元素还没有被设置它所通知的节点。接下来，线程 3 宣布其节点并在进入主循环之前暂停。然后线程 7 成功地帮助了线程 3：把线程 3 的节点加入到链表中，并且将其序列号设置为 3。现在线程 3 被唤醒，它不会进入主循环，因为其节点的序列号不为零，但会更新 head[] 数组，并使用哨兵对象的副本计算其输出值

由于没有节点会被两次添加到日志链表中，并且节点被添加到日志链表的次序与相应方法调用的自然偏序明显一致，因此保证了线性一致性。

为了证明该算法是无等待的，需要证明这种互帮互助机制能够保证任何被宣告的节点最终都能被添加到 head[] 数组中（意味着该节点在日志链表中），并且发出宣告的线程可以完成对其结果的计算。为了便于证明，首先定义一些符号。令 max(head[]) 是 head[] 数组中序号最大的节点，“$c \in$ head[]”表示对于某个 *i*，head[*i*] 被设置为节点 *c*。

辅助（auxiliary）变量（有时称为**幻影** ghost 变量）是在代码中不会显式出现的变量，它不会以任何方式改变程序的行为，但可以帮助我们对算法的行为进行推理。我们使用以下辅

助变量：

- concur(A) 是自线程 A 上一次宣告后，被存储在 head[] 数组中的一组节点。
- start(A) 是线程 A 上一次宣告时，max(head[]) 的序号。

```
12    public Response apply(Invoc invoc) {
13      int i = ThreadID.get();
14      < announce[i] = new Node(invoc); start(i) = max(head); concur(i) = {}; >
15      head[i] = Node.max(head);
16      while (announce[i].seq == 0) {
17        Node before = head[i];
18        Node help =  announce[(before.seq + 1) % n];
19        if (help.seq == 0)
20          prefer = help;
21        else
22          prefer = announce[i];
23        Node after = before.decideNext.decide(prefer);
24        before.next = after;
25        after.seq = before.seq + 1;
26        < head[i] = after; (∀j) (concur(j) = concur(j) ∪ {after}); >
27      }
28      < head[i] = announce[i]; (∀j) (concur(j) = concur(j) ∪ {after}); >
29      SeqObject MyObject = new SeqObject();
30      Node current = tail.next;
31      while (current != announce[i]){
32        MyObject.apply(current.invoc);
33        current = current.next;
34      }
35      return MyObject.apply(current.invoc);
36    }
```

图 6.8　带有辅助变量的无等待的通用构造的 apply() 方法。尖括号中的操作假定是原子操作

图 6.8 给出了反映辅助变量以及它们是如何被更新的程序代码。例如，对于语句：

```
(∀j) (concur(j) = concur(j) ∪ {after});
```

表示对于所有的线程 j，把节点 after 添加到 concur(j) 中。尖括号内的代码语句被认为是以原子方式执行的。由于辅助变量不会以任何方式影响计算，所以可以假设这种原子性。为了简洁起见，我们稍微扩展一下这个表示法，让应用于节点或者节点数组的函数 max() 返回其序号中的最大值。

注意，在通用构造的整个执行过程中，以下性质是不变的：

$$|\text{concur}(A)| + \text{start}(A) = \max(\text{head[]}) \tag{6.4.1}$$

引理 6.4.1　*对于所有的线程 A，下述断言总是成立的：*

$$|concur(A)| > n \Rightarrow \text{announce}[A] \in \text{head[]}$$

证明　令 a = announce[A]。如果 $|concur(A)|>n$，那么 $concur(A)$ 包括连续的节点 b 和 c（由线程 B 和线程 C 附加到日志链表中），它们各自的序号加上 1 后分别等于 $(A-1)$ 模 n 和 A 模 n（注意，线程 B 和线程 C 是将节点 b 和 c 添加到日志链表中的线程，但并不一定是宣告节点 b 和 c 的线程）。线程 C 在执行第 18～22 行代码时，将位于 announce[A] 中的节点附加到日志链表中，除非它已经被添加到日志链表中。现在需要证明，当线程 C 读取 announce[A] 时，线程 A 已经宣告了节点 a，因此线程 C 将节点 a 添加到日志链表中，或者

节点 a 已经被添加日志链表中。随后，当节点 c 被添加到 head[] 数组中，并且当 $|concur(A)| > n$ 时，根据引理的要求，节点 a 将出现在 head[] 数组中。

为了理解为什么当线程 C 运行到第 18～22 行代码时节点 a 必须已经被宣告，需要注意以下几点：（1）因为线程 C 已经将其节点 c 附加到 b 之后，所以在第 17 行代码上必定将 b 读取为 before 节点，这意味着在第 17 行代码上的线程 C 从 head[] 数组中读取 b 之前，线程 B 已经将 b 添加到日志链表中。（2）由于 b 位于 concur(a) 中，所以线程 A 在 b 被添加到 head[] 数组之前就已经宣告了 a。从（1）和（2）中可以看出，在线程 C 执行第 18～22 行代码之前线程 A 就已经发出了宣告，所以命题成立。证毕。 □

引理 6.4.1 对方法调用过程中可以附加的节点数进行了限制。下面给出一系列引理，表明当线程 A 完成对 head[] 数组的扫描时，要么 announce[A] 被附加，要么 head[A] 位于列表末尾的 $n+1$ 个节点内。

引理 6.4.2 *以下的性质总是成立的：*

$$\max(\text{head}[]) \geqslant start(A)$$

证明 对于每一个 head[i]，其序号是非递减的。证毕。 □

引理 6.4.3 *以下是图 6.3 第 13 行代码的一个循环不变量（即它在循环的每次迭代期间保持不变）：*

$$\max(\text{max}, \text{head}[i], \cdots, \text{head}[n-1]) \geqslant start(A)$$

其中 i 是循环索引，max 是到目前为止找到的最大序号的节点，A 是执行循环的线程。

换句话说，最大序号 max 和从当前值 i 到循环末尾的所有 head[] 数据元素永远不会小于线程 A 发出宣告时数组中的最大值。

证明 当 i 为 1 时，根据引理 6.4.2，断言成立（因为 max = head[0]）。在每次迭代中，当 max 被替换为序号为的 max(max, head[i]) 节点时，命题依然成立。证毕。 □

引理 6.4.4 *以下断言在第 16 行代码（图 6.8）之前成立：*

$$\text{head}[A].\text{seq} \geqslant start(A)$$

证明 在第 15 行代码调用 Node.max() 方法之后，结果可以由引理 6.4.3 推断出。否则，head[A] 被设置为指向线程 A 在第 26 行代码处的最后一个附加节点，这会将 head[A].seq 增加 1。证毕。 □

引理 6.4.5 *以下特性总是成立：*

$$|concur(A)| \geqslant \text{head}[A].\text{seq} - start(A) \geqslant 0$$

证明 下界可以由引理 6.4.4 推断出，上界可以由等式（6.4.1）推断出。证毕。 □

定理 6.4.6 *图 6.6 中的算法是正确的并且是无等待的。*

证明 为了证明该算法是否是无等待的，需要注意线程 A 执行主循环不超过 $n+1$ 次。在每次成功的迭代中，head[A].seq 增加 1。在 $n+1$ 次迭代之后，由引理 6.4.5 可得：

$$|concur(A)| \geqslant \text{head}[A].\text{seq} - start(A) \geqslant n$$

根据引理 6.4.1，announce[A] 必定已经被添加到 head[] 中。证毕。 □

6.5 章节注释

本章所描述的通用构造源于 Maurice Herlihy 1991 年发表的一篇论文 [69]。另一种使用**链接加载 / 条件存储**的无锁的通用构造则出自文献 [65]。这种构造的复杂度可以通过多种方式加以改进。Yehuda Afek、Dalia Dauber 和 Dan Touitou[3] 描述了如何提高时间复杂度，使其取决于并发线程的数量，而不是最大可能的线程数量。Mark Moir [130] 提出了不需要复制整个对象的无锁并且无等待的构造。James Anderson 和 Mark Moir[11] 对这种构造进行了扩展，允许多个对象被更新。Prasad Jayanti[89] 证明了任何通用构造在最坏情况下的复杂度为 $\Omega(n)$，其中 n 是最大线程个数。Tushar Chandra、Prasad Jayanti 和 King Tan[27] 则提出许多对象类，并指出了这些对象类可以实现更有效的通用构造。

本章提出的对非独立演进条件的分类对共享存储可计算性的基础产生影响。Lamport 基于寄存器的读写内存可计算性方法 [99, 105] 是基于使用一种寄存器类型构造另一种寄存器类型的无等待实现。类似地，Herlihy 的共识层次结构 [69] 适用于无等待的或者无锁的对象实现。这些结构共同构成了并发共享存储可计算性理论的基础，该理论解释了在异步共享存储多处理器环境中，可以使用哪些对象实现其他的对象。读者可能会提出疑问，为什么这样的理论必须建立在非阻塞的演进条件（即无等待的或者无锁的）上，而不能够建立在锁上。毕竟，锁实现在实践中是非常常见的。此外，无阻塞条件是一种非阻塞演进条件，其中读取 - 写入寄存器是通用的 [68]，有效地提升了共识性层次结构。我们现在有足够的能力解决这个问题。也许令人惊讶的是，图 3.10 表明无锁的并且无等待的条件为并发可计算性理论提供了可靠的基础，因为它们是独立的演进条件（即它们不依赖于操作系统调度程序的良好行为）。基于非独立条件的理论需要对程序执行的环境进行强有力的甚至是任意的假设。在研究同步原语的计算能力时，如果依赖操作系统来确保线程演进是不会令人满意的，既因为它掩盖了原语固有的同步能力，还因为我们可能希望在构建操作系统本身时使用这些原语。出于这些原因，一个令人满意的共享存储可计算性理论应该依赖于独立的演进条件，例如无等待的或者无锁的，而不是依赖于非独立的演进条件。

6.6　练习题

练习题 6.1　考虑一个并发的原子 PeekableStack(k) 对象：一个带额外的 look 操作的原子栈。它允许 n 个线程中的每一个线程使用通常的 LIFO 语义以原子方式执行 push() 操作和 pop() 操作。此外，它还提供一个 look() 操作，该操作的前 k 次调用返回栈底部的值（当前在栈中最早压入栈的值），但不会弹出该值。第 k 次之后的调用都返回空值。另外，当栈为空时，look() 操作返回空值。

- 是否可以使用任意数量的 PeekableStack(1)（即 $k = 1$）对象和原子读写寄存器构建一个无等待的队列（最多两个线程访问）？证明你的结论。
- 是否可以使用任意数量的原子 Stack 对象和原子读写寄存器构造一个无等待的 n- 线程 PeekableStack(2) 对象？证明你的结论。

练习题 6.2　对于具有不确定串行规范的对象，举例说明通用构造可能会失败。

练习题 6.3　给出一种解决方法，修改图 6.8 中的通用结构，以适用于具有不确定串行规范的对象。

练习题 6.4　在无锁的并且无等待的通用构造中，列表末尾的哨兵节点的序号最初被设置为 1。如果哨兵节点的序号最初被设置为 0，这些算法中的哪一个（如果有）将会出错？

练习题 6.5　在无锁的通用构造中，每个线程都有自己的头指针视图。为了添加一个新的方法调用，在图 6.4 的第 14 行，线程选择这些头指针中最远的一个：

```
Node before = Node.max(head);
```

考虑将此行代码修改为：

```
Node before = head[i];
```

请问该构造是否依然有效？

练习题 6.6　假设不使用通用构造而只使用共识性协议来实现一个具有 read() 方法和 compareAndSet()

方法的无等待可线性化寄存器。说明应该如何修改此算法以实现此目的。

练习题 6.7 在第 6.4 节所示的无等待通用构造中，每个线程首先寻找另一个线程来为自己提供帮助，然后再尝试附加自己的节点。假设每个线程首先尝试附加自己的节点，然后再尝试帮助其他的线程。请解释这种替代方法是否有效。证明你的结论。

练习题 6.8 在图 6.4 中的构造中，我们使用一个“head”引用（指向它将尝试修改其 decideNext 字段的节点）的“分布式”实现，以避免必须创建允许重复共识性的对象。请将此实现替换为一个无须使用“head”引用的实现，并通过从开始向下遍历日志链表直到到达一个序号为 0 或者具有最大非零序号的节点来查找下一个“head”。

练习题 6.9 在无等待协议中，线程将其新附加的节点添加到第 28 行代码处的 head[] 数组中，即使它可能已经在第 26 行代码中添加了该节点。这一步是必须的，因为和无锁协议不同，该线程的节点可能是由第 26 行代码上的另一个线程添加的，而那个提供“帮助”的线程在更新节点的序号之后但在更新 head[] 数组之前即在第 26 行停止。

1. 解释为什么删除第 28 行代码将违反引理 6.4.4。
2. 这个算法还能正常工作吗？

练习题 6.10 给出一种解决通用构造问题的方法，使其能够处理有限数量的存储器，即有限数量的共识性对象和有限数量的读取 - 写入寄存器。

提示：在节点中添加一个 before 字段，并在代码中构建一个存储器回收方案。

练习题 6.11 实现一种共识性对象，使得每个线程都可以使用 read() 方法和 compareAndSet() 方法多次访问该共识性对象，即构造一种“多重访问”的共识性对象。要求不允许使用通用构造。

练习题 6.12 将串行栈实现转换为一个无等待的并且可线性化的栈实现，无须考虑效率或者内存使用问题。

假设给定一个“黑盒”Sequence（序列）类型，该类型具有以下方法：可以以原子方式将一个数据元素**附加**（append）到序列的末尾。例如，如果序列是 <1，2，3>，那么附加 4 后序列将变为 <1，2，3，4>。此操作是无等待的并且是可线性化的：如果并发线程尝试附加 5，则序列将变为 <1，2，3，4，5>，或者 <1，2，3，5，4>。请注意，序列中的数据元素不必是整数，它们可以是任何类型的对象。

我们还可以遍历序列的元素。以下代码将遍历一个序列，打印序列中的每个值，直到字符串“stop”为止。

```
1  foreach x in s {
2    if (x == "stop") break;
3    System.out.println(x)
4  }
```

（请注意，如果在遍历一个序列时另一个线程正在追加新值，则程序可能会一直运行。）

使用一个原子序列对象以及不限数量的原子读取 - 写入存储器和序列栈对象实现一个无等待的可线性化的栈。要求栈支持 push() 操作和 pop() 操作。同样，无须考虑效率或者内存使用。

简要说明为什么你的构造是无等待的以及可线性化的（特别地，请确定可线性化点）。

第二部分

The Art of Multiprocessor Programming, Second Edition

应用实践

第 7 章　自旋锁和争用
第 8 章　管程和阻塞同步
第 9 章　链表：锁的作用
第 10 章　队列、内存管理和 ABA 问题
第 11 章　栈和消除
第 12 章　计数、排序和分布式协作
第 13 章　并发哈希和固有并行
第 14 章　跳跃链表和平衡查找
第 15 章　优先级队列
第 16 章　调度和工作分配
第 17 章　数据并行
第 18 章　屏障
第 19 章　乐观主义和手动内存管理
第 20 章　事务性编程

自旋锁和争用

在为单处理器编写程序时，通常可以安全地忽略底层系统体系结构的细节内容。然而令人遗憾的是，多处理器程序设计目前尚未达到如下的状态，至少到目前为止，对底层计算机体系结构的理解在多处理器程序设计中仍然起着至关重要的作用。本章的目标是讨论系统体系结构对系统性能会产生什么样的影响，以及如何利用这些知识来编写高效的并发程序。本章将重新讨论读者已经熟悉的互斥问题，只不过本章的目的主要侧重于设计适用于现如今广泛使用的多处理器的互斥协议。

任何互斥协议都会提出这样一个问题：如果线程不能获得锁，应该如何处理？对此存在着以下两种解决方案。一种解决方案是让线程持续进行尝试，这种锁被称为**自旋锁**（spin lock）。而对锁的反复测试过程称为**旋转**（spinning，有时也称为自旋），或者称为**忙等待**（busy-waiting）。**过滤器**（Filter）锁和**面包房**（Bakery）锁算法都属于自旋锁。当期望锁被延迟较短时间的情形下（当然仅在多处理器上），选择自旋锁的方式比较合乎情理。另一种解决方案是线程挂起自己，并请求操作系统在处理器上调度另一个线程，这种方式有时被称为**阻塞**（blocking）。由于从一个线程切换到另一个线程的代价比较大，所以只有在预期锁被延迟很长时间的情况下，选择阻塞方式才有意义。许多操作系统会混合使用这两种策略，先使锁自旋一个较短的时间然后再阻塞。自旋和阻塞都是重要的技术。在本章中，我们将着重研究使用自旋方式的锁。

7.1 实际问题的研究

本章采用 java.util.concurrent.locks 包中的 Lock 接口来解决实际情况中的互斥问题。本章暂且只讨论两个最重要的方法，lock() 方法和 unlock() 方法。正如“程序注释 2.2.1”所述，通常按以下结构化方式使用这些方法：

```
1  Lock mutex = new LockImpl(...); // 创建锁实现对象
2  ...
3  mutex.lock();
4  try {
5    ... // 语句主体
6  } finally {
7    ... // 如果需要，恢复对象的不变量
8    mutex.unlock();
9  }
```

首先创建一个名为 mutex 的新锁（Lock）对象（第 1 行代码）。由于 Lock 只是一个接口而并不是一个类，因此不能直接创建 Lock 的对象实例。为此，我们先创建一个实现 Lock 接口的类的对象。（java.util.concurrent.locks 包中已经包括一些实现 Lock 接口的类，本章将提供另外一些实现 Lock 接口的类。）接下来获取锁（第 3 行代码），并进入位于 try 语句块中的临界区（第 4 行代码）。finally 语句块（第 6 行代码）确保无论发生什么情况，当控制离开临界区时，锁都会被释放。不能将 lock() 方法的调用放置在 try 语句块中，因为 lock() 方法的调用可能会在获取锁之前抛出一个异常，从而导致 finally 语句块在尚未实际获取锁的情

况下调用 unlock() 方法。（Java 不允许在程序代码行之间执行指令，因此一旦第 3 行代码执行完毕并获得锁，线程就会进入 try 语句块中。）

那为什么不考虑使用第 2 章中讨论的锁算法（例如过滤锁或者面包房锁算法）来实现高效的 Lock 呢？其原因之一是第 2 章中已证明的空间下限结论：使用读取和写入方式的互斥算法所需要的空间总是与 n 成线性关系，其中 n 是指可能访问该存储单元的线程数量。这将使得情况变得更加糟糕。

例如，考虑第 2 章讨论的双线程彼得森锁算法，如图 7.1 所示。假设有两个线程 A 和线程 B，其 ID 分别为 0 和 1。当线程 A 想要获取锁时，它将 flag[A] 的值设置为 true，将 victim 的值设置为 A，然后测试 victim 和 flag[1-A]。只要 victim 的值为 A 并且 flag[1-A] 的值为 true，线程 A 就会一直自旋并重复测试。一旦 victim 的值不再为 A 或者 flag[1-A] 的值为 false，线程 A 就会进入临界区，并在离开时将 flag[A] 的值设置为 false。从第 2 章可知，彼得森锁算法提供了无饥饿的互斥机制。

```
1  class Peterson implements Lock {
2    private boolean[] flag = new boolean[2];
3    private int victim;
4    public void lock() {
5      int i = ThreadID.get(); // 结果为0或者1
6      int j = 1-i;
7      flag[i] = true;
8      victim = i;
9      while (flag[j] && victim == i) {}; // 自旋
10   }
11 }
```

图 7.1　彼得森类（第 2 章）：第 7～9 行代码中的读取和写入的顺序对于互斥机制的提供至关重要

假设我们要编写一个简单的并发程序，其中每个线程重复地获取彼得森锁，并递增共享计数器，然后释放锁。我们在一台多处理器上运行这个程序，假设每个线程均执行“获取锁 - 递增计数器 - 释放锁”的循环五十万次。在大多数现代系统架构中，这些线程很快就会执行完毕。然而，令人不可思议的是，我们也许会发现，计数器的最终值可能与我们所预期的一百万次稍微有些出入。如果按比例而言，这个误差可能非常小，但是为什么会产生这种误差呢？虽然原因不是非常明确，但是其中一个原因肯定是两个线程偶尔会同时处于临界区，即使我们已经证明了这种现象是不可能发生的。引用福尔摩斯的话：

我已经重复过无数次了，如果排除所有不可能的因素，那么留下来的东西，无论你多么不愿意相信，但它就是真相。

我们的证明之所以出错了，不是因为我们的逻辑有什么问题，而是因为我们的假设存在错误。

在为多处理器进行程序设计时，我们默认地假设读取 - 写入操作是原子的，也就是说，读取 - 写入操作可以被线性化为某种顺序化的执行方式，或者至少它们满足顺序一致性。（回想一下，线性一致性意味着顺序一致性。）正如我们在第 3 章中所述，顺序一致性意味着在所有操作上都有某种全局次序，在这个次序中，每个线程的操作都按照程序所规定的次序生效。当我们证明彼得森锁的正确性时，我们假设存储器是满足顺序一致性的，而没有考虑上述因素。特别值得注意的是，互斥取决于图 7.1 第 7～9 行代码中操作步骤的顺序。我们证明彼得森锁提供互斥特性时，默认基于这样的假设：同一线程对内存的任意两次访问（即使是对不同变量的访问）都是按照程序次序生效的。具体而言，线程 B 对 flag[B] 的写入操作必须在其对 victim 的写入操作之前生效（公式（2.3.2）），并且线程 *A* 对 victim 的写入操作必须在其对 flag[*B*] 的内容读取之前生效（公式（2.3.4））。

然而令人遗憾的是，现代多处理器和用于它的程序设计语言通常既不提供顺序一致的存储器，也不能确保对于一个给定线程的读写次序一定会遵循程序的次序。

为什么不支持这些特性呢？第一个原因在于编译器，为了提高效率，编译器需要对指令进行重新排序。编译器可能会颠倒线程 *B* 对 flag[*B*] 和对 victim 的这两者写入操作的执行顺序，从而使公式（2.3.2）无效。此外，如果线程重复读取一个变量而不执行写入操作，编译器可能只会保留该变量的第一次读取内容，并使用第一次读取的值作为后续读取的值。例如，可以将图 7.1 第 9 行的循环语句替换为一个条件语句，如果线程不能立即进入临界区，则该语句将一直自旋执行。

第二个原因则在于多处理器硬件的本身。（附录 B 对本章中提出的多处理器体系结构问题进行了更广泛的讨论。）硬件供应商公开表示，对多处理器内存的写入并不一定会在执行写入操作时立即生效，因为在大多数程序中，绝大多数写入操作并不需要立即在共享存储器中生效。在许多多处理器体系结构中，对共享存储器的写入被缓存到一个特殊的**写入缓冲区**（write Buffer，有时被称为**存储缓冲区** store buffer）中，只有在需要时才被写入到存储器中。如果线程 *A* 对 victim 的写入在写入缓冲区中被延迟，那么 victim 值可能在读取 flag[*B*] 之后才到达存储器，从而使公式（2.3.4）无效。

那么，在如此弱的存储器一致性保证条件下，如何对多个处理器进行程序设计呢？为了防止写入缓冲导致的操作被重新排序，现代体系结构提供了一种特殊的**内存屏障指令**（memory barrier，有时称为**内存栅栏** memory fence），用以强制未完成的操作立即生效。在许多体系结构中，AtomicInteger 的 getAndSet() 和 compareAndSet() 等同步方法都存在内存屏障，对**易失性**（volatile）字段的读取和写入也都存在内存屏障。程序员需要确定在哪里使用内存屏障（例如，可以通过在每次读取之前放置一个内存屏障来修复彼得森锁）。我们将在下一节讨论如何为 Java 实现该功能。

毫无疑问，内存屏障的代价是非常高昂的，所以我们要尽量减少使用内存屏障。因为类似于 getAndSet() 方法和 compareAndSet() 方法的操作比读取和写入操作具有更高的共识数，并且可以以一种简单直观的方式来达成哪个线程能够进入临界区的共识，所以设计直接使用这些操作的互斥算法是非常有意义的。

7.2 易失性字段和原子对象

作为一条基本准则，任何由并发线程访问的对象字段，如果不受一个临界区的保护，都应该声明为 volatile 数据类型。如果一个字段没有使用 volatile 进行数据类型的声明，那么该字段就不会像原子寄存器一样工作：读取操作可能返回过时的值，并且写入操作可能会产生延迟。

仅仅靠一个 volatile 声明并不能保证复合操作的原子化：假设 *x* 是一个 volatile 变量，如果并发线程可以修改 *x*，那么表达式 *x*++ 并不能保证一定会递增 *x*。为了解决这类问题，java.util.concurrent.atomic 包提供了类似于 AtomicReference<*T*> 和 AtomicInteger 的类，这些类提供了许多实用的原子操作。

在前面的章节中，正文中的伪代码并没有使用 volatile 声明，因为我们假设内存是可线性化的。然而，从本章开始，我们假设所使用的内存模型是 Java 内存模型，因此需要在适当的地方使用 volatile 声明。更多有关 Java 内存模型的消息描述，请参见附录 A.3。

7.3 测试 - 设置锁

在许多早期的多处理器体系结构上，主要的同步指令是**测试和设置**（test-and-set）指令。该指令对单个存储字（或者字节）进行操作，结果为 true 或者 false。测试和设置指令的共识数为 2，它将 true 值原子地存储在字中，并返回这个字的先前值。也就是说，它将 true 值替换为该字的当前值。乍看起来，测试和设置指令似乎是实现一个自旋锁的理想选择：当字的值为 false 时，锁的状态为空闲；当字的值为 true 时，锁的状态为忙碌。lock() 方法对存储单元重复调用测试和设置指令，直到返回 false（也就是说，直到锁被释放）。unlock() 方法则简单地将 false 值写入存储单元。

图 7.2 中的 TASLock 类使用 java.util.concurrent 包中的 AtomicBoolean 类实现了这种锁。TASLock 类存储一个布尔值，并且提供了一个 set(*b*) 方法，该方法使用值 *b* 替换所存储的值，并且 getAndSet(*b*) 方法使用 *b* 的值原子地替换当前值并返回先前的值。测试和设置指令等价于 getAndSet(true) 方法。（按照惯例，我们在正文中使用测试和设置指令。但是在代码示例中，则使用 getAndSet(true) 方法用以与 Java 兼容。）

```
1 public class TASLock implements Lock {
2   AtomicBoolean state = new AtomicBoolean(false);
3   public void lock() {
4     while (state.getAndSet(true)) {}
5   }
6   public void unlock() {
7     state.set(false);
8   }
9 }
```

图 7.2　测试和设置锁 TASLock 类

接下来讨论 TTASLock 算法（图 7.3），它是 TASLock 算法的一个变体，称为“**测试 - 测试 - 设置**”（test-and-test-and-set）锁。在这个算法中，一个线程在执行测试和设置操作之前读取该锁并检查该锁是否空闲。如果该锁没有被释放，这个线程将重复读取该锁，直到锁被释放为止（也就是说，直到 get() 方法返回 false），并且只有在这之后该线程才会应用测试和设置操作。从正确性的角度来看，TASLock 算法和 TTASLock 算法是等价的：两个算法都保证了无死锁的互斥。在目前锁使用的简单模型中，这两种算法之间基本上没有什么区别。

```
1  public class TTASLock implements Lock {
2    AtomicBoolean state = new AtomicBoolean(false);
3    public void lock() {
4      while (true) {
5        while (state.get()) {};
6        if (!state.getAndSet(true))
7          return;
8      }
9    }
10   public void unlock() {
11     state.set(false);
12   }
13 }
```

图 7.3　测试 - 测试 - 设置锁 TTASLock 类

这两个算法在实际的多处理器上运行后的比较结果如何？实验测量 n 个线程执行一个较短临界区所用的时间（假设总的次数固定），所得到的结果如图 7.4 所示。每个数据点代表相同的工作量，因此在没有争用影响的情况下，所有的曲线应该都是平直的。最上面的是 TASLock 算法的曲线，中间的是 TTASLock 算法的曲线，最下面的曲线表示线程在完全没有干扰的情形下所需要的时间。结果表明，三者之间的差异是非常大的：TASLock 算法的性能非常差；TTASLock 算法的性能虽然好得多，但仍然远远达不到理想的水平。

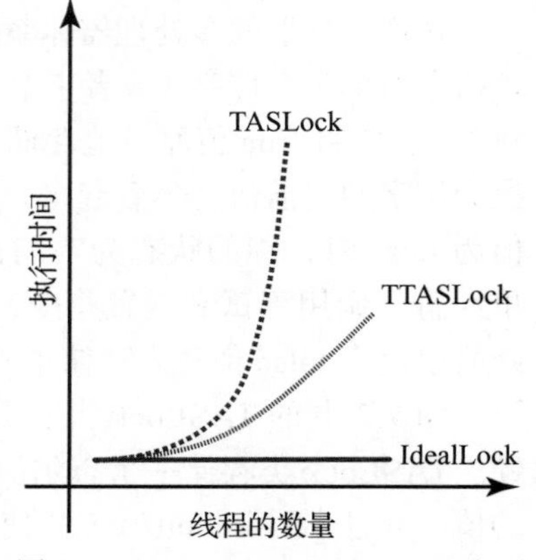

图 7.4　TASLock、TTASLock 和无开销理想锁的性能示意图

为了理解上述结果，我们必须研究现代多处理器的体系结构。首先，特别值得注意的是现代多处理器中包含各种各样的体系结构，因此不能过于抽象概括。然而，几乎所有的现代体系结构都存在着高速缓存和局部性方面的问题。虽然在细节上有所不同，但基本原理是相同的。

为了简单起见，考虑一种典型的多处理器体系结构，其中，处理器之间通过一种称为**总线**的共享广播媒介进行通信。存储器通常也驻留在连接到总线的节点中，每个节点都有自己的**内存控制器**。处理器和内存控制器可以在总线上广播，但在一个时刻只能有一个处理器或者内存控制器在总线上广播。所有的处理器和内存控制器都可以同时监听。基于总线的体系结构在当今社会普遍存在，因为它们易于构建。但是这种体系结构不能很好地扩展到多处理器，因此总线体系结构成为了争论的一个焦点。

每个处理器都有一个**高速缓存**（cache），它是一种小容量的高速存储器，用于储存处理器可能感兴趣的数据。访问内存所需的时间通常比访问高速缓存所需的时间多出几个数量级，目前技术的发展趋势并没有缩短这种差距。而且在不久的将来，内存访问时间也不太可能赶上处理器的周期时间，因此高速缓存性能对多处理器的整体性能而言是至关重要的。

一个处理器的高速缓存包含存储单元及其地址的副本。这些副本由一个高速缓存一致性协议来维护，可以是共享方式，也可以是独占方式。顾名思义，如果任何处理器有一个存储单元的独占副本，那么就不允许其他处理器拥有该存储单元的副本，无论是共享方式还是独占方式。

当处理器访问某个存储单元时，首先检查其高速缓存是否存在有该存储单元的副本。如果处理器向存储单元执行写入操作，那么其副本必须是独占的。如果高速缓存中有存储单元的当前数据，那么就称该处理器在高速缓存中**命中**（hit）。在这种情况下，处理器可以立即在其高速缓存中读取或者写入副本。否则，处理器会出现**高速缓存未命中**（cache miss），并通过在总线上广播存储单元的地址来请求副本。其他处理器（以及内存控制器）在总线上**监听**（snoop）。如果某个处理器在其高速缓存中有该存储单元的独占副本，则该处理器将通过广播地址和值（使其副本共享）作出响应。否则，负责该存储单元的内存控制器将做出响应。如果请求是要写入存储单元，那么所有之前的副本都将失效，因此请求者拥有该存储单元的独占副本。

接下来我们分析简单的 TASLock 算法在这种体系结构上的执行过程：因为 getAndSet() 方法可能会写入存储单元，所以一个线程在调用 getAndSet() 方法时必须请求锁的一个独占副本，除非其处理器的高速缓存已经拥有了这样的一个副本。这个请求强制其他处理器使其缓存的锁副本失效。如果该锁上有多个线程在自旋，那么几乎每次调用 getAndSet() 方法都会导致高速缓存未命中，并在总线上请求获取（未更改的）值。祸不单行的是，当持有锁的线程试图释放锁时，可能会因为总线被自旋的线程所独占，导致该线程被延迟。实际上，因为所有线程都使用总线与内存通信，所以即使没有等待锁的线程也都有可能被延迟。这就是 TASLock 算法性能低下的原因所在。

下面分析当一个线程 *A* 持有锁时，TTASLock 算法的执行行为。线程 *B* 第一次读取锁时，产生了一个高速缓存未命中，这将迫使线程 *B* 阻塞，等待值被加载到其高速缓存中。但是，由于线程 *B* 只是读取锁，因此线程 *B* 只请求一个共享副本，该副本存储在其处理器的高速缓存中。只要线程 *A* 持有锁，线程 *B* 就会重复读取该值，但每次都会命中其高速缓存。因此，线程 *B* 在第一次请求之后不会产生总线通信流量，并且不会减慢其他线程的内存访问速度。

然而，当持有锁的线程 *A* 通过向锁的状态变量写入 false 值来释放锁时，情况将恶化。因为此时锁被所有在其上自旋的线程所共享，所以写入操作会导致一个高速缓存未命中，从而在总线上请求锁的独占副本。此请求使所有自旋线程的缓存副本失效。每一个线程都将产生一个高速缓存未命中并重新读取新值，它们都（几乎同时）调用 getAndSet() 方法来获取锁。第一个成功的线程会使其他线程失效，而其他的线程则必须重新读取该值，从而引发一场总线通信流量风暴。最终，所有的线程再次稳定下来，开始进入本地自旋。

术语**本地自旋**（local spinning）是指线程重复读取高速缓存值而不是重复地使用总线，这是设计高效自旋锁的一个重要原则。

7.4 指数退避算法

下面我们考虑如何通过减少当一个线程释放锁并且许多线程正在等待获取锁时所产生的总线通信流量，来进一步提升 TTASLock 算法的性能。首先我们介绍一些术语：当多个线程试图同时获取锁时，会发生锁**争用**（Contention）。**高度争用**（high contention）意味着参与争用的线程数量众多；**低度争用**（low contention）意味着参与争用的线程数量不多。如前所述，我们不推荐尝试获取高度争用的锁：因为当线程获取锁的机会微乎其微的时候，这样的尝试会增加总线通信流量（从而使得通信流量堵塞的现象更严重）。相比之下，让线程**退避**（back off）一段时间会更有效，因为这样可以使得竞争线程有机会完成任务。

回想一下，在 TTASLock 类中，lock() 方法需要如下两个操作步骤：它重复读取锁，直到锁被释放，然后通过调用 getAndSet(true) 方法尝试获取锁。下面是一个重要的结论：如果一个线程在第二个操作步骤中没有获得锁，那么在第一个操作步骤和第二个操作步骤之间一定有某个线程获得了锁，因此很可能存在着对该锁的高度争用现象。这里提出了一个简单的解决方法：每当一个线程看到锁已经被释放但是却无法获取锁时，该线程就会在重试之前退避。为了确保相互竞争的多个线程不会陷入锁步（即每个线程退避一段时间后，又同时再次尝试获取锁），每个线程会随机退避一段时间。

那么线程在重试之前应该退避多长时间呢？一条值得推荐的经验法则是：不成功的尝试次数越多，争用的可能性就越高，因此线程退避的时间应该随着尝试的次数而延长。基于该经验法则，每次当一个线程尝试获取锁失败时，该线程都会将预期的退避时间增加一倍，直至达到一个固定的最大值。

由于退避是一些锁算法的共同策略，因此我们将此逻辑封装在一个简单的 Backoff 退避类中，如图 7.5 所示。构造函数有两个参数：minDelay 是最小延迟时间的初始值（线程退避的持续时间太短是没有意义的），maxDelay 是最终的最大延迟时间（必须设定一个最终限定值，以防止那些倒霉透顶的线程退避时间太长）。limit 字段则控制当前延迟限制。backoff() 方法计算介于 0 和当前延迟限制之间的一个随机延迟时间，并在返回之前在该持续时间内阻塞线程。backoff() 方法将下一次退避的时间限制提高了一倍，最高可达到 maxDelay。

```
1  public class Backoff {
2    final int minDelay, maxDelay;
3    int limit;
4    public Backoff(int min, int max) {
5      minDelay = min;
6      maxDelay = max;
7      limit = minDelay;
8    }
9    public void backoff() throws InterruptedException {
10     int delay = ThreadLocalRandom.current().nextInt(limit);
11     limit = Math.min(maxDelay, 2 * limit);
12     Thread.sleep(delay);
13   }
14 }
```

图 7.5　Backoff 退避类的实现算法：自适应的退避逻辑。为了确保并发争用的线程不会在同一时间重复尝试获取锁，线程会在一个随机的持续时间内退避。每次线程尝试获取锁失败时，该线程都会将预期的退避时间增加一倍，直到达到设定的最大值

图 7.6 描述了 BackoffLock 退避锁类。该类使用了一个 Backoff 退避类对象，该对象的最小退避持续时间和最大退避持续时间分别由常量 MIN_DELAY 和 MAX_DELAY 来设定。请注意，任何一个线程只有当观察到一个锁为空闲但不能立即获取该锁时才会退避。锁被另一个线程持有并不能说明争用的程度。

```
1  public class BackoffLock implements Lock {
2    private AtomicBoolean state = new AtomicBoolean(false);
3    private static final int MIN_DELAY = ...;
4    private static final int MAX_DELAY = ...;
5    public void lock() {
6      Backoff backoff = new Backoff(MIN_DELAY, MAX_DELAY);
7      while (true) {
8        while (state.get()) {};
9        if (!state.getAndSet(true)) {
10         return;
11       } else {
12         backoff.backoff();
13       }
14     }
15   }
16   public void unlock() {
17     state.set(false);
18   }
19   ...
20 }
```

图 7.6　指数退避锁算法。每当线程无法获得一个被释放的锁时，该线程都会在重试前退避一段时间

BackoffLock 退避锁类非常易于实现，并且在许多体系结构上通常比 TASLock 类和 TTASLock 类的性能要好得多。然而令人遗憾的是，其性能与常量 MIN_DELAY 和 MAX_DELAY 的选取值密切相关。为了在特定的体系结构上部署该锁，需要使用不同的值进行实验，并选择最有效的值。然而，经验表明，这些最优值与处理器的数量及其速度密切相关，因此很难调整 BackoffLock 退避锁类以使其与各种不同的机器相互兼容。

BackoffLock 退避锁算法的一个缺点是，当锁被争用时，它没有充分利用临界区：因为线程在注意到争用时会退避，所以当一个线程释放锁时，在另一个线程尝试获取该锁之前可能会有一些延迟，即使许多线程正在等待获取该锁。事实上，由于线程在高度争用的情况下退避的时间会更长，因此在高度争用的情况下这种影响尤为明显。

最后，BackoffLock 退避锁算法可能是不公平的，因为它会允许一个线程多次获取锁，而其他线程则一直处于等待状态中。TASLock 算法和 TTASLock 算法也可能是不公平的，但是 BackoffLock 退避锁算法加剧了这个问题，因为刚刚释放锁的线程可能永远不会注意到该锁处于被争用状态，因此根本不会退避。

尽管这种不公平有着明显的负面后果，包括其他线程可能会被饿死，但它也有一些积极的推动作用：因为一个锁通常用于保护对共享数据结构的访问，而共享数据结构也是高速缓存的，允许对同一线程多次重复访问而不被其他不同处理器上的线程所干扰，因此可以减少由于访问这个数据结构而导致的高速缓存未命中，从而减少总线通信流量并避免通信延迟。对于那些较长的临界区，这种效果可能要比减少锁本身争用的效果更为突出。因此，公平性与高效性之间存在着取舍。

7.5　队列锁

下面我们将讨论实现可伸缩的自旋锁的另一种方法，这种方法比退避锁稍微复杂一些，但本质上具有更好的可移植性，并且可以避免或者改善退避锁中存在的许多问题。这个算法的设计思想是让等待获取锁的所有线程形成一个队列。在这个队列中，每个线程都可以通过检查其前驱线程是否已完成来确定轮到自己的时间。通过让每个线程在不同的位置上自旋，可以减少高速缓存一致性的通信流量。队列还可以更加充分地利用临界区，因为不需要猜测何时尝试访问临界区：队列中的每个线程都直接由它的前驱线程通知。最后，队列提供了先到先得的公平性，队列方法可以获得与**面包房**（Bakery）锁算法相同的高级别公平性。接下来我们探讨实现**队列锁**（queue lock）的不同方法，它们都是基于上述设计思想的锁算法。

7.5.1　基于数组的锁

图 7.7 描述了一种基于数组的简单队列锁 ALock[㊀]。所有的线程共享一个 AtomicInteger 类型的 tail 字段，该字段的初始值为 0。为了获得锁，每个线程都会以原子方式递增 tail 字段（第 17 行代码）。然后将结果值作为调用线程的**槽**（slot）。槽则被当做是布尔标志数组 flag[] 的一个索引。

如果 flag[*j*] 为 true，那么槽为 *j* 的线程有权获取锁。在初始状态时，flag[0] 的值为 true。为了获取锁，线程不断地自旋，直到该线程的槽所对应的 flag 值变为 true（第 19 行代码）。为了释放锁，线程将其槽所对应的 flag 值设置为 false（第 23 行代码），并将下一个槽所对应的 flag 值设置为 true(第 24 行代码)。所有的算术运算都对 *n* 求模，其中 *n* 至少与最大并发线程数量相同。

㊀ 大多数锁类都使用其发明者的首字母缩写命名，详细信息请参见 7.11 节。

```
1  public class ALock implements Lock {
2    ThreadLocal<Integer> mySlotIndex = new ThreadLocal<Integer> (){
3      protected Integer initialValue() {
4        return 0;
5      }
6    };
7    AtomicInteger tail;
8    volatile boolean[] flag;
9    int size;
10   public ALock(int capacity) {
11     size = capacity;
12     tail = new AtomicInteger(0);
13     flag = new boolean[capacity];
14     flag[0] = true;
15   }
16   public void lock() {
17     int slot = tail.getAndIncrement() % size;
18     mySlotIndex.set(slot);
19     while (!flag[slot]) {};
20   }
21   public void unlock() {
22     int slot = mySlotIndex.get();
23     flag[slot] = false;
24     flag[(slot + 1) % size] = true;
25   }
26 }
```

图 7.7　基于数组的队列锁

在 ALock 算法中，mySlotIndex 是一个线程的**局部变量**（参见附录 A）。线程的局部变量与其相对应的常规变量的不同之处在于，对于每一个局部变量，每个线程都有自己独立初始化的副本。线程局部变量不需要存储在共享内存中，也不需要同步，也不会生成任何一致性的通信流量，因为它们只能被一个线程所访问。通常使用 get() 方法和 set() 方法来访问线程局部变量的值。

另一方面，flag[] 数组是被所有线程所共享的变量㊀。但是在任何给定的时间，每个线程都在数组的本地高速缓存副本上自旋，从而大大减少了无效通信流量，并且使得对数组存储单元的争用被最小化。

注意，仍然可能会发生争用，其原因在于存在着一种称为**假共享**（false sharing）的现象：当相邻的数据项（例如数组元素）共享一条高速缓存线时，就会发生这种现象。对一个数据项的写入操作将使该数据项的高速缓存线失效，这将导致正在同一高速缓存线附近的未更改数据项上进行自旋的处理器产生无效通信流量。在图 7.8a 中的示例中，访问 8 个 ALock 位置的所有线程可能会遇到不必要的失效，因为这些存储位置都被缓存在 2 个相同的四字线中。

避免假共享的一种方法是填充数组元素，以便将不同的元素映射到不同的高速缓存线中。在 C 或者 C++ 等底层语言中，填充是很容易实现的，因为程序员可以在内存中直接控制对象的布局。在图 7.8b 的示例中，通过将锁数组的大小增加 4 倍，来填充 8 个原始的 ALock 存储单元，并将这些存储单元相互分隔 4 个字的距离，这样就不会有任意 2 个存储单元落在同一条高速缓存线中。（我们可以通过计算 $4(i+1) \bmod 32$ 而不是 $i+1 \bmod 8$ 来从一个存储单元 i 递增到下一个存储单元。）

㊀ volatile 声明的作用不是引入一个内存屏障，而是阻止编译器对第 19 行中的循环进行优化。

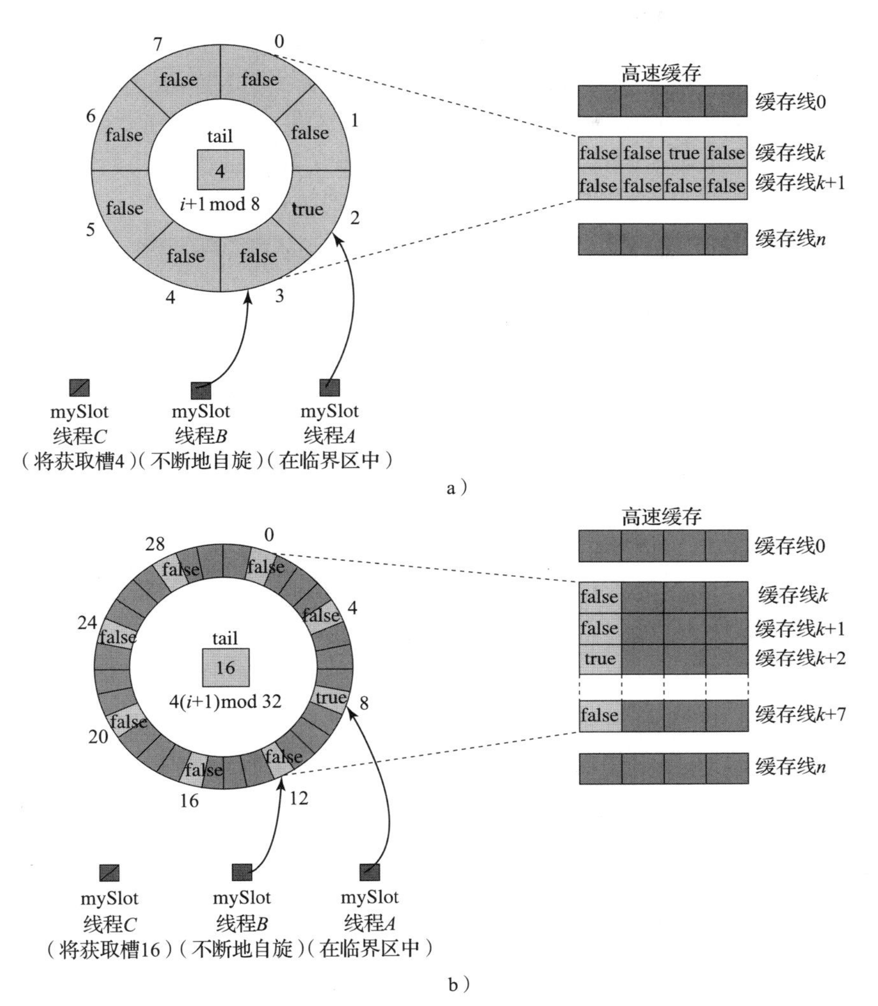

图 7.8　使用填充来避免假共享。在图 7.8a 中，ALock 有 8 个槽，可以通过一个模 8 的计数器访问。数组元素通常映射到连续的高速缓存线中。如图 7.8 所示，当线程 A 更改其数组元素的状态时，将导致线程 B 假失效，其中线程 B 的数组元素也被映射到同一条缓存线 k 上。在图 7.8b 中，每个存储单元都被填充了，因此该图采用了一个模 32 的计数器与其他位置之间有 4 个间隔。即使将数组元素实施连续映射，线程 B 的元素也会被映射到与线程 A 不同的高速缓存线中，因此当线程 A 使其数组元素无效时，并不会导致线程 B 的数组元素失效

ALock 算法之所以改进了 BackoffLock 算法，原因如下：ALock 算法将无效性降低到最小，同时把一个线程释放锁和另一个线程获取锁之间的间隔最小化了。与 TASLock 算法和 BackoffLock 算法不同的是，ALock 算法保证了无饥饿性，并提供了先到先得服务的公平性。

令人遗憾的是，ALock 锁并不是空间有效的。对于最大并发线程数量，ALock 锁要求的空间为已知的界限 n，并为每个锁分配一个该大小的数组。因此，即使一个线程一次只访问一个锁，同步 L 个不同的对象的空间复杂度也为 $O(\mathrm{L}n)$。

7.5.2　CLH 队列锁

本小节我们将讨论另一种类型的队列锁：CLHLock（图 7.9）。该类使用 QNode 对象

记录每个线程的状态，该对象有一个布尔型的 locked 字段。如果该字段的值为 true，则相应的线程要么已经获取了锁，要么正在等待锁。如果该字段的值为 false，则相应的线程已释放锁。锁本身被表示为 QNode 对象的一个虚拟链表。我们之所以使用术语“虚拟”是因为列表是隐式的：每个线程通过一个线程局部变量 pred 指向其前驱线程。AtomicReference<QNode> 类型的公共 tail 字段指向最近添加到队列中的节点。

```
1  public class CLHLock implements Lock {
2    AtomicReference<QNode> tail;
3    ThreadLocal<QNode> myPred;
4    ThreadLocal<QNode> myNode;
5    public CLHLock() {
6      tail = new AtomicReference<QNode>(new QNode());
7      myNode = new ThreadLocal<QNode>() {
8        protected QNode initialValue() {
9          return new QNode();
10       }
11     };
12     myPred = new ThreadLocal<QNode>() {
13       protected QNode initialValue() {
14         return null;
15       }
16     };
17   }
18   public void lock() {
19     QNode qnode = myNode.get();
20     qnode.locked = true;
21     QNode pred = tail.getAndSet(qnode);
22     myPred.set(pred);
23     while (pred.locked) {}
24   }
25   public void unlock() {
26     QNode qnode = myNode.get();
27     qnode.locked = false;
28     myNode.set(myPred.get());
29   }
30   class QNode {
31     volatile boolean locked = false;
32   }
33 }
```

图 7.9　CLHLock 类

为了获取锁，一个线程将其 QNode 的 locked 字段值设置为 true，表示该线程不准备释放锁。随后该线程利用 tail 字段调用 getAndSet() 方法，使其自己的节点成为队列的尾部，同时获取一个对其前驱 QNode 的引用。然后线程在其前驱的 locked 字段上自旋，直到前驱线程释放锁为止。若要释放锁，线程将其节点的 locked 字段值设置为 false。然后重新使用其前驱的 QNode 作为新节点以便将来的锁访问。之所以可以这样做是因为该线程的前驱线程此时不再使用它的 QNode。该线程不能使用它原来的 QNode，因为这个节点可以被线程的后继节点和 tail 所引用。虽然在我们的实现中并没有这样做，但是可以循环使用所有的节点，这样如果有 L 个锁，并且每个线程每次最多访问一个锁，那么 CLHLock 类的空间复杂度为 $O(L+n)$，而 CLHLock 类的空间复杂度为 $O(\mathrm{Ln})$[㊀]。图 7.10 描述了 CLHLock 的一个典型执行过程。

㊀　在 Java 或者 C# 等具有垃圾收集机制的语言中不需要重用节点，但是在 C++ 或者 C 语言中需要重用节点。

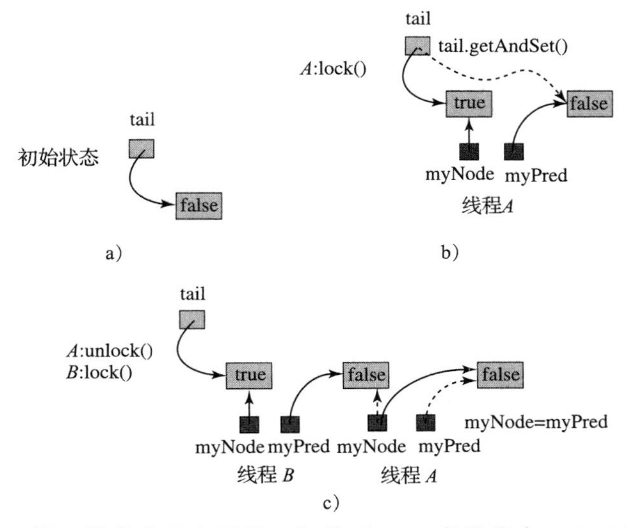

图 7.10　CLHLock 类：锁的获取和释放。初始时，tail 字段指向 locked 字段值为 false 的 QNode。然后线程 *A* 对 tail 字段调用 getAndSet() 方法，将其 QNode 插入到队列的尾部，同时获取一个指向其前驱 QNode 的引用。接下来，线程 *B* 执行相同的操作，将其 QNode 插入到队列的尾部。然后，线程 *A* 通过将其节点的 locked 字段值设置为 false 来释放锁，并回收由 pred 字段引用的 QNode，以便将来进行锁访问

与 ALock 算法一样，该算法让每个线程在不同的存储单元上自旋，因此当一个线程释放其锁时，该线程仅使其后继线程的高速缓存失效。这个算法比 ALock 类需要更少的空间，并且不需要知道访问锁的线程的数量。与 ALock 类一样，这个算法也提供了先到先得服务的公平性。

也许这种锁算法的唯一缺点是它在无高速缓存的非均衡存储访问体系结构上的性能很差。每个线程都会自旋以等待其前驱节点的 locked 字段值变为 false。如果这个内存位置较远，那么性能就会受到影响。但是，在高速缓存一致的体系结构上，该算法非常有效。

7.5.3　MCS 队列锁

MCSLock（图 7.11）是另一种使用 QNode 对象链表的锁，其中每个 QNode 表示锁的持有者或者等待获取锁的线程。与 CLHLock 类不同，链表是显式的而不是虚拟的，也就是说，链表通过 QNode 对象中的 next 字段（该字段可以被全局访问）来实现，而并非由线程的局部变量来实现。

```
1  public class MCSLock implements Lock {
2    AtomicReference<QNode> tail;
3    ThreadLocal<QNode> myNode;
4    public MCSLock() {
5      tail = new AtomicReference<QNode>(null);
6      myNode = new ThreadLocal<QNode>() {
7        protected QNode initialValue() {
8          return new QNode();
9        }
10     };
```

图 7.11　MCSLock 类

```
11    }
12    public void lock() {
13      QNode qnode = myNode.get();
14      QNode pred = tail.getAndSet(qnode);
15      if (pred != null) {
16        qnode.locked = true;
17        pred.next = qnode;
18        // 等待直到前驱线程释放锁
19        while (qnode.locked) {}
20      }
21    }
22    public void unlock() {
23      QNode qnode = myNode.get();
24      if (qnode.next == null) {
25        if (tail.compareAndSet(qnode, null))
26          return;
27        // 等待直到后继线程填入 next字段
28        while (qnode.next == null) {}
29      }
30      qnode.next.locked = false;
31      qnode.next = null;
32    }
33    class QNode {
34      volatile boolean locked = false;
35      volatile QNode next = null;
36    }
37  }
```

图 7.11 （续）

为了获取锁，线程把自己的 QNode 添加到链表的末尾（第 14 行代码）。如果队列原先不为空，则将前驱的 QNode 的 next 字段设置为引用自己的 QNode。然后线程在它自己的 QNode 的（局部）locked 字段上自旋等待，直到其前驱字段值被设置为 false（第 15～20 行代码）。

为了释放锁，一个线程将检查其节点的 next 字段值是否为空（第 24 行代码）。如果值为空，表明要么没有其他线程在争夺锁，要么存在另一个线程，但该线程运行速度很慢。为了区分这些情况，对 tail 字段调用 compareAndSet(q, null) 方法，其中 q 是线程的节点。如果调用成功，则表明没有其他线程试图获取锁，因此线程返回。否则，则表明另一个（较慢的）线程正试图获取锁，因此线程会自旋，等待另一个线程完成将其节点添加到队列中（第 28 行代码）的操作。一旦后继线程出现（或者如果该线程一开始就存在），线程就会将其后继者的 locked 字段值设置为 false，表示锁现在是空闲的。此时，没有其他线程可以访问这个 QNode，因此该节点可以被重用。图 7.12 描述了 MCSLock 的一个执行实例。

该锁具有 CLHLock 的优点，特别是每个锁的释放仅使后续高速缓存项失效。该算法更适合于无高速缓存的非均衡存储访问体系结构，因为每个线程都控制其自旋的存储单元。和 CLHLock 一样，节点可以循环重复使用，因此，这个锁的空间复杂度为 $O(L+n)$。MCSLock 算法的一个缺点是释放锁也需要自旋。另一个缺点是，它需要比 CLHLock 算法更多的读取、写入和 compareAndSet() 方法的调用。

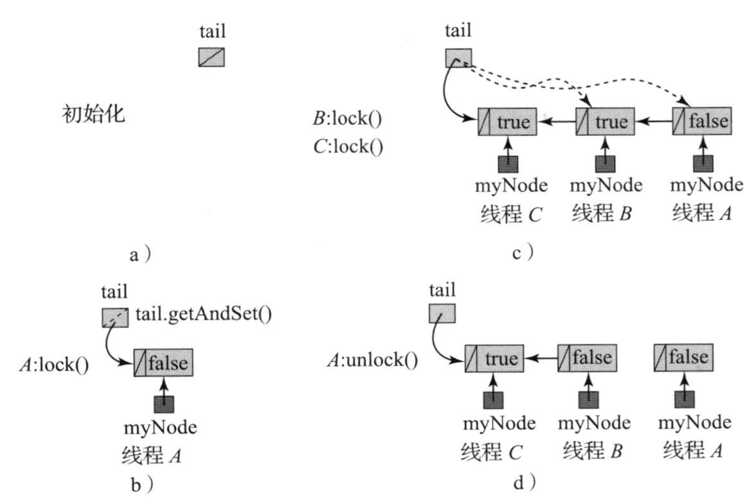

图 7.12　MCSLock 的锁获取和释放。a）将 tail 初始化为 null。b）若要获取锁，线程 *A* 把自己的 QNode 添加到链表的末尾，因为该线程没有前驱线程，所以可以进入临界区。c）线程 *B* 将自己的 QNode 添加到链表的末尾，并修改其前驱的 QNode 以执行它自己的 QNode。然后线程 *B* 在其 locked 字段上自旋，直到它的前驱线程 *A* 将该字段的值从 true 设置为 false。线程 *C* 重复这个过程。d）为了释放锁，线程 *A* 跟随其 next 字段到它的后继线程 *B*，并将线程 *B* 的 locked 字段值设置为 false。现在可以重用线程 *A* 的 QNode

7.6　时限队列锁

Java 的 Lock 接口包含一个 tryLock() 方法，该方法允许调用方指定一个**时限**（timeout），也就是调用方愿意为获取锁可以等待的最长时间。如果调用方在获取锁之前超时，则调用方放弃获取锁的尝试。该方法通过返回一个布尔值来指示获取锁的尝试是否成功。（这种方法会引发 InterruptedException 异常，具体原因将在“程序注释 8.2.1”中解释。）

由于一个线程可以简单地从 tryLock() 方法的调用返回，所以放弃一个 BackoffLock 请求是非常容易的。超时的响应是无等待的，只需要固定的操作步骤即可。与此相反，任何一种队列锁算法的超时都不是那么简单的：如果一个线程仅仅简单地返回，那么在它后面排队的所有线程就会饿死。

时限队列锁的总体概况可以描述如下。就像 CLHLock 一样，锁是节点的一个虚拟队列，每个线程在其前驱节点上自旋，等待锁被释放。如前所述，当一个线程超时的时候，该线程不能简单地放弃它的队列节点，否则它的后继线程永远不会注意到锁何时被释放。另一方面，在不中断并发锁的释放的情况下，尝试删除一个队列节点是非常困难的。因此，我们可以采用一种取而代之的**惰性**方法：当一个线程超时的时候，它会将其节点标记为“已放弃”。该线程在队列中的后继节点（如果有）就会注意到正在自旋的节点“已放弃”，于是开始在“已放弃”节点的前驱节点上自旋。这种方法还有一个额外的优点，即后继的线程可以重用标记为“已放弃”的节点。

图 7.13 描述了 TOLock（时限锁）类的字段、构造函数以及 QNode 类。TOLock 类是一个基于 CLHLock 类的队列锁，它甚至支持无等待的超时，即使对于节点链表中正在等待锁的线程也是如此。

```
1   public class TOLock implements Lock{
2     static QNode AVAILABLE = new QNode();
3     AtomicReference<QNode> tail;
4     ThreadLocal<QNode> myNode;
5     public TOLock() {
6       tail = new AtomicReference<QNode>(null);
7       myNode = new ThreadLocal<QNode>() {
8         protected QNode initialValue() {
9           return new QNode();
10        }
11      };
12    }
13    ...
14    static class QNode {
15      public volatile QNode pred = null;
16    }
17  }
```

图 7.13　TOLock 类：字段、构造函数和 QNode 类

当一个 QNode 的 pred 字段值为 null 时，该节点所对应的线程要么没有获得锁，要么已经释放了锁。当一个 QNode 的 pred 字段指向一个可判别的静态 QNode（AVAILABLE）时，表明该节点对应的线程已经释放了锁。最后，如果 pred 字段指向其他的某个 QNode，表示对应的线程已经放弃了锁请求，因此拥有后续节点的线程应该在被放弃节点的前置节点上选择等待。

```
18    public boolean tryLock(long time, TimeUnit unit) throws InterruptedException {
19      long startTime = System.currentTimeMillis();
20      long patience = TimeUnit.MILLISECONDS.convert(time, unit);
21      QNode qnode = new QNode();
22      myNode.set(qnode);
23      qnode.pred = null;
24      QNode myPred = tail.getAndSet(qnode);
25      if (myPred == null || myPred.pred == AVAILABLE) {
26        return true;
27      }
28      while (System.currentTimeMillis() - startTime < patience) {
29        QNode predPred = myPred.pred;
30        if (predPred == AVAILABLE) {
31          return true;
32        } else if (predPred != null) {
33          myPred = predPred;
34        }
35      }
36      if (!tail.compareAndSet(qnode, myPred))
37        qnode.pred = myPred;
38      return false;
39    }
40    public void unlock() {
41      QNode qnode = myNode.get();
42      if (!tail.compareAndSet(qnode, null))
43        qnode.pred = AVAILABLE;
44    }
```

图 7.14　TOLock 类：tryLock() 方法和 unlock() 方法

图 7.14 描述了 TOLock 类的 tryLock() 方法和 unlock() 方法。tryLock() 方法创建一个 pred 字段值为 null 的新节点 QNode，并像 CLHLock 类一样把该节点附加到链表中（第 21～24 行代码）。如果锁是空闲的（第 25 行代码），则线程进入临界区；否则，线程会自旋，等待其前驱 QNode 的 pred 字段的值发生更改（第 28～35 行代码）。如果前驱线程超时，则将 pred 字段的值设置为它自己的前驱线程，线程会在新的前驱线程上自旋。图 7.15 描述了这种操作序列的一个实例。最后，如果线程自己超时（第 36 行代码），它将尝试在 tail 字段上调用 compareAndSet() 方法来从链表中删除其节点 QNode。如果 compareAndSet() 方法调用失败，表示该线程有一个后继线程，则该线程会将其 QNode 节点的 pred 字段的值（之前为 null）设置为其前置线程的 QNode 节点，表示它已从队列中放弃。

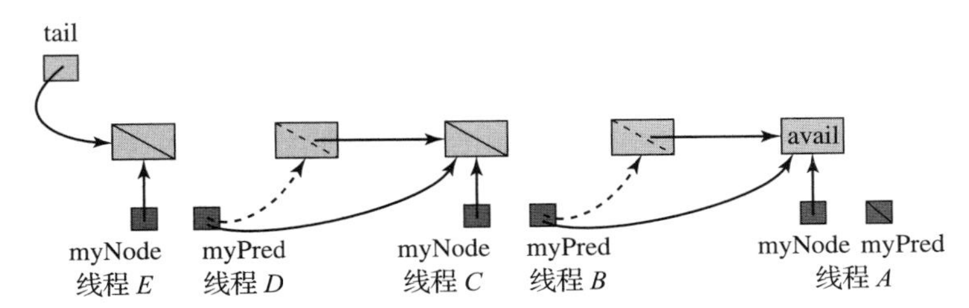

图 7.15 为了获取 TOLock 而必须跳过的超时节点。线程 B 和线程 D 已经超时，将它们的 pred 字段值重新指向链表中的前驱线程。线程 C 注意到线程 B 的字段指向线程 A，因此它开始在线程 A 上自旋。同样，线程 E 自旋以等待线程 C。当线程 A 完成并将其 pred 字段的值设置为 AVAILABLE 时，线程 C 将访问临界区并在当离开时将其 pred 字段的值设置为 AVAILABLE，从而释放线程 E

在 unlock() 方法中，一个线程使用 compareAndSet() 方法检查它是否有后继线程（第 42 行代码）。如果有后继线程，则将其 pred 字段的值设置为 AVAILABLE。请注意，此时重新使用线程的旧节点是不安全的，因为该节点可能由其直接的后继节点所引用，或者被一个由这种引用所组成的链所引用。一旦线程跳过所有的超时节点并进入临界区，那么这个链中的节点就可以被回收。

TOLock 具有 CLHLock 的大多数优点：在一个高速缓存的存储单元上进行本地自旋以及快速检测锁是否空闲。它还具有 BackoffLock 的无等待超时特性。但是，TOLock 也有一些缺点，包括需要为每个锁访问分配一个新的节点，以及在锁上自旋的线程可能需要遍历一系列超时节点才能访问临界区。

7.7 层级锁

当今许多高速缓存一致性体系结构都以**集群**（cluster）的方式来组织处理器，在集群内的通信速度明显快于在集群之间的通信速度。例如，一个集群可能对应于通过快速互连共享存储器的一组处理器，或者对应于多核体系结构中运行在单个核上的线程。这种系统称为**非均衡存储访问**（NonUniform Memory Access，NUMA）系统。在一个非均衡存储访问系统 NUMA 上，在不同集群中的各个线程（即远程线程）之间传递一个锁比在同一集群中的各个线程（即本地线程）之间传递一个锁所带来的开销要大得多。这种开销的增加不仅是因为锁上同步的成本增加，而且还因为传输受锁保护的数据的成本增加。我们可以通过优先将锁传递给本地线程而不是远程线程（也就是说，传递给一个与要释放锁的线程位于同一集群中的线程，而不是传递给不同集群中的某个线程）来减少这种开销。这种锁称为**层级锁**（hierarchical lock）。

本节我们将讨论一种具有两级存储层次结构的体系结构。该体系结构由处理器集群组成，其中同一集群中的所有处理器通过共享一个高速缓存来高效地通信，并且集群间通信比集群内通信的代价要大得多。对于存储层次结构超过两个以上级别的体系结构，我们可以在层次结构中任意两个级别之间的边界上应用本节中讨论的技术。

假设每个集群都有一个唯一的**集群 ID**（cluster ID），该集群 ID 对集群中的每个线程都是已知的，并且可以通过线程的 ThreadID.getCluster() 操作生效，同时假定所有的线程不会在集群之间迁移。我们还假设存在有一个类 ClusterLocal<T>（图 7.16），类似于 ThreadLocal<T>，它为每个集群管理一个变量，并提供读取、写入和初始化这些变量的方法：get()、set() 和 initialValue()。

```
1  public class ClusterLocal<T> {
2    protected T initialValue();
3    T get();
4    void set(T value);
5  }
```

图 7.16　ClusterLocal 类

7.7.1　层级退避锁

简单的退避锁（例如“测试 - 设置”锁和“测试 - 测试 - 设置”锁）可以很容易地适用于集群体系结构：通过增加持有锁的线程在不同集群中的退避时间（相对于同一集群中的那些线程），本地线程比远程线程更有可能获得锁。为此，我们必须记录持有锁的线程的集群信息。图 7.17 描述了一种基于该原理的层级退避锁：HBOLock 类。

```
1  public class HBOLock implements Lock {
2    private static final int LOCAL_MIN_DELAY = ...;
3    private static final int LOCAL_MAX_DELAY = ...;
4    private static final int REMOTE_MIN_DELAY = ...;
5    private static final int REMOTE_MAX_DELAY = ...;
6    private static final int FREE = -1;
7    AtomicInteger state;
8    public HBOLock() {
9      state = new AtomicInteger(FREE);
10   }
11   public void lock() {
12     int myCluster = ThreadID.getCluster();
13     Backoff localBackoff =
14         new Backoff(LOCAL_MIN_DELAY, LOCAL_MAX_DELAY);
15     Backoff remoteBackoff =
16         new Backoff(REMOTE_MIN_DELAY, REMOTE_MAX_DELAY);
17     while (true) {
18       if (state.compareAndSet(FREE, myCluster)) {
19         return;
20       }
21       int lockState = state.get();
22       if (lockState == myCluster) {
23         localBackoff.backoff();
24       } else {
25         remoteBackoff.backoff();
26       }
27     }
28   }
29   public void unlock() {
30     state.set(FREE);
31   }
32 }
```

图 7.17　HBOLock 类：一种层级退避锁

如 7.4 节所述，HBOLock 存在一些与 BackoffLock 相同的问题。由于通信成本的差异更大并且远程线程的退避时间更长，因此这些问题在非均衡存储访问系统上尤为突出。例如，较长的退避时间会增加锁释放以及随后的锁获取之间的时延，从而导致临界区的利用率更低。如前所述，很难选择退避的持续时间，获取或者释放锁可能会产生高速缓存一致性通信流量的“风暴”。与 BackoffLock 一样，HBOLock 可能过度地在单个集群中的多个线程之间传递锁，从而导致那些试图获取锁的远程线程处于饥饿状态。简而言之，为了改进队列锁而提出的退避锁方案，实际上退避锁存在的问题仍然存在，并且在非均衡存储访问系统上更为严重。

7.7.2　同类群组锁

我们可以通过**锁协作**（lock cohorting）来解决上述问题，这是一种简单但有效的技术，它允许位于一个集群中的各个线程能够在彼此之间传递锁，而无须集群间通信。单个集群中等待获取锁的线程集称为**同类群组**（cohort），基于此技术的锁称为**同类群组锁**（cohort lock）。

锁协作的关键思想是使用多个锁在内存层次结构的不同级别上提供互斥。在一个同类群组锁中，每个集群都有一个由线程持有的**集群锁**（cluster lock），集群共享一个由集群持有的**全局锁**（global lock）。如果一个线程持有其集群锁，而其集群持有全局锁，则该线程持有同类群组锁。如果要获取同类群组锁，线程首先获取其集群的锁，然后确保其集群持有全局锁。当释放同类群组锁时，线程检查其同类群组中是否存在有线程（也就是说，其集群中是否有一个线程正在等待获取锁）。如果有，该线程将释放其集群锁，但不释放全局锁。这样，其集群中下一个获取集群锁的线程也会在不进行集群间通信的情况下获取同类群组锁（因为其集群已经持有全局锁）。当一个线程释放锁时如果同类群组为空，则该线程同时释放集群锁以及全局锁。为了防止那些远程线程被饿死，一个同类群组锁还必须采用某种策略，以限制本地线程在不释放全局锁的情况下在本地线程之间无限期地传递锁。

同类群组锁算法要求其组件锁具有以下特性：释放锁的某个线程必须能够检测另一个线程是否正在试图获取其集群锁，并且必须能够在不释放全局锁的前提下将全局锁直接传递给另一个线程。

如果一个锁提供具有以下含义的方法 alone()，则该锁支持同类群组检测：如果持有锁的线程调用 alone() 方法时返回 false，则另一个线程正在尝试获取该锁。反之不必成立：如果有另一个线程正在试图获取锁，那么 alone() 方法将返回 true，但这种误报的几率应该非常低。图 7.18 描述了支持同类群组检测的锁的一个接口实现。

```
1 public interface CohortDetectionLock extends Lock {
2   public boolean alone();
3 }
```

图 7.18　支持同类群组检测的锁的一个接口

如果释放一个锁的线程不一定是最近获取锁的线程，那么这种类型的锁称为**线程无关**（thread-oblivious）的锁。线程无关的锁的访问模式仍然必须满足锁的规范（例如，当锁处于空闲状态时，不会调用 unlock() 方法）。

图 7.19 描述了 CohortLock 同类群组锁类的实现代码，它必须使用一个线程无关的全局锁和一个支持集群的同类群组检测的锁来实例化。全局锁必须是线程无关的，因为它的所有权可能在一个集群中的各个线程之间隐式传递，并最终由一个获取锁的线程以外的线程释放。

```
1  public class CohortLock implements Lock {
2    final Lock globalLock;
3    final ClusterLocal<CohortDetectionLock> clusterLock;
4    final TurnArbiter localPassArbiter;
5    ClusterLocal<Boolean> passedLocally;
6    public CohortLock(Lock gl, ClusterLocal<CohortDetectonLock> cl, int passLimit) {
7      globalLock = gl;
8      clusterLock = cl;
9      localPassArbiter = new TurnArbiter(passLimit);
10   }
11   public void lock() {
12     clusterLock.get().lock();
13     if (passedLocally.get()) return;
14     globalLock.lock();
15   }
16   public void unlock() {
17     CohortDetectionLock cl = clusterLock.get();
18     if (cl.alone() || !localPassArbiter.goAgain()) {
19       localPassArbiter.passed();
20       passedLocally.set(false);
21       globalLock.unlock();
22     } else {
23       localPassArbiter.wentAgain();
24       passedLocally.set(true);
25     }
26     cl.unlock();
27   }
28 }
```

图 7.19　CohortLock 同类群组锁类

lock() 方法用于获取线程的集群锁，并检测该锁是否在本地传递，也就是说，检测其集群是否已经拥有全局锁。如果是，lock() 方法会立即返回；否则，它将在返回之前获取全局锁。

unlock() 方法首先确定是否存在一个本地线程正在试图获取锁，如果存在着这样的一个线程，那么接着判断该线程是否可以在本地传递锁。后者是由一个“轮换仲裁器”所决定的，我们采用了一个简单的策略，即在不释放全局锁的情况下限制一个线程在本地传递的次数。为了方便实现其他的策略，我们将策略封装在一个 TurnArbiter 类中，如图 7.20 所示。通过更新 passedLocally 字段和仲裁器，以反映是否在本地传递锁。如果不在本地传递锁，则会释放全局锁和集群锁。否则，只释放集群锁。

```
1  public class TurnArbiter {
2    private final int TURN_LIMIT;
3    private int turns = 0;
4    public LocalPassingArbiter(int limit) {
5      TURN_LIMIT = limit;
6    }
7    public boolean goAgain() {
8      return (turns < TURN_LIMIT);
9    }
10   public void wentAgain() {
11     turns++;
12   }
13   public void passed() {
14     turns = 0;
15   }
16 }
```

图 7.20　TurnArbiter 类

7.7.3　同类群组锁的实现

下面我们将分析同类群组锁的一种实现方法。该锁使用了线程无关的 BackoffLock 作为全局锁，并对 MCSLock 的一个版本进行了改进，提供了一个 alone() 方法，并用作群集锁。改进后的 MCSLock 如图 7.21 所示。alone() 方法只检测调用线程的 QNode 节点的 next 字段值是否为 null。这个测试方法提供同类群组的检测功能，因为只要 QNode 节点的 next 字段值不为 null 时，就指向等待获取锁的线程的 QNode 节点。图 7.22 描述了使用 BackoffLock 和改进的 MCSLock 来扩展 CohortLock 的代码。图 7.23 描述了该同类群组锁的一个执行过程。

```
1  public class CohortDetectionMCSLock extends MCSLock
2                      implements CohortDetectionLock {
3    public boolean alone() {
4      return (myNode.get().next == null);
5    }
6  }
```

图 7.21　向 MCSLock 类中添加同类群组的检测功能

```
1   public class CohortBackoffMCSLock extends CohortLock {
2     public CohortBackoffMCSLock(int passLimit) {
3       ClusterLocal<CohortDetectionMCSLock> cl = new ClusterLocal<CohortDetectionMCSLock> {
4         protected CohortDetectionMCSLock initialValue() {
5           return new CohortDetectionMCSLock();
6         }
7       }
8       super(new BackoffLock(), cl, passLimit);
9     }
10  }
```

图 7.22　CohortBackoffMCSLock 类

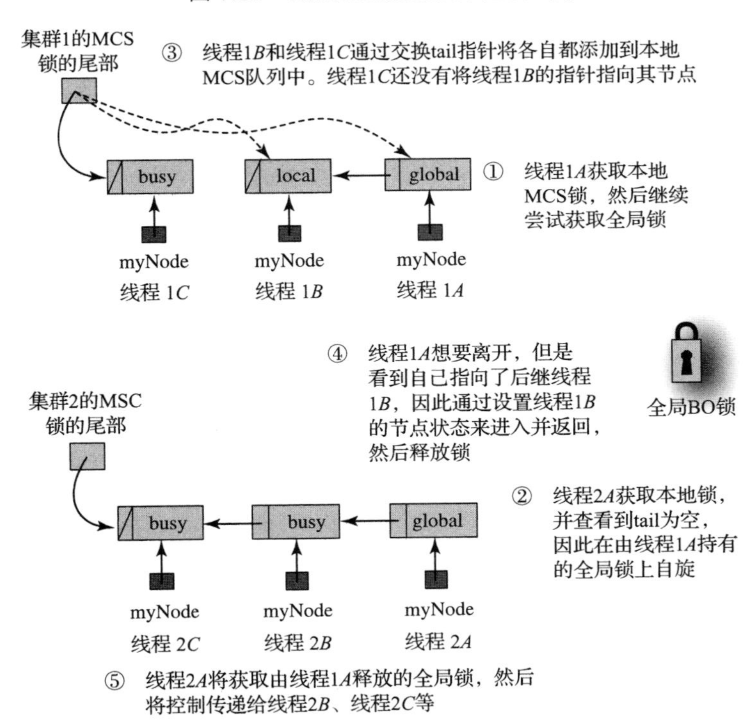

图 7.23　CohortBackoffMCSLock 锁的执行过程的一个示例

通过在 QNode 节点中记录锁是否已经在本地传递，可以对 CohortBackoffMCSLock 稍微改进。QNode 节点储存的不是 locked 字段，而是指示其线程是否必须等待或者它是否已经获取锁的字段；如果是，则指示锁是本地传递还是全局传递。不需要设计一个单独的集群本地字段来记录是否在本地传递了锁，以及在获取锁之后访问该字段将导致的高速缓存未命中。有关实现细节，留作练习题。

7.8 复合锁

自旋锁算法提供了折中的方案。队列锁提供了先到先服务的公平性、快速的锁释放和低度争用的特性，但需要复杂的协议来回收被放弃的节点。相比之下，退避锁支持普通的超时协议，但本质上缺乏可伸缩性，并且如果没有选择恰当的超时参数，那么锁的释放可能会很慢。在本节中，我们将考虑一种高级锁算法，该算法结合了上述两种方法的优点。

分析以下简单的观察结论：在一个队列锁中，只有位于队列前面的那些线程需要执行锁切换。平衡队列锁和退避锁各自优点的一种方案是，在进入临界区的过程中只允许在队列中保留少量的等待线程，当其余线程试图进入这个短队列的时候，将采用指数退避的策略。线程使用退避策略来中止是非常易于理解的。

CompositeLock 复合锁类维护一个较短的、固定大小的锁节点数组。试图获取锁的每个线程随机选择数组中的一个节点。如果该节点正在使用中，线程将退避（自适应地）并再次尝试。一旦线程获取了一个节点，它就会将该节点加入到一个类似于 TOLock 方式的队列中。线程在前驱节点上自旋；当该节点的持有者发出完成信号时，线程进入临界区。当线程离开时（在它完成或者超时之后），它将释放该节点，从而使另一个线程可以获取该节点。这个过程比较难处理的部分是在当多个线程试图获得节点的控制权时，如何回收数组中被释放的节点。

图 7.24 描述了 CompositeLock 复合锁类的字段、构造函数以及 unlock() 方法。tail 字段是一个 AtomicStampedReference<QNode> 对象，它包含对节点的引用和版本号（有关 AtomicStampedReference<*T*> 类的更详细解释，请参见“程序注释 10.6.1”）；版本号用于避免 ABA 问题[⊖]。tail 字段的值要么为 null，要么指向插入队列中的最后一个节点。图 7.25 描述了 QNode 类的实现。每个 QNode 节点都包含一个 state 字段和一个对队列中前驱节点的引用。waiting 字段是一个固定大小的 QNode 数组。

```
1   public class CompositeLock implements Lock{
2     private static final int SIZE = ...;
3     private static final int MIN_BACKOFF = ...;
4     private static final int MAX_BACKOFF = ...;
5     AtomicStampedReference<QNode> tail;
6     QNode[] waiting;
7     ThreadLocal<QNode> myNode = new ThreadLocal<QNode>() {
8       protected QNode initialValue() { return null; };
9     };
10    public CompositeLock() {
11      tail = new AtomicStampedReference<QNode>(null,0);
12      waiting = new QNode[SIZE];
13      for (int i = 0; i < waiting.length; i++) {
14        waiting[i] = new QNode();
15      }
16    }
17    public void unlock() {
18      QNode acqNode = myNode.get();
19      acqNode.state.set(State.RELEASED);
20      myNode.set(null);
21    }
22    ...
23  }
```

图 7.24　CompositeLock 复合锁类：字段、构造函数和方法

[⊖] 在非垃圾收集语言中使用动态分配的内存时，通常会出现 ABA 问题。关于这个问题的更完整的讨论，请参见 10.6 节。之所以在这里提到这个问题，是因为我们要用一个数组来实现一个动态链表以管理内存。

```
24    enum State {FREE, WAITING, RELEASED, ABORTED};
25    class QNode {
26      AtomicReference<State> state;
27      QNode pred;
28      public QNode() {
29        state = new AtomicReference<State>(State.FREE);
30      }
31    }
```

图 7.25　CompositeLock 复合锁类：QNode 类

```
32    public boolean tryLock(long time, TimeUnit unit) throws InterruptedException {
33      long patience = TimeUnit.MILLISECONDS.convert(time, unit);
34      long startTime = System.currentTimeMillis();
35      Backoff backoff = new Backoff(MIN_BACKOFF, MAX_BACKOFF);
36      try {
37        QNode node = acquireQNode(backoff, startTime, patience);
38        QNode pred = spliceQNode(node, startTime, patience);
39        waitForPredecessor(pred, node, startTime, patience);
40        return true;
41      } catch (TimeoutException e) {
42        return false;
43      }
44    }
```

图 7.26　CompositeLock 复合锁类：tryLock() 方法

一个 QNode 有四种可能的状态：WAITING（等待）、RELEASED（释放）、ABORTED（中止）和 FREE（空闲）。一个状态为 WAITING 的节点被链接到队列中，拥有该节点的线程要么在临界区要么正在等待进入临界区。当一个节点的持有者离开临界区并释放锁时，该节点的状态变为 RELEASED。当线程放弃尝试获取锁时，会出现后两种状态。如果正在退出的线程已经获取了一个节点，但还没有将其加入队列，那么它会将该线程标记为 FREE。如果节点已入队，则会将其标记为 ABORTED。

图 7.26 描述了 tryLock() 方法。一个线程分三个步骤获取锁。首先，线程获取 waiting[] 数组中的一个节点（第 37 行代码），然后将该节点入队（第 38 行代码），最后等待直到该节点位于队列的头部（第 39 行代码）。

```
45    private QNode acquireQNode(Backoff backoff, long startTime, long patience)
46        throws TimeoutException, InterruptedException {
47      QNode node = waiting[ThreadLocalRandom.current().nextInt(SIZE)];
48      QNode currTail;
49      int[] currStamp = {0};
50      while (true) {
51        if (node.state.compareAndSet(State.FREE, State.WAITING)) {
52          return node;
53        }
54        currTail = tail.get(currStamp);
55        State state = node.state.get();
56        if (state == State.ABORTED || state == State.RELEASED) {
```

图 7.27　CompositeLock 复合锁类：acquireQNode() 方法

```
57          if (node == currTail) {
58            QNode myPred = null;
59            if (state == State.ABORTED) {
60              myPred = node.pred;
61            }
62            if (tail.compareAndSet(currTail, myPred, currStamp[0], currStamp[0]+1)) {
63              node.state.set(State.WAITING);
64              return node;
65            }
66          }
67        }
68        backoff.backoff();
69        if (timeout(patience, startTime)) {
70          throw new TimeoutException();
71        }
72      }
73    }
```

图 7.27 （续）

图 7.27 描述了在 waiting[] 数组中获取一个节点的算法。线程随机选择一个节点，并尝试通过将该节点的状态从 FREE 更改为 WAITING 来获取该节点（第 51 行代码）。如果尝试失败，则检查节点的状态。如果节点的状态为 ABORTED 或者 RELEASED（第 56 行代码），则线程可以“清除”该节点。为了避免与其他线程的同步冲突，只有当该节点是队列中的最后一个节点（即 tail 的值）时才可以被清除。如果队尾节点的状态为 ABORTED，则 tail 将重新指向该节点的前驱节点；否则，tail 将被设置为 null。反之，如果所分配节点的状态为 WAITING，则线程将退避并重试。如果线程在获取其节点之前超时，则抛出 TimeoutException 异常（第 70 行代码）。

一旦线程获取了一个节点，那么 spliceQNode() 方法（如图 7.28 所示）将通过反复尝试将 tail 设置为所分配的节点，来将该节点插入到队列中。如果线程超时，则将所分配节点的状态标记为 FREE 并抛出 TimeoutException 异常。如果成功，则将返回 tail 的先前值，该值由队列中节点的前驱线程所获取。

```
74    private QNode spliceQNode(QNode node, long startTime, long patience)
75        throws TimeoutException {
76      QNode currTail;
77      int[] currStamp = {0};
78      do {
79        currTail = tail.get(currStamp);
80        if (timeout(startTime, patience)) {
81          node.state.set(State.FREE);
82          throw new TimeoutException();
83        }
84      } while (!tail.compareAndSet(currTail, node, currStamp[0], currStamp[0]+1));
85      return currTail;
86    }
```

图 7.28　CompositeLock 复合锁类：spliceQNode() 方法

最后，一旦节点进入队列，线程就必须通过调用 waitForPredecessor() 方法等待直到轮到它执行（如图 7.29 所示）。如果这个线程的前驱节点为 null，表明线程的节点位于队首，因此线程将该节点保存在线程的局部变量 myNode 字段中（供 unlock() 方法稍后使用），并且进入临界区。如果前驱节点的状态不是 RELEASED，那么线程将检查其状态是否为 ABORTED（第 97 行代码）。如果其状态为 ABORTED，那么线程会将该节点的状态标记为 FREE，并在被中止的节点的前驱节点上等待。如果线程超时，那么它会将自己节点的状态标记为 ABORTED，并且抛出 TimeoutException 异常。否则，当前驱节点的状态变为 RELEASED 时，线程会将其标记为 FREE，并在线程的局部变量 myPred 字段中记录自己的节点，然后进入临界区。

```
87    private void waitForPredecessor(QNode pred, QNode node,
88                                    long startTime, long patience)
89        throws TimeoutException {
90      int[] stamp = {0};
91      if (pred == null) {
92        myNode.set(node);
93        return;
94      }
95      State predState = pred.state.get();
96      while (predState != State.RELEASED) {
97        if (predState == State.ABORTED) {
98          QNode temp = pred;
99          pred = pred.pred;
100         temp.state.set(State.FREE);
101       }
102       if (timeout(patience, startTime)) {
103         node.pred = pred;
104         node.state.set(State.ABORTED);
105         throw new TimeoutException();
106       }
107       predState = pred.state.get();
108     }
109     pred.state.set(State.FREE);
110     myNode.set(node);
111     return;
112   }
```

图 7.29　CompositeLock 复合锁类：waitForPredecessor() 方法

unlock() 方法（如图 7.24 所示）只是简单地从 myNode 查找到它的节点并将其状态标记为 RELEASED。

图 7.30 描述了复合锁的一次示例执行过程。

复合锁 CompositeLock 算法具有许多有吸引力的特性。和 CLHLock 和 TOLock 算法一样，锁的切换速度很快。当多个线程退避时，它们会访问不同的存储单元，从而减少争用。放弃一个锁请求对于处于退避阶段的诸多线程而言非常简单，而对于已经获得队列节点的那些线程来说则更加简单直接。假设有 L 个锁和 n 个线程，CompositeLock 复合锁类在最坏的情况下其空间复杂度为 $O(L)$，而 TOLock 类的空间复杂度则为 $O(L \cdot n)$。

但是复合锁存在一些缺点：不保证先到先得服务的访问。另外，即使只有一个线程在单独运行，也必须将 tail 字段重新指向远离已释放节点的位置，获取该节点，然后将其加入到队列中。

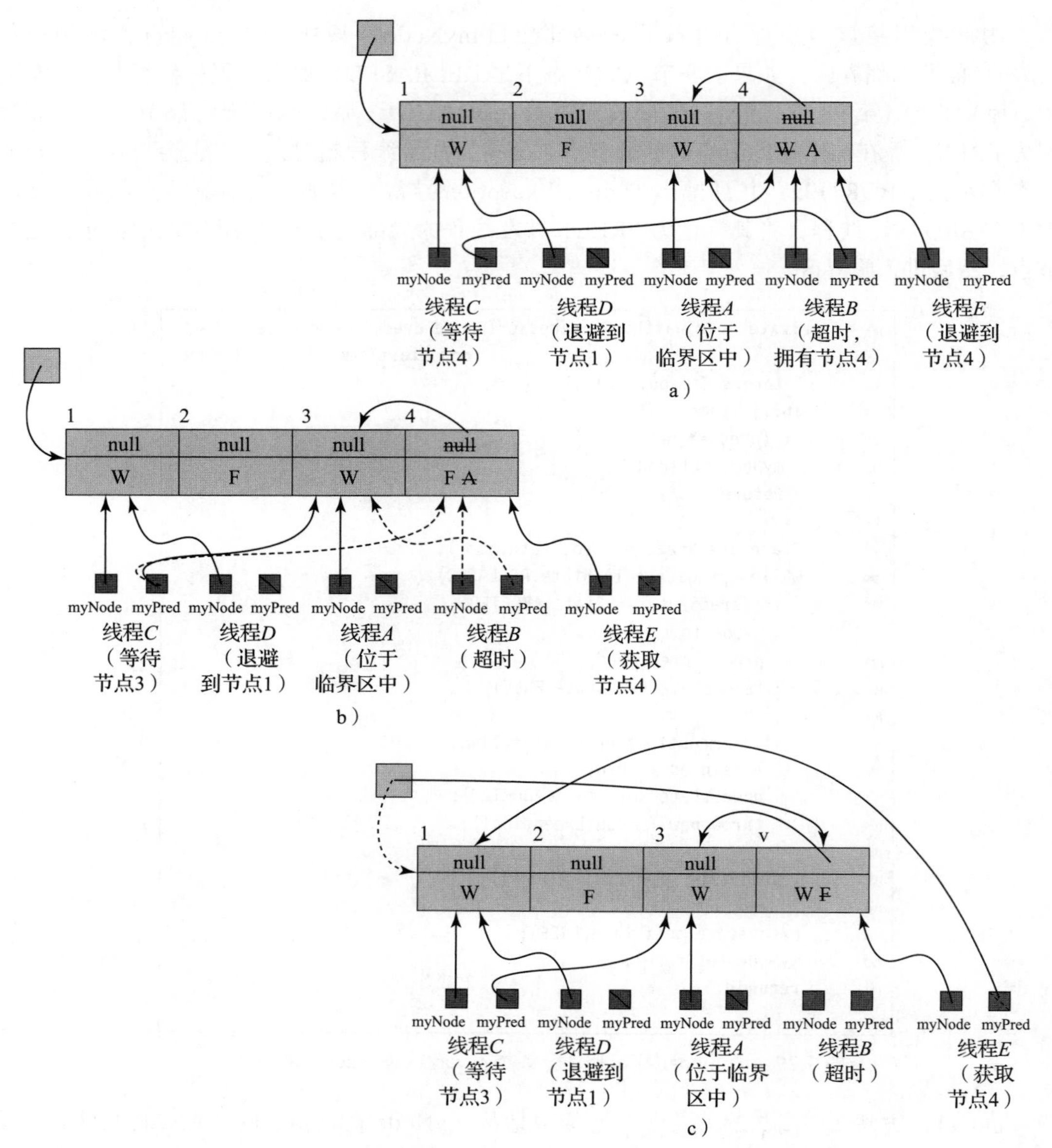

图 7.30　CompositeLock 复合锁类的一次执行过程。在图 7.30a 中，线程 *A*（获取节点 3）处于临界区中，线程 *B*（节点 4）正在等待线程 *A* 释放临界区，线程 *C*（节点 1）则在等待线程 *B*，线程 *D* 和线程 *E* 正在退避，等待获取一个节点。节点 2 是空闲的。tail 字段指向节点 1，该节点是最后一个要被插入到队列中的节点。此时，线程 *B* 超时，插入一个对其前驱线程的显式引用，并将节点 4 的状态从 WAITING（使用字母 *W* 表示）更改为 ABORTED（使用字母 *A* 表示）。在图 7.30b 中，线程 *C* 清除状态为 ABORTED 的节点 4，将其状态设置为 FREE，并根据显式引用从节点 4 找到节点 3（通过重新指定其线程局部变量 myPred 字段）。然后开始等待线程 *A*（节点 3）离开临界区。在图 7.30c 中，线程 *E* 获取空闲节点 4，使用 compareAndSet() 方法将其状态设置为 WAITING。然后，线程 *E* 将节点 4 插入到队列中，使用 compareAndSet() 方法将节点 4 交换到队尾，然后等待节点 1，该节点先前由 tail 所引用

7.9 线程单独运行的快速路径

虽然争用下的性能很重要，但在没有并发时的性能也很重要。在理想情况下，对于一个单独运行的线程，获取一个锁应该和获取一个无争用的 TASLock 一样简单。令人遗憾的是，如上所述，复合锁 CompositeLock 并不满足该要求。我们可以通过向复合锁添加一条“快速路径”来克服这个缺点。

对于一个复杂、昂贵的算法来说，**快速路径**（fast path）是一种更简单、更便宜的替代方案，快速路径只在某些（通常是常见的）条件下有效。在这种情况下，我们需要提供一个单独运行的线程的复合锁快速路径。可以通过扩展 CompositeLock 复合锁算法来实现这一点，这样一个单独的线程就可以获得一个空闲锁，而无须获取一个节点并将其加入到队列中。

首先对改进算法进行总体概述。我们增加一个额外的状态，以区分普通线程所持有的锁和快速路径线程所持有的锁。如果一个线程发现锁是空闲的，则将尝试通过一条快速路径获取锁。如果线程成功地获取了锁，那么它就在一个原子步骤中获得了锁。如果线程获取锁失败，它就会像以前一样排队。

接下来详细分析该算法。为了减少代码重复，我们将 CompositeFastPathLock 复合快速路径锁类定义为 CompositeLock 复合锁的子类。改进算法的代码如图 7.31 和图 7.32 所示。

```
1  public class CompositeFastPathLock extends CompositeLock {
2    private static final int FASTPATH = 1 << 30;
3    private boolean fastPathLock() {
4      int oldStamp, newStamp;
5      int stamp[] = {0};
6      QNode qnode;
7      qnode = tail.get(stamp);
8      oldStamp = stamp[0];
9      if (qnode != null) {
10       return false;
11     }
12     if ((oldStamp & FASTPATH) != 0) {
13       return false;
14     }
15     newStamp = (oldStamp + 1) | FASTPATH;
16     return tail.compareAndSet(qnode, null, oldStamp, newStamp);
17   }
18   public boolean tryLock(long time, TimeUnit unit) throws InterruptedException {
19     if (fastPathLock()) {
20       return true;
21     }
22     if (super.tryLock(time, unit)) {
23       while ((tail.getStamp() & FASTPATH ) != 0){};
24       return true;
25     }
26     return false;
27   }
```

图 7.31　CompositeFastPathLock 类：fastPathLock() 方法如果通过快速路径获取了锁，则返回 true

我们使用一个快速路径标志来表示一个线程已经通过快速路径获得了锁。由于需要将这个标志与 tail 字段的引用一起操作，所以我们使用一个 FASTPATH 位掩码（第 2 行代码）从 tail 字段的整数戳中“窃取”一个高二进制位。私有方法 fastPathLock() 检查 tail 字段的整数戳中是否包含一个清除的快速路径标志和一个空引用。如果是，则只需通过调用 compareAndSet() 方法将快速路径标志设置为 true 来尝试获取锁，从而确保引用保持为 null。因此，对于一个无争用锁的获取操作，只需要一个原子操作。如果 fastPathLock() 方法成功，则返回 true，否则返回 false。

```
28    private boolean fastPathUnlock() {
29      int oldStamp, newStamp;
30      oldStamp = tail.getStamp();
31      if ((oldStamp & FASTPATH) == 0) {
32        return false;
33      }
34      int[] stamp = {0};
35      QNode qnode;
36      do {
37        qnode = tail.get(stamp);
38        oldStamp = stamp[0];
39        newStamp = oldStamp & (~FASTPATH);
40      } while (!tail.compareAndSet(qnode, qnode, oldStamp, newStamp));
41      return true;
42    }
43    public void unlock() {
44      if (!fastPathUnlock()) {
45        super.unlock();
46      };
47    }
```

图 7.32　CompositeFastPathLock 类：fastPathUnlock() 方法和 unlock() 方法

tryLock() 方法（第 18～27 行代码）首先通过调用 fastPathLock() 方法来尝试快速路径。如果失败，那么它将通过调用 CompositeLock 复合锁类的 tryLock() 方法来尝试慢速路径。然而，在从慢速路径返回之前，它必须确保没有其他线程通过等待快速路径标志被清除，来持有快速路径锁（第 23 行代码）。

unlock() 方法首先调用 fastPathUnlock()（第 44 行代码）。如果该调用未能释放锁，那么它将调用复合锁 CompositeLock 的 unlock() 方法（第 45 行代码）。如果没有设置快速路径标志，则 fastPathUnlock() 方法返回 false（第 31 行代码）。否则，它会反复尝试清除标志，使引用组件保持不变（第 36～40 行代码），并在成功时返回 true。

7.10　锁的选择说明

本章讨论了各种自旋锁，它们的特性和性能各不相同。这种多样性非常有用，因为没有任何一种算法能够适用于所有应用程序。复杂的算法适用于一些应用程序，而简单的算法则更适用于另一些应用程序。关于锁的最佳选择通常取决于应用程序和目标体系结构的具体特性。

7.11　章节注释

TTASLock 归功于 Larry Rudolph 和 Zary Segall[150]。指数退避是一种用于以太网路由的著名技术，其在多处理器互斥背景的应用是由 Anant Agarwal 和 Mathews Cherian 提出的 [6]。Tom Anderson[12] 发明了 ALock 算法，他也是最早在共享存储器多处理器上进行自旋锁性能实验研究的人员之一。由 John Mellor-Crummey 和 Michael Scott[124] 提出的 MCSLock 可能是最著名的队列锁算法。目前的 Java 虚拟机采用了基于简化的监控算法的对象同步技术，例如由 David Bacon、Ravi Konuru、Chet Murthy 和 Mauricio Serrano 提出的 Thinlock [15]，由 Ole Agesen、Dave Detlefs、Alex Garthwaite、Ross Knippel、Y. S. Ramakrishna 和 Derek White 提出的 Metalock[7]，以及由 Dave Dice 提出的 RelaxedLock[36]。这些算法都是 MCSLock 锁的变体。

CLHLock 锁则归功于 Travis Craig、Erik Hagersten 和 Anders Landin [32, 118]。无阻塞的时限 TOLock 则归功于 Bill Scherer 和 Michael Scott[1531, 54]。CompositeLock 及其变体归功于 Virendra Marathe、Mark Moir 和 Nir Shavit [121]。在互斥算法中使用快速路径的思路归功于 Leslie Lamport[106]。层级锁是由 Zoran Radovic 和 Erik Hagersten 提出的。HBOLock 则是其原始算法的变体 [144]。同类群组锁归功于 Dave Dice、Virendra Marathe 和 Nir Shavit[37]。

Faith Fich、Danny Hendler 和 Nir Shavit[45] 拓展了 Jim Burns 和 Nancy Lynch 的工作，证明了无饥饿互斥算法的空间复杂度都是 $\Omega(n)$，即使采用了诸如 getAndSet() 方法或者 compareAndSet() 方法提供的强操作，这意味着本章所讨论的所有队列锁算法都是空间最优的。

本章中的性能示意图主要基于 Tom Anderson[12] 的实验研究，以及作者在各种现代机器上收集的数据。由于机器结构的巨大变化及其对锁性能的显著影响，因此我们呈现的仅仅是示意图而不是实际数据。

类似于 C 或者 C++ 这样的程序设计语言在设计之初并没有引入并发的思想，所以这些程序设计语言都没有定义内存模型。并发 C 或者 C++ 程序的实际行为是由底层硬件、编译器和并发库进行复杂组合的结果。关于这些问题的更详细的讨论，请参见 Hans Boehm[19]。本章讨论的 Java 内存模型是为 Java 提出的第二个内存模型。Jeremy Manson、Bill Pugh 和 Sarita Adve[119] 对这个模型给出了更完整的描述。

对 Sherlock Holmes 的引用源自 “The Sign of Four（福尔摩斯之四签名）” [41]。

7.12 练习题

练习题 7.1 图 7.33 描述了 CLHLock 的另一种实现方法，其中一个线程重用自己的节点而不是它的前驱节点。请解释这种实现为何会导致错误，并解释为什么 MCS 锁即使重用线程局部变量节点也可以避免此类问题。

```
1  public class BadCLHLock implements Lock {
2    AtomicReference<Qnode> tail = new AtomicReference<QNode>(new QNode());
3    ThreadLocal<Qnode> myNode = new ThreadLocal<QNode> {
4      protected QNode initialValue() {
5        return new QNode();
6      }
7    };
8    public void lock() {
9      Qnode qnode = myNode.get();
10     qnode.locked = true;      // 线程未完成
11     // 把线程添加到队尾，并查找前驱线程
12     Qnode pred = tail.getAndSet(qnode);
13     while (pred.locked) {}
14   }
15   public void unlock() {
16     // 下次重用本节点
17     myNode.get().locked = false;
18   }
19   static class Qnode { // 队列节点的内部类
20     volatile boolean locked = false;
21   }
22 }
```

图 7.33　一种实现 CLHLock 的错误尝试

练习题 7.2　假设有 n 个线程，每个线程都先执行方法 foo()，然后执行方法 bar()。假设我们要确保在所有线程都完成 foo() 方法之前，没有任何一个线程会启动 bar() 方法。为了实现这种同步，我们在 foo() 方法和 bar() 方法之间设置了一个屏障。

第一种屏障实现：使用一个由“测试 - 测试 - 设置”锁来保护的计数器。每个线程先锁定计数器，然后递增计数器，接着释放计数器后自旋，接下来重新读取计数器，直到计数器的值达到 n。

第二种屏障实现：使用一个包含 n 个元素的布尔数组 $b[0..n-1]$，初始时该数组所有元素的值都是 false。线程 0 将 $b[0]$ 的值设置为 true。每个线程 i（$0<i<n$）自旋直到 $b[i-1]$ 的值为 true，将 $b[i]$ 的值设置为 true，然后等待直到 $b[n-1]$ 的值为 true 后才离开屏障。

简单比较（最多 10 行语句）这两种实现（在基于总线的高速缓存一致性体系结构上）的行为。分别在低负载和高负载的情况下，预测哪种实现方法表现更好，请解释你的结论。

练习题 7.3　说明如何通过在每个 QNode 节点中直接记录锁是否在本地传递信息的方法，以消除记录锁是否在本地传递的单独的集群本地字段，如 7.7.3 节所述。

练习题 7.4　证明 CompositeFastPathLock 的实现可以保证互斥，但不是无饥饿的。

练习题 7.5　设计一个 isLocked() 方法，测试是否有线程正在持有锁（但没有获取该锁）。分别给出针对以下各种锁的实现：

- 一个“测试和设置”自旋锁。
- CLH 队列锁。
- MCS 队列锁。

练习题 7.6　（难度题）如果允许对锁使用“读取 - 修改 - 写入”操作，那么第 2 章关于无死锁互斥的空间复杂度下限 $\Omega(n)$ 的证明中，什么地方会出现错误？

管程和阻塞同步

8.1 引言

管程是一种将同步和数据结合在一起的结构化的方式。就像一个类封装数据和方法一样，管程将数据、方法和同步封装在一个模块化的包中。

模块化同步非常重要。假设应用程序包含两个线程：一个生产者线程和一个消费者线程，两个线程通过一个共享的 FIFO 队列相互通信。这两个线程可能共享两个对象：一个非同步的队列和一个保护该队列的锁。生产者线程的程序结构大致如下：

```
mutex.lock();
try {
  queue.enq(x)
} finally {
  mutex.unlock();
}
```

然而，这种结构并不是一种行之有效的程序设计方法。假设队列是有界的，那么如果队列中不存在空闲位置，则尝试将一个数据元素添加到该队列中的调用是行不通的。应该阻止调用还是让调用继续的决策取决于队列的内部状态，而调用方（应该）无法访问到这种内部状态。此外，假设应用程序包含多个生产者或者多个消费者，或者同时包含多个生产者和多个消费者，那么每个这样的线程都必须同时跟踪锁和多个队列对象，并且只有当每个线程遵循相同的关于锁机制的相关约定时，应用程序才是正确的。

一种更合理的方法是允许每个队列来管理自己的同步。队列本身有自己的内部锁，每个方法在被调用时获取队列的内部锁，在方法返回时释放这个内部锁。这样就不需要确保使用队列的每个线程都遵循繁琐的同步协议。如果一个线程试图将一个数据元素添加到一个已满的队列中，那么 enq() 方法本身就可以检测到问题的所在，同时挂起调用者，并在队列有空闲位置时再恢复调用者的执行。

8.2 管程锁和条件

在第 2 章和第 7 章中，锁是确保互斥的基本机制。在同一个时刻，只有一个线程能够持有锁。当线程第一次持有锁时，则称该线程获取了锁。当一个线程停止持有锁时，则称该线程释放了锁。管程将提供一系列的方法，使每个方法在被调用时获取锁，并在方法返回时释放锁。

如果一个线程必须等待某个条件成立，那么它可以自旋（即反复测试所需的条件），或者阻塞（即暂时放弃处理器一段时间以允许另一个线程运行）[⊖]。如果我们期望等待较短的时间，那么在多处理器上自旋是一种有效的方式，因为阻塞一个线程会导致操作系统昂贵的调用开销。另一方面，如果我们期望等待较长的时间，那么阻塞是一种行之有效的方法，因为一个正在自旋的线程会使处理器一直处于忙碌状态但实际上却没有执行任何有意义的工作。

⊖ 在第 3 章中，我们把阻塞同步算法和非阻塞同步算法区分开来，二者的含义完全不同：阻塞算法是指一个线程的延迟可以导致另一个线程延迟的算法。“注释 3.3.1”讨论了术语阻塞的各种不同使用方式。

例如，如果某个特定的锁被短暂地持有，那么等待另一个线程释放锁的这个线程应该自旋，而等待从空缓冲区中取出元素的消费者线程则应该被阻塞，因为这种情况下通常无法预测到底需要等待多长时间。通常，将自旋和阻塞结合起来会更有成效：等待元素出队的一个线程可能会自旋一小段时间，然后在延迟看起来会持续很长的情况下切换到阻塞。阻塞既可以应用于多处理器上，也可以应用于单处理器上，而自旋则只能应用于多处理器上。

本书中的大多数锁都遵循图 8.1 所示的 Lock 接口。下面是 Lock 接口实现方法的描述：

- lock() 方法将阻塞调用者，直到它获得锁为止。
- lockInterruptibly() 方法的作用类似于 lock() 方法，但是如果线程在等待时被中断，则会引发一个异常（请参见“程序注释 8.2.1”）。
- unlock() 方法释放锁。
- newCondition() 方法是一个工厂模式，用于创建并返回与锁相关的一个 Condition 对象（详细说明请参见“程序注释 8.2.1”）。
- tryLock() 方法获取空闲的锁，并立即返回一个布尔值，用以指示是否成功获取了锁。也可以通过指定一个时限参数来调用此方法。

```
1  public interface Lock {
2    void lock();
3    void lockInterruptibly() throws InterruptedException;
4    boolean tryLock();
5    boolean tryLock(long time, TimeUnit unit);
6    Condition newCondition();
7    void unlock();
8  }
```

图 8.1　Lock 接口

8.2.1　条件

当一个线程正在等待某个事件发生（例如正在等待另一个线程将一个数据元素放入队列中）时，它必须释放队列上的锁，否则另一个线程将永远无法将所期望的数据元素加入到队列中。在正在等待的线程释放了锁之后，我们需要一种方法来通知该线程何时可以重新尝试获取锁。

在 java.util.concurrent 包（以及类似的包，例如 Pthreads）中，临时释放锁的能力是由一个与锁相关联的 Condition 对象提供的。（在相关文献中，条件通常被称为条件变量。）图 8.2 描述了 java.util.concurrent.locks 库中 Condition 接口的使用方法。每一个条件对象都与一个锁相关联，通过调用锁的 newCondition() 方法可以创建条件对象。如果正在持有该锁的线程调用相关联的条件对象的 await() 方法，则线程将释放该锁并挂起自身，从而给另一个线程获取该锁的机会。当调用线程被唤醒时，它将尝试重新去获取锁，此时有可能会与其他线程发生竞争。

程序注释 8.2.1

Java 中的所有线程都可以被其他线程中断。如果一个线程在调用条件对象的 await() 方法期间被中断，则该调用将抛出一个 InterruptedException 异常。对一个中断的适当响应取决于应用程序。图 8.2 描述了一个示意图示例。

为了避免混乱，我们通常在示例代码中省略 InterruptedException 处理程序，即使它们在实际代码中是必需的。（不建议在程序设计实践中忽略中断异常。）

```
1  Condition condition = mutex.newCondition();
2  ...
3  mutex.lock()
4  try {
5    while (!property) { // 不满足
6      condition.await(); // 等待属性满足
7    } catch (InterruptedException e) {
8      ... // 应用程序相关的响应
9    }
10   ... // 满足：属性成立
11 }
```

图 8.2 Condition 对象的使用方法

与锁一样，条件对象必须按照一个特定的方式使用。假设一个线程要等待某个特定的属性成立，线程在持有锁的同时测试该属性。如果该属性不成立，那么线程将调用 await() 方法来释放锁，然后休眠直到它被另一个线程唤醒。此处需要注意的是，当线程被唤醒时并不能保证属性一定会成立。await() 方法有可能会虚假地返回（即没有任何理由地返回），或者发出条件信号的线程可能唤醒了太多睡眠的线程。不管是什么原因，线程都必须重新测试该属性，如果发现该属性仍然不成立，则必须再次调用 await() 方法。

```
1  public interface Condition {
2    void await() throws InterruptedException;
3    boolean await(long time, TimeUnit unit) throws InterruptedException;
4    boolean awaitUntil(Date deadline) throws InterruptedException;
5    long awaitNanos(long nanosTimeout) throws InterruptedException;
6    void awaitUninterruptibly();
7    void signal();      // 唤醒一个等待的线程
8    void signalAll();   // 唤醒所有等待的线程
9  }
```

图 8.3 条件接口：await() 方法及其变体将释放锁，并放弃处理器的执行，然后被唤醒并重新获得锁。signal() 方法用于唤醒一个等待的线程，signalAll() 方法用于唤醒多个等待的线程。

图 8.3 中所示的 Condition 接口提供了该调用的几个变体，其中一些变体用于指定调用方可以挂起的最长时间，或者指定线程是否可以在等待时被中断。当一个队列发生更改时，导致该队列发生更改的线程可以通知正在等待某个条件的其他所有线程。调用 signal() 方法将唤醒一个正在等待某个条件的线程（如果有的话），而调用 signalAll() 将唤醒等待某个条件的所有线程。

这种将方法、互斥锁和条件对象进行组合的管理机制称为**管程**（monitor）。通常将调用 await() 方法（但还没有返回）的线程称为处于一个“等待室”中的线程。我们使用“等待室”的概念来描述管程的执行过程，如图 8.4 所示。

图 8.5 描述了使用若干显式锁和条件对象来实现一个有界 FIFO 队列的代码。lock 字段是一个所有方法都必须获取的锁。我们必须初始化 lock 字段，以保存实现 Lock 接口的类的一个实例。在图 8.5 中，我们采用了 ReentrantLock 可重入锁，它是 java.util.concurrent.locks 所提供的非常有用的一种锁类型。ReentrantLock 锁是**可重入的**（reentrant）：持有这种类型的锁的线程可以在无阻塞的情况下再次获取该锁。（有关可重入锁的更多讨论，请参见 8.4 节。）

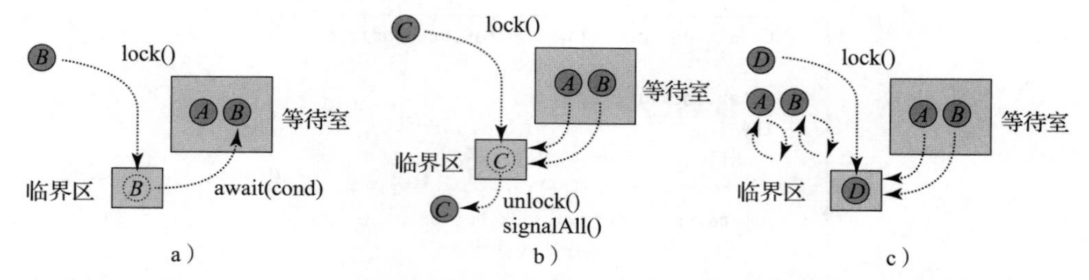

图 8.4　管程执行过程的一个示意图。在图 8.4a 中，线程 A 获得了管程锁，并调用某个条件对象的 await() 方法，然后释放了锁，线程 A 现在处于等待室中。随后，线程 B 也执行相同的操作步骤序列，进入临界区，并调用条件对象的 await() 方法，然后释放锁，并进入等待室。在图 8.4b 中，在线程 C 退出临界区并调用 signalAll() 方法之后，线程 A 和线程 B 都离开等待室。然后线程 A 和线程 B 尝试重新去获取管程锁。然而，线程 D 设法首先获得了临界区锁，因此线程 A 和线程 B 都将自旋直到线程 D 离开临界区。请注意，如果线程 C 调用一个 signal() 方法而不是 signalAll() 方法，则线程 A 和线程 B 这两个线程中，只有其中一个线程会离开等候室，而另一个线程会继续等待

```
1  class LockedQueue<T> {
2    final Lock lock = new ReentrantLock();
3    final Condition notFull = lock.newCondition();
4    final Condition notEmpty = lock.newCondition();
5    final T[] items;
6    int tail, head, count;
7    public LockedQueue(int capacity) {
8      items = (T[])new Object[capacity];
9    }
10   public void enq(T x) {
11     lock.lock();
12     try {
13       while (count == items.length)
14         notFull.await();
15       items[tail] = x;
16       if (++tail == items.length)
17         tail = 0;
18       ++count;
19       notEmpty.signal();
20     } finally {
21       lock.unlock();
22     }
23   }
24   public T deq() {
25     lock.lock();
26     try {
27       while (count == 0)
28         notEmpty.await();
29       T x = items[head];
30       if (++head == items.length)
31         head = 0;
32       --count;
33       notFull.signal();
34       return x;
```

图 8.5　LockedQueue 类：一个使用锁和条件对象的 FIFO 队列。有两个条件对象字段，一个字段用于检测队列何时变为非空，另一个字段用于检测队列何时变为非满

```
35      } finally {
36        lock.unlock();
37      }
38    }
39  }
```

图 8.5 （续）

在图 8.5 的实现中有两个条件对象：notEmpty 对象用于在队列从空变为非空时通知等待出队的线程；notFull 对象则刚好相反，用于在队列从非空变为空时通知等待出队的线程。虽然使用两个条件对象比使用一个条件对象更复杂，但这种方式会更有效，因为可以减少唤醒不必要线程。

8.2.2 唤醒丢失的问题

正如锁本身容易导致死锁一样，条件对象本身也容易导致唤醒丢失的问题。当发生唤醒丢失的问题时，一个或者多个线程会一直等待，完全没有意识到它们所等待的条件已经变为 true。

导致唤醒丢失的方式很微妙。图 8.6 描述了一个对 Queue<T> 类的优化方法，但该改进方法存在着一些问题。在这个实现中，并没有采用每当 enq() 方法把一个数据元素入队时就发出 notEmpty 条件对象的信号，而是仅当队列实际上从空变为非空时才发出 notEmpty 条件对象的信号，这种改进貌似更加高效。如果只有一个生产者线程和一个消费者线程，那么这种优化可以产生预期的效果；但是如果有多个生产者线程或者多个消费者线程，那么这种优化将导致错误现象。考虑以下的场景：消费者 *A* 和 *B* 都尝试从空队列中出队一个数据元素，它们都检测到该队列为空，于是都在 notEmpty 条件对象上阻塞。生产者 *C* 将缓冲区中的一个数据元素入队，并给 notEmpty 发出信号，因此唤醒了线程 *A*。然而，在线程 *A* 获取锁之前，另一生产者线程 *D* 将第二个数据元素放入队列中，并且由于队列非空，因此它并不会给 notEmpty 发出信号。随后，线程 *A* 获得锁并移除第一个数据元素，但是线程 *B* 却成为丢失唤醒的受害者，即使队列中的确还有一个等待被消费的数据元素，线程 *B* 也将一直等待。

虽然除了仔细地推理程序外没有其他有效的解决方法，但是通过一些简单的程序设计实践，可以最大限度地减少唤醒丢失的问题。

- 总是通知等待某个条件的所有进程，而不仅仅是通知其中一个进程。
- 等待时指定一个超时时限。

这两种程序设计实践中的任何一种都可以修复上述的有界队列错误。每一个方法都会导致一个小的性能损失，但与唤醒丢失的代价相比较，则可以忽略不计。

Java 支持管程的方法包括：synchronized 语句块和方法，以及内置的 wait() 方法、notify() 方法和 notifyAll() 方法。（具体请参见附录 A）。

```
1    public void enq(T x) {
2      lock.lock();
3      try {
4        while (count == items.length)
```

图 8.6　这个例子存在错误。这个例子可能会发生唤醒丢失的现象。enq() 方法仅在第一次将某个数据元素放入空缓冲区时，才会对 notEmpty 发出信号。如果有多个消费者正在等待，那么只有第一个消费者被唤醒来消费一个数据元素，因而会发生唤醒丢失的现象

```
5          notFull.await();
6        items[tail] = x;
7        if (++tail == items.length)
8          tail = 0;
9        ++count;
10       if (count == 1) {  // 错误!
11         notEmpty.signal();
12       }
13     } finally {
14       lock.unlock();
15     }
16   }
```

图 8.6 （续）

8.3 读取 - 写入锁

许多共享对象都具有以下特性：大多数方法调用返回对象的状态信息而不修改对象；相对而言，很少有调用会真正修改对象。第一类方法调用被称为**读取调用**（reader），即读取线程；后一类方法调用被称为**写入调用**（writer），即写入线程。

读取线程不需要彼此相互同步，多个读取线程同时访问对象是一种安全的行为。另一方面，写入线程必须锁定所有的读取线程以及其他的写入线程。读取 - 写入锁允许多个读取线程或者单个写入线程进入临界区。我们使用如下所示的接口来实现读取 - 写入锁：

```
public interface ReadWriteLock {
  Lock readLock();
  Lock writeLock();
}
```

这个接口提供两个锁对象：**读取锁**（read lock）和**写入锁**（write lock）。它们满足以下的安全特性：

- 当任一线程持有写入锁或者读取锁时，其他任何一个线程都不能获取写入锁。
- 当任一线程持有写入锁时，其他任何一个线程都不能获取读取锁。

显然，多个线程可能同时持有读取锁。

接下来我们将讨论两种读取 - 写入锁的实现方法。

8.3.1 简单的读取 - 写入锁

SimpleReadWriteLock 类的实现如图 8.7 和图 8.8 所示。为了定义相关联的读取锁和写入锁，在本代码中使用了内部类。内部类是一种 Java 特性，它允许对象创建可以访问该对象的私有字段的其他对象。SimpleReadWriteLock 锁对象具有跟踪持有锁的读取线程数量的字段，以及写入线程是否持有锁的字段，读取锁和写入锁使用这些字段来保证读取 - 写入锁的特性。为了允许读取锁和写入锁的方法可以同步访问这些字段，该类还维护一个私有锁和一个与该锁相关的条件。

当最后一个读取线程释放锁时，如何通知那些正在等待着的写入线程呢？当一个写入线程试图获取写入锁时，它先尝试获取锁 lock（即 SimpleReadWriteLock 对象的私有锁），如果任何读取线程（或者其他写入线程）持有锁 lock，则会等待条件对象 condition。一个释放读取锁的读取线程同样会获取锁 lock，并在所有读取线程都已经释放其锁的情况下向条件对象 condition 发出信号。类似地，在一个写入线程持有锁时，尝试获取锁的所有读取线程都将等待条件对象 condition，而当写入线程释放锁时将向条件对象 condition 发出信号，以通知所有正在等待的读取线程和写入线程。

```
1  public class SimpleReadWriteLock implements ReadWriteLock {
2    int readers;
3    boolean writer;
4    Lock lock;
5    Condition condition;
6    Lock readLock, writeLock;
7    public SimpleReadWriteLock() {
8      writer = false;
9      readers = 0;
10     lock = new ReentrantLock();
11     readLock = new ReadLock();
12     writeLock = new WriteLock();
13     condition = lock.newCondition();
14   }
15   public Lock readLock() {
16     return readLock;
17   }
18   public Lock writeLock() {
19     return writeLock;
20   }
21   ...
22 }
```

图 8.7　SimpleReadWriteLock 类：字段和公有方法

```
23   class ReadLock implements Lock {
24     public void lock() {
25       lock.lock();
26       try {
27         while (writer)
28           condition.await();
29         readers++;
30       } finally {
31         lock.unlock();
32       }
33     }
34     public void unlock() {
35       lock.lock();
36       try {
37         readers--;
38         if (readers == 0)
39           condition.signalAll();
40       } finally {
41         lock.unlock();
42       }
43     }
44   }
45   protected class WriteLock implements Lock {
46     public void lock() {
47       lock.lock();
48       try {
```

图 8.8　SimpleReadWriteLock 类：内部读取锁类和写入锁类

```
49          while (readers > 0 || writer)
50            condition.await();
51          writer = true;
52        } finally {
53          lock.unlock();
54        }
55      }
56      public void unlock() {
57        lock.lock();
58        try {
59          writer = false;
60          condition.signalAll();
61        } finally {
62          lock.unlock();
63        }
64      }
65    }
```

图 8.8 （续）

虽然 SimpleReadWriteLock 算法是正确的，但其效率却差强人意。如果读取线程比写入线程更频繁，那么通常情况下写入线程可能会无限期地被源源不断的读取线程拒之门外。

8.3.2 公平的读取 - 写入锁

FifoReadWriteLock 类（图 8.9 和图 8.10）描述了一种防止写入线程被源源不断的读取线程饿死的方法。该类确保一旦一个写入线程调用了写入锁的 lock() 方法，则在写入线程获取并释放写入锁之前，就不允许更多的读取线程获取读取锁。由于不再让更多的读取线程进入，所有持有读取锁的读取线程最终都将结束，因此写入线程将获得写入锁。

```
1   public class FifoReadWriteLock implements ReadWriteLock {
2     int readAcquires, readReleases;
3     boolean writer;
4     Lock lock;
5     Condition condition;
6     Lock readLock, writeLock;
7     public FifoReadWriteLock() {
8       readAcquires = readReleases = 0;
9       writer = false;
10      lock = new ReentrantLock();
11      condition = lock.newCondition();
12      readLock = new ReadLock();
13      writeLock = new WriteLock();
14    }
15    public Lock readLock() {
16      return readLock;
17    }
18    public Lock writeLock() {
19      return writeLock;
20    }
21    ...
22  }
```

图 8.9　FifoReadWriteLock 类：字段和公有方法

```
23    private class ReadLock implements Lock {
24      public void lock() {
25        lock.lock();
26        try {
27          while (writer)
28            condition.await();
29          readAcquires++;
30        } finally {
31          lock.unlock();
32        }
33      }
34      public void unlock() {
35        lock.lock();
36        try {
37          readReleases++;
38          if (readAcquires == readReleases)
39            condition.signalAll();
40        } finally {
41          lock.unlock();
42        }
43      }
44    }
45    private class WriteLock implements Lock {
46      public void lock() {
47        lock.lock();
48        try {
49          while (writer)
50            condition.await();
51          writer = true;
52          while (readAcquires != readReleases)
53            condition.await();
54        } finally {
55          lock.unlock();
56        }
57      }
58      public void unlock() {
59        lock.lock();
60        try {
61          writer = false;
62          condition.signalAll();
63        } finally {
64          lock.unlock();
65        }
66      }
67    }
```

图 8.10　FifoReadWriteLock 类：内部读取锁类和写入锁类

readAcquires 字段用于记录读取锁获取的总次数，readReleases 字段用于记录读取锁释放的总次数。当这两个数量相等时，则没有线程持有读取锁。（为了简单起见，我们忽略了潜在的整数溢出和环绕问题。）与 SimpleReadWriteLock 类一样，FifoReadWriteLock 类包含两个私有字段 lock 和 condition，读取锁和写入锁的方法使用这些字段来同步对 FifoReadWriteLock 其他字段的访问。区别在于，在 FifoReadWriteLock 中，试图获取写入锁的线程将设置 writer 标志，即使有读取线程持有锁。但是，如果写入线程持有锁，它将等待写入线程释放锁并取消设置 writer 标志，然后再继续。也就是说，写入线程首先等待直到没有其他写入线程持有锁，然后设置 writer 标志，接着等待直到没有读取线程持有锁（第 49～53 行代码）。

8.4 可重入锁

如果使用第 2 章和第 7 章中描述的锁，一个试图重新获取它已经持有的锁的线程将与自身陷入死锁。当一个获取锁的方法嵌套调用另一个获取同一个锁的方法时，就会出现这种情况。

如果一个锁可以被同一个线程多次获取，则称该锁是**可重入的**（reentrant）。接下来我们将讨论如何使用不可重入的锁构造可重入的锁。该分析旨在说明如何使用锁和条件。实际上 java.util.concurrent.locks 包中已经提供了可重入锁的类，所以实际上没有必要自己来实现。

```
1  public class SimpleReentrantLock implements Lock{
2    Lock lock;
3    Condition condition;
4    int owner, holdCount;
5    public SimpleReentrantLock() {
6      lock = new SimpleLock();
7      condition = lock.newCondition();
8      owner = 0;
9      holdCount = 0;
10   }
11   public void lock() {
12     int me = ThreadID.get();
13     lock.lock();
14     try {
15       if (owner == me) {
16         holdCount++;
17         return;
18       }
19       while (holdCount != 0) {
20        condition.await();
21       }
22       owner = me;
23       holdCount = 1;
24    } finally {
25      lock.unlock();
26    }
27   }
28   public void unlock() {
29     lock.lock();
30     try {
31       if (holdCount == 0 || owner != ThreadID.get())
32         throw new IllegalMonitorStateException();
33       holdCount--;
34       if (holdCount == 0) {
35         condition.signal();
36       }
37     } finally {
38       lock.unlock();
39     }
40   }
41   ...
42 }
```

图 8.11　SimpleReentrantLock 类：lock() 和 unlock() 方法

图 8.11 描述了 SimpleReentrantLock 类。owner 字段保存最后一个获取锁的线程的 ID，holdCount 字段在每次获取锁时递增 1，在每次释放锁时递减 1。当 holdCount 值为零时，锁是空闲的。因为这两个字段的操作都是原子的，所以我们需要一个内部的短期锁。lock 字段是 lock() 方法和 unlock() 方法用于对字段操作的锁，condition 字段是等待锁释放的线程使用的条件对象。我们将内部 lock 字段初始化为（虚构的）SimpleLock 类的对象，并假设 SimpleLock 类是不可重入的（第 6 行代码）。

Lock() 方法获取内部锁（第 13 行代码）。如果当前线程已经是该锁的所有者，它将递增 holdCount 字段的值并返回（第 15 行代码）。否则，如果 holdCount 字段不为 0，则表明锁由另一个线程所持有，调用者将释放内部锁并等待，直到条件对象发出信号为止（第 20 行代码）。当调用者被唤醒时，它仍然必须检查 holdCount 字段是否为 0。如果是，则调用线程使自己成为锁的持有者，并将 holdCount 字段设置为 1。

unlock() 方法获取内部锁（第 29 行代码）。如果锁是空闲的，或者调用者不是锁的持有者，则抛出一个异常（第 31 行代码）。否则，unlock() 方法将 holdCount 字段递减 1。如果 holdCount 字段为 0，那么锁是空闲的，因此调用者向条件对象发出信号，以唤醒一个等待的线程（第 35 行代码）。

8.5 信号量

如前所述，一个互斥锁能够保证一次只有一个线程可以进入一个临界区。当临界区被占用时，如果另一个线程也想进入临界区，那么该线程将被阻塞，并挂起自己，直到另一个线程通知它重新尝试进入临界区。**信号量**（semaphore）是最早的同步形式之一，它是互斥锁的一般化形式。每个信号量都有一个**容量**（capacity），该容量在信号量初始化时确定。与互斥锁一次只允许一个线程进入临界区不同，一个信号量一次最多允许 c 个线程进入临界区，其中 c 是信号量的容量。

图 8.12 中的信号量类提供了两个方法：一个线程会调用 acquire() 方法来请求进入临界区的许可，并调用 release() 方法来宣布该线程正在离开临界区。信号量本身只是一个计数器：它跟踪记录被允许进入临界区的线程的数量。如果一个新的 acquire() 方法调用将要超出信号量的容量值，则调用线程将被挂起，直到有空间为止。当一个线程正在离开临界区时，它将调用 release() 方法，发出信号去通知那些等待的线程：现在有空间了。

```
1  public class Semaphore {
2    final int capacity;
3    int state;
4    Lock lock;
5    Condition condition;
6    public Semaphore(int c) {
7      capacity = c;
8      state = 0;
9      lock = new ReentrantLock();
10     condition = lock.newCondition();
11   }
12   public void acquire() {
13     lock.lock();
14     try {
15       while (state == capacity) {
16         condition.await();
17       }
18       state++;
19     } finally {
20       lock.unlock();
21     }
22   }
23   public void release() {
24     lock.lock();
25     try {
26       state--;
27       condition.signalAll();
28     } finally {
29       lock.unlock();
30     }
31   }
32 }
```

图 8.12　信号量的实现

8.6 章节注释

管程是由 Per Brinch Hansen[57] 和 Tony Hoare[77] 发明的。信号量是由 Edsger Dijkstra 发明的 [38]。McKenney[122] 对不同类型的锁定协议进行了综述。

8.7 练习题

练习题 8.1 使用 Java 语言的 synchronized 语句块、wait() 方法、notify() 方法和 notifyAll() 方法代替显式锁和条件对象，重新实现 SimpleReadWriteLock 类。

提示：必须指出如何使用内部的读取锁类和写入锁类的方法来锁定外部的 SimpleReadWriteLock 对象。

练习题 8.2 设计一个"嵌套"的读取 - 写入锁，其中线程必须首先获取读取锁才能获取写入锁，并且释放写入锁但并不释放读取锁。为了使读取线程成为具有独占写入权限的写入线程，其他所有读取线程都必须释放读取锁或者同时尝试获取写入锁。证明你的实现是正确的，并且能够保证读取线程和写入线程之间的公平性。

练习题 8.3 读取 - 写入锁基本上是不对称的，因为多个读取线程可以同时进入临界区，但只有一个写入线程可以进入临界区。为两种类型的线程（RED 和 BLUE）设计一个对称的读取 - 写入锁定协议。为了保证正确性，不允许一个 RED 线程和一个 BLUE 线程同时进入临界区。为了保证进度，允许多个 RED 线程或者多个 BLUE 线程同时进入临界区，并且提供一个对称的公平机制，用于清空 RED 线程以允许那些正在等待的 BLUE 线程进入临界区，反之亦然。证明你的实现是正确的，并描述实现能够确保准确的公平性特性，并解释你选择使用这种实现的原因。

练习题 8.4 java.util.concurrent.locks 包提供的 ReentrantReadWriteLock 类不允许在读取模式下，一个持有锁的线程再次以写入模式来获取该锁（否则，该线程将被阻塞）。通过分析允许此类锁升级将导致的问题，以证明该设计决策的合理性。

练习题 8.5 一个储蓄账户对象包含非负的余额（balance）字段，并提供 deposit(k) 方法和 withdraw(k) 方法。其中 deposit(k) 方法将 k 累加到 balance 上；如果字段 balance 的值大于或等于 k，那么 withdraw(k) 方法从 balance 中减去 k，否则将被阻塞直到 balance 变为 k 或者大于 k 的值。

1. 使用锁和条件对象实现此储蓄账户对象。
2. 假设目前有两种取款方式：普通取款和优先取款。设计一个实施方案，确保在有优先取款正在等待处理的情况下，不会处理普通取款。
3. 添加一个 transfer() 方法，将一笔金额从一个账户转移到另一个账户：

```
void transfer(int k, Account reserve) {
  lock.lock();
  try {
    reserve.withdraw(k);
    deposit(k);
  } finally {
    lock.unlock();
  }
}
```

给定 10 个账户的集合，这些账户的余额都是未知的。在下午一点钟的时候，n 个线程均尝试将 100 美元从另一个账户转到自己的账户。在下午两点钟的时候，一个老板线程向每个账户存款 1000 美元。请问，在下午一点钟的时候调用的每个 transfer() 方法都一定会返回吗？

练习题 8.6 在共享卫生间的问题中，存在两种类型的线程，分别称为 MALE（男性）和 FEMALE（女性）。假设只有一个 Bathroom（卫生间）资源，必须按以下方式使用：

1. 互斥：不同性别的人不得同时占用卫生间。
2. 弱无饥饿性：假设有一男一女都想上卫生间，那么每个需要上卫生间的人最终都会进入卫生间。

协议规定了以下四个处理过程：enterMale() 方法延迟调用者直到一个男性可以进入卫生间；leaveMale() 方法在一个男性离开卫生间时被调用；而 enterFemale() 方法和 leaveFemale() 方法则针对女性执行相同的操作。例如：

```
enterMale();
teeth.brush(toothpaste);
leaveMale();
```

使用锁变量和条件变量实现这个类，并解释为什么你的实现满足互斥和弱无饥饿性。

练习题 8.7 Rooms 类管理着一个索引编号从 0 到 $m-1$（m 是构造函数的参数）的房间集合。线程可以进入或者退出 0 到 $m-1$ 范围内的任何房间。每个房间都可以同时容纳任意数量的线程，但线程一次只能占用一个房间。例如，如果有两个房间，索引编号分别为 0 和 1，那么任何数量的线程都可以进入房间 0，但是当房间 0 被占用时，就不允许任何线程进入房间 1。图 8.13 显示了 Rooms 类的基本结构。

```
1  public class Rooms {
2    public interface Handler {
3      void onEmpty();
4    }
5    public Rooms(int m) { ... };
6    public void enter(int i) { ... };
7    public boolean exit() { ... };
8    public void setExitHandler(int i, Rooms.Handler h) { ... };
9  }
```

图 8.13 Rooms 类

可以为每个房间分配一个出口处理程序（exit handler）：调用 setExitHandler(i, h) 方法将房间 i 的出口处理程序设置为处理程序 h。最后一个离开房间的线程（但在任何线程随后进入任何房间之前）将调用出口处理程序。该方法在每个房间中调用一次，并且在运行时，所有的房间中都没有线程。

实现 Rooms 类，确保满足以下条件：

- 如果某个线程在房间 i 中，则房间 j（$j \neq i$）中没有线程。
- 离开房间的最后一个线程将调用房间的出口处理程序，并且在出口处理程序运行时，所有的房间中都没有线程。
- 确保实现是公平的：任何试图进入房间的线程最终都会成功。（可以假设每一个进入房间的线程最终都会离开。）

练习题 8.8 考虑一个具有**主动**和**被动**两类不同线程集合的应用程序，假设我们希望阻塞被动线程，直到所有的主动线程都被允许执行才允许被动线程继续执行。

一个 CountDownLatch 类封装了一个计数器，初始化为主动线程的数量 n。一个主动线程通过调用 CountDown() 方法来授予被动线程运行的权限，CountDown() 方法使计数器递减 1。每个被动线程调用 await() 方法，该方法阻塞线程直到计数器达到 0（参见图 8.14）。

```
1  class Driver {
2    void main() {
3      CountDownLatch startSignal = new CountDownLatch(1);
4      CountDownLatch doneSignal = new CountDownLatch(n);
5      for (int i = 0; i < n; ++i) // 启动线程
6        new Thread(new Worker(startSignal, doneSignal)).start();
7      doSomethingElse();          // 准备
8      startSignal.countDown();    // 释放线程
9      doSomethingElse();          // 等待…
10     doneSignal.await();         // 等待线程的结束
11   }
12   class Worker implements Runnable {
13     private final CountDownLatch startSignal, doneSignal;
```

图 8.14 CountDownLatch 类的一个示例用法

```
14      Worker(CountDownLatch myStartSignal, CountDownLatch myDoneSignal) {
15        startSignal = myStartSignal;
16        doneSignal = myDoneSignal;
17      }
18      public void run() {
19        startSignal.await();     // 等待driver的OK启动
20        doWork();
21        doneSignal.countDown(); // 通知driver线程已经执行完毕
22      }
23      ...
24    }
25  }
```

图 8.14 （续）

请提供一个 CountDownLatch 类的具体实现。不需要考虑 CountDownLatch 对象的重用问题。

练习题 8.9　本题是练习题 8.8 的拓展练习。请提供一个 CountDownLatch 类的具体实现，其中 CountDownLatch 对象可以被重用。

练习题 8.10　图 8.15 描述了 RateLimiter 类的一种可行的实现方式。RateLimiter 类用于运行作业任务，但是使用一个**配额**（quota）来限制每分钟所启动作业的“权重”，使用单独的线程递增 quota 直到每分钟 LIMIT 次的权重。需要保证如果有足够的配额时，作业会立即进行。可以假设存在一个快速的处理器和一个公平的调度程序，以便每次在调用 increaseQuota() 方法之前，如果可能的话达到一个静止状态（即所有作业都在 await() 中休眠或者运行）。

a. 描述该实现所适用的 weight 权重值范围的分布（0≤weight≤LIMIT），并解释成功或者失败的原因。

b. 修复该实现，以允许所有的作业具有从 0 到 LIMIT 的任何权重值，并描述其对性能的影响。

```
1   public class RateLimiter {
2     static final int LIMIT = 100; // 示例值
3     public int quota = LIMIT;
4     private Lock lock = new ReentrantLock();
5     private Condition needQuota = lock.newCondition();
6     public void increaseQuota() {    // 每分钟调用一次
7       synchronized(lock) {           // 获取锁
8         if (quota < LIMIT) {         // 如果某个quota已经被使用完:
9           quota = LIMIT;             // quota的值增加到LIMIT值
10          needQuota.signal();        // 唤醒一个睡眠线程
11        }
12      }                              // 释放锁
13    }
14    private void throttle(int weight) {
15      synchronized(lock) {           // 获取锁
16        while (quota < weight) {     // 当配额不足够时，一直循环:
17          needQuota.await();         // 睡眠直到增加了配额
18        }
19        quota -= weight;             // 申请工作所需的那部分配额
20        if (quota > 0) {             // 如果还有剩余的配额:
21          needQuota.signal();        // 唤醒另一个休眠线程
22        }
23      }                              // 释放锁
24    }
25    public void run(Runnable job, int weight) {
26      throttle(weight);              // 如果配额不够，则休眠
27      job.run();                     // 运行作业
28    }
29  }
```

图 8.15　RateLimiter 类的一种可行实现方法

链表：锁的作用

9.1 引言

在第 7 章中，我们讨论了如何构造可伸缩的自旋锁，这种自旋锁在被频繁使用时能有效地提供互斥。读者可能认为构造可伸缩的并发数据结构是一件简单的事情：首先构造类的顺序实现，然后添加一个可伸缩的锁字段，并确保每个方法调用都可以获取和释放这个锁。我们称这种方法为**粗粒度同步**（coarse-grained synchronization）。

粗粒度同步通常实施效果很好，但是在某些重要的场合并非如此。问题在于，虽然锁本身是可伸缩的，但是使用单个锁来协调控制所有方法调用的类并不一定具有可伸缩性。当并发程度较低时，粗粒度同步的效果很好；但是如果有太多线程同时尝试访问一个对象，那么该对象就会成为一个顺序的瓶颈，从而迫使所有的线程排队等待访问。

本章将讨论几种比粗粒度锁更优的实用技术，这些技术允许多个线程同时访问一个对象：

- **细粒度同步**（fine-grained synchronization）：我们将对象划分为一些独立的同步组件，允许访问所有不相交组件的方法调用并发执行，而不是使用一个锁来同步对一个对象的每一次访问。
- **乐观同步**（optimistic synchronization）：许多对象（例如树或者链表）由多个组件通过引用链接在一起。有一些方法用于搜索该对象特定的组件（例如，包含一个特定键值的链表或者树节点）。一种降低细粒度锁定成本的方法是搜索时无须获取任何锁。如果该方法找到了所需的组件，它将锁定该组件，然后检查该组件在被检测和被锁定之间的时间间隔内是否发生变化。这项技术只有在成功率高于失败率时才有应用价值，因此我们称之为乐观同步。
- **惰性同步**（lazy synchronization）：有时较难的工作被推迟完成是一件合情合理的事情。例如，从一个数据结构中删除其中一个组件的任务可以分为两个阶段：通过设置删除标志来从逻辑上删除组件，稍后再通过将该组件与数据结构的其余部分断开连接而从物理上删除该组件。
- **非阻塞同步**（nonblocking synchronization）：有时我们可以完全不使用锁，而是依靠内置的原子操作（例如 compareAndSet() 方法）进行同步。

以上各种技术都可以应用于（当然，需要通过适当的定制）多种常见的数据结构。在本章中，我们将讨论如何使用链表来实现**集合**（set），集合是一种不包含重复元素的数据项集。

为了实现上述目标，**集合**（set）应该提供以下三个方法（如图 9.1 所示）：

- add(*x*) 方法将元素 *x* 添加到集合中，当且仅当集合中原先不包含元素 *x* 时才返回 true。
- remove(*x*) 方法从集合中删除元素 *x*，当且仅当集合中原先包含元素 *x* 时返回 true。
- 当且仅当集合中包含元素 *x* 时，contains(*x*) 方法才返回 true。

对于每一个方法，如果结果返回 true，则表示调用**成功**，否则表示调用**不成功**。在使用集合的典型应用程序中，通常 contains() 方法的调用明显多于 add() 方法或者 remove() 方法的调用。

```
1  public interface Set<T> {
2    boolean add(T x);
3    boolean remove(T x);
4    boolean contains(T x);
5  }
```

图 9.1　Set<T> 接口。add() 方法将一个元素添加到集合中（如果该元素已经存在于集合中，那么该方法不产生任何作用），remove() 方法将删除某个元素（如果该元素在集合中存在的话），contains() 方法返回一个布尔值，指示一个元素是否存在于集合中

9.2　基于链表的集合

本章将讨论一系列的并发集合算法，所有这些算法都是基于相同的基本思想。一个集合将被实现为一个由若干节点构成的链表。图 9.2 中描述的 Node<T> 类包含三个字段。item 字段是实际的数据元素。key 字段是数据元素的哈希码。节点按照 key 值的顺序排序，以提供一种检测元素是否存在于链表中的有效方法。next 字段是一个指向链表中下一个节点的引用。（为了适用于我们讨论的一些算法，需要对这个类进行更改，例如增加新的字段，或者更改现有字段的类型，再或者使某些字段变为 volatile 字段。）为了简单起见，我们假设每个元素的哈希码是唯一的。（假设哈希码不唯一则留作练习题。）在本章所有的例子中，每个数据元素都与具有相同值的节点和 key 值相关联，这样就可以随意使用符号：可以使用同一个符号来表示一个节点、它的键值以及它所代表的数据元素。也就是说，节点 a 的 key 值为 a，数据元素也为 a，依次类推。

```
1  private class Node {
2    T item;
3    int key;
4    Node next;
5  }
```

图 9.2　Node<T> 类。这个内部类包含数据元素、数据元素的 key，以及链表中的下一个节点信息。有些算法需要对此类进行更改才能使用

在集合中，除了包含集合元素的所有节点外，链表还包含两个哨兵节点 head 和 tail，分别作为链表的第一个节点和最后一个节点。不能添加、删除或者搜索哨兵节点，它们的 key 值分别是最小整数值和最大整数值[⊖]。这里暂时忽略同步，图 9.3a 示意性地描述了如何将一个数据元素添加到集合中。任意一个线程使用两个局部变量来遍历链表：curr 表示当前节点，pred 表示当前节点的前驱结点。若要向集合中添加一个数据元素，线程将 pred 设置为 head，curr 设置为 head 的后续节点，并在链表中下移，将 curr 的键值与要添加的数据元素的键值进行比较，直到找到键值大于或者等于新数据元素键值的节点。如果两个键值相匹配，则表明该数据元素已经存在于集合中，因此调用返回 false。否则，如果 pred 的键值小

⊖ 本章提出的算法适用于任何具有最大值和最小值并且具有完整的键值的有序集，也就是说，对于任意一个给定的键值，只有有限多个键值小于该给定的键值。为了简单起见，本章假设键值是整数，并且没有元素的键值是最大整数值或者最小整数值。

于新数据元素的键值，并且 curr 的键值更大，则表明该数据元素不在链表中。该方法会创建一个新节点 b 来保存数据元素，设置 b 的 next 字段指向 curr，然后设置 pred 指向 b。从集合中删除一个数据元素的方式与此类似。

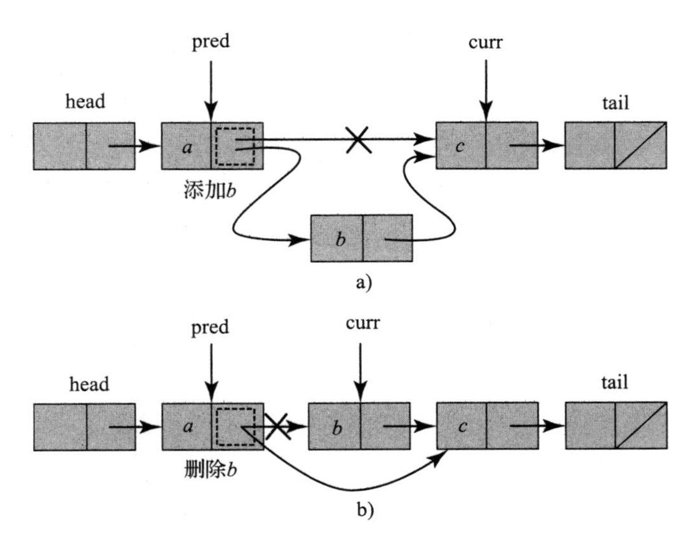

图 9.3 Set< > 的一种顺序实现：添加节点和删除节点。在图 9.3a 中，一个线程使用两个变量来添加一个节点 b：curr 是当前节点，pred 是当前节点的前驱节点。线程从头向尾沿着链表移动，并比较 curr 和 b 的键值。如果找到了一个匹配项，表明该元素已经存在于集合链表中，因此返回 false。如果 curr 到达了一个具有更大键值的节点，表明该元素在集合链表中不存在，因此线程将 b 的 next 字段设置为 curr，将 pred 的 next 字段设置为指向 b。在图 9.3b 中，如果要删除 curr，线程只需要将 pred 的 next 字段设置为 curr 的 next 字段即可

9.3 并发推理

并发数据结构的推理分析貌似十分困难，但实际上是一项可以掌握的技能。通常，理解并发数据结构的关键是理解其**不变性**（invariant）：一直保持不变的特性。我们通过证明以下性质来证明一个性质满足不变性：

1. 创建对象时该性质成立。
2. 一旦该性质成立，则任何线程都不能使得该性质变为 false。

在创建链表时，大多数相关的不变性显然是成立的。因此，非常有必要关注一旦链表被创建后，不变性是如何保持的。

具体来说，我们可以检查 insert() 方法、remove() 方法和 contains() 方法的每次调用后每个不变性是否都成立。这种检查方式只有假设这些方法是唯一可以修改节点的途径时才是有效的，这种性质有时被称为**无干扰性**（freedom from interference）。在本章讨论的链表算法中，节点是实现链表的内部元素，由于链表的用户无法修改其内部节点，因此可以保证其无干扰性。

即使对于那些已经从链表中删除了的节点也要求节点保持无干扰性，因为有些算法允许某个线程在其他线程遍历节点时，从链表中删除该节点。幸运的是，我们并不打算重用从链表中删除了的那些节点，而是依赖垃圾回收器来回收这些内存。本章描述的算法也适用于不支持垃圾回收的程序设计语言，但有时需要一些至关重要的修改，这些修改超出了本章的范

围。我们将在第 19 章讨论在没有垃圾回收的情况下出现的问题，以及这些问题的解决方法。

在分析并发对象的实现时，理解一个对象的**抽象值**（abstract value，这里表示值元素的集合）与其**具体表示**（concrete representation，这里是指由节点构成的链表）之间的区别是非常重要的。

并非每种由节点构成的链表都能很好地表示一个集合。一个算法的**表示不变性**（representation invariant）用于说明哪些表示可以作为抽象值。如果 a 和 b 都是节点，a 的 next 字段是一个指向 b 的引用，则称 ***a* 指向 *b***。如果存在一个从 head 开始到 b 结束的节点序列，其中序列中的每个节点都指向它的后继节点，则称节点 ***b* 是可达的**。

本章中讨论的集合算法需要以下不变性（有些算法需要更多的不变性，后续章节将会解释）：

1. 链表中任何节点的键值都小于其后继节点（如果存在后继节点）的键值。这意味着链表中的节点按键值排序，并且键值是唯一的。

2. 添加、删除或者搜索的任何数据元素的键值都大于 head 的键值，并且小于 tail 的键值。（因此，既不能添加也不能删除哨兵节点。）

可以将表示不变性看作对象的方法之间的一种契约。每个方法调用都保持不变性，并依赖其他方法来保持不变性。通过这种方式，我们可以单独地对每个方法进行推理，而不必考虑它们之间所有可能的交互方式。

给定一个满足表示不变性的链表，它表示哪种集合呢？这样一个链表的含义是由**抽象映射**（abstraction map）确定的，抽象映射将满足表示不变性的链表映射为集合。这里的抽象映射很简单：当且仅当一个元素可以从链表的 head 开始遍历并且可达，该元素在集合中就存在于链表中。

那么，我们需要什么样的安全特性和活跃特性呢？在安全特性方面，我们需要**线性一致性**（linearizability）。正如第 3 章所述，为了证明并发数据结构是顺序对象的一种可线性化实现，只需确定一个**可线性化点**（linearization point），即方法调用“生效”的一个原子操作步骤，我们称线程在这一点上是可线性化的。这个操作步骤可以是一个读取操作、一个写入操作，抑或一个更复杂的原子操作。查看基于链表的集合上的任何执行历史记录，它必定满足以下情形：如果将抽象映射应用到可线性化点处的表示，则得到的状态序列和方法调用定义了一个有效的顺序集合执行。这里，add(a) 方法将数据元素 a 添加到抽象集合中，remove(a) 方法从抽象集合中删除数据元素 a，contains(a) 根据数据元素 a 是否位于抽象集合中而返回 true 或者 false。

不同的链表算法具有不同的线程演进保证。有些使用锁，但需要注意确保无死锁性和无饥饿性。一些非阻塞链表算法根本不使用锁，而另一些算法将锁限制在某些特定的方法上。

下面是第 3 章所讨论的非阻塞性质的简要概述[⊖]：

- 如果一个方法的**每一次**（every）调用都在有限的操作步骤内完成，则该方法是无等待的（wait-free）。
- 如果一个方法的**某些**（some）调用总是在有限的操作步骤内完成，则该方法是无锁的（lock-free）。

接下来我们将讨论各种基于链表的集合算法。首先讨论使用粗粒度同步的算法，然后改进这些算法以降低锁的粒度，最终得到一个非阻塞算法。形式化的正确性证明超出了本书的

⊖ 第 3 章介绍了一种更弱的无阻塞特性，称为无障碍特性。

范围，因此，我们只专注于适用于日常问题求解的非形式化推理方法。

如前所述，在每一种算法中，方法都使用两个局部变量遍历链表：curr 表示当前节点，pred 表示当前节点的前驱节点。因为这些变量都是局部变量，所以每个线程都有自己的实例，我们使用 $pred_A$ 和 $curr_A$ 来表示线程 A 所使用的实例。

9.4　粗粒度同步

我们首先讨论一个使用粗粒度同步的简单算法。图 9.4 和图 9.5 分别描述了这个粗粒度算法的 add() 方法和 remove() 方法。（contains() 方法的工作方式基本相同，留作练习题。）链表本身具有一个锁，每个方法调用都必须获取这个锁。这个算法的主要优点是其显而易见的正确性，这一点不容小觑。所有方法只在持有锁时才能对链表进行操作，因此执行基本上是顺序操作。

```
1   public class CoarseList<T> {
2     private Node head;
3     private Lock lock = new ReentrantLock();
4     public CoarseList() {
5       head  = new Node(Integer.MIN_VALUE);
6       head.next = new Node(Integer.MAX_VALUE);
7     }
8     public boolean add(T item) {
9       Node pred, curr;
10      int key = item.hashCode();
11      lock.lock();
12      try {
13        pred = head;
14        curr = pred.next;
15        while (curr.key < key) {
16          pred = curr;
17          curr = curr.next;
18        }
19        if (key == curr.key) {
20          return false;
21        } else {
22          Node node = new Node(item);
23          node.next = curr;
24          pred.next = node;
25          return true;
26        }
27      } finally {
28        lock.unlock();
29      }
30    }
```

图 9.4　粗粒度链表 CoarseList 类：add() 方法

add(a) 方法或者 remove(a) 方法调用的可线性化点取决于调用是否成功（即数据元素 a 是否已经存在于集合中）。对 add(a) 的一次成功调用（即在调用之前数据元素 a 并不存在），在更新所添加节点的前驱节点的 next 字段时被线性化（第 24 行代码）。类似地，对 remove(a) 的一次成功调用（即在调用之前数据元素 a 已经存在于链表中），在更新被删除节点的前驱节点的 next 字段时被线性化（第 43 行代码）。对 add(a) 方法或者 remove(a) 方法的任何一次不成功调用，或者对 contains(a) 方法的任何一次调用，都可以在获取锁时（或者在持有锁的任何时候）被线性化[⊖]。

```
31  public boolean remove(T item) {
32    Node pred, curr;
33    int key = item.hashCode();
34    lock.lock();
35    try {
36      pred = head;
37      curr = pred.next;
38      while (curr.key < key) {
39        pred = curr;
40        curr = curr.next;
41      }
42      if (key == curr.key) {
43        pred.next = curr.next;
44        return true;
45      } else {
46        return false;
47      }
48    } finally {
49      lock.unlock();
50    }
51  }
```

图 9.5　粗粒度链表 CoarseList 类：remove() 方法。所有的方法都获取一个锁，这个锁在退出 finally 语句块时被释放

粗粒度链表 CoarseList 类满足与其锁相同的进程演进条件：如果锁满足无饥饿性，那相应的实现也满足无饥饿性。在争用率很低的情况下，这个算法是实现链表的最佳方式。然而，如果存在争用，那么即使锁本身完成得很好，线程也会被延迟以等待另一个线程。

9.5　细粒度同步

我们可以通过锁定单个节点而不是整个链表来提高并发性。不是在整个链表上设置一个锁，而是在每个节点上添加一个锁以及相关的 lock() 方法和 unlock() 方法。当一个线程遍历链表时，该线程会在第一次访问时锁定被访问的每一个节点，随后在某个时刻释放节点。这种细粒度的锁机制允许并发线程以流水线的方式遍历链表。

考虑两个节点 a 和 b，其中节点 a 指向节点 b。在锁定节点 b 之前解锁节点 a 是不安全的，因为在解锁节点 a 和锁定节点 b 之间的时间间隔内，另一个线程有可能从链表中删除节点 b。相反，线程必须使用一种"**交叉手**（hand-over-hand）"协议来获取锁：在一个节点的前驱节点持有（即释放前）锁之前，线程尝试为该节点（除 head 节点外）获取锁。这种锁定协议有时称为**锁耦合**（lock coupling）。（请注意，使用 Java 的同步方法无法直接实现锁耦合。）

图 9.6 和图 9.7 分别描述了细粒度链表 FineList 算法的 add() 方法和 remove() 方法。和粗粒度链表一样，remove() 方法通过将 $pred_A$ 的 next 字段设置为 $curr_A$ 的后继字段，使得

⊖　可以在每个方法调用获取锁的瞬间将其线性化，但是这样做需要一个不同于 9.3 节中描述的抽象映射。

$curr_A$ 是不可达的。为了安全起见，remove() 方法必须同时锁定 $pred_A$ 和 $curr_A$。若要了解这样做的原因，请考虑图 9.8 所示的场景。线程 A 准备删除节点 a（即链表中的第一个节点），而线程 B 准备删除节点 b，其中节点 a 指向节点 b。假设线程 A 锁定 head，线程 B 锁定 a。然后线程 A 设置 head.next 指向 b，而线程 B 设置 a.next 指向 c。这样做的结果是删除了 a 但是并没有删除 b。问题的原因在于两个 remove() 方法调用所持有的锁之间是没有重叠的。图 9.9 说明了如何使用“交叉手”锁定方式来避免这个问题。

```
1  public boolean add(T item) {
2    int key = item.hashCode();
3    head.lock();
4    Node pred = head;
5    try {
6      Node curr = pred.next;
7      curr.lock();
8      try {
9        while (curr.key < key) {
10         pred.unlock();
11         pred = curr;
12         curr = curr.next;
13         curr.lock();
14       }
15       if (curr.key == key) {
16         return false;
17       }
18       Node node = new Node(item);
19       node.next = curr;
20       pred.next = node;
21       return true;
22     } finally {
23       curr.unlock();
24     }
25   } finally {
26     pred.unlock();
27   }
28 }
```

图 9.6 细粒度链表 FineList 类：add() 方法使用“交叉手”锁定协议来遍历链表。在返回之前，finally 语句块释放锁

```
29 public boolean remove(T item) {
30   int key = item.hashCode();
31   head.lock();
32   Node pred = head;
33   try {
34     Node curr = pred.next;
35     curr.lock();
36     try {
37       while (curr.key < key) {
```

图 9.7 细粒度链表 FineList 类：在删除节点之前，remove() 方法同时锁定需要删除的节点及其前驱节点

```
38              pred.unlock();
39              pred = curr;
40              curr = curr.next;
41              curr.lock();
42            }
43            if (curr.key == key) {
44              pred.next = curr.next;
45              return true;
46            }
47            return false;
48          } finally {
49            curr.unlock();
50          }
51        } finally {
52          pred.unlock();
53        }
54      }
```

图 9.7 （续）

为了保证线程演进，关键在于所有的方法都应该以相同的次序获取锁，从 head 开始，顺着 next 引用一直到 tail。如图 9.10 所示，如果不同的方法调用以不同的次序获取锁，则可能导致死锁现象。在图 9.10 的示例中，线程 *A* 准备添加节点 *a*，线程 *A* 锁住了 *b* 并尝试锁定 head；而线程 *B* 准备删除节点 *b*，线程 *B* 锁住了 head 并尝试锁定 *b*。显然，这些方法调用永远不会完成。避免死锁是使用锁编程的主要挑战之一。

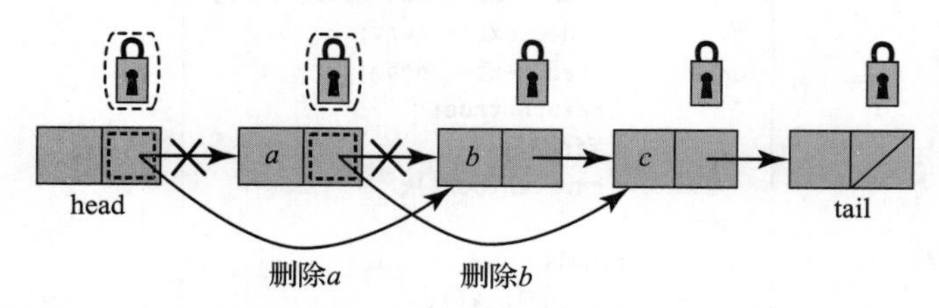

图 9.8 细粒度链表 FineList 类：为什么 remove() 必须获取两个锁。线程 *A* 准备删除节点 *a*（即链表中的第一个节点），而线程 *B* 准备删除节点 *b*，其中节点 *a* 指向节点 *b*。假设线程 *A* 锁定 head，线程 *B* 锁定 *a*。然后线程 *A* 设置 head.next 指向节点 *b*，而线程 *B* 设置 *a*.next 指向节点 *c*。这样做的结果是删除了 *a* 但是并没有删除 *b*

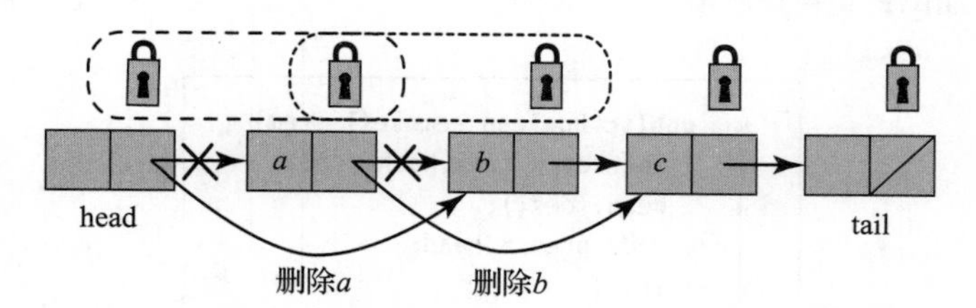

图 9.9 细粒度链表 FineList 类：“交叉手”锁定方法可以确保，如果并发 remove() 方法调用试图删除相邻的节点，它们能够获取冲突的锁。线程 *A* 准备删除节点 *a*（即链表中的第一个节点），而线程 *B* 准备删除节点 *b*，其中 *a* 指向 *b*。由于线程 *A* 必须同时锁定 head 和 *a*，而线程 *B* 必须同时锁定 *a* 和 *b*，因此导致二者在 *a* 上发生冲突，迫使一个方法调用等待另一个方法调用

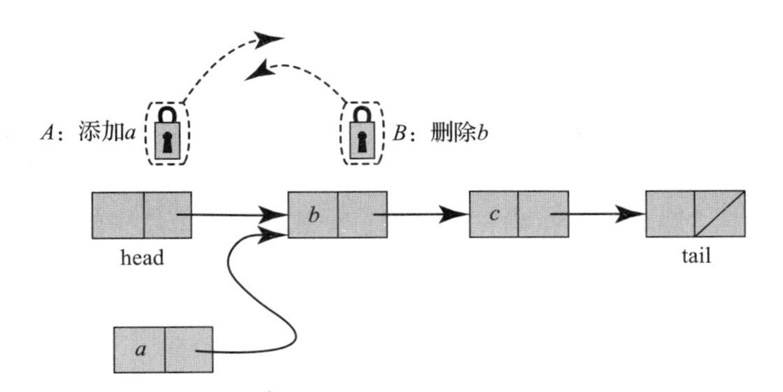

图 9.10　细粒度链表 FineList 类：如果 remove() 方法的调用和 add() 方法的调用以相反的次序获取锁，则可能导致死锁现象。可能导致死锁的场景如下：线程 A 准备插入一个节点 a，于是线程 A 尝试先锁定 b 然后再锁定 head；线程 B 准备删除一个节点 b，于是线程 B 尝试先锁定 head 然后再锁定 b。结果线程 A 和线程 B 同时持有另一个线程等待获取的锁，因此这两个线程都不能继续演进

细粒度链表 FineList 算法的表示不变性和抽象映射与粗粒度链表 CoarseList 算法的相同：不能添加或者删除哨兵节点；节点按键值排序并且键值不重复；当且仅当数据元素的节点在链表中可达，该数据元素才能位于集合中。

和粗粒度链表 CoarseList 一样，如果细粒度链表 FineList 的 add(a) 方法或者 remove(a) 方法调用成功，则在更新需要添加或者删除的节点的前驱节点的 next 字段（第 20 行或者第 44 行代码）时，方法调用将被线性化。当获取键值大于或者等于节点 a 的键值的节点的锁时，对 add(a) 方法或者 remove(a) 方法的一次不成功调用，或者对 contains(a) 方法的任意一次调用，都可以被线性化（add(a) 方法的第 7 行或者第 13 行代码，remove(a) 代码的第 35 行或者第 41 行代码）。

如果所有的节点锁都是无饥饿的，那么细粒度链表 FineList 算法是无饥饿的，但是证明这个特性比在粗粒度的情况下更困难。由于所有的方法都以相同的次序（从 head 到 tail 的顺序遍历）获取锁，所以死锁是不可能的。如果线程 A 试图锁定 head，它最终会成功。由于没有死锁现象，所以在线程 A 之前其他线程获取的链表中的所有锁最终都会被释放，因此线程 A 将成功锁定 $pred_A$ 和 $curr_A$。

与粗粒度锁相比，尽管细粒度锁减少了争用，但它可能会带来一个冗长的锁获取和释放序列。此外，访问链表中不相交部分的那些线程可能仍然会相互阻塞。例如，删除链表中第二个节点的线程会阻止所有并发线程搜索后面的节点。

9.6　乐观同步

降低同步成本的一种方法是冒险：在不获取锁的情况下进行搜索，锁定找到的所有节点，然后再确认锁定的节点是正确的。如果一个同步冲突导致锁定了错误的节点，则释放锁并重新开始。当这类同步冲突很少发生时，这种技术的实施效果很好，因此这种方法被称为**乐观同步**（optimistic synchronization）。

图 9.11 描述了乐观同步算法中 add(a) 方法的实现。当线程 A 调用此方法时，线程将遍历链表而不获取任何锁（第 6～8 行代码）。事实上，该线程完全忽略了锁。当 $curr_A$ 的键值大于或者等于 a 时，线程将停止遍历，然后锁定 $pred_A$ 和 $curr_A$，并调用 validate() 方法来检

查 $pred_A$ 是否是可达的并且其 next 字段是否仍然指向 $curr_A$。如果验证成功，那么线程 A 将继续执行：如果 $curr_A$ 的键值大于 a，那么线程 A 将在 $pred_A$ 和 $curr_A$ 之间添加一个值为 a 的新节点，并返回 true ；否则返回 false。remove() 方法和 contains() 方法（分别见图 9.12 和图 9.13）的操作类似，两个方法均遍历链表而不锁定节点，然后锁定目标节点并验证它们是否仍然位于链表中。为了与 Java 内存模型保持一致，所有节点中的 next 字段必须声明为 volatile。

```
1  public boolean add(T item) {
2    int key = item.hashCode();
3    while (true) {
4      Node pred = head;
5      Node curr = pred.next;
6      while (curr.key < key) {
7        pred = curr; curr = curr.next;
8      }
9      pred.lock();
10     try {
11       curr.lock();
12       try {
13         if (validate(pred, curr)) {
14           if (curr.key == key) {
15             return false;
16           } else {
17             Node node = new Node(item);
18             node.next = curr;
19             pred.next = node;
20             return true;
21           }
22         }
23       } finally {
24         curr.unlock();
25       }
26     } finally {
27       pred.unlock();
28     }
29   }
30 }
```

图 9.11　乐观链表 OptimisticList 类：add() 方法在遍历链表时是不需要锁的，查找到节点后获取锁，并在添加新节点前验证所获得的锁

```
31 public boolean remove(T item) {
32   int key = item.hashCode();
33   while (true) {
34     Node pred = head;
35     Node curr = pred.next;
36     while (curr.key < key) {
37       pred = curr; curr = curr.next;
```

图 9.12　乐观链表 OptimisticList 类：remove() 方法在遍历链表时是不需要锁的，查找到节点后获取锁，并在删除节点前验证所获得的锁

```
38        }
39        pred.lock();
40        try {
41          curr.lock();
42          try {
43            if (validate(pred, curr)) {
44              if (curr.key == key) {
45                pred.next = curr.next;
46                return true;
47              } else {
48                return false;
49              }
50            }
51          } finally {
52            curr.unlock();
53          }
54        } finally {
55          pred.unlock();
56        }
57      }
58    }
```

图 9.12 （续）

```
59    public boolean contains(T item) {
60      int key = item.hashCode();
61      while (true) {
62        Node pred = head;
63        Node curr = pred.next;
64        while (curr.key < key) {
65          pred = curr; curr = curr.next;
66        }
67        pred.lock();
68        try {
69          curr.lock();
70          try {
71            if (validate(pred, curr)) {
72              return (curr.key == key);
73            }
74          } finally {
75            curr.unlock();
76          }
77        } finally {
78          pred.unlock();
79        }
80      }
81    }
```

图 9.13 乐观链表 OptimisticList 类：contains() 方法在遍历链表时是不需要锁的，查找到节点后获取锁，并验证以确认节点是否在链表中存在

validate() 方法的代码如图 9.14 所示。下面这个故事带给我们一些启示：

一个游客在国外的一个城镇搭乘一辆出租车。出租车司机加速闯了一个红灯。这位游客

惊恐地问道："你为什么要闯红灯呢？"司机回答说："别担心，我是个老司机。"司机又加速闯过了好几个红灯，这位游客几乎要崩溃了，更加焦急地抱怨起来。司机回答说："放松，放松，开车的是老司机啦。"突然，绿灯亮了，司机猛踩刹车，出租车打滑停了下来。游客从出租车座位下爬起来，大喊着问道："为什么现在是绿灯亮了你反而要停下来啊？"司机回答说："太危险了，另一个老司机可能正在闯过路口呢。"

```
82  private boolean validate(Node pred, Node curr) {
83    Node node = head;
84    while (node.key <= pred.key) {
85      if (node == pred)
86        return pred.next == curr;
87      node = node.next;
88    }
89    return false;
90  }
```

图 9.14　乐观链表 OptimisticList 类：validate() 方法检查 pred 是否指向 curr，并且是否从 head 可到达 pred

遍历一个动态变化的基于锁的数据结构时，忽略锁需要小心谨慎（因为可能还存在其他老司机线程在闯红灯！）。因此必须使用某种形式的验证并确保无干扰性。

验证是必要的，因为指向 $pred_A$ 的引用，或者从 $pred_A$ 到 $curr_A$ 的引用，可能在线程 A 最后一次读取它们的时间和线程 A 获取锁的时间之间发生了变化。在某些特别的情况下，一个线程有可能正在遍历链表中已删除的部分。例如，如图 9.15 所示，在线程 A 正在遍历 $curr_A$ 时，节点 $curr_A$ 以及 $curr_A$ 与 a（包括 a）之间的所有节点都有可能已经被删除。线程 A 发现 $curr_A$ 指向节点 a，如果没有验证，那么线程 A 将"成功地"删除节点 a，即使节点 a 已经不再位于链表中。一个 validate() 方法的调用如果检测到节点 a 不再位于链表中，则调用者将重新启动该方法。

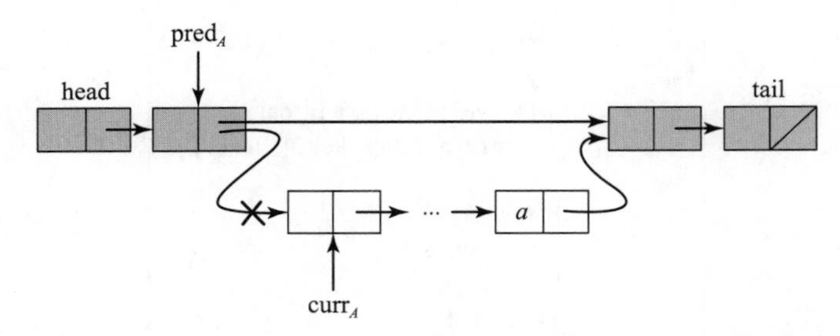

图 9.15　乐观链表 OptimisticList 类：为什么需要验证的示意图。线程 A 正在尝试删除一个节点 a。在遍历链表的同时，$curr_A$ 以及 $curr_A$ 和节点 a（包括 a）之间的所有节点可能被删除。在这种情况下，线程 A 将继续前进直到到达 $curr_A$ 指向的节点 a。如果在没有验证的情况下，即使节点 a 不再位于链表中，线程 A 也会成功地删除节点 a。因此有必要进行验证，以确定无法再从 head 开始可到达节点 a

因为在遍历链表时没有使用保护并发修改的锁，所以每个方法调用可能会遍历那些已经从链表中删除的节点。然而，由于无干扰性意味着一旦一个节点已经从链表中删除，该节点的 next 字段的值就不会改变，因此遵循这样的链接序列最终会返回到链表。反过来，无干扰性又依赖于垃圾回收器来保证在遍历节点时不会回收任何节点。

乐观算法的可线性化点与细粒度算法得到的可线性化点相同，只是在乐观算法中，我们必须考虑验证失败的可能性。特别是，如果后续验证成功，我们只在一个方法调用获取锁时才对其进行线性化。

乐观算法不是无饥饿的，即使所有节点锁各自都是无饥饿的。如果不断重复添加和删除新节点，一个线程可能会被无限期延迟（请参见练习题 9.6）。然而，我们期望在实践应用中该算法效果良好，因为饥饿性并不常见。如果两次不带锁遍历链表的开销明显小于一次带锁遍历链表的开销，那么该算法的效果会更加突出。

尽管乐观同步可以应用于粗粒度锁定机制，但它并没有改进该算法，因为验证需要在持有锁的同时重新遍历链表。但是，我们可以通过维护一个版本号来消除验证期间遍历链表的需要，该版本号在链表被修改时递增。我们将在练习题中探讨这种方法。

9.7　惰性同步

乐观链表 OptimisticList 算法（以及粗粒度链表 CoarseList 算法和细粒度链表 FineList 算法）的一个缺点是 contains() 方法的调用需要获取锁，这一点并不令人满意，因为 contains() 方法的调用通常比其他方法的调用更频繁。下面我们将演示如何优化乐观算法，使得 contains() 方法的调用是无等待的，并且 add() 方法和 remove() 方法即使在阻塞的情况下也只需要遍历链表一次（前提条件是在没有争用的情况下）。

我们向每个节点添加一个布尔类型的字段 marked，指示该节点是否位于集合中。现在，遍历不再需要锁定目标节点，也不需要通过重新遍历整个链表以验证节点是否可以到达。而是由算法维持不变性：所有未标记的节点都是可到达的。如果一个遍历线程没有找到一个节点，或者发现该节点已经被标记，则表明该数据元素在集合中不存在。因此，contains() 方法只需要一次无等待的遍历。为了向链表中添加一个元素，add() 方法首先遍历链表，锁定目标节点的前驱节点，然后插入该节点。remove() 方法是惰性的，它采取两个操作步骤：首先标记目标节点，从逻辑上删除该节点；然后重新设置其前驱节点的 next 字段，从而从物理上删除目标节点。

更详细地说，与乐观算法一样，所有的方法不用锁就可以遍历链表（包括可能会遍历逻辑上删除和物理上删除的节点）。add() 方法和 remove() 方法锁定 $pred_A$ 和 $curr_A$ 节点，并像以前一样对它们进行验证，但是 validate() 方法（见图 9.16）不会重新遍历链表以确定节点是否仍在链表中。相反，由于引入了新的不变性，因此只需要检查这些节点是否被标记就可以了。我们必须确保 $pred_A$ 和 $curr_A$ 都没有被标记，因为 $pred_A$ 是正在修改的节点。（有关验证的必要性，请参见图 9.19 中的示意图。）

```
1  private boolean validate(Node pred, Node curr) {
2    return !pred.marked && !curr.marked && pred.next == curr;
3  }
```

图 9.16　惰性链表 LazyList 类：验证检查 pred 节点和 curr 节点均未被逻辑上删除，并且 pred 节点指向 curr 节点

除了调用一个不同的 validate() 方法外，惰性链表 LazyList 算法的 add() 方法与乐观链

表 OptimisticList 算法的 add() 方法完全相同。两种算法的 remove() 方法（见图 9.17）则略有差别：惰性链表 LazyList 算法的 remove() 方法在从链表中（物理上）删除节点之前标记节点（第 18 行代码），从而保持每个未标记的节点都可到达的不变性。

```
4  public boolean remove(T item) {
5    int key = item.hashCode();
6    while (true) {
7     Node pred = head;
8     Node curr = head.next;
9     while (curr.key < key) {
10      pred = curr; curr = curr.next;
11    }
12    pred.lock();
13    try {
14      curr.lock();
15      try {
16        if (validate(pred, curr)) {
17          if (curr.key == key) {
18            curr.marked = true;
19            pred.next = curr.next;
20            return true;
21          } else {
22            return false;
23          }
24        }
25      } finally {
26        curr.unlock();
27      }
28    } finally {
29      pred.unlock();
30    }
31   }
32 }
```

图 9.17　惰性链表 LazyList 类：remove() 方法采用两个操作步骤删除所有的节点，即逻辑删除和物理删除

从逻辑上删除节点需要对抽象映射稍作更改：当且仅当一个元素被一个未标记的可到达节点引用，才表明该元素位于集合中。注意，节点可到达的路径可能包含若干已标记的节点。(善于思考的读者应该考虑去检查所有未标记的可到达节点，以确保这些节点保持可到达，即使它们的前驱节点在逻辑上或者物理上已经被删除。) 和乐观链表 OptimisticList 算法一样，add() 方法和 remove() 方法不是无饥饿的，因为链表遍历可能会被正在进行的修改延迟任意时间。

contains() 方法（如图 9.18 所示）在不使用锁的情况下遍历一次链表，如果搜索的节点存在于链表中并且未被标记，则返回 true，否则返回 false。因此该方法是无等待的[㊀]。一个被标记的节点的值将被忽略。每次遍历移动到一个新节点时，新节点的键值比上一个节点的键值要大，即使该节点在逻辑上已经被删除。

㊀ 一个线程必须遍历的节点数由于新插入的节点而增加的数量是有限的，因为键值的集合是完整的。

```
33  public boolean contains(T item) {
34    int key = item.hashCode();
35    Node curr = head;
36    while (curr.key < key)
37      curr = curr.next;
38    return curr.key == key && !curr.marked;
39  }
```

图 9.18　惰性链表 LazyList 类：contains() 方法

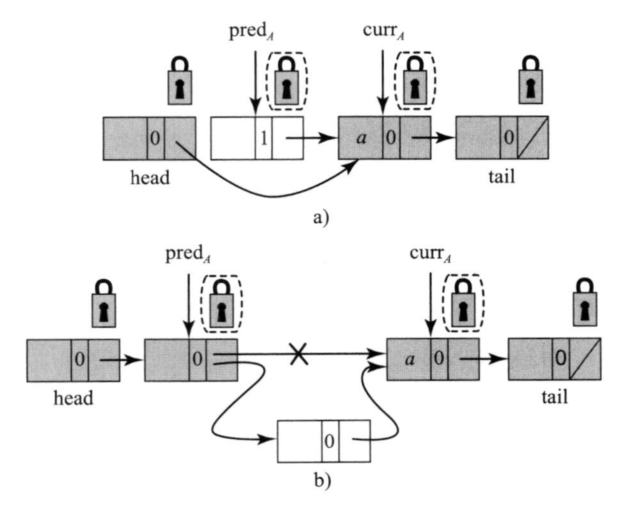

图 9.19　惰性链表 LazyList 类：为什么需要验证的示意图。在图 9.19a 中，线程 A 正在尝试删除节点 a。线程 A 在到达 pred_A 指向的 curr_A 之后并且在获取这些节点上的锁之前，节点 pred_A 在逻辑上和物理上都被删除。在线程 A 获得锁之后，验证将检测到这个问题。在图 9.19b 中，线程 A 正在尝试删除节点 a。线程 A 在到达 pred_A 指向的 curr_A 之后且在获取这些节点上的锁之前，其他线程在 pred_A 和 curr_A 之间添加了一个新节点。在线程 A 获取锁之后，即使 pred_A 和 curr_A 都没有被标记，验证也会检测到 pred_A 并没有指向 curr_A，因此线程 A 对 remove() 方法的调用将重新启动

惰性链表 LazyList 算法中的 add() 方法和不成功的 remove() 方法调用的可线性化点与乐观链表 OptimisticList 算法中的相同。一个成功的 remove() 方法调用在标记节点时被线性化（即在第 18 行设置 marked 位时）。一个成功的 contains() 方法调用在找到一个未标记的匹配节点时被线性化。

理解如何线性化一个不成功的 contains() 方法调用相对而言是比较困难的。考虑图 9.20 中描述的场景，其中线程 A 正在执行 contains(a) 方法。在图 9.20a 中，当线程 A 遍历链表时，另一个线程从逻辑上和物理上都删除了 curr_A 以及 curr_A 到 a 之间（包括 a）的所有节点。线程 A 仍将跟踪链接，直到 curr_A 指向 a，并检测到 a 已经被标记，因此不再位于抽象集合中。该调用在这个点上（即当线程 A 执行第 38 行代码时）可以被线性化。然而，在图 9.20b 所描述的场景中，这并不总是一个有效的线性化点：当线程 A 遍历链表中的已删除部分，并且在它到达已删除节点 a 之前，另一个线程可能调用 add(a) 方法向链表的可到达部分添加了一个键值为 a 的新节点。在这种情况下，线程 A 的不成功 contains(a) 方法调用并不能在

找到被标记的节点 a 的点上被线性化，因为该点发生在键值为 a 的新节点被插入到链表之后。不成功的方法调用必须在新节点被插入之前的某个点上被线性化。

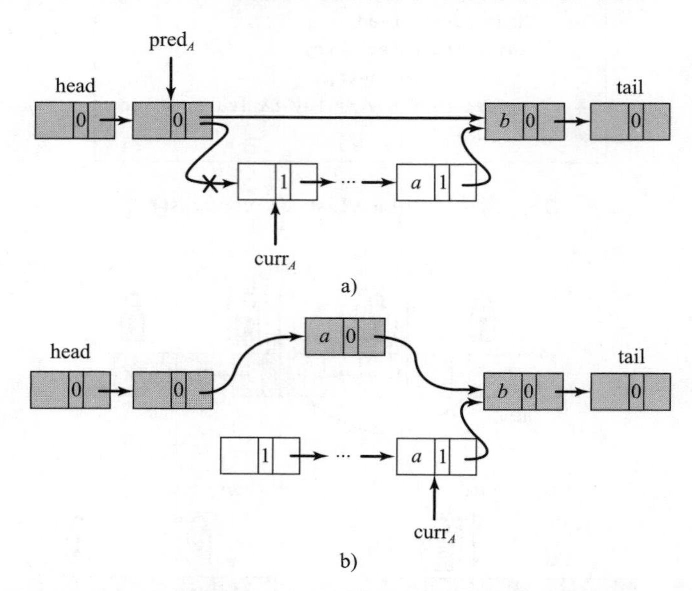

图 9.20　惰性链表 LazyList 类：线性化一个不成功的 contains() 调用。加灰底的节点表示实际位于链表中的节点，而空白节点则表示被物理删除的节点。在图 9.20a 中，当线程 A 遍历链表时，另一个线程断开了 $curr_A$ 指向的子列表。因此线程 A 可以在发现 a 被标记后并且不再包含在抽象集中时被线性化。但是，在图 9.20b 中，当线程 A 正在遍历链表中被标记的节点 a 前面的已删除部分时，另一个线程添加了一个键值为 a 的新节点。当线程 A 找到被标记的节点 a 时，线程 A 的 contains(a) 方法调用不成功，该调用不能在找到被标记的节点 a 的点上被线性化，因为该点发生在键值为 a 的新节点被插入到链表之后

因此，对于一个不成功的 contains(a) 方法调用，应该在其执行过程中的以下几个时间点之前被线性化：（1）找到一个键值为 a 的被标记节点或者一个键值大于 a 的节点；（2）一个键值为 a 的新节点被添加到列表之前。一定要确保第二点所描述的操作在执行时间间隔内，因为具有相同键值的新节点的插入必须发生在 contains() 方法调用开始之后，否则 contains() 方法会找到该数据元素。由此可见，不成功的 contains() 方法调用的线性化点由执行过程中的事件顺序所确定，并且不是方法代码中预先确定的点，实际上甚至可能不是位于线程执行步骤上的点（例如，当另一个线程执行其步骤时它可以被线性化）。

惰性同步的优点之一在于，我们可以将非破坏结构的逻辑步骤（例如设置标志）与破坏结构的物理更改（例如断开节点链接）分开。这里给出的示例很简单，因为我们一次断开一个节点的链接。但是，一般来说，惰性操作可以在方便的时候以批处理的方式执行，从而减少物理更改对结构的总体破坏。

惰性链表 LazyList 算法的一个主要缺点是其 add() 方法调用和 remove() 方法调用是阻塞的：如果一个线程被延迟，那么其他线程也可能会被延迟。

9.8　非阻塞同步

如前所述，在 contains() 方法中，在从链表中物理地删除节点之前，可以通过将节点标

记为逻辑上已被删除来避免锁定现象。本节将讨论如何扩展这一思想，以完全消除锁，从而使得所有三个方法 add()、remove() 和 contains() 都是非阻塞的。（前两种方法是无锁的，最后一种方法是无等待的。）

一种简单的方式是使用 compareAndSet() 方法来更改 next 字段。例如，如果线程 A 想要从链表中删除 $curr_A$，它可能会调用 compareAndSet() 方法将 $pred_A$ 的 next 字段设置为 $curr_A$ 的后继节点。令人遗憾的是，这个想法并不适用，如图 9.21 所示。在图 9.21a 中，线程 A 正在尝试删除一个节点 a，而线程 B 正在添加一个节点 b。假设线程 A 在 head.next 上调用 compareAndSet() 方法，而线程 B 在 a.next 上调用 compareAndSet() 方法。最终的结果是节点 a 被正确地删除了，但是节点 b 并没有被添加到链表中。在图 9.21b 中，线程 A 正在尝试删除链表中的第一个节点 a，而线程 B 准备删除节点 b，其中 a 指向 b。假设线程 A 在 head.next 上调用 compareAndSet() 方法，而线程 B 在 a.next 上调用 compareAndSet() 方法。最终的结果是节点 a 被删除了，但节点 b 并没有被删除。

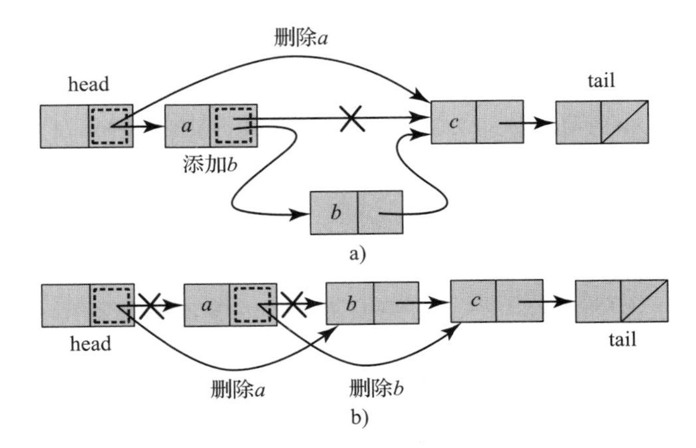

图 9.21　无锁链表 LockFreeList 类：为什么标记字段和引用字段必须以原子方式修改。在图 9.21a 中，线程 A 准备删除链表中的第一个节点 a，而线程 B 准备添加节点 b。假设线程 A 在 head.next 上调用 compareAndSet() 方法，而线程 B 在 a.next 上调用 compareAndSet() 方法。最终的结果是节点 a 被正确地删除了，但是节点 b 并没有被添加到链表中。在图 9.21b 中，线程 A 准备删除链表中的第一个节点 a，而线程 B 准备删除节点 b，其中 a 指向 b。假设线程 A 在 head.next 上调用 compareAndSet() 方法，而线程 B 在 a.next 上调用 compareAndSet() 方法。最终的结果是节点 a 被删除了，但节点 b 并没有被删除

我们需要一种方法来确保一个节点的字段被逻辑删除或者物理删除之后，该节点的字段不能被修改。这里采用的方法是将节点的 next 字段和 marked 字段视为单个原子单元：当 marked 字段为 true 时，任何修改 next 字段的尝试都将失败。

程序注释 9.8.1

AtomicMarkableReference<T> 对象（由 java.util.concurrent.atomic 包定义）封装了对类型 T 的一个对象的引用和一个布尔标记（也称为**标记位**）。这些字段可以一起或者单独进行原子的更新。compareAndSet() 方法测试预期的引用和标记值，如果两个测试都成功，则使用更新的引用和标记值替换原值。get() 方法有一个与众不同的接口：它返回

对象的引用值，并将标记值存储在一个布尔数组的参数中。getReference() 方法和 isMarked() 方法分别返回对象的引用和标记值。这些方法的接口如图 9.22 所示。

在 C 或者 C++ 中，我们可以使用位操作符从一个字中提取标记和指针，同时从指针中“窃取”一个位，来有效地提供这个功能。在 Java 中，不能直接对指针进行操作，因此这个功能必须由库来提供。

```
1  public boolean compareAndSet(T expectedReference,
2                               T newReference,
3                               boolean expectedMark,
4                               boolean newMark);
5  public T get(boolean[] marked);
6  public T getReference();
7  public boolean isMarked();
```

图 9.22 AtomicMarkableReference<T> 中的一些方法：compareAndSet() 方法测试并更新标记字段和引用字段；get() 方法返回封装的引用并将标记存储在参数数组的索引位置 0 处；getReference() 方法和 isMarked() 方法分别返回引用和标记

正如“程序注释 9.8.1”中详细描述的那样，AtomicMarkableReference<T> 对象封装了对类型 T 的一个对象的引用和布尔标记字段。这些字段可以一起或者单独进行原子的更新。

我们可以让每个节点的 next 字段的类型为 AtomicMarkableReference<Node>。线程 A 通过在节点的 next 字段中设置标记位来从逻辑上删除 $curr_A$，并与正在执行 add() 方法或者 remove() 方法的其他线程共享物理删除：当每个线程遍历链表时，线程将通过物理删除遍历过程中的所有被标记的节点来清理链表。换句话说，执行 add() 方法和 remove() 方法的线程不需要遍历被标记的节点，这些线程会在继续演进之前删除这些节点。contains() 方法与惰性链表 LazyList 算法中提供的方法相同，遍历所有的节点，而不管这些节点是否被标记，同时根据其键值和标记来测试一个数据元素是否位于链表中。

接下来我们将探讨一种与惰性链表 LazyList 算法不同的无锁链表 LockFreeList 算法的设计策略。为什么正在添加或者删除节点的线程从来就不需要遍历被标记的节点，而是当遇到被标记的节点时从物理上删除这些节点呢？假设线程 A 将要遍历被标记的节点而不是物理地删除这些节点，并且在逻辑上删除 $curr_A$ 之后，再尝试物理地删除这个节点。这可以通过调用 compareAndSet() 方法来重新设置 $pred_A$ 的 next 字段，同时验证 $pred_A$ 没有被标记并且它指向 $curr_A$ 来实现。这里的困难之处在于，因为线程 A 没有持有 $pred_A$ 和 $curr_A$ 的锁，所以其他线程可以在 compareAndSet() 方法的调用之前插入新节点或者删除 $pred_A$。

考虑另一个线程标记 $pred_A$ 的场景。如图 9.21 所示，由于无法安全地重新设置被标记的节点的 next 字段，因此线程 A 必须通过重新遍历链表来重新开始物理删除。然而，此时线程 A 必须先从物理上删除 $pred_A$，然后才能删除 $curr_A$。更糟糕的是，如果在 $pred_A$ 的前面存在一系列逻辑上被删除的若干节点，那么线程 A 必须一个接一个地删除这些节点，然后才能删除 $curr_A$ 本身。

这个示例说明了 add() 方法和 remove() 方法的调用不需要遍历被标记的节点的原因：当它们到达要修改的节点时，可能会被强制重新遍历链表以删除之前被标记的节点。因此，我们选择让 add() 方法和 remove() 方法从物理上删除目标节点路径上的所有被标记的节点。相比之下，contains() 方法不执行任何修改，因此不需要参与从逻辑上删除节点所导致的清理操作，从而像惰性链表 LazyList 算法中一样，允许 contains() 方法遍历已被标记和未被标记的节点。

为了实现无锁链表 LockFreeList 算法，我们通过抽取 add() 和 remove() 方法所共有的功能，创建一个内部嵌套的 Window 类来帮助遍历。如图 9.23 所示，一个 Window 对象是具有 pred 字段和 curr 字段的结构。Window 类的 find() 方法带有两个参数——一个 head 节点和一个键值 a，并遍历链表，尝试将 pred 字段设置为键值小于 a 的最大键值的节点，将 curr 字段设置为键值大于或者等于 a 的最小键值的节点。当线程 A 遍历链表时，每次当 $curr_A$ 向前移动时，线程都会检查该节点是否被标记（第 16 行代码）。如果被标记，则调用 compareAndSet() 方法尝试通过将 $pred_A$ 的 next 字段设置为 $curr_A$ 的 next 字段来从物理上删除节点。调用 compareAndSet() 方法将测试字段的引用和布尔标记值，如果其中任意一个值被更改，则测试失败。一个并发线程可以通过从逻辑上删除 $pred_A$ 来更改标记值，也可以通过从物理上删除 $curr_A$ 来更改引用值。如果调用失败，则线程 A 将从链表的开头重新开始遍历，否则遍历将继续。

```
1   class Window {
2     public Node pred, curr;
3     Window(Node myPred, Node myCurr) {
4       pred = myPred; curr = myCurr;
5     }
6   }
7   Window find(Node head, int key) {
8     Node pred = null, curr = null, succ = null;
9     boolean[] marked = {false};
10    boolean snip;
11    retry: while (true) {
12      pred = head;
13      curr = pred.next.getReference();
14      while (true) {
15        succ = curr.next.get(marked);
16        while (marked[0]) {
17          snip = pred.next.compareAndSet(curr, succ, false, false);
18          if (!snip) continue retry;
19          curr = succ;
20          succ = curr.next.get(marked);
21        }
22        if (curr.key >= key)
23          return new Window(pred, curr);
24        pred = curr;
25        curr = succ;
26      }
27    }
28  }
```

图 9.23 无锁链表 LockFreeList 类：嵌套的 Window 类和 find() 方法。find() 方法返回一个 Window 对象，该对象包含节点及其键值任意一边的节点，并删除它遇到的所有被标记的节点

无锁链表 LockFreeList 类采用与惰性链表 LazyList 类相同的抽象映射：当且仅当某个数据元素被一个未标记并且可到达的节点引用，该数据元素才位于集合中。find() 方法的第 17 行代码中的 compareAndSet() 调用是一个具有有益副作用的示例：它在不更改抽象集的情况下更改实际的链表，因为删除一个有标记的节点不会更改抽象映射的值。

图 9.24 描述了 LockFreeList 类的 add() 方法。假设线程 A 调用 add(a) 方法。线程 A 使用 find() 方法查找 $pred_A$ 和 $curr_A$。如果 $curr_A$ 的键值等于 a 的键值，则调用返回 false。否则，add() 方法初始化一个新节点 a 以保存元素 a，并使得节点 a 指向 $curr_A$。然后线程 A 调用 compareAndSet() 方法（第 39 行代码）使得 $pred_A$ 指向节点 a。因为 compareAndSet() 方法同时测试标记和引用，所以只有当 $pred_A$ 未标记并且指向 $curr_A$ 时，测试才会成功。如果 compareAndSet() 方法成功，则该方法返回 true；否则将重新从 head 开始执行。

```
29  public boolean add(T item) {
30    int key = item.hashCode();
31    while (true) {
32      Window window = find(head, key);
33      Node pred = window.pred, curr = window.curr;
34      if (curr.key == key) {
35        return false;
36      } else {
37        Node node = new Node(item);
38        node.next = new AtomicMarkableReference(curr, false);
39        if (pred.next.compareAndSet(curr, node, false, false)) {
40          return true;
41        }
42      }
43    }
44  }
```

图 9.24　无锁链表 LockFreeList 类：add() 方法调用 find() 方法来定位 $pred_A$ 和 $curr_A$。当且仅当 $pred_A$ 未被标记且指向 $curr_A$，才增加一个新节点

图 9.25 描述了无锁链表 LockFreeList 算法的 remove() 方法。当线程 A 调用 remove() 方法来删除数据元素 a 时，它使用 find() 方法来定位 $pred_A$ 和 $curr_A$。如果 $curr_A$ 的键值与 a 的键值不相匹配，则调用返回 false。否则，remove() 方法使用一个 compareAndSet() 方法尝试将 $curr_A$ 标记为逻辑上被删除（第 55 行代码）。只有在没有其他线程先设置该标记时，此调用才会成功。如果调用成功，将返回 true。只进行一次从物理上删除节点的尝试，没有必要再次重试，因为下一个遍历链表该区域的线程将删除该节点。如果 compareAndSet() 调用失败，则 remove() 方法将重新开始执行。

```
45  public boolean remove(T item) {
46    int key = item.hashCode();
47    boolean snip;
48    while (true) {
49      Window window = find(head, key);
```

图 9.25　无锁链表 LockFreeList 类：remove() 方法调用 find() 方法来定位 $pred_A$ 和 $curr_A$，并以原子方式标记节点为已被删除

```
50        Node pred = window.pred, curr = window.curr;
51        if (curr.key != key) {
52          return false;
53        } else {
54          Node succ = curr.next.getReference();
55          snip = curr.next.compareAndSet(succ, succ, false, true);
56          if (!snip)
57            continue;
58          pred.next.compareAndSet(curr, succ, false, false);
59          return true;
60        }
61      }
62    }
```

图 9.25 （续）

图 9.26 中描述的无锁链表 LockFreeList 算法的 contains() 方法与惰性链表 LazyList 算法中所描述的基本相同，不同之处在于：无锁链表 LockFreeList 算法使用 curr.next.getReference() 方法获取后继节点，使用 curr.next.isMarked() 方法获取 curr 的标记位。

```
63  public boolean contains(T item) {
64    int key = item.hashCode();
65    Node curr = head;
66    while (curr.key < key) {
67      curr = curr.next.getReference();
68    }
69    return (curr.key == key && !curr.next.isMarked())
70  }
```

图 9.26　无锁链表 LockFreeList 类：无等待的 contains() 方法与惰性链表 LazyList 类中的相同，不同之处在于该方法使用 curr.next.getReference() 方法获取 curr 节点的后继节点，并使用 curr.next.isMarked() 方法测试 curr 节点是否被标记

9.9　讨论

本章主要讨论了基于链表的锁实现的演变过程，其中锁的粒度和使用频率逐渐降低，最终得到一个完全无阻塞的链表。从惰性链表 LazyList 到无锁链表 LockFreeList 的最终演变，为并发程序设计者提供了一些设计策略。正如我们将在后续章节中所看到的，在设计更复杂的数据结构时也会经常使用诸如乐观同步和惰性同步等方法。

一方面，无锁链表 LockFreeList 算法能够保证在面对任意的延迟时，线程可以继续演进。然而，这种强演进的保障机制需要付出如下一些代价：

- 对于支持引用以及布尔标记的原子修改的需求，会增加性能成本[⊖]。
- 在遍历链表时，add() 方法和 remove() 方法会参与对已删除的节点的并发清理操作，从而导致线程之间可能发生争用，即使每个线程正在尝试修改的节点附近没有任何更改，有时也会强制线程重新开始遍历链表。

⊖ 在 java.util.concurrent 包中，通过使用一个对中间虚拟节点的引用，可以在一定程度上降低这种成本，虚拟节点用于表示已设置为标记位的节点。

另一方面，基于惰性锁的链表在遇到任意延迟时不能保证线程的演进：因为其 add() 方法和 remove() 方法是阻塞的。但是，与无锁算法不同，基于惰性锁的链表算法不要求每个节点都包含一个原子的可标记的引用，它也不需要通过遍历链表来清除逻辑上删除的所有节点。该算法沿着链表向下移动，忽略被标记的所有节点。

到底应该选择哪种方式取决于具体的应用。最后，各种因素（包括任意线程延迟的可能性、add() 方法和 remove() 方法调用的相对频率、原子地实现可标记引用的代价等）综合决定了是否使用锁以及使用什么粒度的锁。

9.10　章节注释

锁耦合是由 Rudolf Bayer 和 Mario Schkolnick[17] 提出的。最早设计的无锁链表算法归功于 John Valois[164]。本章描述的无锁链表的实现是 Maged Michael[126] 链表的一个变体，而 Maged Michael 链表的工作则基于 Tim Harris[58] 的早期链表算法。这种算法被大多数人称为 Harris-Michael 算法，在 java.util.concurrent 包中也使用了 Harris-Michael 算法。乐观链表 OptimisticList 算法是本文作者在本章所提出的，而惰性算法则归功于 Steve Heller、Maurice Herlihy、Victor Luchangco、Mark Moir、Bill Scherer 和 Nir Shavit[60]。

9.11　练习题

练习题 9.1　如果不能保证对象的哈希码是唯一的，应该如何修改每个链表算法？

练习题 9.2　假设粗粒度链表 CoarseList 算法中的每个方法调用在获得锁的瞬间都被线性化。请解释为什么不能使用 9.3 节中所描述的抽象映射。请给出适用于这些线性化点的另一种抽象映射。

练习题 9.3　请解释为什么细粒度锁算法是无死锁的。

练习题 9.4　请解释为什么细粒度链表算法的 add() 方法是可线性化的。

练习题 9.5　请解释为什么乐观算法和惰性锁算法不会产生死锁。

练习题 9.6　请给出一个乐观算法的执行场景，其中一个线程一直不停地尝试删除一个节点。

提示：由于我们假设所有单个节点的锁都是无饥饿的，所以任何单个锁都不是活锁，一个错误的执行必定会在链表中反复添加节点和删除节点。

练习题 9.7　请提供正文中细粒度算法所缺少的 contains() 方法的实现代码，并解释为什么你的实现是正确的。

练习题 9.8　在 add() 方法中，如果我们交换该方法锁定 pred 节点和 curr 节点的次序，那么乐观锁链表算法的实现仍然是正确的吗？

练习题 9.9　请证明在乐观链表算法中，如果 $pred_A$ 不为 null，那么即使 $pred_A$ 本身是不可到达的，也可以从 $pred_A$ 到达 tail。

练习题 9.10　请证明在乐观算法中，add() 方法只需要锁定 pred 节点。

练习题 9.11　请设计一种基于粗粒度乐观链表的集合算法，通过增加链表的版本号，使得在持有锁的时候不需要遍历链表。

练习题 9.12　请设计一个细粒度的乐观算法，如果链表在第一次遍历链表期间没有发生更改，那么该算法使用版本号来避免在持有任何锁的同时遍历链表。与练习题 9.11 中的粗粒度链表相比，此链表有哪些优点和缺点？

练习题 9.13　对于有序链表算法进行以下修改，如果相应的算法仍然可以线性化，请解释其中的原因，否则，请给出一个反例。

a. 在乐观算法中，contains() 方法在判断一个键值是否存在之前锁定了两个节点。假设 contains() 方法不锁定任何节点，如果观察到值，则返回 true，否则返回 false。

b. 在惰性算法中，contains() 方法执行时不检查锁，而是检查标记位，如果节点被标记为将要删除，则返回 false。假设 contains() 方法不检查节点的标记位，即使对于可能被标记的节点也返回 true。

练习题 9.14 如果只需将节点的 next 字段设置为 null，就可以将节点标记为已删除，那么惰性算法是否仍然有效呢？请解释为什么仍然有效或者为什么无效。对无锁算法又会怎样呢？

练习题 9.15 在惰性算法中，$pred_A$ 节点是否有可能永远不可到达？请证明你的答案。

练习题 9.16 假设你的新员工声称，可以通过以下方法简化懒惰链表的验证方法（如图 9.16 所示）：不需要检测 pred.next 是否等于 curr。毕竟，代码总是将 pred 设置为 curr 的旧值，并且在 pred.next 被修改前，curr 的新值必须标记为被删除，从而导致验证失败。请指出这个推理过程中的错误。

练习题 9.17 请问读者能否修改惰性算法的 remove() 方法，使其只锁定一个节点？

练习题 9.18 在无锁算法中，请说明使用 contains() 方法帮助清除逻辑上被删除的节点时的优点和缺点。

练习题 9.19 在无锁算法中，如果 add() 方法调用失败的原因是 pred 节点没有指向 curr 节点并且 pred 节点没有被标记，那么为了完成本次调用，是否还需要从 head 开始再次重新遍历链表？

练习题 9.20 如果不能保证逻辑上被删除的数据元素是有序的，那么惰性算法和无锁算法中的 contains() 方法仍然正确吗？

练习题 9.21 无锁算法的 add() 方法永远不会找到一个具有相同键值的被标记的节点。请问是否可以修改算法，使得如果链表中存在着这样的节点，则只需将一个新添加的对象插入到具有相同键值的现有被标记的节点中，从而省去插入新节点的操作？

练习题 9.22 请解释为什么无锁链表 LockFreeList 算法中不会发生以下情况：某个线程在逻辑上删除了包含数据元素 x 的一个节点，但尚未从物理上删除该节点，然后另一个线程将相同的数据元素 x 添加到链表中，最后，第三个线程的 contains() 方法调用遍历该链表，找到了逻辑上被删除的节点，并返回 false，即使 remove() 方法和 add() 方法的可线性化次序表明数据元素 x 仍然位于集合中。

练习题 9.23 在无锁算法中，我们通过调用 curr.next.compareAndSet(succ,succ,false,true) 方法（如图 9.25 中的第 55 行代码）来尝试从逻辑上删除节点 curr。在以下几种实现中，把该调用替换为不同的方法调用。如果正确，请解释原因；如果错误，请给出一个执行反例。

a. 把该调用替换为 curr.next.compareAndSetMark(false,true) 方法，其中 compareAndSetMark() 是一个虚构的方法，它只对标记位执行普通的比较和交换操作。

b. 把该调用替换为 curr.next.attemptMark(succ,true) 方法，其中 attemptMark() 是 AtomicMarkableReference<T> 类的实现方法，如果引用包含预期值，则该方法以原子方式将标记位更改为指定值，但允许失败（如果存在并发修改）。

队列、内存管理和 ABA 问题

10.1 引言

在接下来的几章中，我们将研究一个称为“池（pool）”的对象系列。池类似于第 9 章中讨论的 Set< >类，但是两者之间主要有两个区别：池不一定会提供 contains() 方法来测试成员的身份；池允许同一个数据元素多次出现。Pool< > 中包含 put() 方法和 get() 方法，如图 10.1 所示。在并发系统中，池的应用场景非常多。例如，在许多应用程序中，一个或者多个生产者线程生成一个或者多个消费者线程需要使用的数据元素。这些数据元素可能是需要执行的作业、需要解释的按键输入、待处理的采购订单，甚至是需要解码的数据包。有时，生产者线程会爆发，突然在短时间内生产数据的速度远远超过消费者消费数据的速度。为了让消费者线程跟上生产者线程的速度，我们可以在生产者线程和消费者线程之间设置一个缓冲区。将那些来不及处理的数据保存在缓冲区中，并使缓冲区的数据以尽可能快的速度被消费。通常，池充当生产者 - 消费者之间的缓冲区。

```
1  public interface Pool<T> {
2    void put(T item);
3    T get();
4  }
```

图 10.1　池 Pool<T> 接口

池有以下几种不同的变化形式。

- 池可以是**有界的**（bounded）或者**无界的**（unbounded）。一个有界池可以容纳有限数量的数据元素。有界池的限制数量被称为其**容量**（capacity）。相比之下，一个无界池可以容纳任意数量的数据元素。当我们希望保持生产者线程和消费者线程之间的松散同步时，可以采用有界的池，这样可以确保生产者生产的数量不会超过消费者太多。有界池的实现比无界池更易简单。另一方面，当无法确定生产者超过消费者的限度到底是多少时，则需要采用无界池。
- 池的方法可以是**完全的**（total）或者**部分的**（partial）。一些**部分方法**（partial method）是同步的。
  - 如果一个方法调用需要等待某些条件的保持，那么该方法是**部分方法**。例如，一个试图从空池中删除一个数据元素的部分方法 get() 的调用将会被阻塞，直到池中有数据元素可以返回为止。如果池是有界的，则尝试将数据元素添加到已满的池的部分方法 put() 的调用会被阻塞，直到池中有可以用来填充数据元素的空槽位置。当生产者（或者消费者）线程除了等待池变为非满（或者非空）之外没有更好的事情可做时，部分接口是有意义的。
  - 如果方法调用不需要等待任何条件的成立（即条件变为 true），那么该方法就是**完全方法**（total method）。例如，一个尝试从空池中删除数据元素的 get() 方法的调用，或者尝试将数据元素添加到满池的 put() 方法的调用，可能会立即返回一个失败代码或者引发一个异常。当生产者（或者消费者）线程有比等待方法调用生效更好的事情要做时，完全接口是有意义的。

- 如果一个部分方法等待另一个方法与其调用间隔重叠，则该部分方法是**同步的**（synchronous）。例如，在一个同步池中，将数据元素添加到池中的一个方法调用将被阻塞，直到该数据元素被另一个方法调用删除。与此对应，从池中删除数据元素的一个方法调用将被阻塞，直到另一个方法调用添加了一个可被删除的数据元素。在程序设计语言（例如 CSP 和 Ada）中，同步池可以用于通信，其中各个线程通过**会合**（rendezvous）交换信息。
- 池提供各种不同的公平性保证。这些公平性保证包括先进先出（FIFO，即队列）、后进先出（LIFO，即堆栈），以及其他一些较弱的公平性。在使用一个池进行缓冲时，公平性显然是非常重要性的。例如，任何曾经给一个银行或一个技术支持热线打过电话的人都明白，他们只是被安排在一个等待服务的呼叫池中。用户等待的时间越长，预录的语音就会越来越多次数地不断安慰用户，声称呼叫电话是按到达的先后顺序接听的。也许是吧。

10.2　队列

本章将讨论一种能够支持先进先出（FIFO）公平性的池。一个顺序的 Queue<T> 是一个类型为 T 的元素所组成的有序序列。这个顺序队列提供一个 enq(x) 方法，用于将数据元素 x 放入队列的一端，队列的这一端被称为 tail；队列还提供一个 deq() 方法，用于删除并返回队列另一端的元素，队列的这一端被称为 head。一个并发队列可以线性化为一个顺序队列。队列是由 enq() 方法实现 put() 操作，以及由 deq() 方法实现 get() 操作的池。我们通过使用队列实现来说明一些重要的原则。在后面的章节中，我们将讨论提供其他公平性保证的池。

10.3　有界部分队列

为了简单起见，假设向队列中添加一个 null 值是非法的。当然，在某些情况下，添加和删除 null 值是有意义的：可以调整算法以允许 null 值，我们将其留作练习题。

支持多个并发入队线程和出队线程的一个有界队列实现可以提供多大程度的并发性能呢？通俗而言，由于 enq() 方法和 deq() 方法在队列的两端操作，所以只要队列没有满或者也不为空，原则上 enq() 方法调用和 deq() 方法调用就可以无干扰地演进。出于同样的原因，并发的 enq() 方法调用可能会产生干扰，并发的 deq() 方法调用也是如此。这种非形式化的推理似乎合情合理，而且大多数情况下基本上是正确的，但是，为了实现这种并发级别却并非易事。

在本章中，我们采用一个链表（当然，也可以使用数组）来实现一个有界队列。图 10.2 描述了队列的字段和构造函数，图 10.3 描述了队列的节点类。图 10.4 和图 10.5 分别描述了 enq() 方法和 deq() 方法。与第 9 章中所讨论的链表一样，队列节点对象也具有 value 字段和 next 字段。

如图 10.6 所示，队列包含 head 字段和 tail 字段，分别表示队列链表中的第一个节点和最后一个节点。队列中总是至少包含一个节点，第一个节点是一个哨兵节点。哨兵节点与第 9 章中所讨论的一样，它标记了队列中的一个位置（在本例中是队列的头部），但是它的值没有意义。与第 9 章中的链表算法（相同的节点总是充当哨兵节点）不同，队列会不断替换哨兵节点。该算法的抽象映射将一个节点链表映射到一个队列中，队列中的非哨兵节点引用的数据元素的顺序与它们在链表中出现的顺序相同。第一个节点引用的数据元素不在抽象队列中。如果链表中只有一个节点（即 head.next == null），那么抽象队列为空。

```
1  public class BoundedQueue<T> {
2    ReentrantLock enqLock, deqLock;
3    Condition notEmptyCondition, notFullCondition;
4    AtomicInteger size;
5    volatile Node head, tail;
6    final int capacity;
7    public BoundedQueue(int _capacity) {
8      capacity = _capacity;
9      head = new Node(null);
10     tail = head;
11     size = new AtomicInteger(0);
12     enqLock = new ReentrantLock();
13     notFullCondition = enqLock.newCondition();
14     deqLock = new ReentrantLock();
15     notEmptyCondition = deqLock.newCondition();
16   }
17   ...
18 }
```

图 10.2　有界队列 BoundedQueue 类：字段和构造函数

```
19   protected class Node {
20     public T value;
21     public volatile Node next;
22     public Node(T x) {
23       value = x;
24       next = null;
25     }
26   }
```

图 10.3　有界队列 BoundedQueue 类：链表节点

```
27   public void enq(T x) {
28     boolean mustWakeDequeuers = false;
29     Node e = new Node(x);
30     enqLock.lock();
31     try {
32       while (size.get() == capacity)
33         notFullCondition.await();
34       tail.next = e;
35       tail = e;
36       if (size.getAndIncrement() == 0)
37         mustWakeDequeuers = true;
38     } finally {
39       enqLock.unlock();
40     }
41     if (mustWakeDequeuers) {
42       deqLock.lock();
43       try {
44         notEmptyCondition.signalAll();
45       } finally {
46         deqLock.unlock();
47       }
48     }
49   }
```

图 10.4　有界队列 BoundedQueue 类：enq() 方法

```
50    public T deq() {
51      T result;
52      boolean mustWakeEnqueuers = false;
53      deqLock.lock();
54      try {
55        while (head.next == null)
56          notEmptyCondition.await();
57        result = head.next.value;
58        head = head.next;
59        if (size.getAndDecrement() == capacity) {
60          mustWakeEnqueuers = true;
61        }
62      } finally {
63        deqLock.unlock();
64      }
65      if (mustWakeEnqueuers) {
66        enqLock.lock();
67        try {
68          notFullCondition.signalAll();
69        } finally {
70          enqLock.unlock();
71        }
72      }
73      return result;
74    }
```

图 10.5　有界队列 BoundedQueue 类：deq() 方法

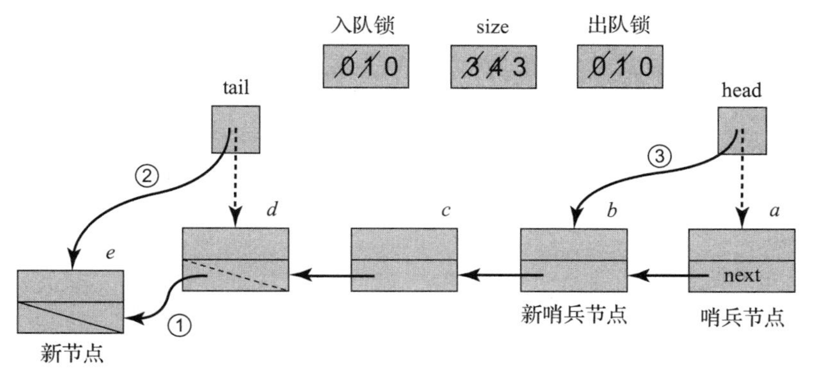

图 10.6　具有四个插槽的有界队列 BoundedQueue 类的 enq() 方法和 deq() 方法。首先，通过获取 enqLock 锁将一个节点添加到队列中。enq() 方法检测到队列的 size 为 3，小于队列的界限。然后它将重新设置 tail 字段指向的节点的 next 字段（步骤①），并将 tail 指向新的节点（步骤②），同时将队列的 size 递增到 4，然后释放锁。由于队列的 size 现在为 4，任何新的 enq() 方法的调用都将导致线程阻塞，直到某个 deq() 方法调用触发 notFullCondition 条件对象的信号。接下来，某个线程将一个节点从队列中出队。deq() 方法获取 deqLock 锁，从 head（该节点是当前的哨兵节点）所指向的节点的后继节点中读取新值 b，将 head 重新设置指向该后继节点（步骤③），并将队列的 size 递减到 3，然后释放锁。在完成 deq() 方法之前，因为启动时队列的 size 是 4，所以线程获取 enqLock 锁并向所有等待 notFullCondition 条件对象的入队者线程发出信号，指示他们可以继续执行入队操作

我们分别使用两个不同的锁（enqLock 和 deqLock）来保证在任何时候最多只有一个入队线程以及最多一个出队线程可以操作队列对象的字段。这种使用两个锁而不是一个锁的方法，可以使得一个入队线程不会锁定一个出队线程，反之亦然。每个锁都有一个与之关联的条件对象：与 enqLock 锁相关联的是一个 notFullCondition 条件对象，用于当队列不再满时通知等待的入队线程；与 deqLock 锁相关联的是一个 notEmptyCondition 条件对象，用于当队列不再空时通知等待的出队线程。

为了保证队列的有界性，当队列为满时必须阻止新的数据元素入队。size 字段是一个 AtomicInteger 数据类型，用于跟踪位于队列中当前对象的数量。deq() 方法的调用将递减 size 字段的值，而 enq() 方法的调用将递增 size 字段的值。size 字段之所以使用一个 AtomicInteger 数据类型是因为这个字段不受任何一个锁的保护：一个入队线程和一个出队线程可以同时访问这个字段。

为了将一个数据元素入队，一个线程首先获取 enqLock 锁（第 30 行代码），并读取 size 字段的值（第 32 行代码）。如果这个字段的值等于队列的容量，则表明队列已满，因此入队线程必须等待，直到一个出队线程腾出空间。入队线程在 notFullCondition 对象条件上等待（第 33 行代码），暂时释放 enqLock 锁，并阻塞，直到 notFullCondition 对象条件的信号被发出。每次线程醒来时，都会检查队列中是否还有空间；如果没有空间，则会返回睡眠状态。

一旦入队线程确定队列中还有空间，就可以继续执行入队操作。当一个入队线程正在演进时，就不允许其他线程向队列中添加数据元素：所有其他的入队线程都被锁定，并发的出队线程只能增加可用空间。

我们必须仔细检查，以确保这个实现不会出现第 8 章中描述的“唤醒丢失”错误。这种细心检查是必需的，因为一个入队线程碰到一个满的队列时将执行以下两个操作步骤：第一步，发现 size 与队列容量大小相同；第二步，在 notFullCondition 对象条件上等待直到队列中有空间为止。当一个出队线程将队列从满变为不满时，入队线程将获取 enqLock 锁并发出 notFullCondition 条件信号。即使 size 字段不受 enqLock 锁保护，但在发出 notFullCondition 条件信号之前，出队线程仍然会获取 enqLock 锁，因此出队线程无法在入队线程的两个步骤之间发出信号。

为了将一个数据元素出队，一个线程将获取 deqLock 锁并检查队列是否为空。但是，与 enq() 方法不同，出队线程不会读取 size 字段。相反，出队线程将测试 head.next == null 是否成立（第 55 行代码）；如果测试成立，则表明抽象队列为空，出队线程必须等待直到一个数据元素进入队列。与 enq() 方法一样，出队线程在条件信号 notEmptyCondition 上等待，临时释放 deqLock 锁，并阻塞，直到 notEmptyCondition 条件信号被发出。每次线程被唤醒时，它都会检查队列是否为空，如果为空，则返回睡眠状态。

一旦一个出队线程确定队列为非空，则在 deq() 方法的调用期间，队列将保持非空，因为所有其他出队线程都已被锁定。因为队列是非空的，所以队列中有一个非哨兵节点，出队线程访问第一个非哨兵节点（即哨兵节点的 next 字段所指向的节点）。出队线程读取这个节点的值字段，并通过设置队列头节点来引用该节点，并使该节点成为新的哨兵节点。然后，出队线程递减 size，并释放 deqLock 锁。如果出队线程发现先前的 size 字段值与队列容量相同，那么可能存在等待 notEmptyCondition 条件信号的入队线程，因此出队线程会获取 enqLock 锁，并向所有等待入队的线程发出唤醒信号。

请注意，抽象队列的最后一个数据元素并不总是 tail 所指向的节点。当最后一个节点的 next 字段被重新设置为指向新节点时，即使入队线程尚未更新 tail（也就是说，一个 enq() 方法的调用在第 34 行代码处线性化），该数据元素也会被从逻辑上添加到队列中。例如，假设一个入队线程正在插入一个新节点：该线程已经获取了 enqLock 锁并重新设置了最后一个节点以指向新节点，但是还没有重新设置 tail 字段。一个并发的出队线程获取了 deqLock 锁，读取并返回新节点的值，将 head 重新设置指向新节点，并递减 size，所有这些操作都是在入队线程重新设置 tail 以指向新插入的节点之前完成的。在本例中，size 将暂时为负数，因为在入队线程递增 size 之前，出队线程递减了 size。在这种情况下，入队线程不需要唤醒任何等待的出队线程，因为被它入队的数据元素已经被出队。

这种实现的一个缺点是并发 enq() 方法调用和 deq() 方法调用会相互干扰，但又不是通过锁的方式。所有的方法调用都对 size 字段调用 getAndIncrement() 方法或者 getAndDecrement() 方法。这些方法比通常的读写方法开销更大，而且它们可能会造成一个顺序瓶颈。

减少这种干扰的一种方法是将这个 size 字段拆分为两个字段：enqSideSize 是一个整数字段，由 enq() 方法递增；而 deqSideSize 也是一个整数字段，由 deq() 方法递减。队列的实际大小是这两个计数器的总和（deqSideSize 始终为 0 或者负数）。一个调用 enq() 方法的线程对 enqSideSize 字段进行测试，只要该字段的值小于队列的容量，就继续执行入队操作。当 enqSideSize 字段的值达到队列容量时，线程锁定 deqLock 锁，将 deqSideSize 字段的值累加到 enqSideSize 字段上，并将 deqSideSize 字段的值重置为 0。这种技术并不是每次方法调用都同步，而是在入队线程的 enqSideSize 的大小估计变得太大时偶尔进行同步。

10.4　无界完全队列

现在我们将讨论一个无界队列的实现。enq() 方法总是可以向队列中添加数据元素；如果队列中没有数据元素可以出队，那么 deq() 方法将抛出一个 EmptyException 空异常。无界队列与有界队列的实现基本相同，但是不需要统计队列中的数据元素的数量，也不需要提供用于等待的条件。该算法的实现比有界算法要简单，如图 10.7 和图 10.8 所示。

```
1   public void enq(T x) {
2     Node e = new Node(x);
3     enqLock.lock();
4     try {
5       tail.next = e;
6       tail = e;
7     } finally {
8       enqLock.unlock();
9     }
10  }
```

图 10.7　无界队列 UnboundedQueue 类：enq() 方法

```
11  public T deq() throws EmptyException {
12    T result;
13    deqLock.lock();
14    try {
15      if (head.next == null) {
16        throw new EmptyException();
17      }
18      result = head.next.value;
19      head = head.next;
20    } finally {
21      deqLock.unlock();
22    }
23    return result;
24  }
```

图 10.8　无界队列 UnboundedQueue 类：deq() 方法

这种队列不可能死锁，因为每个方法都只获取一个锁，要么是 enqLock 锁要么是 deqLock 锁。队列中唯一的哨兵节点永远不会被删除，因此每次 enq() 方法调用在获得锁后都可以成功执行入队操作。当然，如果队列为空（即 head.next 为 null），那么 deq() 方法调用就会失败。与有界队列的实现一样，当 enq() 方法调用将最后一个节点的 next 字段设置为指向新节点时，一个数据元素就实际上已加入到队列中，即使在 enq() 方法重新设置 tail 以指向新节点之前。在这个瞬间之后，新的节点沿着 next 的引用链是可到达的。通常，队列实际上的头部节点和尾部节点不一定总是 head 和 tail 所指向的节点。相反，实际的头部节点是 head 的后继节点所指向的节点，实际的尾部节点是从头部开始，可以到达的最后一个节点。enq() 方法和 deq() 方法都是完全方法，因为它们都不需要等待队列变成空或者变成满。

10.5　无锁的无界队列

现在我们讨论一种无锁的无界队列的实现。图 10.9～图 10.12 描述了无锁队列 LockFreeQueue<T> 类，这是 10.4 节中无界完全队列的一个自然扩展。该实现通过让较快的线程帮助较慢的线程来防止方法调用陷入饥饿。

```
1  public class LockFreeQueue<T> {
2    AtomicReference<Node> head, tail;
3    public LockFreeQueue() {
4      Node node = new Node(null);
5      head = new AtomicReference(node);
6      tail = new AtomicReference(node);
7    }
8    ...
9  }
```

图 10.9　无锁队列 LockFreeQueue<T> 类：字段和构造函数

```
10   public class Node {
11     public T value;
12     public AtomicReference<Node> next;
13     public Node(T value) {
14       this.value = value;
15       next = new AtomicReference<Node>(null);
16     }
17   }
```

图 10.10　无锁队列 LockFreeQueue<T> 类：链表节点

如前所述，我们将队列表示为由若干节点组成的链表，其中第一个节点是一个值没有意义的哨兵。然而，如图 10.9 和图 10.10 所示，head 字段和 tail 字段是 AtomicReference<Node> 字段，分别指向队列中的第一个节点和最后一个节点。每个节点的 next 字段是一个 AtomicReference<Node> 字段，指向列表中的下一个节点。队列构造函数创建一个新的哨兵节点，并设置 head 和 tail 都指向这个哨兵节点。

```
18   public void enq(T value) {
19     Node node = new Node(value);
20     while (true) {
21       Node last = tail.get();
22       Node next = last.next.get();
23       if (last == tail.get()) {
24         if (next == null) {
25           if (last.next.compareAndSet(next, node)) {
26             tail.compareAndSet(last, node);
27             return;
28           }
29         } else {
30           tail.compareAndSet(last, next);
31         }
32       }
33     }
34   }
```

图 10.11 无锁队列 LockFreeQueue<T> 类：enq() 方法

```
35   public T deq() throws EmptyException {
36     while (true) {
37       Node first = head.get();
38       Node last = tail.get();
39       Node next = first.next.get();
40       if (first == head.get()) {
41         if (first == last) {
42           if (next == null) {
43             throw new EmptyException();
44           }
45           tail.compareAndSet(last, next);
46         } else {
47           T value = next.value;
48           if (head.compareAndSet(first, next))
49             return value;
50         }
51       }
52     }
53   }
```

图 10.12 无锁队列 LockFreeQueue<T> 类：deq() 方法

enq() 方法（图 10.11）创建一个新节点（第 19 行代码），定位到队列中的最后一个节点（第 21～22 行代码），然后更新链表以附加新的节点。这种方法是惰性的：它分两个不同的操作步骤进行更新（如图 10.13 所示）。

1. 调用 compareAndSet() 方法以添加新节点（第 25 行代码）。

2. 调用 compareAndSet() 方法将队列的 tail 字段从上一个节点更改为新的最后一个节点（第 26 行代码）。

由于这两个步骤不是以原子方式执行的，所以其他方法调用都有可能遇到一个未完成的 enq() 方法调用，因此需要一个“相互帮助”技术来帮助 enq() 方法调用的完成。这是我们在

第 6 章的通用结构中第一次讨论的“相互帮助”技术的一个真实例子。

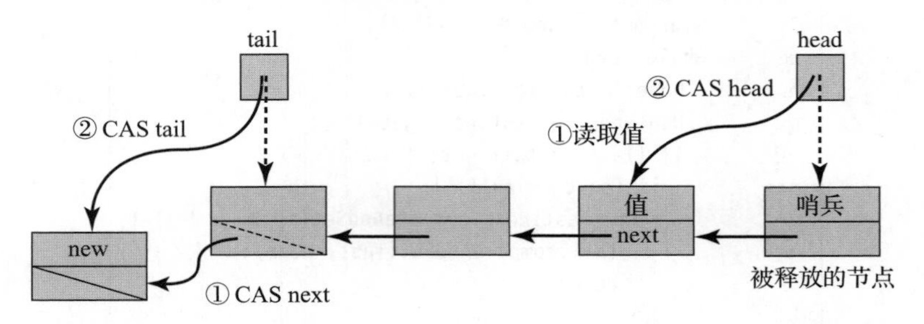

图 10.13 无锁队列 LockFreeQueue 的 enq() 方法和 deq() 方法。enq() 方法是惰性的：一个节点分两步操作插入到队列中。首先，一个 compareAndSet() 方法调用将 tail 所指向的节点的 next 字段从 null 更改为新节点；然后，一个 compareAndSet() 方法调用使 tail 自身前进以指向新节点。通过检查哨兵节点是否有一个后继节点，然后调用 compareAndSet() 方法将 head 从当前哨兵节点重新指向到其后继节点，使后继节点成为新的哨兵节点，从而实现从队列中删除一个数据元素的操作。被删除的数据元素是新哨兵节点所指向的节点。enq() 方法和 deq() 方法都有助于帮助完成未完成的 tail 更新

接着我们将详细分析所有的步骤。一个入队线程 *A* 为需要入队的新值来创建一个新节点（第 19 行代码），并通过读取 tail（第 21～23 行代码）来查找最后一个节点。为了验证所找到的节点确实是最后一个节点，线程 *A* 测试该节点是否没有后续节点（第 24 行代码）。如果测试成立，则通过调用 compareAndSet() 方法（第 25 行代码）尝试添加新的节点。（此处之所以需要一个 compareAndSet() 操作，是因为其他线程有可能正在尝试相同的操作。）如果 compareAndSet() 方法成功，则线程 *A* 使用第二个 compareAndSet() 方法将 tail 指向新节点（第 26 行代码）。即使第二个 compareAndSet() 方法调用失败，线程 *A* 仍然可以成功返回，因为稍后我们将看到，只有当其他线程通过设置 tail 指向后继节点来“帮助”线程 *A* 时，这个 compareAndSet() 方法的调用才会失败。

如果 tail 节点有一个后继节点（第 29 行代码），那么在读取 tail 之前，其他的入队线程必定已经添加了它的节点，但是没有更新 tail。在这种情况下，在再次尝试插入自己的节点之前，线程 *A* 试图通过重新设置 tail 使其直接指向后继节点（第 30 行代码）从而“帮助”另一个线程。

这个 enq() 方法是完全的，即它从不需要等待一个出队线程。当正在执行的线程（或者并发帮助线程）成功地调用了 compareAndSet() 方法将 tail 字段重新设置为指向第 30 行代码处的新节点时，一个成功的 enq() 方法就可以在这个点上被线性化。

deq() 方法的实现类似于无界队列 UnboundedQueue 中对应的方法实现。如果队列为非空，则出队线程调用 compareAndSet() 方法将 head 从哨兵节点更改为其后继节点，使后继节点成为新的哨兵节点。如前所述，deq() 方法通过检查 head 节点的 next 字段不为 null 以确保队列非空。

然而，在图 10.14 所示的无锁情况下，存在一个微妙的问题：在向前推进 head 之前，一个出队线程必须确保 tail 不是指向即将从队列中被删除的哨兵节点。为了避免这个问题，我们添加了一个测试：如果 head 等于 tail（第 41 行代码），并且它们所指向的（哨兵）节点有一个非空的 next 字段（第 42 行代码），那么 tail 被认为是滞后的。在这种情况下，与 enq()

方法一样，出队线程试图通过调整 tail 指向哨兵节点的后继节点（第 45 行代码）来帮助保持 tail 的一致性，然后才更新 head 以删除哨兵节点（第 48 行代码）。和部分队列的实现一样，从哨兵节点的后继节点读取值（第 47 行代码）。如果这个方法返回一个值，那么当它成功地将一个节点追加到链表中时（即，当第 48 行代码的 compareAndSet() 方法成功时），就会出现它的可线性化点；否则，当它发现哨兵节点没有后继节点时（即，当它在第 39 行代码处得到一个空值时），就会被线性化。

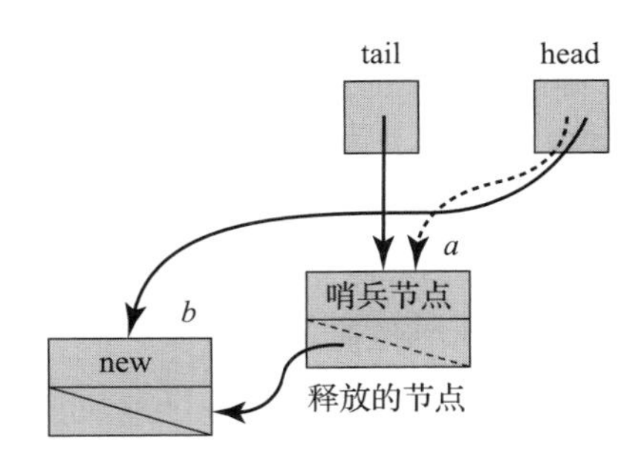

图 10.14　在图 10.12 第 45 行代码处，为什么出队线程必须帮助推进 tail 的示意图。考虑这样的场景，其中一个正在将节点 *b* 入队的线程已经将节点 *a* 的 next 字段重新设置指向节点 *b*，但是还没有将 tail 字段从 *a* 重新设置指向 *b*。如果另一个线程开始出队，该线程将读取 *b* 的值并将 head 从 *a* 重新设置指向 *b*，从而在 tail 还在指向 *a* 时，就从队列中有效地删除了节点 *a*。为了避免这个问题，在重新设置 tail 之前，正在出队的线程必须帮助 tail 从节点 *a* 推进到节点 *b*

很容易说明所实现的队列是无锁的。每个方法调用首先检查一个未完成的 enq() 方法调用，并尝试完成该调用的执行。在最坏的情况下，所有线程都试图推进队列的 tail 字段，其中一个线程必定会成功。只有当另一个线程的方法调用成功地更改了引用时，一个线程才能将一个节点添加到队列中或者从队列中删除，因此，总会有某个方法的调用会完成执行。事实证明，无锁大大提高了队列实现的性能，而且无锁算法的性能通常优于最有效的阻塞算法。

10.6　内存回收和 ABA 问题

到目前为止，我们讨论的所有队列实现都依赖于 Java 垃圾回收器来回收利用那些已经出队的节点。如果我们选择采用自己的内存管理，那么会出现什么情况呢？实现自定义内存回收主要有以下几个原因：首先，像 C 或者 C++ 等程序设计语言并不提供垃圾回收机制；其次，即使可以使用系统提供的垃圾回收机制，但是由类本身提供的内存管理通常会更有效，特别是当类创建和释放许多小对象时；最后，如果垃圾回收过程不是无锁的，我们可能需要提供自己的无锁内存回收。

以无锁方式回收节点的一种很自然的方法是让每个线程维护自己的私有（即线程本地）空闲链表，其中包含未使用的队列数据元素。

```
ThreadLocal<Node> freeList = new ThreadLocal<Node>() {
  protected Node initialValue() { return null; };
};
```

当一个入队线程需要一个新的节点时，它会尝试从其线程本地空闲链表中删除一个节点。如果空闲链表为空，则可以使用new运算符分配一个节点。当一个出队线程准备释放一个节点时，它会将该节点链接到线程本地空闲链表中。因为链表是线程本地的，所以不需要很大的同步开销。只要每个线程执行的入队次数和出队次数大致相同，这种设计的运行效果就非常好。如果入队和出队这两种操作的次数不平衡，则可能需要更加复杂的技术，例如定期从其他线程窃取节点。

令人惊讶的是，如果以最直接的方式回收节点，那么无锁队列可能无法工作。考虑图10.15中描述的场景。在图10.15a中，出队线程*A*观察到哨兵节点是*a*，下一个节点是*b*。然后，出队线程*A*准备通过调用compareAndSet()方法来把head从旧值*a*更新到新值*b*。在执行第二个步骤之前，其他线程将节点*b*及其后继节点出队，并将节点*a*和节点*b*都放入空闲池中。节点*a*被回收，并最终作为队列中的哨兵节点重新出现，如图10.15b所示。线程现在被唤醒，调用compareAndSet()方法，由于head的旧值其实是指向*a*，所以成功返回。不幸的是，head已经被重新设置指向到一个被回收的节点！

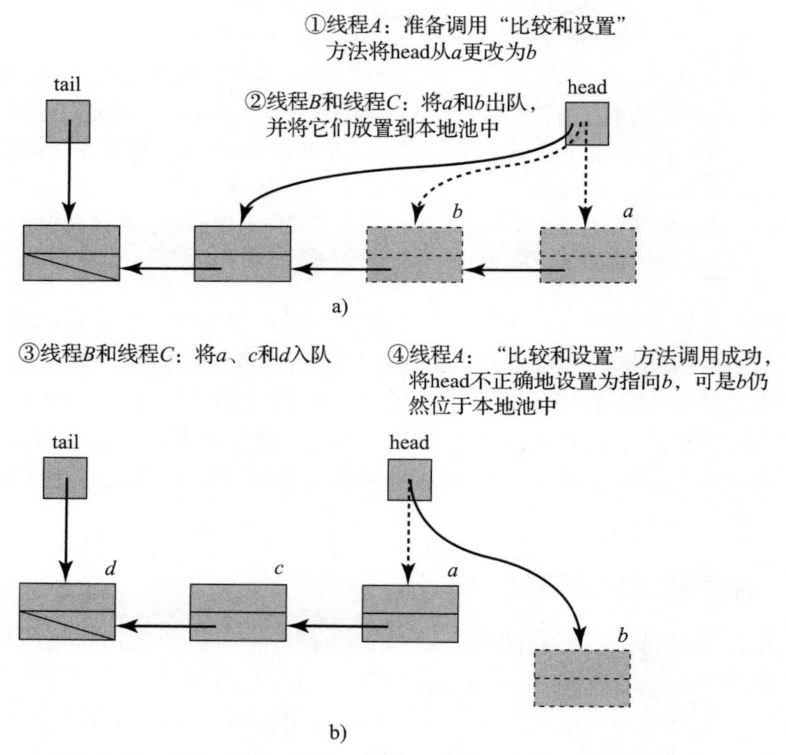

图10.15　一个ABA的场景：假设我们在无锁队列算法中使用回收节点的本地池。在图10.15的a部分中，出队线程*A*观察到哨兵节点是*a*，下一个节点是*b*。（步骤①）出队线程*A*准备通过应用一个compareAndSet()方法把head从旧值*a*更新到新值*b*。（步骤②）但是，假设在出队线程*A*执行另一个步骤之前，其他线程将节点*b*及其后继节点都删除（出队），并将节点*a*和节点*b*都放入空闲池中。（步骤③）在图10.15的b部分中，节点*a*被重用，并最终作为哨兵节点重新出现在队列中。（步骤④）线程*A*现在被唤醒，调用compareAndSet()方法，并成功地将head设置为指向*b*，因为head的旧值其实是指向*a*。结果，head被错误地设置为一个被回收的节点

这种现象被称为“ABA问题”。ABA问题经常会出现，特别是在使用条件同步操作（例如compareAndSet()方法）的动态内存算法中。通常，通过调用一个compareAndSet()方法，会将一个引用从*a*更改为*b*，然后再次更改回*a*。因此，即使对数据结构的影响已经产生，compareAndSet()方法的调用仍然会成功返回，但已经不再是所想要的结果。

解决这个问题的一个简单方法是为每个原子引用附加上一个唯一的时间戳。正如“程序注释10.6.1”中所述，一个AtomicStampedReference<T>对象封装了一个对T类型对象的一个引用和一个整数戳。这些字段可以一起或者单独进行原子更新。

程序注释 10.6.1

AtomicStampedReference<T>类封装了一个对T类型对象的一个引用和一个整数戳。它是AtomicMarkableReference<T>类（程序注释9.8.1）的概化表达，使用一个整数戳替换布尔类型的标记。

我们通常使用这个整数戳作为版本号来避免ABA问题，每次修改对象时都会增加戳记的值。有时，就像在第11章的LockFreeExchanger< >类中，我们使用时间戳来保存一组有限的状态之一。

整数戳值和引用字段可以一起或者单独进行原子更新。例如，compareAndSet()方法测试预期的引用值和整数戳值，如果两个测试都成功，则使用更新的引用值和整数戳值替换旧的值。get()方法具有一个特殊的接口：它返回对象的引用值，并将整数戳值存储在一个整数数组参数中。图10.16描述了这些方法的签名。

在C语言或者C++程序设计语言中，通过从指针中“窃取”二进制位，可以在64位的系统架构中高效地提供这种功能。而32位系统体系结构可能需要一定程度的间接寻址。

```
1  public boolean compareAndSet(T expectedReference,
2                               T newReference,
3                               int expectedStamp,
4                               int newStamp);
5  public T get(int[] stampHolder);
6  public T getReference();
7  public int getStamp();
8  public void set(T newReference, int newStamp);
```

图10.16 原子戳引用AtomicStampedReference<T>类：compareAndSet()方法和get()方法。compareAndSet()方法测试并更新stamp字段和reference字段，get()方法返回被封装的引用并将stamp字段的值存储在参数数组的索引位置0处，getReference()方法和getStamp()方法分别返回引用值和整数戳值，put()方法更新被封装的引用值和整数戳值

图10.17描述了使用AtomicStampedReference<Node>避免ABA问题的deq()方法。每次循环时，deq()方法都会读取第一个节点、下一个节点和最后一个节点的引用值和整数戳值（第6～8行代码），然后使用compareAndSet()方法来比较引用值和整数戳值（第18行代码）。每次使用compareAndSet()方法更新引用时都会将整数戳值增加1（第15行和第18

行代码）[⊖]。

```
1   public T deq() throws EmptyException {
2     int[] lastStamp = new int[1];
3     int[] firstStamp = new int[1];
4     int[] nextStamp = new int[1];
5     while (true) {
6       Node first = head.get(firstStamp);
7       Node last = tail.get(lastStamp);
8       Node next = first.next.get(nextStamp);
9       if (head.getStamp() == firstStamp[0]) {
10        if (first == last) {
11          if (next == null) {
12            throw new EmptyException();
13          }
14          tail.compareAndSet(last, next,
15            lastStamp[0], lastStamp[0]+1);
16        } else {
17          T value = next.value;
18          if (head.compareAndSet(first, next, firstStamp[0],
                   firstStamp[0]+1)) {
19            free(first);
20            return value;
21          }
22        }
23      }
24    }
25  }
```

图 10.17　无锁队列回收 LockFreeQueueRecycle<T> 类：deq() 方法使用时间戳来避免 ABA 问题

在许多同步场景中都会出现 ABA 问题，不仅仅是那些涉及条件同步的场景。例如，当仅使用加载和存储操作时，也可能会出现 ABA 问题。某些系统体系结构上提供条件同步操作（例如链接加载 / 条件存储）（具体请参见附录 B），通过测试一个值在两个时间点之间是否发生过改变（而不是测试在两个时间点是否相同），从而避免了 ABA 问题。

10.6.1　简单的同步队列

接下来我们将把注意力转向一种更紧密相关的同步。一个或者多个生产者线程生成数据元素，并由一个或者多个消费者线程按 FIFO 的顺序移除数据元素。然而，在这里，生产者和消费者之间必须相互会合：一个生产者线程将一个数据元素放入队列，直到该数据元素被消费者线程移除，反之亦然。这种会合同步是 CSP 和 Ada 等程序设计语言的内置同步机制。

图 10.18 描述了 SynchronousQueue<T> 类，这是一个基于管程的简单同步队列实现。这个类包含以下字段：item 字段表示第一个等待出队的数据元素；enqueuing 字段是一个布尔值，用于入队线程之间的同步；lock 字段是用于互斥的锁；condition 字段用来阻止部分方法。

⊖ 为了简单起见，我们忽略了整数戳值可能会因为溢出而产生回绕并导致错误的可能性（尽管这种可能性发生的概率很小）。

如果 enq() 方法发现 enqueuing 字段的值为 true（第 10 行代码），那么表明另一个入队线程已经提供了一个数据元素，并且正在等待与一个出队线程汇合，因此该入队线程将反复执行以下的操作：释放锁、睡眠、被唤醒时检查 enqueuing 字段的值是否已变为 false（第 11 行代码）。当满足此条件时，入队线程将 enqueuing 字段的值设置为 true，这将锁定其他入队线程，直到当前会合同步完成，并将 item 字段的值设置为指向新的数据元素（第 12～13 行代码）。然后这个入队线程通知所有的等待线程（第 14 行代码），并等待直到数据元素变为 null（第 15～16 行代码）。当等待结束时，表明会合同步已经发生，因此入队线程将 enqueuing 字段的值设置为 false，并通知所有的等待线程，然后返回（第 17 行和第 19 行代码）。

```
1  public class SynchronousQueue<T> {
2    T item = null;
3    boolean enqueuing;
4    Lock lock;
5    Condition condition;
6    ...
7    public void enq(T value) {
8      lock.lock();
9      try {
10       while (enqueuing)
11         condition.await();
12       enqueuing = true;
13       item = value;
14       condition.signalAll();
15       while (item != null)
16         condition.await();
17       enqueuing = false;
18       condition.signalAll();
19     } finally {
20       lock.unlock();
21     }
22   }
23   public T deq() {
24     lock.lock();
25     try {
26       while (item == null)
27         condition.await();
28       T t = item;
29       item = null;
30       condition.signalAll();
31       return t;
32     } finally {
33       lock.unlock();
34     }
35   }
36 }
```

图 10.18　同步队列 SynchronousQueue<T> 类

deq() 方法简单地等待直到 item 字段的值不为 null（第 26～27 行代码）时，记录该数据元素，将 item 字段的值设置为 null，然后在返回该数据元素之前通知所有的等待线程（第

28～31 行代码）。

虽然这个队列的设计相对简单，但是这种设计会产生很高的同步开销。每当一个线程可能唤醒另一个线程时，所有的等待线程（无论是入队线程还是出队线程）都将被唤醒，导致唤醒线程的数量是等待线程数量的平方。虽然可以使用多个条件对象来减少线程唤醒的次数，但是仍然需要在每次调用时阻塞，所以开销很大。

10.7　双重数据结构

为了减少同步队列的同步开销，我们考虑了另外一种同步队列的实现，它对称地处理 enq() 方法和 deq() 方法，并且将发现队列为空的 deq() 方法调用分为两个操作步骤。第一步，出队线程将一个**预定**（reservation）对象放入队列中，表示出队线程正在等待一个与之会合的入队线程。第二步，预定对象包含一个空槽，在这个槽上，出队线程自旋直到槽被占用，一个出队线程通过将一个数据元素放入该槽来完成预定。类似地，当一个入队线程将一个数据元素添加到队列中时，如果没有要完成的预定，这个入队线程将在该数据元素上自旋，直到该数据元素被一个出队线程删除。队列中要么只包含等待出队的数据元素，要么只包含等待完成的预定，要么是空的；队列中不可能同时包含数据元素和预定。

这种结构被称为**双重数据结构**（dual data structure），因为它可以同时包含数据元素和预定。双重数据结构具有许多优秀的特性。首先，等待线程可以在一个本地缓存标志上自旋，这对于可伸缩性至关重要。第二，它很显然可以确保公平性。预定按到达的次序排队，确保请求按相同的次序完成。请注意，这个数据结构是可线性化的，因为每个部分方法调用在完成时都可以排序。

这个双重队列是由若干节点组成的链表实现的，其中一个节点表示等待出队的一个数据元素或者等待完成的一个预定（如图 10.19 所示）。节点的 type 字段指示其所属的类型。在任何时候，队列中的所有节点都具有相同的类型：要么队列完全由等待出队的数据元素组成，要么完全由等待完成的预定组成。

```
1   private enum NodeType {ITEM, RESERVATION};
2   private class Node {
3     volatile NodeType type;
4     volatile AtomicReference<T> item;
5     volatile AtomicReference<Node> next;
6     Node(T myItem, NodeType myType) {
7       item = new AtomicReference<T>(myItem);
8       next = new AtomicReference<Node>(null);
9       type = myType;
10    }
11  }
```

图 10.19　同步双重队列 SynchronousDualQueue<T> 类：队列节点

当在队列中添加一个数据元素时，节点的 item 字段将保存该数据元素；当该数据元素退出队列时，该字段将被重新设置为 null。当一个预定排队时，节点的 item 字段为空，并在入队线程完成时重新设置为某个数据元素。

图 10.20 描述了同步双重队列 SynchronousDualQueue 的构造函数和 enq() 方法。（deq() 方法是相类似的。）正如我们在前面讨论的队列一样，head 字段总是指向一个充当占位符的

哨兵节点，该节点的实际值（以及数据类型）并不重要。当 head 和 tail 指向同一个节点（即哨兵节点）时，表明队列为空。构造函数创建一个具有任意值的哨兵节点，并且设置 head 和 tail 都指向这个哨兵节点。

```
12    public SynchronousDualQueue() {
13      Node sentinel = new Node(null, NodeType.ITEM);
14      head = new AtomicReference<Node>(sentinel);
15      tail = new AtomicReference<Node>(sentinel);
16    }
17    public void enq(T e) {
18      Node offer = new Node(e, NodeType.ITEM);
19      while (true) {
20        Node t = tail.get(), h = head.get();
21        if (h == t || t.type == NodeType.ITEM) {
22          Node n = t.next.get();
23          if (t == tail.get()) {
24            if (n != null) {
25              tail.compareAndSet(t, n);
26            } else if (t.next.compareAndSet(n, offer)) {
27              tail.compareAndSet(t, offer);
28              while (offer.item.get() == e);
29              h = head.get();
30              if (offer == h.next.get())
31                head.compareAndSet(h, offer);
32              return;
33            }
34          }
35        } else {
36          Node n = h.next.get();
37          if (t != tail.get() || h != head.get() || n == null) {
38            continue;
39          }
40          boolean success = n.item.compareAndSet(null, e);
41          head.compareAndSet(h, n);
42          if (success)
43            return;
44        }
45      }
46    }
```

图 10.20 同步双重队列 SynchronousDualQueue<T> 类：enq() 方法和构造函数

enq() 方法首先检查队列是否为空还是包含等待出队的已入队数据元素（第 21 行代码）。如果条件满足，那么就像在无锁队列中一样，enq() 方法读取队列的 tail 字段（第 22 行代码），并检查读取到的值是否一致（第 23 行代码）。如果 tail 字段没有指向队列中的最后一个节点，那么该方法将推进 tail 字段并重新开始（第 24～25 行代码）。否则，enq() 方法通过重新设置尾节点的 next 字段使其指向新节点（第 26 行代码），从而尝试将一个新节点附加到队列的末尾。如果成功，enq() 方法尝试推进 tail 使其指向新附加的节点（第 27 行代码），然后自旋，等待出队线程通过将节点的 item 字段的值设置为 null 来宣布它已将该数据元素出队。一旦该数据元素已经出队，该方法将尝试通过使其节点成为新的哨兵节点来进行清理。最后一步仅仅用于提高性能，因为无论方法是否推进了 head 字段的引用，程序的实现都保持正确。

但是，如果 enq() 方法发现队列中包含正在等待完成的出队线程预定，那么它将尝试查找一个需要完成的预定并完成。由于队列的 head 节点是一个没有任何意义的哨兵节点，因此 enq() 方法读取 head 的后继节点（第 36 行代码），检查所读取的值是否一致（第 37～39 行代码），并尝试将该节点的 item 字段从 null 更改为需要入队的数据元素。无论这一步是否成功，该方法都尝试推进 head（第 41 行代码）。如果 compareAndSet() 方法的调用成功（第 40 行代码），该方法将返回；否则将重试。

10.8　章节注释

部分队列的技术综合运用了 Doug Lea[110] 提出的技术以及 Maged Michael 和 Michael Scott[125] 算法中所采用的技术。无锁队列是 Maged Michael 和 Michael Scott[125] 提出的队列算法的一个简化的版本。同步队列的实现则来自 Bill Scherer、Doug Lea 和 Michael Scott 的算法 [167]。

10.9　练习题

练习题 10.1　修改同步双重队列 SynchronousDualQueue<T> 类，使其能适用于 null 数据元素。

练习题 10.2　考虑图 10.21 所示的队列，这是第 3 章中描述的单入队线程单出队线程的一个简单无锁队列的变体。该队列是阻塞的，也就是说，从空队列中删除一个数据元素，或者将一个数据元素添加到一个已满的队列中，都会导致线程自旋。令人惊讶的是，这个队列只需要加载和存储，而不需要更强大的读取 – 修改 – 写入同步操作。

然而，该队列实现是否需要使用一个内存屏障？如果需要，请指出在代码中哪里需要这样的一个内存屏障？并说明理由。如果不需要，也请说明理由。

```
1  class TwoThreadLockFreeQueue<T> {
2    int head = 0, tail = 0;
3    T[] items;
4    public TwoThreadLockFreeQueue(int capacity) {
5      head = 0; tail = 0;
6      items = (T[]) new Object[capacity];
7    }
8    public void enq(T x) {
9      while (tail - head == items.length) {};
10     items[tail % items.length] = x;
11     tail++;
12   }
13   public Object deq() {
14     while (tail - head == 0) {};
15     Object x = items[head % items.length];
16     head++;
17     return x;
18   }
19 }
```

图 10.21　一种单入队线程单出队线程的具有阻塞的无锁 FIFO 队列。队列使用一个数组实现。初始时，head 字段和 tail 字段相等，表明队列为空。如果 head 和 tail 的差值等于容量 capacity，则表明队列已满。enq() 方法读取 head 字段，如果队列已满，则重复检查 head，直到队列不再满为止。然后将对象存储在数组中，并递增 tail 字段。deq() 方法的工作方式与之类似

练习题 10.3　使用数组而不是链表来设计一个基于有界锁的队列的实现。

1. 通过使用 head 和 tail 这两个单独的锁来允许并行方式。
2. 尝试将算法修改为无锁的算法。请问在什么地方会遇到困难？

练习题 10.4　在基于锁的无界队列（图 10.8）的 deq() 方法中，当检查队列是否为空时，是否需要持有锁？请说明理由。

练习题 10.5　在但丁的《地狱》中，他描述了一次到地狱的旅行。在最近发现的一个章节中，他遇到了五个人，围坐在一张桌子旁，桌子中央有一锅炖菜。尽管每个人都拿着一把勺子，每把勺子都可以够到锅子，但每把勺子的把手都长过每个人的胳膊，因此没有人能喂自己吃东西。他们都又饥饿又绝望。

于是，但丁建议道："你们为什么不互相喂食呢？"

其余的章节缺少（接下来的故事情节请读者自己想象……）。

1. 设计一个算法，允许这些人互相喂食。两个或者两个以上的人不能同时喂食同一个人。要求您设计的算法是无饥饿的。
2. 讨论您所设计的算法的优缺点。该算法是集中式的还是分散式的？争用度是高还是低？是确定性的还是随机化的？

练习题 10.6　考虑无锁队列的 enq() 方法和 deq() 方法的可线性化点（图 10.11 和图 10.12）。

1. 是否可以将从一个节点读取返回值的点选择作为一个成功 deq() 方法的可线性化点？请说明理由。
2. 是否可以选择 tail 字段被更新（可能是被其他线程更新）的点作为 enq() 方法的可线性化点？请说明理由。

练习题 10.7　考虑图 10.22 所示的无界队列的实现。该队列是阻塞的，这意味着 deq() 方法在找到需要出队的数据元素之前不会返回。

这个队列包含有两个字段：items 字段是一个非常大的数组，tail 字段是数组中下一个未被使用的数据元素的索引。

1. enq() 方法和 deq() 方法是否都是无等待的？如果不是，它们是无锁的吗？请说明理由。
2. 确定 enq() 方法和 deq() 方法的可线性化点。（请注意，这些可线性化点可能与执行过程有关。）

```
1  public class HWQueue<T> {
2    AtomicReference<T>[] items;
3    AtomicInteger tail;
4    ...
5    public void enq(T x) {
6      int i = tail.getAndIncrement();
7      items[i].set(x);
8    }
9    public T deq() {
10     while (true) {
11      int range = tail.get();
12      for (int i = 0; i < range; i++) {
13        T value = items[i].getAndSet(null);
14        if (value != null) {
15          return value;
16        }
17      }
18     }
19   }
20 }
```

图 10.22　练习题 10.7 中使用的队列

第 11 章
The Art of Multiprocessor Programming, Second Edition

栈和消除

11.1 引言

栈 Stack<T> 类是一组数据元素（类型为 T）的集合，它提供满足后进先出（last-in-first-out，LIFO）属性的 push() 方法和 pop() 方法：最后一个入栈的数据元素就是第一个出栈的数据元素。本章讨论如何实现并发栈。初看起来，栈这样的数据结构似乎不大可能支持并发，因为 push() 方法调用和 pop() 方法调用似乎需要在栈顶进行同步。

令人惊讶的是，栈本身并不是顺序的。在本章中，我们将讨论如何实现并发栈（利用并发栈可以实现高度的并行性）。首先我们将讨论如何构造一个无锁的栈，其中入栈操作和出栈操作需要在单一位置上进行同步。

11.2 无锁的无界栈

图 11.1 描述了一个并发的无锁栈 LockFreeStack 类。该无锁栈是一个链表，其中 top 字段指向第一个节点（如果栈为空，则为 null）。为了简单起见，我们通常假设向一个栈中添加一个 null 值是非法的。这个类的代码分别如图 11.2、图 11.3 和图 11.4 所示。

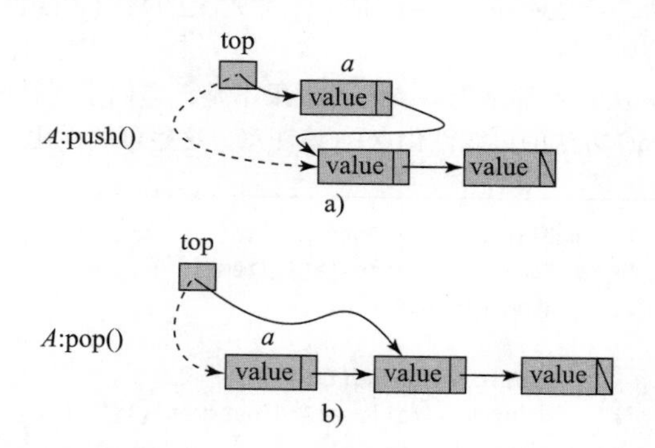

图 11.1 一种无锁栈。在图 11.1a 中，一个线程通过对 top 字段调用一个 compareAndSet() 方法，将值 *a* 压入栈中。在图 11.1b 中，一个线程通过对 top 字段调用一个 compareAndSet() 方法，从栈中弹出值 *a*

```
public class LockFreeStack<T> {
  AtomicReference<Node> top = new AtomicReference<Node>(null);
  static final int MIN_DELAY = ...;
  static final int MAX_DELAY = ...;
  Backoff backoff = new Backoff(MIN_DELAY, MAX_DELAY);

  protected boolean tryPush(Node node){
```

图 11.2 无锁栈 LockFreeStack<T> 类。在 push() 方法中，各个线程交替执行以下操作：通过调用 tryPush() 方法来更改 top 引用，使用图 7.5 中的 Backoff 类进行退避

```
8      Node oldTop = top.get();
9      node.next = oldTop;
10     return(top.compareAndSet(oldTop, node));
11   }
12   public void push(T value) {
13     Node node = new Node(value);
14     while (true) {
15       if (tryPush(node)) {
16         return;
17       } else {
18         backoff.backoff();
19       }
20     }
21   }
22   ...
23 }
```

图 11.2 （续）

```
24 public class Node {
25     public T value;
26     public Node next;
27     public Node(T value) {
28       value = value;
29       next = null;
30     }
31 }
```

图 11.3 无锁栈链表节点

```
32   protected Node tryPop() throws EmptyException {
33     Node oldTop = top.get();
34     if (oldTop == null) {
35       throw new EmptyException();
36     }
37     Node newTop = oldTop.next;
38     if (top.compareAndSet(oldTop, newTop)) {
39       return oldTop;
40     } else {
41       return null;
42     }
43   }
44   public T pop() throws EmptyException {
45     while (true) {
46       Node returnNode = tryPop();
47       if (returnNode != null) {
48         return returnNode.value;
49       } else {
50         backoff.backoff();
51       }
52     }
53   }
```

图 11.4 无锁栈 LockFreeStack<T> 类。在 pop() 方法中，线程交替执行以下操作：尝试修改 top 字段和退避

push() 方法首先创建一个新节点（第 13 行代码），然后调用 tryPush() 方法使新节点的 next 字段指向当前栈顶，然后尝试将 top 引用从当前栈顶指向到新节点。如果 tryPush() 方法的调用成功，则 push() 方法调用返回；如果失败，则在退避后重复尝试调用 tryPush() 方法。pop() 方法调用 tryPop() 方法，该方法使用 compareAndSet() 方法尝试从栈中删除第一个节点。如果成功，则返回节点；否则返回 null（如果栈是空的，则将会抛出一个异常）。tryPop() 方法将被不断调用，直到它成功（或者抛出一个异常），此时 pop() 方法将返回被移除的节点的值。

正如第 7 章中所述，我们可以使用指数退避（参见图 7.5）来显著地减少对 top 字段的争用。因此，在调用 tryPush() 方法或者 tryPop() 方法均失败后，push() 方法和 pop() 方法都会执行退避操作。

这个实现是无锁的，因为只有存在无限多个修改栈顶的成功调用时，一个线程才有可能无法完成 push() 方法或者 pop() 方法的调用。push() 方法和 pop() 方法的可线性化点都是在 compareAndSet() 方法调用成功的时候，或者在一个空栈上调用 pop() 方法时观察到 top 等于 null（第 33 行和第 34 行代码）的时候。请注意，由 pop() 方法调用的 compareAndSet() 方法不存在 ABA 问题（请参阅第 10 章），因为 Java 垃圾回收器确保只要一个节点可以被另一个线程访问，则该节点就不能被任何线程重用。设计一个不使用垃圾回收器就能避免 ABA 问题的无锁栈则留作一道练习题。

11.3　消除

上述关于无锁栈 LockFreeStack 的实现，其可扩展性很差，因为栈的 top 字段不仅仅是一个争用源，而且是一个主要的**串行瓶颈**（sequential bottleneck）：所有方法调用只能一个接一个地进行，按照应用到栈的 top 字段上的 compareAndSet() 方法成功调用的次序来排序。虽然指数退避可以减少争用，但它并不能缓解串行瓶颈的问题。

为了使堆栈能够并行，我们利用栈的以下特性：如果一个 push() 方法的调用紧接着一个 pop() 方法的调用，则这两个操作可以互相抵消，并且栈的状态保持不变。这就好像这两次操作都没有发生过一样。如果能够采用某种方法抵消并发的入队操作和出队操作，那么正在调用 push() 方法的线程可以与正在调用 pop() 方法的线程交换数据，而不必修改栈本身。这样的两次调用会互相抵消。

图 11.5 描绘了线程如何通过 EliminationArray 实现线程之间相互消除的过程，其中线程选择随机数组元素来尝试满足互补的调用。成对互补的 push() 方法调用和 pop() 方法调用相互交换数值并返回。如果某个线程的调用无法消除，或者是因为该线程找不到一个互补的配对调用，再或者是因为它找到了一个具有错误类型方法调用的配对伙伴（例如一个 push() 方法调用遇到了另一个 push() 方法调用），则该线程可以再次尝试在一个新位置上查找一个配对伙伴，或者访问共享的无锁栈 LockFreeStack。这种由数组和共享堆栈组成的组合数据结构是可线性化的，因为共享堆栈是可线性化的，并且被消除的所有调用可以按它们交换数值的时间点进行排序。

我们可以使用消除数组 EliminationArray 作为共享无锁栈 LockFreeStack 的退避方案。每个线程首先访问无锁栈 LockFreeStack，如果线程未能完成其调用（即 compareAndSet() 方法调用尝试失败），则尝试使用数组消除其调用，而不是简单地退避。如果线程不能消除自身，它会再次调用共享无锁栈 LockFreeStack，以此类推。我们称这种数据结构为消除退避栈。

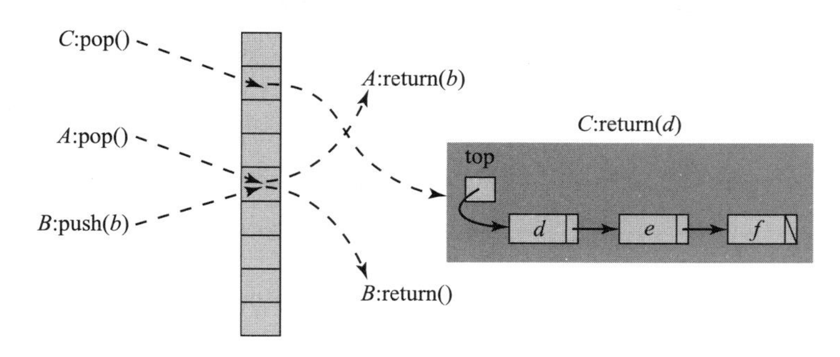

图 11.5 消除退避栈 EliminationBackoffStack<T> 类。每个线程在数组中随机选择一个位置。如果线程 A 的 pop() 方法调用和线程 B 的 push() 方法调用在几乎相同的时间到达相同的位置，那么线程 A 和线程 B 就直接交换数值，而无须访问共享的无锁栈 LockFreeStack。由于线程 C 没有与其他线程相交，因此最终会从共享的无锁栈 LockFreeStack 中弹出数据元素

11.4 消除退避栈

接下来我们将讨论如何构造消除退避栈 EliminationBackoffStack 这种数据结构，这是一种无锁的可线性化的栈实现。

我们可以从以下故事中得到启发：两个朋友在选举日讨论政治问题，每个人都试图说服对方改变立场，但都无济于事。最后，其中有一个人对另一个人说："你看，很明显我们在所有的政治问题上都持有不同的观点，我们的选票肯定会被相互抵消。为什么我们不节省自己的时间，我们两人今天都不去投票呢？"

另一个人很高兴地同意了，于是他们两个人就分开了。

不久之后，第一个人的一个朋友听到这个谈话后对他说："你所提出的建议很公平。"

"并不一定吧，"第一个人回答道。"这是我今天第三次这样做了。"

我们的构造中所采用的原则与这个故事是一样的。我们希望允许入栈线程和出栈线程相互协商协调并抵消，但必须避免一个线程可以和多个其他线程达成约定的情形。为此，我们使用名为**交换机**（exchanger）的协调结构来实现消除数组 EliminationArray，交换机对象仅允许有两个线程（不可以再多）采用合并方式并且交换数值。

我们已经在第 10 章的同步队列中讨论了如何使用锁机制来交换数值。此处需要一个无锁交换，即交换时线程自旋而不是阻塞，因为我们期望这些线程只等待很短的时间。

11.4.1 无锁交换机

无锁交换机 LockFreeExchanger<T> 对象允许两个线程交换类型为 T 的值。如果线程 A 使用参数 a 调用对象的 exchange() 方法，而线程 B 使用参数 b 调用同一对象的 exchange() 方法，则线程 A 的调用将返回值 b，而线程 B 的调用将返回值 a。从一个更高的层次上来看，交换机的工作方式是让第一个线程到达并写入其值，然后自旋等待，直到第二个线程到达。随后，第二个线程检测到第一个线程正在等待，于是读取第一个线程写入的值，并发出有关交换的信号。现在两个线程都读取了对方的值，并且可以返回。如果第二个线程没有出现，则第一个线程的调用可能会超时，如果无法在合理的时间内交换值，则允许线程离开交换机并继续演进。

图 11.6 所示的无锁交换机 LockFreeExchanger 类包含一个原子戳引用 AtomicStamped-

Reference 类型的字段 slot（参见“程序注释 10.6.1”）。交换机有三种可能的状态：EMPTY（空闲）、BUSY（忙碌）或者 WAITING（等待）。该引用的时间戳记录了交换机的状态（第 14 行代码）。交换机的主循环一直运行，直到超过 timeout 时限并且抛出一个异常（第 10 行代码）。与此同时，一个线程读取 slot 的状态（第 12 行代码）并按以下流程进行处理：

```
1  public class LockFreeExchanger<T> {
2    static final int EMPTY = ..., WAITING = ..., BUSY = ...;
3    AtomicStampedReference<T> slot = new AtomicStampedReference<T>(null, 0);
4    public T exchange(T myItem, long timeout, TimeUnit unit)
5      throws TimeoutException {
6      long nanos = unit.toNanos(timeout);
7      long timeBound = System.nanoTime() + nanos;
8      int[] stampHolder = {EMPTY};
9      while (true) {
10       if (System.nanoTime() > timeBound)
11         throw new TimeoutException();
12       T yrItem = slot.get(stampHolder);
13       int stamp = stampHolder[0];
14       switch(stamp) {
15       case EMPTY:
16         if (slot.compareAndSet(yrItem, myItem, EMPTY, WAITING)) {
17           while (System.nanoTime() < timeBound) {
18             yrItem = slot.get(stampHolder);
19             if (stampHolder[0] == BUSY) {
20               slot.set(null, EMPTY);
21               return yrItem;
22             }
23           }
24           if (slot.compareAndSet(myItem, null, WAITING, EMPTY)) {
25             throw new TimeoutException();
26           } else {
27             yrItem = slot.get(stampHolder);
28             slot.set(null, EMPTY);
29             return yrItem;
30           }
31         }
32         break;
33       case WAITING:
34         if (slot.compareAndSet(yrItem, myItem, WAITING, BUSY))
35           return yrItem;
36         break;
37       case BUSY:
38         break;
39       default: // 以上情况以外的处理
40         ...
41       }
42     }
43   }
44 }
```

图 11.6　无锁交换机 LockFreeExchanger<T> 类

- 如果状态为 EMPTY，则这个线程会尝试将其数据元素放入槽中，并调用 compareAndSet() 方法将状态设置为 WAITING（第 16 行代码）。如果线程调用 compareAndSet() 方法失败，则说明某个其他线程已经成功，因此该线程将重试；如果线程调用 compareAndSet() 方法成功（第 17 行代码），则说明该线程的数据元素在槽中，状态是 WAITING，因此线程自旋，等待另一个线程完成交换。如果另一个线程出现，它将接收槽中的数据元素，用自己的数据元素替换槽中的数据元素，并将状态设置为 BUSY（第 19 行代码），通知等待的线程交换已经完成。等待的线程将消耗这个数据元素并将状态重新设置为 EMPTY。可以通过一个简单的写操作来完成重置为 EMPTY 的操作，因为等待的线程是唯一可以将状态从 BUSY 变为 EMPTY 的线程（第 20 行代码）。如果没有其他线程出现，等待的线程需要将槽的状态重新设置为 EMPTY。这个状态更改需要调用 compareAndSet() 方法，因为其他线程可能正在试图通过将状态从 WAITING 设置为 BUSY（第 24 行代码）来交换数据。如果这个调用成功，则会引发一个超时异常；如果调用失败，则一定出现了某个交换线程，因此等待的线程才能完成其交换（第 26 行代码）。
- 如果状态为 WAITING，则表明某个线程正在等待，并且槽中包含线程的数据元素。该线程调用 compareAndSet() 方法尝试与自己的数据元素交换，并将状态从 WAITING 更改为 BUSY（第 34 行代码）。如果调用失败，则说明另一个线程成功，或者等待的线程在超时后将状态重新设置为 EMPTY，因此该线程必须重试。如果交换数据元素成功，则返回数据元素。
- 如果状态为 EMPTY，则表明存在其他两个线程当前正在使用交换机的槽，因此该线程必须重试（第 37 行代码）。

请注意，该算法允许插入的数据元素为 null，这将在稍后讨论的消除数组构造中用到。该算法中不存在 ABA 问题，因为更改状态的 compareAndSet() 方法调用从不检查数据元素。当第二个到达线程将状态从 WAITING 更改为 BUSY（第 34 行代码）时，将出现一个成功交换的可线性化点。此时，两个 exchange() 方法的调用相互重叠，并且交换必定会成功。当抛出超时异常时，将出现未成功交换的可线性化点。

这个算法是无锁的，因为只有在其他交换不断地成功时，具有足够时间进行交换的重叠 exchange() 方法调用才会失败。很显然，太短的交换时间可能会导致某个线程永远不会成功，因此在选择超时持续时间时必须十分小心。

11.4.2　消除数组

消除数组 EliminationArray 被实现为一个由若干**交换机**（exchanger）对象所组成的数组。一个试图执行交换的线程随机选取一个数组元素，并调用该数据元素的 exchange() 方法，将自己的输入作为与另一个线程进行交换的一个值。消除数组 EliminationArray 的代码如图 11.7 所示。其中，构造函数将数组的 capacity（不同交换机的数量）作为参数。消除数组 EliminationArray 类提供了唯一的方法 visit()，它接受一个超时时限参数。（按照 java.util.concurrent 包中的格式，超时时限用一个数值和一个时间单位来表示）。visit() 方法调用以一个类型为 *T* 的值作为输入参数，并返回其交换伙伴的输入值，或者在出现超时但此时并没有与另一个线程发生交换一个值的情况下抛出一个异常。在任意一个时间点上，每个线程都会在数组的子范围内随机选择一个位置（第 11 行代码）。这个子范围将根据数据结构上的负载来动态确定，并将作为一个参数传递给 visit() 方法。

```
1  public class EliminationArray<T> {
2    private static final int duration = ...;
3    LockFreeExchanger<T>[] exchanger;
4    public EliminationArray(int capacity) {
5      exchanger = (LockFreeExchanger<T>[]) new LockFreeExchanger[capacity];
6      for (int i = 0; i < capacity; i++) {
7        exchanger[i] = new LockFreeExchanger<T>();
8      }
9    }
10   public T visit(T value, int range) throws TimeoutException {
11     int slot = ThreadLocalRandom.current().nextInt(range);
12     return (exchanger[slot].exchange(value, duration,
13             TimeUnit.MILLISECONDS));
14   }
15 }
```

图 11.7 消除数组 EliminationArray<T> 类：在每一次访问中，一个线程可以动态选择数组的子范围，并从这个子范围中随机选择一个槽

每个线程使用自己的随机数生成器来选择其位置是非常关键的。正如附录 A.2.5 所述，如果多个线程共享一个随机数生成器，它们将导致争用现象，而这正是设计消除数组来避免此类问题的原因。

消除退避栈 EliminationBackoffStack 是无锁栈 LockFreeStack 的一个子类，它重写了 push() 方法和 pop() 方法，并且添加了一个消除数组 EliminationArray 字段。新的 push() 方法和 pop() 方法分别如图 11.8 和图 11.9 所示。如果 tryPush() 方法或者 tryPop() 方法失败，这些方法将尝试使用消除数组 EliminationArray 来交换值（第 15 行和第 33 行代码），而不是简单地退避。push() 方法的调用将其输入值作为参数来调用 visit() 方法，而 pop() 方法的调用则使用 null 值作为参数来调用 visit() 方法。push() 方法和 pop() 方法都有一个线程本地的范围策略 RangePolicy 对象，用于确定需要使用的消除数组 EliminationArray 的子范围。

```
1  public class EliminationBackoffStack<T> extends LockFreeStack<T> {
2    static final int capacity = ...;
3    EliminationArray<T> eliminationArray = new EliminationArray<T>(capacity);
4    static ThreadLocal<RangePolicy> policy = new ThreadLocal<RangePolicy>() {
5      protected synchronized RangePolicy initialValue() {
6        return new RangePolicy();
7      }
8
9    public void push(T value) {
10     RangePolicy rangePolicy = policy.get();
11     Node node = new Node(value);
12     while (true) {
13       if (tryPush(node)) {
```

图 11.8 消除退避栈 EliminationBackoffStack<T> 类：其中 push() 方法重写了无锁栈 LockFreeStack 类的 push() 方法。它不再是简单地使用一个退避类，而是使用一个消除数组 EliminationArray 和一个动态范围策略 RangePolicy 来选择需要消除的数组的子范围

```
14          return;
15        } else try {
16          T otherValue = eliminationArray.visit(value, rangePolicy.getRange());
17          if (otherValue == null) {
18            rangePolicy.recordEliminationSuccess();
19            return; // 和pop值交换
20          }
21        } catch (TimeoutException ex) {
22          rangePolicy.recordEliminationTimeout();
23        }
24      }
25    }
26  }
```

图 11.8 （续）

```
27    public T pop() throws EmptyException {
28      RangePolicy rangePolicy = policy.get();
29      while (true) {
30        Node returnNode = tryPop();
31        if (returnNode != null) {
32          return returnNode.value;
33        } else try {
34          T otherValue = eliminationArray.visit(null, rangePolicy.getRange());
35          if (otherValue != null) {
36            rangePolicy.recordEliminationSuccess();
37            return otherValue;
38          }
39        } catch (TimeoutException ex) {
40          rangePolicy.recordEliminationTimeout();
41        }
42      }
43    }
```

图 11.9　消除退避栈 EliminationBackoffStack<T> 类：其中 pop() 方法重写了无锁栈 LockFreeStack 类的 pop() 方法

当 push() 方法调用 visit() 方法时，它在自己的子范围内随机选择一个数组元素，并尝试与另一个线程交换一个值。如果交换成功，则**正在入栈**（pushing）的线程通过测试交换的值是否为 null 来检查是否被另一个出栈线程使用 pop() 方法交换了值（第 17 行代码）。（请读者回想一下，pop() 方法总是向交换器提供 null 值，而 push() 方法总是提供一个非 null 值给交换机。）相应地，当 pop() 方法调用 visit() 方法时，它会尝试进行一个值交换，如果值交换成功，pop() 方法就会通过检查 push() 方法调用的返回值是否为非 null 值来判断是否与 push() 方法调用交换了值（第 35 行代码）。

值交换如果不成功，可能是因为根本没有进行值交换（对 visit() 方法的调用超时），也可能是因为值交换发生在具有相同类型的操作上（例如，一个 pop() 方法和另一个 pop() 方法）。为了简洁起见，我们选择了一种简单的方法来处理这种情况：重新尝试 tryPush() 方法或者 tryPop() 方法的调用（第 13 行和第 30 行代码）。

一个很重要的参数是一个线程选择交换机的位置范围，即消除数组 EliminationArray 的范围选取。一个较小的范围会在线程数量较少的情况下增加成功交换的机会，而较大的范围会降低线程在一个繁忙的交换机上等待的机会（请记住，一个交换机一次只能处理一个交换）。因此，如果访问数组的线程数量较少，则应该选择一个较小的范围；随着线程数量的增加，范围也应该随之增加。我们可以使用一个范围策略 RangePolicy 对象来动态地控制范围，该对象记录了成功交换的次数（例如第 36 行代码）和超时失败的次数（第 39 行代码）。之所以忽略由于操作类型不匹配（例如一个 push() 方法和另一个 push() 方法）而导致的交换失败，是因为它们对于任何给定的 push() 方法和 pop() 方法调用的分布所占的比例是固定的。一种简单的策略是随着交换失败次数的增加而缩小范围，反之则扩大范围。

还有很多其他的策略。例如，我们可以设计一个更精致的范围选择策略，动态地改变交换机上的延迟，在访问共享堆栈之前添加额外的退避延迟，以及动态地控制，是选择访问共享堆栈还是访问消除数组。我们把这些设计都留作练习题。

消除避让栈 EliminationBackoffStack 是一个可线性化的栈：任何通过访问无锁栈 LockFreeStack 完成的成功的 push() 方法或者 pop() 方法调用都可以在其访问无锁栈 LockFreeStack 时被线性化。任何一对被消除的 push() 方法和 pop() 方法调用在发生冲突时都可以被线性化。如前所述，通过消除完成的方法调用不会影响在无锁栈 LockFreeStack 中完成的方法调用的线性化能力，因为它们可以在无锁栈 LockFreeStack 的任何一个状态下生效，并且如果一旦生效后，无锁栈 LockFreeStack 的状态就不会改变。

由于消除数组 EliminationArray 被有效地用作一种退避方案，所以我们期望该数组在低负载的情况下提供与无锁栈 LockFreeStack 相当的性能。与无锁栈 LockFreeStack 不同的是，消除数组 EliminationArray 具有可扩展性。随着负载的增加，成功消除的数量将增加，从而允许很多操作并行完成。此外，由于被消除的操作不会访问栈，所以在无锁栈 LockFreeStack 上的争用也减少了很多。

11.5 章节注释

无锁栈 LockFreeStack 算法归功于 Treiber[162]。事实上，该算法早于 Treiber 在 1986 年所做的报告。无锁栈 LockFreeStack 可能是在 20 世纪 70 年代早期被发明的，其目的是提高 IBM 370 上应用“比较和设置”命令的操作性能。消除避让栈 EliminationBackoffStack 算法归功于 Danny Hendler、Nir Shavit 和 Lena Yerushalmi [62]。Doug Lea、Michael Scott 和 Bill Scherer[167] 提出了一种高效的交换机，它非常有效地使用了一个消除数组。在 java.util.concurrent 包中使用了该交换机的一种变体。本章讨论的消除避让栈 EliminationBackoffStack 是模块化的，它使用了交换机机制，但是效率并不高。Mark Moir、Daniel Nussbaum、Ori Shalev 和 Nir Shavit 提出了一种高效的消除栈 EliminationArray 实现方案 [131]。

11.6 练习题

练习题 11.1　基于链表，设计一个基于锁的无界栈 Stack<T> 实现。

练习题 11.2　使用数组，设计一个基于锁的有界栈 Stack<T> 实现。

1. 使用单一的锁和一个有界数组。
2. 尝试修改算法为无锁的，请问设计难点在哪里？

练习题 11.3　修改 11.2 节的无锁的无界栈，使其在没有垃圾回收器的情况下正常工作。创建一个预分配节点的线程本地池，并回收节点。为了避免 ABA 问题，请考虑使用 java.util.concurrent 的原子戳引用 AtomicStampedReference<T> 类（具体请参见“程序注释 10.6.1”），该类同时封装了一个引用和一个整数时间戳。

练习题 11.4 讨论本章实施过程中所使用的退避策略。在无锁栈 LockFreeStack<T> 对象中入栈线程和出栈线程共用相同的退避对象是否可行？在消除退避栈 EliminationBackoffStack<T> 中，如何在空间和时间上构造退避？

练习题 11.5 实现一个栈算法，假设在任何执行状态下，成功的入栈数量和出栈数量之差存在着一个已知的界限。

练习题 11.6 考虑使用一个由 top 计数器（初始化值为 0）进行索引的数组实现一个有界栈所存在的问题。在没有并发的情况下，这些方法不存在任何问题。如果需要入栈一个数据元素，将 top 计数器的值递增 1 来保留数组元素，然后将该数据元素存储在该索引所指定的位置。如果需要出栈一个数据元素，则将 top 计数器的值递减 1，然后返回先前 top 所指位置的数据元素。

显然，这种策略不适用于并发实现，因为我们不能对多个内存位置进行原子更改。一个单一的同步操作可以增加或者减少 top 计数器的值，但是不能同时增加或者减少 top 计数器的值，并且无法以原子方式增加计数器和存储一个值。

然而，Bob D. Hacker 决定解决这个问题。他决定采用第 10 章的双重数据结构方法来实现一个双重栈。他的双重栈 DualStack<T> 类将 push() 方法和 pop() 方法拆分为**预定**（reservation）和**实现**（fulfillment）两个步骤。Bob 的实现如图 11.10 所示。

```
1  public class DualStack<T> {
2    private class Slot {
3      boolean full = false;
4      volatile T value = null;
5    }
6    Slot[] stack;
7    int capacity;
8    private AtomicInteger top = new AtomicInteger(0); // 数组索引
9    public DualStack(int myCapacity) {
10     capacity = myCapacity;
11     stack = (Slot[]) new Object[capacity];
12     for (int i = 0; i < capacity; i++) {
13       stack[i] = new Slot();
14     }
15   }
16   public void push(T value) throws FullException {
17     while (true) {
18       int i = top.getAndIncrement();
19       if (i > capacity - 1) { // 栈是否已满?
20         top.getAndDecrement(); // 恢复索引值
21         throw new FullException();
22       } else if (i >= 0) { // i在范围内，槽被保留
23         stack[i].value = value;
24         stack[i].full = true; // 入栈完成
25         return;
26       }
27     }
28   }
29   public T pop() throws EmptyException {
```

图 11.10 Bob 提出的双重栈（存在一定的问题）

```
30      while (true) {
31        int i = top.getAndDecrement();
32        if (i < 0) { // 栈是否为空?
33          top.getAndDecrement() // 恢复索引
34          throw new EmptyException();
35        } else if (i <= capacity - 1) {
36          while (!stack[i].full){};
37          T value = stack[i].value;
38          stack[i].full = false;
39          return value; // 出栈完成
40        }
41      }
42    }
43  }
```

图 11.10 (续)

堆栈的顶部由 top 字段来索引。top 字段是一个只能通过 getAndIncrement() 方法和 getAndDecrement() 方法的调用进行操作的 AtomicInteger。Bob 的 push() 方法的预定步骤通过对 top 调用 getAndIncrement() 方法来保留一个槽。假设该方法调用返回一个索引 i，如果 i 位于 0…capacity−1 范围内，则预定完成。在完成阶段，push(x) 方法将 x 存储在数组的索引位置 i 处，并设置 full 标志以指示这个值已经准备好被读取。value 字段必须设置为 volatile 类型，以确保一旦设置了 flag 标志，这个值就已经写入数组的索引位置 i 处。

在 push() 方法中，如果 getAndIncrement() 方法返回的索引小于 0，则 push() 方法将重复尝试 getAndIncrement() 方法直到返回大于或者等于 0 的索引。所返回的索引值可能小于 0 的原因是调用 pop() 方法时，如果栈是一个空栈，则其 getAndDecrement() 方法对的调用将失败。在 pop() 方法中，每一个这种失败的 getAndDecrement() 方法调用都会将 top 递减 1，从而超过数组下界 0。如果返回的索引大于 capacity−1，则由于栈是满的，push() 方法将抛出一个异常。

pop() 方法的情形与此类似。它首先检查索引是否在有效范围内，通过对 top 调用 getAndDecrement() 方法来删除一个数据元素，并返回索引 i。如果 i 位于 0…capacity−1 范围内，则预定完成。对于完成阶段，pop() 方法在数组槽 i 的 full 标志上自旋，直到它检测到该标志为 true，表示 push() 方法得调用成功。

请问 Bob 的算法存在什么问题？这个问题是算法本身固有的吗？如果不是算法本身固有的，您能否想出一个解决的办法？

练习题 11.7 练习 8.7 要求我们实现 Rooms 接口，如图 11.11 所示。Rooms 类管理索引号从 0 到 m（其中 m 是一个已知的常数）的房间集合。线程可以进入或者退出该范围内的任何一个房间。每个房间可以同时容纳任意数量的线程，但每个线程同一时刻只能占用一个房间。最后一个离开房间的线程触发一个 onEmpty() 处理程序，该处理程序在所有房间都为空时开始运行。

```
1  public interface Rooms {
2    public interface Handler {
3      void onEmpty();
4    }
5    void enter(int i);
6    boolean exit();
7    public void setExitHandler(int i, Rooms.Handler h) ;
8  }
```

图 11.11 Rooms 接口

图 11.12 显示了一个不正确的并发堆栈实现。

1. 解释这种栈实现不能正常工作的原因。

2. 通过在一个包含两个房间的 Rooms 类中添加方法调用来解决这个问题：一个房间用于入栈，另一个房间用于出栈。

```
1  public class Stack<T> {
2    private AtomicInteger top;
3    private T[] items;
4    public Stack(int capacity) {
5      top = new AtomicInteger();
6      items = (T[]) new Object[capacity];
7    }
8    public void push(T x) throws FullException {
9      int i = top.getAndIncrement();
10     if (i >= items.length) { // 栈已满
11       top.getAndDecrement(); // 恢复状态
12       throw new FullException();
13     }
14     items[i] = x;
15   }
16   public T pop() throws EmptyException {
17     int i = top.getAndDecrement() - 1;
18     if (i < 0) {            // 栈为空
19       top.getAndIncrement(); // 恢复状态
20       throw new EmptyException();
21     }
22     return items[i];
23   }
24 }
```

图 11.12　非同步的并发栈

练习题 11.8　本练习题是练习题 11.7 的拓展练习。这里不再让 push() 方法抛出一个 FullException 异常，而是利用出栈房间的退出处理程序来调整数组的大小。请记住，当一个退出处理程序正在运行时，任何房间中都不能有线程，因此（当然）同一个时刻只能运行一个退出处理程序。

计数、排序和分布式协作

12.1 引言

对于一些看起来本身就属于串行的重要问题，如何通过在多方之间“分散”协调任务，使这些串行问题具有高度的并行性？这种分散又会给我们带来什么新的问题呢？这些是本章讨论的主要问题。

为了回答上述问题，首先需要了解如何衡量一个并发数据结构的性能。有两种衡量指标：一种是**时延**（latency），指完成一个单一方法调用所需的时间；另一种是**吞吐量**（throughput），指完成方法调用的总速率。例如，实时应用程序可能更关心延迟，而数据库应用则可能更关心吞吐量。

在第 11 章中，我们讨论了如何将分布式协作应用于消除退避栈 EliminationBackoffStack 类。在本章中，我们将讨论几种实用的分布式协作模式：组合、计数、衍射和样本。这些协作模式中，一些模式是确定性的，而另一些模式则使用随机化。另外，我们还将讨论这些协作模式的两种基本数据结构：树和组合网络。有趣的是，对于一些基于分布式协作的数据结构，高吞吐量并不一定意味着低延迟。

12.2 共享计数

正如第 10 章中所述，**池**是一个若干数据元素组成的集合，它提供 put() 方法和 get() 方法来插入和删除数据元素（图 10.1）。一些类似于堆栈和队列等我们熟悉的类可以被视为提供额外公平性保证的池。

实现池的一种方法是使用粗粒度锁，可以使 put() 方法和 get() 方法都成为同步方法。但问题是粗粒度的锁过于笨拙：锁会产生一个**串行瓶颈**（sequential bottleneck），强制所有的方法调用同步；锁还会创建一个**热点**（hotspot），导致内存争用。我们通常希望池的方法调用以并行方式工作，并且减少同步协调和争用。

让我们考虑以下替代方案：池的数据元素驻留在一个循环数组中，其中每个数组项要么包含一个数据元素，要么为 null。我们通过两个计数器来安排所有线程的路由。调用 put() 方法的那些线程递增一个计数器，以选择一个存放新的数据元素所对应的数组索引。（如果所选择的数组项不为空，线程将等待直到该数据项变为空。）类似地，调用 get() 方法的线程会增加另一个计数器，以选择一个需要删除的新的数据元素的数组索引。（如果所选择的数组项为空，则线程将等待直到该数据项不为空。）

这种方法使用两个瓶颈（两个计数器）来替换一个瓶颈（锁）。很显然，两个瓶颈总比一个好（建议读者花几秒钟仔细想一想）。接下来我们寻求一种办法使得共享计数器可以高效地并行工作但不会成为瓶颈。我们面临以下两个挑战：

1. 必须避免内存争用。因为太多线程试图访问同一个内存单元，这会给底层的通信网络和高速缓存协议带来压力和负担。

2. 必须实现真正的并行性。递增计数器本身是一种串行操作吗？或者，n 个线程各自递增计数器一次是否比线程递增计数器 n 次更快吗？

接下来我们将讨论几种通过协调计数器索引分布的数据结构来构建高度并行计数器的方法。

12.3 软件组合

首先讨论一个使用称为**软件组合**（software combining）模式的可线性化共享计数器类。组合树 CombiningTree 是一个由节点组成的二叉树，其中每个节点都包含簿记信息。计数器的值存储在根节点中。为每个线程分配一个叶子节点，并且最多两个线程可以共享一个叶子节点，因此，如果有 p 个物理处理器，那么有 $p/2$ 个叶子节点；组合树中的叶子节点的数量就是它的宽度。为了递增计数器，一个线程从它的叶子节点开始，顺着树的路径向上到达树根。如果两个线程几乎同时到达一个节点，那么将它们相加来**组合**（combine）它们的增量。其中一个线程（称为**主动**线程）将它们的组合增量向上传递，而另一个线程（称为**被动**线程）则等待主动线程完成它们的组合工作。一个线程可能在一个层上是主动的，而在另一个更高的层上是被动的。

例如，假设线程 A 和线程 B 共享一个叶子节点。它们同时开始，因此在它们的共享叶子节点上组合它们的增量。假设第一个线程 B 主动到达下一层，其任务是将计数器值递增 2，而第二个线程 A 则被动地等待线程 B 从根节点返回，并确认线程 A 的增量已经发生了。在树的下一层，线程 B 可能会与另一个线程 C 组合，并继续前进，其任务是将计数器值递增 3。

当一个线程到达根节点时，该线程把其组合的增量总值累加到计数器的当前值上。然后该线程沿着树向下移动，通知每个等待的线程其增量已经完成。

组合树与锁相比有一个内在的缺点：每次增量都有一个较大的时延，也就是说，完成单个方法调用所需的时间较长。对于锁来说，一个 getAndIncrement() 方法调用所需要的时间为 $O(1)$；而对于一个组合树 CombiningTree 而言，则需要 $O(\log p)$ 的时间。然而，一个组合树 CombiningTree 的优点是具有更高的吞吐量，也就是说，完成所有方法调用的总速率更高。例如，使用队列锁时，p 个 getAndIncrement() 方法调用在最佳情况下仍然需要 $O(p)$ 时间；而使用一个组合树时，在所有线程一起向上移动的理想情况下，p 个 getAndIncrement() 方法调用最多在 $O(\log p)$ 时间内完成，这是一种指数级别的改进。当然，实际表现往往达不到理想状态，这一问题稍后会详细讨论。不过，与稍后讨论的其他技术一样，组合树 CombiningTree 类旨在提高吞吐量，而不是减少时延。

组合树可以对树所维护的值进行任意的转变和交换操作，而不仅仅简单的递增。

12.3.1 概述

尽管组合树 CombiningTree 背后的思想非常简单，但其实现却并非易事。为了防止总体（简单的）结构被（不那么简单的）细节所掩盖，我们将数据结构分解成两个类：组合树 CombiningTree 类管理树内的导航，根据需要向上或者向下移动；而节点 Node 类则管理对节点的每次访问。在仔细研究该算法的说明时，建议参考图 12.3 中给出的组合树 CombiningTree 的一个执行实例，它会帮助我们理解算法的实现过程。

该算法采用了两种同步方式。短期同步由 Node 类的同步方法所提供。每个方法都会在其调用期间锁住节点，以确保它可以在不受其他线程干扰的情况下读取和写入节点的字段。该算法还要求从节点中排除那些持续时间大于单个方法调用的线程。这种长期同步是由一个布尔型 locked 字段提供的。如果这个字段的值为 true，则不允许其他线程访问该节点。

Node 类的字段如图 12.1 所示。每个节点都有一个**组合状态**（CStatus 字段），它定义了一个节点应该处于组合并发请求具体的哪个阶段。组合状态的可能值及其相关含义如下：

- IDLE：此节点未被使用。
- FIRST：一个主动线程访问了该节点，并将返回以检查是否存在另一个被动线程留下的需要与之组合的值。
- SECOND：第二个线程访问了该节点，并在节点的值字段中存储了一个值，该值将与主动线程的值相组合，但是这个组合操作尚未完成。
- RESULT：两个线程的操作已经被组合并且已完成，并且第二个线程的结果已存储在节点的 result 结果字段中。
- ROOT：这个值是一个特殊情况，表示节点是根，必须进行特殊处理。

组合树 CombiningTree 类有一个字段 leaf，该字段是一个包含 w 个叶子节点的数组，其中 w 是组合树的宽度。第 i 个线程被分配给 leaf[$i/2$]，因此 p 个线程所对应的一个组合树的宽度为 $w=\lceil p/2\rceil$。

```
1  public class Node {
2    enum CStatus{IDLE, FIRST, SECOND, RESULT, ROOT};
3    boolean locked;
4    CStatus cStatus;
5    int firstValue, secondValue;
6    int result;
7    Node parent;
8    public Node() {
9      cStatus = CStatus.ROOT;
10     locked = false;
11   }
12   public Node(Node myParent) {
13     parent = myParent;
14     cStatus = CStatus.IDLE;
15     locked = false;
16   }
17   ...
18 }
```

图 12.1　节点 Node 类：构造函数和字段

图 12.2 描述了组合树 CombiningTree 类的构造函数。为了构造一个宽度为 w 的组合树，需要创建一个长度为 $2w-1$ 的、由若干个 Node 对象所组成的数组。根节点是 node[0]。对于任意的 i，$0<i<2w-1$，node[i] 的父节点是 node[$(i-1)/2$]。叶子节点是数组中最后的 w 个节点。对于根节点，初始组合状态为 ROOT，对于其他节点，初始组合状态为 IDLE。

组合树 CombiningTree 的 getAndIncrement() 方法如图 12.4 所示，该方法包含四个阶段。在**预组合阶段**（第 16～20 行代码），getAndIncrement() 方法沿着树向上移动，并对每个节点调用 precombine() 方法。precombine() 方法返回一个布尔值，指示线程是否是第一个到达该节点的线程。如果是，getAndIncrement() 方法将继续沿着树向上移动。对最后一个访问的节点设置 stop 变量，该节点是线程第二次到达的第一个节点或者根节点。图 12.3a 和图 12.3b 部分描述了一个预组合阶段的示例。线程 *A* 是最快的，在根节点上停止；而线程 *B* 在线程 *A* 之后到达，停在中间层节点上；线程 *C* 在线程 *B* 之后到达，停止在叶子节点上。

```
1  public CombiningTree(int width) {
2    Node[] nodes = new Node[2 * width - 1];
3    nodes[0] = new Node();
4    for (int i = 1; i < nodes.length; i++) {
5      nodes[i] = new Node(nodes[(i-1)/2]);
6    }
7    leaf = new Node[width];
8    for (int i = 0; i < leaf.length; i++) {
9      leaf[i] = nodes[nodes.length - i - 1];
10   }
11 }
```

图 12.2 组合树 CombiningTree 类：构造函数

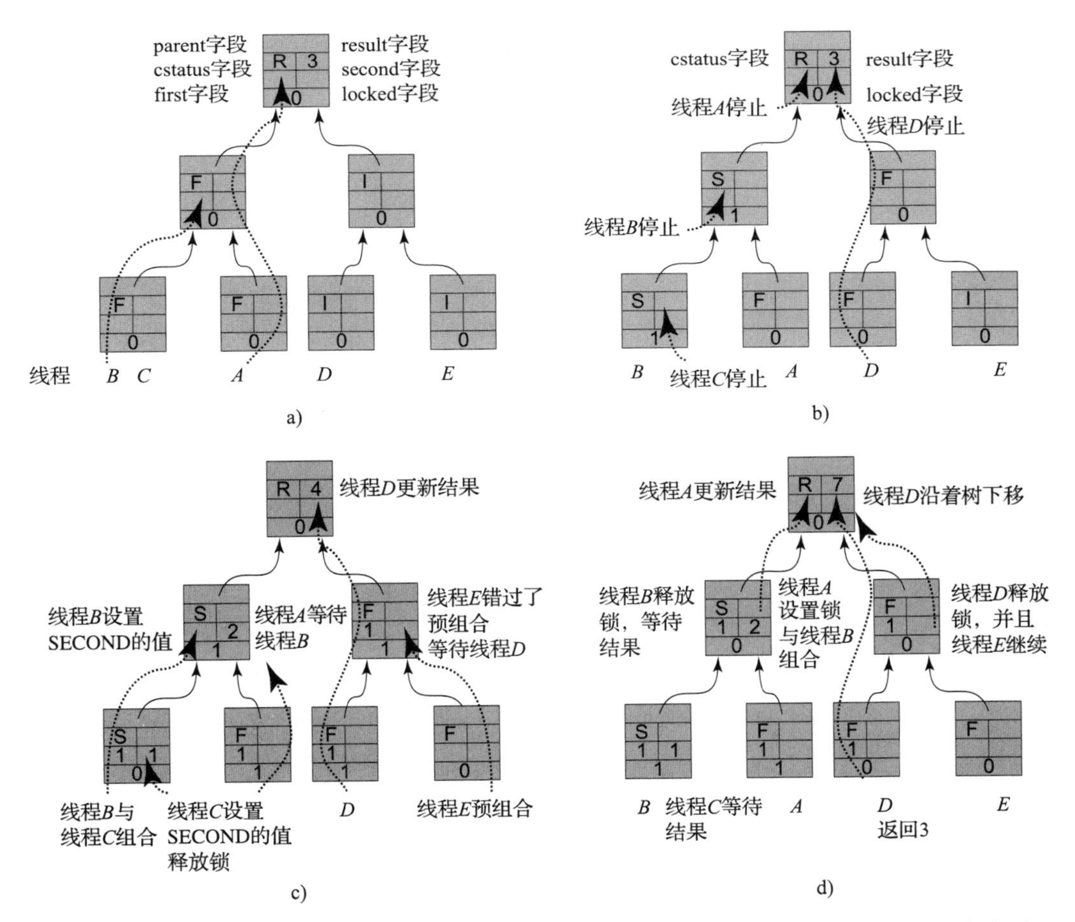

图 12.3 由五个线程同时遍历一个宽度为 8 的组合树。该结构初始化时，所有节点都处于未锁定状态，根节点的组合状态 CStatus 为 ROOT，其他所有节点的组合状态 CStatus 为 IDLE

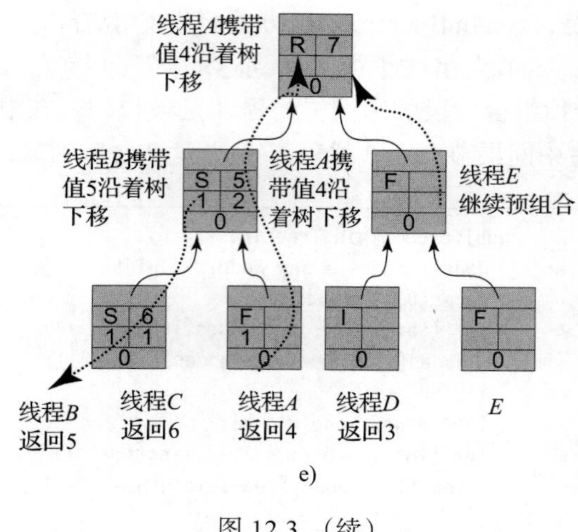

e)

图 12.3 （续）

```
12    public int getAndIncrement() {
13      Stack<Node> stack = new Stack<Node>();
14      Node myLeaf = leaf[ThreadID.get()/2];
15      Node node = myLeaf;
16      // 预组合阶段
17      while (node.precombine()) {
18        node = node.parent;
19      }
20      Node stop = node;
21      // 组合阶段
22      int combined = 1;
23      for (node = myLeaf; node != stop; node = node.parent) {
24        combined = node.combine(combined);
25        stack.push(node);
26      }
27      // 操作阶段
28      int prior = stop.op(combined);
29      // 分发阶段
30      while (!stack.empty()) {
31        node = stack.pop();
32        node.distribute(prior);
33      }
34      return prior;
35    }
```

图 12.4　组合树 CombiningTree 类：getAndIncrement() 方法

图 12.5 描述了节点的 precombine() 方法。线程等待直到 locked 字段为 false（第 20 行代码），然后根据节点的组合状态继续执行（第 21 行代码）：

- IDLE ：线程将节点的状态设置为 FIRST，以指示线程将返回以查找一个用于组合的值。如果线程找到这样一个值，则这个线程将作为主动线程继续执行，而提供该值的线程是被动线程。然后调用返回 true，指示线程沿着树向上移动。
- FIRST：一个早期线程最近访问过此节点，将返回以查找一个用于组合的值。该线程停止沿着树向上移动（通过返回 false），然后开始下一阶段，计算需要组合的值。在 precombine() 方法返回之前，线程会在节点上放置一个长期锁（通过将 locked 设置为 true），以防止较早访问的线程在没有与该线程的值进行组合的情况下就继续向前推进。

- ROOT：如果线程已经到达根节点，它将指示线程开始下一阶段。

（第 31 行代码是一个默认情况，仅在遇到非预期状态时才被执行。）

```
19  synchronized boolean precombine() {
20    while (locked) wait();
21    switch (cStatus) {
22      case IDLE:
23        cStatus = CStatus.FIRST;
24        return true;
25      case FIRST:
26        locked = true;
27        cStatus = CStatus.SECOND;
28        return false;
29      case ROOT:
30        return false;
31      default:
32        throw new PanicException("unexpected Node state" + cStatus);
33    }
34  }
```

图 12.5 节点 Node 类：预组合阶段

程序注释 12.3.1

一种良好的程序设计实践为每个可能的枚举值提供一个处理分支，即使我们判断该情况不可能发生。如果我们的程序编写错误，那么有助于调试这个程序；如果我们的程序编写正确，也有助于今后那些对我们的程序知之甚少的其他人维护修改程序。建议编写程序时，随时随刻都要考虑周全。

在**组合阶段**（图 12.4 的第 21～26 行代码），线程重新访问它在预组合阶段访问过的那些节点，并将自己的值与其他线程留下的值相组合。当该线程到达停止节点 stop 时，表明预组合阶段的结束。我们将访问过的节点压入到一个栈上，以便以后可以按相反的顺序遍历这些节点。

节点 Node 类的 combine() 方法（如图 12.6 所示）将最近到达的一个被动进程留下的值累加到迄今为止已经组合的值中。和前面一样，该线程首先等待，直到 locked 字段的值变为 false。然后，该线程在节点上设置长期锁，以确保较晚到达的线程不会尝试与线程组合。如果状态为 SECOND，则将其他线程的值累加到累计值中；否则返回原先未修改的值。在图 12.3c 中，线程 *A* 在组合阶段开始沿着树向上移动。线程 *A* 到达第二层节点，该节点被线程 *B* 锁定，然后线程 *A* 等待。在图 12.3d 中，线程 *B* 释放第二层节点上的锁，线程 *A* 锁住该节点，并且发现该节点的组合状态是 SECOND，于是携带着组合值 3 移动到根节点，这是线

程 A 和线程 B 分别写入的 firstValue 和 secondValue 字段值的总和。

```
35  synchronized int combine(int combined) {
36    while (locked) wait();
37    locked = true;
38    firstValue = combined;
39    switch (cStatus) {
40      case FIRST:
41        return firstValue;
42      case SECOND:
43        return firstValue + secondValue;
44      default:
45        throw new PanicException("unexpected Node state " + cStatus);
46    }
47  }
```

图 12.6　节点 Node 类：组合阶段。该方法对 firstValue 和 secondValue 应用加法运算，但也可以应用其他交换运算

在**操作阶段**（第 28 行代码）开始时，线程已经组合了来自较低层节点的所有方法调用，现在该线程检查在预组合阶段结束时停止的节点（图 12.7）。如果这个节点是根节点，如图 12.3d 所示，那么该线程（在本例中为线程 A）执行组合的 getAndIncrement() 方法操作：它将其累加值（示例中为 3）添加到结果 result 中，并返回先前的值。否则，线程将在其预组合阶段结束时在该节点上设置长期锁（图 12.5 的第 26 行代码），因此该线程将其值保存到 secondValue 字段中，然后解锁该节点，通知所有被阻塞的线程，并等待另一个线程在向根节点传递组合操作后返回结果。例如，图 12.3c 和 d 中描述了线程 B 采取的一个动作序列。在这种情况下，另一个线程将设置长期锁，并将其保留，以便稍后到达的线程等待，直到该线程检索到结果。因此，线程必须释放长期锁并通知所有被阻塞的线程。

```
48  synchronized int op(int combined) {
49    switch (cStatus) {
50      case ROOT:
51        int prior = result;
52        result += combined;
53        return prior;
54      case SECOND:
55        secondValue = combined;
56        locked = false;
57        notifyAll(); // 唤醒所有等待的线程
58        while (cStatus != CStatus.RESULT) wait();
59        locked = false;
60        notifyAll();
61        cStatus = CStatus.IDLE;
62        return result;
63      default:
64        throw new PanicException("unexpected Node state");
65    }
66  }
```

图 12.7　节点 Node 类：操作阶段

当结果返回时，线程 *A* 进入**分发阶段**（distribution phase），将结果沿着树向下传递。在这个阶段（第 29～34 行代码），线程沿着树向下移动，释放锁，并通知被动伙伴他们应该向自己的被动伙伴或者调用者（在最低层）报告。distribute() 方法如图 12.8 所示。如果节点的状态为 FIRST，则不存在其他线程会与分发线程组合的情况，所以可以通过释放锁并将状态设置为 IDLE 来将节点重新设置为其初始状态。另一方面，如果状态是 SECOND，则分发线程将结果更新为从树的更高位置得到的 prior 值与 FIRST 值的总和。这反映了这样一种情况：节点上的主动线程曾经试图在被动线程之前执行自己的增量操作。一旦正在分发的线程将状态设置为 RESULT，等待获取值的被动线程就会读取 RESULT。例如，在图 12.3e 中，主动线程 *A* 在中间层节点中执行其分发阶段，将结果 result 设置为 5，将状态更改为 RESULT，并沿着树向下移动到叶子节点，并将返回值 4 作为其输出。被动线程 *B* 被唤醒，发现中间层节点的状态已被更改，则读取结果值 5。

```
67  synchronized void distribute(int prior) {
68    switch (cStatus) {
69      case FIRST:
70        cStatus = CStatus.IDLE;
71        locked = false;
72        break;
73      case SECOND:
74        result = prior + firstValue;
75        cStatus = CStatus.RESULT;
76        break;
77      default:
78        throw new PanicException("unexpected Node state");
79    }
80    notifyAll();
81  }
```

图 12.8　节点 Node 类：分布阶段

12.3.2　一个扩展的实例

图 12.3 描述了组合树 CombiningTree 执行的各个阶段。其中有五个线程，分别标记为 *A* 到 *E*。每个节点有六个字段，如图 12.1 所示。初始时，所有的节点都处于未锁定状态，除根节点外，其他节点都处于 IDLE 组合状态。图 12.3a 中，初始状态的计数器值是 3，这是之前计算的结果。

在图 12.3a 中，为了执行一个 getAndIncrement() 方法，线程 *A* 和线程 *B* 开始进入预组合阶段。线程 *A* 沿着树向上移动，将其所访问的节点状态从 IDLE 更改为 FIRST，表示它是沿着树向上组合值的主动线程。线程 *B* 是其叶子节点上的主动线程，但还没有到达与线程 *A* 共享的第二层节点。

在图 12.3b 中，线程 *B* 到达第二层的节点并停止，将其状态从 FIRST 更改为 SECOND，表示该线程将收集其组合值，并在此处等待线程 *A* 带着组合值继续向树的根节点移动。线程 *B* 锁定该节点（将 locked 字段的值从 false 更改为 true），防止线程 *A* 在没有线程 *B* 组合值的情况下继续进入组合阶段。然而，线程 *B* 还没有把这些值组合起来。在此之前，线程 *C* 开始进入预组合阶段，到达了叶子节点，然后停止，并将其状态更改为 SECOND。线程 *C*

同样也锁住节点，以防止线程 *B* 在没有线程 *C* 输入的情况下进入到组合阶段。类似地，线程 *D* 开始进入预组合阶段并成功地到达根节点。线程 *A* 和线程 *D* 都不会改变根节点的状态，事实上永远也不会改变。两个线程只是简单地将根节点标记为停止预组合的节点。

在图 12.3c 中，线程 *A* 在组合阶段沿着树向上移动。线程 *A* 锁定叶子节点，这样任何一个后续线程都无法继续执行其预组合阶段，必须等待直到线程 *A* 完成其组合阶段和分发阶段。线程 *A* 到达第二层的节点，由于该节点被线程 *B* 锁定，因此线程 *A* 必须等待。同时，线程 *C* 开始执行组合阶段，但由于它在叶子节点处停止，因此线程 *C* 在该节点上执行 op() 操作，将 secondValue 的值设置为 1，然后释放锁。当线程 *B* 开始执行其组合阶段时，叶子节点被解锁并标记为 SECOND，因此线程 *B* 将 1 写入 firstValue 字段，并以组合值 2 上升到第二层的节点，这里的 2 是 firstValue 字段和 secondValue 字段相加的结果。

当线程 *B* 到达第二层的节点（即它在预组合阶段停止的节点）时，线程 *B* 调用该节点上的 op() 方法，将 secondValue 的字段设置为 2。线程 *A* 必须等待直到线程 *B* 释放锁。与此同时，在树的右侧，线程 *D* 执行其组合阶段，在沿着树向上移动时锁定节点。因为线程 *D* 没有遇到其他需要组合的线程，所以线程 *D* 在根节点的 result 字段中读取 3 并将其更新为 4。然后，线程 *E* 开始进入预组合阶段，但是由于晚到了而没有遇到线程 *D*。只要线程 *D* 锁定第二层节点，线程 *E* 就不能继续执行其预组合阶段。

在图 12.3d 中，线程 *B* 释放第二层节点上的锁，而线程 *A* 发现节点的状态为 SECOND，于是锁定该节点，并使用组合值 3（由线程 *A* 和线程 *B* 分别写入的 firstValue 字段和 secondValue 字段的总和）移动到根节点。当线程 *D* 完成对根节点的更新时，线程 *A* 被延迟。一旦线程 *D* 完成更新树的根节点之后，线程 *A* 读取根节点的 result 字段中的值 4 并将其更新为 7。线程 *D* 沿着树向下移动（通过弹出其本地堆栈），释放锁，并返回它最初在根节点的结果字段中读取的值 3。随后，线程 *E* 在预组合阶段继续沿着树向上移动。

最后，在图 12.3e 部分中，线程 *A* 执行其分发阶段。它返回到第二层的节点，将 result 设置为 5，将状态更改为 RESULT，然后沿着树向下移动到叶子节点，并返回值 4 作为其输出。线程 *B* 被唤醒，并观察到中间层节点的状态发生了变化，读取 5 作为结果，然后沿着树向下移动到它的叶子节点，在那里线程 *B* 将 result 字段的值设置为 6，并将状态设置为 RESULT，然后返回 5 作为线程 *B* 的输出。最后，线程 *C* 被唤醒，并观察到叶子节点状态已经改变，读取 6 作为结果，并返回 6 作为线程 *C* 的输出值。线程 *A* 到线程 *D* 分别返回值 3 到 6，这与根节点的 result 字段值 7 相匹配。不同线程的 getAndIncrement() 方法调用的线性化顺序由它们在预组合阶段在树中的顺序所决定。

12.3.3　性能和健壮性

与本章中描述的其他算法一样，组合树 CombiningTree 算法的吞吐量以复杂的方式依赖于应用程序和底层架构的特性。然而，从定性的角度来看，一些来自文献的实验结果仍然具有很高的研究价值。对具体的实验结果（主要针对过时的体系结构）感兴趣的读者可以参考本章的注释。

作为一个假想实验，在理想的情况下，当每个线程都可以将其增量与另一个线程的增量组合在一起的时候，一个组合树 CombiningTree 可以提供较高的吞吐量。但是在最坏的情况下，当许多线程延迟到达一个锁定的节点，从而错过了组合的机会，并且被迫等待先前的请求向上及向下访问树的情况下，组合树 CombiningTree 可能会提供很差的吞吐量。

在实际应用中，实验数据也支持这种非形式化的分析结果。争用程度越高，观测到的组合速率越大，观测到的加速比也就越大。越糟糕的情况下，反而吞吐量越高。然而，当并发性较低时，组合树并不具有优势。随着增量请求到达率的降低，组合率迅速降低。吞吐量与请求的到达速率密切相关。

由于组合可以提高吞吐量，而失败的组合并不会提高吞吐量，所以让一个到达节点的请求等待一段合理的持续时间，以便另一个带有需要组合增量的线程到达，这将是一种有意义的做法。一种显而易见的策略是，当争用程度较低时等待一段较短的时间，当争用程度较高时等待一段较长的时间。当争用率足够高时，无限的等待效果会非常好。

如果一个算法在请求到达时间出现较大波动时表现良好，那么该算法就是**健壮的**（robust）。文献表明，具有固定等待时间的组合树 CombiningTree 算法并不是健壮的，因为请求到达率的大幅度变化可能会降低组合率。

12.4　静态一致池和计数器

首先，汝要拔出神圣之顶针。然后，汝要数数直到 3，不能多，也不能少。3 应为汝数过的数，汝数过的数应为 3。当数字 3 或者第 3 个数被数到时，汝将此安提阿之神圣手榴弹扔向汝之仇敌，则在汝面前嚣张的仇敌，彼将灰飞烟灭。

——摘自《巨蟒与圣杯》

并非所有的应用程序都需要可线性化的计数。实际上，基于计数器的池的实现只需要静态一致[㊀]的计数：最重要的事情是保证计数器不产生重复和遗漏。只需要保证每一个数据元素都是由一个 put() 方法放入数组，由另一个线程调用 get() 方法访问该数据元素，并最终匹配 put() 方法调用和 get() 方法调用就足够了。（环绕式处理仍可能导致多个 put() 方法调用或者 get() 方法调用去争夺同一个数组元素。）

12.5　计数网络

学习探戈的人都知道舞伴之间必须紧密地协调：如果两人的动作不一致，那么无论他们个人单独的舞技多么高超，舞蹈作为一个整体却效果不佳。同样，组合树也必须紧密地协调：如果请求不能一起同时到达，那么无论单个进程运行得有多快，整个算法也不能有效地工作。

本节讨论计数网络，它看起来不像两个人的探戈，而更像一群人的狂欢舞会：每个参与者都以自己的节奏移动，但在整体上计数器以高吞吐量提供一组静态一致的索引集合。

设想将组合树的单个计数器替换为多个计数器，每个计数器都分布一个索引子集（参见图 12.9）。假设分配 w 个计数器（在图 12.9 中，$w=4$），每个计数器分配一组唯一的模 w 的索引集合（例如，图 12.9 中的第二个计数器分配 2、6、10、$\cdots i\times w+2$，其中 i 从 0 开始递增）。难点在于如何在计数器之间分配线程而不会出现重复或者遗漏，以及如何以一种分布式和松散协调的方式进行分配。

㊀ 有关静态一致性概念的详细信息，请参见本书第 3 章。

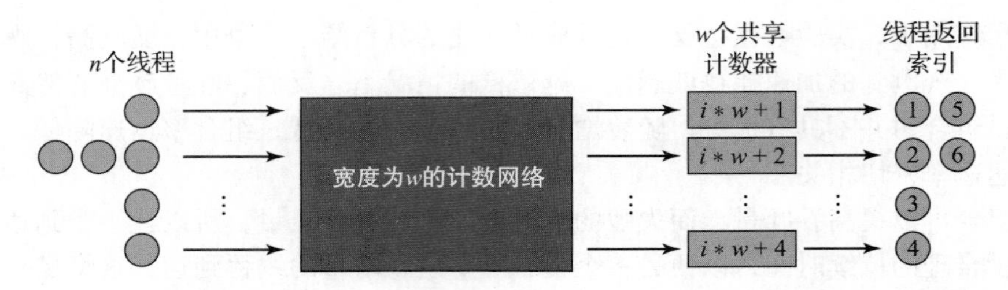

图 12.9 由一个计数网络接上 w=4 个计数器所组成的静态一致共享计数器。多个线程遍历计数器以决定选择访问哪个计数器

12.5.1 可计数网络

平衡器（balancer）是一个简单的交换机，它包含两条输入线和两条输出线，输入线和输出线分别称为**顶线**和**底线**（有时被称为**北线**和**南线**）。**令牌**可以随机地到达平衡器的输入线上，并在稍后的某个时刻出现在其输出线上。可以将一个平衡器看作是一个开关：给定一个输入令牌的流，它先将一个令牌发送到顶端的输出线，再将下一个令牌发送到底端的输出线，依此类推，从而有效地平衡了两条线上的令牌数量（参见图 12.10）。更准确地说，一个平衡器具有两种状态：**上**（up）和**下**（down）。如果平衡器的状态为“上”，那么下一个令牌将穿越顶端的输出线；否则，它将穿越底端的输出线。

图 12.10 一个平衡器。所有令牌随机到达某个输入线，并被重定向以确保当所有令牌都穿越平衡器时，出现在顶端输出线上的令牌最多比出现在底端输出线上的令牌多一个

我们使用 x_0 和 x_1 分别表示到达平衡器顶端输入线和底端输入线上的令牌数量，使用 y_0 和 y_1 分别表示穿越顶端输出线和底端输出线上的令牌数量。为了简洁起见，我们还使用 x_i 和 y_i 分别表示输入线和输出线。平衡器不会创建令牌。即在任何时候都满足：

$$x_0 + x_1 \geqslant y_0 + y_1$$

如果到达输入线上的每一个令牌最终都出现在输出线上，则称这个平衡器为静态的，即满足：

$$x_0 + x_1 = y_0 + y_1$$

一个平衡网络是由一些平衡器的输出线连接到其他平衡器的输入线上所构成的。一个宽度为 w 的平衡网络具有 w 个输入线 x_0，x_1，…，x_{w-1}（没有连接到其他平衡器的输出线上）和 w 个输出线 y_0，y_1，…，y_{w-1}（同样没有连接到其他平衡器的输入线上）。平衡网络的深度是指从任意一个输入线开始所能遍历的最大平衡器个数。我们只考虑有限深度的平衡网络（这意味着输入线和输出线不会形成回路）。与平衡器一样，平衡网络不会创建令牌，即满足：

$$\sum x_i \geqslant \sum y_i$$

（当对一个序列中的每个元素求和时，通常会省略求和符号中的索引标注。）如果到达输入线上的每一个令牌都会出现在输出线上，则称这个平衡网络是静态的，即满足：

$$\sum x_i = \sum y_i$$

到目前为止，平衡网络被描述为类似于一个网络中的交换机。然而，在一个共享存储器的多处理器中，一个平衡网络可以实现为内存中的一个对象。每一个平衡器都是一个对象，其连线是从一个平衡器到另一个平衡器的引用。每一个线程重复地遍历对象，从某个输入线开始，在另一个输出线上出现，从而有效地引导一个令牌穿越整个网络。

有些平衡网络具有某些有趣的特性。图 12.11 所示的网络有 4 条输入线和 4 条输出线。初始时，所有平衡器的状态都为“上”。我们可以验证，如果任何数量的令牌以任意顺序从任何一组输入线上进入网络，那么它们就会按照一定的规则出现在输出线上。非形式化地说，无论令牌在输入线上是如何分布的，它们在输出线上的分布都是平衡的，并且首先在顶端的输出线上输出。如果令牌的数量 n 是 4（网络宽度）的倍数，那么从每条输出线中就会出现相同数量的令牌。如果有一个多余的令牌，它就会出现在输出线 0 上；如果有两个，它们就会出现在输出线 0 和 1 上，依此类推。一般来说，如果满足：

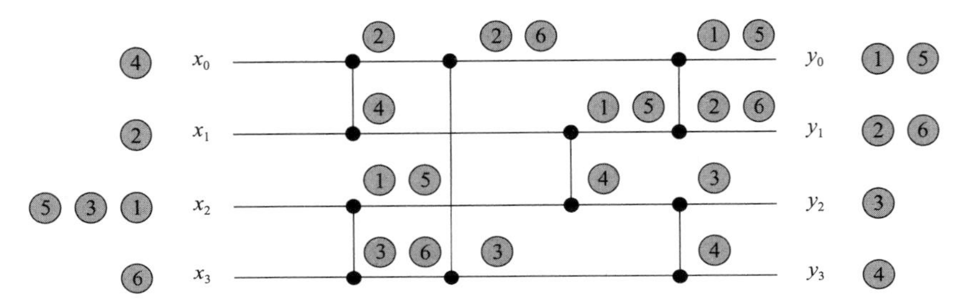

图 12.11　BITONIC[4] 计数网络的一次串行执行过程。每一条垂直线代表一个平衡器，水平线代表平衡器的两条输入线和输出线，它们在圆点处相连接。在图中所示的串行执行过程中，令牌按照令牌上的数字所指定的顺序一个接一个地传递并穿越网络。我们跟踪每一个通过平衡器到达输出线的令牌。例如，3 号令牌从线 2 进入网络，向下到达线 3，最后到达线 2。请读者特别注意每个平衡器是如何保持其步进特性的，整个网络又是如何保持其步进特性的

$$n = \sum x_i$$

那么，当网络处于静态状态时，则有：

$$y_i = \lceil (n-i)/w \rceil$$

这种性质称为**步进特性**（step property）。

一个满足步进特性的平衡网络称为一个**计数网络**（counting network），因为它可以很容易地用来计算穿越网络的令牌数量。如图 12.9 中所述，通过向每条输出线 i 添加一个本地计数器，从而可以实现计数。出现在第 i 条线上的令牌被分配一个连续的号码 $i+1$，$i+w+1$，⋯，$i+(y_{i-1})w+1$。

步进特性存在多种定义方式，这些定义相互等效。

引理 12.5.1　假设 $y_0, \cdots, y_{w-1}$ 是一序列非负整数，则以下陈述是等价的：

1. 对于任意的 $i<j$，有 $0 \leqslant y_i - y_j \leqslant 1$。

2. 对于任意的 i 和 j，要么 $y_i=y_j$；或者存在一个 c，使得对于任意的 $i<c$ 并且 $j \geqslant c$，有 $y_i-y_j=1$。

3. 如果 $m = \sum y_i$，那么 $y_i = \left\lceil \frac{m-i}{w} \right\rceil$。

12.5.2　双调计数网络

在本节中，我们将讨论**双调计数网络**（bitonic counting network），它将图 12.11 中的计

数网络推广到宽度为 2 的任意次幂的计数网络。我们将使用归纳法构造双调计数网络。

在描述计数网络时，通常不关心令牌何时到达，而只是关心当网络处于一个静止状态时，出现在输出线上的令牌数量满足步进特性。将一个宽度为 w 的输入序列或者输出序列 x 定义为一个可以分为 w 个子集 x_i 的令牌集合，其中 $x=x_0, \cdots, x_{w-1}$。x_i 是所有到达或者离开线 i 的输入令牌。如前所述，我们也使用 x_i 表示集合 x_i 的大小。

首先，将宽度为 $2k$ 的平衡网 MERGER[$2k$] 按照下面的方式来定义。它有两个宽度为 k 的输入序列 x 和 x'，以及一个宽度为 $2k$ 的输出序列 y。在任何一个静态状态下，如果 x 和 x' 都满足步进特性，那么 y 也满足步进特性。可以采用归纳法定义 MERGER[$2k$] 网络，k=4 时的 MERGER[$2k$] 网络定义如图 12.12 中所示。当 k=1 时，MERGER[$2k$] 网络是一个单一平衡器。对于任意 k>1，我们使用两个 MERGER[k] 网络的输入序列 x 和 x' 以及和 k 个平衡器来构造 MERGER[$2k$] 网络，方法如下：使用其中一个 MERGER[k] 网络，将 x 的偶数子序列 $x_0, x_2, \cdots, x_{k-2}$ 和 x' 的奇数子序列 $x'_1, x'_3, \cdots, x'_{k-1}$ 合并起来（也就是说，将序列 $x_0, x_2, \cdots, x_{k-2}$, $x'_1, x'_3, \cdots, x'_{k-1}$ 作为 MERGER[k] 网络的输入）；使用另一个网络，将 x 的奇数子序列和 x' 的偶数子序列合并起来作为第二个 MERGER[k] 网络的输入。我们把这两个 MERGER[k] 网络的输出称为 z 和 z'。网络的最后一层将每一个线对 z_i 和 z'_i 发送到一个平衡器来组合为 z 和 z'，该平衡器的输出产生 y_{2i} 和 y_{2i+1}。

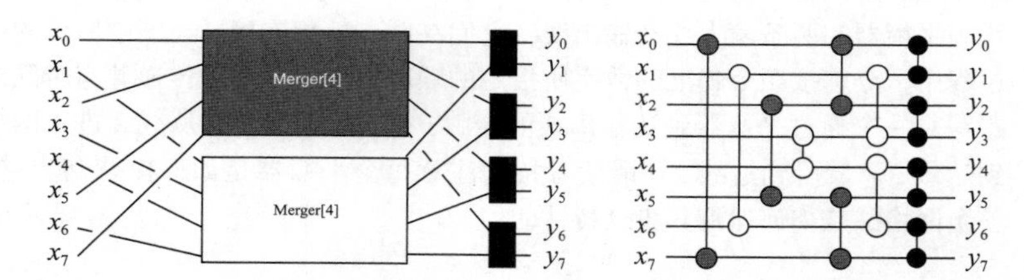

图 12.12　左侧是一个 MERGER[8] 网络的逻辑结构图，其输入是由两个 BITONIC[4] 网络的输出构成，如图 12.11 所示。灰色的 MERGER[4] 网络的输入包含上端的 BITONIC[4] 网络的偶数输出线和下端的 BITONIC[4] 的奇数输出线。另一个 MERGER[4] 网络的情况则正好相反。一旦这些线离开这两个 MERGER[4] 网络，每一对编号相同的线将由一个平衡器来组合。图的右侧是一个 MERGER[8] 网络的物理布局图。不同的平衡器采用不同的颜色标识以对应左侧的逻辑结构图

MERGER[$2k$] 网络由 log$2k$ 个层组成，每一层包含 k 个平衡器。仅当 MERGER[$2k$] 网络的两个输入序列具有步进特性时，它的输出才具有步进特性，我们可以通过由较小的平衡网络过滤输入来确保这一点。

BITONIC[$2k$] 网络是通过将两个 BITONIC[k] 网络的输出连接到一个 MERGER[$2k$] 网络来构建的。归纳法的基本步骤是基于由两个单一平衡器组成的 BITONIC[2] 网络，如图 12.13 所示。这种构造产生了一个由 $\binom{\log 2k+1}{2}$ 个层组成的网络，每一个层都包含 k 个平衡器。

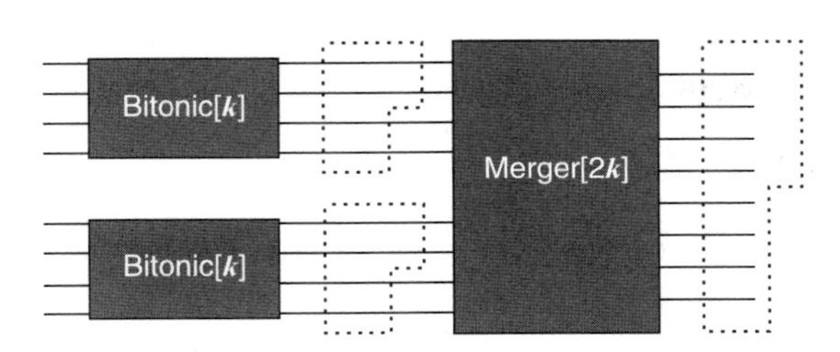

图 12.13　一个 BITONIC[2k] 计数网络的递归结构。将两个 BITONIC[k] 计数网络作为输入送到一个 MERGER[2k] 平衡网络中

12.5.2.1　软件双调计数网络

到目前为止，平衡网络被描述为类似于网络中的交换机。然而，在一个共享存储器的多处理器中，一个平衡网络可以实现为内存中的一个对象。每一个平衡器都是一个对象，其连线是从一个平衡器到另一个平衡器的引用。每一个线程重复地遍历对象，从某个输入线开始，在另一个输出线上出现，从而有效地引导令牌穿越整个网络。接下来我们讨论如何使用一个共享内存数据结构来实现一个 BITONIC[2k] 网络。

平衡器 Balancer 类（图 12.14）包含一个单一的布尔型字段：toggle。同步方法 traverse() 方法对 toggle 字段进行求补运算，并返回一条输出线，即 0 或者 1。平衡器 Balancer 类的 traverse() 方法不带参数，因为令牌离开平衡器的线并不依赖于它进入的线。

```
1  public class Balancer {
2    boolean toggle = true;
3    public synchronized int traverse() {
4      try {
5        if (toggle) {
6          return 0;
7        } else {
8          return 1;
9        }
10     } finally {
11       toggle = !toggle;
12     }
13   }
14 }
```

图 12.14　平衡器 Balancer 类：同步方法 traverse() 的一种实现

Merger 类（图 12.15）包含三个字段：width 字段的值必须是 2 的次幂，half[] 是一个由具 Merger 对象组成的两个元素的数组（half[] 数组元素的总数量是宽度 w 的一半。如果网络宽度为 2，则 half[] 数组为空），layer[] 是一个由最终网络层的 width/2 个平衡器组成的数组。该类提供了一个 traverse(i) 方法，其中 i 是令牌进入网络的线。（合并网络与平衡器不同，一个令牌的路径取决于其输入线。）如果输入线是较低的 width/2 线之一，则当 i 为偶数时，令牌被发送到 half[0]；当 i 为奇数，令牌被发送到 half[1]。否则，输入线是较高的 width/2 线之一，则当 i 为奇数时，令牌被发送到 half[0]；当 i 为偶数时，令牌被发送到 half[1]。无论令牌穿越哪半个合并网络，出现在线 i 上的令牌都被送到 layer[i] 层的平衡器。

```
1  public class Merger {
2    Merger[] half;  // 两个具有一半宽度的合并器网络
3    Balancer[] layer; // 最后的网络层
4    final int width;
5    public Merger(int myWidth) {
6      width = myWidth;
7      layer = new Balancer[width / 2];
8      for (int i = 0; i < width / 2; i++) {
9        layer[i] = new Balancer();
10     }
11     if (width > 2) {
12       half = new Merger[]{new Merger(width/2), new Merger(width/2)};
13     }
14   }
15   public int traverse(int input) {
16     int output = 0;
17     if (input < width / 2) {
18       output = half[input % 2].traverse(input / 2);
19     } else {
20       output = half[1 - (input % 2)].traverse(input / 2);
21     return (2 * output) + layer[output].traverse();
22   }
23 }
```

图 12.15　Merger 类

双调 Bitonic 类（图 12.16）也包含三个字段：width 字段的值必须是 2 的次幂，half[] 是一个由 Bitonic 对象组成的两个元素的数组（half[] 数组元素的总数量是宽度 w 的一半。如果网络宽度为 2，则 half[] 数组未被初始化），merger 是一个全宽度的 Merger 对象。该类提供了一个 traverse(i) 方法，其中 i 是令牌的输入线。如果输入线是较低的 width/2 线之一，则通过 half[0] 发送，否则通过 half[1] 发送。从线 i 上的半合并子网中出现的令牌，如果穿越 half[0]，则从输入线 i 穿越最终合并网络；如果穿越 half[1]，则从输入线 i+width/2 穿越最终合并网络。

```
1  public class Bitonic {
2    Bitonic[] half; // 两个具有一半宽度的双调网络
3    Merger merger; // 最终的合并层
4    final int width; // 网络宽度
5    public Bitonic(int myWidth) {
6      width = myWidth;
7      merger = new Merger(width);
8      if (width > 2) {
9        half = new Bitonic[]{new Bitonic(width/2), new Bitonic(width/2)};
10     }
11   }
12   public int traverse(int input) {
13     int output = 0;
14     int subnet = input / (width / 2);
15     if (width > 2) {
```

图 12.16　双调 Bitonic 类

```
16        output = half[subnet].traverse(input - subnet * (width / 2));
17      }
18      return merger.traverse(output + subnet * (width / 2));
19    }
20  }
```

图 12.16 （续）

请注意，双调 Bitonic 类使用一个简单的同步平衡器来实现，但是如果平衡器的实现是无锁的（或者是无等待的），那么整个网络的实现将是无锁的（或者无等待的）。

12.5.2.2　正确性证明

下面我们将证明 BITONIC[w] 是一个计数网络。证明可以看作令牌序列穿越网络的论证过程。在检查网络本身之前，首先给出一些关于具有步进特性的序列相关的简单引理。

引理 12.5.2　如果一个序列具有步进特性，那么它的所有子序列也具有步进特性。

引理 12.5.3　如果序列 $x_0,\cdots,x_{k-1}$ 具有步进特性，则对于偶数 k，序列的偶数子序和奇数子序列均满足：

$$\sum_{i=0}^{\frac{k}{2}-1} x_{2i} = \left\lceil \sum_{i=0}^{k-1} \frac{x_i}{2} \right\rceil \quad \text{and} \quad \sum_{i=0}^{\frac{k}{2}-1} x_{2i+1} = \left\lfloor \sum_{i=0}^{k-1} \frac{x_i}{2} \right\rfloor$$

证明　要么对于 $0 \leqslant i < k/2$ 有 $x_{2i}=x_{2i+1}$；要么根据引理 12.5.1，对于所有的 $i \neq j$，以及 $0 \leqslant i < k/2$，存在唯一的 j 使得 $x_{2j}=x_{2j+1}+1$ 并且 $x_{2i}=x_{2i+1}$。在第一种情况下，$\Sigma x_{2i} = \Sigma x_{2i+1} = \Sigma x_i / 2$；在第二种情况下，$\Sigma x_{2i} = \lceil \Sigma x_i / 2 \rceil$ 并且 $\Sigma x_{2i+1} = \lfloor \Sigma x_i / 2 \rfloor$。证毕。□

引理 12.5.4　假设 $x_0,\cdots,x_{k-1}$ 和 $y_0,\cdots,y_{k-1}$ 是具有步进特性的任意序列。如果 $\Sigma x_i = \Sigma y_i$，则对于任意 $0 \leqslant i < k$，有 $x_i = y_i$。

证明　令 $m = \Sigma x_i = \Sigma y_i$，根据引理 12.5.1，$x_i = y_i = \left\lceil \frac{m-i}{k} \right\rceil$。证毕。□

引理 12.5.5　假设 $x_0,\cdots,x_{k-1}$ 和 $y_0,\cdots,y_{k-1}$ 是具有步进特性的任意序列。如果有 $\Sigma x_i = \Sigma y_i + 1$，则存在唯一的 $j(0 < j < k)$，使得 $x_i = y_i + 1$；并且对于 $i \neq j$（$0 \leqslant i < k$），有 $x_i = y_i$。

证明　令 $m = \Sigma x_i = \Sigma y_i + 1$，根据引理 12.5.1，$x_i = \left\lceil \frac{m-1}{k} \right\rceil$ 并且 $y_i = \left\lceil \frac{m-1-i}{k} \right\rceil$。对于任意的 i（$0 \leqslant i < k$），除了唯一的 $i=m-1(\bmod k)$ 之外，上述两项都成立。证毕。□

接下来我们证明 MERGER[w] 网络具有步进特性。

引理 12.5.6　如果 MERGER[2k] 是静态的（其中 k 是 2 的次幂），并且其输入 $x_0,\cdots,x_{k-1}$ 和 $x'_0,\cdots,x'_{k-1}$ 都具有步进特性，则其输出 $y_0,\cdots,y_{k-1}$ 也具有步进特性。

证明　我们通过在 $\log k$ 上的归纳法进行论证。参考图 12.17，该图描述了 MERGER[8] 网络的一种证明结构示例。

如果 $2k$ 等于 2，那么 MERGER[2k] 网络只是一个平衡器，根据平衡器的定义可知，其输出一定具有步进属性。

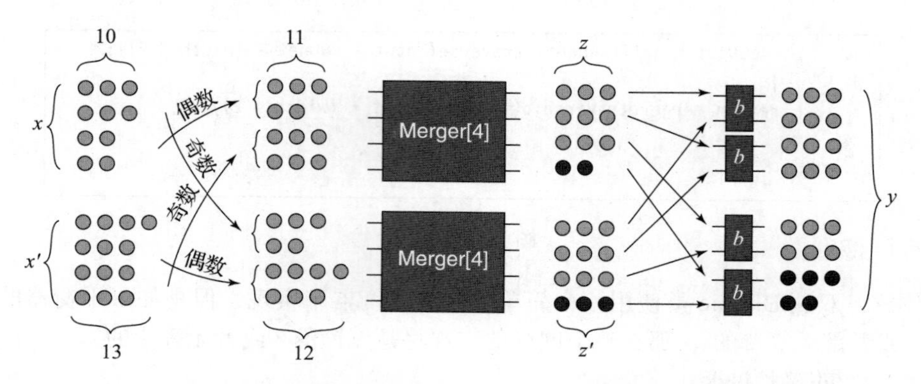

图 12.17　一个 MERGER[8] 网络能够将两个具有步进特性的宽度为 4 的序列 x 和 x' 正确归并为一个具有步进特性的宽度为 8 的序列 y 的归纳证明过程。x 和 x' 的宽度为 2 的奇数子序列和偶数子序列都具有步进特性。而且，一个偶数序列和另一个奇数序列的令牌个数最多相差 1（在本示例中，分别为 11 个令牌和 12 个令牌）。根据归纳假设，两个 MERGER[4] 网络的输出 z 和 z' 也具有步进性质，并且其中一个网络中最多包含一个额外的令牌。这个额外的令牌必定落在一条特定编号的线上（在本例中位于线 3 上），该线通向同一个平衡器。在本图中，这些令牌被标记为黑颜色。它们经由最南端的平衡器，而额外的令牌则通过北端的平衡器，从而确保最终的输出具有步进特性

如果 $2k>2$，则令 $z_0,\cdots,z_{k-1}$ 为第一个 MERGER[k] 子网的输出，该子网将 x 的偶数子序列与 x' 的奇数子序列合并。令 $z'_0,\cdots,z'_{k-1}$ 为第二个 MERGER[k] 子网的输出。由于按照假设，x 和 x' 都具有步进特性，因此它们的奇数子序列和偶数子序列也具有步进特性（引理 12.5.2），因此 z 和 z' 也具有步进特性（归纳假设）。此外，$\Sigma z_i=\lfloor \Sigma x_i/2\rfloor+\lceil \Sigma x'_i/2\rceil$ 并且 $\Sigma z'_i=\lfloor \Sigma x_i/2\rfloor+\lceil \Sigma x'_i/2\rceil$（引理 12.5.3）。通过简单的案例分析，可知 Σz_i 和 $\Sigma z'_i$ 最多相差 1。

可以断言，对于任何 $i<j$，有 $0\leqslant y_i-y_j\leqslant 1$。如果 $\Sigma z_i=\Sigma z'_i$，那么根据引理 12.5.4 可知，对于 $0\leqslant i<k/2$，有 $z_i=z'_i$。经过最后一层平衡器之后，得出：

$$y_i-y_j=z_{\lfloor i/2\rfloor}-z_{\lfloor j/2\rfloor}$$

因为 z 具有步进特性，因此该结论显然是成立的。

类似地，如果 Σz_i 和 $\Sigma z'_i$ 相差 1，根据引理 12.5.5 可知，对于任意的 $0\leqslant i<k/2$，除了满足 z_l 和 z'_l 差值为 1（数字 1）的一个唯一值 l（字母 l）之外，都有 $z_i=z'_i$。设 $x=\min(z_l,z'_l)$，则 $\max(z_l,z'_l)=x+1$。根据 z_l 和 z'_l 的步进特性，对于所有的 $i<l$，有 $z_i=z'_i=x+1$；对于所有的 $i>l$，有 $z_i=z'_i=x$。由于 z_l 和 z'_l 被连接到一个输出为 y_l 和 y_{2l+1} 的平衡器上，因此有 $y_{2l}=x+1$ 和 $y_{2l+1}=x$。类似地，对于 $i\neq l$，z_l 和 z'_l 由同一平衡器连接。因此，对于任意 $i<l$，$y_{2i}=y_{2i+1}=x+1$；对于任意 $i>l$，$y_{2i}=y_{2i+1}=x$。所以通过选择 $c=2l+1$ 并应用引理 12.5.1，步进特性成立。证毕。

□

下面定理的证明过程是显而易见的。

定理 12.5.7　在任何一个静止状态下，BITONIC[w] 的输出都具有步进特性。

12.5.2.3　周期计数网络

在本节中，我们证明了双调网络并不是唯一的深度为 $O(\log^2 w)$ 的计数网络。本小节将引入一个新的计数网络，其显著特性是该计数网络是周期性的，由一系列相同的子网络组成，如图 12.18 所示。我们将 BLOCK[k] 网络的定义如下：当 k 等于 2 时，BLOCK[k] 网络由一个平衡器组成。对于较大的 k，BLOCK[$2k$] 网络是通过递归方式构造的。我们从两个 BLOCK[k] 网络 A 和网络 B 开始。对于一个给定的输入序列 x，网络 A 的输入为 x^A，网络 B 的输入为 x^B。令 y 为两个子网的输出序列，其中 y^A 为网络 A 的输出序列，y^B 为网络 B 的输出序列。构造网络的最后一步将每个 y_i^A 和 y_i^B 合并在一个平衡器中，从而产生最终的输出 z_{2i} 和 z_{2i+1}。

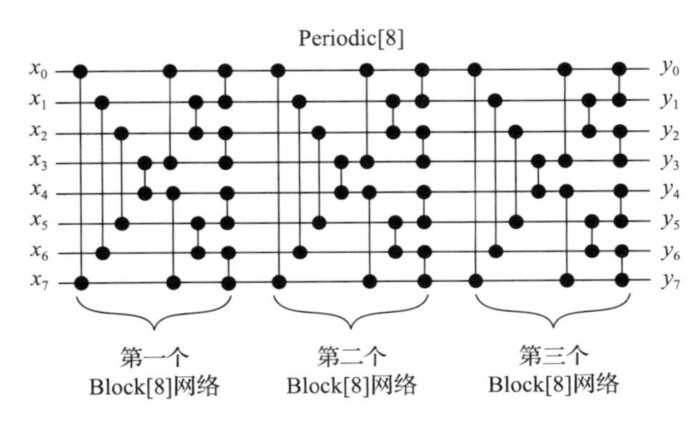

图 12.18　一个由三个相同的 BLOCK[8] 网络构造的 PERIODIC[8] 计数网络

图 12.19 描述了一个 BLOCK[8] 网络的递归构造过程。PERIODIC[$2k$] 网络由 $\log 2k$ 个 BLOCK[$2k$] 网络连接构成，使得一个子网的第 i 条输出线就是下一个子网的第 i 条输入线。图 12.18 是一个 PERIODIC[8] 计数网络[⊖]。

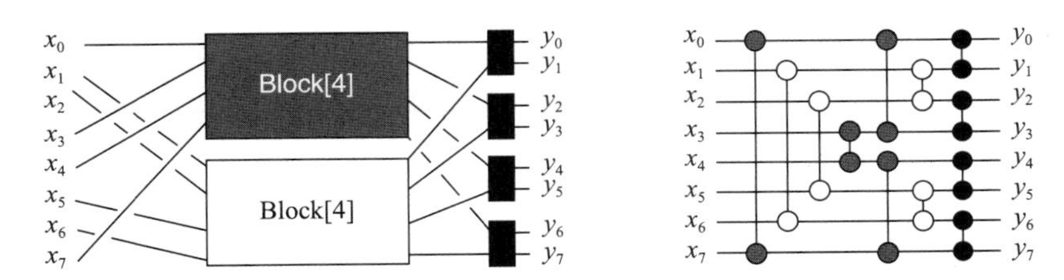

图 12.19　左侧描述了一个 BLOCK[8] 网络，该网络的输入为两个 PERIODIC[4] 网络。右边的图表示一个 MERGER[8] 网络的物理布局。平衡器采用颜色编码，以对应左图中的逻辑结构

12.5.2.4　软件周期计数网络

下面讨论如何使用软件的方法构造一个周期网络。我们重用图 12.14 中的平衡器 Balancer 类。BLOCK[w] 网络的单个层是通过 LAYER[w] 网络来实现的（图 12.20）。LAYER[w] 网络

⊖ 虽然 BLOCK[$2k$] 网络和 MERGER[$2k$] 网络看起来可能相同，但实际上并非如此：不存在从一个网络到另一个网络的线排列。

将输入线 i 和 $w-i-1$ 连接到同一平衡器上。

```
1  public class Layer {
2    int width;
3    Balancer[] layer;
4    public Layer(int width) {
5      this.width = width;
6      layer = new Balancer[width];
7      for (int i = 0; i < width / 2; i++) {
8       layer[i] = layer[width-i-1] = new Balancer();
9      }
10   }
11   public int traverse(int input) {
12     int toggle = layer[input].traverse();
13     int hi, lo;
14     if (input < width / 2) {
15       lo = input;
16       hi = width - input - 1;
17     } else {
18       lo = width - input - 1;
19       hi = input;
20     }
21     if (toggle == 0) {
22       return lo;
23     } else {
24       return hi;
25     }
26   }
27 }
```

图 12.20 Layer 网络

在 BLOCK[w] 类中（图 12.21），当令牌从初始 LAYER[w] 网络出现后，它将穿越两个半宽 BLOCK[$w/2$] 网络（称为北网和南网）中的一个。

```
1  public class Block {
2    Block north;
3    Block south;
4    Layer layer;
5    int width;
6    public Block(int width) {
7      this.width = width;
8      if (width > 2) {
9        north = new Block(width / 2);
10       south = new Block(width / 2);
11     }
12     layer = new Layer(width);
13   }
```

图 12.21 Block 网络

```
14  public int traverse(int input) {
15    int wire = layer.traverse(input);
16    if (width > 2) {
17      if (wire < width / 2) {
18        return north.traverse(wire);
19      } else {
20        return (width / 2) + south.traverse(wire - (width / 2));
21      }
22    } else {
23      return wire;
24    }
25  }
26 }
```

图 12.21 （续）

PERIODIC[w] 网络（图 12.22）被实现为一个由 log w 个 BLOCK[w] 网络构成的数组。每个令牌依次遍历每个块，其中每个块上的输出线是其下一个块的输入线。（本章章节注释引用了 PERIODIC[w] 是一个计数网络的证明。）

```
1  public class Periodic {
2    Block[] block;
3    public Periodic(int width) {
4      int logSize = 0;
5      int myWidth = width;
6      while (myWidth > 1) {
7        logSize++;
8        myWidth = myWidth / 2;
9      }
10     block = new Block[logSize];
11     for (int i = 0; i < logSize; i++) {
12       block[i] = new Block(width);
13     }
14   }
15   public int traverse(int input) {
16     int wire = input;
17     for (Block b : block) {
18       wire = b.traverse(wire);
19     }
20     return wire;
21   }
22 }
```

图 12.22 Periodic 网络

12.5.3 性能和流水线

随着线程数量和网络宽度的变化，计算网络的吞吐量是如何变化的呢？对于一个有固定宽度的网络，其吞吐量随着线程数量的增加而增加至某一点，然后网络达到饱和，吞吐量将保持不变或者下降。为了更好地理解这些结论，可以把计数网络看作一条流水线。

- 如果并发通过网络的令牌数量小于平衡器数量，则流水线有一部分是空闲的，因此网络吞吐量受到一定的影响。
- 如果并发令牌的数量大于平衡器的数量，则流水线就会被阻塞，因为太多令牌同时到达每一个平衡器，从而导致每一个平衡器的争用现象。
- 当令牌数量与平衡器数量大致相等时，网络吞吐量达到最大化。

如果一个应用程序需要一个计数网络，那么网络大小的最佳选择是确保在任何时候通过平衡器的令牌数量与平衡器的数量大致相等。

12.6　衍射树

计数网络提供了高度的流水线操作，因此吞吐量在很大程度上与网络深度无关。然而，网络时延取决于网络深度。在我们已经讨论过的计数网络中，最浅的网络深度为$\Theta(\log^2 w)$。是否可以设计一个深度为对数级的计数网络？好消息是答案是肯定的，并且已经存在这样的网络；但坏消息是，对于所有已知的这样的网络结构，其中包含的常数因子都将导致这些构造的实用性不大。

下面是另一种替换的实现方法：考虑一组由一条输入线和两条输出线组成的平衡器集合，其顶部和底部分别标记为 0 和 1。TREE[w] 网络（如图 12.23 所示）是一个二叉树，其结构如下：令 w 为 2 的次幂，采用归纳法定义 TREE[$2k$]。当 k 等于 1 时，TREE[$2k$] 由一个输出线为 y_0 和 y_1 的平衡器组成。对于 $k>1$，TREE[$2k$] 由两个 TREE[k] 树和一个附加的平衡器构成。将单个平衡器的输入线 x 作为树的根，并将它的每一个输出线连接到一个宽度为 k 的树的输入线上。重新指定最终 TREE[$2k$] 网络的输出线，将从平衡器的输出线“0”上延伸的 TREE[k] 子网络的输出线 $y_0, y_1, \cdots, y_{k-1}$ 作为最终网络的偶数输出线 $y_0, y_2, \cdots, y_{2k-2}$；将从平衡器的输出线“1”上延伸的 TREE[$k$] 子网络的输出线 $y_0, y_1, \cdots, y_{k-1}$ 作为最终网络的奇数输出线 $y_1, y_3, \cdots, y_{2k-1}$。

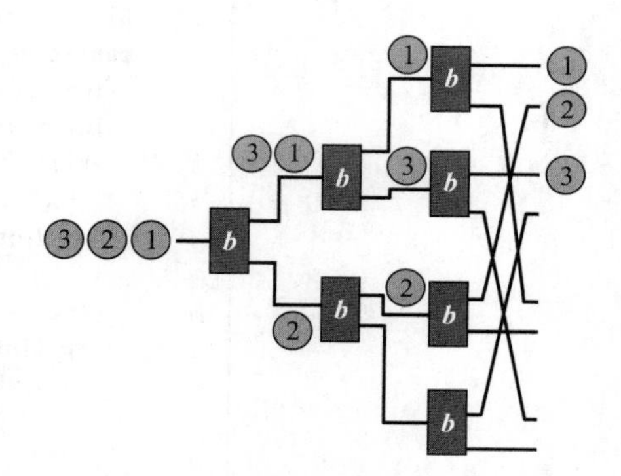

图 12.23　TREE[8] 类：计数网络树。请读者注意网络是如何保持其步进特性的

为了理解 TREE[$2k$] 网络为什么在静止状态下具有步进特性，我们可以使用归纳法来进行证明。假设 TREE[k] 具有步进特性。根平衡器在其“0”号（顶部）输出线上向 TREE[k] 子树传递的令牌比在其“1”号（底部）输出线上传递的令牌最多多 1 个。穿越顶端子树 TREE[k] 的令牌数量与穿越底端子树的令牌数量相比，在 k 条输出线中最多多一条线 j，因此具有步进特性。TREE[$2k$] 的输出线是离开两个子树的所有线的一种完美混合，因此宽度为 k 的两个步进形状的令牌序列形成一个宽度为 $2k$ 的新的步进形状的序列，如果有额外的令牌，则它将出现在两条线 j 中的较高者，即树 TREE[k] 顶部的线。

TREE[w] 网络可能是一个计数网络，但该网络是不是一个性能良好的计数网络呢？这个网络的优点是网络深度较浅：BITONIC[w] 网络的深度是 $\log^2 w$，而树网络的深度是 $\log w$。TREE[w] 网络的缺点是存在争用现象：进入网络的每个令牌都通过同一个根平衡器，导致该平衡器成为一个瓶颈。一般来说，树中的平衡器位置越靠前，争用度就越高。

我们可以利用类似于第 11 章中讨论的关于消除退避栈 EliminationBackoffStack 的策略来降低争用度：

如果偶数个令牌穿越一个平衡器，那么输出将在顶部和底部的线上是均匀的，但是平衡器的状态保持不变。

衍射树（diffracting tree）的基本思想是在每个平衡器处放置一个“**棱镜**（prism)”，这是一种类似于消除数组 EliminationArray 的**带外**（out-of-band）抑制机制，这个机制允许令牌（线程）通过访问一个栈来交换数据元素。棱镜允许令牌在随机的数组位置上配对，并同意在不同的方向上衍射，也就是说，无须遍历平衡器的**切换**位（toggle bit）或者改变其状态就可以穿越不同的线路。只有在一段合理的时间内未能与另一个令牌配对时，这个令牌才会遍历平衡器的切换位。如果棱镜无法衍射，那么这个令牌进行切换位以确定具体要走哪条线路。因此，如果棱镜能够配对足够多的令牌而不引入太多的争用，我们就可以避免在平衡器上发生过度争用现象。

棱镜是一个由 Exchanger<Integer> 对象构成的数组，与消除数组 EliminationArray 类似。一个 Exchanger<T> 对象允许两个线程交换 T 的值。如果线程 A 使用参数 a 调用该对象的 exchange() 方法，而线程 B 使用参数 b 调用该对象的 exchange() 方法，那么线程 A 的调用将返回 b，而线程 B 的调用将返回 a。到达的第一个线程被阻塞，直到第二个线程到达。该调用包含一个超时参数，允许一个线程在合理的持续时间内无法交换值时仍然能够继续推进。

在线程 A 访问平衡器的切换位之前，它首先会访问与平衡器相关的棱镜。在棱镜中，线程 A 随机选取一个数组元素，并调用该槽的 exchange() 方法，提供自己的线程 ID 作为交换值。如果线程 A 成功地与另一个线程交换了 ID，那么 ID 较低的线程在 0 号线上离开，ID 较高的线程在 1 号线上离开。

图 12.24 描述了棱镜 Prism 类的实现代码。构造函数将棱镜的容量（不同交换器的最大数量）作为参数。棱镜 Prism 类提供了单一的方法 visit()，该方法随机地选择交换机。如果调用方应该从顶部的线离开，则 visit() 方法调用返回 true；如果从底部的线离开，则返回 false；如果超时后仍然还没有交换值，则抛出异常 TimeoutException。调用者获取其线程 ID（第 11 行代码），在数组中随机选择一个数组元素（第 12 行代码），并尝试与它的伙伴交换其 ID（第 13 行代码）。如果成功，则返回一个布尔值，如果超时，则返回一个异常 TimeoutException。

```
1  public class Prism {
2    private static final int duration = 100;
3    Exchanger<Integer>[] exchanger;
4    public Prism(int capacity) {
5      exchanger = (Exchanger<Integer>[]) new Exchanger[capacity];
6      for (int i = 0; i < capacity; i++) {
7        exchanger[i] = new Exchanger<Integer>();
8      }
9    }
10   public boolean visit() throws TimeoutException,InterruptedException {
11     int me = ThreadID.get();
12     int slot = ThreadLocalRandom.current().nextInt(exchanger.length);
13     int other = exchanger[slot].exchange(me,duration,TimeUnit.MILLISECONDS);
14     return (me < other);
15   }
16 }
```

图 12.24　棱镜 Prism 类

衍射平衡器 DiffractingBlancer（图 12.25）与常规平衡器一样，提供了 transverse() 方法，该方法返回值为 0 或者 1。这个类包含两个字段：prism 字段是一个 Prism 对象，toggle 字段是一个 Balancer 对象。当一个线程调用 traverse() 方法时，它试图通过 prism 字段找到一个伙伴。如果成功，那么伙伴们返回不同的值，并且不会引起对 toggle 字段的争用（第 11 行代码）。否则，如果该线程找不到伙伴，它将遍历（第 16 行代码）toggle 字段（实现为一个平衡器对象）。

```
1  public class DiffractingBalancer {
2    Prism prism;
3    Balancer toggle;
4    public DiffractingBalancer(int capacity) {
5      prism = new Prism(capacity);
6      toggle = new Balancer();
7    }
8    public int traverse() {
9      boolean direction = false;
10     try{
11       if (prism.visit())
12         return 0;
13       else
14         return 1;
15     } catch(TimeoutException ex) {
16       return toggle.traverse();
17     }
18   }
19 }
```

图 12.25　衍射平衡器 DiffractingBalancer 类。如果调用者通过棱镜 Prism 与并发调用者配对，则不需要遍历平衡器

衍射树 DiffractingTree 类（图 12.26）包含两个字段。child 字段是子树的一个两元数组。root 字段是一个衍射平衡器 DiffractingBalancer 类型的对象，它将调用交替转发到左子树或者右子树。每个衍射平衡器 DiffractingBalancer 类型的变量都有一个容量，这个容量实际上是它内部棱镜的容量。初始时，这个容量与树的大小一致，每前进一层其容量都会缩小一半。

与消除退避栈 EliminationBackoffStack 一样，衍射树 DiffractingTree 类的性能取决于两个参数：棱镜容量和超时时限。如果棱镜容量太大，那么多个线程之间会彼此错过，从而导致平衡器上的过度争用；如果棱镜容量太小，那么太多线程会同时访问同一个棱镜中的每个交换器，从而导致在交换机上的过度争用。如果棱镜超时时限太短，则多个线程会彼此错过；如果超时时限太长，则多个线程可能会被不必要地延迟。这些值的选择没有一成不变的规则，因为最佳值的选择取决于负载和底层多处理器体系结构的特性。

然而，实验证据表明，有时适当地选择这些值可以使得组合树 CombiningTree 和计数网络 CountingNetwork 的性能更高效。下面是一些在实践中应用效果很好的启发式方法：因为树中较高层的平衡器有更高的争用度，所以可以在树的顶部附近使用较大容量的棱镜，从而增加动态缩小和扩大随机选择范围的能力。最佳超时时限的选择取决于负载：如果只有几个线程在访问树，那么等待的时间大部分是浪费的；而如果有很多线程，那么等待的时间是值

得的。因此采用自适应方案非常合理：在线程成功配对时，延长超时时限；否则，缩短超时时限。

```
1  public class DiffractingTree {
2    DiffractingBalancer root;
3    DiffractingTree[] child;
4    int size;
5    public DiffractingTree(int mySize) {
6      size = mySize;
7      root = new DiffractingBalancer(size);
8      if (size > 2) {
9        child = new DiffractingTree[]{
10         new DiffractingTree(size/2),
11         new DiffractingTree(size/2)};
12     }
13   }
14   public int traverse() {
15     int half = root.traverse();
16     if (size > 2) {
17       return (2 * (child[half].traverse()) + half);
18     } else {
19       return half;
20     }
21   }
22 }
```

图 12.26　衍射平衡器 DiffractingTree 类：字段、构造函数和 traverse() 方法

12.7　并行排序

排序是最重要的计算任务之一，从最早 19 世纪 Hollerith 发明的**制表机**（tabulating machine），到 20 世纪 40 年代的第一台电子计算机系统，直到今天的计算机，其中的大多数程序都使用了某种形式的排序。大多数计算机科学专业的本科生在学习之初就知道，排序算法的选择主要取决于被排序的数据元素的数量、它们键值的数字特性以及这些数据元素是驻留在内存中还是驻留在外部存储设备中。并行排序算法可以按照同样的方式进行分类。

下面讨论两类排序算法：**排序网络**（sorting network），通常适用于内存中较小的数据集；**样本排序算法**（sample sorting algorithm），通常适用于外存上较大的数据集。在下面的讨论中，为了简单起见，我们降低了算法的性能。更加复杂的技术请参考“章节注释”中的参考文献。

12.8　排序网络

就像计数网络是由平衡器组成的网络一样，排序网络也是由**比较器**（comparator）组成的网络[1]。比较器是一个具有两条输入线和两条输出线（分别称为顶线和底线）的计算元件。比较器从输入线上接收两个数字，并将较大的数字从顶线输出，将较小的数字从底线输出。与平衡器不同之处在于，比较器是**同步的**：只有两个输入都到达时，才会输出值

[1] 历史上，排序网络比计数网络早出现几十年。

（参见图 12.27）。

与平衡网络一样，**比较网络**（comparison network）是一种由比较器组成的无环网络。一个输入值被放在 w 个输入线的每一条线上。这些值同步地穿越每一层的比较器，最后一起从网络的输出线离开。

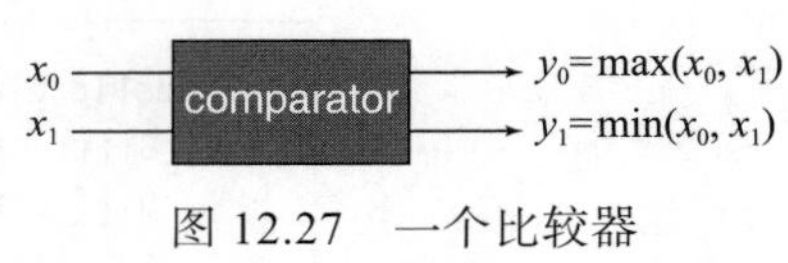

图 12.27 一个比较器

对于一个输入值为 x_i，输出值为 y_i 的比较网络，其中 $i \in \{0 \cdots 1\}$ 并且每个值分别在线 i 上，如果输出值是输入值的降序排序，即 $y_{i-1} \geqslant y_i$，则该网络是一个有效的排序网络。

下面的经典定理简化了对一个给定的网络进行排序的证明过程。

定理 12.8.1（0-1 原理） *如果一个排序网络可以对所有 0 和 1 的输入值序列进行排序，则这个排序网络就能对任何输入值序列进行排序。*

12.8.1 设计一个排序网络

没有必要重新设计排序网络，因为我们可以重用计数网络的结构。如果能够从一个平衡网络构造出另一个比较网络，或者从一个比较网络构造出另一个平衡网络，则称这两个网络是**同构的**（isomorphic）。

定理 12.8.2 *如果一个平衡网络能够计数，那么它的同构比较网络就可以排序。*

证明 首先构造一个从比较网络到同构的平衡网络变换中的映射。根据定理 12.8.1，一个可以对所有 0 和 1 序列进行排序的比较网络是一个排序网络。取任意一个由 0 和 1 组成的序列作为比较网络的输入，对于平衡网络，在每一个 1 号输入线上放置一个令牌，在每一个 0 号输入线上不放置令牌。如果我们采用同步的方式运行两个网络，则平衡网络就会模拟比较网络。

我们采用归纳法针对网络的深度进行证明。对于 0 层网络，按照两种网络的构造方法，该结论显然成立。假设对应的 k 层网络结论成立，下面证明对于 k+1 层网络，结论也成立。在比较网络中，当任一比较器中有两个 1 相遇时，在平衡网中就会有两个令牌相遇，所以在比较网络的每条线上离开的 1 会在第 k+1 层上离开；相应地，在平衡网络中的每条线上离开的令牌会在第 k+1 层上离开。在比较网络中，当在任一比较器上有两个 0 相遇时，在平衡网络中没有令牌相遇，因此在比较网络中的 k+1 层的每条线上都有一个 0 离开；而在对应的平衡网络中，其 k+1 层没有令牌离开。在比较网络中，当任一比较器中的 0 和 1 相遇时，在 k+1 层上，1 从北线（上线）离开，0 从南线（下线）离开；而在对应的平衡网络中，令牌从北线离开，南线上没有令牌离开。

如果平衡网络是计数网络，也就是说，它的输出线具有步进特性，那么比较网络必须已经对 0 和 1 的输入序列进行了排序。证毕。 □

反之则不一定成立：并非所有的排序网络都是计数网络。图 12.28 中的奇偶网络是一个排序网络但不是一个计数网络，有关证明留作练习题。

推论 12.8.3 *与双调 BITONIC[] 和周期 PERIODIC[] 同构的比较网络均为排序网络。*

使用比较网络对一个大小为 w 的数据集合进行排序，所需要的比较次数为 $\Omega(w \log w)$。一个具有 w 个输入线的排序网络在每一层最多有 $O(w)$ 个比较器，因此网络的深度不能小于 $\Omega(\log w)$。

推论 12.8.4 *任何一个计数网络的深度至少为 $\Omega(\log w)$。*

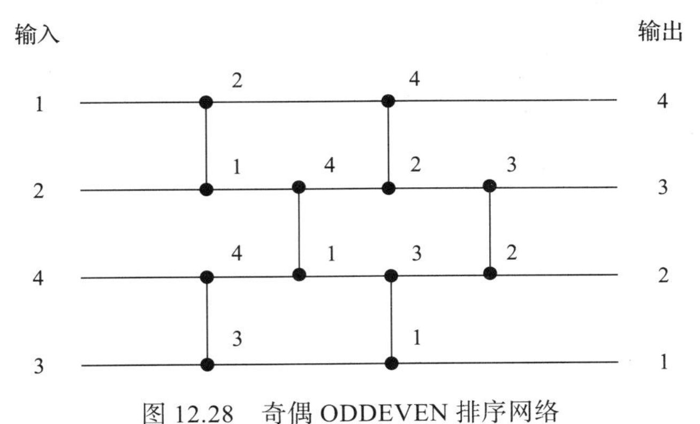

图 12.28　奇偶 ODDEVEN 排序网络

12.8.1.1　双调排序算法

任意一个宽度为 w 的排序网络（例如双调 BITONIC[w]）都可以表示为一个 d 层的集合，每个层最多有 $w/2$ 个平衡器。我们可以将一个排序网络的布局表示为一个表，其中每个表项都是一个元组对，用于描述哪两条线在哪一层的哪个平衡器处相交。（例如，在图 12.11 的双调 BITONIC[4] 网络中，线 0 和线 1 在第一层的第一个平衡器处相交，线 0 和线 3 在第二层的第一个平衡器处相交。）为了简单起见，假设给定了一个无界表 bitonicTable[i][d][j]，其中每个数组元素包含第 d 层第 i 个平衡器的北输入线（j=0）或者南输入线（j=1）的索引。

基于数组原位置的排序算法将需要排序的元素所构成的数组作为输入（这里假设这些元素具有唯一的整数键值），并返回各元素按键值排序的同一个数组。下面我们讨论双调排序 BitonicSort 算法的实现方法，这是一种基于双调排序网络的数组原位置排序算法。假设我们希望对一个包含 $2 \cdot p \cdot s$ 个元素的数组进行排序，其中 p 是线程的数量（通常也是线程运行的最大可用处理器数），$p \cdot s$ 是 2 的幂。该网络的每一层都有 $p \cdot s$ 个比较器。

p 个线程中的每一个都模拟 s 个比较器的工作。与计数网络（其行为就像不协调的集体狂欢舞蹈）不同，排序网络是同步的：所有比较器的输入必须在计算输出之前到达。该算法按照轮次进行。在每一轮中，一个线程在网络的某一个层中执行 s 次比较操作，必要时交换元素的数组项，从而使得它们正确排序。在网络层的每一层中，比较器连接不同的线，因此不会有两条线程尝试交换同一个数组项的元素，从而避免了在任何给定层执行同步操作的必要。

为了确保在进行下一轮（层）之前完成对给定轮（层）的比较，我们采用了一种称为 Barrier（屏障，或者称为路障）的同步结构（我们将在第 18 章中展开讨论）。为 p 个线程提供的屏障具有 await() 方法，在所有 p 个线程都调用 await() 方法之前，该方法的调用不会返回。双调排序 BitonicSort 的实现过程如图 12.29 所示。每一个线程一轮接着一轮地通过网络的每个层。在每一轮中，每一个线程都等待其他线程的到来（第 12 行代码），以确保 items 数组包含上一轮的结果。然后，该线程与比较器线相对应的数组位置上的元素进行比较，如果它们的键值次序颠倒，则将键值交换（第 14～19 行代码），从而模拟该层中 s 个平衡器的行为。

对于在 p 个处理器上运行的 p 个线程来说，双调排序 BitonicSort 的时间复杂度为 $O(s\log^2 p)$，如果 s 是常量，则时间复杂度为 $O(\log^2 p)$。

```
1  public class BitonicSort {
2    static final int[][][] bitonicTable = ...;
3    static final int width = ...; // 计数网络的宽度
4    static final int depth = ...; // 计数网络的深度
5    static final int p = ...;  // 线程的数量
6    static final int s = ...;  // 2的某次幂
7    Barrier barrier;
8    ...
9      public <T> void sort(Item<T>[] items) {
10       int i = ThreadID.get();
11       for (int d = 0; d < depth; d++) {
12         barrier.await();
13         for (int j = 0; j < s; j++) {
14           int north = bitonicTable[(i*s)+j][d][0];
15           int south = bitonicTable[(i*s)+j][d][1];
16           if (items[north].key < items[south].key) {
17             Item<T> temp = items[north];
18             items[north] = items[south];
19             items[south] = temp;
20           }
21         }
22       }
23     }
```

图 12.29　双调排序 BitonicSort 类

12.9　样本排序

双调排序 BitonicSort 算法适用于内存中较小数据集的排序。对于较大的数据集（元素个数 n 远远大于线程的数量 p），特别是那些驻留在外部存储设备上的数据集，则需要采用不同的排序算法。因为访问数据元素的开销很大，所以必须尽可能多地保持引用的局部性，所以让单个线程按顺序对数据元素进行排序是有最划算的行为。像双调排序 BitonicSort 这样的一个并行排序算法（允许一个元素由多个线程访问），其成本就太高。

下面尝试通过随机化方法使得访问给定元素的线程数量最小化。这种随机性的使用不同于衍射树 DiffractingTree 中的随机性，衍射树 DiffractingTree 采用随机方式来分配内存访问。在这里，我们使用随机性来猜测需要排序的数据集中所有元素的分布情况。

由于需要排序的数据集很大，因此我们将其拆分为多个数据桶，将键值位于给定范围内的数据元素放入对应的同一个数据桶中。然后，每个线程使用顺序排序算法对每一个数据桶中的数据元素进行排序，结果是一个排好序的集合（按照适当的数据桶顺序）。该算法是著名的快速排序算法的泛化，快速排序算法使用单个拆分器把数据元素划分为两个子集，而本算法则使用 $p-1$ 个拆分键值将输入集合拆分为 p 个子集。

这种针对 n 个数据元素和 p 个线程的算法包括以下三个阶段：

1. 线程选择 $p-1$ 个拆分器将数据集划分为 p 个数据桶。这些拆分器是公开的，因此所有线程都可以读取这些拆分器。

2. 每个线程依次处理 n/p 个数据元素，将每个数据元素移动到对应的数据桶中。使用数据元素的键值，通过在数据桶的拆分器中执行二分查找，可以确定对应的数据桶。

3. 每个线程按照顺序对其数据桶中的数据元素进行排序。

不同阶段之间的屏障可以确保所有线程在下一个阶段开始之前，都已经完成了上一个阶段的排序。

在讨论第一个阶段之前，让我们先讨论第二个阶段和第三个阶段。

第二个阶段的时间复杂度是 $(n/p)\log p$，包括从内存、磁盘或者磁带读取每个数据元素的时间，然后在本地缓存的 p 个拆分器之间实施一个二分查找算法的时间，最后将该数据元素添加到相应的数据桶中所需要的的时间。需要从内存、磁盘或者磁带将数据移动到数据桶，因此主要的时间成本是对存储数据元素的 n/p 次访问。

令 b 为数据桶中数据元素的数量。对于一个给定的线程，其第三个阶段的时间复杂度是 $O(b \log b)$，即使用快速排序算法的串行版本对数据进行排序[⊖]。这一部分的成本最高，因为它是由访问相对较慢的存储器（例如磁盘或者磁带）的读写阶段所组成的。

算法的时间复杂度主要取决于第三个阶段数据桶中包含有最多数据元素的线程。因此，尽可能选择能够均匀分布数据元素的拆分器（以便在第二个阶段，每个数据桶接收大约 n/p 个数据元素）。

选择好的拆分器的关键是让每个线程选择一组表示其自己的 n/p 大小数据集的示例拆分器，并从所有线程的所有示例拆分器集中选择最终的 $p-1$ 个拆分器。每一个线程从大小为 n/p 的数据集中随机均匀地选择 s 个键值（实际上，s 通常为 32 或者 64）。然后，每个线程都参与到并行双调排序 BitonicSort 的运行中（图 12.29），对 p 个线程所选择的 $s \cdot p$ 个样本键值进行处理。最后，每一个线程从已排序的拆分器的位置 s、$2s$、…、$(p-1)s$ 读取 $p-1$ 个拆分器，并将其用作第二个阶段的拆分器。选择 s 个样本，以及从排序后的所有样本集中选择最终拆分器，可以减少因线程访问的 n/p 大小数据集之间键值分布不均匀所带来的影响。

例如，一个样本排序算法可以选择让每个线程从自己的 n/p 大小的数据集中为其第二个阶段选择 $p-1$ 个拆分器，而不用与其他线程进行通信。这种方法所带来的问题是，如果数据分布不均匀，那么存储桶的大小可能会有很大差异，性能也会受到影响。例如，如果最大存储桶中的数据元素的数量增加了一倍，则排序算法最坏情况下的时间复杂度也会增加一倍。

第一个阶段执行随机采样的时间复杂度是 s（一个常数），执行并行双调排序的时间复杂度是 $O(\log^2 p)$。使用一个好的拆分器集（使得每个数据桶均包含 $O(n/p)$ 个数据元素）执行样本排序的总体时间复杂度如下：

$$O(\log^2 p)+O\left(\left(\frac{n}{p}\right)\log p\right)+O\left(\left(\frac{n}{p}\right)\log\left(\frac{n}{p}\right)\right)$$

总的来说是 $O\left(\left(\frac{n}{p}\right)\log\left(\frac{n}{p}\right)\right)$。

12.10　分布式协作

本章讨论了一些分布式协作模式，其中的一些（例如，组合树、排序网络和样本排序）具有高度的并行性和比较低的开销。所有这些算法都包含同步瓶颈，也就是说，线程必须等待与其他线程会合的计算点。在组合树中，所有线程必须同步才能组合；而排序时，所有线

⊖ 如果数据元素的键值大小已知并且是固定的，则可以使用基数排序 Radixsort 之类的算法。

程在屏障处同步。

在其他分布式协作模式中，例如计数网络和衍射树，线程则不需要相互等待。（虽然我们使用同步方法实现了平衡器，但是也可以使用 compareAndSet() 方法以无锁的方式来实现。）在本章中，分布式结构将信息从一个线程传递到另一个线程，虽然可以证明会合具有一些优点（例如在棱镜 Prism 数组中），但这种证明并不是必需的。

随机化在很多地方都很有用，它有助于均匀分配工作负荷。对于衍射树，随机化将工作负荷分配到多个内存单元，减少了过多线程同时访问同一内存单元的可能性。对于样本排序，随机化有助于将工作负荷均匀地分布在各个数据桶中，这些数据桶中的线程稍后会并行地排序。

最后，流水线可以确保某些数据结构具有高吞吐量，即使它们具有较长的时延。

尽管我们着重于讨论共享存储器的多处理器架构，但值得一提的是，本章中讨论的分布式算法和数据结构也适用于消息传递的体系架构。消息传递模型可以直接在硬件中实现（例如在处理器网络中），也可以通过软件层（例如 MPI 等）在共享存储器结构中实现。

在共享存储器体系架构中，交换机（例如组合树节点或者平衡器）自然而然地被实现为共享内存计数器。在消息传递体系架构中，交换机则自然而然地被实现为处理器本地数据结构，其中将一个处理器连接到另一个处理器的线也将一个交换机连接到另一个交换机。当处理器接收到一条消息时，处理器会自动更新其本地数据结构，并将消息转发给管理其他交换机的处理器。

12.11　章节注释

组合树的思想归功于 Allan Gottlieb、Ralph Grishman、Clyde Kruskal、Kevin McAuliffe、Larry Rudolph 和 Marc Snir[53]。本文介绍的组合树 CombiningTree 的代码改编自 PenChung Yew、NianFeng Tzeng 和 Duncan Lawrie [168]，并由 Maurice Herlihy、BengHong Lim 和 Nir Shavit[71] 进行了进一步的修改，所有这些算法都基于 James Goodman、Mary Vernon 和 Philip Woest[51] 最早提出的设计思想。

计数网络是由 Jim Aspens、Maurice Herlihy 和 Nir Shavit 所发明的 [14]。计数网络与排序网络相关，包括 Kenneth Batcher[16] 开创的双调网络，以及 Martin Dowd、Yehoshua Perl、Larry Rudolph 和 Mike Saks 提出的周期网络 [40]。Miklós Ajtai、János Komlos 和 Endre Szemerédi 发现了 AKS 排序网络，这是一个深度为 $O(\log w)$ 的排序网络 [8]。（这种渐近式描述隐藏了大量常数，使得基于 AKS 的网络没有太大的实用性。）

Mike Klugerman 和 Greg Plaxton[93, 94] 最早提供了一种基于 AKS 的深度为 $O(\log w)$ 的计数网络构造。排序网络的 0-1 原则是由 Donald Knuth[95] 提出的。Costas Busch 和 Marios Mavronicolas[26] 提供了一套关于平衡网络的类似规则。衍射树是由 Nir Shavit 和 Asaph Zemach 所提出的 [158]。

样本排序是由 John Reif 和 Leslie Valiant[148]，以及 Huang 和 Chow[80] 提出的。与所有样本排序算法相关的串行快速排序算法是由 Tony Hoare[76] 提出的。文献中包含许多并行基数排序算法，例如 Daniel Jiménez González、Joseph Larriba Pey 和 Juan Navarro[91] 提出的算法，以及 Shin-Jae Lee、Minsoo Jeon、Dongseng Kim 和 Andrew Sohn[111] 提出的算法。

《巨蟒与圣杯（Monty Python and the Holy Grail）》是一部由 Graham Chapman、John Cleese、Terry Gilliam、Eric Idle、Terry Jones 和 Michael Palin 编剧，并由 Terry Gilliam 和 Terry Jones

共同执导的电影 [28]。

12.12　练习题

练习题 12.1　请证明引理 12.5.1。

练习题 12.2　实现一个三元组合树 CombiningTree，也就是说，可以允许来自三个子树的最多三个线程在一个给定的节点上进行组合。与二元组合树相比，你认为三元组合树具有哪些优点和缺点？

练习题 12.3　实现一个组合树 CombiningTree 类，通过使用交换机 Exchanger 对象来完成正在沿着树的向上或者向下移动的多个线程之间的协作。与 12.3 节中介绍的组合树 CombiningTree 类相比，你的构造可能有哪些缺点？

练习题 12.4　使用两个简单的计数器以及每个数组元素都对应一个可重入锁 ReentrantLock，来实现 12.2 节中描述的基于循环数组的共享池。

练习题 12.5　给出一个有效的平衡器 Balancer 的无锁的实现。

练习题 12.6　（难度题）给出一个有效的平衡器 Balancer 的无等待的实现（要求不使用通用构造）。

练习题 12.7　证明 12.6 节构造的 TREE[$2k$] 平衡网络是一个计数网络，即在任何静止状态下，其输出线上的令牌序列都具有步进特性。

练习题 12.8　令 B 是一个处于静止状态 s 下的深度为 d、宽度为 w 的平衡网络。令 $n=2^d$。证明如果 n 个令牌从同一个输入线进入网络，穿越网络，然后离开网络，那么 B 在令牌离开网络以后的状态与它们进入网络前的状态相同。

练习题 12.9　设 X 和 Y 都是长度为 w 的 k-光滑序列。对于 X 和 Y 而言，其平衡器的匹配层是这样的一个层：即 X 中的每个元素通过一个平衡器与 Y 的每个元素按照一对一的对应关系连接起来。

请证明如果 X 和 Y 是 k-光滑序列，且 X 和 Y 匹配后的结果为 Z，则 Z 是（k+1）-光滑序列。

练习题 12.10　考虑一个 BLOCK[k] 网络，其中每个平衡器都被初始化为任意状态（up 或者 down）。请证明无论输入分布是什么，输出分布都是 (log$k$)-光滑的。

提示：您可以使用练习 12.9 中的结论。

练习题 12.11　**平滑网络**（smoothing network）是一种平衡网络，它能确保在任何静止状态下，输出序列都是 1–平滑序列。计数网络是平滑网络，但反之则不一定成立。

布尔排序网络是一个所有输入都确定是布尔值的网络。将**伪排序平衡网络**（pseudosorting balancing network）定义为布局与布尔排序网络同构的一个平衡网络。

假设 N 是一个由宽度为 w 的平滑网络 S 和宽度为 w 的伪排序平衡网络 P 组成的平衡网络，其中 S 的第 i 条输出线连接到 P 的第 i 条输入线上。请证明 N 是一个计数网络。

练习题 12.12　**3-平衡器**（3-balancer）是一个具有 3 条输入线和 3 条输出线的平衡器。与 2-平衡器一样，**3-平衡器**的输出序列在任何静止状态下都具有进步特性。使用 2-平衡器和 3-平衡器构建一个具有 6 条输入线和 6 条输出线并且深度为 3 的计数网络。解释说明这个计数网络为什么能够正常工作。

练习题 12.13　给出修改双调排序 BitonicSort 类的方法的建议，使得它可以对宽度为 w 的输入数组进行排序，其中 w 不是 2 的次幂。

练习题 12.14　考虑下面的 w-线程计数算法。每个线程首先使用一个宽度为 w 的双调计数网络来获取一个计数器值 v。然后线程穿越一个**等待过滤器**（waiting filter），在这个过滤器中，每个线程等待其他具有较小值的线程赶上。

等待过滤器是一个大小为 w 的布尔数组 filter[]。将相位函数定义为：

$$\phi(v) = \lfloor (v / w) \rfloor \bmod 2$$

一个以值 v 离开的线程在 filter[(v−1) mode n] 上自旋，直到该值被设置为 $\phi(v-1)$。该线程通过将 filter[v mod w] 设置为 $\phi(v)$ 来做出响应，然后返回值 v。

1. 请解释为什么这种计数器实现是可线性化的。
2. 在习题中已经证明任何可线性化的计数网络的深度至少为 w。请解释为什么 filter[] 的构造没有违背这个规则。
3. 在一个基于总线的多处理器系统上，这种 filter[] 构造是否比一个有自旋锁保护的单个变量具有更好的吞吐量？请说明理由。

练习题 12.15　如果一个序列 $X = x_0, \cdots, x_{w-1}$ 是 k-平滑序列，则 X 穿越一个平衡网络后的结果也是 k-平滑的序列。

练习题 12.16　请证明 BITONIC[w] 网络的深度为 $(\log w)(1+\log w)/2$ 并且需要 $(w \log w)(1+\log w)/4$ 个平衡器。

练习题 12.17　请证明图 12.28 中的奇偶网络是一个排序网络，但不是一个计数网络。

练习题 12.18　除了递增操作，计数网络还能执行什么操作？考虑一种新的令牌，称为**反令牌**（antitoken），该令牌可以用于递减操作。回想一下，当一个令牌访问一个平衡器时，它执行 getAndComplement() 方法：它自动以原子方式读取 toggle 字段的值并对其进行取反，然后从由原先 toggle 字段的值所指示的输出线上离开。相反，一个反令牌对 toggle 字段的值取反，然后从新的 toggle 字段的值所指示的输出线上离开。非形式化地说，反令牌"取消"最近的令牌对平衡器 toggle 状态的影响，反之亦然。

我们不再简单地平衡每条线上出现的令牌数量，而是给每个令牌赋与一个权值"+1"，为每个反令牌赋一个权值"-1"。扩展步进特性使得所有线上出现的令牌和反令牌权值之和也具有步进特性。我们称这个性质为加权步进特性。

图 12.30 描述了 antiTraverse() 方法的实现代码，该方法可以将一个反令牌穿越一个平衡器。（其他网络可能需要不同的 antiTraverse() 方法。）

```
1  public synchronized int antiTraverse() {
2    try {
3      if (toggle) {
4        return 1;
5      } else {
6        return 0;
7      }
8    } finally {
9      toggle = !toggle;
10   }
11 }
```

图 12.30　antiTraverse() 方法

假设 B 是一个处于静止状态 s 下的深度为 d、宽度为 w 的平衡网络。令 $n=2^d$。证明如果 n 个令牌从同一条输入线上进入网络，穿越网络，然后退出网络，那么平衡网络 B 在令牌退出后的状态与它们进入前的状态相同。

练习题 12.19　令 B 是一个处于静止状态 s 的平衡网络，假设一个令牌进入 i 号线并穿越该网络，使得网络的状态为 s'。证明：如果一个反令牌进入 i 号线并穿越网络，那么该网络将返回到状态 s。

练习题 12.20　证明：如果平衡网络 B 对于令牌而言是一个计数网络，那么对于令牌和反令牌来说它也是一个平衡网络。

练习题 12.21　**交换网络**（switching network）是一个有向图，其中边称为**线**（wire），节点称为**交换机**（switche）。每个线程引导一个令牌穿越网络。允许交换机和令牌具有内部状态。一个令牌通过输入线到达一个交换机。在一个原子步骤中，交换机获取令牌，改变其状态（也可能改变令牌的状态），并从一个输出线上发射令牌。在本练习题中，为了简单起见，假设交换机具有两条输入线和两条输出线。请注意，交换网络比平衡网络更强大，因为交换机可以具有任意状态（而不是仅仅只有一个二进制位），并且令牌也具有状态。

加法网络（adding network）是一种交换网络，允许线程增加（或者减少）任意值。

如果一个令牌位于一个交换机的任意一条输入线上，则称这个令牌在交换机的前面。从处于一个静止状态 q_0 的网络开始，下一个要运行的令牌的值为 0。假设我们有一个权值为 a 的令牌 t 和 $n-1$ 个权值均为 b 的令牌 $t_1, \cdots, t_{n-1}$，其中 $b>a$，并且每个令牌位于不同的输入线上。用 S 表示 t 从初始状态 q_0 开始遍历网络时所遇到的所有交换机的集合。

证明：如果让 $t_1, \cdots, t_{n-1}$ 一次一个地穿越网络，则每一个 t_i 都能够在 S 的一个交换机前面中止。

在这种构造的最后，$n-1$ 个令牌位于 S 的交换机的前面。由于交换机具有两条输入线，因此 t 穿越网络的路径至少包含 $n-1$ 个交换机，因此任意加法网络的深度必须至少为 $n-1$，其中 n 是并发令牌的最大数量。这种限制并不令人满意，因为它意味着网络的规模取决于线程的数量（该结论也适用于组合树，但不适用于计数网络），并且这种网络本身是高时延的。

练习题 12.22　请扩展练习题 12.21 的证明方法，证明可线性化计数网络的深度至少为 n。

并发哈希和固有并行

13.1 引言

在前面的章节中，我们研究了如何从队列、栈和计数器等这些看似无法并行的数据结构中提取并行性。在本章中，我们将采用一种与之截然不同的方法。本章将研究**并发哈希**（concurrent hashing）技术。并发哈希问题似乎是“自然可并行的”，或者使用更专业的术语，称之为“**不相交的并行访问**”(disjoint-access-parallel)，也就是说，并发的方法调用很可能访问不相交的存储单元，这意味着不大需要同步。

我们将研究使用 Set（集合）实现哈希技术的使用方法。回想一下，Set 接口提供了以下方法：

- add(x) 方法：将 x 添加到集合中。如果集合中不存在 x，则返回 true，否则返回 false。
- remove(x) 方法：从集合中移除 x。如果集合中存在 x，则返回 true，否则返回 false。
- contains(x) 方法：如果集合中存在 x，则返回 true，否则返回 false。

在串行程序设计中，通常使用哈希技术来实现一些时间复杂度为常数的方法，本章的目标是研究并发集合中使用哈希技术实现时间复杂度为常数的方法。（相比之下，第 9 章的集合实现中，时间复杂度是集合大小的线性函数关系。）虽然哈希似乎自然而然就可以并行化，但设计一个有效的、基于哈希的、并发**集合**的实现绝非易事。

在设计**集合**实现时，应该牢记以下原则：我们可以购买更多的内存，但无法购买更多的时间。在一个消耗更多内存的快速算法和一个消耗更少内存的较慢算法之间，我们倾向于选择速度更快的算法（当然在合理范围内）。

哈希集（hash set，有时称为哈希表 hash table）是一种实现集合的有效方法。哈希集通常实现为一个数组，称为**表**（table）。每个**表项**（table entry）都是对 0 个或者多个**数据元素**（item）的引用。哈希函数将数据元素映射到整数，这样不同的数据元素通常映射到不同的值。（为此，Java 为每个对象提供了一个 hashCode() 方法。）为了添加一个数据元素、删除一个数据元素，或者测试一个数据元素是否为集合的成员，对该数据元素应用哈希函数（并把结果根据表的大小求余数），从而确定与该数据元素相关联的表项。（我们称此步骤为对数据元素进行哈希。）

任何一个哈希集算法都必须处理**冲突**（collision）问题：当两个不同的数据元素哈希到同一个表项时应该如何处理。**封闭寻址**（closed addressing）方法在每个表项上存储一组数据元素（传统上称为一个**数据桶** bucket）。**开放地址**（open addressing）方法则尝试为该数据元素查找替代的表项，例如使用另一个替代的哈希函数。

有时需要调整表的大小。在封闭地址哈希集中，数据桶可能会变得太大，从而降低搜索的效率。在开放地址哈希集中，表可能会变得太满，从而无法找到其他可用的表项。

一些有趣的实验结果表明，在大多数应用程序中，集合的方法调用频率服从以下的分布：contains() 方法调用占 90%、add() 方法调用占 9%、remove() 方法调用占 1%。在实际应用中，集合往往会增大而不是收缩变小，因此本章将重点讨论**可扩展的哈希技术**（extensible hashing），其中哈希集只会增长（可缩小哈希集的问题则作为练习题）。

13.2　封闭地址哈希集

首先我们将定义一个哈希集实现的基类，作为本章讨论的所有并发封闭地址哈希集的通用基类。稍后，我们将使用不同的同步机制扩展哈希集基类。

基础哈希集 BaseHashSet<T> 类是一个抽象类，也就是说，它没有实现所有的方法。图 13.1 描述了该类的字段、构造函数和抽象方法。table[] 字段是一个由数据桶组成的数组，每个数据桶都是使用链表实现的集合。为了方便起见，我们采用了数组链表 ArrayList<T>，它支持标准的串行方法：add()、remove() 和 contains()。我们有时将 table[] 数组的长度（即其中数据桶的数量）称为**容量**（capacity）。setSize 字段存储集合中的数据元素的个数。构造函数将表的初始容量作为参数。

```
1  public abstract class BaseHashSet<T> {
2    protected volatile List<T>[] table;
3    protected AtomicInteger setSize;
4    public BaseHashSet(int capacity) {
5      setSize = new AtomicInteger(0);
6      table = (List<T>[]) new List[capacity];
7      for (int i = 0; i < capacity; i++) {
8        table[i] = new ArrayList<T>();
9      }
10   }
11   ...
12   public abstract void acquire(T x);
13   public abstract void release(T x);
14   public abstract void resize();
15   public abstract boolean policy();
16 }
```

图 13.1　基础哈希集 BaseHashSet<T> 类：字段、构造函数和抽象方法

程序注释 13.2.1

在本书中，我们使用标准的 Java List<T> 接口（来自 java.util 包）。链表 List<T> 是 *T* 类型对象的有序集合，其中 *T* 是一个类型。链表 List<T> 包含许多方法，本书中使用了以下方法：add(*x*) 方法将 *x* 追加到链表的末尾，get(*i*) 方法返回（但不删除）位置 *i* 处的元素，contains(*x*) 方法在链表中包含 *x* 时返回 true。

很多类都实现了链表接口。为了方便起见，本章使用数组链表 ArrayList<T> 类。

基础哈希集 BaseHashSet<T> 类包含以下抽象方法（并没有实现）：acquire(x) 方法，用于获取对数据元素 *x* 进行操作时所必需的锁；release(x) 方法，用于释放这些锁；resize() 方法，用于将 table[] 数组的容量增加一倍；policy() 方法，用于决定是否调整集合的大小。acquire(x) 方法必须是可重入的，这意味着如果一个已经调用 acquire(x) 方法的线程再次调

用该方法时，那么该线程将继续执行而不会与自己发生死锁。

图 13.2 描述了基础哈希集 BaseHashSet<T> 类的 contains(x) 方法和 add(x) 方法。每个方法首先调用 acquire(x) 方法来执行必要的同步，然后进入一个 try 语句块，并在它的 finally 块中调用 release(x) 方法。contains(x) 方法只是简单地测试 x 是否存在于相对应的数据桶中（第 21 行代码），如果不存在，则调用 add(x) 方法将 x 添加到链表中（第 30 行代码）。

```
17    public boolean contains(T x) {
18      acquire(x);
19      try {
20        int myBucket = x.hashCode() % table.length;
21        return table[myBucket].contains(x);
22      } finally {
23        release(x);
24      }
25    }
26    public boolean add(T x) {
27      boolean result = false;
28      acquire(x);
29      try {
30        int myBucket = x.hashCode() % table.length;
31        if (! table[myBucket].contains(x)) {
32          table[myBucket].add(x);
33          result = true;
34          setSize.getAndIncrement();
35        }
36      } finally {
37        release(x);
38      }
39      if (policy())
40        resize();
41      return result;
42    }
```

图 13.2　基础哈希集 BaseHashSet<T> 类：contains() 方法和 add() 方法对元素进行哈希来选择数据桶

应该如何确定数据桶数组的容量，以确保方法调用的时间复杂度为常数呢？以 add(x) 方法的一个调用为例。第一步，对 x 进行哈希处理以确定数据桶，需要固定的时间。第二步，检查 x 是否在数据桶中，需要遍历链表。只有当链表的长度为预期的常数时，这种遍历所耗费的时间才是常数，因此表容量应该与集合中的元素个数（即集合的大小）成比例。由于集合的大小可能随时间而变化，为了确保方法调用的时间保持（或多或少）为常数，我们必须不断调整表的大小，以确保链表的长度保持（或多或少）为常数。

我们还需要决定何时调整表的大小，以及 resize() 方法如何与其他方法同步。对此有许多可行的策略。对于封闭寻址算法，一个简单的策略是当存储数据桶的平均大小超过一个固定的阈值时，则调整表的大小。另一种可选的策略是使用两个固定的整数值，**数据桶的阈值**（bucket threshold）和**全局阈值**（global threshold），如果满足以下条件之一，则调整表的大小：

- 超过四分之一的数据桶的大小超过了数据桶的阈值。
- 任何单个的数据桶大小超过了全局阈值。

在实践应用中，这两种策略中的每一种效果都非常好。为了简单起见，本章将采用第一种策略[⊖]。

13.2.1 粗粒度哈希集

图 13.3 描述了粗粒度哈希集 CoarseHashSet<T> 类的字段、构造函数以及 acquire(*x*) 方法和 release(*x*) 方法的实现代码。构造函数首先初始化其超类（第 4 行代码）。同步则由一个可重入锁（第 2 行代码）来提供，由 acquire(*x*) 方法（第 8 行代码）获取锁，由 release(*x*) 方法（第 11 行代码）释放锁。

```
1  public class CoarseHashSet<T> extends BaseHashSet<T>{
2    final Lock lock;
3    CoarseHashSet(int capacity) {
4      super(capacity);
5      lock  = new ReentrantLock();
6    }
7    public final void acquire(T x) {
8      lock.lock();
9    }
10   public void release(T x) {
11     lock.unlock();
12   }
13   ...
14 }
```

图 13.3 粗粒度哈希集 CoarseHashSet<T> 类：字段、构造函数、acquire() 方法和 release() 方法

图 13.4 描述了粗粒度哈希集 CoarseHashSet<T> 类的 policy() 方法和 resize() 方法的实现代码。此处使用了一个简单的策略：当数据桶的平均长度超过 4 时，则调整表的大小（第 16 行代码）。resize() 方法首先锁定集合（第 19 行代码），并检查在此期间是否没有其他线程调整表的大小（第 22 行代码）；然后，resize() 方法分配并初始化一个新表，新表的容量是原来的两倍（第 24～28 行代码），并将原数据桶中的元素移动到新的数据桶中（第 29～33 行代码）；最后，对集合解锁（第 35 行代码）。

```
15   public boolean policy() {
16     return setSize.get() / table.length > 4;
17   }
18   public void resize() {
19     lock.lock();
20     try {
21       if (!policy()) {
22         return; // 存在某个线程调整表的大小
23       }
```

图 13.4 粗粒度哈希集 CoarseHashSet<T> 类：policy() 和 resize() 方法

⊖ 选择第一种策略会导致一个可伸缩性瓶颈，线程添加或者删除数据元素时，都会在记录集合大小的计数器上产生争用。本章使用了一个原子整数 AtomicInteger 类来实现计数器，这种方法限制了可伸缩性。如果需要的话，可以使用其他更具可伸缩性的计数器实现来替代本章的实现方法。

```
24        int newCapacity = 2 * table.length;
25        List<T>[] oldTable = table;
26        table = (List<T>[]) new List[newCapacity];
27        for (int i = 0; i < newCapacity; i++)
28          table[i] = new ArrayList<T>();
29        for (List<T> bucket : oldTable) {
30          for (T x : bucket) {
31            table[x.hashCode() % table.length].add(x);
32          }
33        }
34      } finally {
35        lock.unlock();
36      }
37    }
```

图 13.4 （续）

与第 9 章中研究的粗粒度链表一样，粗粒度哈希集易于理解和实现。但是遗憾的是，这也是串行的瓶颈。方法调用以每次一个的串行方式生效，即使它们访问不同的数据桶（并且也不调整表的大小）。

13.2.2　带状哈希集

下面讨论一种具有更高并行性并且对锁争用较低的封闭地址哈希表。在该实现中，不再采用单个锁来同步整个集合的方法，而是将集合划分为独立同步的若干个片段。我们将引入一种称为**锁分片**（lock striping，有时也被称为锁分离、锁分段等）的技术，该技术也适用于其他数据结构。图 13.5 描述了带状哈希集 StripedHashSet<T> 类的字段和构造函数的实现代码。该集合初始化时创建了一个 locks[] 数组和一个 table[] 数组。locks[] 数组由 L 个锁组成；而 table[] 数组则由 $N=L$ 个数据桶组成，其中每个数据桶都是一个非同步链表 List<T>。虽然这些数组初始时具有相同的长度，但是当重新调整哈希表的大小时，table[] 数组将增长，但是 locks[] 数组不会增长。当调整哈希表的大小时，我们将表的容量 N 增加一倍，但是不更改锁数组的大小 L；锁 i 保护每个表项 j，这里 j mod $L=i$。acquire(x) 方法和 release(x) 方法使用 x 的哈希码来选择需要获取或者释放的锁。图 13.6 中描述了一个示例，说明如何调整带状哈希集 StripedHashSet<T> 的大小。

```
1  public class StripedHashSet<T> extends BaseHashSet<T>{
2    final ReentrantLock[] locks;
3    public StripedHashSet(int capacity) {
4      super(capacity);
5      locks  = new Lock[capacity];
6      for (int j = 0; j < locks.length; j++) {
7        locks[j] = new ReentrantLock();
8      }
9    }
10   public final void acquire(T x) {
11     locks[x.hashCode() % locks.length].lock();
12   }
```

图 13.5　带状哈希集 StripedHashSet<T> 类：字段、构造函数、acquire() 方法和 release() 方法

```
13    public void release(T x) {
14      locks[x.hashCode() % locks.length].unlock();
15    }
16    ...
17  }
```

图 13.5 （续）

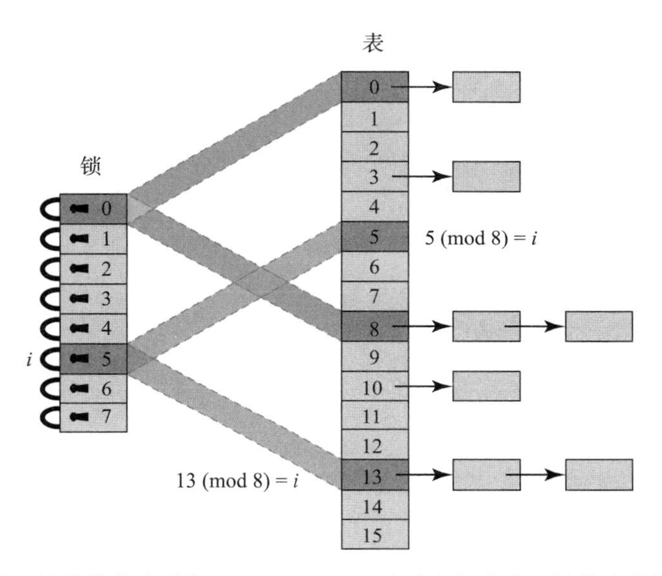

图 13.6 调整基于锁的带状哈希集 StripedHashSet 哈希表的大小。随着表的增长，将调整带状以确保每个锁覆盖 $2^{N/L}$ 个数据项。在图中，N=16，L=8。当 N 从 8 变为 16 时，内存被带状化，例如，锁 i=5 将覆盖模 L（也就是 8）余数等于 5 的两个位置

当扩展表时，不扩展锁数组的原因有以下两点：

- 将锁与每个表项相关联可能会占用太多空间，尤其是在表很大并且争用率较低的情况下。
- 虽然调整表大小的操作很简单，但是调整锁数组（正在使用时）大小的操作却非常复杂，此问题将在 13.2.3 节中讨论。

调整 StripedHashSet 的大小（图 13.7）与调整粗粒度哈希集 CoarseHashSet< > 的方法大体相同。两者的一个差别在于：在 StripedHashSet 中，resize() 方法按升序获取 lock[] 中的锁（第 19～21 行代码）。它与 contains() 方法、add() 方法或者 remove() 方法调用之间不会发生死锁，因为这些方法仅获取单一的锁。一个 resize() 方法调用与另一个 resize() 方法调用之间也不会发生死锁，因为这两个方法调用启动时没有持有任何锁，并且以相同的顺序获取锁。如果两个或者多个线程同时尝试调整大小时情况会如何呢？在粗粒度哈希集 CoarseHashSet<T> 中，当一个线程获得了所有锁之后，如果该线程发现其他某个线程改变了表的容量（第 24 行代码），那么该线程就会释放这些锁并放弃继续操作。（因为该线程已经拥有了所有的锁，所以它可能只是将表的大小增加一倍。）否则，该线程将创建一个新的、容量是原来表的两倍的 table[] 数组（第 26 行代码），并将原来表的元素移动到新的表中（第 31 行代码）。最后，释放锁（第 37 行代码）。

```
18    public void resize() {
19      for (Lock lock : locks) {
20        lock.lock();
21      }
22      try {
23        if (!policy()) {
24          return; // 存在某个线程调整了表的容量
25        }
26        int newCapacity = 2 * table.length;
27        List<T>[] oldTable = table;
28        table = (List<T>[]) new List[newCapacity];
29        for (int i = 0; i < newCapacity; i++)
30          table[i] = new ArrayList<T>();
31        for (List<T> bucket : oldTable) {
32          for (T x : bucket) {
33            table[x.hashCode() % table.length].add(x);
34          }
35        }
36      } finally {
37        for (Lock lock : locks) {
38          lock.unlock();
39        }
40      }
41    }
```

图 13.7　带状哈希集 StripedHashSet<T> 类：为了调整集合的大小，首先按顺序锁定每个锁，然后检查在此期间是否没有其他线程调整表的大小

总而言之，带状化锁机制比单个粗粒度锁机制具有更高的并发性，其原因在于将数据元素哈希到不同的锁能够使方法调用以并行的方式执行。add() 方法、contains() 方法和 remove() 方法的时间复杂度都是常数。但是，resize() 方法的时间复杂度是线性函数；并且 resize() 方法是一种“停止一切”的操作：它在增加表容量的同时，将停止所有并发的方法调用。

13.2.3　可细化的哈希集

我们希望如果随着表大小的增长而细化锁定的粒度，这样每个分片对应的位置个数就不会不断增长，那么应该如何实现呢？显然，如果我们想要调整锁数组的大小，那么就需要依赖另一种形式的同步。由于数组的大小很少被调整，因此我们的主要目标是设计一种方法，以允许调整锁数组的大小，并且不会显著增加常规方法调用的成本。

图 13.8 描述了 RefinableHashSet<T> 类的字段和构造函数的实现代码。为了添加一个更高级别的同步，我们引入了一个全局共享字段 owner，该字段将一个布尔值与 AtomicMarkableReference<thread> 中对线程的一个引用相结合，以便可以对它们进行原子修改（请参见“程序注释 9.8.1”）。我们使用 owner 字段作为 resize() 方法和所有 add() 方法之间的互斥标志，这样在调整集合大小的时候，就不会发生成功的 add() 方法调用；而在数据更新时，也不会发生成功的 resize() 方法调用。通常情况下，布尔值为 false，这意味着集合还没有处于调整大小的操作过程中。但是，当正在进行调整集合大小的操作时，布尔值为 true，而与其关联的引用则指示正在执行调整集合大小的线程。每一个 add() 方法调用都必

须读取 owner 字段。因为集合的大小很少被调整，所以通常应该高速缓存 owner 字段的值。

```
1  public class RefinableHashSet<T> extends BaseHashSet<T>{
2    AtomicMarkableReference<Thread> owner;
3    volatile ReentrantLock[] locks;
4    public RefinableHashSet(int capacity) {
5      super(capacity);
6      locks = new ReentrantLock[capacity];
7      for (int i = 0; i < capacity; i++) {
8        locks[i] = new ReentrantLock();
9      }
10     owner = new AtomicMarkableReference<Thread>(null, false);
11   }
12   ...
13 }
```

图 13.8　RefinableHashSet<T> 类：字段和构造函数

每个方法通过调用 acquire(x) 方法来锁住 x 的数据桶，如图 13.9 所示。它保持自旋直到没有其他线程调整集合的大小（第 19～21 行代码），然后读取锁数组（第 22 行代码）。之后获取该数据元素的锁（第 24 行代码），并再次检查，这次是在持有锁（第 26 行代码）时，以确保没有其他线程正在调整集合的大小，即在第 21 行和第 26 行代码之间没有发生调整集合大小的操作。

```
14   public void acquire(T x) {
15     boolean[] mark = {true};
16     Thread me = Thread.currentThread();
17     Thread who;
18     while (true) {
19       do {
20         who = owner.get(mark);
21       } while (mark[0] && who != me);
22       ReentrantLock[] oldLocks = locks;
23       ReentrantLock oldLock = oldLocks[x.hashCode() % oldLocks.length];
24       oldLock.lock();
25       who = owner.get(mark);
26       if ((!mark[0] || who == me) && locks == oldLocks) {
27         return;
28       } else {
29         oldLock.unlock();
30       }
31     }
32   }
33   public void release(T x) {
34     locks[x.hashCode() % locks.length].unlock();
35   }
```

图 13.9　RefinableHashSet<T> 类：acquire() 方法和 release() 方法

如果通过了这次测试，线程就可以继续执行。否则，由于正在执行的更新可能会使线程已获取的锁过时，因此线程会释放这些锁，并重新开始。当重新开始时，线程将首先自旋，直到当前的集合大小调整完成（第 19～21 行代码），然后再尝试获取锁。release(x) 方法释放 acquire(x) 方法获取的锁。

resize() 方法（图 13.10）类似于 StripedHashSet 类中的 resize() 方法。不同之处在于，该方法不再获取 lock[] 中的所有锁，而是尝试将自己设置为 owner（第 39 行代码），然后调用 quiesce() 方法（第 44 行代码）以确保没有其他线程正在处于一个 add() 方法、remove() 方法或者 contains() 方法的调用过程中。quiesce() 方法（图 13.11）访问每个锁，并等待其解锁。

```
36  public void resize() {
37    boolean[] mark = {false};
38    Thread me = Thread.currentThread();
39    if (owner.compareAndSet(null, me, false, true)) {
40      try {
41        if (!policy()) { // 某个其他线程首先调整了大小
42          return;
43        }
44        quiesce();
45        int newCapacity = 2 * table.length;
46        List<T>[] oldTable = table;
47        table = (List<T>[]) new List[newCapacity];
48        for (int i = 0; i < newCapacity; i++)
49          table[i] = new ArrayList<T>();
50        locks = new ReentrantLock[newCapacity];
51        for (int j = 0; j < locks.length; j++) {
52          locks[j] = new ReentrantLock();
53        }
54        initializeFrom(oldTable);
55      } finally {
56        owner.set(null, false);
57      }
58    }
59  }
```

图 13.10　RefinableHashSet<T> 类：resize() 方法

```
60  protected void quiesce() {
61    for (ReentrantLock lock : locks) {
62      while (lock.isLocked()) {}
63    }
64  }
```

图 13.11　RefinableHashSet<T> 类：quiesce() 方法

acquire() 方法和 resize() 方法通过使用 owner 标志的 mark 字段以及表的锁数组的标志原则来保证互斥访问：acquire() 方法首先获取 mark 字段的锁，然后读取 mark 字段；而 resize() 方法首先设置 mark，然后在 quiesce() 方法调用期间读取锁。这种次序确保每个在 quiesce() 方法调用完成后获取锁的线程都会看到集合的大小正在处于调整中，从而线程会在调整集合大小完成之前实行退避。类似地，resize() 方法将首先设置 mark 字段，然后读取锁，当存在 add() 方法、remove() 方法或者 contains() 方法调用持有锁时，则不会继续。

总而言之，我们设计了一种无论是存储桶的数量还是锁的数量都可以不断进行调整的哈希表。这个算法的一个局限是，在调整大小期间，线程无法访问表中的元素。

13.3　无锁的哈希集

下一步的工作是让哈希集的实现是无锁的，并且可以使用增量的方式实现表大小的调整，也就是说，每个 add() 方法调用可以执行一部分表大小调整的工作。这样一来，就不需要以“停止一切”的方式来调整表的大小，从而每个 contains() 方法、add() 方法和 remove() 方法的时间复杂度都为常数。

为了使可调整大小的哈希集是无锁的，仅仅使得单个数据桶是无锁的还远远不够，因为调整表的大小需要原子地将旧数据桶的元素移动到新的数据桶中。如果表的容量是原来的两倍，那么我们必须把旧数据桶里的数据元素分成两个新的数据桶。如果这个移动不是原子的，那么数据元素就有可能会暂时丢失或者重复。如果没有锁，我们必须使用原子方法（例如 compareAndSet() 方法）进行同步。令人遗憾的是，这些方法仅仅针对单个内存单元进行操作，这使得很难将一个节点从一个链表原子地移动到另一个链表中。

13.3.1　递归有序拆分

接下来讨论一种无锁的哈希集实现，它通过翻转传统的哈希结构来工作：

不是在数据桶之间移动数据元素，而是在数据元素之间移动数据桶。

更具体地说，将所有数据元素保存在一个无锁链表（类似于第 9 章中讨论的无锁链表 LockFreeList 类）中。一个数据桶只是链表中的一个引用。随着链表的增长，我们会引入额外的数据桶引用，使得没有任何对象会离数据桶的起点太远。这种算法能确保一旦一个数据元素被放入到链表中，那么这个数据元素就永远不会被移动，但是需要根据一个**递归有序拆分**（recursive split-order）算法插入数据元素。稍后我们将展开阐述递归有序拆分算法。

图 13.12 描述了一种无锁哈希集的实现。这个无锁哈希集包含两个组成部分：一个无锁链表和一个由对链表的引用所组成的扩展数组。这些引用均为逻辑桶。哈希集中的任何数据元素都可以通过从链表的头部开始遍历链表来访问，而数据桶的引用则提供了进入链表的快捷方式，可以最小化搜索时遍历的链表节点数。问题的关键在于，当集合中的元素个数增加时，如何确保链表中数据桶的引用仍然是均匀分布的。数据桶引用的间隔应该均匀地分布，以允许对任何节点进行访问的时间复杂度为常数。因此，必须创建新的数据桶，并将其分配到链表中以覆盖稀疏的区域。

和以前一样，哈希集的容量 N 永远是 2 的幂。初始时，由数据桶组成的数组的容量为 2，并且除索引 0 处的数据桶引用一个空链表外，其余所有数据桶的引用均为 null。我们使用一个变量 bucketSize 来表示这种数据桶结构的可变容量。数据桶数组中的每个数据项在第一次访问时被初始化，随后引用链表中的一个节点。

当插入、删除或者搜索具有哈希值为 k 的数据元素时，哈希集使用数据桶索引 $k \pmod N$。与前面的哈希集实现一样，我们通过咨询 policy() 方法来决定何时将表的容量增加一倍。但是，这里是通过修改表的方法来递增地调整表的大小，因此不需要显式调用的 resize() 方法。如果表容量是 2^i，那么数据桶的索引是键值 i 的最低有效位 LSB 的整数表示；换句话说，每个数据桶 b 中包含的元素的哈希码 k 满足 $k=b \pmod{2^i}$。

因为哈希函数依赖于表的容量，所以当表的容量发生变化时必须慎重处理。在调整表的大小之前插入的数据元素，应该保证其先前的数据桶和当前的数据桶都可以访问。当容量增长到 2^{i+1} 时，数据桶 b 中的元素被划分到两个数据桶中：$k=b \pmod{2^{i+1}}$ 的元素保留在数据桶 b 中，而 $k=b+2^i \pmod{2^{i+1}}$ 的元素则迁移到数据桶 $b+2^i$ 中。该算法的主要思想如下：只需要简单地将数据桶 $b+2^i$ 设置在第一组元素之后和第二组元素之前，就可以实现数据桶 b 的拆分。这种组织方式使得第二组中的每个元素都可以通过数据桶 $b+2^i$ 访问。

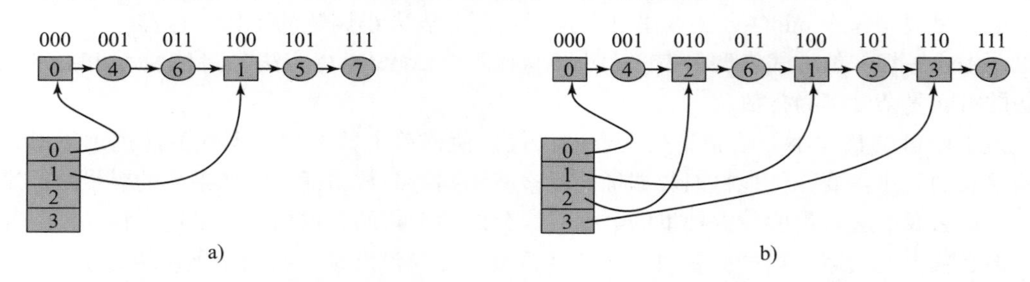

图 13.12　这个图说明了有序拆分的递归性质。在图 13.12a 中，描述了一个由两个数据桶组成的有序拆分链表。由数据桶组成的数组引用一个单一的链表。有序拆分的键值（标在每个节点的上方）是通过将数据元素的键值的二进制形式表示反序而得到的。活动的数据桶项 0 和 1 在链表中都有特殊的哨兵节点（方形节点），而其他（普通）的节点是圆形的。数据元素 4（其二进制值的反序为“001”）和元素 6（其二进制值的反序为“011”）位于存储桶 0 中，因为其原始键值的**最低有效位**（LSB，Least Significant Bit）为“0”。数据元素 5 和数据元素 7（其二进制值的反序分别为“101”和“111”）位于存储桶 1 中，因为其原始键值的最低有效位为 1。在图 13.12b 中，描述了当表的容量从两个存储桶增加到四个存储桶时，如何将两个数据桶中的每一个均拆分为两个。两个新增的数据桶 2 和 3 的二进制值的反序位值恰好完全分割了数据桶 0 和 1

如图 13.12 所示，两个组中的数据元素通过第 i 个二进制数字位（反序顺序，从最低有效位到最高有效位）进行区分。数字位为 0 的元素属于第一组，数字位为 1 的元素则属于第二组。下一次哈希表的大小加倍时，将导致每个组再次拆分成两个由第（i+1）二进制位区分的组，依此类推。例如，数据元素 4（二进制值“100”）和数据元素 6（二进制值“110”）共享相同的最低有效位 LSB。当表的容量为 2^1 时，它们位于同一个数据桶中；但当表的容量增长到 2^2 时，它们将位于不同的数据桶中，因为它们二进制值的第二位不同。

这个过程能够使数据元素之间保持全序关系，我们称之为**递归有序拆分**（recursive split-ordering），如图 13.12 所示。给定一个键值的哈希码，其次序由其二进制值的反序来决定的。

概括地说：一个有序拆分的哈希集包含一个由若干数据桶组成的数组，其中每个数据桶都是一个无锁链表的引用，而链表的节点按其哈希码的二进制位反序顺序进行排序。数据桶的数量会动态增长，每个新数据桶在第一次访问时都会被初始化。

当删除一个数据桶引用所指向的一个节点时，为了避免可能会出现尴尬的“**极端情况**（corner case，或称边界情况、临界情况）”，我们在每个数据桶的起始位置增加了一个哨兵节点，这个节点永远不会被删除。具体来说，假设表的容量是 2^{i+1}。当第一次访问数据桶 $b+2^i$ 时，会使用键值 $b+2^i$ 创建一个哨兵节点。该节点通过数据桶 b（$b+2^i$ 的父数据桶）插入到链表中。按照拆分顺序，$b+2^i$ 位于数据桶 $b+2^i$ 的所有元素之前，因为这些数据元素都必须以（i+1）个二进制位结束，以形成值 $b+2^i$。该值也位于数据桶 b 的所有不属于 $b+2^i$ 的所有元素之后：它们具有相同的最低有效位，但它们的第 i 个二进制位是 0。因此，新的哨兵节点被精确定位在将新数据桶的元素与数据桶 b 的其余元素分开的链表位置。为了区分哨兵节点与普通节点，我们将普通节点的**最高有效位**（MSB，Most Significant Bit）设置为 1，并将哨兵节点数据元素的最高有效位保留为 0。图 13.17 描述了两种方法：makeOrdinaryKey() 方法，它为一个对象生成一个拆分有序的键值；以及 makeSentinelKey() 方法，它为一个数据桶索引生成一个有序拆分的键值。

图 13.13 描述了在集合中插入一个新键值时初始化数据桶的过程。有序拆分的键值是由 8 个二进制位组成的一个**字**（word），标记在节点的上方。例如，3 的有序拆分值是其二进制表示的位反转，即 11 000 000。方形节点是对应于数据桶的哨兵节点，数据桶的原始键值分别为 0、1 和 3 (mod 4)，其最高有效位为 0。圆形节点表示普通节点，其有序拆分键值恰好是原始键开启最高有效位后的按位反序。例如，元素 9 和元素 13 位于数据桶 1（mod 4）中，该数据桶可以通过插入一个新的节点来递归地拆分为两个数据桶。图中的次序描述了当表的容量为 4 并且数据桶 0、1 和 3 已经初始化的情况下，添加一个哈希码为 10 的对象的过程。

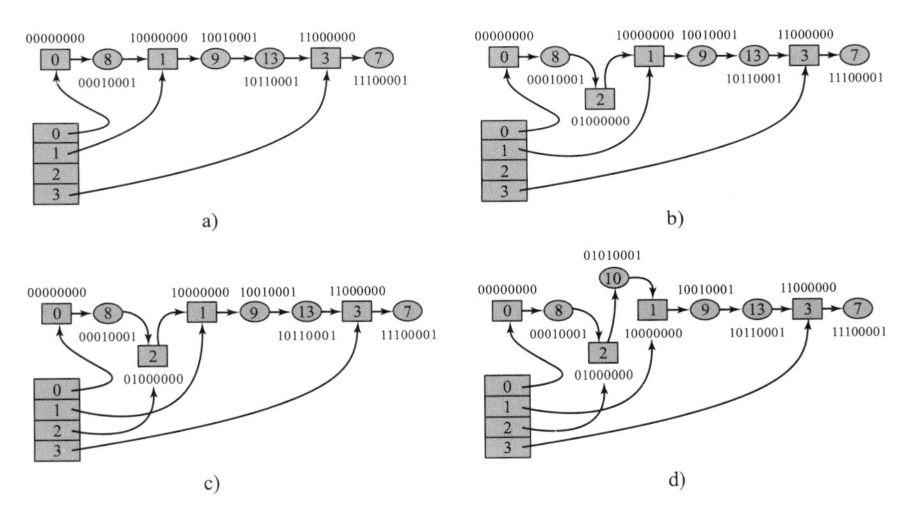

图 13.13 add() 方法如何将键值 10 插入无锁表的过程。与前面的图一样，使用 8 位的二进制字表示有序拆分键值，并标记在节点的上方。例如，有序拆分值 1 是其二进制表示的按位反序。在步骤 a）中，数据桶 0、1 和 3 被初始化，但是数据桶 2 还没有被初始化。在步骤 b）中，插入哈希值为 10 的数据元素，使得数据桶 2 被初始化。通过使用有序拆分键值 2，插入一个新的哨兵节点。在步骤 c）中，向数据桶 2 分配一个新的哨兵节点。最后，在步骤 d）中，将普通的有序拆分键值 10 加入到数据桶 2 中

表是以增量方式增长的，没有显式地调整表大小的操作。回想一下，每个数据桶都是一个链表，其中的节点是基于有序拆分哈希值排序的。如前所述，表大小的调整机制不依赖于决定何时调整表大小的策略。为了使这个示例更具体，我们实现了以下策略：采用一个共享计数器，以允许 add() 方法调用跟踪数据桶的平均负载。当平均负载超过阈值时，就把表的容量增加一倍。

为了避免技术上的干扰，我们将数据桶组成的数组放在一个固定大小的大数组中。一开始时，只使用第一个数组项，随着集合容量的增长，逐渐使用更多的数组。当 add() 方法访问一个在当前表容量下应该被初始化但尚未初始化的数据桶时，则初始化这个数据桶。虽然

设计思想很简单，但这种设计并不理想，因为固定的数组大小限制了数据桶的最终数量。在实践应用中，最好将数据桶表示为一个多级树结构，这种结构能覆盖所使用机器的全部储存空间。我们将此任务作为练习题。

13.3.2 BucketList 类

图 13.14 描述了桶链表 BucketList 类的字段、构造函数和一些实用方法的实现代码，这个类实现了有序拆分哈希集所使用的无锁链表。尽管在本质上，这个类与第 9 章中的无锁链表 LockFreeList 类相同，但是仍然存在两处重要的不同。第一处是，桶链表 BucketList 类中的元素是按递归拆分顺序排序的，而不是简单地按哈希代码排序。makeOrdinaryKey() 方法和 makeSentinelKey() 方法（第 10 行和第 14 行代码）说明了如何计算这些有序拆分的键值。（为了确保反序的键值是正数，我们只使用哈希码的最低 3 个字节。）图 13.15 描述了如何修改 contains() 方法以使用有序拆分键值。（与无锁链表 LockFreeList 类一样，如果 x 存在于链表中，则 find(x) 方法返回一个包含 x 的节点的记录以及其前驱节点和后继节点。）

```
1  public class BucketList<T> implements Set<T> {
2    static final int HI_MASK = 0x80000000;
3    static final int MASK = 0x00FFFFFF;
4    Node head;
5    public BucketList() {
6      head = new Node(0);
7      head.next =
8       new AtomicMarkableReference<Node>(new Node(Integer.MAX_VALUE), false);
9    }
10   public int makeOrdinaryKey(T x) {
11     int code = x.hashCode() & MASK; // 取最低3个字节
12     return reverse(code | HI_MASK);
13   }
14   private static int makeSentinelKey(int key) {
15     return reverse(key & MASK);
16   }
17   ...
18 }
```

图 13.14 桶链表 BucketList<T> 类：字段、构造函数和实用方法

```
19   public boolean contains(T x) {
20     int key = makeOrdinaryKey(x);
21     Window window = find(head, key);
22     Node curr = window.curr;
23     return (curr.key == key);
24   }
```

图 13.15 桶链表 BucketList<T> 类：contains() 方法

第二处不同是，无锁链表 LockFreeList 类只使用两个哨兵，分别位于链表的两端；而每当调整表的大小时，桶链表 BucketList<T> 类就会将一个哨兵放置在新数据桶的开始位置。这就要求能够在链表的中间位置插入哨兵，并从这些哨兵开始遍历链表。桶链

表 BucketList<T> 类提供了一个 getSentinel(x) 方法（图 13.16），该方法获取一个数据桶索引，查找相关的哨兵（如果不存在则插入哨兵），并且返回从这个哨兵开始的桶链表 BucketList<T> 的尾部。

```
25    public BucketList<T> getSentinel(int index) {
26      int key = makeSentinelKey(index);
27      boolean splice;
28      while (true) {
29        Window window = find(head, key);
30        Node pred = window.pred;
31        Node curr = window.curr;
32        if (curr.key == key) {
33          return new BucketList<T>(curr);
34        } else {
35          Node node = new Node(key);
36          node.next.set(pred.next.getReference(), false);
37          splice = pred.next.compareAndSet(curr, node, false, false);
38          if (splice)
39            return new BucketList<T>(node);
40          else
41            continue;
42        }
43      }
44    }
```

图 13.16 桶链表 BucketList<T> 类：getSentinel() 方法

13.3.3 LockFreeHashSet<T> 类

图 13.17 描述了无锁哈希集 LockFreeHashSet<T> 类的字段和构造函数的实现代码。该集合具有以下几个可变字段：bucket 字段是一个桶链表 BucketList<T> 数组，该数组存放指向数据元素链表的引用；bucketSize 字段是一个原子整数，用于跟踪 bucket 数组中当前使用的数量；setSize 字段是一个原子整数，用于跟踪集合中有多少个对象。这些字段用于决定何时调整大小。

```
1   public class LockFreeHashSet<T> {
2     protected BucketList<T>[] bucket;
3     protected AtomicInteger bucketSize;
4     protected AtomicInteger setSize;
5     public LockFreeHashSet(int capacity) {
6       bucket = (BucketList<T>[]) new BucketList[capacity];
7       bucket[0] = new BucketList<T>();
8       bucketSize = new AtomicInteger(2);
9       setSize = new AtomicInteger(0);
10    }
11    ...
12  }
```

图 13.17 无锁哈希集 LockFreeHashSet<T> 类：字段和构造函数

图 13.18 描述了无锁哈希集 LockFreeHashSet<T> 类的 add() 方法的实现代码。如果 x 的

哈希码为 k，则 add(x) 方法首先利用 $k \bmod N$ 计算数据桶的编号，其中 N 是当前表的大小，并在必要时初始化该数据桶（第 15 行代码）；然后调用桶链表 BucketList 的 add(x) 方法。如果 x 不存在（第 18 行代码），则递增 setSize 并检查是否需要增加 bucketSize（即活跃数据桶的数量）。contains(x) 方法和 remove(x) 方法的工作方式基本相同。

```
13   public boolean add(T x) {
14     int myBucket = BucketList.hashCode(x) % bucketSize.get();
15     BucketList<T> b = getBucketList(myBucket);
16     if (!b.add(x))
17       return false;
18     int setSizeNow = setSize.getAndIncrement();
19     int bucketSizeNow = bucketSize.get();
20     if (setSizeNow / bucketSizeNow > THRESHOLD)
21       bucketSize.compareAndSet(bucketSizeNow, 2 * bucketSizeNow);
22     return true;
23   }
```

图 13.18 无锁哈希集 LockFreeHashSet<T> 类：add() 方法

图 13.19 描述了 initialBucket() 方法的实现代码，其任务是在特定的索引处初始化 bucket 数组项，将该数组项设置为指向一个新的哨兵节点。首先创建哨兵节点并将其添加到现有的父数据桶中，然后将一个指向哨兵节点的引用赋值给该数组项。如果父数据桶还没有被初始化（第 31 行代码），initialBucket() 方法将递归地应用于父数据桶。为了控制递归，我们保持父索引小于新桶索引的不变性。而且要尽可能慎重地选择靠近新数据桶索引的父数据桶的索引，但父数据桶的索引要小于新数据桶的索引。我们通过清除数据桶索引的最高非零有效位（第 39 行代码）来计算该索引。

```
24   private BucketList<T> getBucketList(int myBucket) {
25     if (bucket[myBucket] == null)
26       initializeBucket(myBucket);
27     return bucket[myBucket];
28   }
29   private void initializeBucket(int myBucket) {
30     int parent = getParent(myBucket);
31     if (bucket[parent] == null)
32       initializeBucket(parent);
33     BucketList<T> b = bucket[parent].getSentinel(myBucket);
34     if (b != null)
35       bucket[myBucket] = b;
36   }
37   private int getParent(int myBucket){
38     int parent = bucketSize.get();
39     do {
40       parent = parent >> 1;
41     } while (parent > myBucket);
42     parent = myBucket - parent;
43     return parent;
44   }
```

图 13.19 无锁哈希集 LockFreeHashSet<T> 类：如果一个数据桶未被初始化，那么通过添加一个新哨兵来初始化这个数据桶。初始化一个数据桶可能需要初始化其父级数据桶

我们要求 add() 方法、remove() 方法和 contains() 方法查找一个键（或者确定不存在该键）的时间复杂度为常数。为了在一个 bucketSize 为 N 的表中初始化一个数据桶，initialBucket() 方法可能需要递归地初始化（即拆分）$O(\log N)$ 个父数据桶，以允许插入一个新的数据桶。图 13.20 描述了这种递归初始化的一个示例。在图 13.20a 中，表中有四个数据桶，只有数据桶 0 已经被初始化。在图 13.20b 中，插入键值为 7 的数据元素。现在需要初始化数据桶 3，进而导致需要递归初始化数据桶 1。在图 13.20c 中，数据桶 1 被初始化。最后，在图 13.20d 中，数据桶 3 被初始化。尽管在最坏情况下，复杂度是对数级而不是常数，但是可以证明任何这种递归拆分序列的预期长度是常数，从而使得所有哈希集操作的总体预期复杂度是常数。

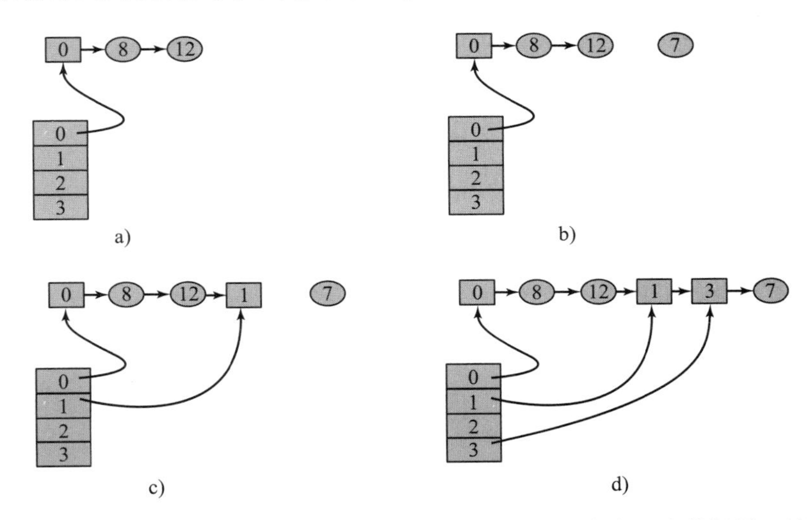

图 13.20 无锁哈希表数据桶的递归初始化。在图 13.20a 中，表有四个数据桶，只有数据桶 0 已经被初始化。在图 13.20b 中，我们希望插入键值为 7 的数据元素。从而需要初始化数据桶 3，进而导致需要递归初始化数据桶 1。在图 13.20c 中，数据桶 1 的初始化方法是首先将哨兵节点 1 添加到链表中，然后设置数据桶指向该哨兵节点。在图 13.20d 中，以类似的方式初始化数据桶 3，最后将数据元素 7 添加到链表中。在最坏情况下，插入一个数据元素可能需要递归地初始化的数据桶的数量为表容量的对数，但是可以证明这种递归拆分序列的预期长度是常数，从而使得所有哈希集操作的总体时间复杂度是常数

13.4 开放地址哈希集

现在我们将注意力转向并发开放地址哈希算法。在开放地址哈希结构中，每个表项都包含一个单独的数据元素而不是一个元素集合。与封闭地址哈希算法相比，开放地址哈希算法看起来更难实现并发。本节讨论的并发算法是基于一种称为 cuckoo（布谷鸟）哈希的串行算法。

13.4.1 布谷鸟哈希算法

布谷鸟哈希算法是一种串行哈希算法，在该算法中最近添加的数据元素将取代先前同一个位置的数据元素[⊖]。为了简单起见，我们规定表是一个包含 k 个数据元素的数组。对于一个

⊖ cuckoo（布谷鸟）是在北美和欧洲发现的一种鸟类（不是时钟）。大多数布谷鸟的种类都是鸟巢入侵者：它们在其他鸟巢中产卵。布谷鸟的雏鸟孵化得很早，很快就把其他鸟蛋推出巢穴之外。

大小为 $N=2k$ 的哈希集，我们使用包含两个元素（每个元素都是一个表）的数组 table[][1]和两个独立的哈希函数（在代码中表示为 hash0() 和 hash1()），其中：

$$h_0, h_1\text{: KeyRange} \rightarrow 0, \cdots, k-1$$

哈希函数将所有可能的键值集合映射到数组中的数据元素。为了测试值 x 是否在集合中，contains(x) 方法测试 table[0][$h_0(x)$] 或者 table[1][$h_1(x)$] 是否等于 x。同样，remove(x) 方法检查 x 是否在表 table[0][$h_0(x)$] 或者 table[1][$h_1(x)$] 中，如果在表中存在的话，则将其删除。

add(x) 方法（图 13.21）十分有趣。该方法会连续地"踢出"有冲突的数据元素，直到每个键值都有一个槽为止。为了添加 x，该方法将 x 与 table[0][$h_0(x)$] 中的当前占用者 y 交换（第 6 行代码）。如果先前的 y 值为 null，则完成该操作（第 7 行代码）。否则，将使用相同的方式（第 8 行代码），把当前的"无巢"的 y 与 table[1][$h_1(y)$] 的当前占用者交换。如前所述，如果先前的值为 null，则完成该操作。否则，该方法将继续交换元素（交替使用两个表），直到找到一个空槽为止。图 13.22 描述了这种置换序列的一个示例。

```
1  public boolean add(T x) {
2    if (contains(x)) {
3      return false;
4    }
5    for (int i = 0; i < LIMIT; i++) {
6      if ((x = swap(0, hash0(x), x)) == null) {
7        return true;
8      } else if ((x = swap(1, hash1(x), x)) == null) {
9        return true;
10     }
11   }
12   resize();
13   add(x);
14   }
```

图 13.21 串行布谷鸟哈希算法：add() 方法

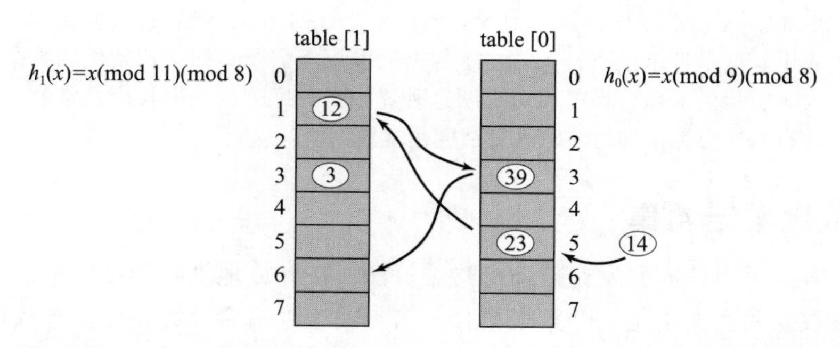

图 13.22 当键值为 14 的数据元素发现 table[0][$h_0(14)$] 和 table[1][$h_1(14)$] 这两个位置已经分别被值 3 和 23 占用时，开始一系列的置换；当键值为 39 的数据元素被成功放置在 table[1][$h_1(39)$] 中时，置换过程宣告结束

我们有可能找不到空槽，要么是因为表已满，要么是因为置换序列形成了一个环。因

[1] 将表划分为两个数组有助于展示并发算法的实现过程。有一些串行的布谷鸟哈希算法，对于相同数量的哈希项，只使用大小为 $2k$ 的单一数组。

此，我们需要指定一个连续执行置换次数的上限值（第 5 行代码）。当超过这个上限值时，则重新调整哈希表的大小，选择新的哈希函数（第 12 行代码），然后重新开始（第 13 行代码）。

串行布谷鸟哈希算法的吸引力在于其简单性。这个算法的 contains() 方法和 remove() 方法的时间复杂度为常数。而且可以证明，随着时间的推移，每个 add() 方法的调用所导致的平均置换次数将是常数。实验结果表明，串行布谷鸟哈希算法在实际应用中具有良好的效果。

13.4.2　并发布谷鸟算法

让串行布谷鸟哈希算法并发执行的过程中所遇到的主要障碍在于：add() 方法需要执行一个较长的交换序列。为了解决这个问题，我们定义了另外一种布谷鸟哈希算法，分阶段布谷鸟哈希集 PhasedCuckooHashSet<T> 类。我们将每个方法调用分解为一系列的阶段，每个阶段添加、删除或者替换单个元素 x。

我们使用一个由**探测集**（probe set）组成的二维表来代替由集合组成的二维表，其中探测集是一个具有相同哈希码的数据元素所组成的固定大小的集合。每个探测集最多包含 PROBE_SIZE 个数据元素，但是这个算法会尝试确保当探测集处于静态（即，没有进行任何方法调用）时，每个探测集最多包含 THRESHOLD < PROBE_SIZE 个数据元素。图 13.23 描述了分阶段布谷鸟哈希集 PhasedCuckooHashSet 数据结构的一个示例，其中 PROBE_SIZE 为 4，THRESHOLD 为 2。当方法调用正在进行时，一个探测集有可能暂时包含的数据元素个数多于 THRESHOLD 但是不超过 PROBE_SIZE。（在我们的示例中，将每个探测集简单地实现为一个固定大小的链表 List<T>。）图 13.24 显示了分阶段布谷鸟哈希集 PhasedCuckooHashSet 的字段和构造函数。

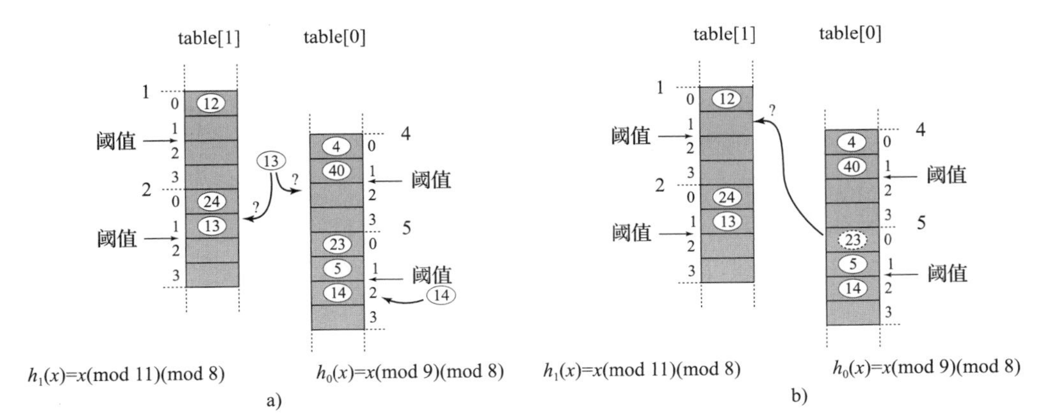

图 13.23　分阶段布谷鸟哈希集 PhasedCuckooHashSet<T> 类：add() 方法和 relocate() 方法。该图描述了由八个探测集组成的数组段，每个探测集的大小为 4，其中阈值为 2。图中显示的是 table[0][] 的探测集 4 和 5，以及 table[1][] 的探测集 1 和 2。在图 13.23a 中，一个键值为 13 的数据元素发现 table[0][4] 高于阈值，而 table[1][2] 低于阈值，因此它将该数据元素添加到探测集 table[1][2] 中。另一方面，键值为 14 的数据元素发现它的两个探测集都高于阈值，因此它将其数据元素添加到 table[0][5] 中，并发出应该重新定位该数据元素的信号。在图 13.23b 中，该方法尝试重新定位 table[0][5] 中先前的键值为 23 的数据元素。由于 table[1][1] 低于阈值，因此成功地重新定位了该数据元素。如果 table[1][1] 高于阈值，则算法将尝试从 table[1][1] 重新定位数据元素 12；如果 table[1][1] 处于探测集的大小限制（4 个元素），则算法将尝试重新定义表 [0][5] 的先前的键值为 5 的数据元素。

```
1  public abstract class PhasedCuckooHashSet<T> {
2    volatile int capacity;
3    volatile List<T>[][] table;
4    public PhasedCuckooHashSet(int size) {
5      capacity = size;
6      table = (List<T>[][]) new java.util.ArrayList[2][capacity];
7      for (int i = 0; i < 2; i++) {
8        for (int j = 0; j < capacity; j++) {
9          table[i][j] = new ArrayList<T>(PROBE_SIZE);
10       }
11     }
12   }
13   ...
14 }
```

图 13.24　分阶段布谷鸟哈希集 PhasedCuckooHashSet<T>：字段和构造函数

为了推迟关于同步的讨论，分阶段布谷鸟哈希集 PhasedCuckooHashSet<T> 类被定义为抽象类，也就是说，它没有实现其所定义的方法。分阶段布谷鸟哈希集 PhasedCuckoo-HashSet<T> 类具有与基础哈希集 BaseHashSet<T> 类相同的抽象方法：acquire(x) 方法，用于获取操作元素 x 所需的全部锁；release(x) 方法，用于释放这些锁；resize() 方法，用于调整集合的大小。（和前面一样，要求 acquire(x) 方法是可重入的。）

从整体来看，分阶段布谷鸟哈希集 PhasedCuckooHashSet<T> 的工作原理如下：首先锁定两个表中的相关探测集，然后添加元素和删除元素。和串行算法中一样，若要删除一个元素，首先检查这个元素是否位于某个探测集中，如果在，则删除该元素。若要增加一个元素，则会尝试将其添加到一个探测集中。将一个元素的探测集用作临时溢出缓冲区，用于存放将一个数据元素添加到表中时可能发生的连续置换的长序列。THRESHOLD 值本质上是串行算法中探测集的大小。如果一个探测集已经有 THRESHOLD 个元素，则这个元素仍将被添加到某个 PROBE_SIZE–THRESHOLD 溢出槽中。然后，这个算法尝试重新定位探测集中的另一个数据元素。可以使用各种策略来选择需要重新定位的数据元素。在这里，我们首先将最旧的数据元素移出，直到探测集的大小低于阈值。与串行布谷鸟哈希算法一样，一次重新定位可能触发另一次重新定位，依此类推。

图 13.25 描述分阶段布谷鸟哈希集 PhasedCuckooHashSet<T> 类的 remove(x) 方法的实现代码。remove(x) 方法首先调用抽象方法 acquire(x) 方法来获取必要的锁，然后进入一个 try 语句块，其 finally 块调用 release(x) 方法来释放锁。在 try 语句块中，该方法仅仅检测 x 是否存在于 table[0][$h_0(x)$] 或者 table[1][$h_1(x)$] 中。如果存在，则删除 x 并返回 true；否则返回 false。contains(x) 方法的工作原理与之类似。

图 13.26 描述了 add(x) 方法的实现代码。与 remove() 方法类似，add(x) 方法首先调用 acquire(x) 方法来获取必要的锁，然后进入一个 try 语句块，其 finally 块调用 release(x) 方法来释放锁。如果这个元素已经存在，则返回 false（第 41 行代码）。如果数据元素的任意一个探测集低于阈值（第 44 行和第 46 行代码），则添加该数据元素并返回。否则，如果该数据元素的任意一个探测集高于阈值但未满（第 48 行和第 50 行代码），则将添加该数据元素，并做上记号以便稍后重新平衡探测集，最后，如果两个集合都已满，则做上记号以重新调整整个集合的大小（第 53 行代码）。然后释放 x 上的锁（第 56 行代码）。

```
15    public boolean remove(T x) {
16      acquire(x);
17      try {
18        List<T> set0 = table[0][hash0(x) % capacity];
19        if (set0.contains(x)) {
20          set0.remove(x);
21          return true;
22        } else {
23          List<T> set1 = table[1][hash1(x) % capacity];
24          if (set1.contains(x)) {
25            set1.remove(x);
26            return true;
27          }
28        }
29        return false;
30      } finally {
31        release(x);
32      }
33    }
```

图 13.25 分阶段布谷鸟哈希集 PhasedCuckooHashSet<T>：remove() 方法

```
34    public boolean add(T x) {
35      T y = null;
36      acquire(x);
37      int h0 = hash0(x) % capacity, h1 = hash1(x) % capacity;
38      int i = -1, h = -1;
39      boolean mustResize = false;
40      try {
41        if (present(x)) return false;
42        List<T> set0 = table[0][h0];
43        List<T> set1 = table[1][h1];
44        if (set0.size() < THRESHOLD) {
45          set0.add(x); return true;
46        } else if (set1.size() < THRESHOLD) {
47          set1.add(x); return true;
48        } else if (set0.size() < PROBE_SIZE) {
49          set0.add(x); i = 0; h = h0;
50        } else if (set1.size() < PROBE_SIZE) {
51          set1.add(x); i = 1; h = h1;
52        } else {
53          mustResize = true;
54        }
55      } finally {
56        release(x);
57      }
58      if (mustResize) {
59        resize(); add(x);
60      } else if (!relocate(i, h)) {
61        resize();
62      }
63      return true; // x一定已经存在了
64    }
```

图 13.26 分阶段布谷鸟哈希集 PhasedCuckooHashSet<T>：add() 方法

如果 add() 方法由于其两个探测集都已满而无法添加 x，则重新调整哈希集的大小，然后再次进行尝试（第 58 行代码）。如果位于第 r 行和第 c 列的探测集高于阈值，则调用 relocate(r，c) 方法（稍后讨论）来重新平衡探测集的大小。如果这个方法调用返回 false，表示无法重新平衡探测集，那么 add() 方法将调整表的大小。

relocate() 方法如图 13.27 所示。该方法接收两个参数：已知的元素个数超过 THRESHOLD 阈值的探测集的行和列，并通过将该探测集的元素移动到备用探测集，来尝试将探测集的大小减小到阈值以下。

```
65    protected boolean relocate(int i, int hi) {
66      int hj = 0;
67      int j = 1 - i;
68      for (int round = 0; round < LIMIT; round++) {
69        List<T> iSet = table[i][hi];
70        T y = iSet.get(0);
71        switch (i) {
72        case 0: hj = hash1(y) % capacity; break;
73        case 1: hj = hash0(y) % capacity; break;
74        }
75        acquire(y);
76        List<T> jSet = table[j][hj];
77        try {
78          if (iSet.remove(y)) {
79            if (jSet.size() < THRESHOLD) {
80              jSet.add(y);
81              return true;
82            } else if (jSet.size() < PROBE_SIZE) {
83              jSet.add(y);
84              i = 1 - i;
85              hi = hj;
86              j = 1 - j;
87            } else {
88              iSet.add(y);
89              return false;
90            }
91          } else if (iSet.size() >= THRESHOLD) {
92            continue;
93          } else {
94            return true;
95          }
96        } finally {
97          release(y);
98        }
99      }
100     return false;
101   }
```

图 13.27　分阶段布谷鸟哈希集 PhasedCuckooHashSet<T>：relocate() 方法

这种方法在放弃之前会尝试固定的**尝试次数**（LIMIT）。在每一次的循环中，都保证以下的不变性成立：iSet 是尝试收缩的探测集，y 是 iSet 中最旧的元素，jSet 是可能包含 y 的另一个探测集。y 是一个循环标识（第 70 行代码），锁定 y 可能属于的两个探测集（第 75 行代码），并尝试从探测集移除 y（第 78 行代码）。如果成功（在第 70 行和第 78 行代码之间，另一个线程可能已经删除了 y），那么准备将 y 添加到 jSet 中。如果 jSet 的大小低于阈值（第 79 行代码），那么该方法将 y 添加到 jSet 并返回 true（无须调整大小）。如果 jSet 的大小高于阈值但未满（第 82 行代码），那么将通过交换 iSet 和 jSet（第 82～86 行代码），并重新循环来缩减 jSet 的大小。如果 jSet 已满（第 87 行代码），该方法将 y 放回 iSet 并返回 false（触发一个重新调整大小的操作）。否则，将尝试通过交换 iSet 和 jSet 来缩减 jSet 的大小（第 82～86 行代码）。如果该方法未能成功地删除第 78 行代码处的 y，那么它将重新检查 iSet 的大小。如果 iSet 的大小仍然高于阈值（第 91 行代码），那么该方法将重新循环，并再次尝试删除一个数据元素。否则，iSet 低于阈值，则方法返回 true（不需要重新调整大小）。图 13.23 描述了分阶段布谷鸟哈希集 PhasedCuckooHashSet<T> 的一个执行示例，其中键值为 14 的数据元素导致探测集 table[0][5] 中的最旧的元素 23 被重新定位。

13.4.3 带状并发布谷鸟哈希算法

我们首先考虑使用锁分片技术（13.2.2 节）的并发布谷鸟哈希集实现。带状布谷鸟哈希集 StripedCuckooHashSet<T> 类扩展了分阶段布谷鸟哈希集 PhasedBuckooHashSet<T> 类，提供了一个固定的 $2\times L$ 大小的可重入锁数组。一般而言，lock[i][j] 保护 table[i][k]，其中 $k \pmod{L}=j$。图 13.28 描述了带状布谷鸟哈希集 StripedCuckooHashSet<T> 类的字段和构造函数的实现代码。构造函数调用分阶段布谷鸟哈希集 PhasedBuckooHashSet<T> 构造函数（第 4 行代码），然后初始化锁数组。

```
1  public class StripedCuckooHashSet<T> extends PhasedCuckooHashSet<T>{
2    final ReentrantLock[][] lock;
3    public StripedCuckooHashSet(int capacity) {
4      super(capacity);
5      lock  = new ReentrantLock[2][capacity];
6      for (int i = 0; i < 2; i++) {
7        for (int j = 0; j < capacity; j++) {
8          lock[i][j] = new ReentrantLock();
9        }
10     }
11   }
12   ...
13 }
```

图 13.28 带状布谷鸟哈希集 StripedCuckooHashSet<T>：字段和构造函数

带状布谷鸟哈希集 StripedCuckooHashSet<T> 类的 acquire(x) 方法和 release(x) 方法（图 13.29）用于锁定和解锁 lock[0][$h_0(x)$] 和 lock[1][$h_1(x)$]（按此顺序，以避免死锁）。

```
14   public final void acquire(T x) {
15     lock[0][hash0(x) % lock[0].length].lock();
16     lock[1][hash1(x) % lock[1].length].lock();
17   }
18   public final void release(T x) {
19     lock[0][hash0(x) % lock[0].length].unlock();
20     lock[1][hash1(x) % lock[1].length].unlock();
21   }
```

图 13.29 带状布谷鸟哈希集 StripedCuckooHashSet<T>：acquire() 方法和 release() 方法

带状布谷鸟哈希集 StripedCuckooHashSet<T>（图 13.30）和带状哈希集 StripedHashSet<T> 的 resize() 方法之间的唯一区别是后者按升序获取 lock[0] 中的锁（第 24 行代码）。按此顺序获取锁可以确保在 add() 方法、remove() 方法或者 contains() 方法调用的中间没有其他线程的演进，从而避免与其他并发 resize() 方法调用产生死锁。

```
22   public void resize() {
23     int oldCapacity = capacity;
24     for (Lock aLock : lock[0]) {
25       aLock.lock();
26     }
27     try {
28       if (capacity != oldCapacity) {
29         return;
30       }
31       List<T>[][] oldTable = table;
32       capacity = 2 * capacity;
33       table = (List<T>[][]) new List[2][capacity];
34       for (List<T>[] row : table) {
35         for (int i = 0; i < row.length; i++) {
36           row[i] = new ArrayList<T>(PROBE_SIZE);
37         }
38       }
39       for (List<T>[] row : oldTable) {
40         for (List<T> set : row) {
41           for (T z : set) {
42             add(z);
43           }
44         }
45       }
46     } finally {
47       for (Lock aLock : lock[0]) {
48         aLock.unlock();
49       }
50     }
51   }
```

图 13.30 带状布谷鸟哈希集 StripedCuckooHashSet<T>：resize() 方法

13.4.4 可细化的并发布谷鸟哈希算法

本节介绍可细化的布谷鸟哈希集 RefinableCuckooHashSet<T> 类（图 13.31），该实现使用 13.2.3 节的方法调整锁数组的大小。与可细化的哈希集 RefinableHashSet<T> 类一样，我们引入了一个 AtomicMarkableReference<Thread> 类型的 owner 字段，它将一个布尔值与一个对线程的引用组合在一起。如果布尔值为 true，则表明集合正在重新调整大小，并且引用指向那个正在负责调整大小的线程。

```
1  public class RefinableCuckooHashSet<T> extends PhasedCuckooHashSet<T>{
2    AtomicMarkableReference<Thread> owner;
3    volatile ReentrantLock[][] locks;
```

图 13.31 可细化的布谷鸟哈希集 RefinableCuckooHashSet<T>：字段和构造函数

```
4      public RefinableCuckooHashSet(int capacity) {
5        super(capacity);
6        locks = new ReentrantLock[2][capacity];
7        for (int i = 0; i < 2; i++) {
8          for (int j = 0; j < capacity; j++) {
9            locks[i][j] = new ReentrantLock();
10         }
11       }
12       owner = new AtomicMarkableReference<Thread>(null, false);
13     }
14     ...
15   }
```

图 13.31 （续）

每个阶段通过调用 acquire(x) 方法为 x 锁定其对应的数据桶，如图 13.32 所示。首先读取锁数组（第 24 行代码），然后自旋直到没有其他线程正在重新调整集合的大小（第 21～23 行代码）。然后获取数据元素的两个锁（第 27 行和第 28 行代码），并检查锁数组是否还没有被改变（第 30 行代码）。如果锁数组在第 24 行和第 30 行代码之间没有被改变，那么表明线程已经获得了它可以继续执行所需要的锁。否则，就表明该线程获得的锁过期了，因此它会释放这些锁并重新开始。release(x) 方法（如图 13.32 所示）释放由 acquire(x) 获取的所有锁。

```
16   public void acquire(T x) {
17     boolean[] mark = {true};
18     Thread me = Thread.currentThread();
19     Thread who;
20     while (true) {
21       do { // 等待直到没有调整大小
22         who = owner.get(mark);
23       } while (mark[0] && who != me);
24       ReentrantLock[][] oldLocks = locks;
25       ReentrantLock oldLock0 = oldLocks[0][hash0(x) % oldLocks[0].length];
26       ReentrantLock oldLock1 = oldLocks[1][hash1(x) % oldLocks[1].length];
27       oldLock0.lock();
28       oldLock1.lock();
29       who = owner.get(mark);
30       if ((!mark[0] || who == me) && locks == oldLocks) {
31         return;
32       } else {
33         oldLock0.unlock();
34         oldLock1.unlock();
35       }
36     }
37   }
38   public void release(T x) {
39     locks[0][hash0(x)].unlock();
40     locks[1][hash1(x)].unlock();
41   }
```

图 13.32　可细化的布谷鸟哈希集 RefinableCuckooHashSet<T>：acquire() 方法和 release() 方法

resize() 方法（图 13.33）与带状布谷鸟哈希集 StripedCuckooHashSet 中的 resize() 方法几乎相同，唯一的区别在于 locks[] 数组有两个维度。

```
42  public void resize() {
43    int oldCapacity = capacity;
44    Thread me = Thread.currentThread();
45    if (owner.compareAndSet(null, me, false, true)) {
46      try {
47        if (capacity != oldCapacity) { // 其他线程已经先调整了大小
48          return;
49        }
50        quiesce();
51        capacity = 2 * capacity;
52        List<T>[][] oldTable = table;
53        table = (List<T>[][]) new List[2][capacity];
54        locks = new ReentrantLock[2][capacity];
55        for (int i = 0; i < 2; i++) {
56          for (int j = 0; j < capacity; j++) {
57            locks[i][j] = new ReentrantLock();
58          }
59        }
60        for (List<T>[] row : table) {
61          for (int i = 0; i < row.length; i++) {
62            row[i] = new ArrayList<T>(PROBE_SIZE);
63          }
64        }
65        for (List<T>[] row : oldTable) {
66          for (List<T> set : row) {
67            for (T z : set) {
68              add(z);
69            }
70          }
71        }
72      } finally {
73        owner.set(null, false);
74      }
75    }
76  }
```

图 13.33　可细化的布谷鸟哈希集 RefinableCuckooHashSet<T>：resize() 方法

quiesce() 方法（图 13.34）与可细化哈希集 RefinableHashSet 类中的对应方法一样，访问每个锁并等待直到该锁被释放，唯一的区别是该方法只访问 locks[0] 中的所有锁。

```
77  protected void quiesce() {
78    for (ReentrantLock lock : locks[0]) {
79      while (lock.isLocked()) {}
80    }
81  }
```

图 13.34　可细化的布谷鸟哈希集 RefinableCuckooHashSet<T>：quiesce() 方法

13.5　章节注释

术语“**不相交的访问并行**”（disjoint-access-parallel）是由 Amos Israel 和 Lihu Rappoport 创造的[84]。Maged Michael[126] 已经证明，每个数据桶使用读取 - 写入锁[124] 的简单算法在不重新调整大小的情况下具有合理的性能。13.3.1 节中描述的基于有序拆分的无锁哈希集是由 Ori Shalev 和 Nir Shavit[156] 提出的。乐观哈希集和细粒度哈希集则基于 Doug Lea[108] 提出的哈希集实现，并用于 java.util.concurrent 中。

其他并发封闭地址方案包括 Meichun Hsu 和 Wei Pang Yang[79]、Vijay Kumar[97]、Carla Schlater Ellis[43] 和 Michael Greenwald[54] 提出的方案。Hui Gao、Jan Friso Groote 和 Wim Hesselink[50] 提出了一种几乎无等待的可扩展开放地址哈希算法，Chris Purcell 和 Tim Harris[143] 提出了一种具有开放地址的并发无阻塞哈希表。布谷鸟哈希方法则归功于 Rasmus Pagh 和 Flemming Rodler[136]，而其并发版本则归功于 Maurice Herlihy、Nir Shavit 和 Moran Tzafrir[73]。

13.6　练习题

练习题 13.1　修改带状哈希集 StripedHashSet 算法，使其可以通过“读取 - 写入”锁调整锁数组的大小。

练习题 13.2　对于无锁哈希集 LockFreeHashSet，请给出一个示例说明，如果我们不在每个数据桶的开始处增加一个不会被删除的哨兵节点的话，那么在删除由数据桶引用的表项时，将会出现什么样的问题。

练习题 13.3　对于无锁哈希集 LockFreeHashSet，当访问一个大小为 N 的表中的一个未被初始化的数据桶时，可能需要递归地初始化（即拆分）$O(\log N)$ 个父数据桶，以允许插入一个新的数据桶。请举例说明这种情况。解释为什么任何此类递归拆分序列的预期长度都是常数。

练习题 13.4　对于无锁哈希集 LockFreeHashSet，设计一个无锁的数据结构来替换固定大小的数据桶数组。要求你设计的数据结构必须允许一个任意数量的数据桶。

练习题 13.5　对于无锁哈希集 LockFreeHashSet，设计一个无锁的数据结构来替换固定大小的数据桶数组。要求你设计的数据结构必须允许无限地加倍数据桶的数量，以便将平均数据桶的长度保持在阈值以下。描述你将如何实现图 13.35 中的方法，以及你的实现如何保证是无锁的、是正确性的以及时间复杂度为 $O(1)$。

练习题 13.6　简要证明无锁哈希集 LockFreeHashSet 的 add() 方法、remove() 方法和 contains() 方法的正确性。提示：可以假设无锁链表 LockFreeList 算法的方法是正确的。

第 14 章

跳跃链表和平衡查找

14.1 引言

前面我们讨论了一些基于链表和哈希表的集合的并发实现。本章将重点讨论具有对数级深度的并发查找数据结构。文献中已经有许多关于对数级的并发查找数据结构。本章着重于讨论针对内存中数据（而不是驻留在类似磁盘等外部存储上的数据）的查找数据结构。

许多常用的顺序查找数据结构，例如红黑树或者 AVL 树，需要周期性地执行重新平衡操作以保持数据结构的对数级深度。重新平衡操作对于基于树的顺序查找结构十分有效，但是对于并发结构，重新平衡操作可能会导致瓶颈和争用现象。因此，本章主要讨论一种已经证明不需要重新平衡操作就能够提供所期望的对数级查找时间的数据结构的并发实现：**跳跃链表**（skipList）。接下来将讨论两种跳跃链表的实现。惰性跳跃链表 LazySkipList 类是一种基于锁的实现，而无锁跳跃链表 LockFreeSkipList 类则是一种无锁的实现。在这两种算法中，最常见的 contains() 方法都是无等待的，该方法用于查找一个数据元素。这两种结构都采用了前面第 9 章中概述的设计模式。

14.2 顺序跳跃链表

为了简单起见，我们将链表看作是一个集合，这意味着键值是唯一的。跳跃链表是一个由有序链表所组成的集合，它巧妙地模仿了平衡查找树。跳跃链表中的节点按键值排序。每个节点都被连接到链表的一个子集中。每个链表都有一个层级，从 0 到最大值。最底层的链表包含所有的节点，每个较高层的链表都是较底层链表的子链表。图 14.1 描述了一个键值为整数的跳跃链表。较高层链表是进入较底层链表的**快捷方式**（shortcut），因为初步估算，处于第 i 层的链表的每个链接会跳过最低层链表中的大约 2^i 个节点（例如，在图 14.1 所示的跳跃链表中，第三层中的每个引用都跳过 2^3 个节点）。因为在一个给定层的任意两个节点之间，其紧接着的下一层的节点个数是恒定的，所以跳跃链表的总高度大致与节点的个数成对数关系。我们可以通过以下方式查找一个给定键值的某个节点：先在较高层的链表中查找，跳过大量的低层节点，然后逐步下降，直到在最底层找到（或者找不到）具有目标键值的节点。

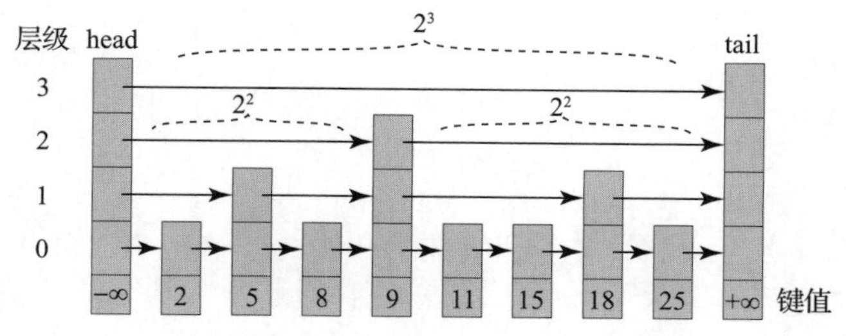

图 14.1 跳跃链表 SkipList 类：本示例演示一个有四个层的链表。每个节点都有一个键值，head 哨兵的键值为 −∞，tail 哨兵的键值为 +∞。位于第 i 层的链表是一种快捷方式，每个引用跳过下一层链表的 2^i 个节点。例如，在第三层，引用跳过 2^3 个节点；在第二层，引用跳过 2^2 个节点，以此类推

跳跃链表是一种**概率**数据结构。（只有通过随机化才能提供这种性能。）每个节点都是用一个随机的**顶层**（topLevel）来创建的，并且属于该层之前的所有链表。选择了顶层之后，每一层链表中的节点期望个数将以指数方式递减。令 $0<p<1$ 为第 i 层中的一个节点出现在第 $i+1$ 层的条件概率。由于所有节点都出现在第 0 层，那么一个第 0 层的节点也出现在第 i 层（$i>0$）的概率为 p^i。例如，当 $p=1/2$ 时，1/2 的节点将出现在第一层，1/4 的节点将出现在第二层，以此类推，从而提供了一种类似于基于树的经典顺序查找结构的平衡特性，但不需要复杂的全局重构。

我们将 head 哨兵节点（键值为所允许的最小值）和 tail 哨兵节点（键值为所允许的最大值）分别放置在链表的起始位置和结束位置。初始时，当跳转链表为空时，在每一层上，head（左边的哨兵）都是 tail（右边的哨兵）的前驱节点。head 的键值小于任何可能添加到集合中的键值，而 tail 的键值则大于任何可能添加到集合中的键值。

每个跳转链表节点的 next 字段都是一个由引用组成的数组，每个引用对应于它所属的链表，因此查找一个节点意味着查找该节点的前驱节点和后继节点。对跳转链表的搜索总是从 head 节点开始。find() 方法一个接一个地向下遍历各个层，并使用类似于惰性链表的方式引用前驱节点的 pred 字段以及当前节点 curr 的字段对每一层进行遍历。每当 find() 方法找到一个具有更大或者匹配键值的节点时，它会将 pred 和 curr 作为一个节点的前驱记录和后继记录在 preds[] 数组和 succs[] 数组中，并继续进入到下一层。该遍历在最底层结束。图 14.2a 描述了顺序 find() 方法调用的一次执行过程。

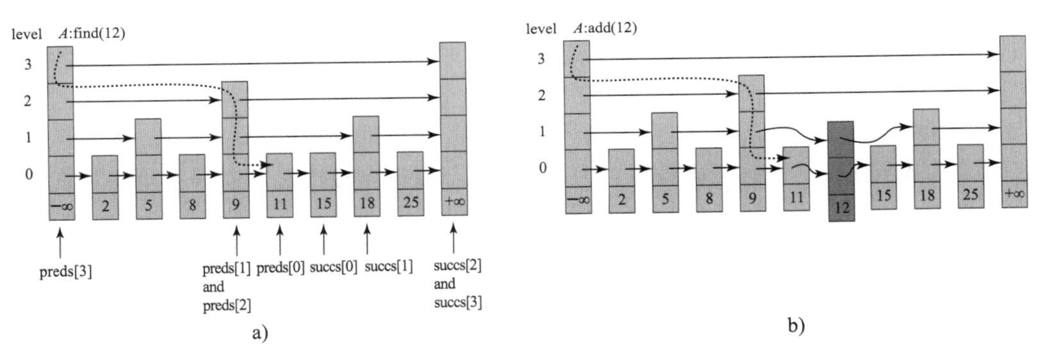

图 14.2 跳跃链表 SkipList 类：add() 方法和 find() 方法。在图 14.2a 中，find() 方法从最高层开始，只要 curr 小于或者等于目标键值 12，就对每个层进行遍历。否则，find() 方法会将 pred 和 curr 保存在每一层的 preds[] 数组和 succs[] 数组中，然后向下进入下一层。例如，键值为 9 的节点是 preds[2] 和 preds[1]，而 tail 是 succs[2]，键值为 18 的节点是 succs[1]。在这里，由于在最低层链表中找不到键值为 12 的节点，因此 find() 方法返回 false，于是继续执行图 14.2b 中的 add(12) 方法调用。在图 14.2b 中，基于一个随机的 topLevel 值（图中为 2）创建了一个新节点。新节点的 next 引用被重新指向到相对应的 succs[] 节点，每个前驱节点的 next 引用被重新指向该新节点

为了将一个节点添加到跳跃链表中，首先调用 find() 方法填充 preds[] 数组和 succs[] 数组。然后创建新节点，并将其连接在前驱节点和后继节点之间。图 14.2b 描述了 add（12）方法调用的执行过程。

为了从跳跃链表中删除一个节点，首先调用 find() 方法初始化需要删除节点的 preds[]

数组和 succs[] 数组。然后通过将每个前驱节点的 next 引用重新指向要删除节点的后继节点，从而将要删除的节点从所有层的链表中删除。

14.3　基于锁的并发跳跃链表

接下来我们将讨论第一种并发跳跃链表的设计实现：惰性跳跃链表 LazySkipList 类。惰性跳跃链表 LazySkipList 类基于第 9 章的惰性链表 LazyList 算法：跳跃链表结构的每一层都是一个惰性链表，与惰性链表算法一样，add() 方法和 remove() 方法都使用乐观的细粒度锁方式，而 contains() 方法是无等待的。

14.3.1　概述

下面简要概述惰性跳跃链表 LazySkipList 类。我们从图 14.3 开始。和惰性链表 LazyList 类一样，每个节点都有自己的锁和一个 marked 字段。marked 字段用来标记该节点是在抽象集中，还是已经被逻辑删除了。无论任何时候，该算法都会保持跳跃链表的特性：较高层的链表总是包含在较低层的链表中。

跳跃链表的特性是通过使用锁来维护的，以防止在添加或者删除节点时节点附近发生结构更改，对节点的任何访问都将被推迟到该节点被插入链表的所有层之后。

为了增加一个节点，必须将该节点连接到多个层的链表中。每个 add() 方法调用都要调用 find() 方法，利用 find() 方法对跳跃链表进行遍历并返回节点的所有层的前驱节点和后继节点。在增加节点时，为了防止其前驱节点被更改，add() 方法会锁定前驱节点，以确保锁定的前驱节点仍然引用其后继节点，然后按照类似于图 14.2 所示的顺序 add() 方法的方式添加该节点。为了保持跳跃链表的特性，在所有层上对节点的所有引用都被正确设置之前，不会认为该节点逻辑上存在于集合中。每个节点都有一个额外的标志 fullyLinked，一旦节点在所有的层上都被连接，该标记就被设置为 true。在节点完全被连接之前，不允许对该节点进行访问。因此，当诸如 add() 等方法尝试确认要添加的节点是否已经位于链表中时，它必须自旋，直到该节点变成被完全连接为止。图 14.3 描述了 add(18) 的调用过程，该调用自旋，直到键值为 18 的节点被完全连接为止。

为了从链表中删除一个节点，remove() 方法首先使用 find() 方法来检查具有目标键值的节点是否已经位于链表中。如果是，则检查要删除的节点是否准备好被删除，也就是说，该节点应该是被完全连接的并且是尚未标记的。在图 14.3a 中，remove(8) 方法发现键值为 8 的节点还没有被标记并且是被完全连接的节点，这意味着可以删除该节点。remove（18）方法调用会失败，因为它发现要删除的节点并没有被完全连接。在图 14.3b 中一个同样的 remove(18) 方法调用却成功了，因为该方法调用发现要删除的节点是被完全连接的。

如果要删除的节点可以被移除，那么 remove() 方法通过设置其标记位从逻辑上删除该节点。从物理上删除一个本需要删除的节点的步骤如下：首先锁定要删除节点在所有层上的前驱节点；然后锁定要删除的节点本身；再确认其前驱节点是否还没有被标记并且仍然指向要删除的节点；最后，采用一次剪接一层的方式删除该节点。为了保持跳跃链表的特性，应该从顶层到底层依次剪接要删除的节点。

例如，在图 14.3b 中，remove(8) 方法首先锁定键值为 5 的前驱节点。一旦锁定此前驱节点后，remove() 方法通过重定向键值为 5 的节点的底层引用以指向一个键值为 9 的节点，从而从链表中物理地删除该节点。

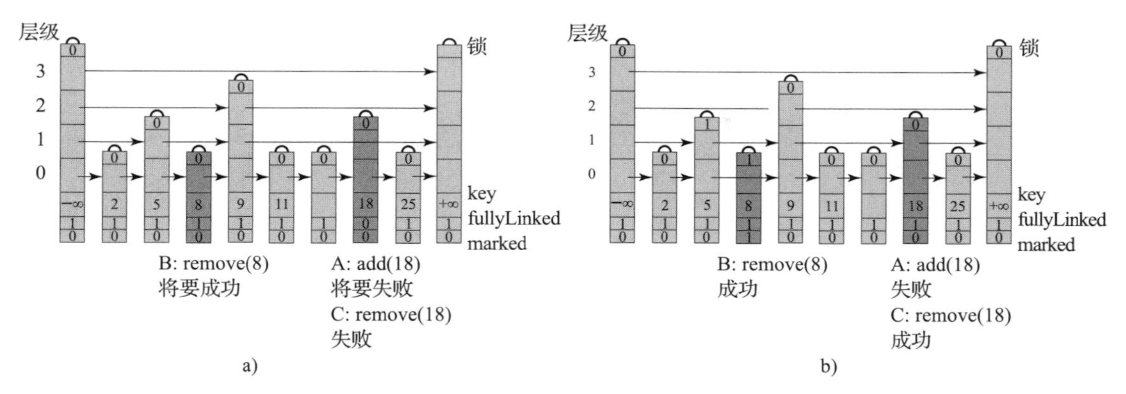

图 14.3 惰性跳跃链表 LazySkipList 类：失败和成功的 add() 和 remove() 调用示意图。在图 14.3a 中，add(18) 方法调用发现键值为 18 的节点还没有被标记并且也没有被完全连接（fullyLinked 字段的值还不是 true）。它将自旋并等待该节点在图 14.3b 中 fullyLinked 字段的值变为 true 为止，此时返回 false。在图 14.3a 中，remove(8) 方法调用发现键值为 8 的未被标记且完全连接的节点，这意味着它可以获取图 14.3b 中节点的锁。然后设置标记位，并继续锁定节点的前驱节点，即本例中键值为 5 的节点。锁定前驱节点后，它将通过重新调整最底层键值为 5 的节点的引用，从链表中物理删除键值为 8 的节点，从而完成成功的 remove() 方法调用。在图 14.3a 中，remove(18) 方法调用失败，因为它发现该节点没有被完全连接。同样的 remove(18) 方法调用在图 14.3b 中成功，因为它发现节点是被完全连接的

在 add() 方法和 remove() 方法中，如果验证失败，将再次调用 find() 方法以查找新更改的前驱节点集合，并继续尝试完成这些方法。

无等待的 contains() 方法调用 find() 方法来定位包含目标键值的节点。如果找到该节点，则检查该节点是否还没有被标记并且是被完全连接的，以确定该节点是否位于集合中。这个方法与惰性链表 LazyList 类的 contains() 方法一样，是无等待的，因为它忽略了跳跃链表数据结构中的所有的锁以及所有的并发更改。

总而言之，惰性跳跃链表 LazySkipList 类使用了一种与早期算法类似的技术：持有所有需要修改的单元的锁，确认没有发生重大的更改，然后完成修改，最后释放锁（在本章节中，fullyLinked 标志的作用类似于锁）。

14.3.2 算法

图 14.4 描述了惰性跳跃链表 LazySkipList 的 Node 类的实现代码。当且仅当链表中包含一个具有该键值的未标记并且是被完全连接的节点时，该键值才位于集合中。图 14.3a 中的键值 8 就是这样的一个示例。

```
1  public final class LazySkipList<T> {
2    static final int MAX_LEVEL = ...;
3    final Node<T> head = new Node<T>(Integer.MIN_VALUE);
4    final Node<T> tail = new Node<T>(Integer.MAX_VALUE);
5    public LazySkipList() {
6      for (int i = 0; i < head.next.length; i++) {
7        head.next[i] = tail;
```

图 14.4 惰性跳跃链表 LazySkipList<T> 类：字段、构造函数和 Node 类

```
8       }
9     }
10    ...
11    private static final class Node<T> {
12      final Lock lock = new ReentrantLock();
13      final T item;
14      final int key;
15      final Node<T>[] next;
16      volatile boolean marked = false;
17      volatile boolean fullyLinked = false;
18      private int topLevel;
19      public Node(int key) { // 哨兵节点的构造函数
20        this.item = null;
21        this.key = key;
22        next = new Node[MAX_LEVEL + 1];
23        topLevel = MAX_LEVEL;
24      }
25      public Node(T x, int height) {
26        item = x;
27        key = x.hashCode();
28        next = new Node[height + 1];
29        topLevel = height;
30      }
31      public void lock() {
32        lock.lock();
33      }
34      public void unlock() {
35        lock.unlock();
36      }
37    }
38  }
```

图 14.4 （续）

图 14.5 描述了跳跃链表 find() 方法的实现代码。（同样的方法既适用于顺序算法，也适用于并发算法。）如果找不到数据元素，则 find() 方法返回 -1。该方法使用 pred 引用和 curr 引用在最高层上从 head 节点开始遍历跳跃链表[⊖]。这个最高层可以被动态维护，以反映跳跃链表中实际的最高层。但是为了简洁起见，这里并没有这样做。find() 方法一层接一层地向下查找。在每一层上，它将 curr 设置为 pred 节点的后继节点。如果 find() 方法找到一个具有匹配键值的节点，则记录对应的层号（第 48 行代码）。如果找不到具有匹配键值的节点，则 find() 方法将 pred 和 curr 作为该层中的前驱节点和后继节点，分别记录在 preds[] 数组和 succs[] 数组中（第 51～52 行代码）。然后继续在下一层中从当前的 pred 节点开始执行。图 14.2a 描述了 find() 方法遍历跳跃链表的过程。图 14.2b 展示了如何使用 find() 方法的调用结果向跳跃链表中添加一个新元素。

因为我们从 head 哨兵节点的 pred 开始，并且总是在 curr 小于目标键值的情况下才将窗口向前推进，所以 pred 一直都是目标键值的前驱节点，并且永远不会引用该键值本身的节点。find() 方法返回 preds[] 数组和 succs[] 数组以及找到具有匹配键值的节点所在的层。

⊖ 在图 14.5 中，我们将 curr 字段设置为 volatile，以防止编译器优化第 44 行的循环。回想一下，设置节点数组为 volatile，并不会使数组项为 volatile。

```
39   int find(T x, Node<T>[] preds, Node<T>[] succs) {
40     int key = x.hashCode();
41     int lFound = -1;
42     Node<T> pred = head;
43     for (int level = MAX_LEVEL; level >= 0; level--) {
44       volatile Node<T> curr = pred.next[level];
45       while (key > curr.key) {
46         pred = curr; curr = pred.next[level];
47       }
48       if (lFound == -1 && key == curr.key) {
49         lFound = level;
50       }
51       preds[level] = pred;
52       succs[level] = curr;
53     }
54     return lFound;
55   }
```

图 14.5 惰性跳跃链表 LazySkipList<T> 类：无等待的 find() 方法。该算法与顺序跳跃链表 SkipList 中的实现相同。preds[] 数组和 succs[] 数组填充从最大层到第 0 层中给定键值的前驱节点引用和后继节点引用

图 14.6 所示的 add(k) 方法使用 find() 方法（图 14.5）来确定具有目标键值 k 的节点是否已经位于链表中（第 43 行代码）。如果找到一个键值为 k 的未标记节点（第 62～67 行代码），则 add(k) 方法返回 false，表示键值 k 已经位于集合中。但是，如果该节点尚未被完全连接（由 fullyLinked 字段指示），则线程将等待该节点被完全连接（因为只有当节点是被完全连接的，键值 k 才会位于抽象集中）。如果找到的节点是被标记的，那么表明其他线程正在删除该节点，因此 add() 方法调用将重新尝试添加节点。否则，add() 方法将检查节点是否是未标记的以及是否是被完全连接的，这表明 add() 方法调用应该返回 false。由于 remove() 方法在一个节点被完全连接前不会标记该节点，因此先检查节点是否未被标记，然后检查节点是否被完全连接，这是一种安全的办法。如果一个节点未被标记并且尚未被完全连接，则必须在标记该节点之前，确保该节点必须是未被标记并且是被完全连接的（见图 14.7）。此步骤是不成功的 add() 方法调用的可线性化点（第 66 行代码）。

```
56   boolean add(T x) {
57     int topLevel = randomLevel();
58     Node<T>[] preds = (Node<T>[]) new Node[MAX_LEVEL + 1];
59     Node<T>[] succs = (Node<T>[]) new Node[MAX_LEVEL + 1];
60     while (true) {
61       int lFound = find(x, preds, succs);
62       if (lFound != -1) {
63         Node<T> nodeFound = succs[lFound];
64         if (!nodeFound.marked) {
65           while (!nodeFound.fullyLinked) {}
66           return false;
67         }
68         continue;
```

图 14.6 惰性跳跃链表 LazySkipList<T> 类：add() 方法

```
69        }
70        int highestLocked = -1;
71        try {
72          Node<T> pred, succ;
73          boolean valid = true;
74          for (int level = 0; valid && (level <= topLevel); level++) {
75            pred = preds[level];
76            succ = succs[level];
77            pred.lock.lock();
78            highestLocked = level;
79            valid = !pred.marked && !succ.marked && pred.next[level]==succ;
80          }
81          if (!valid) continue;
82          Node<T> newNode = new Node(x, topLevel);
83          for (int level = 0; level <= topLevel; level++)
84            newNode.next[level] = succs[level];
85          for (int level = 0; level <= topLevel; level++)
86            preds[level].next[level] = newNode;
87          newNode.fullyLinked = true; // 成功添加了一个可线性化的点
88          return true;
89        } finally {
90          for (int level = 0; level <= highestLocked; level++)
91            preds[level].unlock();
92        }
93      }
94    }
```

图 14.6 （续）

add() 方法调用 find() 方法来初始化 preds[] 数组和 succs[] 数组，以保存要添加节点的临时前驱节点和后继节点。因为在访问节点时这些引用可能不再准确，因此它们并不一定真实可靠。如果没有找到键值为 k 的未被标记的并且被完全连接的节点，那么线程将继续锁定并验证由 find() 方法返回的第 0 层到第 topLevel 层的新节点的前驱节点（第 74～80 行代码）。为了避免死锁，add() 方法和 remove() 方法都按照升序来获取锁。在 add() 方法的最开始，使用 randomLevel() 方法来确定 topLevel 值是否是确定的值[⊖]。在每一层的验证中（第 79 行代码），检查前驱节点是否仍然与后继节点相邻，并且两个节点都没有被标记。如果验证失败，则线程一定收到了一个冲突方法的影响，因此该线程释放（在第 87 行的 finally 语句块中）所获得的锁，并重新尝试。

如果线程成功地将 find() 方法调用的结果从底层到顶层的新节点的前驱节点和后继节点锁定并加以验证，那么表明 add() 方法调用将会成功，因为线程持有它所需的所有锁。然后，线程使用适当的键值创建一个新节点，随机地选择 topLevel，将节点连接，并设置新节点的 fullyLinked 标志为 true。设置此标志为一个成功的 add() 方法的可线性化点（第 87 行代码）。然后释放所有锁，并返回 true（第 89 行代码）。线程修改未锁定节点的 next 字段的唯一时间是在初始化新节点的 next 引用时（第 83 行代码）。因为初始化发生在新节点可以访问之前，所以它是安全的。

⊖ randomLevel() 方法是基于经验评测来设计的，用以保持跳转链表的特性。例如，在 java.util.concurrent 包中，对于一个最大层数为 31 的跳转链表，randomLevel() 方法返回 0 的概率为 3/4；返回 i（$i \in [1, 30]$）的概率为 $2^{-(i+2)}$；返回 31 的概率为 2^{-32}。

remove() 方法如图 14.7 所示。remove() 方法调用 find() 方法来确定给定键值的节点是否在链表中。如果是，线程检查该节点是否准备好要被删除（第 104 行代码），即节点是否是被完全连接的、未标记的并且处于其顶层。在其顶层之下找到的节点要么是尚未被完全连接的（参见图 14.3a 中键值为 18 的节点），要么已经被并发的 remove() 方法调用做了标记，并且已部分断开了链接（remove() 方法可以继续，但随后的验证将会失败）。

```
95     boolean remove(T x) {
96       Node<T> victim = null; boolean isMarked = false; int topLevel = -1;
97       Node<T>[] preds = (Node<T>[]) new Node[MAX_LEVEL + 1];
98       Node<T>[] succs = (Node<T>[]) new Node[MAX_LEVEL + 1];
99       while (true) {
100        int lFound = find(x, preds, succs);
101        if (lFound != -1) victim = succs[lFound];
102        if (isMarked ||
103              (lFound != -1 &&
104              (victim.fullyLinked
105              && victim.topLevel == lFound
106              && !victim.marked))) {
107          if (!isMarked) {
108            topLevel = victim.topLevel;
109            victim.lock.lock();
110            if (victim.marked) {
111              victim.lock.unlock();
112              return false;
113            }
114            victim.marked = true;
115            isMarked = true;
116          }
117          int highestLocked = -1;
118          try {
119            Node<T> pred, succ; boolean valid = true;
120            for (int level = 0; valid && (level <= topLevel); level++) {
121              pred = preds[level];
122              pred.lock.lock();
123              highestLocked = level;
124              valid = !pred.marked && pred.next[level]==victim;
125            }
126            if (!valid) continue;
127            for (int level = topLevel; level >= 0; level--) {
128              preds[level].next[level] = victim.next[level];
129            }
130            victim.lock.unlock();
131            return true;
132          } finally {
133            for (int i = 0; i <= highestLocked; i++) {
134              preds[i].unlock();
135            }
136          }
137        } else return false;
138      }
139    }
```

图 14.7　惰性跳跃链表 LazySkipList<T> 类：remove() 方法

如果节点已经准备好被删除，线程将锁定节点（第 109 行代码）并验证这个节点是否仍然没有被标记。如果该节点仍然没有被标记，线程将标记该节点，以从逻辑上删除该元素。

这个步骤（第 114 行代码）是一个成功的 remove() 方法调用的可线性化点。如果节点已经被标记，那么线程将返回 false，因为这个节点已经被删除。此步骤是一个不成功的 remove() 方法调用的可线性化点。另一种情况发生在 find() 方法没有找到给定键值的节点，或者给定键值的节点已经被标记，或者没有被完全链接，或者在其顶层没有找到该节点（第 104 行代码）。

remove() 方法的其余部分完成对要删除节点的物理删除。为了从链表中删除要删除的节点，remove() 方法首先锁定（按照升序方式，以避免死锁）要删除节点的前驱节点，直至要删除节点的顶层（第 120～124 行代码）。锁定每个前驱节点之后，remove() 方法将验证前驱节点是否仍然未被标记并且仍然引用要删除的节点。然后，它采用一次一层地将要删除的节点剪接掉（第 128 行代码）。为了保持跳跃链表的特性，即在一个给定层上可以访问的任何节点在较低层上也都可以访问，按照从上到下的顺序剪接要删除的节点。如果验证在任何一层上都失败，那么线程将释放所有前驱节点的锁（但不包括要删除节点），并调用 find() 方法来获取新的前驱节点集。因为 remove() 方法已经设置了要删除节点的 isMarked 字段，所以不会再次尝试标记该节点。在成功地从链表中删除了要删除的节点之后，线程将释放其所有的锁，并返回 true。

最后，如果没有找到给定的节点，或者找到的节点已经被标记，或者没有被完全连接，或者没有在其顶层找到，那么 remove() 方法只是简单地返回 false。显然，如果节点没有被标记，则返回 false 是正确的，因为对于任意键值，跳跃链表中最多只有一个具有该键值的节点（也就是说，从 head 是可达的）。此外，一旦节点被连入链表中（必定是在 find() 方法找到该节点之前被连入的），那么这个节点在标记之前就不能被删除。因此，如果该节点没有被标记，且其所有链接都没有完成连入操作，则该节点必定正在添加到跳跃链表的过程中，但这个 add() 方法尚未达到可线性化点（参见图 14.3a 中键值为 18 的节点）。

如果在找到节点时，该节点已经被标记了，则该节点有可能不在链表中，并且可能某些具有相同键值的未标记节点在链表中。然而，在这种情况下，就像惰性链表的 remove() 方法一样，在 remove() 方法的调用过程中，必然存在着键值不在抽象集中的时间点。

无等待的 contains() 方法（图 14.8）调用 find() 方法来定位包含目标键值的节点。如果 find() 方法找到该节点，则会检查它是否是未标记的并且是被完全连接的。这个方法和第 9 章的惰性链表 LazyList 类一样，是无等待的，方法将忽略跳跃链表树结构中的所有锁以及所有的并发更改。一次成功的 contains() 方法调用的可线性化点，在遍历前驱节点的 next 引用时，出现并发现该引用是未被标记的并且是被完全连接的时间点。如果 contain() 方法找到一个已标记的节点，则会发生一次不成功的 contains() 方法调用，这和 remove() 方法调用一样。此处需要谨慎行事，因为在找到节点时，该节点可能并不在链表中，而是可能有一个具有相同键值的未标记节点在链表中。但是，与 remove() 方法一样，在 contains() 方法的调用过程中，必然存在着一个键值不在抽象集中的时间点。

```
140  boolean contains(T x) {
141      Node<T>[] preds = (Node<T>[]) new Node[MAX_LEVEL + 1];
142      Node<T>[] succs = (Node<T>[]) new Node[MAX_LEVEL + 1];
143      int lFound = find(x, preds, succs);
144      return (lFound != -1
145          && succs[lFound].fullyLinked
146          && !succs[lFound].marked);
147  }
```

图 14.8　惰性跳跃链表 LazySkipList<T> 类：无等待的 contains() 方法

14.4 无锁的并发跳跃链表

无锁跳跃链表 LockFreeSkipList 实现的基础是第 9 章的无锁链表 LockFreeList 算法：跳跃链表结构的每一层都是一个无锁链表，每个节点中的 next 引用都是一个 AtomicMarkableReference<node>，并且使用 compareAndSet() 方法执行链表操作。

14.4.1 概述

下面是无锁跳跃链表 LockFreeSkipList 类的概述。

因为不能同时使用锁来操作所有层的引用，所以无锁跳跃链表不能保持跳跃链表的特性，也就是说每个链表都是较低层链表的子链表。

由于不能保持跳跃链表的特性，因此我们基于这样的一个方法：抽象集是由底层链表来定义的，也就是说，如果一个节点的 next 引用在底层链表中未被标记，那么这个节点就位于集合中。在跳跃链表中，更高层的链表中的节点仅用作最底层节点的快捷方式。因此，没有必要像惰性跳跃链表 LazySkipList 那样使用一个 fullyLinked 标志。

如何添加或者删除一个节点呢？我们将链表的每一层都看作一个无锁链表 LockFreeList。在一个给定的层，使用 compareAndSet() 方法插入一个节点，通过标记节点的 next 引用删除一个节点。

和无锁链表 LockFreeList 一样，find() 方法清除被标记的节点。该方法遍历跳跃链表，向下访问每一层的每个链表。和无锁链表 LockFreeList 类的 find() 方法一样，当遇到被标记的节点时，不断地剪接清除这些节点，这样 find() 方法就不会查看任何一个被标记节点的键值。令人遗憾的是，这也意味着一个正在被连接到更高层的节点可能会被物理地删除。通过节点的中间层引用的 find() 方法调用可能会删除这些引用，因此，和前面一样，跳跃链表的特性不再成立。

add() 方法调用 find() 方法来确定一个节点是否已经位于链表中，并找到该节点的前驱节点集和后继节点集。使用随机选择的 topLevel 来创建一个新节点，并设置其 next 引用指向 find() 方法调用返回的那些可能的后续节点。下一步采用与无锁链表 LockFreeList 中相同的方法，尝试通过将新节点连接到最底层链，从而将新节点逻辑地添加到抽象集中。如果添加成功，那么表明这个数据元素在逻辑上存在于集合中。然后，add() 方法调用将这个节点连接到更高层的链表中（直至其最顶层链表）。

图 14.9 显示了无锁跳跃链表 LockFreeSkipList 类。在图 14.9a 中，add(12) 方法调用 find(12) 方法，同时有三个正在进行的 remove() 方法调用。图 14.9b 显示了重定向虚线连接的结果。图 14.9c 显示了随后添加一个键值为 12 的新节点的过程。图 14.9d 显示了另一种添加操作的过程场景，如果在添加一个键值为 12 的节点之前删除了键值为 11 的节点，则会发生这种情况。

remove() 方法调用 find() 方法来确定具有目标键值的未标记节点是否位于最底层链表中。如果找到了一个未标记的节点，则从顶层开始标记该节点。除了最底层的 next 引用，所有的 next 引用都将通过做标记的方式，从其所在层的链表中逻辑上删除。一旦所有层（除了最底层）都被标记后，该方法将标记最底层的 next 引用。如果这次标记成功，则从抽象集中删除该数据元素。节点的物理删除是通过 remove() 方法本身和在遍历跳跃链表时访问它的其他线程的 find() 方法中，将该节点从所有层的链表中物理地删除。在 add() 方法和 remove() 方法调用中，如果在调用 compareAndSet() 方法时失败，则前驱集和后继集可能已经被更改，因此必须再次调用 find() 方法。

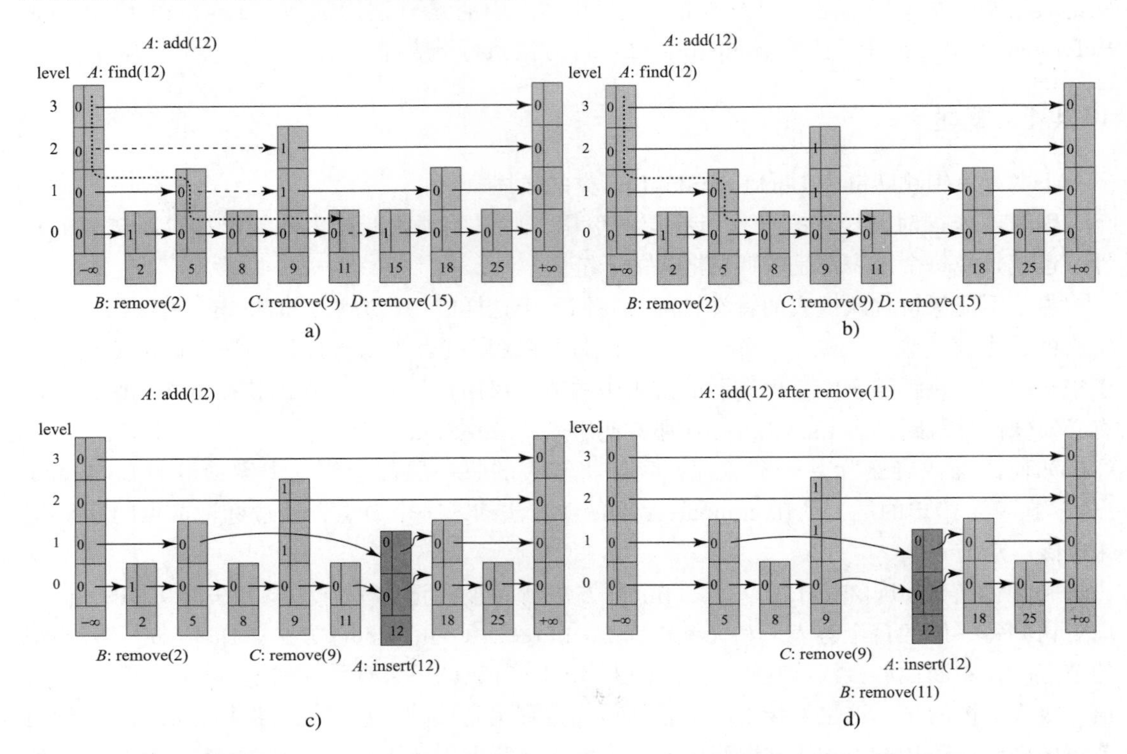

图 14.9　无锁跳跃链表 LockFreeSkipList 类：一次 add() 方法调用的过程示意图。每个节点都由未标记的（a 0）或者已标记（a 1）的连接组成。在图 14.9a 中，add(12) 方法调用 find(12) 方法，同时有三个正在进行的 remove() 方法调用。find() 方法在遍历跳跃链表时“清除”已标记的连接（用 1 表示）。这个遍历过程与顺序执行的 find(12) 方法不同，因为一旦遇到被标记的节点，就要断开这些节点的连接。图中的路径显示了 pred 引用所遍历的节点，pred 引用总是指向键值小于目标键值的未标记的节点。图 14.9b 显示了重定向虚线连接的结果。我们通过在节点前面放置连接来表示绕过该节点。节点 15 在最底层的 next 引用被标记，因此把该节点从跳跃链表中删除。图 14.9 中 c 显示了随后添加一个键值为 12 的新节点的过程。图 14.9d 显示了另一种添加节点的过程场景，如果在添加一个键值为 12 的节点之前删除了键值为 11 的节点，则会发生这种情况。因为键值为 9 的节点的最底层的 next 引用还没有被标记，因此 add() 方法将 next 引用尚未被标记的前驱节点重定向到新节点。一旦线程 C 完成了对这个引用的标记，键值为 9 的节点就被删除，键值为 5 的节点就成为新添加节点的直接前驱节点

add() 方法、remove() 方法和 find() 方法之间交互的关键是链表操作的发生次序。add() 方法在将节点连接到最底层链表之前，将该节点的 next 引用设置为它的后继，这意味着该节点在被逻辑地添加到链表的那一刻起就可以被删除。类似地，remove() 方法从上到下标记 next 引用，这样，一旦节点在逻辑上被删除了，find() 方法调用就不会再遍历该节点。

如前所述，在大多数应用程序中，对 contains() 方法的调用频率通常高于对其他方法的调用频率。因此 contains() 方法不应该调用 find() 方法。虽然让单个 find() 方法调用从物理上去删除那些被逻辑删除的节点可能是一种行之有效的操作方式，但是如果太多的并发 find() 方法调用试图同时清除同一个节点时，则会导致争用。这种争用在频繁的 contains() 方法调用中比在调用其他方法时更可能发生。

但是，contains() 方法不能使用无锁链表 LockFreeList 中的无等待的 contains() 方法所采用的方法：查看所有可访问节点的键值并简单地忽略节点是否被标记。问题是 add() 方法和 remove() 方法可能会破坏跳跃链表的特性。在从最底层的链表中物理删除被标记的节点之后，在较高层的链表中仍有可能访问到该节点。忽略标记可能会导致跳过最底层中可访问的节点。

但是请注意，无锁跳跃链表 LockFreeSkipList 中的 find() 方法不会遇到此问题，因为这个方法从不查看已标记节点的键值，而是直接删除这些节点。我们将在 contains() 方法中模拟这种行为，但不清除已标记的节点。相反，contains() 方法遍历跳跃链表，忽略已标记节点的键，并跳过这些节点，而不是物理地删除这些节点，因此这种方法是无等待的。

14.4.2 算法

在讨论算法细节的时候，应该记住，抽象集只是通过最底层链表来定义的。较高层链表中的节点仅用作最底层链表节点的快捷方式。图 14.10 描述了链表节点的数据结构。

```
1  public final class LockFreeSkipList<T> {
2    static final int MAX_LEVEL = ...;
3    final Node<T> head = new Node<T>(Integer.MIN_VALUE);
4    final Node<T> tail = new Node<T>(Integer.MAX_VALUE);
5    public LockFreeSkipList() {
6      for (int i = 0; i < head.next.length; i++) {
7        head.next[i]
8          = new AtomicMarkableReference<LockFreeSkipList.Node<T>>(tail, false);
9      }
10   }
11   public static final class Node<T> {
12     final T value; final int key;
13     final AtomicMarkableReference<Node<T>>[] next;
14     private int topLevel;
15     // 哨兵节点的构造函数
16     public Node(int key) {
17       value = null; key = key;
18       next = (AtomicMarkableReference<Node<T>>[])
19               new AtomicMarkableReference[MAX_LEVEL + 1];
20       for (int i = 0; i < next.length; i++) {
21         next[i] = new AtomicMarkableReference<Node<T>>(null,false);
22       }
23       topLevel = MAX_LEVEL;
24     }
25     // 普通节点的构造函数
26     public Node(T x, int height) {
27       value = x;
28       key = x.hashCode();
29       next = (AtomicMarkableReference<Node<T>>[])
```

图 14.10 无锁跳跃链表 LockFreeSkipList<T> 类：字段和构造函数

```
30              new AtomicMarkableReference[height + 1];
31          for (int i = 0; i < next.length; i++) {
32            next[i] = new AtomicMarkableReference<Node<T>>(null,false);
33          }
34          topLevel = height;
35        }
36      }
```

图 14.10 （续）

add() 方法如图 14.11 所示，使用 find() 方法（如图 14.13 所示）来确定一个键值为 k 的节点是否已经位于链表中（第 61 行代码）。和惰性跳跃链表 LazySkipList 一样，add() 方法调用 find() 方法来初始化 preds[] 数组和 succs[] 数组，以保存新节点的临时前驱节点和临时后继节点。

```
37      boolean add(T x) {
38        int topLevel = randomLevel();
39        int bottomLevel = 0;
40        Node<T>[] preds = (Node<T>[]) new Node[MAX_LEVEL + 1];
41        Node<T>[] succs = (Node<T>[]) new Node[MAX_LEVEL + 1];
42        while (true) {
43          boolean found = find(x, preds, succs);
44          if (found) {
45            return false;
46          } else {
47            Node<T> newNode = new Node(x, topLevel);
48            for (int level = bottomLevel; level <= topLevel; level++) {
49              Node<T> succ = succs[level];
50              newNode.next[level].set(succ, false);
51            }
52            Node<T> pred = preds[bottomLevel];
53            Node<T> succ = succs[bottomLevel];
54            if (!pred.next[bottomLevel].compareAndSet(succ, newNode,
55                                                      false, false)) {
56              continue;
57            }
58            for (int level = bottomLevel+1; level <= topLevel; level++) {
59              while (true) {
60                pred = preds[level];
61                succ = succs[level];
62                if (pred.next[level].compareAndSet(succ, newNode, false, false))
63                  break;
64                find(x, preds, succs);
65              }
66            }
67            return true;
68          }
69        }
70      }
```

图 14.11　无锁跳跃链表 LockFreeSkipList<T> 类：add() 方法

如果在最底层链表中找到一个具有目标键值的未标记节点，则 find() 方法返回 true，

add() 方法返回 false，表示这个键值已经位于集合中。不成功的 add() 方法调用的可线性化点与成功的 find() 方法调用的可线性化点相同（第 43 行代码）。如果没有找到节点，那么下一步将尝试将一个给定键值的新节点添加到数据结构中。

我们使用一个随机选择的 topLevel 来创建一个新节点。节点的 next 引用是未标记的并且被设置为指向 find() 方法返回的后继节点（第 47～50 行代码）。

下一步就是尝试添加新节点，将新节点连接到 find() 方法返回的 preds[0] 和 succs[0] 节点之间的最底层链表中。和无锁链表 LockFreeList 一样，使用 compareAndSet() 方法来设置引用，并验证这些节点是否仍然相互引用，而且没有从链表中被删除（第 55 行代码）。如果 compareAndSet() 方法失败，则说明发生了更改，需要重新调用该方法；如果 compareAndSet() 方法成功，则添加该节点，第 55 行代码是这个调用的可线性化点。

然后，add() 方法将这个节点连接到更高层（第 58 行代码）。对于每一层，如果前驱节点指向有效的后继节点，则尝试设置前驱节点指向新节点来拼接节点（第 62 行代码）。如果成功，则将进入下一层；如果失败，则说明前驱节点指向的节点已经被更改，因此重新调用 find() 方法，以查找一组新的有效前驱集和后继集。我们不使用 find() 方法调用的结果（第 64 行代码），因为我们只关心在剩余的未连接层上重新计算临时前驱节点和临时后继节点。一旦连接所有的层之后，该方法返回 true（第 67 行代码）。

remove() 方法（如图 14.12 所示）调用 find() 方法，以确定一个具有匹配键值的未标记节点是否在最底层链表中。如果在最底层链表中找不到对应的节点，或者具有匹配键值的节点已经被标记，则该方法返回 false。remove() 方法的可线性化点是第 77 行代码中 find() 方法被调用的时刻。如果找到一个未被标记的节点，那么该方法从抽象集中将相关的键值逻辑地删除，并为物理删除做好准备。这一步使用临时前驱集（由 find() 方法存储在 preds[] 数组中）和 nodeToRemove 值（由 find() 方法存储在 succs[] 中）。首先，从顶层开始，通过反复读取 next 及其标记，并调用 compareAndSet() 方法标记所有层（不包括底层）的连接（第 83～89 行代码）。如果发现连接被标记（可能是因为该连接已经被标记，或者是因为本次尝试成功），则移动到下一层进行处理。否则，将重新读取当前层的连接，因为该连接已被另一个并发线程更改了，因此必须重复进行本次标记的尝试。一旦所有层（除了最底层）都被标记，该方法将标记最底层的 next。如果标记操作成功，则该标记操作（第 96 行代码）就是一个成功的 remove() 方法的可线性化点。remove() 方法尝试使用 compareAndSet() 方法标记 next 字段。如果成功，则可以确定是该线程将标记从 false 更改为 true。在返回 true 之前，会再次调用 find() 方法。这个调用是一种优化行为：作为一个副作用，如果该节点在逻辑上已经被删除，那么 find() 方法从物理上删除所有指向该节点的连接。

```
71  boolean remove(T x) {
72    int bottomLevel = 0;
73    Node<T>[] preds = (Node<T>[]) new Node[MAX_LEVEL + 1];
74    Node<T>[] succs = (Node<T>[]) new Node[MAX_LEVEL + 1];
75    Node<T> succ;
76    while (true) {
77      boolean found = find(x, preds, succs);
78      if (!found) {
79        return false;
```

图 14.12　无锁跳跃链表 LockFreeSkipList<T> 类：remove() 方法

```
80        } else {
81          Node<T> nodeToRemove = succs[bottomLevel];
82          for (int level = nodeToRemove.topLevel;
83               level >= bottomLevel+1; level--) {
84            boolean[] marked = {false};
85            succ = nodeToRemove.next[level].get(marked);
86            while (!marked[0]) {
87              nodeToRemove.next[level].compareAndSet(succ, succ, false, true);
88            succ = nodeToRemove.next[level].get(marked);
89            }
90          }
91          boolean[] marked = {false};
92          succ = nodeToRemove.next[bottomLevel].get(marked);
93          while (true) {
94            boolean iMarkedIt =
95              nodeToRemove.next[bottomLevel].compareAndSet(succ, succ,
96                                                        false, true);
97            succ = succs[bottomLevel].next[bottomLevel].get(marked);
98            if (iMarkedIt) {
99              find(x, preds, succs);
100             return true;
101           }
102           else if (marked[0]) return false;
103         }
104       }
105     }
106   }
```

图 14.12 （续）

另一方面，如果 compareAndSet() 方法调用失败，但是 next 引用已经被标记了，那么就意味着另一个线程一定同时删除了该节点，因此 remove() 方法返回 false。这个不成功 remove() 方法的可线性化点，是成功标记 next 引用的线程锁调用的 remove() 方法的可线性化点。请注意，这个可线性化点必须出现在 remove() 方法调用的过程中，因为 find() 方法调用在发现该节点被标记之前，首先发现该节点是未被标记的。

最后，如果 compareAndSet() 方法失败并且节点未被标记，那么 next 引用必定被并发地更改了。由于 nodeToRemove 是已知的，因此无须再次调用 find() 方法，remove() 方法只需使用从 next 引用中读取的新值来重试此次标记。

如前所述，add() 方法和 remove() 方法都依赖于 find() 方法。find() 方法搜索无锁跳跃链表，当且仅当具有目标键值的节点位于集合中时才返回 true。find() 方法使用目标节点在每个层上的临时前驱和临时后继填充 preds[] 数组和 succs[] 数组。find() 方法具有以下两个特性：

- 它从不遍历已标记的连接。相反，这个方法将从该层的链表中删除标记连接所引用的节点。
- 每个 preds[] 引用都指向键值严格小于目标键值的节点。

图 14.13 中的 find() 方法的执行过程如下：它从 head 哨兵的顶层（具有允许的最大节点层）开始遍历跳跃链表。然后，从上到下在每一层中进行操作，不断填充 preds[] 节点集和 succs[] 节点集，直到 pred 引用该层上一个键值小于目标键值中的最大键值的节点（第 118～

132 行代码）。和无锁链表一样，当遇到已标记的节点时，find() 方法使用 compareAndSet() 方法从给定的层中剪掉该节点（第 120～126 行代码）。请注意，compareAndSet() 方法验证前置节点的 next 字段是否引用当前节点。一旦找到一个未被标记的 curr（第 127 行代码），就会测试其键值是否小于目标键值。如果是，则 pred 先于 curr；否则，curr 的键值大于或等于目标键值，因此当前的 pred 就是目标节点的直接前驱。find() 方法跳出当前层的搜索循环，保存当前的 pred 值和 curr 值（第 133 行代码）。

```
107   boolean find(T x, Node<T>[] preds, Node<T>[] succs) {
108     int bottomLevel = 0;
109     int key = x.hashCode();
110     boolean[] marked = {false};
111     boolean snip;
112     Node<T> pred = null, curr = null, succ = null;
113     retry:
114       while (true) {
115         pred = head;
116         for (int level = MAX_LEVEL; level >= bottomLevel; level--) {
117           curr = pred.next[level].getReference();
118           while (true) {
119             succ = curr.next[level].get(marked);
120             while (marked[0]) {
121               snip = pred.next[level].compareAndSet(curr, succ,
122                                                     false, false);
123               if (!snip) continue retry;
124               curr = pred.next[level].getReference();
125               succ = curr.next[level].get(marked);
126             }
127             if (curr.key < key){
128               pred = curr; curr = succ;
129             } else {
130               break;
131             }
132           }
133           preds[level] = pred;
134           succs[level] = curr;
135         }
136         return (curr.key == key);
137       }
138   }
```

图 14.13　无锁跳跃链表 LockFreeSkipList<T> 类：find() 方法，比惰性跳跃链表 LazySkipList 中的 find() 方法更复杂

find() 方法以这种方式一直执行，直到到达最底层。这里有一点很重要：每一层的遍历都保持前面描述的两种特性。特别是，如果一个具有目标键值的节点在链表中，即使在较高层的链表中被删除，也能在最底层的链表中查找到该节点。当遍历停止时，pred 指向目标节点的前驱节点。该方法从上到下遍历每一层而不会跳过目标节点。如果该节点在链表中，它将位于最底层的链表中。此外，如果找到了这个节点，但由于该节点已经被标记，无法标记该节点，则会在第 120～126 行代码中将其剪掉。因此，在第 136 行代码上的测试只需要检查 curr 的键值是否等于目标键值，就可以确定目标值是否位于集合中。

对 find() 方法的成功调用和不成功调用的可线性化点分别出现在最底层链表的 curr 引用被设置的时刻，即第 117 行代码或者第 124 行代码，以及在第 136 行代码中，最后一次决定 find() 方法调用成功或者失败之前。图 14.9 显示了如何将一个节点成功地添加到无锁跳跃链表 LockFreeSkipList 的执行过程。

无等待的 contain() 方法如图 14.14 所示。它采用与 find() 方法相同的方式遍历跳跃链表，从 head 开始逐层向下。和 find() 方法一样，contains() 方法忽略已标记节点的键值。与 find() 方法不同之处在于，contains() 方法并不尝试删除已标记的节点，而只是简单地跳过这些节点（第 148～151 行代码）。contains() 方法的一个执行示例参见图 14.15。

```
139    boolean contains(T x) {
140      int bottomLevel = 0;
141      int v = x.hashCode();
142      boolean[] marked = {false};
143      Node<T> pred = head, curr = null, succ = null;
144      for (int level = MAX_LEVEL; level >= bottomLevel; level--) {
145        curr = curr.next[level].getReference();
146        while (true) {
147          succ = curr.next[level].get(marked);
148          while (marked[0]) {
149            curr = pred.next[level].getReference();
150            succ = curr.next[level].get(marked);
151          }
152          if (curr.key < v){
153            pred = curr;
154            curr = succ;
155          } else {
156            break;
157          }
158        }
159      }
160      return (curr.key == v);
161    }
```

图 14.14　无锁跳跃链表 LockFreeSkipList<T> 类：无等待的 contains() 方法

这个方法是正确的，因为 contains() 方法保持了与 find() 方法相同的特性：在所有的层中，pred 都不会指向一个键值大于或等于目标键值的未标记的节点。在最底层的链表中，pred 变量指向目标节点之前的节点，而不是之后的节点。如果该节点是在 contains() 方法调用开始之前添加到链表中的，则最终会找到此节点。此外，回顾 add() 方法调用 find() 方法的情形，在添加一个新节点之前，从最底层链表中剪掉已标记节点的连接。如果 contains() 方法没有找到所需的节点，或者在最底层找到了所需的节点，但是该节点已经被标记了，那么所有未找到的并发添加的节点都必定是在 contains() 方法调用开始之后添加到最底层链表中的节点，因此在第 160 行代码处返回 false 是正确的。

图 14.16 描述了 contains() 方法的一个执行过程。在图 14.16a 中，contains(18) 方法的调用从 head 节点的顶层开始遍历链表。在图 14.16b 中，contains(18) 方法调用在键值为 18 的节点被逻辑删除之后遍历链表。

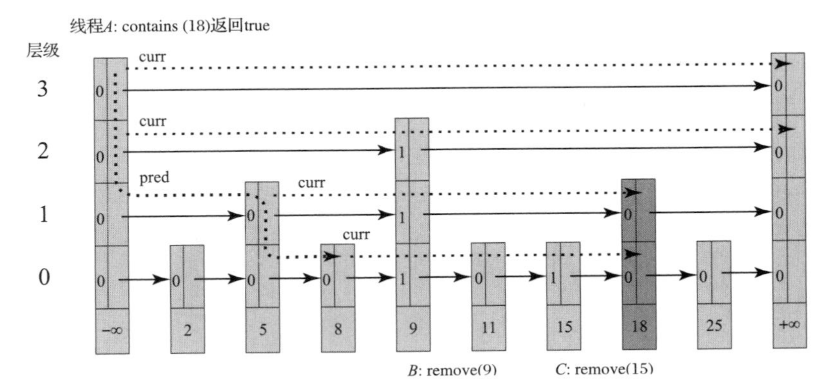

图 14.15 线程 *A* 调用 contains(18) 方法。该方法从 head 节点的顶层开始遍历链表。粗的虚线表示 pred 字段的遍历路径，稀疏虚线表示 curr 字段的遍历路径。curr 字段在第 3 层上被推进到 tail。因为它的键值大于 18，pred 下降到第 2 层。curr 字段继续推进，越过键值为 9 但已标记引用的节点，再次到达 tail（大于 18），因此 pred 下降到第 1 层。在这里，pred 被推进到键值为 5 的未标记的节点，curr 越过键值为 9 但已标记的节点并到达键值为 18 的未标记的节点，此时 curr 不再前进。虽然 18 是目标键值，但该方法继续随着 pred 下降到最底层，将 pred 推进到键值为 8 的节点上。从这一点开始，curr 遍历被标记为 9、15 和 11 的节点，它们的键值都小于 18。最终，curr 到达键值为 18 的未被标记的节点，返回 true

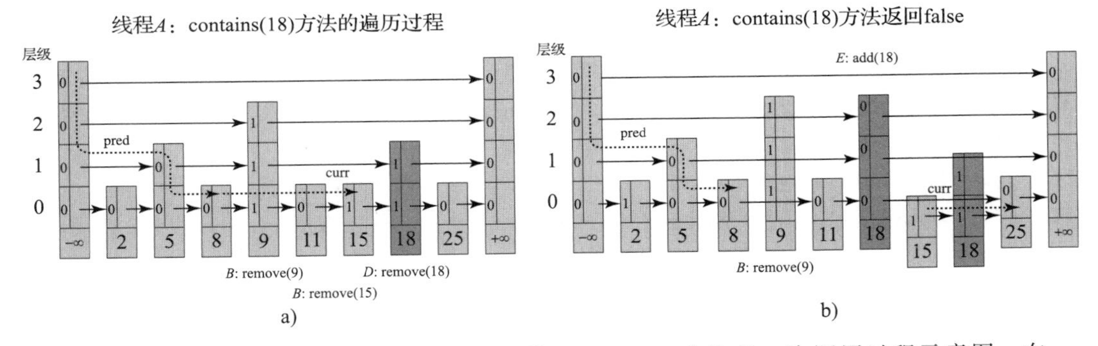

图 14.16 无锁跳跃链表 LockFreeSkipList 类：contains() 方法的一次调用过程示意图。在图 14.16a 中，contains(18) 方法从 head 节点的顶层开始遍历链表。粗的虚线表示 pred 字段的遍历路径。pred 字段最终到达最底层的节点 8，我们使用一条更稀疏的虚线显示 curr 从该节点开始的路径。curr 经过节点 9 到达已标记的节点 15。在图 14.16b 中，线程 *E* 将键值为 18 的新节点添加到链表中。作为 find(18) 方法调用的一部分，线程 *E* 将物理删除键值为 9、15 和 18 的旧节点。现在，线程 *A* 从被删除的键值为 15 的节点继续遍历 curr 字段（键值为 15 和 18 的节点不会被回收，因为线程 *A* 可以访问这两个节点）。线程 *A* 到达键值为 25 的节点（25 比 18 大），因此返回 false，即使此时无锁跳跃链表 LockFreeSkipList 中有一个键值为 18 的未标记节点，该节点也是在线程 *A* 的遍历同时被线程 *E* 插入的，并在线程 *A* 的 add(18) 方法之后是可线性化的

14.5 并发跳跃链表

我们已经讨论了两种高度并发的跳跃链表实现，每一种实现都提供对数级的查找，而

不需要重新平衡。在惰性跳跃链表 LazySkipList 类中，add() 方法和 remove() 方法采用乐观的细粒度锁的方式，这意味着该方法无须锁定就能够查找其目标节点，仅在发现目标节点时才获取锁并进行验证。使用频率最高的 contains() 方法是无等待的。在无锁跳跃链表 LockFreeSkipList 类中，add() 方法和 remove() 方法是无锁的，并建立在第 9 章的无锁链表 LockFreeList 类的基础之上。在这个类中，contains() 方法也是无等待的。

在第 15 章中，我们将讨论如何基于本文介绍的并发跳跃链表构建高并发优先级队列。

14.6　章节注释

Bill Pugh 发明了顺序的跳跃链表 [142] 和并发的跳跃链表 [141]。惰性跳跃链表 LazySkipList 是由 Maurice Herlihy、Yossi Lev、Victor Luchangco 和 Nir Shavit 提出的 [66]。本章讨论的无锁跳跃链表 LockFreeSkipList 归功于 Maurice Herlihy、Yossi Lev 和 Nir Shavit[70]。无锁跳跃链表部分基于 Kier-Fraser[48] 开发的一种早期无锁跳跃链表算法，该算法的一个变体被 Doug Lea[109] 封装在 java.util.concurrent 包中。

14.7　练习题

练习题 14.1　回想一下，跳跃链表是一种概率数据结构。尽管 contains() 方法调用的期望性能是 $O(\log n)$，其中 n 是链表中元素的个数，但最坏情形下的性能可能是 $O(n)$。试画出一幅描述最坏情形下的包含八个元素的跳跃链表，并解释为什么它的性能最差。

练习题 14.2　给定一个概率为 p 并且 MAX_LEVEL 为 M 的跳跃链表。如果这个链表包含 N 个节点，则从第 0 层到第 $M-1$ 层的每一层上，所预期的节点个数是多少？

练习题 14.3　修改惰性跳跃链表 LazySkipList 类，使 find() 方法从该数据结构中当前节点的最高层开始，而不是从可能的最高层（MAX_LEVEL）开始。

练习题 14.4　修改惰性跳跃链表 LazySkipList 以支持包含多个相同键值的数据元素。

练习题 14.5　假设我们修改无锁跳跃链表 LockFreeSkipList 类，使得在图 14.12 的第 102 行代码中，remove() 方法重新启动主循环，而不是返回 false。

请问该算法仍然正确吗？请阐述算法的安全特性和活跃特性问题。也就是说，一个不成功的 remove() 方法调用的新的可线性化点是什么？这个类仍然还是无锁的吗？

练习题 14.6　试说明在无锁跳跃链表 LockFreeSkipList 类中，一个节点会在第 0 层和第 2 层的链表中结束，当不会在第 1 层的链表中结束。请画出示意图。

练习题 14.7　修改无锁跳跃链表 LockFreeSkipList，使得 find() 方法使用单个 compareAndSet() 方法来剪掉一系列已标记的节点。解释为什么你的实现不能删除一个并发插入的未标记的节点。

练习题 14.8　如果最底层已被连接，然后所有其他层都以某种任意顺序连接，那么无锁跳跃链表 LockFreeSkipList 的 add() 方法是否还能正常工作？如果最底层的 next 引用被最后标记，但所有其他层的引用都是按任意顺序标记的，那么 remove() 方法中的 next 引用的标记是否还是正确的？

练习题 14.9（难题）修改惰性跳跃链表 LazySkipList，使得每个层的链表都是双向的，并允许线程从 head 或者 tail 遍历来并行地添加数据元素和删除数据元素。

练习题 14.10　图 14.17 描述了惰性跳跃链表 LockFreeSkipList 类的一种错误的 contains() 方法的实现代码。试给出该方法返回错误值的一个场景。

提示：此方法错误的原因是它考虑了已删除节点的键值。

```
1   boolean contains(T x) {
2     int bottomLevel = 0;
3     int key = x.hashCode();
4     Node<T> pred = head;
5     Node<T> curr = null;
6     for (int level = MAX_LEVEL; level >= bottomLevel; level--) {
7       curr = pred.next[level].getReference();
8       while (curr.key < key ) {
9         pred = curr;
10        curr = pred.next[level].getReference();
11      }
12    }
13    return curr.key == key;
14  }
```

图 14.17 无锁跳跃链表 LockFreeSkipList<T> 类：一种错误的 contains() 方法实现

优先级队列

15.1 引言

优先级队列（priority queue）是一个包含若干数据元素的多重集合，其中每个数据元素都有一个相关的**优先级**（priority）。优先级是一个表示数据元素重要性的数值（按照惯例，数值越小则表示越重要，也即优先级越高）。优先级队列通常提供一个向集合中添加数据元素的 add() 方法，以及一个从集合中删除并返回优先级数值最低（也就是具有最高优先级）的数据元素的 removeMin() 方法。从高级应用程序到低层的操作系统内核，都要用到优先级队列。

有界范围（bounded-range）的优先级队列是指队列中每个数据元素的优先级数值都取自一组离散数据元素的优先级队列，而**无界范围**（unbounded-range）的优先级队列是指其优先级数值取自一个非常大的集合，例如 32 位整数或者浮点值。毫无疑问，有界范围的优先级队列通常效率更高，但是许多应用程序仍然还需要无界范围的优先级队列。图 15.1 描述了优先级队列接口的实现代码。

```
public interface PQueue<T> {
  void add(T item, int score);
  T removeMin();
}
```

图 15.1 优先级队列的接口

15.1.1 并发优先级队列

在并发环境中，add() 方法和 removeMin() 方法的调用可以相互重叠，那么，一个数据元素在集合中到底意味着什么？

让我们考虑在第 3 章中讨论过的两种一致性条件：第一种是**线性一致性**（linearizability，又称可线性化性、原子一致性或者严格一致性），它要求每个方法调用在它的调用和响应之间的某个瞬间生效；第二种是**静态一致性**（quiescent consistency），这是一种相对较弱的条件，它要求在任何执行过程中，在任何时候，如果没有引入额外的方法调用，那么当所有挂起的方法调用完成时，这些方法调用返回的值与对象的某次有效的顺序执行相一致。如果一个应用程序不要求它的优先级队列是可线性化的，那么要求这些队列保持静态一致性通常会更加有效。对于特定的应用程序需要认真考虑，以选择适用的方法。

15.2 基于数组的有界优先级队列

如果一个有界范围的优先级队列的优先级取自于范围 0, …, $m-1$，那么称该优先级队列的范围是 m。让我们先考虑使用以下两个成员数据结构的有界优先级队列算法：**计数器**（Counter）和**池**（Bin）。计数器（参见第 12 章）包含一个整数值，提供 getAndIncrement() 方法和 getAndDecrement() 方法，分别用于原子地递增和递减计数器的值，并返回计数器的先前值。这些方法可以是有界的，这意味着它们不会使计数器的值超出某个指定的界限。

池是一个包含任意个数据元素的池（pool），提供一个 put(x) 方法用于插入数据元素 x，一个 get() 方法用于删除并返回任意一个数据元素，如果池为空，则返回 null。池可以使用第 11 章的堆栈算法或者使用锁或无锁的方式来实现。

图 15.2 描述了简单线性 SimpleLinear 类的实现代码，这个类用于维护由池组成的数组。若要添加一个优先级为 *i* 的数据元素，线程只需简单地将该数据元素放入第 *i* 个池中。removeMin() 方法以优先级递减的顺序扫描这些池，并返回该方法成功删除的第一个数据元素。如果这个方法没有找到数据元素，则返回 null。如果这些池是静态一致的，那么简单线性 SimpleLinear 类也是静态一致的。如果这些池的方法是无锁的，则 add() 方法和 removeMin() 方法也是无锁的。

```
1  public class SimpleLinear<T> implements PQueue<T> {
2    int range;
3    Bin<T>[] pqueue;
4    public SimpleLinear(int myRange) {
5      range = myRange;
6      pqueue = (Bin<T>[])new Bin[range];
7      for (int i = 0; i < pqueue.length; i++){
8        pqueue[i] = new Bin();
9      }
10   }
11   public void add(T item, int key) {
12     pqueue[key].put(item);
13   }
14   public T removeMin() {
15     for (int i = 0; i < range; i++) {
16        T item = pqueue[i].get();
17        if (item != null) {
18          return item;
19        }
20     }
21     return null;
22   }
23 }
```

图 15.2 简单线性 SimpleLinear<T> 类：add() 方法和 removeMin 方法

15.3 基于树的有界优先级队列

简单树 SimpleTree（图 15.3）是一种静态一致的无锁有界范围的优先级队列。它是由若干 TreeNode 对象（图 15.4）组成的二叉树。如图 15.5 所示，该树有 m 个叶子节点，其中第 i 个叶子节点有一个由优先级为 i 的数据元素组成的池。在树的内部节点中，有 $m-1$ 个共享的有界计数器，用于跟踪每个节点的左子节点为根的子树（优先级数值较低，也就是优先级较高）中所包含的叶子节点中的数据元素的个数。

```
1  public class SimpleTree<T> implements PQueue<T> {
2    int range;
3    List<TreeNode> leaves;
```

图 15.3 简单树 SimpleTree<T> 类：有界优先级队列

```
4      TreeNode root;
5      public SimpleTree(int logRange) {
6        range = (1 << logRange);
7        leaves = new ArrayList<TreeNode>(range);
8        root = buildTree(logRange, 0);
9      }
10     public void add(T item, int score) {
11       TreeNode node = leaves.get(score);
12       node.bin.put(item);
13       while(node != root) {
14         TreeNode parent = node.parent;
15         if (node == parent.left) {
16           parent.counter.getAndIncrement();
17         }
18         node = parent;
19       }
20     }
21     public T removeMin() {
22       TreeNode node = root;
23       while(!node.isLeaf()) {
24         if (node.counter.boundedGetAndDecrement() > 0 ) {
25           node = node.left;
26         } else {
27           node = node.right;
28         }
29       }
30       return node.bin.get();
31     }
32   }
```

图 15.3 （续）

```
33     public class TreeNode {
34       Counter counter;
35       TreeNode parent, right, left;
36       Bin<T> bin;
37       public boolean isLeaf() {
38         return right == null;
39       }
40     }
```

图 15.4　简单树 SimpleTree<T> 类：内部 TreeNode 类

add(x, k) 方法调用将 x 添加到第 k 个叶子节点的池中，并且按照由叶子节点到根的顺序递增节点计数器。removeMin() 方法按照从根到叶子节点的顺序遍历树。从根节点开始，查找池中具有最高优先级的叶子节点。removeMin() 方法检查每个节点的计数器，如果计数器为 0，则向右移动；否则向左移动（第 24 行代码）。

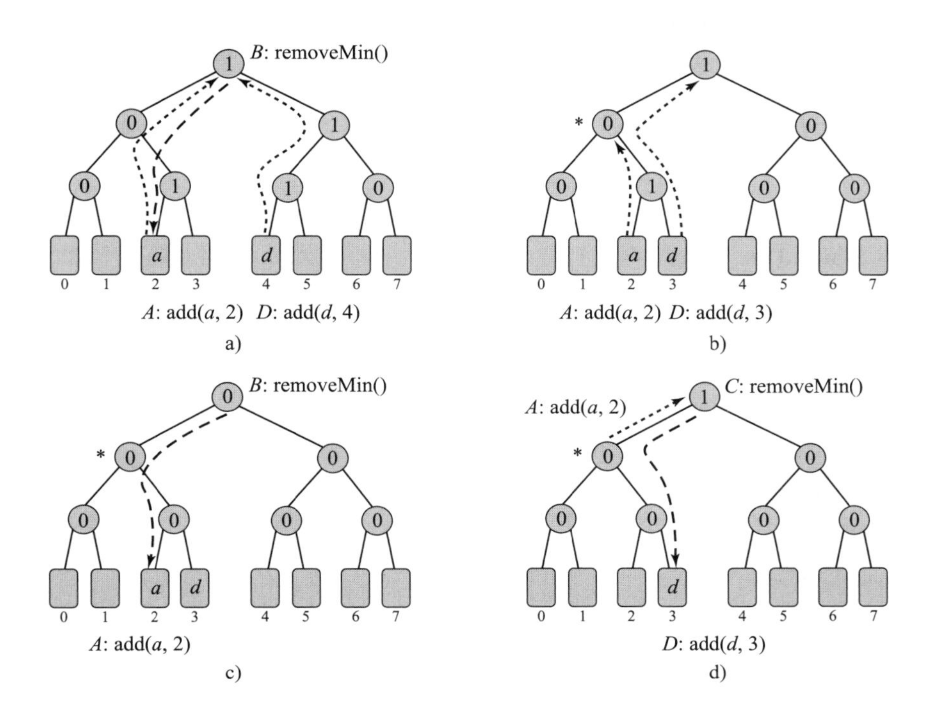

图 15.5 简单树 SimpleTree 优先级队列是一个由有界计数器组成的树。所有的数据元素都位于叶子节点的池中。树的内部节点保存该节点的左子树中所包含的数据元素的个数。在图 15.5a 中，线程 *A* 和线程 *D* 通过向上遍历树来添加数据元素，当线程从左向上遍历时，递增节点中的计数器的值。线程 *B* 跟踪计数器向下遍历树，如果计数器有一个非零值，则从左向下移动（图中没有标出线程 *B* 递减的效果）。图 15.5b～d 显示了两个并发线程 *A* 和线程 *B* 在使用星形标记的节点处相遇的执行序列。在图 15.5b 中，线程 *D* 添加 *d*，然后线程 *A* 添加 *a* 并向上移动到带星号的节点处，沿着路径递增计数器的值。在图 15.5c 中，线程 *B* 沿着树向下遍历，将计数器递减为零，并弹出 *a*。在图 15.5d 中，线程 *A* 继续向上移动，即使线程 *B* 已经从下面的带星号节点中删除了 *a* 的所有痕迹，线程 *A* 也会递增根节点的计数器。尽管如此，一切都正常，因为根节点的非 0 计数器能够正确地将线程 *C* 引导到具有最高优先级的数据元素 *d* 处

线程 *A* 的向上移动的 add() 方法遍历可能会遇到线程 *B* 的向下移动的 removeMin() 方法遍历。与 Hansel 和 Gretel 的算法一样，向下移动的线程 *B* 跟随向上移动的 add() 方法所留下的非零计数器的轨迹，来确定并从其池中删除线程 *A* 的数据元素。图 15.5a 显示了简单树 SimpleTree 的一个执行实例。

读者可能会担心图 15.5 所示的以下“格林童话”场景。向上移动的线程 *A* 与向下移动的线程 *B* 在以一个星形标记的树节点处相遇。线程 *B* 从带星号的节点向下移动，并在叶子节点收集线程 *A* 的数据元素；而线程 *A* 继续向上移动，递增计数器，直到到达根节点。如果另一个线程 *C* 开始沿着线程 *A* 的非零计数器路径，从根节点开始向下移动到线程 *B* 与线程 *A* 相遇的带星号的节点，将会出现什么情况呢？当线程 *C* 到达带星号的节点时，它可能被困在树的中间某个地方，即使队列中可能有其他数据元素存在，该线程也无法沿着右子树到达一个空池的标记。

幸运的是，这种情况不可能发生。如图 15.5b～d 所示，向下移动的线程 *B* 在星号节点

与向上移动的线程 *A* 相遇的唯一途径是：由一个较早的线程 *D* 执行的另一个 add() 方法调用递增从星号节点到根节点的同一个计数器集合，从而允许向下移动的线程 *B* 首先到达星号节点。向上移动的线程 *A* 在递增从带星号的节点到根节点的计数器时，只是简单地完成了由某个其他线程 *D* 所插入的数据元素的递增序列。总而言之，如果第 24 行代码上的某个线程返回的数据元素为 null，那么优先级队列的确是空的。

简单树 SimpleTree 算法是不可线性化的，因为多个线程可能相互超越，但是这个算法是静态一致的。如果所有的池和计数器都是无锁的，那么 add() 方法和 removeMin() 方法也都是无锁的（add() 方法所需的操作步骤数受限于树的深度，并且只有当不断地从树中添加数据元素和删除数据元素时，removeMin() 方法才可能无法完成）。一次典型的插入或者删除操作的时间复杂度为最低优先级（即优先级数组中的最大值）的对数。

15.4　基于堆的无界优先级队列

本节将讨论一种可线性化的优先级队列，该队列支持无界范围内的优先级，并使用细粒度锁定机制进行同步。

堆（heap）是一棵树，其中树的每个节点都包含一个数据元素和一个优先级。如果节点 *b* 是节点 *a* 的子节点，则节点 *b* 的优先级不大于节点 *a* 的优先级（也就是说，树中数据元素的位置越高，其优先级数值越低，其优先级就越重要）。removeMin() 方法删除并返回树的根节点，然后重新平衡根的子树。这里，我们只考虑二叉树，其中只有两个子树需要重新平衡。

15.4.1　顺序堆

图 15.6 和图 15.7 给出了一种顺序堆的实现代码。表示二叉堆的一种有效方法是将其表示为由节点组成的一个数组，其中树的根节点是数组数据元素 1，而数组数据元素 *i* 的右子节点和左子节点分别是数组数据元素 $2 \cdot i$ 和 $(2 \cdot i)+1$。next 字段是第一个未使用节点的索引。

```
1  public class SequentialHeap<T> implements PQueue<T> {
2    private static final int ROOT = 1;
3    int next;
4    HeapNode<T>[] heap;
5    public SequentialHeap(int capacity) {
6      next = ROOT;
7      heap = (HeapNode<T>[]) new HeapNode[capacity + 1];
8      for (int i = 0; i < capacity + 1; i++) {
9        heap[i] = new HeapNode<T>();
10     }
11   }
12   public void add(T item, int score) {
13     int child = next++;
14     heap[child].init(item, score);
15     while (child > ROOT) {
16       int parent = child / 2;
17       int oldChild = child;
18       if (heap[child].score < heap[parent].score) {
19         swap(child, parent);
```

图 15.6　顺序堆 SequentialHeap<T> 类：内部节点类和 add() 方法

```
20          child = parent;
21        } else {
22          return;
23        }
24      }
25    }
26    ...
27  }
```

图 15.6 （续）

```
28    public T removeMin() {
29      int bottom = --next;
30      T item = heap[ROOT].item;
31      heap[ROOT] = heap[bottom];
32      if (bottom == ROOT) {
33        return item;
34      }
35      int child = 0;
36      int parent = ROOT;
37      while (parent < heap.length / 2) {
38        int left = parent * 2; int right = (parent * 2) + 1;
39        if (left >= next) {
40          return item;
41        } else if (right >= next || heap[left].score < heap[right].score) {
42          child = left;
43        } else {
44          child = right;
45        }
46        if (heap[child].score < heap[parent].score) {
47          swap(parent, child);
48          parent = child;
49        } else {
50          return item;
51        }
52      }
53      return item;
54    }
```

图 15.7 顺序堆 SequentialHeap<T> 类：removeMin() 方法

每个节点都包含一个 item 字段和一个 score 字段。为了添加一个数据元素，add() 方法将 child 设置为第一个空数组槽的索引（第 13 行代码）。（为了简单起见，我们省略了重新调整整个数组大小的那部分代码。）然后，add() 方法初始化该节点，设置其新的数据元素和优先级数值（第 14 行代码）。此时，可能会违反堆的特性，因为这个新节点（树的一个叶子节点）可能比祖先节点具有更高的优先级（即具有较小的优先级数值）。为了恢复堆的特性，这个新节点将向上“渗透”到树中。我们不断地将新节点的优先级和它的父节点的优先级进行比较，如果父节点的优先级较低（它的优先级数值较大），则交换两个节点。当我们遇到一个优先级更高的父节点，或者到达根节点时，这个新节点就位于正确的位置了，于是 add() 方法就会返回。

为了删除并返回具有最高优先级的数据元素，removeMin() 方法记录根的数据元素，也就是树中具有最高优先级的数据元素。（为了简单起见，我们省略了处理空堆的代码。）然后，removeMin() 方法向上移动一个叶子节点来替换根节点（第 29～31 行代码）。如果树为空，则该方法返回所记录的数据元素（第 32 行代码）；否则可能会违反堆的特性，因为最近提升到根节点的叶子节点的优先级可能低于其某些子节点的优先级。为了恢复堆的特性，新的根节点将向下“渗透”到树中。如果两个子节点都为空，则程序结束（第 39 行代码）。如果右子节点为空，或者右子节点的优先级低于左子节点，则检查左子节点（第 41 行代码）。否则，检查右子节点（第 43 行代码）。如果子节点的优先级高于父节点的优先级，则交换子节点和父节点，并继续沿着树向下移动（第 46 行代码）。当两个子节点的优先级都较低时，或者到达一个叶子节点时，被替换的节点就被正确定位，方法返回。

15.4.2　并发堆

细粒度堆 FineGrainedHeap 类基本上是顺序堆 SequentialHeap 类的一种并发版本。与顺序堆一样，add() 方法创建一个新的叶子节点，并将这个新节点向上“渗透”到树中，直到堆的特性被恢复为止。为了允许并发调用来实现并行执行，细粒度堆 FineGrainedHeap 类将数据元素向上“渗透”到树的过程被分解为一系列离散的原子步骤，这些步骤可以与其他的此类步骤交叉执行。同样，removeMin() 方法删除根节点，将一个叶子节点移动到根节点，并将这个叶子节点沿着树向下“渗透”，直到堆的特性恢复为止。细粒度堆 FineGrainedHeap 类将数据元素向下“渗透”到树的过程被分解为一系列离散的原子步骤，这些步骤可以与其他的此类步骤交叉执行。

警告：下面的代码不处理堆上溢（当堆满时再添加一个数据元素）或者下溢（当堆空时再删除一个数据元素）。处理这些情况会使代码更加冗长，而不会增加太多的参考价值。

该类使用一个 heapLock 字段对两个或者多个字段进行简短的原子修改（图 15.8）。

```
1  public class FineGrainedHeap<T> implements PQueue<T> {
2    private static int ROOT = 1;
3    private static int NO_ONE = -1;
4    private Lock heapLock;
5    int next;
6    HeapNode<T>[] heap;
7    public FineGrainedHeap(int capacity) {
8      heapLock = new ReentrantLock();
9      next = ROOT;
10     heap = (HeapNode<T>[]) new HeapNode[capacity + 1];
11     for (int i = 0; i < capacity + 1; i++) {
12       heap[i] = new HeapNode<T>();
13     }
14   }
15   ...
16 }
```

图 15.8　细粒度堆 FineGrainedHeap<T> 类：字段

堆节点 HeapNode 类（图 15.9）提供了以下字段：lock 字段是一个短暂修改时需要获取的锁（第 23 行代码），并且将节点沿着树向下“渗透”时也需要获取该锁。为了简单起见，该类提供了 lock() 方法和 unlock() 方法，分别用于直接锁定节点和解锁节点。tag 字段具有以下状态之一：EMPTY 表示节点未被使用；AVAILABLE 表示节点持有一个数据元素和一个优先级；BUSY 表示节点正在沿着树向上“渗透”，并且还没有到达正确的位置。当节点处于 BUSY 状态时，owner 字段保存负责移动该节点线程的 ID。为了简单起见，该类提供了一个 amOwner() 方法，当且仅当节点的标记为 BUSY 并且所有者是当前线程时，该方法才返回 true。

```
17    private static enum Status {EMPTY, AVAILABLE, BUSY};
18    private static class HeapNode<S> {
19      Status tag;
20      int score;
21      S item;
22      int owner;
23      Lock lock;
24      public void init(S myItem, int myScore) {
25        item = myItem;
26        score = myScore;
27        tag = Status.BUSY;
28        owner = ThreadID.get();
29      }
30      public HeapNode() {
31        tag = Status.EMPTY;
32        lock = new ReentrantLock();
33      }
34      public void lock() {lock.lock();}
35      ... // 省略了其他的方法实现
36    }
```

图 15.9　细粒度堆 FineGrainedHeap<T> 类：内部 HeapNode 类

持有锁沿着树向下“渗透”的 removeMin() 方法和 tag 字段被设置为 BUSY 的沿着树向上“渗透”的 add() 方法之间在同步上的不对称性，能够确保一个 removeMin() 方法调用在遇到一个 add() 方法调用正在引导向上移动过程的节点时，该 removeMin() 方法调用不会被延迟。因此，add() 方法调用必须准备好将其节点从下面换出。如果该节点消失，add() 方法调用只需要简单地沿着树向上移动。可以肯定的是，add() 方法调用会在当前位置和根节点之间的某个地方遇到该节点。

removeMin() 方法（图 15.10）获取全局变量 heapLock，递减 next 字段的值，返回一个叶子节点的索引，锁定数组中第一个未使用的槽，并释放 heapLock（第 38～42 行代码）。然后，removeMin() 方法将根的数据元素存储在一个局部变量中，以便稍后作为本次调用的结果返回（第 43 行代码）。removeMin() 方法将节点标记为 EMPTY 并且标记为无主节点，将其与叶子节点交换，并解锁（现在为空的）叶子节点（第 44～46 行代码）。

```
37    public T removeMin() {
38      heapLock.lock();
39      int bottom = --next;
40      heap[ROOT].lock();
41      heap[bottom].lock();
42      heapLock.unlock();
43      T item = heap[ROOT].item;
44      heap[ROOT].tag = Status.EMPTY;
45      heap[ROOT].owner = NO_ONE;
46      swap(bottom, ROOT);
47      heap[bottom].unlock();
48      if (heap[ROOT].tag == Status.EMPTY) {
49        heap[ROOT].unlock();
50        return item;
51      }
52      heap[ROOT].tag = Status.AVAILABLE;
53      int child = 0;
54      int parent = ROOT;
```

图 15.10　细粒度堆 FineGrainedHeap<T> 类：removeMin() 方法

```
55      while (parent < heap.length / 2) {
56        int left = parent * 2;
57        int right = (parent * 2) + 1;
58        heap[left].lock();
59        heap[right].lock();
60        if (heap[left].tag == Status.EMPTY) {
61          heap[right].unlock();
62          heap[left].unlock();
63          break;
64        } else if (heap[right].tag == Status.EMPTY || heap[left].score < heap[right].score) {
65          heap[right].unlock();
66          child = left;
67        } else {
68          heap[left].unlock();
69          child = right;
70        }
71        if (heap[child].score < heap[parent].score && heap[child].tag != Status.EMPTY) {
72          swap(parent, child);
73          heap[parent].unlock();
74          parent = child;
75        } else {
76          heap[child].unlock();
77          break;
78        }
79      }
80      heap[parent].unlock();
81      return item;
82    }
```

图 15.10 （续）

程序运行到此，表明 remove Min() 方法已将其最终结果记录在一个局部变量中，并将一个叶子节点移动到根节点，同时将原先的叶子节点的位置标记为 EMPTY。该方法保留根节点上的锁。如果堆只有一个数据元素，那么叶子节点和根节点是同一个节点，因此该方法检查根节点是否刚刚被标记为 EMPTY。如果是，removeMin() 方法将解锁根节点，并返回该数据元素（第 47～51 行代码）。

现在，新的根节点沿着树向下“渗透”，直到该节点到达正确的位置，遵循与顺序实现基本相同的逻辑。正在向下“渗透”的节点将被锁定，直到节点到达正确的位置。当交换两个节点时，将两个节点都锁定，并交换这两个节点的字段值。在每个步骤中，removeMin() 方法都会锁定节点的左右子节点（第 58 行代码）。如果左边的子节点是空的，则解锁两个子节点并返回（第 60 行代码）。如果右子节点为空或者左子节点具有更高的优先级，则解锁右子节点并检查左子节点（第 64 行代码）。否则，将解锁左子节点，并检查右子节点（第 67 行代码）。

如果子节点的优先级高于父节点的优先级，则交换父节点和子节点，并解锁（前）父节点（第 71 行代码）。否则，将解锁子节点和父节点并返回。

并发的 add() 方法（图 15.11）首先获取 heapLock，然后创建、初始化一个空的叶子节点并锁定该节点（第 84～89 行代码）。该叶子节点的 tag 字段值为 BUSY，其所有者是正在调用它的那个线程。然后 add() 方法解锁叶子节点，继续将该节点沿着树向上“渗透”，使用变量 child 跟踪该节点。该方法先锁定父节点，然后锁定子节点（所有锁都是按升序获取的）。如果父节点的状态为 AVAILABLE，而子节点的拥有者是调用线程，则比较它们的优先级。如果子节点具有更高的优先级，则交换它们的字段值，并向上移动（第 98 行代码）。否则，该节点就是它所属的位置，并把该节点的状态标记为 AVAILABLE 和无主的（第 101 行代码）。如果子节点的所有者不是调用线程，那么该子节点必定已被一个并发 removeMin() 方法调用并向上做了移动，因此该方法只需要简单地向上移动来查找它的节点（第 106 行代码）。

```
83    public void add(T item, int score) {
84      heapLock.lock();
85      int child = next++;
86      heap[child].lock();
87      heap[child].init(item, score);
88      heapLock.unlock();
89      heap[child].unlock();
90
91      while (child > ROOT) {
92        int parent = child / 2;
93        heap[parent].lock();
94        heap[child].lock();
95        int oldChild = child;
96        try {
97          if (heap[parent].tag == Status.AVAILABLE && heap[child].amOwner()) {
98            if (heap[child].score < heap[parent].score) {
99              swap(child, parent);
100             child = parent;
101           } else {
102             heap[child].tag = Status.AVAILABLE;
103             heap[child].owner = NO_ONE;
104             return;
105           }
106         } else if (!heap[child].amOwner()) {
107           child = parent;
108         }
109       } finally {
110         heap[oldChild].unlock();
111         heap[parent].unlock();
112       }
113     }
114     if (child == ROOT) {
115       heap[ROOT].lock();
116       if (heap[ROOT].amOwner()) {
117         heap[ROOT].tag = Status.AVAILABLE;
118         heap[child].owner = NO_ONE;
119       }
120       heap[ROOT].unlock();
121     }
122   }
```

图 15.11 细粒度堆 FineGrainedHeap<T> 类：add() 方法

图 15.12 描述了细粒度堆 FineGrainedHeap 类的一次执行过程。图 15.12a 中描述了堆的树形结构，优先级标记在节点中，而相应的数组元素标记在节点上方。next 字段被设置为 10，即可以向其中添加新的数据元素的下一个数组项。可以看出，线程 *A* 启动一个 removeMin() 方法的调用，从根节点中收集值 1 作为要返回的值，将优先级为 10 的叶子节点移动到根节点中，然后将 next 设置回原先的 9。removeMin() 方法检查 10 是否需要向下“渗透”到堆中。在图 15.12b 中，线程 *A* 将 10 向下“渗透”到堆中，而线程 *B* 将优先级为

2 的新的数据元素添加到堆中，放入最近清空的数组项 9 中。新节点的所有者是线程 *B*，线程 *B* 开始将 2 向上“渗透”到堆中，并将其与优先级为 7 的父节点交换。交换之后，线程 *B* 将释放节点上的锁。同时，线程 *A* 将优先级分别为 10 和 3 的节点相互交换。在图 15.12c 中，线程 *A* 忽略 2 的忙碌状态，采用交叉上锁的方式交换 10 和 2，然后交换 10 和 7。因此，线程 *A* 与线程 *B* 交换了未锁定的 2。在图 15.12d 中，当线程 *B* 移动到数组项 4 中的父节点时，该线程发现正在渗透的优先级为 2 的忙碌节点消失了。不管怎样，线程 *B* 继续向上移动，并在上升过程中找到优先级为 2 的节点，将其移动到堆中正确的位置。

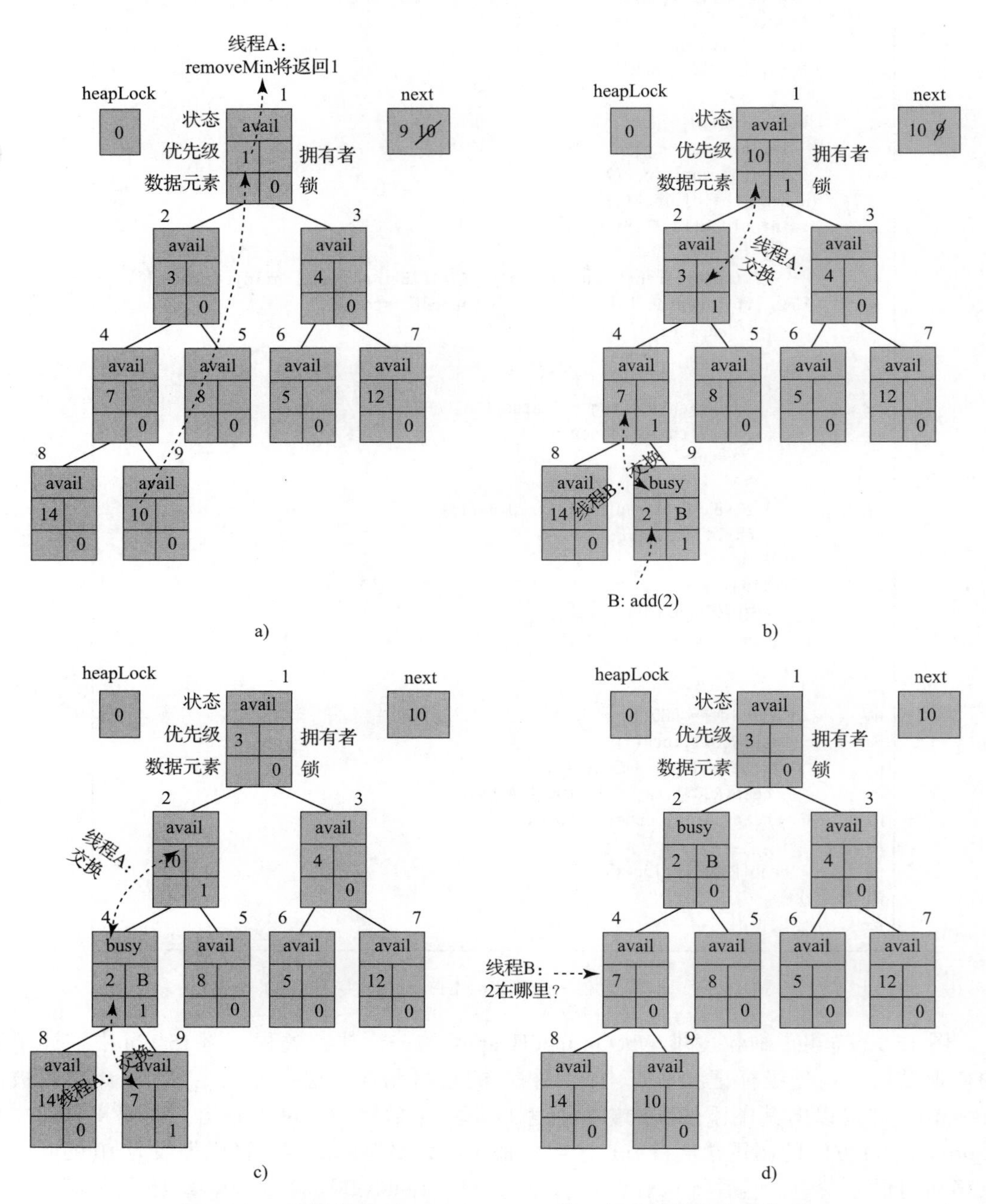

图 15.12　细粒度堆 FineGrainedHeap 类：基于堆的优先级队列

15.5 基于跳跃链表的无界优先级队列

细粒度堆 FineGrainedHeap 优先级队列算法的缺点之一是其底层堆结构需要复杂、协作的重新平衡。在本节中，我们将讨论一种不需要重新平衡的算法。

回顾第 14 章的内容，跳跃链表是一个由有序链表组成的集合。每个链表是一个由节点组成的序列，每个节点包含一个数据元素。每个节点属于这些链表中的一个子集，每个链表中的节点都按其哈希值排序。每个链表都有一个级别（层），从 0 到最大值。最底层链表包含所有节点，每个较高层链表都是较低层链表的子链表。每个链表大约包含下一个较低层链表的一半节点。因此，从包含 k 个数据元素的跳跃链表中插入或者删除节点的时间复杂度为 $O(\log k)$。

在第 14 章中，我们使用跳跃链表来实现数据元素的集合。在这里，我们将采用跳跃链表来实现一个具有优先级的数据元素的优先级队列。下面将讨论一个优先级跳跃链表 PrioritySkipList 类，它提供了实现一个高效优先级队列所需的基本功能。尽管可以简单地将优先级跳跃链表 PrioritySkipList 建立在惰性链表 LazySkipList 类的基础上，但我们还是以第 14 章的无锁跳跃链表 LockFreeSkipList 类为基础来构建优先级跳跃链表 PrioritySkipList 类（图 15.13）。随后我们将讨论一个用于封装优先级跳跃链表 PrioritySkipList 类的跳跃队列 SkipQueue 封装器（图 15.14）。

```
1  public final class PrioritySkipList<T> {
2    public static final class Node<T> {
3      final T item;
4      final int score;
5      AtomicBoolean marked;
6      final AtomicMarkableReference<Node<T>>[] next;
7      // 哨兵节点的构造函数
8      public Node(int myPriority) { ... }
9      // 一般节点的构造函数
10     public Node(T x, int myPriority) { ... }
11   }
12   boolean add(Node node) { ... }
13   boolean remove(Node<T> node) { ... }
14   public Node<T> findAndMarkMin() {
15     Node<T> curr = null;
16     curr = head.next[0].getReference();
17     while (curr != tail) {
18       if (!curr.marked.get()) {
19         if (curr.marked.compareAndSet(false, true))
20           return curr;
21         } else {
22           curr = curr.next[0].getReference();
23         }
24       }
25     }
26     return null; // 不存在未标记的节点
27   }
28   ...
29 }
```

图 15.13 优先级跳跃链表 PrioritySkipList<T> 类：内部 Node<T> 类

```
1  public class SkipQueue<T> {
2    PrioritySkipList<T> skiplist;
3    public SkipQueue() {
4      skiplist = new PrioritySkipList<T>();
5    }
6    public boolean add(T item, int score) {
7      Node<T> node = (Node<T>)new Node(item, score);
8      return skiplist.add(node);
9    }
10   public T removeMin() {
11     Node<T> node = skiplist.findAndMarkMin();
12     if (node != null) {
13       skiplist.remove(node);
14       return node.item;
15     } else{
16       return null;
17     }
18   }
19 }
```

图 15.14　跳跃队列 SkipQueue<T> 类

以下是优先级跳跃链表算法的概要。优先级跳跃链表 PrioritySkipList 类按照优先级而不是哈希值对数据元素排序，从而确保高优先级的数据元素（就是那些希望首先删除的数据元素）出现在链表的前面。图 15.15 描述了这样的一个优先级跳跃链表 PrioritySkipList 的结构。删除具有最高优先级的数据元素是一种惰性操作（参见第 9 章）。首先通过标记一个节点来逻辑地删除该节点，然后通过将节点从链表中断开连接来物理地删除节点。removeMin() 方法按照下面两个步骤完成工作：首先，removeMin() 方法扫描底层的链表查找第一个未标记的节点。如果找到，则尝试标记该节点。如果标记失败，removeMin() 方法将继续向下扫描链表；但是如果标记成功，那么该方法将调用优先级跳跃链表 PrioritySkipList 类的时间复杂度为对数量级的 remove() 方法，物理删除被标记的节点。

下面转向优先级跳跃链表算法的实现细节。图 15.13 描述了优先级跳跃链表 PrioritySkipList 类的整体结构，它是第 14 章无锁跳跃链表 LockFreeSkipList 类的一个修改版本。add() 方法和 remove() 方法将跳跃链表节点而不是数据元素作为参数和返回值的方式非常有利于算法的实现。如何通过改变相应的无锁跳跃链表 LockFreeSkipList 方法来直接实现这两个方法，则将留作练习题。优先级跳跃链表类的节点与无锁跳跃链表 LockFreeSkipList 节点不同的是，它有两个不同的字段：一个是整型的 score 字段（第 4 行代码）；另一个是 AtomicBoolean 型的 marked 字段，用于在优先级队列（而不是从跳跃链表）中进行逻辑删除（第 5 行代码）。findAndMarkMin() 方法扫描最底层的链表，直到找到一个 marked 字段为 false 的节点，然后自动尝试将该字段设置为 true（第 19 行代码）。如果失败，则再次尝试。当操作成功时，将新标记的节点返回给调用者（第 20 行代码）。

图 15.14 描述了跳跃队列 SkipQueue<T> 类的实现代码。跳跃队列类只是优先级跳跃链表 PrioritySkipList 的封装类。add(x，p) 方法用于添加一个优先级数值为 p 的数据元素 x，实现方法如下：首先创建一个节点来保存这两个值，并将该节点传递给优先级跳跃链表 PrioritySkipList 类的 add() 方法。removeMin() 方法调用优先级跳跃链表 PrioritySkipList 类

的 findAndMarkMin() 方法将一个节点标记为逻辑删除，然后调用 remove() 方法物理删除该节点。

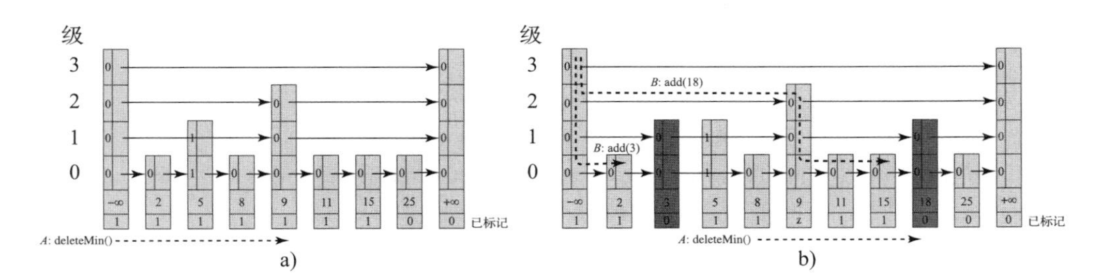

图 15.15　跳跃队列 SkipQueue 优先级队列：一次静态一致但不可线性化的执行过程。在图 15.15a 中，线程 A 启动 removeMin() 方法调用。该方法调用遍历 PrioritySkipList 中最底层的链表，以查找并逻辑删除第一个未标记的节点。removeMin() 方法调用还遍历所有的已标记的节点，甚至那些正在从 SkipList 中被物理移除的节点（例如优先级为 5 的节点）。在图 15.15b 中，当线程 A 访问优先级为 9 的节点时，线程 B 添加一个优先级为 3 的节点，然后添加优先级为 18 的节点。线程 A 标记并返回优先级为 18 的节点。一次可线性化的执行无法在返回优先级为 3 的数据项之前返回优先级为 18 的数据项

跳跃队列 SkipQueue 类是静态一致的：如果数据元素 x 在 removeMin() 方法的调用开始之前就已经存在，则返回的数据元素的优先级数值将小于或者等于 x。跳跃队列类是不可线性化的：一个线程可能会先添加一个优先级较高（即一个较小的优先级数值）的数据元素，然后再添加一个优先级较低的数据元素，遍历线程可能会找到并返回后面插入的较低优先级数据元素，而这违反了线性一致性。但是，这种行为是静态一致的，因为可以重新排序任何 removeMin() 方法的调用和并发的 add() 方法调用，使其与一个顺序的优先级队列保持一致。

跳跃队列 SkipQueue 类是无锁的。一个正在遍历跳跃队列的最底层的线程，有可能总是被另一个调用挤到下一个逻辑上未删除的节点上，但是只有在其他线程不断成功的情况下，该线程才有可能重复失败。

一般来说，静态一致的跳跃队列往往优于可线性化的基于堆的队列。如果存在 n 个线程，那么第一个逻辑上未删除的节点总是在最底层链表的前 n 个节点之中。一旦一个节点在逻辑上被删除，那么最坏的情况下，这个节点将在 $O(\log k)$ 个步骤内被物理删除，其中 k 是链表的大小。在实际应用中，一个节点可能会更快地被删除，因为该节点可能接近链表的头部。

但是，跳跃队列算法中存在几个会引起争用的地方，这会影响算法的性能，需要使用退避和调整机制。如果多个线程同时尝试标记一个节点，则可能会发生争用，其中失败的多个线程将一起尝试标记下一个节点，以此类推。当从跳跃链表中物理移除一个数据元素时，也会发生争用。所有要删除的节点都可能是跳跃链表开始处的邻居，因此它们共享前驱的可能性很高，这可能会导致在尝试剪掉对节点的引用时，重复出现 compareAndSet() 方法的调用失败。

15.6　章节注释

细粒度堆 FineGrainedHeap 优先级队列是由 Galen Hunt、Maged Michael、Srinivasan

Parthasarathy 和 Michael Scott[82] 提出的。简单线性 SimpleLinear 和简单树 SimpleTree 优先级队列归功于 Nir Shavit 和 Asaph Zemach[158]。跳跃队列 SkipQueue 归功于 Itai Lotan 和 Nir Shavit[115]，他们还提出了该算法的可线性化版本。

15.7 练习题

练习题 15.1 试给出一个不可线性化的静态一致优先级队列的执行示例。

练习题 15.2 使用一个计数网络或者衍射树，通过 boundedGetAndIncrement() 方法和 boundedGetAndDecrement() 方法的无锁实现，实现一种静态一致的计数器。

练习题 15.3 在简单树 SimpleTree 算法中，如果使用常规的 getAndDecrement() 方法替换 boundedGetAndDecrement() 方法，会发生什么情况？

练习题 15.4 在 treeNode 计数器中，使用 boundedGetAndIncrement() 方法设计一个容量有限的简单树 SimpleTree 算法。

练习题 15.5 在简单树 SimpleTree 类中，如果 add() 方法在将数据元素放入相应的池之后，采用与 removeMin() 方法相同的从上到下的方式递增计数器，会发生什么情况？试给出一个详细的示例。

练习题 15.6 证明简单树 SimpleTree 是一种静态一致的优先级队列实现。

练习题 15.7 修改细粒度堆 FineGrainedHeap 算法，使其能动态地分配新的堆节点。这种方法的性能局限性是什么？

练习题 15.8 图 15.16 描述了一个按位反转的计数器的实现代码。我们可以使用按位反转的计数器来管理细粒度堆 FineGrainedHeap 类的 next 字段。试证明：对于任意两个连续的节点插入操作，从叶子节点到根节点的两条路径除了根节点之外没有其他公共节点。为什么这是细粒度堆 FineGrainedHeap 的一个有用的特性？

```
1  public class BitReversedCounter {
2    int counter, reverse, highBit;
3    BitReversedCounter(int initialValue) {
4      counter = initialValue;
5      reverse = 0;
6      highBit = -1;
7    }
8    public int reverseIncrement() {
9      if (counter++ == 0) {
10       reverse = highBit = 1;
11       return reverse;
12     }
13     int bit = highBit >> 1;
14     while (bit != 0) {
15       reverse ^= bit;
16       if ((reverse & bit) != 0) break;
17       bit >>= 1;
18     }
19     if (bit == 0)
20       reverse = highBit <<= 1;
21     return reverse;
22   }
23   public int reverseDecrement() {
24     counter--;
25     int bit = highBit >> 1;
26     while (bit != 0) {
```

图 15.16　一种按位反转的计数器

```
27          reverse ^= bit;
28          if ((reverse & bit) == 0) {
29            break;
30          }
31          bit >>= 1;
32        }
33        if (bit == 0) {
34          reverse = counter;
35          highBit >>= 1;
36        }
37        return reverse;
38      }
39    }
```

图 15.16 （续）

练习题 15.9 请给出优先级跳跃链表 PrioritySkipList 的 add() 方法和 remove() 方法的实现代码。

练习题 15.10 本章中使用的优先级跳跃链表 PrioritySkipList 类基于无锁跳跃链表 LockFreeSkipList 类。请基于惰性跳跃链表 LazySkipList 类实现优先级跳跃链表 PrioritySkipList 类。

练习题 15.11 给出跳跃队列 SkipQueue 实现中的一个场景，其中争用是由多个并发的 removeMin() 方法调用所引起的。

练习题 15.12 跳跃队列 SkipQueue 类是静态一致的，但不是可线性化的。下面是一种通过添加一个简单的时间戳机制，可以使该类变为可线性化的方法。当一个节点完全插入跳跃队列之后，该节点将获取一个时间戳。一个正在执行 removeMin() 方法的线程记录它开始遍历跳跃队列中较低层的时间，并且只考虑时间戳早于该线程开始遍历时间的那些节点，从而有效地忽略在其遍历期间插入的所有节点。请实现这个类，并证明该类为什么能够正常工作。

调度和工作分配

16.1 引言

在本章中，我们将讨论如何将某些类型的任务分解为多个可以并行执行的子任务。有些应用可以很自然地分解为多个可并行的子任务。例如，当 Web 服务器收到一个请求时，服务器就可以创建一个线程（或者分配一个现有的线程）来处理这个请求。将应用分别组织为生产者和消费者也易于并行化处理。然而，在本章中，我们将研究那些表面上看起来无法直接并行但其内在本质又具有并行性的应用。

首先，让我们考虑如何并行地求解两个矩阵的乘积。回想一下，如果 a_{ij} 是矩阵 $\boldsymbol{A}$ 的位置（i，j）处的值，那么两个 $n \times n$ 矩阵 $\boldsymbol{A}$ 和 $\boldsymbol{B}$ 的乘积 $\boldsymbol{C}$ 的计算公式如下所示：

$$c_{ij} = \sum_{k=0}^{n-1} a_{ik} \cdot b_{kj}$$

作为第一步，我们可以让一个线程负责计算一个 c_{ij}。图 16.1 描述了矩阵乘法程序，它创建了一个由 Worker 线程组成的 $n \times n$ 的数组（第 14 行代码），其中（i，j）位置处的 Work 线程计算 c_{ij}。程序启动每个线程子任务（第 19 行代码），然后等待每个线程子任务完成（第 25 行代码）[⊖]。每个 Worker 线程负责计算矩阵乘积中的一个数据项（图 16.2）。

```
1  class MMThread {
2    double[][] lhs, rhs, prod;
3    int n;
4    public MMThread(double[][] lhs, double[][] rhs) {
5      n = lhs.length;
6      this.lhs = lhs;
7      this.rhs = rhs;
8      this.prod = new double[n][n];
9    }
10   void multiply() {
11     Worker[][] worker = new Worker[n][n];
12     for (int row = 0; row < n; row++) {
13       for (int col = 0; col < n; col++) {
14         worker[row][col] = new Worker(row,col);
15       }
16     }
17     for (int row = 0; row < n; row++) {
18       for (int col = 0; col < n; col++) {
19         worker[row][col].start();
20       }
```

图 16.1 矩阵乘法线程 MMThread 类：使用多线程实现矩阵乘法

⊖ 在实际的实现代码中，应该检查所有维度是否一致。为了简洁起见，这里我们省略了大多数安全性检查。

```
21     }
22     for (int row = 0; row < n; row++) {
23       for (int col = 0; col < n; col++) {
24         try {
25           worker[row][col].join();
26         } catch (InterruptedException ex) {
27         }
28       }
29     }
30   }
```

图 16.1 （续）

```
31   class Worker extends Thread {
32       int row, col;
33       Worker(int row, int col) {
34         this.row = row; this.col = col;
35       }
36       @Override
37       public void run() {
38         double dotProduct = 0.0;
39         for (int i = 0; i < n; i++) {
40           dotProduct += lhs[row][i] * rhs[i][col];
41         }
42         prod[row][col] = dotProduct;
43       }
44     }
```

图 16.2　矩阵乘法线程 MMThread 类：内部 Worker 线程类

乍一看，这种设计似乎很理想：程序是高度并行化的，线程之间甚至都不需要同步。然而在实际运行中，除了非常小的矩阵外，这种设计对其他矩阵的性能很差。其原因在于：所有的线程都需要内存来存储栈和其他信息。创建、调度和销毁线程都需要大量的计算。创建大量的短生命周期的线程来进行多线程计算是一种非常低效的方法，这类似于在需要执行任务时制造一辆新车，而完成任务后就立刻将该车销毁。

组织这类程序的一种更为有效的方法是创建一个由长生命周期的线程组成的线程**池**（pool）。线程池中的每个线程都会一直等待，直到分配给线程一个任务（一个短暂的计算单元）为止。如果给线程分派了一个任务，那么该线程执行所分配的任务，当任务完成后，线程重新加入线程池以等待下一次的任务分配。线程池规模可能与平台相关，例如，大型多处理器可以提供大型线程池，小型多处理器可以提供小型线程池。线程池避免了为响应短期需求波动而创建和销毁线程的成本。使用线程池就像在需要跑腿服务的时候打电话给出租车服务或者共享服务。

除了性能优势之外，线程池还有一个不太明显但是同样重要的优势：它们将应用程序的程序员与特定于平台的细节隔离开来，例如可以有效调度的并发线程的数量。线程池使我们能够编写在单处理器、小型多处理器和大型多处理器上都可以运行良好的程序。线程池提供了一个简单的接口，该接口隐藏了复杂的、与平台相关的工程细节。

在 Java 中，通过**执行者服务**（executor service）接口（java.util.ExecutorService）为线程

池提供了一个统一的结构。该接口提供了提交一个任务、等待一个已提交任务集的完成，以及撤销未完成任务的方法。存在许多不同种类的线程池，它们适用于不同种类的任务和调度策略。本章将重点讨论一个被称为 ForkJoinPool 的特定执行者服务。ForkJoinPool 可以用于执行那些将其工作拆分为更小的并行子任务的任务。

返回类型为 T 的一个值的 fork-join 任务继承自递归任务 RecursiveTask<T>，而那些只产生副作用的任务继承自递归行为 RecursiveAction。任务的 fork() 方法从线程池中分配一个线程来执行该任务，而该任务的 join() 方法允许调用方等待该任务完成。任务的主要工作是通过其 compute() 方法来完成的。当任务不需要获取锁，并且所有任务的规模大致相等时，fork-join 任务的工作效率最高。

下面是创建一个 fork-join 池的最简单方法：

```
ForkJoinPool forkJoinPool = new ForkJoinPool();
```

上述调用创建一个线程池，其中线程的数量由可用的资源决定。也可以设置特定的请求线程的数量，并设置其他一些高级的参数。

需要注意的是，将一个任务分配给一个线程（即**分叉**（forking）该任务）并不能保证所有的计算在实际中是并行执行的。相反，“分叉”一个任务是**建议性的**（advisory）：它告诉底层线程池在有资源的情况下可以并行执行该任务。

接下来我们将讨论如何使用 fork-join 任务实现并行矩阵运算。图 16.3 描述了一个矩阵 Matrix 类的实现代码，它提供 get() 方法和 set() 方法来访问矩阵元素（第 16～21 行代码），以及一个常量运行时间的 split() 方法，该方法将一个 $n \times n$ 矩阵拆分为 4 个（$n/2$）×（$n/2$）的子矩阵（第 25～31 行代码）。这些子矩阵基于原始矩阵，这意味着子矩阵的更改将反映在原始矩阵中，反之亦然。矩阵 Matrix 类还提供了一些方法（在图中并未显示），实现了通常的顺序方式的加法运算和乘法运算。

```
1   class Matrix {
2    int dim;
3    double[][] data;
4    int rowDisplace, colDisplace;
5    Matrix(int d) {
6      dim = d;
7      rowDisplace = colDisplace = 0;
8      data = new double[d][d];
9    }
10   Matrix(double[][] matrix, int x, int y, int d) {
11     data = matrix;
12     rowDisplace = x;
13     colDisplace = y;
14     dim = d;
15   }
16   double get(int row, int col) {
17     return data[row + rowDisplace][col + colDisplace];
18   }
19   void set(int row, int col, double value) {
20     data[row + rowDisplace][col + colDisplace] = value;
```

图 16.3　矩阵 Matrix 类

```
21      }
22      int getDim() {
23        return dim;
24      }
25      Matrix split(int i, int j) {
26        int newDim = dim / 2;
27        return new Matrix(data,
28                          rowDisplace + (i * newDim),
29                          colDisplace + (j * newDim),
30                          newDim);
31      }
32      ...
33    }
```

图 16.3 （续）

为了简单起见，我们只考虑维数 n 为 2 的幂次的矩阵。任何这样的矩阵都可以分解为四个子矩阵：

$$\boldsymbol{A}=\begin{bmatrix} A_{00} & A_{01} \\ A_{10} & A_{11} \end{bmatrix}$$

矩阵加法 $\boldsymbol{C}=\boldsymbol{A}+\boldsymbol{B}$ 可以分解为下式：

$$\begin{bmatrix} C_{00} & C_{01} \\ C_{10} & C_{11} \end{bmatrix}=\begin{bmatrix} A_{00} & A_{01} \\ A_{10} & A_{11} \end{bmatrix}+\begin{bmatrix} B_{00} & B_{01} \\ B_{10} & B_{11} \end{bmatrix}$$
$$=\begin{bmatrix} A_{00}+B_{00} & A_{01}+B_{01} \\ A_{10}+B_{10} & A_{11}+B_{11} \end{bmatrix}$$

四个求和过程可以并行执行。

图 16.4 描述了一个基于 fork-join 框架的并行矩阵加法类 MatrixAddTask 的实现代码。因为矩阵加法任务 MatrixAddTask 类并不返回结果，所以它继承了递归行为 RecursiveAction。矩阵加法任务 MatrixAddTask 类包含三个字段（第 5～8 行代码），并通过构造函数来初始化：lhs（“左侧”）和 rhs（“右侧”）是需要求和的两个矩阵，sum 是求和结果，求和结果会被直接更新。每个任务执行以下操作：如果矩阵的大小小于等于一个特定的平台相关阈值，则按顺序方法计算矩阵和（第 12～13 行代码）；否则，将为每个参数的四个子矩阵创建新的递归任务，并将它们放在一个列表中（第 16～25 行代码）。然后，分叉这些任务（第 27～28 行代码），随后连接这些任务的执行结果[⊖]（第 30～31 行代码）。请注意，fork 和 join 的顺序十分关键：为了最大限度地提高并行度，我们必须在完成所有 fork() 方法的调用之后，才能执行 join() 方法的调用。

```
1  public class MatrixAddTask extends RecursiveAction {
2    static final int N = ...;
```

图 16.4 矩阵加法任务 MatrixAddTask：fork-join 并行矩阵加法

⊖ 这个代码使用了第 17 章中介绍的函数表示法。

```
3     static final int THRESHOLD = ...;
4     Matrix lhs, rhs, sum;
5     public MatrixAddTask(Matrix lhs, Matrix rhs, Matrix sum) {
6       this.lhs = lhs;
7       this.rhs = rhs;
8       this.sum = sum;
9     }
10    public void compute() {
11      int n = lhs.getDim();
12      if (n <= THRESHOLD) {
13        Matrix.add(lhs, rhs, sum);
14      } else {
15        List<MatrixAddTask> tasks = new ArrayList<>(4);
16        for (int i = 0; i < 2; i++) {
17          for (int j = 0; j < 2; j++) {
18            tasks.add(
19                    new MatrixAddTask(
20                            lhs.split(i, j),
21                            rhs.split(i, j),
22                            sum.split(i, j)
23                    )
24            );
25          }
26        }
27        tasks.stream().forEach((task) -> {
28          task.fork();
29        });
30        tasks.stream().forEach((task) -> {
31          task.join();
32        });
33    }
34  }
```

图 16.4 （续）

图 16.5 显示了如何使用一个 fork-join 池实现一个简单的矩阵加法。顶层代码首先初始化三个矩阵（第 1～3 行代码），并创建一个顶层任务（第 4 行代码）和一个 fork-join 池（第 5 行代码）。线程池的 invoke() 方法（第 6 行代码）调度顶层任务，该任务将自身拆分为更小的并行子任务，并在整个计算完成后返回。

```
1    Matrix lhs = ...; // 初始化矩阵
2    Matrix rhs = ...; // 初始化矩阵
3    Matrix sum = new Matrix(N);
4    MatrixAddTask matrixAddTask = new MatrixAddTask(lhs, rhs, sum);
5    ForkJoinPool forkJoinPool = new ForkJoinPool();
6    forkJoinPool.invoke(matrixAddTask);
```

图 16.5　矩阵加法的顶层代码

矩阵乘法 $\boldsymbol{C}=\boldsymbol{A}\cdot\boldsymbol{B}$ 可以分解为下式：

$$\begin{bmatrix} C_{00} & C_{01} \\ C_{10} & C_{11} \end{bmatrix} = \begin{bmatrix} A_{00} & A_{01} \\ A_{10} & A_{11} \end{bmatrix} \cdot \begin{bmatrix} B_{00} & B_{01} \\ B_{10} & B_{11} \end{bmatrix}$$

$$= \begin{bmatrix} A_{00} \cdot B_{00} + A_{01} \cdot B_{10} & A_{00} \cdot B_{01} + A_{01} \cdot B_{11} \\ A_{10} \cdot B_{00} + A_{11} \cdot B_{10} & A_{10} \cdot B_{01} + A_{11} \cdot B_{11} \end{bmatrix}$$

$$= \begin{bmatrix} A_{00} \cdot B_{00} & A_{00} \cdot B_{01} \\ A_{10} \cdot B_{00} & A_{10} \cdot B_{01} \end{bmatrix} + \begin{bmatrix} A_{01} \cdot B_{10} & A_{01} \cdot B_{11} \\ A_{11} \cdot B_{10} & A_{11} \cdot B_{11} \end{bmatrix}$$

这八个乘积项可以并行计算，当这些计算完成后，再计算出总和。（我们已经观察到，矩阵求和程序本身具有并行性。）

图 16.6 描述了并行矩阵乘法任务的实现代码。矩阵乘法的结构与矩阵加法的结构相似。因为矩阵乘法任务 MatrixMulTask 不返回结果，所以它继承并扩展了递归行为 RecursiveAction。矩阵乘法任务 MatrixMulTask 类中包含三个由构造函数初始化的字段（第 4～7 行代码）：lhs 和 rhs 是需要相乘的两个矩阵，product 是矩阵乘法的结果，矩阵乘法的结果会被直接更新。每个任务执行以下操作：如果矩阵的大小小于等于一个特定平台的相关阈值，则按顺序方法计算矩阵乘积（第 11～12 行代码）。否则，将分配两个临时矩阵来保存中间项（第 15 行代码）。然后，矩阵乘法任务为八个子矩阵乘积中的每一个子矩阵乘积创建新的递归任务，并将这些递归任务放在一个列表中（第 16～28 行代码）。然后，分叉这些任务（第 29～30 行代码），随后连接这些任务的执行结果（第 32～33 行代码）。最后，矩阵乘法任务创建一个新的矩阵加法任务 MatrixAddTask 来对临时矩阵求和，并直接调用其 compute() 方法（第 35 行代码）。

```
1  public class MatrixMulTask extends RecursiveAction {
2    static final int THRESHOLD = ...;
3    Matrix lhs, rhs, product;
4    public MatrixMulTask(Matrix lhs, Matrix rhs, Matrix product) {
5      this.lhs = lhs;
6      this.rhs = rhs;
7      this.product = product;
8    }
9    public void compute() {
10     int n = lhs.getDim();
11     if (n <= THRESHOLD) {
12       Matrix.multiply(lhs, rhs, product);
13     } else {
14       List<MatrixMulTask> tasks = new ArrayList<>(8);
15       Matrix[] term = new Matrix[]{new Matrix(n), new Matrix(n)};
16       for (int i = 0; i < 2; i++) {
17         for (int j = 0; j < 2; j++) {
18           for (int k = 0; k < 2; k++) {
19             tasks.add(
20                     new MatrixMulTask(
21                             lhs.split(j, i),
22                             rhs.split(i, k),
23                             term[i].split(j, k)
24                     )
25             );
```

图 16.6　矩阵乘法任务 MatrixMulTask：fork-join 并行矩阵乘法

```
26             }
27           }
28         }
29         tasks.stream().forEach((task) -> {
30           task.fork();
31         });
32         tasks.stream().forEach((task) -> {
33           task.join();
34         });
35         (new MatrixAddTask(term[0], term[1], product)).compute();
36       }
37     }
38   }
```

图 16.6 （续）

矩阵示例仅仅利用了 fork-join 任务所提供的副作用效应。实际上，fork-join 任务还可以用来从已完成的任务中传递值。例如，接下来我们讨论如何将著名的**斐波那契**（Fibonacci）函数分解为一个多线程程序。回想一下，斐波那契序列的定义如下：

$$F(n)=\begin{cases}0 & n=0\\1 & n=1\\F(n-1)+F(n-2) & n>1\end{cases}$$

图 16.7 描述了使用 fork-join 任务计算斐波那契数的一种方法。（这个特定的实现效率非常低，这里只是使用这个例子来说明多线程之间的依赖关系。）compute() 方法创建并派生一个**右侧**（right）子任务来计算 $F(n-1)$。然后创建一个**左侧**（left）的子任务来计算 $F(n-2)$，并直接调用该任务的 compute() 方法。再接着连接右侧的任务，并对子任务的结果求和。（请读者思考一下，为什么这个结构比分叉两个子任务更有效。）

```
1  class FibTask extends RecursiveTask<Integer> {
2    int arg;
3    public FibTask(int n) {
4      arg = n;
5    }
6    protected Integer compute() {
7      if (arg > 1) {
8        FibTask rightTask = new FibTask(arg - 1);
9        rightTask.fork();
10       FibTask leftTask = new FibTask(arg - 2);
11       return rightTask.join() + leftTask.compute();
12     } else {
13       return arg;
14     }
15   }
16 }
```

图 16.7 斐波那契任务 FibTask 类：使用 fork-join 任务的斐波那契数列

16.2 并行化分析

多线程计算可以被看作一个**有向无环图**（directed acyclic graph，DAG），其中每个节点代表一个任务，每条有向边连接一个**前驱**（predecessor）任务和一个**后继**（successor）任务，其中，后继任务依赖于前驱任务的计算结果。例如，一个常规的线程就是一个节点链，其中每个节点都依赖于它的前驱节点。相比之下，一个分叉任务的节点有两个后继节点：一个节点是同一线程中的后继节点，另一个节点是分叉任务计算中的第一个节点。在另一个方向上也有一条从子线程到父线程的边，当一个分叉任务的线程调用该任务的 join() 方法以等待子计算完成时，就会发生这种情况。图 16.8 描述了一个较短斐波那契数列执行的有向无环图。

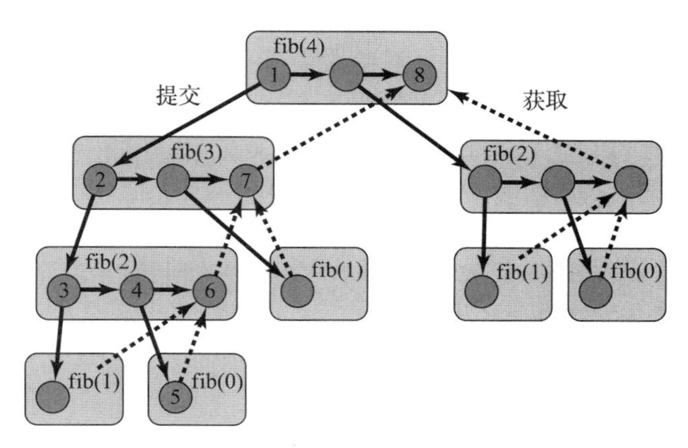

图 16.8 一个由多线程斐波那契数列执行而创建的有向无环图。调用者创建一个 FibTask(4) 任务，该任务又创建了 FibTask(3) 任务和 FibTask(2) 任务。圆形的节点表示计算步骤，节点之间的箭头表示依赖关系。例如，从 FibTask(4) 任务的前两个节点指向 FibTask(3) 任务和 FibTask(2) 任务中的第一个节点的箭头分别表示 fork() 方法的调用，从 FibTask(3) 任务和 FibTask(2) 任务的最后一个节点指向 FibTask(4) 任务的最后一个节点的箭头分别表示对 join() 方法的调用。计算跨度的长度为 8，并由有编号的节点标记

某些计算本质上比其他计算具有更高的并行度。现在我们来明确这个概念。假设所有的单个计算步骤所需的时间相同，并将计算步骤作为基本的度量单位。设 T_P 为在一个由 P 个专用处理器组成的系统上执行一个多线程程序所需的最短时间（以计算步骤为单位）。因此，T_P 是程序的**时延**（latency），即由一个外部观察者测量的程序从开始运行到结束运行所需的时间。需要强调的是，T_P 是一个理想化的度量值：并非每一个处理器都能找到要执行的步骤，而且实际的计算时间可能会受到其他条件（例如内存使用等）的限制。然而，T_P 显然是一个从多线程计算中提取的并行度的下限。

T_P 的一些实例非常重要，因此它们被赋予特殊的名称。T_1 表示在单个处理器上执行程序所需的步数，称为计算的**工作量**（work）。工作量也是整个计算过程中的总操作步数。在（外部观察者的）一个时间步中，P 个处理器最多可以执行 P 个计算步数，因此有以下的**工作量定律**（work law）：

$$T_P \geq T_1 / P \qquad (16.2.1)$$

T_P 的另一个极端实例 T_∞ 也十分重要。T_∞ 表示在无限数量的处理器上执行程序的操作步数，称为**跨度**（span）[㊀]。由于在有限资源下的效率不会高于无限资源下的效率，因此有以下的

㊀ 跨度有时被称为关键路径的长度。

跨度定理（span law）：

$$T_P \geqslant T_\infty \tag{16.2.2}$$

P 个处理器上的**加速比**（speedup）是

$$T_1 / T_P$$

如果 $T_1 / T_P = \Theta(P)$，则称计算具有**线性加速比**（linear speedup）。最后，计算的**并行度**（parallelism）是最大可能的加速比：T_1 / T_∞。计算的并行度是沿着其最长路径的每一个操作步骤中可用工作量的平均值，因此，它为计算中需要投入的处理器数量提供了一个很好的参考值。特别是，使用远超于问题的并行度所决定的处理器数量并没有多大意义。

为了说明这些概念，接下来我们重新讨论 16.1 节中介绍的矩阵加法和矩阵乘法的并发实现。

设 $A_P(n)$ 是在 P 个处理器上计算两个 $n \times n$ 矩阵加法所需的操作步数。该矩阵加法包含四个矩阵加法（其中，每个矩阵的大小为 n 的一半），再加上拆分矩阵的常数时间数量的工作量。工作量 $A_1(n)$ 由如下递推公式给出：

$$\begin{aligned} A_1(n) &= 4A_1(n/2) + \Theta(1) \\ &= \Theta(n^2) \end{aligned}$$

所需的工作量与传统的双嵌套循环实现所需的工作量相同。

因为矩阵大小为 n 的一半的矩阵加法运算可以并行执行，所以跨度的计算公式如下：

$$\begin{aligned} A_\infty(n) &= A_\infty(n/2) + \Theta(1) \\ &= \Theta(\log n) \end{aligned}$$

设 $M_P(n)$ 是 P 个处理器上计算两个 $n \times n$ 矩阵乘法所需的操作步数。矩阵乘法需要八个矩阵大小为 n 的一半的矩阵乘法和一个原始（完全）大小的矩阵加法。其工作量 $M_1(n)$ 由以下递推公式给出：

$$\begin{aligned} M_1(n) &= 8M_1(n/2) + A_1(n) \\ &= 8M_1(n/2) + \Theta(n^2) \\ &= \Theta(n^3) \end{aligned}$$

所需工作量也与传统的三重嵌套循环实现所需的工作量相同。矩阵大小为 n 的一半的矩阵乘法可以并行执行，但是在乘法完成之后才能执行矩阵加法，所以跨度的计算公式如下所示：

$$\begin{aligned} M_\infty(n) &= M_\infty(n/2) + A_\infty(n) \\ &= M_\infty(n/2) + \Theta(\log n) \\ &= \Theta(\log^2 n) \end{aligned}$$

矩阵乘法的并行度由下式给出：

$$M_1(n) / M_\infty(n) = \Theta(n^3 / \log^2 n)$$

这个并行度是相当高的。例如，假设我们想要将两个 1000×1000 的矩阵相乘。这里，$n^3=10^9$，$\log n=\log 1000\approx 10$（log 的底是 2），所以并行度大约为 $10^9/10^2=10^7$。粗略来说，原则上这个矩阵乘法的例子可能占用大约 1000 万个处理器，这个数字远远超出近期可以获得的任何多处理器的能力。

必须理解的是，计算的并行度是任何多线程矩阵乘法程序性能的高度理想化的上限。例如，当存在多个空闲线程时，将这些线程分配给空闲处理器可能并不容易。此外，一个使用较低的并行度但是占用较少内存空间的程序可能具有更好的性能，因为这个程序遇到的页面错误更少。评估多线程计算的实际性能仍然是一个复杂的工程问题，但是对于理解一个问题的可并行性解决程度而言，本章所分析的内容是不可或缺的第一步。

16.3　多处理器的实际调度

到目前为止，我们的分析都是基于每个多线程程序都有 P 个专用处理器的假设。但是遗憾的是，这种假设在现实中并不成立。多处理器通常会运行多个作业，这些作业动态地开始和结束。例如，可以在 P 个处理器上启动一个矩阵乘法应用程序。而在某个时刻，操作系统可能会决定下载一个新的软件升级包，从而抢占了一个处理器，然后应用程序就在 $P-1$ 个处理器上运行。如果升级程序又要暂停以等待一个磁盘读取或者写入操作的完成，在此期间，矩阵乘法计算的应用程序又再次使用 P 个处理器。

现代操作系统提供了用户级别的线程，这些线程都包含一个程序计数器和一个栈。(一个具有自己的地址空间的线程通常被称为一个进程。) 操作系统内核中包含一个让线程在物理处理器上运行的调度程序。但是，应用程序通常无法控制线程和处理器之间的映射，因此无法控制何时调度线程。

正如我们所知，为了在用户级别的线程和操作系统级别的处理器之间建立联系，一种可行的方法是为软件开发人员提供一个三级模型。在最高层，多线程程序（例如矩阵乘法）将应用程序分解为多个短期任务，这些短期任务的数量是动态变化的。在中间层，用户级别的调度程序会将这些任务映射到固定数量的多个线程。在最底层，内核将这些线程映射到硬件处理器上，硬件处理器的可用性可能会动态变化。最后一层的映射不受应用程序的控制：应用程序无法告知内核如何调度这些线程（实际上，商业操作系统的内核对用户是隐藏的）。

为了简单起见，假设内核以若干离散的操作步骤工作：在第 i 步，内核选择用户级别的线程的任意子集来运行一个操作步骤。如果在程序的有向无环图中，与某个节点相关联的一个计算步骤已准备执行，那么该节点在该步骤中的状态为**就绪**（ready）状态。如果一个调度程序执行尽可能多的就绪节点，那么就称这个调度程序是**贪心的**（greedy）。

定理 16.3.1　对于一个工作量为 T_1、跨度为 T_∞，并且具有 P 个用户级线程的多线程程序，任何贪心执行的长度 T 的最大值为：

$$T \leqslant \frac{T_1}{P} + T_\infty$$

证明　设 P 为可用处理器的数量。一个**完整的操作步骤**（complete step）至少有 P 个节点准备就绪，因此一个贪心的调度程序会选择运行其中的 P 个节点。相比之下，一个**不完整的操作步骤**（incomplete step）是指准备就绪的节点少于 P 个，因此一个贪心的调度会全部运行所有的处理器。执行过程中的每一个操作步骤要么是完整的，要么是不完整的。完整的操作步骤数不能超过 T_1/P，因为每个这样的操作步骤都在 P 个节点上执行。不完整的操作步数不能超过 T_∞，因为每个不完整的操作步骤都将未执行的有向无环图的跨度缩短 1。证毕。　□

结果表明，这个界限在最优值的 2 倍以内。实现最优调度是 **NP 完全**（NP-complete）问题，因此贪心调度算法是一种可以获得接近于最优性能的简单而实用的方法。

定理 16.3.2　任何贪心的调度程序都在最优值的 2 倍以内。

证明　回想一下，T_P 是程序在一个具有 P 个处理器的平台上的最优执行时间。设 T_P^* 为贪心调度算法下的执行时间。根据工作量的定律（公式（16.2.1））和跨度的定律（公式（16.2.2）），有

$$T_P \geqslant \max\left(\frac{T_1}{P}, T_\infty\right)$$

根据定理 16.3.1，我们有：

$$\begin{aligned} T_P^* &\leqslant \frac{T_1}{P} + T_\infty \\ &\leqslant 2\max\left(\frac{T_1}{P}, T_\infty\right) \end{aligned}$$

因此

$$T_P^* \leqslant 2T_P$$

证毕。□

定理 16.3.3　当 $T_1/T_p \gg P$ 时，任意一个贪心调度程序都能获得接近完美的线性加速比。

证明　公式

$$\begin{aligned} T_P^* &\leqslant T_1 / P + T_\infty \\ &\approx T_1 / P \end{aligned}$$

意味着加速为 $T_1/T_p \approx P$。证毕。□

16.4　工作分配

至此我们已经了解到，实现良好加速比的关键是为用户级别的线程提供任务，从而使结果调度尽可能贪心化。然而，多线程计算动态地创建和销毁任务，有时是无法预测的。因此需要一种**工作分配算法**（work distribution），尽可能有效地将准备好的任务分配给空闲的线程。

工作分配的一种简单方法是**工作交易**（work dealing）：超负荷的任务尝试将任务分配给其他负荷较轻的线程。这种方法看起来很合理，但它有一个致命的缺陷：如果大多数线程都是超负荷的，那么这些线程将会把时间浪费在交换任务的无用尝试中。相反，我们首先考虑**工作窃取**（work stealing）方式：一个已经完成工作的线程尝试从其他线程“窃取”工作。工作窃取的一个优点是，如果所有线程都已经处于忙碌状态，那么这些线程就不会浪费时间试图互相将工作分配给其他线程。

16.4.1　工作窃取

每个线程都有一个等待执行的任务池，该任务池的结构是一个**双端队列**（double-ended queue，DEQue），提供 pushBottom() 方法、popBottom() 方法和 popTop() 方法（不需要 pushTop() 方法）。当线程创建新任务时，该线程就调用 pushBottom() 方法将新任务推送到它的双端队列任务池中。当线程需要处理任务时，该线程就调用 popBottom() 方法从自己的双端队列任务池中删除一个任务。如果某个线程发现其双端队列的任务池为空，则该线程将变成为一个**窃取者**（thief）：随机地选择一个**牺牲者**（victim）线程，并调用牺牲者线程的双端队列任务池的 popTop() 方法为自己“窃取”一个任务。

在 16.5 节中，我们给出了双端队列的一种高效的线性化实现。图 16.9 描述了线程的一种实现方法，该线程被一个工作窃取线程池所使用。这些线程共享一个双端队列的数组（第 2 行代码），每个线程对应一个双端队列。每个线程不断地从自己的双端队列任务池中删除一个任务并执行该任务（第 10～13 行代码）。如果一个线程的双端队列任务池中没有任务，那么该线程会不断地随机选择一个牺牲者线程，并试图从牺牲者线程的双端队列任务池的顶部窃取一个任务（第 14～20 行代码）。为了简化代码，我们忽略了偷窃任务时可能会触发异常的可能性。

```
1  public class WorkStealingThread {
2    DEQue[] queue;
3    public WorkStealingThread(DEQue[] queue) {
4      this.queue = queue;
5    }
6    public void run() {
7      int me = ThreadID.get();
8      RecursiveAction task = queue[me].popBottom();
9      while (true) {
10       while (task != null) {
11         task.compute();
12         task = queue[me].popBottom();
13       }
14       while (task == null) {
15         Thread.yield();
16         int victim = ThreadLocalRandom.current().nextInt(queue.length);
17         if (!queue[victim].isEmpty()) {
18           task = queue[victim].popTop();
19         }
20       }
21     }
22   }
23 }
```

图 16.9 工作窃取线程 WorkStealingThread 类：一个简化的工作窃取线程池

在所有队列中的所有工作都完成很久之后，这个简单的线程池可能还会一直试图窃取工作。为了防止线程无休无止地搜索不存在的工作，我们可以使用 18.6 节中描述的终止检测屏障。

16.4.2 让步和多道程序设计

如前所述，多处理器提供了一个三级计算模型：短期的任务由系统级的线程来执行，而操作系统在固定数量的处理器上调度执行这些线程。所谓的**多道程序环境**（multiprogrammed environment），是指线程的数量大于处理器数量的环境，这意味着并非所有线程都可以同时运行，而且任何线程都可以在任何时候因被抢占而挂起。为了保证线程的演进，我们必须确保有工作要做的线程不会被除了任务窃取之外无事可做的空闲线程（窃取者线程）延迟。为了避免这种情况的发生，我们让每个窃取者线程在试图窃取一个工作之前先调用 Thread.yield() 方法（图 16.9 中的第 15 行代码）。这个方法调用将窃取者线程的处理器让步给另一个线程，从而允许未被调度的线程重新获得一个处理器并取得演进。（如果没有可运行的未被调度的线程，则 yield() 方法调用将无效。）

16.5　工作窃取双端队列

下面阐述如何实现一个工作窃取双端队列。理想情况下，工作窃取算法应该提供一个可线性化的实现，如果存在一个可用的待执行任务，那么 pop() 方法总是返回一个任务。然而在实践应用中，我们可以采用一些较弱的条件，允许 popTop() 方法调用在与一个并发 popTop() 方法调用冲突时返回 null。尽管我们可以简单地让失败的窃取者线程重新尝试，但在这种情况下，让一个线程每次都在不同的、随机选择的双端队列上重新尝试 popTop() 方法会更有意义。为了支持这种重试，如果 popTop() 方法调用与一个并发的 popTop() 方法调用冲突，则返回 null。

接下来我们将讨论两种工作窃取算法的实现。第一种方法比较简单，因为它具有有界的容量。第二种方法稍微复杂一些，因为它具有无界的容量，也就是说，它不存在溢出的可能性。

16.5.1　有界工作窃取双端队列

对于线程池双端队列，通常会出现的情形是，线程调用 pushBottom() 方法和 popBottom() 方法从自己的队列中执行入队和出队任务。不常发生的情形是，线程调用 popTop() 方法从另一个线程的双端队列中窃取任务。显然，对通常的情形进行优化是有意义的。图 16.10 和图 16.11 中有界双端队列 BoundedDEQue 背后的关键思想是，让 pushBottom() 方法和 popBottom() 方法在常见情况下仅使用读取和写入操作。如图 16.12 所示，有界双端队列 BoundedDEQue 包含一个由若干任务组成的数组，这些任务由分别引用该双端队列顶部和底部的 bottom 字段和 top 字段来索引。pushBottom() 方法和 popboottom() 方法使用读取和写入方式对 bottom 引用进行操作。然而，一旦 top 字段和 bottom 字段很接近（数组中可能只有一个元素），popBottom() 方法将切换到 compareAndSet() 方法的调用，以与可能的 popTop() 方法调用进行协调。

```
1  public class BoundedDEQue {
2    RecursiveAction[] tasks;
3    volatile int bottom;
4    AtomicStampedReference<Integer> top;
5    public BoundedDEQue(int capacity) {
6      tasks = new RecursiveAction[capacity];
7      top = new AtomicStampedReference<Integer>(0, 0);
8      bottom = 0;
9    }
10   public void pushBottom(RecursiveAction r){
11     tasks[bottom] = r;
12     bottom++;
13   }
14   // 由窃取者线程调用，来确定是否需要尝试去窃取
15   boolean isEmpty() {
16     return (top.getReference() < bottom);
17   }
18  }
19 }
```

图 16.10　有界双端队列 BoundedDEQue 类：字段、构造函数、pushBottom() 方法和 isEmpty() 方法

```
1   public RecursiveAction popTop() {
2     int[] stamp = new int[1];
3     int oldTop = top.get(stamp);
4     int newTop = oldTop + 1;
5     int oldStamp = stamp[0];
6     if (bottom <= oldTop)
7       return null;
8     RecursiveAction r = tasks[oldTop];
9     if (top.compareAndSet(oldTop, newTop, oldStamp, oldStamp))
10      return r;
11    else
12      return null;
13  }
14  public RecursiveAction popBottom() {
15    if (bottom == 0)
16      return null;
17    int newBottom = --bottom;
18    RecursiveAction r = tasks[newBottom];
19    int[] stamp = new int[1];
20    int oldTop = top.get(stamp);
21    int newTop = 0;
22    int oldStamp = stamp[0];
23    int newStamp = oldStamp + 1;
24    if (newBottom > oldTop)
25      return r;
26    if (newBottom == oldTop) {
27      bottom = 0;
28      if (top.compareAndSet(oldTop, newTop, oldStamp, newStamp))
29        return r;
30      }
31    top.set(newTop, newStamp);
32    return null;
33  }
```

图 16.11　有界双端队列 BoundedDEQue 类：一个简化的工作窃取线程池

现在阐述算法的细节。有界双端队列 BoundedDEQue 算法的精妙之处在于，它避免了使用成本较高的 compareAndSet() 方法调用。这种精妙方式需要付出一点代价：之所以称这种方式是精妙的，是因为指令之间的次序至关重要。我们建议读者花点时间来理解方法之间的交互是如何由读取、写入和 compareAndSet() 方法调用的次序来决定的。

有界双端队列 BoundedDEQue 类中包含三个字段：tasks、bottom 和 top（图 16.10 中的第 2～4 行代码）。tasks 字段是一个数组，用于保存队列中的递归行为 RecursiveAction 任务；bottom 字段是任务中第一个空槽的索引；top 字段是一个 AtomicStampedReference<Integer> 数据类型（请参见“程序注释 10.6.1”）。top 字段包含两个逻辑字段：reference（引用）是队列中第一个任务的索引；stamp（时间戳）是一个计数器，每次当引用被重置为 0 时，时间戳都会被递增。使用时间戳是为了避免使用 compareAndSet() 方法时经常出现的“ABA 问题”。假设线程 *A* 调用 popTop() 方法来窃取一个任务，只使用该任务上的 compareAndSet() 方法（没有时间戳）。线程 *A* 记录 top 索引所引用的任务，但在调用 compareAndSet() 方法递增 top 字段的值来窃取任务之前会被延迟。当线程 *A* 被挂起时，所有者线程 *B* 从双端队列中删除所有任务，并用新任务替换这些被删除的任务，最终将 top 字段的值恢复到其先前的值。当线程 *A* 恢复时，它的 compareAndSet() 方法调用将成功，但是线程 *A* 将窃取错误的任务。每次双端队列变为空时，时间戳都会递增，以确保线程 *A* 的 compareAndSet() 方法的调用会失败，因为时间戳不再匹配。

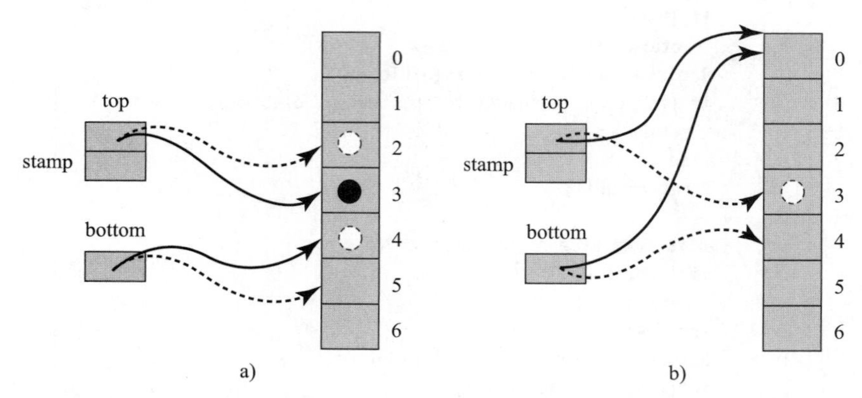

图 16.12　有界双端队列 BoundedDEQue 的实现。在图 16.12a 中，popTop() 方法和 popBottom() 方法并发执行，而有界双端队列 BoundedDEQue 中至少有一个任务。popTop() 方法读取队列中第二个数据项中的元素，并调用 compareAndSet() 方法将 top 引用重定向到第三个数据元素。popBottom() 方法使用一个简单的写入操作将 bottom 引用从 5 重定向到 4，然后在确认 bottom 是否大于 top 之后，删除第四个数据元素中的任务。在图 16.12b 中，只有一项任务。当 popBottom() 方法检测到从 4 重定向到 3 后，top 引用和 bottom 引用相等，它会尝试使用 compareAndSet() 方法重定向 top。在执行此操作之前，popBottom() 方法会将 bottom 引用重定向到 0，因为最后一个任务将被两个 pop 方法中的一个删除。如果 popTop() 方法检测到 top 和 bottom 相等，它将放弃；否则，它将尝试使用 compareAndSet() 方法来推进 top。如果两个方法都对 top 调用了 compareAndSet() 方法，那么其中一个方法将会成功并删除该任务。无论成功或者失败，popBottom() 方法都会将 top 重置为 0，因为有界双端队列 BoundedDEQue 现在为空

popTop() 方法（图 16.11）检查有界双端队列 BoundedDEQue 是否为空，如果不为空，则通过调用 compareAndSet() 方法以递增 top 字段的值来尝试窃取 top 元素。如果 compareAndSet() 方法成功，则本次窃取成功，否则该方法返回 null。这个方法是不确定的：返回 null 并不一定意味着队列是空的。

如前所述，我们针对常见情形进行了优化，此时每个线程从自己的本地有界双端队列 BoundedDEQue 中入队和出队。大多数情况下，线程只需加载和存储 bottom 索引，就可以在自己的有界双端队列 BoundedDEQue 上完成入队和出队任务。如果队列中只有一个任务，那么调用线程可能会遇到一个试图窃取这个任务的窃取线程的干扰。因此，如果 bottom 的值接近 top 的值，那么调用线程将切换到使用 compareAndSet() 方法去弹出（出队）任务。

pushBottom() 方法（图 16.10 的第 10 行代码）只是简单地将新任务存储在队列的 bottom 位置，并递增 bottom 字段的值。

popBottom() 方法（图 16.11）稍微复杂一些。如果 bottom 字段的值为 0，那么队列为空，该方法立即返回（第 15 行代码）。否则，popBottom() 方法递减 bottom 字段的值，并认领一个任务（第 17 行代码）。下面这一点很微妙但是也很重要：如果被认领的任务是队列中

的最后一个任务，那么窃取线程必须能够观察到有界双端队列 BoundedDEQue 是空的（第 6 行代码）。但是，由于 popBottom() 方法的递减既不是原子的也不是同步的，因此 Java 的存储模型并不能保证那些并发窃取线程能够立即观察到递减的结果。为了确保窃取线程能够识别一个空的有界双端队列 BoundedDEQue，bottom 字段必须声明为 volatile 类型[㊀]。重复读取 volatile 变量可能会导致较大的开销，因此代码使用 bottom 字段的本地副本（newBottom），因为该字段不会被其他线程写入，所以这种方式是安全的。

bottom 字段被递减之后，调用线程读取新的 bottom 索引处的任务（第 18 行代码），并测试当前 top 字段的值是否引用一个较小的索引。如果是，表明调用线程不会与窃取线程冲突，因此方法返回（第 24 行代码）。否则，如果 top 字段的值和 bottom 字段的值相等，那么有界双端队列 BoundedDEQue 中只剩下一个任务，并且存在调用线程与窃取线程相互冲突的危险。调用线程将 bottom 字段的值重置为 0（第 27 行代码）。（调用线程将成功地认领该任务，或者窃取线程成功地窃取了该任务。）调用线程通过调用 compareAndSet() 方法将 top 字段的值重置为 0（因此会递增时间戳），使其与 bottom 字段的值相匹配（第 26 行代码），从而解决潜在的冲突。如果这个 compareAndSet() 方法的调用成功，那么 top 字段的值已被重置为 0，并且任务已被认领，因此方法返回。否则，队列肯定为空，因为窃取线程已经成功地窃取了一个任务，但这就意味着 top 字段的值指向某个大于 bottom 字段值的数据项，而 bottom 字段的值在前面已经被设置为 0。因此，在调用线程返回 null 之前，popBottom() 方法会将 top 字段的值重置为 0（第 31 行代码）。

如前所述，这种设计一个吸引人的方面就是，很少需要调用开销较大的 compareAndSet() 方法，只有当有界双端队列 BoundedDEQue 几乎为空时才需要调用该方法。

我们在检测到有界双端队列 BoundedDEQue 为空时或者在 compareAndSet() 方法失败的时间点上线性化每个不成功的 popTop() 方法调用。成功的 popTop() 方法调用在成功的 compareAndSet() 方法发生时被线性化。当 bottom 字段的值递增时，可以线性化 pushBottom() 方法的调用；当 bottom 字段的值递减或者被设置为 0 时，可以线性化 popBottom() 方法的调用。尽管在后一种情况下，popBottom() 方法的结果是由随后的 compareAndSet() 方法的成功与否决定的。

无界双端队列 UnboundedDEQue 的 isEmpty() 方法（图 16.14）首先读取 top 字段的值，然后读取 bottom 字段的值，再检查 bottom 字段的值是否小于或者等于 top 字段的值（第 14 行代码）。操作次序对于可线性化来说十分重要，因为除非将 bottom 字段的值首先重置为 0，否则 top 字段的值永远不会减少，因此如果一个线程在 top 字段之后读取 bottom 字段的值，并且发现 bottom 字段的值并没有增加，那么队列实际上就是空的，因为一个并发修改 top 字段的操作只能是增加 top 字段的值。另一方面，如果 top 字段的值大于 bottom 字段的值，即使在读取 top 字段的值之后以及读取 bottom 字段的值之前（并且队列变为空），top 字段的值被增加，那么也可以判断出当读取 top 字段的值时有界双端队列 BoundedDEQue 一定不是空的。唯一的选择是将 bottom 字段的值重置为 0，然后将 top 字段的值也重置为 0，这样读取 top 字段的值之后，然后再读取 bottom 字段的值，一定会正确地返回空。因此，isEmpty() 方法是可线性化的。

为了简单起见，有界双端队列算法假设双端队列永远不会变满。

㊀ 在 C 或者 C++ 实现中，需要引入一个写入屏障，具体请参见附录 B。

16.5.2　无界工作窃取双端队列

有界双端队列 BoundedDEQue 类的局限性在于队列的大小是固定的。而对于某些应用程序而言，可能很难预测队列的大小，特别是在某些线程创建的任务比其他线程多得多的情况下。为每个线程都分配具有最大容量的有界双端队列 BoundedDEQueue 会浪费大量的空间。

为了解决这些限制，下面我们讨论 UnboundedDEQue 类，它是一种**无界双端队列**（unbounded double-ended queue），可以根据需要动态地调整队列的大小。

我们将无界双端队列 UnboundedDEQue 实现为一个循环数组，其 top 字段和 bottom 字段与有界双端队列 BoundedDEQue 中的相同（除了索引时要求对数组容量求模以外）。和前面一样，如果 bottom 字段的值小于或者等于 top 字段的值，则表明无界双端队列 UnboundedDEQue 为空。使用一个循环数组不再需要将 bottom 字段的值和 top 字段的值重置为 0。此外，无界双端队列允许 top 字段的值只能递增但不能递减，从而不必要求 top 字段为 AtomicStampedReference 数据类型。再者，在无界双端队列 UnboundedDEQue 算法中，如果 pushBottom() 方法发现当前的循环数组已满，它就可以重新调整（放大）数组的大小，将所有的任务复制到一个更大的数组中去，并将新任务入队到新的（更大的）数组中。因为数组的索引是对数组的容量求余数所得，所以在将所有数组元素移动到更大的数组中时，不需要更新 top 字段的值或者 bottom 字段的值（尽管存储元素的实际数组索引可能会改变）。

循环数组 CircularArray 类如图 16.13 所示。该类提供了用于添加任务和删除任务的 get() 方法和 put() 方法，以及用于分配一个新的循环数组并将旧数组中的内容复制到新数组中的 resize() 方法。使用模算术运算可以确保即使数组大小发生了变化，并且任务的位置也可能发生了变化，但是窃取线程仍然可以使用 top 字段来找到下一个要窃取的任务。

```
1  class CircularArray {
2    private int logCapacity;
3    private RecursiveAction[] currentTasks;
4    CircularArray(int logCapacity) {
5      this.logCapacity = logCapacity;
6      currentTasks = new RecursiveAction[1 << logCapacity];
7    }
8    int capacity() {
9      return 1 << logCapacity;
10   }
11   RecursiveAction get(int i) {
12     return currentTasks[i % capacity()];
13   }
14   void put(int i, RecursiveAction task) {
15     currentTasks[i % capacity()] = task;
16   }
17   CircularArray resize(int bottom, int top) {
18     CircularArray newTasks =
19         new CircularArray(logCapacity+1);
20     for (int i = top; i < bottom; i++) {
21       newTasks.put(i, get(i));
22     }
23     return newTasks;
24   }
25 }
```

图 16.13　无界双端队列 UnboundedDEQue 类：循环的任务数组

无界双端队列 UnboundedDEQue 类有三个字段：tasks、bottom 和 top（图 16.14 的第 3～5 行代码）。popBottom() 方法和 popTop() 方法（图 16.15）与有界双端队列 BoundedDEQue 中相应的方法基本相同，但有一个关键的不同之处：使用模算术运算来计算索引意味着不需要递减 top 索引。正如我们所知，不需要使用时间戳来避免 ABA 问题。当竞争最后一个任务时，两个方法都是通过增加 top 字段的值来窃取该任务。为了将无界双端队列 UnboundedDEQue 重新设置为空，只需简单地将 bottom 字段的值增加到与 top 字段的值相同即可。在 popBottom() 方法的实现代码中，紧跟在第 55 行的 compareAndSet() 方法之后的代码，将 bottom 字段的值设置为 top + 1，无论 compareAndSet() 方法是否成功：因为即使该方法失败了，那么一个并发窃取线程也必定窃取了最后一个任务并增加了 top 字段的值。将 top + 1 的值存储到 bottom 字段中会使 top 字段的值和 bottom 字段的值相等，从而将无界双端队列 UnboundedDEQue 对象重新设置为空状态。

isEmpty() 方法（图 16.14）首先读取 top 字段的值，然后读取 bottom 字段的值，再检查 bottom 字段的值是否小于或者等于 top 字段的值（第 14 行代码）。操作的次序很重要，由于 top 字段的值绝不会减少，因此如果一个线程在读取 top 字段的值之后再读取 bottom 字段的值，并且发现 bottom 字段的值并没有增加，那么队列确实是空的，因为对 top 字段的一个并发修改只能是增加 top 字段的值。同样的原理也适用于 popTop() 方法的调用。图 16.16 给出了一个执行示例。

```
1  public class UnboundedDEQue {
2    private final static int LOG_CAPACITY = 4;
3    private volatile CircularArray tasks;
4    volatile int bottom;
5    AtomicReference<Integer> top;
6    public UnboundedDEQue(int logCapacity) {
7      tasks = new CircularArray(logCapacity);
8      top = new AtomicReference<Integer>(0);
9      bottom = 0;
10   }
11   boolean isEmpty() {
12     int localTop = top.get();
13     int localBottom = bottom;
14     return (localBottom <= localTop);
15   }
16
17   public void pushBottom(RecursiveAction r) {
18     int oldBottom = bottom;
19     int oldTop = top.get();
20     CircularArray currentTasks = tasks;
21     int size = oldBottom - oldTop;
22     if (size >= currentTasks.capacity()-1) {
23       currentTasks = currentTasks.resize(oldBottom, oldTop);
24       tasks = currentTasks;
25     }
26     currentTasks.put(oldBottom, r);
27     bottom = oldBottom + 1;
28   }
```

图 16.14　无界双端队列 UnboundedDEQue 类：字段、构造函数、pushBottom() 和 isEmpty() 方法

```
30    public RecursiveAction popTop() {
31      int oldTop = top.get();
32      int newTop = oldTop + 1;
33      int oldBottom = bottom;
34      CircularArray currentTasks = tasks;
35      int size = oldBottom - oldTop;
36      if (size <= 0) return null;
37      RecursiveAction r = tasks.get(oldTop);
38      if (top.compareAndSet(oldTop, newTop))
39        return r;
40      return null;
41    }
42
43    public RecursiveAction popBottom() {
44      int newBottom = --bottom;
45      int oldTop = top.get();
46      int newTop = oldTop + 1;
47      int size = newBottom - oldTop;
48      if (size < 0) {
49        bottom = oldTop;
50        return null;
51      }
52      RecursiveAction r = tasks.get(newBottom);
53      if (size > 0)
54        return r;
55      if (!top.compareAndSet(oldTop, newTop))
56        r = null;
57      bottom = newTop;
58      return r;
59    }
```

图 16.15　无界双端队列 UnboundedDEQue 类：popTop() 和 popBottom() 方法

pushBottom() 方法（图 16.14）与有界双端队列 BoundedDEQue 中的方法几乎相同。其中一个不同之处在于，如果当前的入队操作将会导致循环数组超出其容量，则该方法必须扩大循环数组的容量。另一个不同之处在于，top 字段不需要是 AtomicStampedReference 数据类型。调整数组大小的能力是有一定代价的：每次调用 pushBottom() 方法都必须读取 top 字段的值（第 19 行代码），以确定是否需要重新调整数组大小，这有可能会导致更多的缓存未命中，因为 top 字段的值被所有线程修改。我们可以通过让所有者线程保存一个本地值 top 来减少这种开销，这个值可以用来计算无界双端队列 UnboundedDEQue 大小的上限，因为其他方法只能使无界双端队列 UnboundedDEQue 变小。只有当这个大小限制接近可能被需要 resize() 方法的阈值时，所有者线程才会重新读取 top 字段的值。

总而言之，我们已经讨论了两种设计非阻塞线性化的 DEQue（双端队列）类的方法。我们可以在双端队列最常见的操作中只使用加载和存储，但代价是算法更加复杂。这样的算法对于线程池这样的应用程序来说是合理的，因为线程池的性能对于并发多线程系统来说是至关重要的。

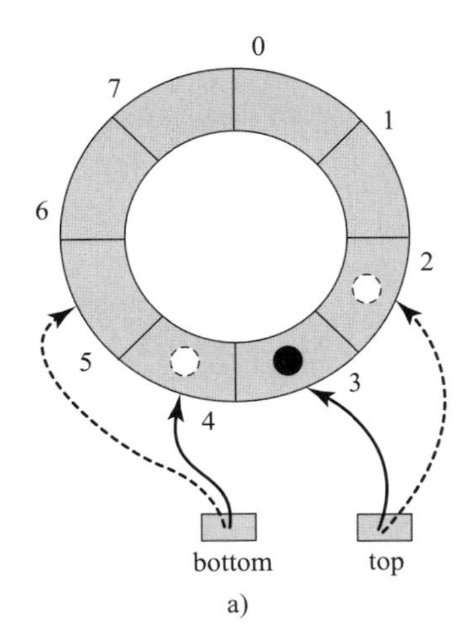

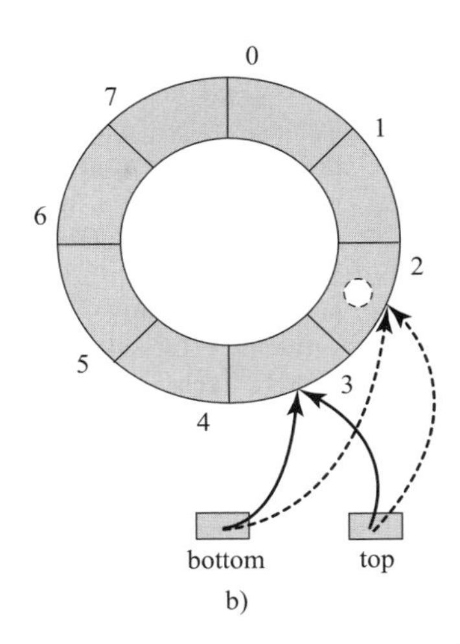

图 16.16 无界双端队列 UnboundedDEQue 类的实现。在图 16.16a 中，popTop() 方法和 popBottom() 方法并发地执行，而无界双端队列 UnboundedDEQue 对象中至少有一个任务。在图 16.16b 中，只有一个单一的任务，初始时，bottom 字段的值指向第三个数组元素，top 字段的值指向第二个数组元素。popBottom() 方法首先将 bottom 字段的值从 3 减到 2（用一条指向第二个数组元素的虚线来表示此更改，因为它很快会被再次更改）。然后，当 popBottom() 方法检测到新设置的 bottom 字段值和 top 字段值之间的间隙为 0 时，它会尝试将 top 字段的值增加 1（而不是像有界双端队列 BoundedDEQue 中那样将其重置为 0）。popTop() 方法也会进行同样的尝试。top 字段的值将由 popBottom() 方法或者 popTop() 方法递增，获胜者线程将得到最后一个任务。最后，popBottom() 方法将 bottom 字段的值设置为第三个数组元素，此时与 top 字段的值相同

16.5.3 工作交易

如前所述，在工作窃取算法中，空闲线程从其他线程窃取任务。另一种方法是让每个线程周期性地与随机选择的一个伙伴进行工作负载**平衡**（balance）。为了确保负载较重的线程不会把精力浪费在负载平衡的尝试中，我们尽可能让负载较轻的线程来初始化负载平衡。更准确地说，每个线程周期性地投掷一枚有偏差的硬币，以决定是否与另一个线程进行负载平衡。线程进行负载平衡的概率与该线程队列中的任务数量成反比。换而言之，任务较少的线程更可能会进行负载平衡，无事可做的线程肯定会进行负载平衡。线程通过随机均匀地选择一个牺牲者来进行负载平衡，如果它的工作负载和牺牲者线程的工作负载之间的差异超过了一个预先设定的阈值，这些线程将迁移任务，直到它们各自的队列中包含相同数量的任务为止。可以看出，这个算法提供了很强的公平性保证：每个线程任务队列的期望长度都非常接近平均值。这种方法的第一个优点是，在每次交换中，负载平衡操作可以移动多个任务。第二个优点体现在当多个任务需要近似相等的计算，但是有一个线程比其他线程负担了更多工作的时候。在前面介绍的工作窃取算法中，如果多个线程试图从负载较重的线程中窃取单个任务，则可能会发生争用。在这种情况下，在工作窃取线程池中，如果某个线程有大量的工作，那么其他线程很可能不得不在同一个本地任务队列上重复竞争，每次最多窃取一个任务。另一方面，在工作共享线程池中，一次平衡多个任务则意味着工作将在多个任务之间迅速展开，并且对每个单独的任务都不会产生同步开销。

```
1  public class WorkSharingThread {
2    Queue[] queue;
3    private static final int THRESHOLD = ...;
4    public WorkSharingThread(Queue[] queue) {
5      this.queue = queue;
6    }
7    public void run() {
8      int me = ThreadID.get();
9      while (true) {
10       RecursiveAction task = queue[me].deq();
11       if (task != null) task.compute();
12       int size = queue[me].size();
13       if (ThreadLocalRandom.current().nextInt(size+1) == size) {
14         int victim = ThreadLocalRandom.current().nextInt(queue.length);
15         int min = (victim <= me) ? victim : me;
16         int max = (victim <= me) ? me : victim;
17         synchronized (queue[min]) {
18           synchronized (queue[max]) {
19             balance(queue[min], queue[max]);
20           }
21         }
22       }
23     }
24   }
25   private void balance(Queue q0, Queue q1) {
26     Queue qMin = (q0.size() < q1.size()) ? q0 : q1;
27     Queue qMax = (q0.size() < q1.size()) ? q1 : q0;
28     int diff = qMax.size() - qMin.size();
29     if (diff > THRESHOLD)
30       while (qMax.size() > qMin.size())
31         qMin.enq(qMax.deq());
32   }
33 }
```

图 16.17　工作共享线程 WorkSharingThread 类：一种简化的工作共享线程池

图 16.17 描述了一个工作共享线程池。每个线程都有自己的任务队列，保存在一个由所有线程共享的数组中（第 2 行代码）。每个线程不断地从它的队列中取出下一个任务（第 10 行代码）。如果队列为空，deq() 方法的调用将返回 null；否则，线程将执行这个任务（第 11 行代码）。此时，线程决定是否进行负载平衡。如果线程的任务队列大小为 s，那么线程决定进行负载平衡的概率为 $1/(s+1)$（第 13 行代码）。为了重新进行平衡，线程随机地选择一个牺牲者线程。该线程按线程 ID 的顺序（为了避免死锁）锁定两个队列（第 15～18 行代码）。如果队列大小的差异超过了阈值，则平衡两个队列的大小（图 16.17 的第 25～33 行代码）。

16.6　章节注释

Robert Blumofe 和 Charles Leiserson[18] 提出了基于有向无环图的多线程计算分析模型。他们还给出了第一种基于双端队列的工作窃取算法的实现。本章中的一些示例改编自 Charles Leiserson 和 Harald Prokop[112] 的一本教程。无锁的有界双端队列算法是由 Anish Arora、Robert Blumofe 和 Greg Plaxton[13] 提出的。该算法中使用的无界时间戳可以使用 Mark Moir [129] 提出的一种技术变为有界时间戳。无界的双端队列算法归功于 David Chase 和 Yossi Lev[29]。定理 16.3.1 的原始证明源自于 Anish Arora、Robert Blumofe 和 Greg Plaxton[13]。工作共享的算法是由 Larry Rudolph、Tali Slivkin Allaluf 和 Eli Upfal[151] 提出的。Anish Arora、Robert Blumofe 和 Greg Plaxton[13] 所提出的算法后来由 Danny Hendler 和 Nir Shavit[61] 进行了改进，使其能够在双端队列中窃取一半的数据元素。

本章中的一些示例改编自 Charles Leiserson 准备的课堂笔记。

16.7 练习题

练习题 16.1 使用**执行者服务**（executor service）重写矩阵加法任务 MatrixAddTask 类和矩阵乘法任务 MatrixMulTask 类。

练习题 16.2 考虑以下关于就地归并排序的代码：

```
void mergeSort(int[] A, int lo, int hi) {
  if (hi > lo) {
    int mid = (hi - lo)/2;
    executor.submit(new mergeSort(A, lo, mid));
    executor.submit(new mergeSort(A, mid+1, hi));
    awaitTermination();
    merge(A, lo, mid, hi);
}
```

（其中 submit() 方法启动任务后并立即返回，而 awaitTermination() 方法等待所有提交的任务完成。）

假设 merge() 方法不存在内部的并行性，试给出这个算法的工作量、跨度和并行度。请使用某个函数 f 的循环和 $\Theta(f(n))$ 两种形式来表述你的答案。

练习题 16.3 假设在一个专用的 P 个处理器的机器上运行一个并行程序的实际时间为：

$$T_P = T_1 / P + T_\infty$$

你们的研究小组已经编写了两个国际象棋程序，一个简单的版本和一个优化的版本。简单版本程序的运行时间为 T_1=2048 秒，T_∞=1 秒。在一个包含 32 个处理器的机器上运行简化版本的程序时，运行时间是 65 步。然后你的学生们开发了一个“优化”版本的程序，其运行时间为 T'_1=1024 秒，T_∞=8 秒。在一个包含 32 个处理器的机器上运行优化版本的程序时，运行时间是 40 步，和我们的公式预测结果一样。

在一个包含 512 个处理器的机器上，分别运行这个程序的简单版本和优化版本，请问哪个版本的程序性能会更好？

练习题 16.4 编写一个 ArraySum 类，提供以下方法：

```
static public int sum(int[] a)
```

该方法采用分而治之的方法并行地对数组参数的元素进行求和。

练习题 16.5 琼斯教授对他的（确定性的）多线程程序进行了一些测量，该程序使用一个贪心调度程序进行调度，测试结果发现 T_4=80 秒，T_{64}=10 秒。请问该程序在一个包含 10 个处理器上的机器上运行的最快速度是多少？使用以下不等式及其隐含的界限来推导出你的结论（其中 P 是处理器的数量）：

$$T_P \geqslant \frac{T_1}{P} \qquad (16.7.1)$$

$$T_P \geqslant T_\infty \qquad (16.7.2)$$

$$T_P \leqslant \frac{(T_1 - T_\infty)}{P} + T_\infty \qquad (16.7.3)$$

其中最后一个不等式在一个贪心调度算法中成立。

练习题 16.6 试给出本章中的矩阵 Matrix 类的一种实现。实现方法要确保你的 split() 方法运行的时间复杂度为常数。

练习题 16.7 设 $P(x)=\sum_{i=0}^{d} p_i x^i$ 和 $Q(x)=\sum_{i=0}^{d} q_i x^i$ 是 d 次多项式，其中 d 是 2 的幂。可以有以下公式：

$$P(x) = P_0(x) + (P_1(x) \cdot x^{d/2})$$
$$Q(x) = Q_0(x) + (Q_1(x) \cdot x^{d/2})$$

其中，$P_0(x)$、$P_1(x)$、$Q_0(x)$ 和 $Q_1(x)$ 是 $d/2$ 次多项式。

图 16.18 中所示的多项式 Polynomial 类提供了访问多项式系数的 put() 方法和 get() 方法；并且提供了一个常数运行时间量级的 split() 方法，用于将一个 d 次多项式分解为两个如上式的 $d/2$ 次多项式 $P_0(x)$ 和 $P_1(x)$，其中，分解后的多项式可以从原多项式中得出，反之亦然。你的任务是为这个多项式 Polynomial 类设计并行的加法和并行的乘法算法。

- $P(x)$ 和 $Q(x)$ 的加法可以分解为下式：

$$P(x) + Q(x) = (P_0(x) + Q_0(x)) + (P_1(x) + Q_1(x)) \cdot x^{d/2}$$

  - 使用这个分解并参照图 16.14 的方式构造一个基于任务的并发多项式加法算法。
  - 计算这个算法的工作量和跨度。
- $P(x)$ 和 $Q(x)$ 的乘积可以分解为下式：

$$P(x) \cdot Q(x) = (P_0(x) \cdot Q_0(x)) + (P_0(x) \cdot Q_1(x) + P_1(x) \cdot Q_0(x)) \cdot x^{d/2} + (P_1(x) \cdot Q_1(x) x^d)$$

  - 使用这个分解并参照图 16.4 的方式构造一个基于任务的并发多项式乘法算法。
  - 计算这个算法的工作量和跨度。

```
1  public class Polynomial {
2    int[] coefficients; // 可能被多个多项式共享
3    int first;  // 我们的常数系数的索引
4    int degree; // 我们的系数的次数
5    public Polynomial(int d) {
6      coefficients = new int[d];
7      degree = d;
8      first = 0;
9    }
10   private Polynomial(int[] myCoefficients, int myFirst, int myDegree) {
11     coefficients = myCoefficients;
12     first = myFirst;
13     degree = myDegree;
14   }
15   public int get(int index) {
16     return coefficients[first + index];
17   }
18   public void set(int index, int value) {
19     coefficients[first + index] = value;
20   }
21   public int getDegree() {
22     return degree;
```

图 16.18 多项式 Polynomial 类

```
23    }
24    public Polynomial[] split() {
25      Polynomial[] result = new Polynomial[2];
26      int newDegree = degree / 2;
27      result[0] = new Polynomial(coefficients, first, newDegree);
28      result[1] = new Polynomial(coefficients, first + newDegree, newDegree);
29      return result;
30    }
31  }
```

图 16.18 （续）

练习题 16.8 试给出一种有效且高度并行的 $n \times n$ 矩阵与长度为 n 的向量相乘的多线程算法，要求工作量为 $\Theta(n^2)$、跨度为 $\Theta(\log n)$。分析你实现方法的工作量和跨度，并给出算法的并行度。

练习题 16.9 考虑图 16.10 和图 16.11 中的有界双端队列的实现。

- bottom 字段是 volatile 数据类型，以确保在 popBottom() 方法中，第 17 行代码上 bottom 字段值的递减立即可见。试描述一个场景，解释一下如果 bottom 字段没有被声明为 volatile 数据类型，将会出现什么错误。
- 为什么在 popBottom() 方法中，我们应该尝试尽早将 bottom 字段的值重置为 0？哪一行是最早可以安全完成重置的行？我们的有界双端队列 BoundedDEQue 会溢出吗？如果是，请描述是如何溢出的。

练习题 16.10 修改可线性化的有界双端队列 BoundedDEQue 实现的 popTop() 方法，使其仅在队列中没有任务时返回 null。注意，你可能需要使用阻塞来实现。

练习题 16.11 你认为在执行者池代码中，有界双端队列 BoundedDEQue 的 isEmpty() 方法调用实际上会提高它的性能吗？

练习题 16.12 考虑无界双端队列 UnboundedDEQue 的 popTop() 方法（图 16.15）。

- 如果第 38 行的 compareAndSet() 方法成功，它将返回在 compareAndSet() 方法操作成功之前读取的元素。为什么要在执行 compareAndSet() 方法之前从数组中读取元素？
- 我们可以在第 36 行代码处使用 isEmpty() 方法吗？

练习题 16.13 无界双端队列 UnboundedDEQue 类中各方法的可线性化点是什么？请证明你的结论。

练习题 16.14 图 16.19 显示了重新平衡两个工作队列的另一种方法：首先，锁定较大的队列，然后锁定较小的队列，如果它们的差值超过了阈值，则重新平衡。这个代码哪里出错了？

```
1      Queue qMin = (q0.size() < q1.size()) ? q0 : q1;
2      Queue qMax = (q0.size() < q1.size()) ? q1 : q0;
3      synchronized (qMin) {
4        synchronized (qMax) {
5          int diff = qMax.size() - qMin.size();
6          if (diff > THRESHOLD) {
7            while (qMax.size() > qMin.size())
8              qMin.enq(qMax.deq());
9          }
10       }
11     }
```

图 16.19 另一种平衡算法的代码

第 17 章

The Art of Multiprocessor Programming, Second Edition

数据并行

当今在日常交谈中，人们经常把**多处理器**（multiprocessor）称为“**多核**（multicore）”，尽管从技术上讲，并不是每个多处理器都是一个多核处理器。“多核”一词从什么时候开始流行起来的呢？图 17.1 显示了自 1900 年以来，“多核”一词出现在书籍中的频率，数据来源于 Google Ngram（一种用来在扫描版本的书籍中统计单词出现频率的服务）。从图 17.1 中可以发现，“多核”一词从 20 世纪初就开始被使用，但自 2000 年以来，该词的使用频率几乎增加了两倍。（早期使用的“**多芯**（multicore）”似乎主要指多芯电缆或者多芯光纤。但这偏离了我们的主题。）

图 17.1　谷歌 NGram 的“多核”这一单词的使用频率

为了生成这个图表，必须统计每个单词在一组文档中出现的次数。如何为多处理器编写一个并行的 WordCount（单词计数）程序呢？一种很自然的方法是将文档划分为多个片段，将每个片段分配给一个任务，然后让工作线程分别执行这些任务（就如第 16 章所述）。并行工作时，每个工作线程执行一系列任务，每个任务都统计自己文档片段中的单词个数，并将结果报告给主线程，最后由主线程合并所有工作线程的结果。这种算法被称为**数据并行**（data-parallel），因为设计的关键元素是在多个工作线程之间分布数据项。

WordCount 单词计数程序很简单，比你在实践中可能遇到的程序要简单得多。然而，该程序为理解如何在大型数据集上构造并运行并行程序提供了一个示例。

让我们在单词计数程序的基础上进行一些简单的文学研究工作。假设给定一组文档。尽管这些文档的署名作者都是同一位作者，但我们怀疑这些文档实际上是由 k 位不同的作者撰写的[⊖]。我们如何判断其中哪些文档是（或者很可能是）由同一位作者撰写的呢？

我们可以这样设计单词计数程序，将文档划分为 k 个相似文档所组成的簇，其中（我们希望）每个簇都由不同作者编写的文档组成。

假设给定一组 N 个特征词组成的集合，它们的使用频率可能因作者而异。我们可以修

⊖ 现代学术对许多文献提出了这些问题，包括联邦党人的论文集（http://www.wikipedia.org/wiki/ Federalist_papers），南希·德鲁的推理小说系列（http://en.wikipedia.org/wiki/Nancy_Drew）和各种神圣典籍（欢迎读者提供自己的例子）。

改单词计数程序，为每个文档构造一个 N 元素的向量，其中，第 i 个数据项是第 i 个特征词的出现次数，然后归一化使得所有数据项的总和为 1。因此，每个文档的向量是一个（N–1）维欧氏空间中的一个点。两个文档之间的**距离**（distance）就是它们作为空间点的向量之间的以通常方式定义的距离。我们的目标是将这些点划分为 k 个簇，每个簇中的各个点彼此之间的距离比这些点与其他簇中的点的距离更近。

完美的聚类在计算上非常困难，但是有一些广泛使用的数据并行算法可以提供良好的近似。其中最流行的聚类算法是 KMeans（K-均值）聚类算法。与单词计数程序一样，这些点分布在一组工作线程上。与单词计数程序不同的是，K-均值聚类算法是迭代的。一个主线程随机选择 k 个候选的聚类中心，并在一组工作线程之间划分这些点。并行工作时，这些工作线程将它们的每个点 p 分配给中心距离与 p 最近的簇，并将该分配结果报告给主线程。主线程合并这些分配并计算新的簇中心。如果新簇和旧簇的中心相距太远，则认为聚类质量较差，主线程将执行另一次迭代，这次使用新计算的簇中心代替旧的簇中心。当簇变得稳定时，程序就会停止，这意味着新簇和旧簇的中心已经足够接近了。图 17.2 描述了 K-均值聚类算法中的簇是如何在迭代中收敛的过程。

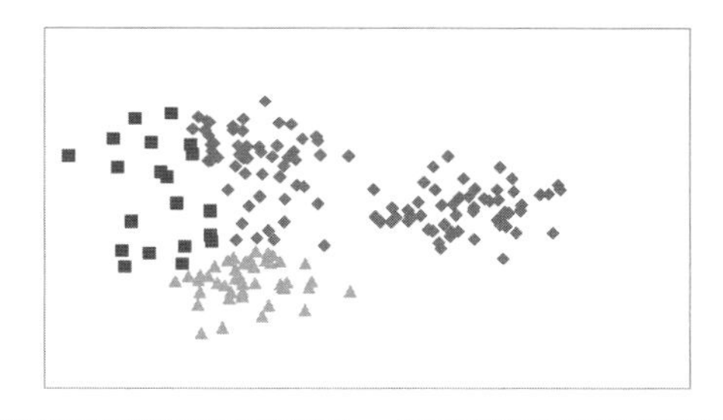

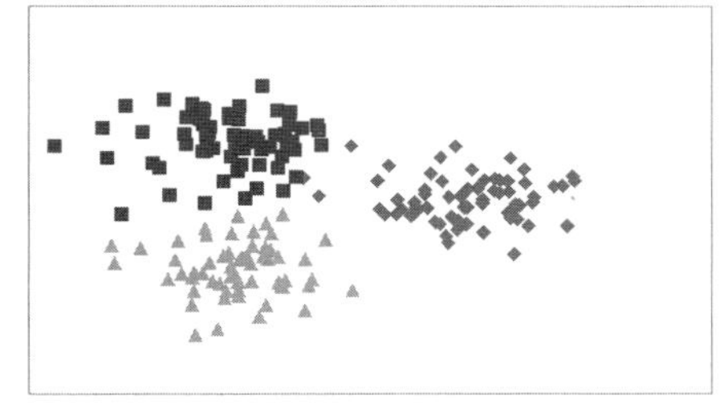

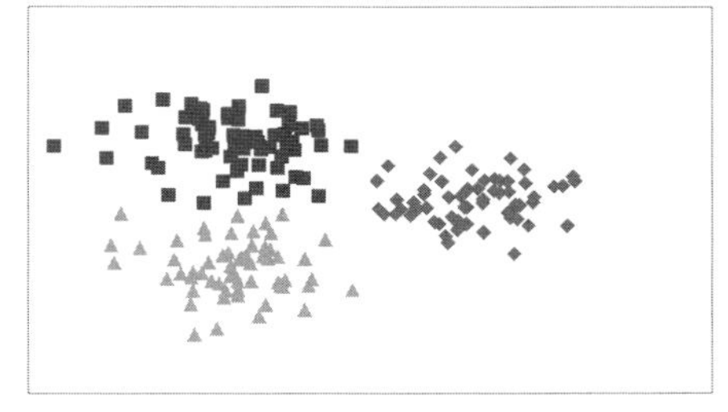

图 17.2　K-均值聚类算法的任务：初始簇、中间簇和最终簇

在本章中，我们将探讨两种共享内存数据并行程序设计的方法。第一种方法基于**映射–归约**（MapReduce）程序设计模式，其中 mapper（映射器）线程对数据进行并行运算，来自这些映射器线程的结果由 reducer（归约器）线程合并。这种结构在分布式系统中非常成功。在分布式系统中，需要处理的节点通过一个网络进行通信。MapReduce 映射归约在共享内存多处理器上也非常有效，尽管规模相对较小。

第二种方法基于**流编程**（stream programming），流编程是一种由多种语言支持的程序设计模式（具体请参见章节注释）。本章将使用 Java 8 提供的接口。**流**（stream）[㊀]仅仅是数据项的一个逻辑序列。（我们称之为“逻辑”序列是因为这些数据项可能不会同时存在。）程序员

㊀　这些流不应与 Java 语言中用于输入 / 输出的流相混淆。

可以通过对现有流的所有元素顺序地或者并行地应用运算来创建新的流。例如，我们可以**过滤**（filter）流以选择那些满足谓词的元素；将一个函数**映射**（map）到一个流以将流元素从一种类型转换为另一种类型；或者将一个流**归约**（reduce）为一个标量值，例如，对一个流中的所有元素求和，或者求它们的平均值。

流程序的运行级别高于 MapReduce 映射归约程序。流编程的简单性是否超过 MapReduce 映射归约编程的细粒度控制完全取决于应用程序。

17.1　MapReduce

首先，我们将给出一个如何构造 MapReduce 映射归约应用程序的高级描述。在理解了这些算法的需求之后，我们将描述一种通用的（但简化了的）MapReduce 映射归约框架。最后，我们将解释如何将该框架应用于诸如单词计数程序和 K- 均值聚类算法之类的特定问题。

MapReduce 映射归约程序首先将数据划分为可以独立分析的若干片段，并将每个片段分配给 n 个映射器任务中的其中一个。在最简单的形式中，一个映射器任务扫描它的片段，并生成由“**键 - 值**”（key-value）对（k_0, v_0），…，（k_m, v_m）所构成的一个列表，其中键和值的数据类型取决于应用程序。

映射归约框架收集这些“键 - 值”对，对于每个键 k，它将与 k 成对的值合并到一个列表中。每个这样的键 - 列表对都被分配给一个归约器任务，该任务为该键生成一个特定于应用程序的输出值。MapReduce 映射归约程序的输出是将每个键与其输出值匹配的一个映射。

这种结构有许多可能的变体。有的映射器任务的输入形式为“键 - 值”对；有的归约器任务生成“键 - 值”对或者多个“键 - 输出”对；有的有不同的输入值、中间值和最终键类型。为了简单起见，我们没有采用这些变体，但在示例中引入这些变体将是一件非常容易的事情。

17.1.1　MapReduce 框架

MapReduce **映射归约框架**（MapReduce framework）负责创建和调度工作线程，调用由用户提供的映射器任务和归约器任务，以及传递和管理这些任务的参数和结果。我们将描述一个简单的 MapReduce 映射归约框架，这个框架由一个输入类型 IN、一个键类型 K、一个值类型 V 和一个输出类型 OUT 来参数化。实际上，MapReduce 映射归约框架更加复杂，为了简单起见，本章省略了配置设置和优化步骤。

Mapper 映射器任务（图 17.3）继承了 Java 的 fork-join 框架中的递归任务 RecursiveTask< > 类（参见第 16 章所述）。它的 setInput() 方法为任务提供了一个 IN 类型的输入，并将其存储在对象的 input 字段中。compute() 方法继承自递归任务 RecursiveTask< >，将 K 类型的键与 V 类型的值配对，然后将它们累加到 Map<K，V> 结果中。

```
1  public abstract class Mapper<IN, K, V> extends RecursiveTask<Map<K, V>> {
2    protected IN input;
3    public void setInput(IN anInput) {
4      input = anInput;
5    }
6  }
```

图 17.3　映射器 Mapper 类

Reducer 归约器任务（图 17.4）也继承并扩展了递归任务 RecursiveTask< >。它的 setInput() 方法为任务提供一个键和一个值列表，它的 compute() 方法生成一个 OUT 类型的单个结果。

```
public abstract class Reducer<K, V, OUT> extends RecursiveTask<OUT> {
  protected K key;
  protected List<V> valueList;
  public void setInput(K aKey, List<V> aList) {
    key = aKey;
    valueList = aList;
  }
}
```

图 17.4　归约器 Reducer 类

图 17.5 描述了 MapReduce 映射归约框架中所提供的方法。（我们将在 17.1.4 节中讨论这些方法的具体实现。）即使在这个简化的形式描述中，MapReduce 映射归约框架也包含几种设置，这些设置太复杂，因而无法作为参数简单优雅地提供给构造函数。因此，MapReduce 映射归约框架提供了多个单独的方法来控制每个设置。setMapperSupplier() 方法和 setReducerSupplier() 方法用于通知 MapReduce 映射归约框架如何创建新的映射器任务和归约器任务。setInput() 方法用于获取一个由 IN 对象构成的列表，并为每个这样的输入创建一个映射器任务。最后，call() 方法用于完成以下工作：返回一个 Map<*K*,OUT>，将每个键与一个输出值配对。

```
class MapReduce<IN, K, V, OUT> implements Callable<Map<K, OUT>> {
  MapReduce()
  Map<K,OUT> call()
  void setMapperSupplier(Supplier<Mapper<IN,K,V>> aMapperSupplier)
  void setReducerSupplier(Supplier<Reducer<K,V,OUT>> aReducerSupplier)
  void setInput(List<IN> anInput)
}
```

图 17.5　MapReduce 映射归约框架：方法

程序注释 17.1.1

setMapperSupplier() 方法和 setReducerSupplier() 方法的参数类型 Supplier< > 是一个 Java 函数式接口，实现函数式接口的对象会提供唯一的 get() 方法的实现。为了通知 MapReduce 映射归约框架如何创建映射器任务和归约器任务，可以使用 Java 的 lambda 构造来定义匿名方法。例如，以下代码片段通知 MapReduce 映射归约框架使用单词计数 WordCount 类的映射器来实现：

```
mapReduce.setMapperSupplier(() -> new WordCount.Mapper());
```

setMapperSupplier() 方法的参数是一个 lambda 构造：一个参数列表以及一个用箭头分隔的表达式。左边的空括号表示该匿名方法不带参数，右边的表达式表示该匿名方法创建并返回一个新的 WordCount.Mapper 对象。这种模式非常常见：lambda 表达式不带参数，只调用另一个方法或者运算符。因此可以使用以下速记语法：

```
mapReduce.setMapperSupplier(WordCount.Mapper::new);
```

Java 中的 lambda 构造还有许多其他特性，鼓励读者查阅 Java 文档以获得更完整的信息。我们将在“章节注释”中讨论，其他语言（例如 C#、C++、Scala 和 Clojure 等）也支持类似的构造。

17.1.2　基于 MapReduce 的 WordCount 应用程序

图 17.6 描述了使用 MapReduce 映射归约框架实现 WordCount 单词计数应用程序的一种方法。该应用程序的构造是一个类，包含静态字段、方法和内部类。应用程序的 main() 方法（第 5～14 行代码）首先读取文档，把文档的内容去掉标点和数字并转换为小写字符后存储在一个字符串列表中，并把字符串列表的引用存储在静态字段 text 中（第 6 行代码）。然后将该列表拆分为大小大致相等的子列表，每个映射器对应一个子列表（第 7 行代码）。然后使用 List<String> 和输入类型创建一个 MapReduce 映射归约实例：键类型为 String，值类型和输出类型均为 Long。在第 9～11 行代码中，main() 方法初始化映射归约框架，使用 lambda 构造指定如何创建映射器任务和归约器任务，并为映射归约框架提供包含每个映射器输入的列表。通过调用 MapReduce.call 触发计算，结果返回 Map<String, Long>，将文档中找到的每个字符串与其出现的次数配对（第 12 行代码）。

```
1  public class WordCount {
2    static List<String> text;
3    static int numThreads = ...;
4    ...
5    public static void main(String[] args) {
6      text = readFile("document.tex");
7      List<List<String>> inputs = splitInputs(text, numThreads);
8      MapReduce<List<String>, String, Long, Long> mapReduce = new MapReduce<>();
9      mapReduce.setMapperSupplier(WordCount.Mapper::new);
10     mapReduce.setReducerSupplier(WordCount.Reducer::new);
11     mapReduce.setInput(inputs);
12     Map<String, Long> map = mapReduce.call();
13     displayOutput(map);
14   }
15   ...
16   static class Mapper extends Mapper<List<String>, String, Long> {
17     public Map<String, Long> compute() {
18       Map<String, Long> map = new HashMap<>();
19       for (String word : input) {
20         map.merge(word, 1L, (x, y) -> x + y);
21       }
22       return map;
23     }
24   }
25   static class Reducer extends Reducer<String, Long, Long> {
26     public Long compute() {
27       long count = 0;
```

图 17.6　基于 MapReduce 映射归约框架的 WordCount 单词计数应用程序

```
28        for (long c : valueList) {
29          count += c;
30        }
31        return count;
32      }
33    }
34  }
```

图 17.6 （续）

该应用程序的映射器任务和归约器任务由静态嵌套类定义（第 16～25 行代码）。WordCount.Mapper 任务（第 16 行代码）完成了大部分工作。如前所述，Mapper 映射器任务的输入是扫描得到的 List<String>。其键类型为 String，值类型为 Integer。Mapper 映射器任务是创建一个 HashMap<String, Integer> 来保存结果（第 18 行代码）。对于子列表中的每个单词，如果单词不在映射中，那么映射的 merge() 方法会将该单词绑定到 1，否则会增加绑定到该单词的值（第 20 行代码）。最后返回映射。

当所有映射器任务完成后，MapReduce 映射归约框架将每个单词的计数合并到一个列表中，并将每个“键 - 列表”对传递给 WordCount.Reducer 任务。Reducer 归约器任务将一个单词及其计数列表作为输入，然后简单地求和后返回结果（第 28 行代码）。

17.1.3 基于 MapReduce 的 KMeans 应用程序

图 17.7 描述了使用 MapReduce 映射归约框架的 K-均值聚类应用程序。与单词计数程序一样，这个应用程序的构造是一个类，包含静态字段、方法和内部类。应用程序的 main() 方法从文件中读取数据点到 List<Point>（第 8 行代码）。然后选择不同的随机点作为起始簇的中心点（第 9 行代码）。随后创建一个 MapReduce 映射归约实例（第 11 行代码）：使用 List<Point> 作为输入类型 IN，Integer 作为键类型 K，List<Point> 作为值类型 V，Point 作为输出类型 OUT。在第 12～14 行代码中，main() 方法使用 lambda 构造指定如何创建映射器任务和归约器任务，并为映射归约框架提供一个由大小大致相等的输入列表所构成的列表，每个映射器对应一个列表。通过调用 MapReduce.call 触发计算，结果返回一个 Map<Integer, Point>，将 k 个簇的 ID 与对应簇的中心点配对。（让映射器也返回簇本身很简单，但是为了简洁起见，我们省略了这一步。）

```
1   public class KMeans {
2     static final int numClusters = ...;
3     static final double EPSILON = 0.01;
4     static List<Point> points;
5     static Map<Integer, Point> centers;
6
7     public static void main(String[] args) {
8       points = readFile("cluster.dat");
9       centers = Point.randomDistinctCenters(points);
10      MapReduce<List<Point>, Integer, List<Point>, Point> mapReduce
11              = new MapReduce<>();
12      mapReduce.setMapperSupplier(KMeans.Mapper::new);
```

图 17.7 基于 MapReduce 映射归约的 K-均值聚类应用程序

```
13      mapReduce.setReducerSupplier(KMeans.Reducer::new);
14      mapReduce.setInput(splitInput(points, numWorkerThreads));
15      double convergence = 1.0;
16      while (convergence > EPSILON) {
17        Map<Integer, Point> newCenters = mapReduce.call();
18        convergence = distance(centers, newCenters);
19        centers = newCenters;
20      }
21      displayOutput(centers);
22    }
23    static class Mapper extends Mapper<List<Point>, Integer, List<Point>> {
24      public Map<Integer, List<Point>> compute() {
25        Map<Integer, List<Point>> map = new HashMap<>();
26        for (Point point : input) {
27          int myCenter = closestCenter(centers, point);
28          map.putIfAbsent(myCenter, new LinkedList<>());
29          map.get(myCenter).add(point);
30        }
31        return map;
32      }
33    }
34    static class Reducer extends Reducer<Integer, List<Point>, Point> {
35      public Point compute() {
36        List<Point> cluster = new LinkedList<>();
37        for (List<Point> list : valueList) {
38          cluster.addAll(list);
39        }
40        return Point.barycenter(cluster);
41      }
42    }
43  }
```

图 17.7 （续）

EPSILON 常数用于决定迭代过程何时收敛（第 3 行代码），变量 convergence 跟踪两次连续迭代的中心距离（第 15 行代码）。应用程序反复迭代对 MapReduce 映射归约框架的调用（第 16 行代码），从随机选择的簇中心开始，并使用每次迭代生成的簇中心作为下一次的簇中心（第 19 行代码）。当连续两次迭代的中心距离收敛到小于 EPSILON 时，迭代停止。（当然，在一个真正的实现中，如果迭代过程看起来无法收敛，那么需要做出判断并停止迭代。）

17.1.4　MapReduce 的实现

接下来我们讨论图 17.8 中描述的简单 MapReduce 映射归约框架的实现。如前所述，满足实用**产品质量**（production-quality）的 MapReduce 映射归约框架需要更多的配置设置和选项。另外，需要注意的是，为分布式系统设计的 MapReduce 映射归约框架看起来非常不同，因为通信成本更高，容错也是一个值得关注的问题。

MapReduce 映射归约框架的构造函数将初始化对象的各个字段。该框架使用工作窃取的 ForkJoinPool 来执行映射器任务和归约器任务（第 7 行代码）。构造函数设置默认的映射器和归约器的创建方法（第 8 行和第 9 行代码），如果用户忘记初始化这些映射器和归约器时，程序将会抛出异常。这个类是为重用而设计的。

```
1  public class MapReduce<IN, K, V, OUT> implements Callable<Map<K, OUT>> {
2    private List<IN> inputList;
3    private Supplier<Mapper<IN, K, V>> mapperSupplier;
4    private Supplier<Reducer<K, V, OUT>> reducerSupplier;
5    private static ForkJoinPool pool;
6    public MapReduce() {
7      pool = new ForkJoinPool();
8      mapperSupplier = () -> {throw new UnsupportedOperationException("No mapper supplier");}
9      reducerSupplier = () -> {throw new UnsupportedOperationException("No reducer supplier");}
10   }
11   public Map<K, OUT> call() {
12     Set<Mapper<IN, K, V>> mappers = new HashSet<>();
13     for (IN input : inputList) {
14       Mapper<IN, K, V> mapper = mapperSupplier.get();
15       mapper.setInput(input);
16       pool.execute(mapper);
17       mappers.add(mapper);
18     }
19     Map<K, List<V>> mapResults = new HashMap<>();
20     for (Mapper<IN, K, V> mapper : mappers) {
21       Map<K, V> map = mapper.join();
22       for (K key : map.keySet()) {
23         mapResults.putIfAbsent(key, new LinkedList<>());
24         mapResults.get(key).add(map.get(key));
25       }
26     }
27     Map<K, Reducer<K, V, OUT>> reducers = new HashMap<>();
28     mapResults.forEach(
29             (k, v) -> {
30               Reducer< K, V, OUT> reducer = reducerSupplier.get();
31               reducer.setInput(k, v);
32               pool.execute(reducer);
33               reducers.put(k, reducer);
34             }
35     );
36     Map<K, OUT> result = new HashMap<>();;
37     reducers.forEach(
38             (key, reducer) -> {
39               result.put(key, reducer.join());
40             }
41     );
42     return result;
43   }
44   ...
45 }
```

图 17.8　MapReduce 映射归约框架的实现

call() 方法分四个阶段完成所有工作。在第一阶段，对于其输入列表（第 13 行代码）中的每个输入，call() 方法使用用户提供的 supplier 创建一个映射器任务（第 14 行代码），初始化该任务的输入（第 15 行代码），启动异步任务（第 16 行代码），并将任务存储在 Set<Mapper> 中（第 17 行代码）。

在第二阶段，call() 方法创建一个 Map<*K*, List<*V*> 来保存映射器任务的结果（第 19 行代码）。然后该方法重新访问每个映射器任务（第 20 行代码），连接映射器（第 21 行代码）

以获得其结果，并将获得的结果添加到该键的列表中，以便合并与每个键相关联的累加器（第 22～24 行代码）。

第三阶段与第一阶段类似，不同之处在于为每个输出键创建一个归约器任务（第 30 行代码），初始化归约器任务（第 31 行代码），并启动归约器任务（第 32 行代码）。

在最后的阶段，收集并返回归约器任务的结果（第 36～42 行代码）。

17.2　流计算

Java（从 Java 8 开始）通过 Stream< >类（java.util.Stream），提供了对数据并行计算的显式支持。**流**（stream）不是数据结构；流应该被视为管道，通过一系列转换（可能并行应用）将值从一个源（通常是一个容器，例如 List< >）传送到一个目标（通常也是一个容器）。

Java 流是**函数式编程**（functional programming）的一个示例。在函数式编程中，程序被视为可以产生新的值和数据结构的数学函数，但永远不会修改现有的值和数据结构。虽然函数式编程有着悠久的历史，但直到最近它才进入每一个合格的程序员都应该了解的技术领域。

函数式编程非常具有吸引力，因为它避免了许多复杂的副作用和交互作用，而这些正是本书的重点。然而，很长一段时间以来，函数式编程被广泛认为是一种不自然的程序设计风格，人们认为函数式编程所编写的程序虽然优雅但是效率却不高。然而，Jim Morris 曾经说过：

函数式编程语言的使用有些不自然，但是像刀和叉、外交礼仪、复式记账，以及现代文明发现的许多其他有用的东西也都是如此。

至于效率，Jim Morris 接着将函数式编程与两种日本艺术进行了比较。这两种日本艺术是俳句（一种诗歌）和空手道（一种功夫）。只有那些懂得欣赏俳句的人才会欣赏俳句才艺，但是在酒吧的斗殴中，那些不懂空手道的人也会欣赏空手道技巧。

函数式编程更像俳句还是空手道呢？很长一段时间以来，大多数计算机科学家认为函数式编程像俳句。然而，目前随着硬件、编译器和运行时技术的改进，对函数式编程的否定已经过时了。即使在今天，也应该在慎重考虑的前提下应用函数式编程风格。本节将重点讨论函数式编程风格的使用，其中**聚合**（aggregate）运算应用于 Java 流中的值。

流的转换和归约是一种惰性应用：直到绝对必要时才进行计算。相反，**中间运算**（intermediate operation）是所需的转换设置阶段，但是并不执行这些转换。懒惰求值确保了在必须完成工作时，编译器和运行时系统已经积累了尽可能多的关于程序员预期转换的信息，使得优化成为可能。如果以一种急切的、一次一个的方式应用运算的话，那么优化则不大可能。例如，可以延迟地累积多个中间运算，然后在需要结果时把这些中间运算融合为单个遍历。懒惰求值也允许流是无界的，例如可以构造一个素数的无界流，或者一个随机点的无界流。

一旦所需的（惰性的）转换被设置到位，采用**终端**（terminal）运算方式来应用这些转换，并以容器对象的形式返回结果，例如一个 List< >或者一个 Set< >的形式；或者以一个标量的形式返回结果，例如一个 Long 或者一个 Double。一旦终端运算被应用到一个流，该流就被认为已被消耗，并且不能被重用。

最常见的终端运算之一是 collect() 方法，它将流元素计算成一个称为 Collection 的累积结果。这种转换既可以顺序进行，也可以并行进行。java.util.Collectors 类提供了一组有用的预定义的 Collection 实例。

在下一节中，我们将使用 WordCount 单词计数应用程序和 K- 均值聚类应用程序来介绍与聚合数据相关的许多基本概念。在讨论如何设计和实现这些应用程序的基于并行流的版本之前，我们先讨论基于顺序流的版本，以帮助读者习惯这种程序设计风格。友情提醒：这本书并不是一本语言参考手册。在 Java 或者其他提供类似功能的语言中使用流时，需要考虑一些限制和特殊情况（请参阅本章章节注释）。在实际应用程序中使用这些构造之前，请读者参阅相关程序设计语言的说明文档。

17.2.1 基于流的 WordCount 应用程序

WordCount 单词计数应用程序的第一步是逐行读取目标文件，将每一行拆分为独立的单词，并将每个单词转换为小写。图 17.9 显示了使用聚合运算解决此任务的一种方法。（大多数使用流的应用程序都是采用这种“链式”样式进行编写的。）该方法首先准备一个正则表达式，用于将行拆分为单词（第 3 行代码）。然后创建一个 BufferedReader 对象来读取文档文件（第 4 行代码）。lines() 方法返回一个流 Stream<String>，流中元素是从 BufferedReader 读取的行字符串。接下来执行以下步骤：

```
1   static List<String> readFile(String fileName) {
2     try {
3       Pattern pattern = Pattern.compile("\\W|\\d|_");
4       BufferedReader reader = new BufferedReader(new FileReader("document.tex"));
5       return reader
6               .lines()
7               .map(String::toLowerCase)
8               .flatMap(s -> pattern.splitAsStream(s))
9               .collect(Collectors.toList());
10    } catch (FileNotFoundException ex) {
11      ...
12    }
13  }
```

图 17.9 基于流的 WordCount 单词计数应用程序：readFile() 方法

- 第 7 行：map() 方法接受一个 lambda 表达式作为参数，并通过将该 lambda 表达式应用于每个流元素，用另一个元素替换各元素来创建一个新的流。在这里，我们将每一行字符串的内容转换成小写。
- 第 8 行：flatMap() 方法接受一个 lambda 表达式作为参数，并通过将该 lambda 表达式应用于每个流元素，用其他元素流替换每个元素，然后将这些流“**展平**（flattening）”为单个流创建一个新的流。在这里，我们将每一行字符串的内容转换为一个单词流：通过调用 Pattern 类的 splitAsStream() 方法将每一行字符串的内容替换为一个单词流。
- 第 9 行：用于最后产生结果。如前所述，collect() 方法是将流元素存储在一种“**累加器**（accumulator）”对象（在本例中是 List<String>）中的常用方法。

图 17.9 中描述的 readFile() 方法是顺序方法。

如果使用聚合运算（图 17.10），那么 WordCount 单词计数的代码非常简洁。首先调用 readFile() 方法，返回小写字符串（单词）列表（第 16 行代码），然后将此列表转换为流（第 18 行代码），随后将流内容收集到 Map<String，Long>（第 19 行代码）中。在这里，groupingBy() 收集器接受两个参数（第 20 行代码）。第一个参数是 lambda 表达式，用于指示如何计算每个流元素的键。调用 Function.identity() 方法将返回 identity 函数，该函数返回自己的输入，这意味着每个字符串都是自己的键（第 21 行代码）。第二个参数是一个**下游**（downstream）的归约器，该归约器对映射到同一键的字符串流进行运算（第 22 行代码）。当然，映射到 x 的字符串流是 x 的 k 个副本的流，其中 k 是该字符串在文档中出现的次数。Collectors.counting() 容器简单地计算流中数据元素的数量。

```
14  public class WordCount {
15    public static void main(String[] args) {
16      List<String> text = readFile("document.tex");
17      Map<String,Long> map = text
18              .stream()
19              .collect(
20                      Collectors.groupingBy(
21                              Function.identity(),
22                              Collectors.counting())
23              );
24      displayOutput(map);
25    }
26  }
```

图 17.10　基于流的 WordCount 单词计数应用程序：聚合数据

17.2.2　基于流的 KMeans 应用程序

如前所述，KMeans 算法的每一次迭代都有 k 个临时中心点，围绕这些中心点进行聚类。一旦聚类完成，如果新的中心点离旧的中心点距离太远，算法会为每个簇计算一个新的临时中心。一组点 $p_0, \cdots, p_{n-1}$ 的**中心点**（barycenter）的计算公式如下所示：

$$b = \frac{1}{n}\sum_{i=0}^{n-1} p_i$$

图 17.11 描述了一个基于流的 barycenter() 函数的实现代码。该函数首先将 List<Point> 转换为流（第 4 行代码），然后将 reduce() 方法应用于流以生成单个值。reduce() 方法的参数是一个 lambda 表达式，它定义了一个二元运算符，该运算符将两个点合并为第三个点。归约运算将此运算符反复应用于流元素，直到最后剩下一个点为止。在本例中，二元运算是 Point 类的 plus() 方法，reduce() 方法简单地对流中的点求和（第 5 行代码）。然而，这个求和的结果并不是一个点。因为归约运算同样也应该可以处理空的流，所以结果是 Optional<Point> 类型的对象，该对象可能包含一个 Point 点或者为空。该方法调用结果的 get() 方法来提取点，并将该点乘以 $1/n$，其中 n 是簇中的点的数量（第 6 行代码）。

假设我们有两种计算中心点的方法：一种是顺序法，另一种是并行法；并且假设我们想要设计一个实验来比较这两种方法的性能。由于并行性的有效性通常取决于数据的规模，比较这两种方法的一种自然的方法是生成一系列越来越大的随机点集，然后使用这两种方法计算每个点集的中心点，并将它们的性能作为一个点集大小的函数进行比较。这个应用程序演示了流的一个强大之处：定义无界流的能力。无界流可以惰性地生成任意数量的值。图 17.12

描述了如何定义一个产生任意数量随机生成点的流的方法。以下代码片段可以从无界流构造一个长度为 k 的新流：

```
Stream<Point> limited = unbounded.limit(k);
```

```
1    static public Point barycenter(List<Point> cluster) {
2      double numPoints = (double) cluster.size();
3      Optional<Point> sum = cluster
4              .stream()
5              .reduce(Point::plus);
6      return sum.get().scale(1 / numPoints);
7    }
```

图 17.11　中心点 barycenter() 方法

```
1    static public Stream<Point> randomPointStream() {
2      return Stream.generate(
3              () -> new Point(ThreadLocalRandom.current().nextDouble(),
4                              ThreadLocalRandom.current().nextDouble())
5      );
6    }
```

图 17.12　随机生成的点形成的一个流

与基于 MapReduce 映射归约的应用程序一样，基于流的 K-均值聚类应用程序首先从一个文件中读取数据点生成一个 List<Point>（第 12 行代码），选择不同的随机点作为起始簇的中心（第 13 行代码），并且对算法进行迭代直到收敛（第 15 行代码）(图 17.13)。

```
7   public class KMeans {
8     static final double EPSILON = 0.01;
9     static List<Point> points;
10    static Map<Integer, Point> centers;
11    public static void main(String[] args) {
12      points = KMeans.readFile("cluster.dat");
13      centers = randomDistinctCenters(points);
14      double convergence = 1.0;
15      while (convergence > EPSILON) {
16        Map<Integer, List<Point>> clusters = points
17                .stream()
18                .collect(
19                        Collectors.groupingBy(p -> KMeans.closestCenter(centers, p))
20                );
21        Map<Integer, Point> newCenters = clusters
22                .entrySet()
23                .stream()
24                .collect(
25                        Collectors.toMap(
26                                e -> e.getKey(),
```

图 17.13　基于流的 K-均值聚类应用程序：聚合数据

```
27                          e -> Point.barycenter(e.getValue())
28                      )
29                  );
30          convergence = distance(centers, newCenters);
31          centers = newCenters;
32      }
33      displayResults(clusters, centers);
34  }
```

图 17.13 （续）

在第一步中，应用程序通过创建一个 Map<Integer，List<Point>>，将每个中心点的索引映射到离该中心点最近的一组点（第 16 行代码），从而对中心点周围的数据点进行聚类。

在第二步中，应用程序从第一步的映射构造一个流，并将其转换回另一个映射，用中心点替换每个簇（第 21 行代码）。op() 的第一个参数是 lambda 表达式，目的是将流元素映射到键，第二个参数将流元素映射到值。这里，键是中心索引，值是簇的中心点。

17.2.3　实现聚合运算的并行化

如前所述，诸如一个 List<*T*> 或者 Map<*K*，*V*> 之类的容器的内容可以馈送到一个流 Stream< > 中，并且其内容可以通过诸如 map()、filter()、reduce() 或者 collect() 之类的聚合运算进行运算。这些聚合运算是按顺序执行的，以一次一个的顺序对流中的值进行运算。

除了从容器中构造一个顺序流 Stream< > 之外，还可以从容器中构造一个并行流 ParallelStream< >。Java 运行时将并行流划分为多个子流，并行地对子流应用聚合运算，然后合并结果。例如，以下代码片段将按字母顺序打印波士顿（Boston）街道名称的列表：

```
Arrays.asList("Arlington", "Berkeley", "Clarendon", "Dartmouth", "Exeter")
      .stream()
      .forEach(s -> System.out.printf("%s\n", s));
```

以下代码片段将以不确定的顺序打印波士顿街道的列表：

```
Arrays.asList("Arlington", "Berkeley", "Clarendon", "Dartmouth", "Exeter")
      .parallelStream()
      .forEach(s -> System.out.printf("%s\n", s));
```

还可以通过调用 parallel() 方法将一个顺序流转换为一个并行流：

```
Stream<T> seqStream = ...;              // 顺序流
Stream<T> parStream = seqStream.parallel(); // 并行流
```

回想一下，归约运算将一个流转换为一个容器或者标量值。为了方便参考，图 17.10 中基于流的 WordCount 单词计数应用程序中的键归约运算部分的代码片段如下所示：

```
Map<String,Long> map = text
      .stream()
      .collect(
            Collectors.groupingBy(
                  Function.identity(),
                  Collectors.counting())
      );
```

其并行化版本如下所示：

```
ConcurrentMap<String,Long> map = text
        .parallelStream()
        .collect(
                Collectors.groupingByConcurrent(
                        Function.identity(),
                        Collectors.counting())
        );
```

代码中包含三处更改：将对 stream() 方法的调用替换为对 parallelStream() 方法的调用，将对 groupingBy() 方法的调用替换为对 groupingByConcurrent() 方法的调用，后者返回 ConcurrentMap<String，Long>。

将 lambda 表达式与并发流相结合时，需要避免一些陷阱。首先，如果一个 lambda 表达式改变了一个流的源，那么在流上（无论顺序地或者并行地）运算的 lambda 表达式均被称为**干扰**（interfering）操作。产生干扰操作的 lambda 表达式通常会导致运行时异常。例如，如果 list 是一个 List<Integer>，那么下面的代码将抛出一个 ConcurrentModificationException 异常，因为该列表在流浏览其每个值的同时被修改。

```
list.stream().forEach(s -> list.add(0));
```

如果一个 lambda 表达式的效果取决于其环境的方方面面，而环境可能被不同的调用所更改，则该 lambda 表达式是**有状态的**（stateful）。虽然有状态的 lambda 表达式并不是非法的，但是应该小心使用。下面两行代码使用相同的有状态的 lambda 表达式。第一行只是按顺序将值从一个源列表复制到一个目标列表。但是，在第二行中，可能会同时调用目标列表的 add() 方法，如果目标列表不是线程安全的，则可能会导致一个异常。即使目标列表已经被正确同步，每次运行代码时复制元素的顺序也可能不同。

```
source.stream().forEach(s -> target.add(s));
source.parallelStream().forEach(s -> target.add(s));
```

对于许多应用程序而言，parallelStream() 方法可能是并行执行聚合运算的有效方法。但是对于那些希望更明确地控制聚合运算如何并行化的应用程序，应该如何处理呢？

Spliterator<T> 提供了将流拆分为多个部分的能力，并提供了并行运算这些部分的机会。在一个典型的**可分割迭代器**（spliterator）应用中，流被递归地分割，直到流的规模降到一个阈值大小以下，此时流可以被顺序地处理。图 17.14 描述了递归单词计数 RecursiveWordCount 的 main() 方法。它将文档转换为一个 Stream<String>，然后转换为一个可分割迭代器。实际的工作是由如图 17.15 所示的递归单词计数任务 RecursiveWordCountTask 类来完成的。

```
1  public static void main(String[] args) {
2    List<String> text = readFile("document.tex");
3    Spliterator<String> spliterator = text
4            .stream()
5            .spliterator();
6    Map<String, Long> result = (new RecursiveWordCountTask(spliterator)).compute();
7    displayOutput(result);
8  }
```

图 17.14 递归单词计数 RecursiveWordCount 应用程序：main() 方法

```
9     static class RecursiveWordCountTask extends RecursiveTask<Map<String, Long>> {
10      final int THRESHOLD = ...;
11      Spliterator<String> rightSplit;
12
13      RecursiveWordCountTask(Spliterator<String> aSpliterator) {
14        rightSplit = aSpliterator;
15      }
16      protected Map<String, Long> compute() {
17        Map<String, Long> result = new HashMap<>();
18        Spliterator<String> leftSplit;
19        if (rightSplit.estimateSize() > THRESHOLD
20              && (leftSplit = rightSplit.trySplit()) != null) {
21          RecursiveWordCountTask left = new RecursiveWordCountTask(leftSplit);
22          RecursiveWordCountTask right = new RecursiveWordCountTask(rightSplit);
23          left.fork();
24          right.compute().forEach(
25                (k, v) -> result.merge(k, v, (x, y) -> x + y)
26          );
27          left.join().forEach(
28                (k, v) -> result.merge(k, v, (x, y) -> x + y)
29          );
30        } else {
31          rightSplit.forEachRemaining(
32                word -> result.merge(word, 1L, (x, y) -> x + y)
33          );
34        }
35        return result;
36      }
37    }
```

图 17.15　递归单词计数任务 RecursiveWordCountTask 类

递归单词计数任务 RecursiveWordCountTask 类继承自递归任务 RecursiveTask<Map<String, Long>>，因此它的 compute() 方法用于完成所有的工作。任务构造函数只接受一个参数：Spliterator<String>。compute() 方法首先初始化 Map<String, Long> 来保存结果（第 17 行代码）。如果可分割迭代器大于阈值（第 19 行代码），并且可分割迭代器被成功地拆分（第 19 行代码），那么该方法将创建两个子任务：left 和 right（第 21～22 行代码）。（顾名思义，trySplit() 方法可能不会成功地分割流，如果由于某种原因无法分割，则返回 null。）

然后任务递归地调用其子任务。它分叉左子级任务，允许任务与调用者并行运行（第 23 行代码），并直接以不分叉形式执行右子级任务（第 24 行代码）。它将右子级任务返回的映射与结果映射合并（第 25 行代码），然后加入左子级任务返回的映射，并执行相同的运算（第 28 行代码）。

否则，如果流的规模低于阈值，或者无法拆分，则任务将使用 forEachRemaining() 运算符将流中的单词直接添加到它的结果映射中。

17.3　章节注释

MapReduce 映射归约作为分布式系统程序设计模式的概念归功于 Dean 和 Ghemawat[34]。共享内存多处理器的 MapReduce 映射归约框架包括 Phoenix++ 框架 [161] 和 Metis[120]。

Microsoft 的 C# 和 Visual Basic 支持语言集成查询（Language-Integrated query，LINQ），该查询提供了与 Java 流类似的功能，但 LINQ 是使用查询语言的语法来表示的。

Jim Morris 的引语源自于一个 Xerox PARC 技术报告 [132]。

17.4 练习题

练习题 17.1 Java 的 LongStream< >类是一种特殊的流，其元素的值的类型是 long。（对于涉及大量算术运算的计算，LongStream< >的效率比 Stream<Long> 更高。）LongStream< >类提供了静态方法 range(*i*, *j*)，用于返回一个包含 long 类型的取值范围为 $i\cdots j-1$ 的流；还提供一个静态方法 rangeClosed(*i*, *j*)，用于返回一个包含 long 类型的取值范围为 $i\cdots j$ 的流。

要求仅使用 LongStream< >类（无循环）定义一个类 Primes，包含以下用于测试一个数是否是素数的方法：

```
private static boolean isPrime(long n)
```

以及统计小于最大值 max 的素数个数的方法：

```
private static long countPrimes(int max)
```

练习题 17.2 **比较器**（comparator）是一个接受两个参数的 lambda 表达式。如果第一个参数小于第二个参数，则返回一个负整数；如果第一个参数大于第二个参数，则返回一个正整数；如果两个参数相等，则返回 0。在下面的程序中，请补充省略了的比较器实现代码。

```
public static void main(String[] args) {
   String[] strings = {"alfa", "bravo", "charlie", "delta", "echo"};

   // 按字符串长度对字符串列表进行排序，长度短的排在前面
   Arrays.sort(strings, ...);
   System.out.println(Arrays.asList(strings));

   // 按字符串的第二个字母对字符串列表进行排序
   Arrays.sort(strings, ...);
   System.out.println(Arrays.asList(strings));

   // 对字符串列表进行排序，以字母'c'开头的字符串排在前面，然后按通常词典序进行排序
   Arrays.sort(strings, ...);
   System.out.println(Arrays.asList(strings));
}
```

要求程序输出结果如下所示：

```
[alfa, echo, bravo, delta, charlie]
[echo, delta, charlie, alfa, bravo]
[charlie, alfa, bravo, delta, echo]
```

练习题 17.3 图 17.16 描述了一个矩阵向量 MatrixVector 类的部分代码，该类使用 MapReduce 映射归约实现一个 $N\times N$ 矩阵与一个 N 元素向量的乘法运算。为了简单起见，它为每个矩阵元素创建一个映射器任务（实际上，让每个映射器对应一个较大的子矩阵会更有效）。

输入矩阵和向量分别存储在矩阵向量 MatrixVector 类（第 3～4 行代码）的静态字段 matrix 和 vector 中。因为 Java 不允许将数组直接存储在映射或者列表中，所以作为矩阵向量 MatrixVector 的静态内部类的 Mapper 类和 Reducer 类可以直接访问 vector 字段和 matrix 字段。矩阵位置由一个 RowColumn 对象标识，该对象包含一个行号和一个列号（第 5 行代码）。（在技术层面上，RowColumn 对象可以用作映射中的键，因为它提供了一个用于比较行号和列号的 equals() 方法。）

每个映射器都使用自己的 RowColumn 对象来初始化，用于标识其在矩阵中的位置（第 21～26 行代码）。

你的任务是补全缺省的 Mapper 类和 Reducer 类的实现代码。要求两个类都是静态内部类，可以访问静态字段 matrix 和 vector。

```
1   public class MatrixVector {
2     static final int N = ...;
3     static double[] vector;
4     static double[][] matrix;
5     static class RowColumn {
6       int row;
7       int col;
8       RowColumn(int aRow, int aCol) {
9         row = aRow;
10        col = aCol;
11      }
12      public boolean equals(Object anObject) {
13        RowColumn other = (RowColumn) anObject;
14        return (this.row == other.row && this.col == other.col);
15      }
16    }
17    public static void main(String[] args) {
18      vector = readVector("vector.dat");
19      matrix = readMatrix("matrix.dat");
20      MapReduce<RowColumn, Integer, Double, Double> mapReduce = new MapReduce<>();
21      List<RowColumn> inputList = new ArrayList<>(N * N);
22      for (int r = 0; r < N; r++) {
23        for (int c = 0; c < N; c++) {
24          inputList.add(new RowColumn(r, c));
25        }
26      }
27      mapReduce.setInput(inputList);
28      mapReduce.setMapperSupplier(MatrixVector.Mapper::new);
29      mapReduce.setReducerSupplier(MatrixVector.Reducer::new);
30      Map<Integer, Double> output = mapReduce.call();
31      displayOutput(output);
32    }
33    // 练习：补全缺省的mapper类和reducer类
34    ...
35  }
```

图 17.16　练习题 17.3 中使用的矩阵向量 MatrixVector 类

练习题 17.4　图 17.17 描述了一个矩阵乘法 MatrixMultiply 类的部分代码，该类用于将一个 $N \times N$ 矩阵（matrix$A$）乘以另一个 $N \times N$ 矩阵（matrix$B$）。为了简单起见，这个类为 matrix$A$ 的每个元素创建一个映射器任务。

这两个矩阵分别存储在矩阵乘法 MatrixMultiply 类的静态字段 matrix$A$ 和 matrix$B$ 中（第 3～4 行代码）。因为 Java 不允许将数组直接存储在映射或者列表中，所以作为矩阵向量 MatrixVector 的静态内部类，Mapper 类和 Reducer 类可以直接访问 matrix$A$ 字段和 matrix$B$ 字段。矩阵位置由一个 RowColumn 对象标识，该对象包含一个行号和一个列号（第 5 行代码）。（在技术层面上，RowColumn 对象可以用作映射中的键，因为它提供了一个用于比较行号和列号的 equals() 方法。）每个映射器都使用自己的 RowColumn 对象来初始化，用以标识其在矩阵中的位置（第 21～26 行代码）。

你的任务是补全缺省的 Mapper 类和 Reducer 类的实现代码。要求这两个类都是静态内部类，可以访问静态字段 matrix$A$ 和 matrix$B$。

```
public class MatrixMultiply {
  static final int N = ...;
  static double[][] matrixA;
  static double[][] matrixB;
  static class RowColumn {
    int row;
    int col;
    RowColumn(int aRow, int aCol) {
      row = aRow;
      col = aCol;
    }
    public boolean equals(Object anObject) {
      RowColumn other = (RowColumn) anObject;
      return (this.row == other.row && this.col == other.col);
    }
  }
  public static void main(String[] args) {
    vector = readMatrix("matrixA.dat");
    matrix = readMatrix("matrixB.dat");
    MapReduce<RowColumn, RowColumn, Double, Double> mapReduce = new MapReduce<>();
    List<RowColumn> inputList = new ArrayList<>(N * N);
    for (int i = 0; i < N; i++) {
      for (int j = 0; j < N; j++) {
        inputList.add(new RowColumn(i, j));
      }
    }
    mapReduce.setInput(inputList);
    mapReduce.setMapperSupplier(MatrixMultiply.Mapper::new);
    mapReduce.setReducerSupplier(MatrixMultiply.Reducer::new);
    Map<RowColumn, Double> output = mapReduce.call();
    displayOutput(output);
  }
  // 练习：补全缺省的mapper类和reducer类
  ...
}
```

图 17.17　练习题 17.4 中使用的矩阵乘法 MatrixMultiply 类

练习题 17.5　在**单源最短路径**（single-source shortest-path，SSSP）问题中，给定一个有向图 G 和 G 中的一个源节点 s，要求对于 G 中的每个节点 n，计算 s 到 n 的最短路径。为了简单起见，在本例中假设每个边的长度为 1.0，当然也可以很容易分配其他不同的边权重。

图 17.18 描述了迭代的 MapReduce 映射归约的单源最短路径实现的一部分代码。这里，每个节点被表示为一个**整数**（integer），每个距离被表示为一个**双精度数**（double）。该图是一个 Map<Integer，List<Integer>>，每个节点对应于其邻居节点的一个列表（第 2 行代码）。节点 0 是源节点。使用 Map<Integer，Double> 跟踪目前为止已知的最短距离（第 8 行代码），对于节点 0，源节点 0 到它的初始最短距离为 0.0；对于其余节点，源节点 0 到它的初始化最短距离为无穷大（第 10 行代码）。

与 K- 均值聚类算法一样，单源最短路径算法也是迭代算法。与 K- 均值聚类算法不同，映射器的数量在每次迭代中都是不同的。我们对图进行一个广度优先遍历：最初源的距离为 0，在第一次迭代中，将其邻居的距离指定为 1.0，在下一次迭代中，将其邻居的当前距离的最小值指定为 2.0，依此类推。第 20 行代码的方法调用返回已经发现的可以从源节点访问的目标节点列表，我们将这些节点提供给下一次迭代的映射器任务。两次迭代中，如果没有节点的相距距离超过预定义的 EPSILON 时，算法终止（第 25 行代码）。

你的任务是补全缺省的 Mapper 类和 Reducer 类的实现代码。要求这两个类都是静态内部类，可以访问静态字段 graph 和 distances。

```
1  public class SSSP {
2    static Map<Integer, List<Integer>> graph;
3    static Map<Integer, Double> distances;
4    static final Integer N = ...;
5    static final Double EPSILON = ...;
6    public static void main(String[] args) {
7      graph = makeGraph(N);
8      distances = new TreeMap();
9      Map<Integer, Double> newDistances = new TreeMap<>();
10     newDistances.put(0, 0.0);
11     for (int i = 1; i < N; i++) {
12       newDistances.put(i, Double.MAX_VALUE);
13     }
14     MapReduce<Integer, Integer, Double, Double> mapReduce
15           = new MapReduce<>();
16     mapReduce.setMapperSupplier(SSSP.Mapper::new);
17     mapReduce.setReducerSupplier(SSSP.Reducer::new);
18     boolean done = false;
19     while (!done) {
20       distances.putAll(newDistances);
21       mapReduce.setInput(
22             listOfFiniteDistanceNodes(distances)
23       );
24       newDistances.putAll(mapReduce.call());
25       done = withinEpsilon(distances, newDistances);
26     }
27     displayOutput(distances);
28   }
29 }
```

图 17.18　练习题 17.5 中使用的单源最短路径 SSSP 类

练习题 17.6　在练习题 17.5 的图 17.18 中，listOfFiniteDistanceNodes() 方法接受一个 Map<Integer, Double> 作为参数，并返回绑定到小于 Double.MAX_VALUE 的值的**整数**（integer）键列表。使用流运算符实现此方法。

练习题 17.7　在练习题 17.5 的图 17.18 中，withinEpsilon() 方法接受两个 Map<Integer, Double> 作为参数，并假设它们具有相同的键集。当且仅当绑定到每个键的值的差值小于预定义的常量 EPSILON 时，该方法才返回 true。使用流运算符实现此方法。

练习题 17.8　设 m0 和 m1 是两个 Map<Integer, Double> 对象。使用数据并行流，编写仅有一个语句的 distance() 方法，该方法返回同时出现在两个映射中的键的绑定值之差的绝对值之和。要求您的实现方法等同于以下实现方法：

```
double distance(Map<Integer, Double> m0, Map<Integer, Double> m1) {
  Double sum = 0.0;
  for (int key : m0.keySet()) {
    if (m1.containsKey(key)) {
      sum += Math.abs(m0.get(key) - m1.get(key));
    }
  }
```

```
    return sum;
  }
```

练习题 17.9　基于一个字符串的列表开始，如下所示：

```
List<String> strings = Arrays.asList("alfa", "bravo", "charlie",
    "delta", "echo");
```

使用流运算实现以下要求：

1. 在单独的行上打印每个字符串。
2. 在单独的行上打印每个字符串，后跟三个感叹号！！！。
3. 丢弃每个长度小于 4 个字符的字符串，然后丢弃不包含字母 “*l*” 的字符串，最后将剩余的每个字符串打印在一个单独的行上。

练习题 17.10　下面的代码片段创建了一个小型数据库，将城市名称映射到其邮政编码。

```
Map<String, String> map = new HashMap<>();
    map.put("Cambridge", "03219");
    map.put("Providence", "02912");
    map.put("Palo Alto", "94305");
    map.put("Pittsburgh", "15213");
```

使用一个流和若干流运算符反转此映射，构建一个新的映射，该映射将邮政编码映射到相对应的城市名称。

练习题 17.11　编写一个 FibStream 类，该类提供一个唯一的方法 get()，该方法返回斐波那契数列的无界 Stream<Long>。

练习题 17.12　假设给定一个流 Stream<Point>，包含一系列未知但是非零大小的点。编写一个计算这些点的中心的方法：

```
Point streamBary(Stream<Point> stream)
```

提示：统计流元素的数量的 counting() 方法是**终端运算方法**（terminal），如果直接统计流元素的数量，则不能继续使用该流。因此，必须设计出如何使用单一的归约方法同时对所有的点进行求和以及对所有的点进行计数的程序。

练习题 17.13　图 17.19 描述了 K-均值聚类应用程序的一个可分割迭代器（spliterator）的 main() 方法。RecursiveClusterTask 类是计算聚类的一个递归 fork-join 任务，RecursiveCenterTask 类是一个计算聚类中心的递归 fork-join 任务。按照图 17.15 的样式，编写实现 RecursiveClusterTask 类和 RecursiveCenterTask 类的代码。

```
1   public static void main(String[] args) {
2     points = readFile("cluster.dat");
3     centers = randomDistinctCenters(points);
4     pool = new ForkJoinPool();
5     double convergence = 1.0;
6     while (convergence > EPSILON) {
7       Spliterator<Point> pointSplit = points
8               .stream()
9               .spliterator();
10      RecursiveClusterTask clusterTask = new RecursiveClusterTask(pointSplit);
11      Map<Integer, Set<Point>> clusters = pool.invoke(clusterTask);
12      Spliterator<Map.Entry<Integer, Set<Point>>> centerSplit = clusters
13              .entrySet()
```

图 17.19　练习题 17.13 中使用的代码

```
14            .stream()
15            .spliterator();
16      RecursiveCenterTask centerTask = new RecursiveCenterTask(centerSplit);
17      Map<Integer, Point> newCenters = pool.invoke(centerTask);
18      convergence = distance(centers, newCenters);
19      centers = newCenters;
20    }
21    displayOutput(centers);
22  }
```

图 17.19 （续）

屏　障

18.1 引言

假设我们正在为一个计算机游戏编写图形显示功能。在我们的程序中准备了一系列的**帧**（frame），以便由一个图形包（可能是硬件协处理器）显示这些帧。这类程序有时被称为**软实时**（soft real-time）应用程序：之所以称之为实时，是因为必须每秒至少显示 35 帧才是有效的；而之所以称之为软，是因为偶尔发生的故障并不会带来灾难性的后果。在一台单线程的机器上，我们可以编写如下形式的循环：

```
while (true) {
  frame.prepare();
  frame.display();
}
```

然而，如果有 n 个可用的并行线程，那么可以将帧拆分为 n 个不相交的部分，并让每个线程与其他线程并行准备自己所负责的部分。

```
int me = ThreadID.get();
while (true) {
  frame[me].prepare();
  frame[me].display();
}
```

但是，采用这种方法存在如下的一个问题：不同的线程需要不同的时间来准备和显示它们自己的部分帧。在其他线程完成显示第（i–1）帧之前，某些线程可能已经开始显示第 i 帧。

为了避免这种同步问题，我们可以将这样的计算组织为一系列的**阶段**（phase），在其他线程完成第（i–1）阶段之前，任何线程都不能开始第 i 个阶段。我们在前文中曾经讨论过这种分阶段式的计算模式：在第 12 章中，排序网络算法要求每个比较阶段与其他阶段分隔开。同样，在样本排序算法中，必须保证前驱阶段完成之后，后继阶段才能够开始运行。

实施这种同步的机制称为**屏障**（barrier，或者称为路障），其接口如图 18.1 所示。屏障是一种强制异步线程的运行像同步线程一样执行的方法。当一个线程完成了第 i 个阶段的任务，然后调用屏障的 await() 方法时，这个线程将被阻塞，直到所有的 n 个线程也完成了这个阶段的任务。图 18.2 描述了如何使用屏障来保证并行图形渲染程序的正常工作。在准备第 i 帧之后，所有线程在开始显示该帧之前必须在一个屏障处同步。这种结构确保同时显示一个帧的所有线程都能显示出同一个帧的内容。

```
1 public interface Barrier {
2   public void await();
3 }
```

图 18.1　屏障 Barrier 接口

屏障的实现会引发许多与第 7 章中的自旋锁相同的性能问题，同时还会引发一些新的问题。显然，屏障应该是快速的，从这个意义上说，我们希望最小化最后一个线程到达屏障和最后一个线程离开屏障之间的时间间隔。线程在大致相同的时刻离开屏障也很重要。线程的**通知时间**（notification time）是某个线程检测到所有线程都已到达屏障和这个特定线程离开屏障之间的时间间隔。对于大多数软实时应用程序来说，具有统一的通知时间是很重要的。例如，如果帧的所有部分能够在差不多相同的时间内被更新，则图像质量将会被提高。

```
1  private Barrier b;
2    ...
3    while (true) {
4      frame[my].prepare();
5      b.await();
6      frame[my].display();
7    }
```

图 18.2　使用屏障同步并发显示

18.2　屏障的实现

图 18.3 描述了简单屏障 SimpleBarrier 类的实现代码，它创建了一个 AtomicInteger 计数器，初始化为 n（即屏障的大小）。每个线程都调用 getAndDecrement() 方法来递减计数器的值。如果调用返回 1（第 10 行代码），那么该线程是最后一个到达屏障的线程，因此程序将重置计数器以供下次使用（第 11 行代码）。否则，线程在计数器上自旋，等待计数器的值降为零（第 13 行代码）。这个屏障类看起来能够正常工作，但实际上却并非如此。

```
1  public class SimpleBarrier implements Barrier { // 错误的实现
2    AtomicInteger count;
3    int size;
4    public SimpleBarrier(int n){
5      count = new AtomicInteger(n);
6      size = n;
7    }
8    public void await() {
9      int position = count.getAndDecrement();
10     if (position == 1) {
11       count.set(size);
12     } else {
13       while (count.get() != 0){};
14     }
15   }
16 }
```

图 18.3　简单屏障 SimpleBarrier 的一种错误实现

令人遗憾的是，如果尝试重用该屏障，那么它将不能正常工作。假设只有两个线程。线程 A 调用计数器的 getAndDecrement() 方法，发现自己不是最后一个到达屏障的线程，于是自旋以等待计数器的值降为 0。当线程 B 到达时，它发现自己是最后一个到达的线程，因此线程 B 将计数器重置为 n（在本例中为 2）。线程 B 完成下一阶段的工作，并调用 await() 方法。与此同时，线程 A 继续自旋；因为线程 A 从未观察到计数器的值降为 0。最后，线程 A 等待阶段 0 完成，而线程 B 等待阶段 1 完成，于是两个线程都会饿死。

也许解决这个问题的最简单的方法是交替使用两个屏障，一个用于偶数阶段，另一个用于奇数阶段。然而，这种方法会浪费空间，并且需要应用程序进行太多的簿记。

18.3　语义反向屏障

语义反向（sense reversing）屏障是解决屏障可重用问题的一种优雅并且实用的方法。如

图 18.4 所示，一个阶段的语义是一个布尔值：对于偶数阶段其值为 true，对于奇数阶段其值为 false。每个语义屏障 SenseBarrier 对象都有一个布尔类型的字段 sense，用来表示当前正在执行阶段的语义。每个线程都将其当前的语义保存为一个线程本地对象（参见“程序注释 18.3.1”）。最初时，屏障的 sense 字段值是所有线程的局部 sense 字段值的布尔取反。当一个线程调用 await() 方法时，它会检查自己是否是最后一个对计数器进行递减的线程。如果是，则该线程会反转屏障的 sense 字段值并继续执行。否则，线程会自旋等待屏障的 sense 字段值改变为与它自己的局部 sense 字段值相匹配。

```
1  public SenseBarrier(int n) {
2    count = new AtomicInteger(n);
3    size = n;
4    sense = false;
5    threadSense = new ThreadLocal<Boolean>() {
6      protected Boolean initialValue() { return !sense; };
7    };
8  }
9  public void await() {
10   boolean mySense = threadSense.get();
11   int position = count.getAndDecrement();
12   if (position == 1) {
13     count.set(size);
14     sense = mySense;
15   } else {
16     while (sense != mySense) {}
17   }
18   threadSense.set(!mySense);
19 }
```

图 18.4　语义屏障 SenseBarrier：一种语义反向屏障

对共享计数器值的递减可能会导致内存争用，因为所有的线程几乎会同时尝试访问计数器。一旦计数器值已被递减，每个线程都会在 sense 字段上自旋。这种实现非常适合于缓存一致的体系结构，因为线程在本地缓存的字段副本上自旋，并且只有当线程准备离开屏障时，该字段的值才会被修改。sense 字段是一种在对称的缓存一致的多处理器上保持统一通知时间的完美方法。

程序注释 18.3.1

如图 18.4 所示，语义反向屏障的构造函数代码是非常直观的。然而，第 5 行代码和第 6 行代码稍微有些复杂，这些代码用于初始化线程本地的 threadSense 字段的值。这个稍显复杂的语法定义了一个线程本地布尔值，其初始值是 sense 字段初始值的布尔取反。有关 Java 中线程本地对象的更完整解释，请参见附录 A.2.4。

18.4　组合树屏障

减少内存争用（以增加延迟为代价）的一种方法是使用第 12 章的组合模式。将一个较大的屏障拆分为由较小的屏障组成的树，并让线程沿着树向上组合请求，并沿着树向下分布通知。如图 18.5 所示，**树屏障**（tree barrier）的特征包括：一个**大小**（size）n，即线程总数；一个**基**（radix）r，即每个节点的子节点数。为了方便起见，我们假设正好有 $n=r^{d+1}$ 个线程，其中 d 是树的深度。

```
1  public class TreeBarrier implements Barrier {
2    int radix;
3    Node[] leaf;
4    ThreadLocal<Boolean> threadSense;
5    ...
6    public void await() {
7      int me = ThreadID.get();
8      Node myLeaf = leaf[me / radix];
9      myLeaf.await();
10   }
11   ...
12 }
```

图 18.5　树屏障 TreeBarrier 类：每个线程索引到一个由叶子节点构成的数组中，并调用该叶子节点的 await() 方法

具体地说，组合树屏障是一个由节点构成的树。就像语义反向屏障一样，树中的每个节点都包含一个计数器和一个**语义**（sense）。节点的实现如图 18.6 所示。线程 i 从叶子节点 $\lfloor i/r \rfloor$ 开始。该节点的 await() 方法类似于语义反向屏障的 await() 方法，主要的区别在于最后到达的线程（即完成屏障的线程）在唤醒其他线程之前访问父屏障。当 r 个线程到达根节点时，屏障就完成了，并且将语义反转。与前面一样，线程本地的布尔值 sense 允许在不重新初始化的情况下重用屏障。

```
13   private class Node {
14     AtomicInteger count;
15     Node parent;
16     volatile boolean sense;
17
18     public Node() {
19       sense = false;
20       parent = null;
21       count = new AtomicInteger(radix);
22     }
23     public Node(Node myParent) {
24       this();
25       parent = myParent;
26     }
27     public void await() {
28       boolean mySense = threadSense.get();
29       int position = count.getAndDecrement();
30       if (position == 1) {  // 这是最后一个到达的线程
31         if (parent != null) { // 这是根节点吗?
32           parent.await();
33         }
```

图 18.6　树屏障 TreeBarrier 类：内部的树节点类

```
34          count.set(radix);
35          sense = mySense;
36        } else {
37          while (sense != mySense) {};
38        }
39        threadSense.set(!mySense);
40      }
41    }
42  }
```

图 18.6 （续）

树结构的屏障通过将内存的访问分散到多个屏障上来减少内存争用。这种屏障机制是否能够减少时延则取决于是递减单个位置的计数器快还是访问对数级别数量的屏障快。

一旦根节点的屏障完成，根节点将通知沿着树向下渗透。这种方法适合于非均衡存储访问模型 NUMA 体系结构，但有可能会导致通知时间不统一。由于线程在树上移动时访问的位置序列不可预测，因此这种方法在无缓存非均衡存储访问模型 NUMA 体系结构上有可能效果并不理想。

程序注释 18.4.1

树节点被声明为树屏障类的一个内部类，因此不能在类外部访问各个节点。如图 18.7 所示，通过递归的 build() 方法初始化树。该方法以父节点和深度为参数。如果深度不为 0，则创建 radix 个子节点，并递归创建子节点的子节点。如果深度为 0，则将每个节点放置在一个 leaf[] 数组中。当一个线程进入屏障时，就使用这个数组来选择一个叶子节点作为起始。有关 Java 内部类的更完整讨论，请参见附录 A.2.1。

```
43  public class TreeBarrier implements Barrier {
44    int radix;
45    Node[] leaf;
46    int leaves;
47    ThreadLocal<Boolean> threadSense;
48
49    public TreeBarrier(int n, int r) {
50      radix = r;
51      leaves = 0;
52      leaf = new Node[n / r];
53      int depth = 0;
54      threadSense = new ThreadLocal<Boolean>() {
55        protected Boolean initialValue() { return true; };
56      };
57      // 计算树的深度
58      while (n > 1) {
59        depth++;
60        n = n / r;
61      }
```

图 18.7 树屏障 TreeBarrier 类：初始化一个组合树屏障。build() 方法为每个节点创建 r 个子节点，然后递归地创建子节点的子节点。在最底层，将叶子节点排列成一个数组

```
62      Node root = new Node();
63      build(root, depth - 1);
64    }
65    // 递归树构造函数
66    void build(Node parent, int depth) {
67      if (depth == 0) {
68        leaf[leaves++] = parent;
69      } else {
70        for (int i = 0; i < radix; i++) {
71          Node child = new Node(parent);
72          build(child, depth - 1);
73        }
74      }
75    }
76    ...
77  }
```

图 18.7 （续）

18.5 静态树屏障

到目前为止，所讨论的屏障要么存在争用（简单的和语义反向屏障），要么存在过量的通信（组合树屏障）。在组合树屏障中，线程向上遍历树是变化的并且不可预测的，这使得在无缓存非均衡存储访问模型 NUMA 体系结构上设置屏障变得困难。令人惊讶的是，存在另一种简单的屏障，它允许静态布局，而且争用率低。

图 18.8 中的**静态树屏障**（static tree barrier）的工作原理如下：每个线程被分配到树中的一个节点（图 18.9）。节点上的线程等待树中该节点下面的所有节点完成，然后通知其父节点。然后线程自旋等待**全局语义位**（global sense bit）被改变。一旦根节点得知它的子节点已经完成，根节点就会反转全局语义位，将“所有线程都已经完成”的消息通报给等待的线程。在一个缓存一致的多处理器上，完成这种屏障的操作需要向上移动 log(n) 步，而通知行为只需要简单地更改全局语义，由缓存一致机制来传播。在不具有缓存一致性的机器上，线程将采用前文所讨论的组合屏障的方式，沿着树向下传播通知。

```
1  public class StaticTreeBarrier implements Barrier {
2    int radix;
3    boolean sense;
4    Node[] node;
5    ThreadLocal<Boolean> threadSense;
6    int nodes;
7
8    public StaticTreeBarrier(int size, int myRadix) {
9      radix = myRadix;
10     nodes = 0;
11     node = new Node[size];
12     int depth = 0;
13     while (size > 1) {
```

图 18.8 静态树屏障 StaticTreeBarrier 类：每个线程索引到一个静态指定的树节点，并调用该节点的 await() 方法

```
14       depth++;
15       size = size / radix;
16     }
17     build(null, depth);
18     sense = false;
19     threadSense = new ThreadLocal<Boolean>() {
20       protected Boolean initialValue() { return !sense; };
21     };
22   }
23   // 递归树构造函数
24   void build(Node parent, int depth) {
25     if (depth == 0) {
26       node[nodes++] = new Node(parent, 0);
27     } else {
28       Node myNode = new Node(parent, radix);
29       node[nodes++] = myNode;
30       for (int i = 0; i < radix; i++) {
31         build(myNode, depth - 1);
32       }
33     }
34   }
35   public void await() {
36     node[ThreadID.get()].await();
37   }
38 }
```

图 18.8 （续）

```
39     public Node(Node myParent, int count) {
40       children = count;
41       childCount = new AtomicInteger(count);
42       parent = myParent;
43     }
44     public void await() {
45       boolean mySense = threadSense.get();
46       while (childCount.get() > 0) {};
47       childCount.set(children);
48       if (parent != null) {
49         parent.childDone();
50         while (sense != mySense) {};
51       } else {
52         sense = !sense;
53       }
54       threadSense.set(!mySense);
55     }
56     public void childDone() {
57       childCount.getAndDecrement();
58     }
```

图 18.9 静态树屏障 StaticTreeBarrier 类：内部节点（Node）类

18.6 终止检测屏障

到目前为止，我们讨论的所有屏障都是针对按阶段组织的计算，其中，每个线程完成一个阶段的工作，到达屏障，然后开始一个新阶段的工作。

然而，还存在着另外一类有趣的程序，其中每个线程都完成它自己的部分计算，只有在另一个线程生成新的工作时才能继续工作。这种程序的一个例子是第 16 章中讨论的简化的工作窃取执行器池（图 18.10）。一旦线程完成了其本地队列中的任务，这个线程就会尝试从其他线程的队列中窃取工作。execute() 方法本身可能会将新任务**推入**（push，即入队）到调用线程的本地队列中。一旦所有线程完成了其队列中的所有任务，这些线程将保持一直运行，同时不断地尝试窃取任务。但是，我们希望设计一个**终止检测**（termination detection）屏障，以便这些线程在完成所有任务后都可以立刻终止。

```
1  public class WorkStealingThread {
2    DEQue[] queue;
3    public WorkStealingThread(DEQue[] queue) {
4      this.queue = queue;
5    }
6    public void run() {
7      int me = ThreadID.get();
8      RecursiveAction task = queue[me].popBottom();
9      while (true) {
10       while (task != null) {
11         task.compute();
12         task = queue[me].popBottom();
13       }
14       while (task == null) {
15         int victim = ThreadLocalRandom.current().nextInt(queue.length);
16         if (!queue[victim].isEmpty()) {
17           task = queue[victim].popTop();
18         }
19       }
20     }
21   }
22 }
```

图 18.10　工作窃取执行器池（第 16 章的回顾）

每个线程要么是**活动的**（线程有一个需要执行的任务），要么是**非活动的**（线程没有需要执行的任务）。请注意，只要某个线程处于活动状态，任何非活动线程都有可能变为活动线程，因为非活动线程可能会从活动线程那里窃取一个任务。一旦所有的线程都变为非活动线程，那么就不会再有线程变为活动的线程了。因此，检测整个计算是否已经终止的问题就是判断在某个时刻不再有任何活动的线程。

迄今为止讨论的所有屏障算法都不能解决这个问题。因为线程可能会反复地在非活动状态和活动状态之间转换，所以不能通过让每个线程宣布它已变为非活动状态来简单地统计非活动状态的线程的数量从而终止检测。例如，假设有三个工作窃取线程 A、B 和 C。我们希望线程能够从第 9 行代码的循环中退出。一个错误的策略会为每个线程分配一个布尔值，指示它是活动状态还是非活动状态。当线程 A 变为非活动状态时，它可能观察到线程 B 也处于非活动状态，然后观察到线程 C 也处于非活动状态。然而，线程 A 不能断定出整个计算是否已经完成，因为线程 B 可能在线程 A 检查线程 B 之后，但在检查线程 C 之前，从线程

C 窃取了任务。

图 18.11 所示的**终止检测屏障**（termination detection）提供了 setActive(v) 方法和 isTerminated() 方法。当一个线程变为活动状态时，会调用 setActive(true) 方法通知屏障；当线程变为非活动状态时，会调用 setActive(false) 方法通知屏障。当且仅当所有线程在某个较早的时刻都处于非活动状态时，isTerminated() 方法才返回 true。图 18.12 描述终止检测屏障的一个简单实现代码。

```
1  public interface TDBarrier {
2    void setActive(boolean state);
3    boolean isTerminated();
4  }
```

图 18.11　终止检测屏障的接口

```
1  public class SimpleTDBarrier implements TDBarrier {
2    AtomicInteger count;
3    public SimpleTDBarrier(int n){
4      count = new AtomicInteger(n);
5    }
6    public void setActive(boolean active) {
7      if (active) {
8        count.getAndIncrement();
9      } else {
10       count.getAndDecrement();
11     }
12   }
13   public boolean isTerminated() {
14     return count.get() == 0;
15   }
16 }
```

图 18.12　一个简单的终端检测屏障

屏障包含一个 AtomicInteger 字段，初始化为 0。当一个线程变为活动状态时，将递增计数器（第 8 行代码），当一个线程变为非活动状态时，将递减计数器（第 10 行代码）。当计数器达到 0（第 14 行代码）时，计算被视为已终止。

终止检测屏障只有在正确使用时才能工作正常。图 18.13 描述了如何修改工作窃取线程的 run() 方法，以便在计算终止时返回。最初时，每个线程都注册为活动状态（第 3 行代码）。一旦线程完成了它的本地队列，该线程就会被注册为非活动状态（第 10 行代码）。但是，在这个线程尝试窃取新任务之前，它必须注册为活动状态（第 14 行代码）。如果窃取新任务失败，该线程将再次注册为非活动状态（第 17 行代码）。

请注意，一个线程在窃取任务之前会将其状态设置为活动状态。否则，如果一个线程要在非活动状态下窃取一个任务，那么其任务被窃取的线程也可能声明自己为非活动状态，从而导致在计算继续时所有线程都声明自己为非活动状态。

这里有一个微妙的细节：一个线程在尝试窃取任务之前测试队列是否为空（第 13 行代码）。这样，如果窃取任务没有成功的可能性，该线程就不会声明自己处于活动状态。如果没有这种预防措施，线程就可能检测不到终止，因为每个线程都会在注定要失败的窃取尝试之前反复切换到活动状态。

```
1  public void run() {
2    int me = ThreadID.get();
3    tdBarrier.setActive(true);
4    RecursiveAction task = queue[me].popBottom();
5    while (true) {
6      while (task != null) {
7        task.compute();
8        task = queue[me].popBottom();
9      }
10     tdBarrier.setActive(false);
11     while (task == null) {
12       int victim = ThreadLocalRandom.current().nextInt(queue.length);
13       if (!queue[victim].isEmpty()) {
14         tdBarrier.setActive(true);
15         task = queue[victim].popTop();
16         if (task == null) {
17           tdBarrier.setActive(false);
18         }
19       }
20       if (tdBarrier.isTerminated()) {
21         return;
22       }
23     }
24   }
25 }
26 }
```

图 18.13　工作窃取执行者池：带有终止检测机制的 run() 方法

正确使用终止检测屏障必须同时满足安全特性和活跃特性。安全特性是指如果 isTerminated() 方法返回 true，那么计算实际上已经终止。安全特性要求任何活动线程都不能声明自己处于非活动状态，因为它可能触发错误的终止检测。例如，如果线程仅在成功地窃取任务之后才声明自己处于活动状态，那么图 18.13 中的工作窃取线程将是不正确的。相反，非活动线程声明自己为活动状态，线程则是安全的，如果线程在第 15 行代码处的窃取任务失败，则可能发生这种情况。

活跃特性是指如果计算终止，那么 isTerminated() 方法最终返回 true。（没有必要立即检测到终止。）如果一个非活动线程声明自己处于活动状态，则不会危及安全，但是如果一个未能成功窃取工作的线程未能再次声明自己处于非活动状态（第 15 行代码），则会违反活跃特性，因为在发生终止时将不会被检测到。

18.7　章节注释

John Mellor-Crummey 和 Michael Scott[124] 给出了几种屏障算法的概述，但他们提供的性能数据有些过时。组合树屏障基于 John Mellor-Crummey 和 Michael Scott [124] 的代码，后者又基于 Pen-Chung Yew、Nian-Feng Tzeng 和 Duncan Lawrie [168] 的组合树算法。**传播屏障**（dissemination barrier）归功于 Debra Hensgen、Raphael Finkel 和 Udi Manber[64]。练习题中使用

的**竞赛树屏障**（tournament tree barrier）归功于 John Mellor-Crummey 和 Michael Scott [124]。简单屏障和静态树屏障很可能来自民间传说。我们从 Beng-Hong Lim 了解了关于静态树屏障的知识。终止检测屏障及其在执行者池中的应用基于 Peter Kessler 对 Dave Detlefs、Christine Flood、Nir Shavit 和 Xiolan Zhang[47] 算法的改进。

18.8 练习题

练习题 18.1 图 18.14 描述了如何使用屏障实现在异步体系结构上的一个并行前缀计算。

所谓的**并行前缀计算**（parallel prefix），就是给定一个数值序列 $a_0, \cdots, a_{m-1}$ 并行计算以下的部分和：

$$b_i = \sum_{j=0}^{i} a_j$$

在一个同步系统中，所有线程同时进行计算，对于 m 个线程，存在一些简单的众所周知的算法，以时间复杂度为 $\log m$ 的方式计算部分和。计算从第 0 轮开始，依次进行一系列轮次的求和。在第 r 轮中，如果 $i \geqslant 2^r$，则线程 i 将 $a[i-2^r]$ 处的值读入一个局部变量中。接下来，线程将该值累加到 $a[i]$。各轮循环一直持续到 $2^r \geqslant m$ 为止。不难看出，在 $\log_2(m)$ 轮循环之后，数组 a 包含部分和的结果。

1. 如果在 $n > m$ 个线程上执行并行前缀计算，会出现什么错误？
2. 为这个程序添加一个或者多个屏障，使其在具有 n 个线程的并发设置中正常工作。所需的最小屏障数量是多少？

```
1  class Prefix extends java.lang.Thread {
2    private int[] a;
3    private int i;
4    public Prefix(int[] myA, int myI) {
5      a = myA;
6      i = myI;
7    }
8    public void run() {
9      int d = 1, sum = 0;
10     while (d < m) {
11       if (i >= d)
12         sum = a[i-d];
13       if (i >= d)
14         a[i] += sum;
15       d = d * 2;
16     }
17   }
18 }
```

图 18.14 并行前缀计算

练习题 18.2 修改语义反向屏障的实现，以便等待线程调用 wait() 方法，而不是自旋。

- 请举出一个执行实例，在该执行实例中挂起线程比自旋更好。
- 请举出一个执行实例，在该执行实例中自旋比挂起线程更好。

练习题 18.3 修改树屏障的实现，使其接受一个 Runnable 对象，该对象的 run() 方法在最后一个线程到达屏障之后，但在任何线程离开屏障之前被调用一次。

练习题 18.4 修改组合树屏障，以便节点可以使用任何屏障的实现，而不仅仅是只能使用语义反向屏障。

练习题 18.5 **竞赛树屏障**（tournament tree barrier，图 18.15 中的 TourBarrier 类）是树结构屏障的另一种形式。假设有 n 个线程，其中 n 是 2 的整数次幂。该树是一个由 $2n-1$ 个节点组成的二叉树。每个叶子节点都由一个静态确定的线程所拥有。每个节点的两个子节点作为**伙伴节点**（partner）连接在一起。一个伙伴被静态地指定为**主动状态**（active），另一个则被指定为**被动状态**（passive）。图 18.16 描述了这种树结构。

```
1  private class Node {
2    volatile boolean flag;    // 指示完成的信号标志
3    boolean active;           // 主动状态还是被动状态?
4    Node parent;              // 父节点
5    Node partner;             // 伙伴节点
6    // 创建被动节点
7    Node() {
8      flag    = false;
9      active = false;
10     partner = null;
11     parent = null;
12   }
13   // 创建主动节点
14   Node(Node myParent) {
15     this();
16     parent = myParent;
17     active = true;
18   }
19   void await(boolean sense) {
20     if (active) { // 主动状态时
21       if (parent != null) {
22         while (flag != sense) {}; // 等待伙伴节点
23         parent.await(sense);   // 等待父节点
24         partner.flag = sense;  // 通知伙伴节点
25       }
26     } else {                   // 被动状态时
27       partner.flag = sense;    // 通知伙伴节点
28       while (flag != sense) {}; // 等待伙伴节点
29     }
30   }
31 }
```

图 18.15　竞赛屏障 TourBarrier 类

每个线程在一个线程本地变量中保存当前的语义。当一个线程到达一个被动节点时，该线程会将其主动伙伴的 sense 字段值设置为当前语义，并在该线程自己的 sense 字段上自旋，直到它的伙伴节点将该字段的值更改为当前语义为止。当一个线程到达一个主动节点时，该线程会在它自己的 sense 字段上自旋，直到它的被动伙伴节点将该字段的值设置为当前语义为止。当这个字段被更改时，这个特定的屏障就完成了，并且主动线程沿着父节点的引用到达它的父节点。请注意，某一个层的主动线程在下一个层上可能会变为被动线程。

当根节点屏障完成时，通知会沿着树向下渗透。每个线程沿着树向下移动，将其伙伴的 sense 字段设置为当前语义。

- 竞赛树屏障对图 18.5 的组合树屏障进行了一定的改进，试解释原因。
- 竞赛树屏障的代码使用 parent 引用和 partner 引用来导航树。我们可以通过消除这些字段并将所有节点保留在一个单独的数组中来节省空间，树的根节点位于索引 0，根节点的子节点位于索引 1 和 2，孙子节点位于索引 3-6，依此类推。请重新实现竞赛树屏障，使用索引算法代替引用来导航树。

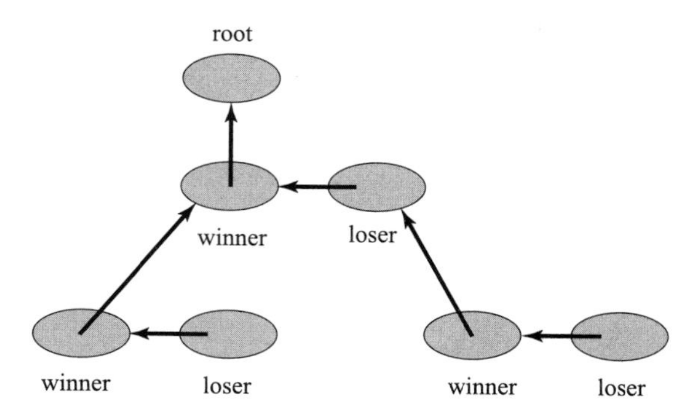

图 18.16 竞赛屏障 TourBarrier：信息流。节点被静态地配对为主动节点 / 被动节点对。线程从叶子节点开始。主动节点中的每个线程都会等待其被动伙伴出现，然后继续沿着树向上遍历。每个被动线程等待其主动伙伴的完成通知。一旦一个主动线程到达根目录，那么所有线程都已到达，通知则以相反的顺序沿着树向下流动

练习题 18.6 组合树屏障对整个屏障使用单独的线程本地的语义字段。假设我们将线程本地语义与每个节点相关联，如图 18.17 所示。请回答以下问题：

- 请解释为什么这个实现除了需要消耗更多的内存外，基本上等价于原来的实现。
- 或者，请给出一个反例，说明该实现是不正确的。

```
1  private class Node {
2    AtomicInteger count;
3    Node parent;
4    volatile boolean sense;
5    int d;
6    // 构造根节点
7    public Node() {
8      sense = false;
9      parent = null;
10     count = new AtomicInteger(radix);
11     ThreadLocal<Boolean> threadSense;
12     threadSense = new ThreadLocal<Boolean>() {
13       protected Boolean initialValue() { return true; };
14     };
15   }
16   public Node(Node myParent) {
17     this();
18     parent = myParent;
19   }
20   public void await() {
21     boolean mySense = threadSense.get();
22     int position = count.getAndDecrement();
23     if (position == 1) { // 当线程为最后达到的线程时
24       if (parent != null) { // 是否为根节点?
25         parent.await();
26       }
```

图 18.17 线程本地树屏障

```
27          count.set(radix);  // 重置计数器
28          sense = mySense;
29        } else {
30          while (sense != mySense) {};
31        }
32        threadSense.set(!mySense);
33      }
34    }
```

图 18.17 （续）

练习题 18.7　树屏障是“自下而上”的工作方式，即屏障的完成是从叶子节点向上移动到根节点，而唤醒信息的操作则从根节点向下移动到叶子节点。图 8.18 和图 18.19 描述了另一种设计，称为**反向树屏障**（reverse tree barrier），其工作原理与树屏障一样，只是屏障完成的操作从根节点开始向下移动到叶子节点。请回答以下问题：

- 请解释该实现为什么是正确的，可能的方法是可以考虑通过把反向树屏障归约到标准的树屏障。
- 或者，请给出一个反例，说明该实现是不正确的。

```
1   public class RevBarrier implements Barrier {
2     int radix;
3     ThreadLocal<Boolean> threadSense;
4     int leaves;
5     Node[] leaf;
6     public RevBarrier(int mySize, int myRadix) {
7       radix = myRadix;
8       leaves = 0;
9       leaf = new Node[mySize / myRadix];
10      int depth = 0;
11      threadSense = new ThreadLocal<Boolean>() {
12        protected Boolean initialValue() { return true; };
13      };
14      // 计算树的深度
15      while (mySize > 1) {
16        depth++;
17        mySize = mySize / myRadix;
18      }
19      Node root = new Node();
20      root.d = depth;
21      build(root, depth - 1);
22    }
23    // 递归树构造器
24    void build(Node parent, int depth) {
25      // 是否位于叶子节点?
26      if (depth == 0) {
27        leaf[leaves++] = parent;
28      } else {
29        for (int i = 0; i < radix; i++) {
30          Node child = new Node(parent);
31          child.d = depth;
32          build(child, depth - 1);
33        }
34      }
35    }
```

图 18.18　反向树屏障代码（第 1 部分）

```
36    public void await() {
37      int me = ThreadInfo.getIndex();
38      Node myLeaf = leaf[me / radix];
39      myLeaf.await(me);
40    }
41    private class Node {
42      AtomicInteger count;
43      Node parent;
44      volatile boolean sense;
45      int d;
46      // 构造根节点
47      public Node() {
48        sense = false;
49        parent = null;
50        count = new AtomicInteger(radix);
51      }
52      public Node(Node myParent) {
53        this();
54        parent = myParent;
55      }
56      public void await(int me) {
57        boolean mySense = threadSense.get();
58        // 先访问父节点
59        if ((me % radix) == 0) {
60          if (parent != null) { // 是否为根节点?
61            parent.await(me / radix);
62          }
63        }
64        int position = count.getAndDecrement();
65        if (position == 1) {  // 当线程为最后到达的线程时
66          count.set(radix);   // 重置计数器
67          sense = mySense;
68        } else {
69          while (sense != mySense) {};
70        }
71        threadSense.set(!mySense);
72      }
73    }
74  }
```

图 18.19 反向树屏障代码（第 2 部分）：正确还是错误？

练习题 18.8 使用一个 n-线计数网络和一个布尔变量实现一个 n-线程可重用屏障。请使用示意图证明该屏障能够正确工作。

练习题 18.9 **传播屏障**（dissemination barrier）是一种对称屏障的实现，其中线程仅使用加载和存储在静态分配的本地缓存位置上自旋。如图 18.20 所示，该算法在一系列轮次的循环中运行。在第 r 轮循环中，线程 i 通知线程 $i+2^r \pmod n$(其中 n 是线程数)，并等待来自线程 $i-2^r \pmod n$）的通知。

请问，这个协议要运行多少轮循环才能实现一个屏障？如果 n 不是 2 的次幂呢？请证明你的答案是正确的。

练习题 18.10 给出一个可重用的传播屏障的 Java 实现。

提示：考虑同时跟踪当前阶段的奇偶性和语义字段。

练习题 18.11 创建一个表，汇总并比较静态树、组合树和传播屏障中的操作的总步数。

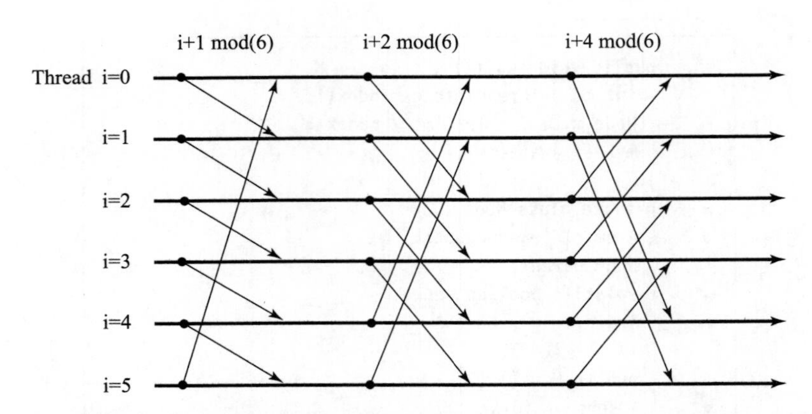

图 18.20　传播屏障中的通信。在每一个第 r 轮循环中，线程 i 与线程 $i+2^r$（mod n）通信

练习题 18.12　你能为执行者池设计一个“分布式”终止检测算法吗？在这个算法中，线程不会重复更新或者测试终止的中心位置，而是只使用局部非竞争变量？变量可以是无界的，但是要求状态更改的时间复杂度为常数（因此不能并行化共享计数器）。

提示：基于第 4 章的原子快照算法进行修改。

练习题 18.13　在终止检测屏障中，在窃取任务之前，线程的状态被设置为活动状态；否则，窃取线程可能被声明为非活动状态；然后，线程将窃取一个任务，在将其状态设置回活动状态之前，被它窃取任务的线程可能会变为非活动线程。这将导致一种不希望出现的情况，即所有线程都被声明为非活动线程，而计算仍在继续进行。你能否设计一个可终止的执行者池，在该池中，线程的状态仅在成功地窃取一项任务后才被设置为活动的状态？

乐观主义和手动内存管理

在本书的剩余章节中，我们将重点讨论在使用 C++ 程序设计语言来创建并发软件时所遇到的挑战和机遇。C++ 提供了大量的并发性支持，包括语言级线程、锁、内存一致性模型和 atomic< >模板，但是它缺少 Java 的自动内存管理（也就是垃圾收集机制），以及随之产生的内存安全保证。在本章中，我们将重点讨论当程序员负责显式地管理内存时，乐观同步所面临的挑战。

19.1 从 Java 过渡到 C++

C++ 和 Java 的语法非常相似（并非巧合）。两者都使用 new 关键字分配内存，都使用 class 关键字声明类型，并且许多基本类型（例如 int、float、double）都是相同的。

C++ 和 Java 一个显著的区别在于 volatile 字段。Java 语言通过 volatile 关键字和 java.util.concurrent 包支持该功能；而 C++ 则是通过 std::atomic< >模板（在 <atomic> 头文件中定义）支持该功能。std::atomic< >模板可以定义类型为 *T* 的**原子对象**（atomic object），因此我们可以很容易地定义与 AtomicInteger 和 AtomicReference 等价的对象。定义一个原子寄存器数组也很容易，因为 C++ 程序员可以在指针和整数之间进行类型转换，所以我们也可以使用 std::atomic< >实现 AtomicMarkableReference。“程序注释 19.1.1”中给出了若干示例。

程序注释 19.1.1

在 C++ 中，要求使用 std::atomic<> 模板声明原子变量。

```
1  #include <cstdint> // 目的是为了使用uintptr_t类型
2  #include <atomic> // 目的是为了使用std::atomic
3
4  // 指向一个对象的原子指针
5  std::atomic<Object *> ptr;
6
7  // 指向一系列对象的原子指针数组
8  std::atomic<Object *> *arr;
9
10 // 指向一系列对象的原子指针数组的原子指针
11 std::atomic<std::atomic<Object *> *> arr_ptr;
12
13 // 读取一个原子变量
14 Object *ref = ptr.load();
15
16 // 存储到一个原子变量中
17 ptr.store(ref);
18
19 // 标记指针的低位
20 ptr.store((Object *)(1 | (uintptr_t)ptr.load()));
21
22 // 取消标记指针的低位
```

```
23  ptr.store((Object *)((~1) & (uintptr_t)ptr.load()));
24
25  // 检查指针的低位
26  bool marked = (1 & (uintptr_t)ptr.load());
27
28  // 当指针的低位可能被标记时，安全地解引用指针
29  *(Object *)((~1) & (uintptr_t)ptr.load());
```

uintptr_t 类型是一个无符号整数，确保与指针的位数相同：它有助于在 32 位和 64 位环境中运行的代码中，指针和整数之间进行强制转换。一般来说，在指针和整数之间进行强制转换是不安全的；仅当算法需要一个标记位时才使用强制转换，这个标记位针对指针被原子修改。

原子对象的 load() 方法和 store() 方法接受一个可选参数，当访问对象时，可以使用该参数来放松保证内存顺序操作的条件。在本章中，我们不会提供这样的参数，因此总是使用其默认值，默认值提供最强的保证（这就是线性一致性的能力）。

19.2 乐观主义和显式回收

在这本书的大部分内容中，我们描述的乐观技术基于以下假设：如果一个操作 O_1 的可线性化导致一些其他挂起的操作 O_p 重新启动，那么如果 O_p 需要一些时间来发现自己已经无效，并且必须从头开始重试，那么不会有任何不良后果。在 Java 和 C# 等具有自动内存回收（垃圾回收）功能的语言中，这种假设是合理的。但是，在 C++ 中，注定要重试的操作可能会导致不良后果。

问题的本质在于，在 C++ 中，仅仅持有指向对象的指针并不保证使用该对象是安全的：如果另一个线程回收与该对象对应的内存（使用 delete 操作或者 free 操作），那么所有的假设都将失败。考虑图 19.1 中的交错执行，其中线程 T_1 读取保存值 7 的节点的下一个指针。线程 T_2 删除保存值 8 的节点，然后在将来的某个时刻，线程 T_1 尝试对指针进行解引用。被删除对象的内存将被程序中的线程 T_1 以某种方式访问，这是不正确的；或者被删除对象的内存可以返回到操作系统，这些都有可能导致许多难以追踪的错误。下面列出了几种最常见的情况。

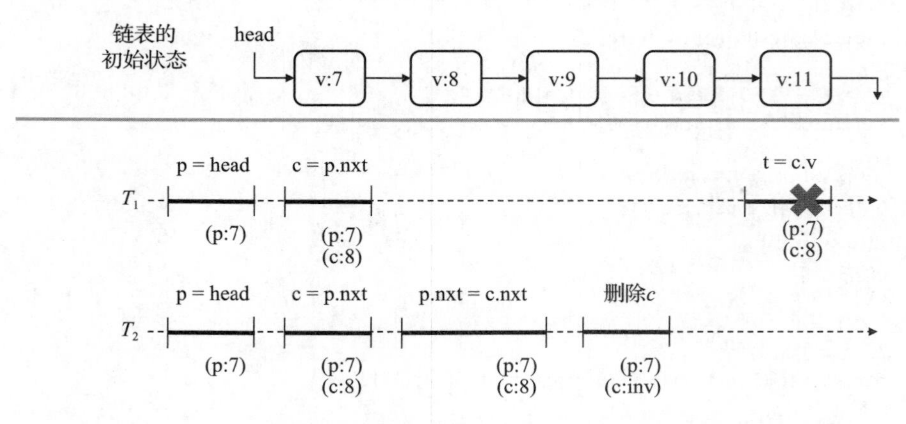

图 19.1 两个线程并发访问一个惰性列表

第一种情况。线程 T_2 可能调用 new 操作来创建一个同一类型的不同的对象，并且对 new 操作的调用可能返回了以前存储 8 的相同内存区域。线程 T_2 可能仍在初始化（构造）对象，在这种情况下，线程 T_1 对节点的访问将产生未定义的行为。

第二种情况。假设线程 T_2 调用 new 操作来构造一个值为 25 的新节点，并将其插入到列表中。如果线程 T_1 正在搜索 9，那么可能会得出如下的结论：持有 7 的节点指向持有 25 的节点，因此 9 不在列表中。

第三种情况。另一个线程 T_3 可能会调用 new 操作来创建一个完全不同类型的对象。如果 new 操作返回以前存储 8 的内存区域，那么线程 T_3 对该对象的访问将与线程 T_1 使用与列表节点相同的内存的无效尝试发生争用现象。这些争用现象违反了类型安全，并且完全依赖于内存分配器关于何时将删除的内存分配给不同线程的低级决定。

第四种情况。内存分配器可以决定将内存区域返回给操作系统。在这种情况下，线程 T_1 的任何后续访问都将导致一个分段错误。

注意，在以上所有的情况下，线程 T_1 都可能表现出不正确或者危险的行为。在使用 C++ 语言编写的人工内存回收程序设计语言中，如果要使用乐观算法，则需要我们密切关注一个程序运行历史中挂起的所有操作，并为避免上述不良行为建立一个充分的条件。在这一章中，我们将首先推导出在 C 和 C++ 中使用乐观算法的一个充分条件，然后再具体探讨两种实现方式。

19.3 保护挂起的操作

当一个内存区域被回收时，程序员无法知晓该内存区域将被如何重用，甚至不知道它是否会被重用。为了开发一个通用的解决方案来防止上一节中描述的争用现象，第一步需要认识到当内存区域被回收（通过 free 操作或者 delete 操作）时可能产生这种争用现象。我们将回收内存区域的行为定义为与对该内存区域的任何并发访问的争用行为。我们可以通过推迟回收内存来阻止这些争用。如果考虑并发数据结构上的挂起操作，一个充分条件是：*只有在将来任何挂起的操作都不可能访问某处内存时，才能回收该处内存。*

在一个具有自动内存管理的语言中，这个特性可以通过**垃圾回收器**（garbage collector）来保证。垃圾回收器跟踪程序中分配的每个对象的每个引用。这些引用可以在堆、线程栈或者线程寄存器中。当一个对象不存在任何一个对它的引用时，就可以回收该对象，因为该对象再也不能被访问。

这个特性也是通过**引用计数**（reference counting）来实现的。在列表的一个引用计数实现中，每个节点与一个 atomic<int> 类型的计数器相关联。每当创建对节点 N 的一个引用（在局部变量中或者通过将其他节点的下一个指针指向 N）时，必须首先递增计数器的值。每当一个对 N 的引用被删除时（例如，通过覆盖一个局部变量），计数器随后将被递减。当计数器的值达到零时，说明对节点不存在未完成的引用，因此可以回收该节点。

C++ 支持通过 std::atomic_shared_ptr< > 模板进行引用计数。为了使用这个模板，线程不会创建 Node * 类型的局部变量，而是使用 std::atomic_shared_ptr<Node *> 类型的局部变量。类似地，节点的下一个指针的类型必须是 std::atomic_shared_ptr<Node *>。

其内部原理是，std::atomic_shared_ptr<Node *> 引入了两个开销。首先，与 std::atomic_shared_ptr<Node *> 关联的引用计数必须存储在堆上。每个列表节点对应一个 std::atomic_shared_ptr<Node *>，因此在列表的遍历期间，引用计数将所访问的内存位置数量增加了一倍。幸运的是，这种开销只影响时延，并不影响可伸缩性。然而，第二个开销会影响可伸缩性。读取节点的每个线程都必须首先递增节点的引用计数；然后，一旦不再需要该节点，就必须递减节点的引用计数。在链表中，每次遍历都引用相同的列表节点前缀。对于每个节点，每个线程将向计数器写入两次，而且正如我们所知，对同一位置的并发写入会导致缓存争用现象。

在构建更具可伸缩性的方法之前，需要明白引用计数为什么能够正确工作。通过在访问节点之前递增与节点关联的计数器，这种操作可以确保其他线程知道其使用该节点的意图。作为响应，其他线程承诺如果计数不为零，则不会回收节点。作为这种对保护进行保证的交换，如果操作发现（在减少计数器时）它禁止了其他线程的回收，那么该操作将承担回收节点的责任。

因此，可以认为引用计数承担了两个角色：它允许操作保护一个节点不被并发删除，并且允许线程委托一个节点的回收。虽然委托意味着一个节点不会立即被回收，但从删除线程的角度来看，它会在不违反安全性的情况下尽快回收节点。

允许操作保护一个节点不被并发删除是正确的，但是要求删除线程来推迟回收，而不是委派给另一个线程。也就是说，如果一个内存区域有未完成的引用，那么删除操作就不会立即回收节点。相反，会将把节点放入某个集合中，然后定期查询集合中是否没有剩余引用的节点。当找到这样的节点时，可以立即将其回收并从集合中删除。

我们可以把这个策略看作是一种细粒度的垃圾回收，程序员可以控制哪些内存区域被立即回收，哪些内存区域被延迟回收。

我们可以控制改变实现集合的方式（例如，通过使用每线程一个集合的方式）、线程搜索可回收内存的频率、以及操作保护节点的机制。通过这样的控制，我们可以在未回收的内存容量的严格限制下，实现较低的运行时开销和线程之间最小的通信量。

19.4　用于管理内存的对象

图 19.2 描述了在一个乐观操作期间保护内存的通用接口。实现该对象的方法有很多种，我们在本章中讨论其中的两种方法。本节的重点是理解对象的规范。

```
1  class MemManager {
2    void register_thread(int num); // 仅调用一次，在任何调用op_begin()之前
3                                   // 参数num指示调用者
4                                   // 可保留的位置的最大数
5    void unregister_thread(); // 仅调用一次，在最后一次调用op_end()之后
6
7    void op_begin(); // 指示一个并发操作的开始
8    void op_end(); // 指示一个并发操作的结束
9
10   bool try_reserve(void* ptr); // 尝试保护一个指针不被内存回收
11   void unreserve(void* ptr); // 停止保护一个指针
12   void sched_for_reclaim(void* ptr); // 尝试回收一个指针
13 }
```

图 19.2　一种在乐观操作期间保护内存的通用接口

为了实现一个适合各种内存回收算法的统一接口，我们设计的对象包含七种方法。这个

通用接口最重要的部分是最后三个函数。这三个函数分别用于运行线程以尝试保护一些内存不被回收、停止对内存的保护请求、以及在没有来自并发线程的未完成的保护请求时安排内存回收。

19.5　遍历链表

假设我们想要使用 MemManager 对象来保护一个基于非阻塞链表的整数集的乐观遍历（9.8 节）。首先，当然需要把 Java 代码翻译成 C++。为此，我们使用 std::atomic< > 变量替换 Java 中的 volatile 关键字。然后我们可以设计图 9.23 中 Window 类的 find() 方法，以便在乐观的访问期间保护内存。

图 19.3 给出了我们设计的 C++ 非阻塞链表中**节点**（node）的数据类型，以及一些用于设置和重置指针低位的辅助函数。C++ 中设置和重置指针低位的操作，等价于 Java 中 AtomicMarkableReference< > 类。请注意，在 C++ 中，我们可以直接设置一个指针的低位，但是不能使用一个低位为 1 的指针：我们必须复制这个指针并在使用之前显式地重置被复制指针的低位。

```
1  class Node<T>{
2    T item;
3    int key;
4    std::atomic<Node<T>*> next;
5  public:
6    Node() : item(), next(nullptr) { }
7    Node(T _item, int _key, Node* n) : item(_item), key(_key), next(n) { }
8  };
9  // 返回给定指针的低位是否被标记
10 bool is_marked(Node* ptr) {
11   return ((uintptr_t)ptr)&1;
12 }
13 // 清除给定指针的标记位
14 Node* unmark(Node* ptr) {
15   return (Node*)(((uintptr_t)ptr) & ~(uintptr_t)1);
16 }
17 // 设置给定指针的标记位
18 Node* mark(Node* ptr) {
19   return (Node*)(((uintptr_t)ptr) | 1);
20 }
```

图 19.3　C++ 无阻塞链表：节点数据类型和辅助函数

使用这些定义，一个链表被定义为一个指向 head 节点的指针。我们把这个指针称为 list。与其他高性能的乐观链表一样，通过将链表中的第一个节点设置为“哨兵”节点（来避免“**极端情况**（corner case)”——其值永远不会被读取）。这样，链表就永远不会为空。

图 19.4 描述了使用 C++ 改写的 9.8 节中的非阻塞的基于链表的 find() 函数。C++ 版本的主要区别在于它必须显式地管理内存。为此，我们使用了一个显式 MemManager 对象。请注意，find() 是一个内部函数。调用 find() 的公共函数必须在调用 MemManager 的 op_begin() 方法和 op_end() 方法之间执行。另外，find() 函数一次最多保护两个内存位置，因此必须在其前面调用一个 register_thread(*i*) 方法，且 *i* 的值不小于 2。

```
21  bool find(int key, Node<T>*&prev, Node<T>*&curr, Node<T>*&next, MemManager* mm) {
22    prev = list;
23    mm->try_reserve(prev);
24    curr = prev->next.load();
25    while (curr != nullptr) {
26      if (mm->try_reserve(curr))  {
27        if (prev->next.load() != curr) {
28          mm->unreserve(prev); mm->unreserve(curr);
29          return find(key, prev, curr, next);
30        }
31      }
32      next = curr->next.load();
33      if (is_marked(next)) { // 当前节点被逻辑地删除
34        Node<T> *tmp = unmark(next);
35        if (!prev->next.compare_exchange_strong(curr, tmp)) {
36          mm->unreserve(prev); mm->unreserve(curr);
37          return find(key, prev, curr, next);
38        }
39        mm->unreserve(curr);
40        mm->sched_for_reclaim(curr);
41        curr = tmp;
42      }
43      else {
44        int ckey = curr->key;
45        if (prev->next.load() != curr) {
46          mm->unreserve(prev); mm->unreserve(curr);
47          return find(key, prev, curr, next);
48        }
49        if (ckey >= key) {
50          return ckey == key;
51        }
52        mm->unreserve(prev);
53        prev = curr;
54        curr = next;
55      }
56    }
57    return false;
58  }
```

图 19.4　通过安全回收机制遍历非阻塞链表

从哨兵节点开始，链表的遍历遵循与非阻塞 Java 链表相同的模式：我们跟踪由三个连续节点 prev、curr 和 next 组成的窗口。在任何时候，代表 prev 的内存都是可以安全访问的，因为它已经被保留了（或者它是哨兵节点）。另外，prev 总是引用一个键值小于搜索键值的节点。还要注意的是，prev 和 curr 是保证没有被标记的。

在使用 prev 的后继节点之前，我们必须通过调用 try_reserve() 方法来保护后继节点（第 26 行代码）。如果该方法返回 true，则 MemManager 无法保证在读取 curr 和调用 try_reserve() 方法之间没有回收 curr（第 24 行代码或者第 32 行代码）。在本例中，代码会在调用 try_reserve() 方法之后再次检查 curr 是否仍然是 prev 的后继节点，如果不是，find() 操作将重试。

第 32 行查找当前节点的后续节点 next。如果指向 next 的指针没有被标记，那么在第 45 行代码处，需要确保 prev 仍然连接到 curr。如果 prev 仍然连接到 curr，则检查存储在 curr 中的键值，并使用它的值来确定是继续遍历还是返回。如果 find() 操作应该继续执行，它将不再使用 prev 指针，因此该操作将取消保留 prev 指针。

如果 find() 操作在 curr 处发现了一个被标记的节点，则使用 compare_exchange_strong() 方法断开 curr 的连接，然后将 curr 交给 MemManager 进行回收。当 find() 函数返回 true 时，prev 和 curr 都将被保留并防止被回收。

使用 find() 函数，非阻塞 C++ 链表的公共操作非常简单。实现代码如图 19.5 所示。

```
59  bool add(int key) {
60    mm->op_begin();
61    Node<T> *prev, *curr, *next;
62    while (true) {
63      if (find(key, prev, curr, next, mm)) {
64        mm->op_end();
65        return false;
66      }
67      Node *new_node = new Node(key, curr);
68      if (prev->next.compare_exchange_strong(curr, new_node)) {
69        mm->op_end();
70        return true;
71      }
72      mm->unreserve(prev); mm->unreserve(curr);
73    }
74  }
75  bool contains(int key, MemManager* mm) {
76    mm->op_begin();
77    Node<T> *prev, *curr, *next;
78    bool ans = find(key, prev, curr, next, mm);
79    mm->op_end();
80    return ans;
81  }
82  bool remove(int key, MemManager* mm) {
83    mm->op_begin();
84    Node<T> *prev, *curr, *next;
85    while (true) {
86      if (!find(key, prev, curr, next, mm)) {
87        mm->op_end();
88        return false;
89      }
90      if (!curr->next.compare_exchange_strong(next, mark(next))) {
91        mm->unreserve(prev); mm->unreserve(curr);
92        continue;
93      }
94      if (prev->next.compare_exchange_strong(curr, next)) {
95        mm->sched_for_reclaim(curr);
96      } else {
97        mm->unreserve(prev); mm->unreserve(curr);
98        find(key, prev, curr, next, mm);
99      }
100     mm->op_end();
101     return true;
102   }
103 }
```

图 19.5　C++ 的非阻塞链表集的公共方法

19.6　风险指针

前文所描述的第一个用于保护非阻塞链表中正在使用的节点的解决方案使用了一种称为**风险指针**（hazard pointer）的技术变体。该方法包含两个主要部分。第一部分是一种机制，通过这种机制，线程可以共享它们保留的内存位置，以便其他线程在任何时候尝试回收内存时都可以看到这些保留。第二部分是一个**每线程机制**（per-thread mechanism），用于延迟内存的回收。

图 19.6 描述了该实现的两种主要数据类型的实现代码。每个线程都有自己的 ThreadContext 对象，线程可以通过 MemManager::self 直接访问该对象。这些对象的整个集合被组织为一个链表，由 MemManager::head 表示。在线程的上下文中，有一组私有的内存位置，这些内存位置都是线程已经计划好准备回收的内存位置；还有一组共享的内存位置数，这些内存位置是线程不希望其他线程回收的内存位置。为了方便起见，我们的实现代码不允许线程从共享集中删除它们的上下文。也就是说，unregister_thread() 方法不会从以 MemManager::head 为根节点的集合中删除一个线程的上下文。

```
1  class ThreadContext {
2   public:
3    std::vector<void*> pending_reclaims;
4    std::atomic<void*> *reservations;
5    ThreadContext *next;
6    const int num;
7
8    ThreadContext(int _num, MemManager m): num(_num) {
9      reservations = new std::atomic<void*>[_num];
10     for (int i = 0; i < num; ++i)
11       reservations[i] = nullptr;
12     while (true) {
13       next = m.head;
14       if (m.head.compare_exchange_strong(next, this))
15         break;
16     }
17   }
18 }
19 class MemManager {
20  public:
21   static thread_local ThreadContext *self = nullptr;
22   std::atomic<ThreadContext*> head;
23   ...
24 }
```

图 19.6　支持具有阻塞回收的风险指针的数据类型

图 19.7 描述了关于风险指针剩余的实现代码。因为我们的实现是阻塞的，而且不会取消线程上下文的连接，所以 register_thread() 方法和 unregister_thread() 方法都很简单：前者创建一个线程上下文并将其插入到 MemManager 链表的头部；后者是一条空操作（空指令）。同样，op_begin() 方法也是一条空操作：其后置条件是调用线程没有保留也没有挂起的内存回收。这两个特性都是由 op_end() 方法提供。

在执行期间，一个线程通过在其保留数组中找到一个空槽并将一个指针 ptr 写入其中来保留该指针。数组位置都是 std::atomic< >，因此可以确保任何这样的写入都是严格强顺序执行的：所有先发生的读取和写入操作都将在它之前完成，而所有后续的读取和写入操作都将在它之后发生。

```
25  MemManager::register_thread(int num) { self = new ThreadContext(num, this); }
26  MemManager::unregister_thread() { /* no-op */ }
27  MemManager::op_begin() { /* no-op */ }
28  void MemManager::sched_for_reclaim(void* ptr) { self->pending_reclaims.push_back(ptr); }
29  bool MemManager::try_reserve(void* ptr) {
30    for (int i = 0; i < num; ++i) {
31      if (self->reservations[i] == nullptr) {
32        self->reservations[i].store(ptr);
33        return true;
34      }
35    }
36    throw error;
37  }
38  void MemManager::unreserve(void* ptr) {
39    for (int i = 0; i < num; ++i) {
40      if (self->reservations[i] == ptr) {
41        self->reservations[i].store(nullptr);
42        return;
43      }
44    }
45  }
46  void MemManager::op_end() {
47    for (int i = 0; i < self->num; ++i)
48      self->reservations[i].store(nullptr);
49    for (auto i : pending_reclaims) {
50      wait_until_unreserved(p);
51      free(p);
52    }
53    pending_reclaims.clear();
54  }
55  MemManager::wait_until_unreserved(void* ptr) {
56    ThreadContext* curr = head;
57    while (curr) {
58      for (int i = 0; i < curr->num; ++i) {
59        while (curr->reservations[i] == ptr)
60          wait();
61      }
62      curr = curr->next;
63    }
64  }
```

图 19.7　支持带有阻塞回收的风险指针的 MemManager 方法

注意，在风险指针的实现中，try_reserve() 方法总是返回 true，这对于防止争用是必要的。考虑线程 T_r 执行 find() 方法的第 24 行代码的时刻。当执行完第 24 行代码后，prev 指向 curr，但 T_r 尚未保留 curr。此时，另一个线程 T_d 可以标记和断开连接 curr。如果 T_d 扫描 T_r 的 reservations（保留）数组，该线程将找不到 curr，因此可以立即回收 curr。T_r 随后对 curr 的访问将导致一个争用。通过返回 true，try_reserve() 方法通知 find() 函数对 curr 的访问还不能保证安全；find() 函数必须再次检查 prev 是否仍然指向 curr。请注意，try_reserve() 方法将 curr 存储在一个 atomic< >字段中，这样可以确保在 curr 写入保留数组之后进行双重检查。

与许多其他算法一样，在我们的非阻塞链表的实现中，内存位置不是由标记节点的线程回收的，而是由断开节点连接的线程回收的。这是多个线程可能为从数据结构中逻辑删除的内存区域保留的情况之一。一般来说，未连接节点的保留数量应该迅速降至零，但很可能在断开连接后立即变为非零。因此，断开连接的线程试图立即回收内存是不明智的。相反，sched_for_reclaim(ptr) 方法将指针 ptr 放入一个线程私有向量中，并将回收延迟到 op_end() 方法处。

我们实现 op_end() 方法的后置条件与 op_begin() 方法的先决条件相同：线程没有保留，也没有未完成的内存回收。前者（即线程没有保留）的实现比较简单，可以通过第 47 行的循环代码来实现。为了确保没有未完成的内存回收，op_end() 方法的调用者遍历它的 pending_reclaims（挂起的回收）集合中的元素。对于每个挂起的回收条目，调用者遍历 MemManager 的线程上下文集合；而对于每个上下文，调用者检查上下文是否包含对条目的保留。如果存在保留，则调用者将等待直到保留被更改。由于条目已经被断开连接，似乎 op_begin() 方法的调用者可以确保不会出现后续保留，因此可以安全地回收该内存位置。然而，有一个麻烦的执行次序。假设某个线程 T_i 将要保留内存位置 l，而某个线程 T_r 调用了 op_end() 方法，并且观察到 T_i 在保留中没有 l。我们不允许 T_i 随后将 l 写入保留数组并使用 l。这也是 try_reserve() 方法必须返回 true 的原因：确保双重检查 T_i，检查 l 是否已断开连接，然后重新启动。

如果允许有限数量的内存在无限长的时间内保持无人认领的状态，那么就有可能完成无锁的风险指针的实现。假设每次当一个线程到达第 60 行代码时，它都会跳过挂起的回收 pending_reclaims 向量中当前条目的回收，然后转到下一个。使用 T 个线程，每个线程最多保留 num 个地址，在任何时候最多可以有 $T\times$num 个内存位置没有被回收。为了获得更高的性能，这个界限通常要乘以一个数量级。

19.7　基于周期的内存回收

我们的风险指针实现是精确的，确保可以尽快进行回收，这样就不会有不必要的等待回收的内存积压。然而，这种精确性付出了巨大的代价：在每个操作过程中，都会有一个线性数量级的 try_reserve() 方法调用，每个方法调用都会对共享内存执行昂贵的**严格顺序**（strongly ordered）写入操作。虽然写入操作比读取操作更昂贵，但 $O(n)$ 数量级的写入操作的事实不会对现代 CPU 产生太大的影响，因为它们只是写到一个小的、固定数量的内存位置（线程的保留数组）。但是，由于每一次写入操作都是写入到一个 std::atomic< >变量中，因此每一次写入都需要一个**内存栅栏**（memory fence，有时也称为**内存屏障指令**（memory barrier）），并且每一个内存栅栏都会显著增加时延。

当 remove() 操作所占的百分比较小时，这些内存栅栏的代价就没有意义（或者说难以判断其是否值得）：它们可以防止 find() 操作与不常调用的 remove() 操作发生不太可能的交叉。如果我们放宽对无人认领内存位置数量的保证，我们就可以消除其中许多这样的内存栅栏。为此，我们引入了**周期**（epoch）的概念。

假设每个线程都有自己的共享计数器，初始化时为零。每当一个线程调用 op_begin() 方法时，线程都会递增该计数器。无论何时调用 op_end() 方法，线程都会再次递增该计数器。如果查看线程的计数器并找到一个偶数，就可以立即断定该线程不在 op_begin() 方法和 op_end() 方法之间，同时这又意味着该线程不会引用链表中的节点。

令人遗憾的是，如果一个线程在链表上重复执行操作，那么另一个线程可能永远无法观察到一个偶数。相反，线程可能会在每次查看时观察到不同的奇数。但是，这些信息同样有用：这意味着线程已经完成了一个操作并开始了另一个操作。在当前操作尝试期间，无法访问与前一个操作并发断开链接的任何内存，因此只要计数器从一个奇数更改为另一个奇数，就无法访问断开链接的内存，并且可以安全地回收。

综合上述观点，我们可以创建一个非常简单的 MemManager 对象。这个新版本将无法对未声明的对象的数量设置任何限制，因为单个线程在 find() 操作中暂停将使其他任何线程都无法回收任何内容。如果 remove() 方法的调用异常罕见，或者某个程序（例如操作系统本身）可以保证 find() 方法的调用不会无限期地暂停，那么消除 $O(n)$ 数量级的内存栅栏所带来的性能改进将抵消无界垃圾的成本。

在图 19.8 中，我们实现了一个基于周期的 MemManager。与风险指针实现一样，我们选择了使用阻塞方法来实现 MemManager，让每个线程在到达 op_end() 方法时立即回收它断开链接的所有内存。

```
1  struct ThreadContext {
2    std::vector<void*> pending_reclaims;
3    std::atomic<uint64_t> counter;
4    ThreadContext *next;
5
6    ThreadContext(MemManager m) {
7      while (true) {
8        next = m.head;
9        if (m.head.compare_exchange_strong(next, this))
10         break;
11     }
12   }
13 }
14 struct MemManager {
15   static thread_local ThreadContext *self = nullptr;
16   std::atomic<ThreadContext*> head;
17   ...
18 }
19 MemManager::register_thread(int num) { self = new ThreadContext(this); }
20 MemManager::unregister_thread() { /* no-op */ }
21 MemManager::op_begin() { self->counter++; }
22 void MemManager::sched_for_reclaim(void* ptr) { self->pending_reclaims.push_back(ptr); }
23 bool MemManager::try_reserve(void* ptr) { return false; }
24 void MemManager::unreserve(void* ptr) { }
25
26 void MemManager::op_end() {
27   self->counter++;
28   if (pending_reclaims.count() == 0)
29     return;
30   wait_until_unreserved()
31   for (auto p : pending_reclaims)
32     free(p);
33 }
34 void MemManager::wait_until_unreserved() {
35   ThreadContext* curr = head;
36   while (curr) {
37     uint64_t val = curr->counter;
38     if (odd(val))
39     do {
40       wait();
41     } while (curr->counter.read() == val)
42     curr = curr->next;
43   }
44 }
```

图 19.8 基于**周期**（epoch）的内存回收

与风险指针的实现一样，存在线程上下文的全局共享列表。每个线程保留一个私有向量，其中包含线程计划回收的内存位置。但是，我们不再需要跟踪操作访问的各个指针，相反，只需要线程维护一个 std::atomic< > 计数器，在 op_begin() 方法中将该计数器递增为奇数。递增操作具有严格的内存顺序，这意味着在一个操作接触到包含列表节点的任何共享内存之前，该线程已经通知所有其他线程不能回收任何内容。

在 op_end() 方法中，线程将其计数器递增为偶数，表示该线程将不再访问列表中的任何共享内存。与 op_begin() 方法中的增量一样，此增量也是严格顺序的，因此保证在其所有父操作加载并存储到共享内存之后发生。如果一个线程推迟了任何内存位置的回收，那么这个线程必须等到每个并发线程的执行至少暂时超出一个数据结构所能操作的范围。该线程通过检查每个线程的计数器来实现这一点：如果计数器的值是偶数，或者如果计数器的值从一个奇数变为一个更大的奇数，那么该线程就再也找不到指向等待回收的内存位置的指针。一旦验证了所有线程的进度，就可以执行延迟的内存回收。

基于上述 op_begin() 方法和 op_end() 方法的实现，try_reserve() 方法仅仅需要一条简单的语句：return false。为了理解其正确性，请考虑调用 find() 函数和调用 remove() 方法之间的交错，其中，remove() 方法的调用将位置 l 标记为删除。如果 find() 函数发现一个节点的下一个指针是 l，那么它一定是在使其计数器的值变为奇数之后这样做的。在读取 l 时，l 处的节点尚未断开连接，因此相应的 remove() 操作无法到达其 op_end() 方法。如果此时 find() 线程被延迟，remove() 线程将要到达 op_begin() 方法，则不会回收 l：remove() 线程保证观察到 find() 线程的奇数计数器值，然后等待。因此，双重检查 l 的可达性就没有任何必要：因为它的字段可以在不进行任何额外检查的情况下被访问，以确保它没有被回收。

19.8　章节注释

Michael[127] 以及 Herlihy、Luchangoo 和 Moir[67] 发现了风险指针技术的变体。随后，Petrank 等人提出了减少内存栅栏开销的改进方案 [22, 31]。Michael 还展示了当回收非常罕见时，如何通过利用进程间的中断来消除内存栅栏的开销 [44]。

Fraser[48] 在非阻塞数据结构的上下文中使用了基于周期的技术，随后 Hudson 等人将其应用于软件事务性内存中。这些技术同样是由 McKenney 在操作系统的上下文中提出的 [123]，在该文中这些技术主要用于保护内核数据结构。在操作系统上下文中，从用户模式到内核模式的移动将使处理器的计数器的值变为奇数，而返回到用户模式将使处理器的计数器的值再次变为偶数。

这两种技术的研究都非常关注如何在没有无界最坏情况空间开销限制的情况下提供无阻塞的进程。为了实现无阻塞保证，op_end() 方法将挂起的回收 pending_reclaims 的内容推入到每个线程的缓冲区中。当缓冲区变大时，风险指针实现使用 wait_until_unreserved 的一种变体，该变体跳过具有未完成的保留任务的节点。跳过的节点数可以是有界的。基于非阻塞周期的技术将多个操作的内容从挂起的回收 pending_reclaims 绑定到一个新的缓冲区中，该缓冲区中添加了所有线程计数器的快照。每次收集这些绑定包中的任意一个绑定包时，都会将相应的计数器快照与以前的快照进行比较。那些已被新快照取代的绑定包可以被回收。在最坏的情况下，如果一个操作在另一个操作过程中被任意延迟，这种技术就会导致内存不足。然而，Brown 证明了进程间的中断可以用来防止这种错误情况的发生 [23]。

19.9 练习题

练习题 19.1　如果无锁栈 LockFreeStack（11.2 节）使用了风险指针来保护内存，那么这种实现仍然会存在 ABA 问题吗？请说明会或者不会的理由。

练习题 19.2　如何使用风险指针来保护 10.5 节中描述的无锁无界队列中的内存。

练习题 19.3　第 19.6 节中实现的风险指针的表述是阻塞性的。使其无阻塞的最简单方法是延迟回收保留的对象。在这个策略下，对于任何一个线程，最坏情况下 pending_reclaims 向量中未回收的对象数量是多少？在有 T 个线程的系统中，最坏情况下未回收的对象数量是多少？

练习题 19.4　在一个风险指针的实现中，如果允许某些对象在一个更长的时间内不回收内存，那么对象的 op_end 方法可以开始将所有线程的内存保留复制到一个私有链表中。然后，对象可以将这个私有链表与其 pending_reclaims 合并，以标识准备回收的对象。这种方法在什么情况下会提高性能？在什么情况下会降低性能？

练习题 19.5　对于以下每一种数据结构，讨论在使用乐观的并发控制实现数据结构时，在最坏情况下需要的风险指针的数量：

1. 无锁队列。
2. 无锁堆栈。
3. 惰性链表。
4. 跳转链表。

练习题 19.6　C++ 中的 std::atomic< >类型支持**宽松**（relaxed）的内存顺序。在 19.6 节的风险指针实现中，可以放宽哪些内存顺序？

练习题 19.7　与练习 19.3 类似，可以使 19.7 节中基于周期的内存回收是无阻塞的。重写图 19.8 中的代码，允许线程在提交时无须等待。

练习题 19.8　在基于周期的内存回收实现中，在决定回收对象是否安全时，不需要线程获得所有其他线程计数器的原子快照。请解释为什么这样的操作是正确的？

第 20 章

The Art of Multiprocessor Programming, Second Edition

事务性编程

与 Java 语言和其他高级语言相比，C++ 语言虽然为程序员提供了更多的控制，但是需要显式地管理内存却带来了巨大的挑战，特别是在**预测执行**（speculative execution）方面。为了确保预测操作不会访问已回收的内存，回收通常会被延迟，这会导致大量未使用的内存被长时间占用。

另外，根据 C++ 内存模型，有些看似正确的程序被归类为争用类型，因此它们的行为是未定义的。在保持良好性能的同时消除这些争用的过程十分复杂，并且会导致代码难以扩展和维护。更一般地说，程序同步机制的复杂性随着程序的复杂性而大大增加，需要更复杂、难度更大的技术来实现良好的性能。具有大量操作（尤其是范围查询和其他大量数据元素的操作）的数据结构需要比只有少量操作的数据结构具有更细粒度的并发性，因为使用多线程的程序可能需要比使用少量线程的程序具有更精细的锁粒度。

事务性编程（transactional programming）通过提高抽象级别来解决这一问题的复杂性：程序员关注于确定哪些区域需要原子性，而不是关注如何使代码区域看起来是原子的。如何在不牺牲性能的情况下确保原子性，则留给运行时系统和专用硬件来保证。

20.1 并发程序设计面临的挑战

我们首先回顾本书中讨论的技术和应用它们所面临的挑战，特别是在非托管语言（例如 C++）的上下文中所面临的挑战。

20.1.1 锁的问题

由于同步规范，锁对于缺乏经验的程序员来说存在着很多缺陷。当一个优先级低的线程被抢占，而它又持有高优先级线程所需的锁时，就会出现**优先级反转**（Priority inversion，又被称为优先级翻转、优先级逆转、优先级倒置等）的现象。

护航（convoying）是一种拥塞形式，在**交叉上锁**（hand-over-hand locking，又称为交替上锁）模式的上下文中最容易理解：如果线程以一种固定的顺序获取锁和释放锁，那么线程获取序列中第一个锁的顺序决定了线程在数据结构中演进的顺序。如果一个线程被延迟，则其他线程是无法绕过它的。如果线程试图以不同的顺序锁定同一组对象，就会产生死锁。如果线程必须锁定多个对象，如果要避免死锁可能会很困难，特别是在对象集事先未知的情况下。此外，如果操作系统在线程持有锁时挂起该线程，那么整个程序可能会进入一种停顿的状态。

编写良好的基于锁的代码的一个主要障碍在于锁和数据之间的关联大多是通过约定建立的。这种约定通常存在于程序员的脑海中，也可能只记录在程序的注释中。考虑以下来自 Linux 头文件的典型注释[⊖]，它描述了管理特定类型缓冲区时所使用的约定：

⊖ Linux 内核 v2.4.19 /fs/buffer.c。

```
/*
 * When a locked buffer is visible to the I/O layer BH_Launder
 * is set. This means before unlocking we must clear BH_Launder,
 * mb() on alpha and then clear BH_Lock, so no reader can see
 * BH_Launder set on an unlocked buffer and then risk to deadlock.
 */
```

随着时间的推移，以这种方式解释和遵守许多类似的约定会使代码维护变得越来越复杂。

锁的另一个挑战是确定适当的锁粒度。考虑一个实现为固定大小的链表数组的不可伸缩哈希表。应该采用一个锁来保护整个表吗？还是每个数组元素都应该有一个锁，或者链表中的每个节点都应该有一个锁呢？如果并发线程的数量较少，而且每个线程很少访问哈希表，那么使用可以保护整个表的一个锁就足够了。如果多个线程经常并发访问哈希表，那么可能需要细粒度锁定，以防止哈希表成为一个可伸缩的瓶颈。虽然提高了可伸缩性，但是更细的粒度增加了复杂性和额外的开销。如果数据表经常被读取但是很少被写入，则可以考虑使用**读取锁 - 写入锁**（readers-writer lock）。

哈希表的实现很可能被编写为一个通用的数据结构，并考虑到特定的争用场景。如果该场景在程序执行期间从未出现，那么硬编码策略的性能可能会很差。如果线程的数量和它们使用表的方式随着时间的推移而改变，那么在程序执行的不同阶段，不同的策略可能是乐观的实现方式。此外，在某些情况下，每种选择都可能是悲观的实现方式。

20.1.2　明确预测的问题

正如前文所述，有时可以通过乐观同步来缓解锁定的问题（例如，请参见 9.6 节）。例如，预测性地执行只读临界区可以极大地减少上述问题对经常读取却不经常写入的数据结构的影响。实现这种数据结构的一个有用工具是**顺序锁**（sequence lock）。

顺序锁背后的核心思想是使用 std::atomic<int> 来代替互斥锁或者自旋锁。整数以值 0 开始，并在获取锁或者释放锁时递增。因此，当锁的值为偶数时，表明锁是空闲的；当锁的值为奇数时，表明锁由某个线程所持有。顺序锁的值作为它所保护的数据结构的一种版本号，当它是偶数时，数据结构不会改变。

上述观察结果表明，我们可以预测性地执行一个只读的临界区，而不需要写入操作或者原子操作，如图 20.1 所示。一个读取线程读取锁，读取受保护的数据，然后重新读取锁。如果锁的值是偶数，并且受保护的数据在读取之前和读取之后都是相同的，则没有其他线程在该时间间隔内写入数据，因此对受保护数据的读取是有效的。

```
1  std::atomic<int> seqlock;
2  int protected_data;
3
4  int reader() {
5    while (true) {
6      int s1 = seqlock;
7      int ret = protected_data;  // 错误!
8      int s2 = seqlock;
9      if (s1 == s2 && is_even(s1))
10       return ret;
11   }
```

图 20.1　顺序锁的错误使用：不能保证在数据访问之后按顺序释放锁

```
12  }
13  void writer(int newval) {
14    while (true) {
15      unsigned s = seqlock;
16      if (is_even(s) && seqlock.compare_exchange_strong(s, s+1)  {
17        protected_data = newval;
18        seqlock = s + 2;
19        return;
20      }
21    }
22  }
```

图 20.1 （续）

然而，这段代码是不正确的，因为这个程序存在数据争用：在写入线程执行第 17 行代码的同时，读取线程可以执行第 7 行代码。读取线程不会使用它读取的值这一点并不重要：因为读取操作仍然是一个争用，并且有争用的程序在 C++ 中是未定义的行为。

我们可以使用许多方法修复此段代码。最简单的方法是将 protected_data 字段的类型更改为 std::atomic<int>。但是，这种更改会带来极大的开销，因为对数据的每次访问都将是一个同步操作。此外，在这些操作上实施的默认**严格排序**（strong ordering）将在访问临界区中的不同变量时施加比所需更多的排序操作。为了避免这种过度的排序，程序员需要利用 std::atomic< > 的高级特性，特别是 std::memory_order_relaxed 特性。最后，使变量原子化可能会阻碍代码的可重用性。这第三个问题可以通过使用 std::atomic_ref< > 来克服，这是 C++ 20 中的一个新特性，它允许变量暂时被当作原子来使用。

20.1.3 非阻塞算法的问题

避免锁的问题的一种方法是使用原语来设计非阻塞算法，例如原语"比较和交换"（在 C++ 中实现为 std::atomic< > 的 compare_exchange_strong() 方法）。这种非阻塞方法很微妙，并且可能导致很高的单线程时延。主要的困难在于，几乎所有的同步原语，无论是读取、写入还是应用一个原子的"比较和交换"操作，都只针对单个字进行操作。这种限制常常迫使算法具有复杂的不自然的结构。

让我们回顾一下 10.5 节的无锁队列（对应于图 20.2 中的 C++ 实现），重点观察底层的同步原语。在第 13～14 行代码中，enq() 方法调用 compare_exchange_strong() 两次，以更改 tail 节点的 next 字段和 tail 字段本身，使其指向新节点。因为这两次更新要求每次只进行一个更新，所以 enq() 方法和 deq() 方法必须处理完成一半的 enq() 方法调用（第 13 行代码）。如果我们可以同时更新这两个字段，则这些方法可能会简单得多。

```
1  template <class T>
2  class LockFreeQueue<T> {
3    std::atomic<Node*> head;
4    std::atomic<Node*> tail;
5    ...
6    void enq(T item) {
7      Node* node = new Node(item);
```

图 20.2　无锁队列 LockFreeQueue 类：enq() 方法

```
8       while (true) {
9         Node* last = tail;
10        Node* next = last->next;
11        if (last == tail) {
12          if (next == null) {
13            if (last->next.compare_exchange_strong(next, node)) {
14              tail.compare_exchange_strong(last, node);
15              return;
16            }
17          } else {
18            tail.compare_exchange_strong(last, next);
19          }
20        }
21      }
22    }
23  }
```

图 20.2 （续）

例如，假设存在如图 20.3 所示的 multiCompareAndSet() 原语，它接受以下参数：一个由 std::atomic<T*> 对象组成的数组、一个由预期 T 值所组成的数组、一个用于更新的 T 值数组；并更新所有数组元素（如果它们都具有预期值）。（如果存在元素没有预期的值，则不会更新任何元素。）令人遗憾的是，在传统体系结构上并不存在实现 multiCompareAndSet() 的简单方法。如果存在 multiCompareAndSet() 原语的话，则可以使用一个 multiCompareAndSet() 方法的调用替换图 20.2 中第 12～18 行代码的复杂逻辑（参见图 20.4）。

```
1  template <class T>
2  bool multiCompareAndSet(std::atomic<T*> *target,
3                          T *expect,
4                          T *update,
5                          int count) {
6    atomic {
7      for (int i = 0; i < count; i++) {
8        if (*target[i] != expected[i])
9          return false;
10     }
11     for (int i = 0; i < count; i++)
12       *target[i] = update[i];
13     return true;
14   }
15 }
```

图 20.3 multiCompareAndSet() 方法的伪代码。此代码应该以原子方式执行

20.1.4 可组合性问题

到目前为止，我们讨论的所有同步机制都有一个共同的缺点，那就是它们不容易被**组合**（composed）在一起。例如，假设我们要将一个数据项 x 从队列 $q0$ 中出队，并将其入队到另一个队列 $q1$ 中。这个数据传输必须是原子的：不允许并发线程观察到数据 x 在两个队列中

都不存在，也不允许并发线程观察到数据 x 同时出现在两个队列中。在基于**管程**（monitor）的队列实现中，每个方法都在内部获取锁，因此我们不能以这种方式组合两个方法调用。

```
1   void enq(T item) {
2     Node* node = new Node(item);
3     while (true) {
4       Node* last = tail;
5       Node* next = last->next;
6       if (last == tail) {
7         std::atomic<Node*> target[2] = {&last->next, &tail};
8         Node* expect[2] = {next, last};
9         Node* update[2] = {node, node};
10        if (multiCompareAndSet(target, expect, update)) return;
11      }
12    }
13  }
```

图 20.4　无锁队列 LockFreeQueue 类：使用 multiCompareAndSet() 来简化 enq() 方法

当然，也有一些**特别**（ad hoc）的解决方案：我们可以引入一个锁，该锁由任何试图对 $q0$ 和 $q1$ 进行原子修改的线程获取（$q0$ 和 $q1$ 之外的单独锁）。这样的一个锁需要提前知道两个队列的身份，这可能是一个瓶颈（没有并发传输）。另一种可选的方案是，队列可以导出其同步状态（例如，通过 lock() 方法和 unlock() 方法），并依赖调用方来管理多个对象的同步。以这种方式公开同步状态将对模块化产生一个毁灭性的影响，就是会使接口复杂化，并且依赖调用方遵循复杂的约定。而且，这种方法不适用于非阻塞实现。

20.1.5　总结

综上所述，我们面临的情况十分糟糕：

- 难以有效地管理锁，尤其是在大型系统中。
- 原语（例如：“**比较和交换**”compare-and-swap）一次只能对一个字进行操作，从而导致算法变得很复杂。
- 存在争用的可能性需要在任何时候都进行昂贵的同步，即使争用非常罕见。
- 很难将对多个对象的多个调用组合成一个原子单位。

面对这些挑战，事务性编程提供了一个很有吸引力的替代方案。

20.2　事务性编程

在事务性编程中，程序员识别哪些代码区域不能相互交错执行，并将它们标记为事务。然后，运行时系统（理想情况下是在专用硬件的帮助下）负责找到一种方法来同时执行尽可能多的事务，同时确保所有事务看起来仍然以原子方式执行。

事务性编程要求程序员放弃一些控制：程序员不再设计低级同步协议，并且对事务的调度和管理方式的控制影响有限。作为回报，多个小事务被自动组合成更大的事务；事务看起来以原子方式修改多个内存位置；运行时系统可以为只读事务提供优化，因为在只读情况下悲观锁定会带来高成本；使用事务不必考虑锁、原子变量，或者其他低级同步机制。

事务运行时系统必须确保事务的中间效果对其他事务不可见：事务写入的任何值都必须

对其他事务不可见，并且只有在事务提交时才可见。事务运行时系统还必须确保事务的行为与串行执行一致，也就是没有事务并发运行。作为一个示例，假设在某些程序中，变量 x 和 y 必须总是相等的。如果事务 T_1 读取变量 x，然后事务 T_2 同时递增 x 和 y 并提交事务，那么如果事务 T_1 尝试读取 y，则应该不允许它继续执行：否则事务 T_1 将观察到一个不等于 x 的值，这可能导致错误行为。

事务运行时系统通常采用预测性执行和细粒度访问跟踪。在我们的示例中，跟踪 T_1 和 T_2 的单独访问可以检测到 T_1 在 T_2 写入 x 之前读取 x，但是 T_1 在 T_2 写入 y 之后尝试读取 y。预测执行要求运行时系统以某种方式转换 T_1 的执行，以便在检测到 y 上的冲突时，系统可以回滚 T_1 并让它重试。

20.2.1　事务性编程示例

为了了解事务性编程的优越性，请参考图 20.5 中的代码。当一个线程调用这个函数时，它遍历其数组 which 中的索引，并为每个索引检查计数器中的相应索引位置处的值是否大于零。如果是这样，则将递增该计数器。为了避免争用，线程在操作期间锁定整个计数器数组。

```
1   std::mutex counter_lock;
2   int *counters = ...;
3
4   void increment_pos_counters(size_t num, size_t *which) {
5     std::lock_guard<std::mutex> guard(counter_lock);
6     for (size_t i = 0; i < num; ++i) {
7       if (counters[which[i]] > 0)
8         ++counters[which[i]];
9     }
10  }
```

图 20.5　一种基于锁的对计数器进行条件递增的算法

假设两个线程同时调用此函数，其中第一个线程的 which 数组只包含值 0，第二个线程的 which 数组只包含值 1 023，计数器数组中的所有位置都设置为 1。在这种情况下，不需要获取锁，因为线程不会访问计数器数组中的同一位置。因此，程序错过了更好的并行性的机会。另一方面，如果第二个线程的 which 数组也持有值 0，则需要获取锁，否则两个线程对 counter[0] 的访问将产生争用。

通过使用一个由锁组成的数组来替换 counter_lock，可以实现更大的并行性。然后线程可以使用一个**两阶段锁定策略**（two-phase locking strategy），在访问计数器中的相应位置之前获取每个位置的锁，并在函数结束时释放所有锁。为了了解要释放哪些锁，而且由于索引可能会在 which 数组中出现多次，线程必须跟踪它所获取的锁。为了避免死锁，所有线程还必须以相同的预定顺序获取锁，为此，可以先对 which 数组进行排序。尽管这种细粒度策略更具可伸缩性，但它实际上可能比粗粒度策略运行速度更慢，因为它必须获取更多的锁。

使用事务性编程，我们可以完全不用考虑锁。我们只需简单地将整个操作作为单个事务执行，并依赖事务运行系统来避免争用，同时尽可能地利用并行性。基于事务性编程的代码类似于图 20.6 中所示的代码。事务系统将监视其他线程正在做什么。如果一个线程的预测执行将与另一个线程产生争用，系统将在争用出现之前停止该线程，撤消其操作，然后重试。

```
1   int *counters = ...;
2
3   void increment_pos_counters(size_t num, size_t *which) {
4     transaction {
5       for (size_t i = 0; i < num; ++i) {
6         if (counters[which[i]] > 0)
7           ++counters[which[i]];
8       }
9     }
10  }
```

图 20.6　图 20.5 的事务性编程版本

20.3　事务性编程的硬件支持

当在硬件中实现时，预测和访问跟踪的开销最低。接下来我们概述如何为事务性编程提供硬件支持。一些现代微处理器中已经包含了这种支持。

20.3.1　硬件预测

现代微处理器可以同时执行数百条指令，即使是在一个内核中。有三个特性使这种级别的并行性成为可能。首先，许多微处理器可以在一个周期内获取多条指令，并将它们调度到并行算术 / 逻辑单元上。其次，现代微处理器是流水线执行的：不同的指令可以同时处于不同的执行阶段（使用不同的电路）。最后，为了让它们的管道和执行单元保持忙碌，一个现代微处理器在遇到分支时不会停止。相反，它会预测分支将采用哪个方向，并预测性地执行相应的指令流。如果微处理器随后确定某条指令不应被执行，它将撤消该指令的执行效果以及依赖该指令的其他指令的执行效果。如果指令将覆盖内存，处理器将缓存写入操作，直到处理器了解到指令何时应该执行为止（例如，所有分支都被正确预测）；如果预测错误，被缓存的写入操作将被丢弃。

由于处理器已经可以通过预测执行指令并撤消任何失败的预测指令的影响来支持事务，因此我们只需要允许程序员指定超出管道的预测的粒度：对于一个中止的事务，其中尚未完成的指令需要终止，已完成指令的执行效果也需要撤消。为了支持撤消对寄存器的更改，启动事务的指令存储其原始状态，以便在事务中止时可以重置寄存器；为了支持撤消对内存的更改，处理器必须能够回滚缓存中与失败事务所执行的写入相对应的值。失效是回滚事务写入的最简单机制。

20.3.2　基本缓存一致性

硬件支持的事务性编程依赖于缓存一致性协议来进行细粒度的访问跟踪，并检测并发事务导致的内存访问冲突。在讨论具体细节之前，我们简要回顾一下缓存一致性的概念。不熟悉缓存一致性协议的读者可以参考附录 B，以了解更多的背景知识。

在现代的多处理器中，每个处理器都有一个附带的**高速缓存**（cache）。高速缓存是一种容量较小的高速存储器，用来减少与容量大但较慢的主存之间的通信。每个缓存数据项都包含一组称为高速**缓存线**（line）的相邻字，并且有一种将地址映射到高速缓存线的机制。考虑一种简单的体系结构，其中处理器和内存通过称为**总线**（bus）的共享广播媒介进行通信。每个高速缓存线都有一个**标记**（tag），用于编码状态信息。在标准高速缓存一致性协议 MESI 中，每个高速缓存线都处于以下状态之一：

- Modified（被修改的）：缓存中的这个高速缓存线已经被修改，并且最终必须写回主存。其他的处理器不能再缓存这个高速缓存线。
- Exclusive（独占的）：这个高速缓存线还没有被修改，但是其他的处理器不能缓存这个高速缓存线。（高速缓存线通常在被修改之前以独占模式加载。）
- Shared（共享的）：这个高速缓存线还没有被修改，并且其他的处理器可能已经缓存了这个高速缓存线。
- Invalid（无效的）：这个高速缓存线中不包含任何有意义的数据。

高速缓存一致性协议检测单个加载和存储操作之间的同步冲突，并且确保不同的处理器对共享内存的状态达成一致。当处理器加载或者存储一个内存地址 a 时，它在总线上广播请求，其他处理器和内存则进行监听（有时称为**窥探**（snooping））。

高速缓存一致性协议的完整描述非常复杂，下面是我们感兴趣的一些主要内容。

- 当处理器请求以“被修改的”模式加载高速缓存线时，其他处理器会使该高速缓存线的所有副本失效。具有该高速缓存线的修改副本的任何处理器必须将该高速缓存线写回内存之后，才能完成加载。
- 当处理器请求以“共享的”模式将高速缓存线加载到它的缓存中时，任何具有独占的或者被修改副本的处理器必须将其状态更改为共享的状态。具有被修改副本的处理器还必须在完成加载之前将该高速缓存行写回内存。
- 如果高速缓存已满，则需要**收回**（evict）高速缓存线。如果该高速缓存线是共享的或独占的，则可以简单地将其丢弃，但是如果该高速缓存线是被修改的，则必须将其写回内存。

请注意，现代高速缓存一致性协议将检测并解决写入程序之间以及读取和写入程序之间的同步冲突，它们已经允许对内存的更改在高速缓存中保留一段时间，而不是立即更新内存。

20.3.3 事务缓存一致性

高速缓存一致性协议 MESI 中的许多状态转换都是异步的：它们在一个处理器中发生，但是却基于另一个处理器执行的内存操作。虽然我们习惯性地认为数据争用是在更高的抽象层次上表现出来的东西，但是在数据争用的程序设计语言概念与高速缓存一致性协议 MESI 协议中的状态转换之间却存在着密切的关系。

考虑两个线程同时尝试递增一个计数器的情况。语句 `counter++` 转换为三条汇编指令：一条将 counter 的值读取到寄存器，一条将该寄存器中的值递增，另一条通过将寄存器的值写入内存来更新 counter 的值。如果一个线程发出的三条指令与另一个线程发出的三条指令之间存在任何交错执行，则会发生争用。如果我们检查每一种可能的交错执行，并且查看发生的高速缓存一致性协议 MESI 的状态转换，就会发现每当存在一个数据争用时，在执行这三条指令的某个时间，要么某一高速缓存线失效，要么某一个处于被修改状态的高速缓存线被降级为共享的或者独占的状态。上述观察结果适用于访问共享内存的任何代码段：如果对共享内存的任何访问发生了一个争用，则在执行该代码片段期间，包含所访问数据的高速缓存线要么失效，要么从被修改的状态降级为共享的或者独占的状态。

我们可以使用上述观察结果来预测性地执行事务，如果在事务执行过程中高速缓存中出现了一个有问题的状态转换，则中止事务的执行。（如果没有发生有问题的状态转换，那么就表明没有与事务的数据争用，因此预测执行成功）假设每个处理器都有一个私有的一级（L1）高速缓存，并且一次只执行一个线程。为了检测有问题的高速缓存线的状态转换，我们添加了限定事务的 TX_Begin 指令和 TX_End 指令：指示事务是否处于活动状态的标志；以及在缓存的每一个高速缓存线中添加一个二进制位，指示该高速缓存线是否已被一个活动事务访问。TX_Begin 指令保存处理器寄存器（一个**检查点**（checkpoint））当前值的私有副本，设置标志并返回 true，用以表示事务正在预测性地执行。当标志被设置时，对高速缓存的任何访问都将设置相应的位。TX_End 指令重置标志，清除任何可能已被设置的位，并丢弃检查点。因此，如果执行 TX_End 指令，则事务不会中止，并且结果与在没有事务的情况下执行代码的结果相同（也就是说，预测执行成功）。

基于上述机制，就可以直接地检测出存在问题的状态转换：如果设置了二进制位的高速缓存线即将从被修改的状态中收回或者降级，则高速缓存首先通知处理器中止预测执行。

当一个事务中止时，它修改的所有高速缓存线都将失效，它们的值不会写回或者提供给任何其他处理器。此外，标志被重置，所有表示事务访问的二进制位被清除，检查点被用来将线程重置为事务开始时的状态。然后 TX_Begin 指令返回 false，表示预测执行失败。因此，如果 TX_Begin 指令执行成功，则可以确定线程执行成功；如果 TX_Begin 指令执行失败，则线程同样会执行失败。

20.3.4　硬件支持的局限性

由于硬件事务访问的高速缓存线中的数据不能在不中止事务的情况下离开缓存，因此高速缓存的大小和关联性对一个事务可以访问的数据量施加了严格的限制。例如，一些一级缓存是**直接映射的**（direct-mapped），这意味着每个地址都被映射到高速缓存中的一个特定缓存线上；其内容必须缓存在该高速缓存线上，因此必须回收之前存在的数据。基于这样的一个高速缓存，如果一个事务访问映射到同一个高速缓存线的两个地址，那么这个事务就永远无法成功提交。

此外，在许多微处理器上，在一个事务的执行期间，各种事件都有可能会导致显著的延迟，在此期间事务访问的高速缓存线也可能会被回收。这些事件可能是由事务引起的（例如，通过进行系统调用），也可能与执行事务不相关（例如，执行事务的线程被调出）。

由于通常很难或者不可能预测一个事务何时可能提交失败，因此，建议程序员将硬件事务支持视为**最佳效果**（best effort），而不是可以完全依赖的实现方式。因此，在使用硬件事务时，还应该提供**回退**（fallback）机制，以免事务无法提交。

要求程序员提供一个回退机制减轻了计算机架构师的负担：事务不需要为了正确性而成功，只需要为了实现的质量，所以架构师可以自由地尽最大的努力。

20.4　事务性锁消除

在现有的基于锁的软件中，使用事务性编程最直接的方法是通过一种称为**事务性锁消除**（transactional lock elision，TLE，又被称为事务性锁省略）的技术。事务性锁消除的核心思想是修改一个程序的关键部分，以便它们尝试作为事务性预测执行。如果一个预测执行失败次数太多（例如，由于与其他线程冲突），则事务的执行将**回退**（fall back）到原始锁。

在硬件支持下，事务性锁消除可以实现为一个特殊的锁，这个锁的**获取**（acquire）和**释放**（release）方法分别尝试使用 TX_Begin 指令和 TX_End 指令。这使得事务性锁消除非常容易使用。然而，事务性锁消除只能尝试从一个现有的基于锁的程序中提取更多的并发性，它不能保证任何不合理的演进或者自由执行。特别是，我们前面列举的问题（例如，护航、优先级反转和死锁）仍然是可能存在的：如果预测执行失败并返回到使用锁机制，则不使用事务机制，并且无法实现演进和吞吐量的提升。

对于一个事务性锁消除 TLE 的执行回退到使用程序中的原始锁的情况，总是可以保证其正确性，所以可以使用事务性锁消除来加速现有的临界区。通常，临界区非常小：它们涉及的内存位置很少，并且不会持续很多时钟周期。如果执行一个小的临界区的事务失败了，那么在返回到使用锁定之前重试几次通常是值得的。我们甚至可以增加 TX_Begin 指令的返回值，以提供有关预测执行失败原因的更多详细信息，代码可以使用这些信息来决定是以预测执行的方式重试临界区，还是退回到使用锁机制的方式。图 20.7 描述了使用自旋锁作为回退路径的事务性锁消除的一个完整实现。

```
1  void acquire(spinlock *lock) {
2    int attempts = 0;
3    while (true) {
4      ++attempts;
5      TLE_STATUS status = TX_Begin;
6      if (status == STARTED) {
7        if (!lock.held()) {
8          return;
9        }
10       else {
11         TX_End;
12         attempts--;
13         while (lock.held()) { }
14       }
15     }
16     else if (status != TX_Conflict || attempts >= 4) {
17       lock.acquire();
18       return;
19     }
20   }
21 }
22 void release(spinlock *lock) {
23   if (!lock.held()) {
24     TX_End;
25   }
26   else {
27     lock.release();
28   }
29 }
```

图 20.7　事务性锁消除 TLE 的完整实现，使用自旋锁作为回退路径

图 20.7 增加了对 TX_Begin 指令（第 5 行代码）和 TX_End 指令（第 24 行代码）的调用

复杂性。特别重要的是，我们必须牢记第 8 行代码表示临界区将使用事务性锁消除以预测方式执行。如果预测执行失败，那么控制流将返回到第 5 行代码处。也就是说，TX_Begin 指令可能以不同的返回值执行多次。

回想一下，如果预测执行失败，那么在第 5 行代码和第 24 行代码之间对内存执行的所有修改都将被撤消。因此，如果我们希望防止活锁和饥饿现象发生，那么有必要计算事务之外的尝试次数。这是由 attempts 变量完成的，该变量在循环的每次迭代中递增。每次预测执行失败时，程序控制将从第 5 行代码跳转到第 16 行代码，并检测 attempts 变量的值。如果 attempts 变量的值变得太大，则线程停止使用事务性锁消除，获取锁，然后返回。当线程到达临界区的末尾时，可以观察到锁被获取，因此判断它是锁持有者，于是释放锁以完成运行临界区。与此方式类似，当一个预测执行失败，并且失败的原因不是与另一个线程的冲突时，那么第 16 行代码报告一个 status 中的值，该值指示必须在持有锁的同时执行临界区代码。

请注意，每次成功调用 TX_Begin 指令后执行第 7 行代码。第 7 行代码有两个目的。第一个目的是确定这样的情况：一个线程试图通过事务性锁消除运行一个临界区，而另一个线程正在使用锁主动执行一个临界区。通过在调用 TX_Begin 指令后检查锁，线程可以发现持有锁的情况。当锁被持有时，线程会安静地完成它的事务性锁消除区域，而不做任何有意义的工作。从第 11 行代码开始，线程通过递减 attempts 的值，然后等待释放锁，使它看起来好像从未尝试过预测性地执行。

第 7 行代码调用的第二个目的更加微妙。假设一个线程到达第 8 行代码，并且已经开始执行它的临界区。假设另一个线程随后到达第 17 行代码处。此时，第二个线程不知道第一个线程的存在，因为第一个线程正在预测性地执行。因为第二个线程没有使用事务性锁消除，所以它的写入操作在内存中立即可见。如果第一个线程和第二个线程访问相同的内存位置，但是顺序不同，则预测线程很有可能会看到不一致的状态。假设有一个程序的不变性要求变量 x 和 y 相等，最初 $x==y==0$。假设第一个线程读取 $x==0$，然后第二个线程执行语句序列 y++ ；x++ 的第一行。因为第二个线程没有使用事务性锁消除，所以线程对 y 的写入立即在内存中可见。因为第一个线程还没有访问 y，所以它没有理由中止。但是，如果第二个线程被延迟，第一个线程读取 y，它将看到 $y==1$，因此 $y != x$。

第 7 行代码的存在使得上述情况不可能出现。注意，第一个线程在使用事务性锁消除时读取锁。因此，锁必须在线程的高速缓存中，并设置事务的二进制位。并且，另一个线程对锁的任何后续更改（无论是非预测性的还是预测性的）都将导致持有锁的高速缓存线在被修改的状态下移动到该线程的高速缓存中。一致性确保必须首先从第一个线程的高速缓存中回收该缓存线，这将导致第一个线程中止。

20.4.1　讨论

事务性锁消除是一个强大的工具，用于提高临界区很少存在冲突的程序的并发性。但是，我们必须小心那些尝试执行 I/O 的临界区。注意，事务性锁消除可以在用户程序中使用，也可以在操作系统内核中使用。如果内核中的事务性锁消除临界区尝试与硬件设备交互，那么会发生什么情况呢？如果临界区随后中止，设备是否会出现错误行为？就此而言，用户程序中的事务性锁消除临界区进行系统调用有意义吗？

此外，迄今为止我们描述的事务性锁消除机制无法保证进度。活锁和饥饿性都是可能存在的现象。即使在使用单个共享计数器的简单示例中，在另一个线程执行第 3 行代码和调用 TX_End 指令代码之间，也有可能存在一个总是执行第 1 行代码的线程。

考虑到这些约束，最好将事务性锁消除看作是一种优化，而不是一种全新的程序设计模型。当临界区很少发生冲突，但线程仍然发现自己要花费时间等待锁时，使用事务性锁消除执行相应的临界区可能会提高性能。请注意事务性锁消除会影响程序员构造同步代码的方式：在使用事务性锁消除的程序中，程序员通常会使用少量而非大量粗粒度的锁。

20.5　事务性内存

我们已经讨论了事务性锁消除如何优化现有基于锁的程序的性能。事务性编程也能简化新的并发程序的构建吗？如果的确可以简化，假设事务从一开始就是并发工具箱的一部分，那么如何从头开始设计程序呢？

事务性内存（transactional memory，TM）泛指程序员基于事务而不是锁的思维产生的编程模型。事务性内存和事务性锁消除之间的差异很细微，但也很重要：

- 程序员不考虑如何实现并发。相反，他们标记需要彼此隔离运行的代码区域，并将其留给运行时系统来寻找最佳的并发机制。
- 由于程序员考虑的是需要隔离的区域，所以事务嵌套会非常常见，虽然我们并不推荐事务嵌套。
- 由于无法保证一个基于锁的回退，程序设计语言可能需要确保事务不会尝试无法撤消的操作（例如，I/O）。
- 由于事务中的所有内容都可以撤消，因此常常以显式的自行中止指令为程序员提供事务预测，即使这样做并没有多大的优越性。
- 由于程序设计模型中没有锁，传统的锁问题（死锁、护送、优先级反转）将不复存在。

为了说明事务性锁消除和事务性内存之间的区别，参考图 20.8 中的代码。我们希望这两个函数都能够使用事务预测执行的方式来完成，因为它们各自只更新两个位置。但是，事务性锁消除代码要复杂得多。事务性锁消除程序中的约定是，对传递给函数的任何整数的每次访问都必须在保持相应锁的同时执行。因此程序必须同时获得两个锁。在一般情况下，获取锁将使用事务性锁消除，并将被忽略。但是，最坏的情况下，需要程序员生成一致的锁顺序以避免死锁（在这种情况下，我们根据整数的地址进行排序）。此外，程序员必须检查两个整数是否不受同一个锁的保护。与之相对比，事务性内存代码的设计者知道，在程序的任何其他地方，对任一个整数的每次访问都将使用事务性内存。因此只需要开始一个事务性内存区域，递增计数器，然后结束该事务性内存区域就可以了。如果内存区域与其他线程的访问冲突，运行时系统将确定线程执行的顺序。

```
1  void tle_increment_two(int *i1, std::mutex *m1, int *i2, std::mutex *m2) {
2    int* ptrs[] = ((uintptr_t)i1) > ((uintptr_t)i2) ? {i2, i1} : {i1, i2};
3    std::mutex* locks[] = ((uintptr_t)i1) > ((uintptr_t)i2) ? {m2, m1} : {m1, m2};
4
5    tle_acquire(locks[0]);
6    if (locks[0] != locks[1])
7      tle_acquire(locks[1]);
```

图 20.8　用 TLE（上部代码）和 TM（下部代码）自动递增两个计数器的代码

```
8    *ptrs[0]++;
9    *ptrs[1]++;
10   tle_release(locks[0]);
11   if (locks[0] != locks[1])
12     tle_release(locks[1]);
13 }
14 void tm_increment_two(int *i1, int *i2) {
15   tm {
16     *i1++;
17     *i2++;
18   }
19 }
```

图 20.8 （续）

20.5.1 运行时调度

由于事务性内存没有基于锁的回退机制，因此它需要一些其他机制来确保进度。历史上，这种机制被称为“争用管理”，尽管把它认为是一种调度器可能会更恰当。在一般情况下，争用管理器什么都不做：线程开始事务和结束事务，事务通常可以成功。当一个线程发现自己由于与其他线程冲突而多次未能提交事务时，它可以选择以下两种处理方式之一：（1）在重试之前延迟自己，希望与之冲突的并发事务能够先提交；（2）采用某种机制来减少与它同时运行的事务数量，从而减少并发事务引起冲突的可能性。

在第一种情况下，我们在 7.4 节中讨论的一种简单而有效的策略是使用随机指数退避。也就是说，在 n 次连续中止之后，线程将在 2^{n-1} 和 2^{n-1} 之间选择一个随机数 x，并且在重试之前等待 x 个 CPU 周期。通常，随机指数退避会对 n 设置一个硬限制，这样在高冲突情况下，线程等待的时间就不会超过几分钟。

在第二种情况下，减少正在运行的事务的数量是一种启发式策略，而不是一个硬性的规则。一个简单的解决方案是使用一个全局布尔标志。当一个线程尝试启动一个事务时，它首先检查这个全局布尔标志。如果该标志为 true，则线程等待。一旦全局布尔标志为 false，线程就可以继续。如果一个事务反复地中止，它会尝试通过一个“比较和交换”原语将全局布尔标志从 false 更改为 true。如果成功，它将尝试其事务，直到事务提交为止。否则，它将等待。当事务提交时，它清除标志。在练习 20.8 中，我们将探讨比较这种方法和回退到获取锁的事务性锁消除方法对性能的影响。

20.5.2 显式自我中止

由于事务性内存区域总是预测性地运行，因此运行时系统可以随时由于某种原因而中止一个事务。当然，每当一个事务中止时，该事务之前的工作都会被浪费，因此运行时系统应该避免导致不必要的中止。但是既然有存在中止的可能性，因此需要考虑让程序员请求**自我中止**（self-abort）。

实际上，自我中止是创建基于事务的真正意义上的组合程序的基石。考虑一个程序，其中一个线程接收一个由元组所组成的列表，其中每个元组都包括一个**源账户**（source account）、一个**目标账户**（destination account）和一个**转账金额**（transfer amount）。由于单个账户可以多次作为一个源账户和一个目标账户出现，并且如果不使用某种同步，就无法读取账户余额，因此确定操作列表是否有效并非易事。如果每个账户都由账户对象专用的锁来保护，则更加困难。但是，使用事务性内存和显式的自我中止，我们可以将每个账户的同步完全封装在其实现中，并且仍然可以编写正确的代码。由于 C++ 技术规范中的约定，我们认为，如果一个整数异常避开了一个事务，它会导致事务中止，但是异常将被保留。基于上述规定，图 20.9 描述了如何将事务性内存和自我中止进行组合来实现一个优雅的解决方案。

```
1  class account {
2    double balance;
3  public:
4    static const int ERR_INSUF_FUNDS = 1;
5    void withdraw(double amount) {
6      tm {
7        if (balance < amount)
8          throw ERR_INSUF_FUNDS;
9        balance -= amount;
10     }
11   }
12   void deposit(double amount) { tm { balance += amount; } }
13 };
14 bool transfer_many(vector<account*> from,
15                    vector<account*> to,
16                    vector<double> amounts) {
17   try {
18     tm {
19       for (int i = 0; i < from.size(); ++i) {
20         from[i].withdraw(amounts[i]);
21         to[i].deposit(amounts[i]);
22       }
23     }
24     return true;
25   } catch (int e) {
26     if (e == account::ERR_INSUF_FUNDS) {
27       return false;
28     }
29   }
30 }
```

图 20.9 使用基于异常的自我中止，在账户之间原子地执行多次转账

20.6 软件事务

到目前为止，我们假设硬件支持事务性编程。虽然存在具有这种支持的微处理器，但是也可以完全使用软件来实现事务。除了提供在遗留硬件上进行事务性编程的途径外，软件事务还提供了一个在硬件事务失败时可伸缩的灵活的回退路径。在本节中，我们将描述两个支持事务性编程的软件实现。

为了在软件中实现事务，我们提供了一个满足图 20.10 所示接口的库，它提供了用于开始事务、提交事务、中止事务、以及在事务中读取内存和写入内存的函数。

如果程序员必须直接调用这些函数，那么会很乏味，也很容易出错，因此我们假设程序员可以编写结构化的事务代码，并且编译器会插入适当的库调用：分别在每个事务区域的开头和结尾插入调用 beginTx 函数和 commitTx 函数，则事务中的每个加载和每个存储都将被

相应的函数调用替换。（abortTx 函数用于显式的自我中止。）例如，int x = *y 将被替换为 int x = read(y)，并且 global_i = 7 将被替换为 write(&global_i, 7)。

```
1  void beginTx(jmp_buf *b);
2  void write(uintptr_t *addr, uintptr_t val);
3  int read(uintptr_t *addr);
4  void commitTx();
5  void abortTx();
```

图 20.10　软件事务的接口

当一个事务执行读取时，它必须跟踪它已读取的每个内存位置，以便稍后确定该内存位置是否被一个并发事务更改。当这个事务执行写入操作时，必须以一种在事务最终中止时可以撤消的方式执行。因此，软件事务库还将定义一个**事务描述符**（transaction descriptor），一种特定于线程的对象，用于跟踪正在进行的事务状态；以及定义一些全局同步数据，线程可以通过这些数据协调对共享内存的访问。我们还必须在线程开始一个事务时检查线程的状态，以便在其事务中止时重置线程。在 C++ 中，setjmp 指令和 longjmp 指令就可以满足这些要求。为了简单起见，我们在下面的讨论中省略了检查点。

20.6.1　使用所有权记录的事务

软件事务的关键挑战之一是检测并发事务之间的冲突。**所有权记录**（ownership record，或者简称 orec）是为此目的而设计的数据结构。一个所有权记录将锁、版本号和线程的唯一标识符组合叠加到单个内存字中。在最简单的实现中，所有权记录的最低位有两个作用：一个表示锁的二进制位，另一个则表示所有权记录剩余位的含义。

更详细地说，当所有权记录的低位为零时，表示所有权记录没有被锁定，剩余的位可以解释为一个单调递增的整数（版本号）。当所有权记录的低位为 1 时，表示所有权记录被锁定，剩余的位可以解释为持有锁的线程的唯一 ID。在某种意义上，所有权记录通过添加关于锁的所有者的信息来增强顺序锁（20.1.2 节）。

```
1  atomic<uint64_t> id_gen(1)
2  atomic<uint64_t> clock(0);
3  atomic<uint64_t> lock_table[NUM_LOCKS];
4
5  atomic<uint64_t> *get_lock(void *addr) {
6    return &lock_table[(((uintptr_t)addr)>>GRAIN) % NUM_LOCKS];
7  }
8  struct Descriptor {
9    jmp_buf *checkpoint;
10   uint64_t my_lock;
11   uint64_t start_time;
12   unordered_map<uintptr_t*, uintptr_t> writes;
13   vector<atomic<uint64_t>*> reads;
14   vector<pair<atomic<uint64_t>*, uint64_t>> locks;
15
16   Descriptor() : my_lock(((id_gen++)<<1)|1) { }
17 };
```

图 20.11　具有所有权记录的软件事务（1/2）

```
18  void beginTx(jmp_buf *b) {
19    checkpoint = b;
20    start_time = clock;
21  }
22  void write(uintptr_t *addr, uintptr_t val) {
23    writes.insert_or_assign(addr, val);
24  }
25  int read(uintptr_t *addr) {
26    auto it = writes.find(addr);
27    if (it != writes.end())
28      return *it;
29
30    atomic<uint64_t>* l = get_lock(addr);
31    uint64_t pre = *l;
32    uintptr_t val = std::atomic_ref<uintptr_t>(*addr).load(std::memory_order_acquire);
33    uint64_t post = *l;
34    if ((pre&1) || (pre != post) || (pre > start_time))
35      abortTx();
36    reads.push_back(l);
37    return val;
38  }
```

图 20.11 （续）

如果使用单个所有权记录来构建软件事务，则这种方式并不会提供太多并发性。相反，我们将使用一个由多个所有权记录组成的数组。图 20.11 中的第 3 行代码将所有权记录表声明为一个由 NUM_LOCKS 个原子整数所组成的数组 lock_table。第 6 行代码实现了一个内存区域到所有权记录表中元素的多对一映射。如果假设每个内存字（uintptr_t）在一个 8 字节的边界上对齐，那么只要 GRAIN 不小于 3，每个内存字都将映射到所有权记录表 lock_table 中的一个元素中。

通过观察任意一对事务在所有权记录表 lock_table 表中对应于内存位置 L 的元素上的交互，我们的实现就可以检测内存位置 L 上的冲突。错误冲突也是可能存在的，因为内存位置比所有权记录表中元素要多得多。但是，如果所有权记录表的大小足够大，则不太可能出现这一类的错误冲突。

在讨论其余的实现之前，让我们考虑事务的“**稻草人**（strawman）”算法实现，它以一种类似传统锁的方式使用所有权记录。给定所有权记录表 lock_table，我们可以按照如下方式运行一个事务：每当事务尝试读取一个内存位置时，我们都可以检查相应的所有权记录。如果所有权记录被当前事务锁定，那么可以直接读取该内存位置；如果所有权记录没有被锁定，则可以锁定所有权记录，然后读取该内存位置；如果所有权记录被另一个事务锁定，则可以中止事务，调用运行时事务调度器（以帮助避免活锁），然后重试。写入操作的运行方式几乎相同，只是它们不能简单地更新内存位置；如果它们随后中止，则需要某种机制来撤消该写入操作。最简单的方法是维护**撤消日志**（undo log），在更新内存位置之前可以将旧值保存到这个日志中。如果事务中止，则需要使用日志恢复内存中的原始值。在提交时，线程将释放其锁并丢弃其撤消日志。

上述策略将允许非冲突事务的并发运行，而无须程序员考虑细粒度锁。因为只有当线程持有适当的锁时才会访问内存，所以不会有争用。然而，这种策略的执行将是悲观的：任何时候任何事务都可以访问任何内存位置，所有并发事务都无法访问该内存位置。尤其是存在大量读取操作时，这种方法会牺牲并发性。

虽然我们可以尝试构建一个基于“读取锁—写入锁”的解决方案，以便多个线程可以同时对一个内存位置拥有读取权限，但这样做会产生开销，因为在读取模式下获取所有权记录时，非冲突线程会发生冲突。相反，我们将使用乐观的读取操作。也就是说，当一个事务希望读取内存位置 L 时，它将首先读取对应于 L 的所有权记录值。如果所有权记录被锁定，则代码将根据与“稻草人”算法相同的规则继续或者中止。但是，如果所有权记录没有被锁定，则不会锁定这个所有权记录。相反，我们将版本号存储在所有权记录中。如果该版本号在事务提交之前从未更改，或者如果该版本号只是因为同一事务随后获得所有权记录作为写入线程而更改，则事务判断其读取操作仍然有效。

我们将对“稻草人”算法进行的第二个更改是使用提交时间锁机制。使用提交时间锁，写入 L 的一个事务在准备提交之前不会获取 L 的所有权记录。因此，它必须将写入操作记录在私有的**重做日志**（redo log）中，而不是直接更新 L。

以上两个变化引入了一个微妙但重要的问题：如果一个事务读取 L，那么它必须多久检查一次与 L 对应的所有权记录？正如我们将在本章练习中看到的，如果事务随后读取了其他内存位置 L^1，并且没有检查 L 的所有权记录，则事务可能会产生错误的执行。令人遗憾的是，如果一个事务执行了 n 次读取操作，它将产生 $O(n^2)$ 的运行时间开销来验证其所有读取内容的一致性。

为了减少常见情况下的验证开销，我们引入了一个单调递增的计数器，称为**全局时钟**（global clock）。每当一个写入事务尝试提交时，这个全局时钟都会递增，并且它的值将用于确定事务的开始时间和结束时间。当一个事务提交时，它会增加时钟，然后使用时钟的新值作为它发布的每个所有权记录的版本。

当时钟成为写入事务的一个潜在瓶颈时，它对读取验证的影响是巨大的。假设一个事务在一开始时，在时钟中观察到值 T_s。如果在读取内存位置 L 之前，事务看到 L 的所有权记录值 $T_0 \leqslant T_s$，而在读取 L 之后，事务观察到所有权记录值仍为 T_0，则事务知道 L 在启动后不可能被修改。如果事务遇到的每个所有权记录都具有相同的属性，那么它在执行期间就不需要执行验证：该事务只读取自启动以来没有被修改的内存位置，如果事务尝试读取其所有权记录在启动后被修改的任何内存位置，则该事务将保守地中止。

图 20.11 和图 20.12 中的实现完整地描述了在字大小内存位置上操作的软件事务的算法。我们的实现使用 C 语言的 setjmp 指令和 longjmp 指令在事务尝试之前立即捕获寄存器的状态，并在事务中止时跳回到该点。我们的实现还使用了 C++ 20 的一个特性，即 std::atomic_ref< >来解决 C++ 的内存模型的需求，因此通过事务来访问程序内存不会产生争用。这是将指针强制转换为 std::atomic< > 的更好替代方案。

```
41  void commitTx() {
42    if (writes.empty()) {
43      reads.clear();
44      return;
45    }
46    for (auto &l : writes) {
47      atomic<uint64_t>* l = get_lock(l.first);
48      uint64_t prev = *l;
49      if ((prev&1 == 0) && (prev <= start_time)) {
50        if (!l->compare_exchange_strong(prev, my_lock))
```

图 20.12　具有所有权记录的软件事务（2/2）

```
51          abortTx();
52        locks.push_back(l, prev);
53      }
54      else if (prev != my_lock) {
55        abortTx();
56      }
57    }
58    uint64_t end_time = ++clock;
59    if (end_time != start_time + 1) {
60      for (auto l : reads) {
61        uint64_t v = *i;
62        if (((v&1) && (v != my_lock)) || ((v&1==0) && (v>start_time)))
63          abortTx();
64      }
65    }
66    for (auto w : writes)
67      std::atomic_ref<uintptr_t>(*w.first).store(w.second, std::memory_order_release);
68    for (auto l : locks)
69      *l.first = end_time;
70    writes.clear();
71    locks.clear();
72    readset.clear();
73  }
74  void abortTx() {
75    for (auto l : locks)
76      *l.first = l.second;
77    reads.clear();
78    writes.clear();
79    locks.clear();
80  }
```

图 20.12 （续）

每个事务都使用一个 Descriptor（描述符）对象来存储执行期间的状态（第 8 行代码）。描述符对象跟踪三个集合：一个是事务已读取的所有权记录的地址；一个是事务已锁定的所有权记录的地址；另一个是事务打算更新的内存位置对，以及事务打算写入这些内存位置的值。描述符对象还存储事务的开始时间和 setjmp 缓冲区。当一个线程创建它的描述符时，会递增全局 id_gen 计数器的值以获得一个唯一的整数，并使用描述符来构造一个可以存储在线程所获取的所有权记录中的值。

当一个事务开始时，它读取时钟的值（第 20 行代码）以确定事务的开始时间。为了将值 V 写入内存位置 L，事务将 $<V, L>$ 对存储到其写入集合中（第 23 行代码）。为了读取一个内存位置 L，事务首先检查 L 是否在其写入集合中，如果在，则必须返回它要写入的值（第 26 行代码）。如果没有找到 L，事务将计算 L 的所有权记录地址，然后读取所有权记录的值（第 31 行代码），读取 L 处的值（第 32 行代码），然后重新读取所有权记录的值（第 33 行代码）。这种模式是必要的：因为正在提交的并发事务可能正在同时更新内存位置，并且该事务可能已经增加了时钟并在该事务开始之前开始了提交序列。对于我们提出的算法，在读取 L 之前和之后检查所有权记录是必要的。因为我们期望冲突很少，所以我们将读取操作优化为尽可能短。如果第 34 行代码在所有权记录的两次读取中检测到任何差异，事务将中止并重试。

我们的算法中最复杂的部分是当一个事务试图提交时所做的处理。如果事务是只读的，那么我们知道该事务没有执行任何写入操作，并且在最后一次读取时，事务将确定它的所有读取操作都返回了在事务开始之前写入的值。因此，一个只读事务可以提交而无须更多其他的操作（第 42 行代码）。否则，事务必须获取保护其写入集合中内存位置的所有权记录。这个过程从第 46 行代码一直延伸到第 57 行代码。对于写入集合中的每个内存地址，算法读取所有权记录的当前值。如果所有权记录已经为事务所有，则不需要进行任何操作。如果所有权记录被另一个事务锁定，则该事务必须中止。还需要考虑的一个问题是：如果所有权记录已经解锁，但其值大于事务的开始时间，则事务中止。这是一个保守的步骤。假设事务还读取了一个受这个所有权记录保护的内存位置：一旦事务获得了锁，它将无法观察到所有权记录的旧值，从而无法识别它所读取的内容是否被另一个事务的提交造成失效。为了简化后续的检查，在这种情况下事务将中止。

一旦获得了锁，事务将通过递增时钟（第 58 行代码）来获得事务的提交时间。如果事务启动后时钟没有改变，那么事务知道它的所有读取都是有效的，因此不需要单独检查这些读取的值。否则，该事务必须检查其读取集合中的每个条目（第 59 行代码），以确保所有权记录没有在这种方式下被修改，从而表示相应的读取变得无效。

一旦事务验证了它的读取操作，该事务就可以重新指向它的写入操作（第 66 行代码）并释放它的锁（第 68 行代码），然后可以清除该事务的列表。

最后，如果一个事务中止，则必须清除其列表。由于事务在提交操作期间可能会中止，因此它可能已经获得了一些锁。如果有，则必须在中止操作期间释放这些锁（第 75 行代码）。请注意，在这种情况下，可以将锁定版本重置为获取它们之前的值："未命中"的所有权记录锁的并发读取不会读取无效值，因为只有在无法中止后才更新这些值。

我们使用所有权记录实现的事务有许多令人满意的特性。即使事务在内部使用锁，它的锁对程序员来说也是不可见的，也不存在死锁的可能性：因为"持有并等待"的必要条件被打破了，而且无法获取锁的事务会释放它的所有锁并重试。此外，提交时间锁的使用降低了活锁的可能性：事务之间的对称冲突只有在这些事务同时到达其提交点时才能表现出来。

20.6.2　基于值验证的事务

所有权记录的事务方式并非完美无缺。其中最主要的一个缺点是将内存位置映射到所有权记录的粒度：过于简单的哈希函数（如图 20.11 所示）会导致确定性冲突（例如，对于 4096 个所有权记录，2^{16} 个元素的每个数组的第一个元素都将受到同一个所有权记录的保护）；使用一个复杂的哈希函数又会引入太多的时延。另一种可替代的方法是直接使用 read 函数调用所返回的值来进行验证。图 20.13 和图 20.14 描述了这种算法。

```
1  atomic<uint64_t> lock(0);
2
3  struct Descriptor {
4    jmp_buf *checkpoint;
5    uint64_t start_time;
6    unordered_map<uintptr_t*, uintptr_t> writes;
7    vector<pair<uintptr_t*, uintptr_t>> reads;
8  };
9  void beginTx(jmp_buf *b) {
10   checkpoint = b;
11   start_time = lock;
```

图 20.13　基于值验证的软件事务（1/2）

```
12    if (start_time & 1)
13      start_time--;
14  }
15  void abortTx() {
16    writes.clear();
17    reads.clear();
18    longjmp(*checkpoint, 1);
19  }
20  int void write(uintptr_t *ptr, uintptr_t val) {
21    writes.insert_or_assign(addr, val);
22  }
```

图 20.13 （续）

```
1   uintprt_t read(uintptr_t *ptr) {
2     auto it = writes.find(addr);
3     if (it != writes.end())
4       return *it;
5     uintptr_t val = std::atomic_ref<uintptr_t>(*ptr).load(std::memory_order_acquire);
6     while (start_time != globals.lock.val) {
7       start_time = validate();
8       val = std::atomic_ref<uintptr_t>(*ptr).load(std::memory_order_acquire);
9     }
10    reads.push_back({addr, val});
11    return val;
12  }
13  void commitTx() {
14    if (writes.empty()) {
15      reads.clear();
16      return;
17    }
18    uint64_t from = start_time;
19    while (!lock.compare_exchange_strong(from, from + 1))
20      from = validate();
21    start_time = from;
22    for (auto w : writes)
23      std::atomic_ref<uintptr_t>(*w.first).store(w.second, std::memory_order_release);
24    lock = 2 + start_time;
25    writes.clear();
26    reads.clear();
27  }
28  uint64_t validate() {
29    while (true) {
30      uint64_t time = lock;
31      if (time & 1)
32        continue;
33      for (auto it = reads.begin(), e = reads.end(); it != e; ++it) {
34        if (std::atomic_ref<uintptr_t>(*it.first).load(std::memory_order_acquire) !=
35            it.second)
36          abortTx();
37      }
38      if (time == lock)
39        return time;
40    }
41  }
```

图 20.14　基于值验证的软件事务（2/2）

这个算法类似于我们的所有权记录算法，它将事务的写入延迟到提交时间（重做日志）。主要区别在于它使用单个顺序锁来协调事务提交，而不是使用顺序锁来决定事务何时中止。相反，对顺序锁的更改会导致事务生效。

这个算法背后的思路是，事务可以记录它们读取的地址，以及记录事务在执行这些读取时观察到的值。当一个事务提交时，它将顺序锁递增到一个奇数值，写回其整个写入集合中，然后将顺序锁递增到一个新的偶数值。如果事务看到系列锁的偶数值与上次事务有效时的偶数值相同，则事务可以很容易地确定它是否有效。

如果自上次检查以来顺序锁已经被更改，则事务必须等待直到顺序锁为偶数（未被持有）。然后事务可以重新读取其读取集合中的每个内存位置，以确保该值与事务读取时的值相同。唯一的问题是，事务必须检查其整个读取集合，期间不允许任何交错地写入事务提交。这体现在 validate 函数的 while 循环中。请注意，在成功验证之后，事务相当于在验证时启动的那个事务，因此可以更新其开始时间。

存在着这样的一个问题：事务是否可以在锁被持有时启动。我们没有在 beginTx() 函数中引入等待，而是从开始时间中递减 1，否则它将会变为一个奇数。这意味着事务可以在第一次加载时进行验证，而不是等待启动。

与所有权记录算法一样，这种处理事务的方法是无死锁的：它只有一个锁，因此没有死锁的可能性！此外，请注意，只有在必须验证事务时，一个事务的进度才会受到阻碍，并且每次验证都对应于一个写入事务的完成。因此，该算法是无活锁的。令人遗憾的是，算法可能会存在饥饿性，特别是对于少量写入的线程流，但却具有较长时间的事务并发而言：因为长时间运行的事务可能需要每个写入程序的一次验证。

20.7　硬件事务和软件事务的有机结合

基于值的验证的吸引力很大程度上在于它支持混合事务系统，在可能的情况下使用硬件事务执行，而当事务无法在硬件中完成时（例如，因为规模太大）则回退到软件事务中执行。最简单的方法之一是引入一种在两个阶段之间动态切换的机制：一个阶段中所有事务都使用硬件支持，另一个阶段中所有事务都不使用硬件支持。

从硬件模式到软件模式的转变相对容易实现，使用一种类似于硬件锁消除中的回退机制：事务系统包括一个全局标志，以指示当前模式是“硬件”还是“软件”。每个硬件模式的事务首先检查该标志。如果在事务执行期间该标志发生更改，则它将中止，此时可以切换到软件模式。如果硬件事务由于容量原因而无法完成，则在它中止后，事务会自动更改标志值，然后以软件模式启动。

从软件模式到硬件模式的转变则可能更加困难。但是，基于值的验证提供了一个完美的解决方案：当促使切换到软件模式的事务即将完成时，验证之前的最后一步是使用事务写入来设置标志 false（这个写入是由一个增强的 commitTx() 函数来执行的）。只要每个软件模式的事务都是从读取标志开始的（也就是说，通过 beginTx() 函数中的 read() 方法调用开始），那么当出现有问题的事务提交并重置模式时，它的提交将导致所有并发事务的验证、中止，然后在硬件模式下恢复。

这只是将硬件事务和软件事务相结合来执行事务的众多机制之一。还有其他方法可以使用全局锁或者**周期**（epoch）（19.7 节）来管理硬件模式和软件模式之间的转换。真正的混合系统允许硬件事务和软件事务同时运行和提交。

20.8 事务数据结构设计

事务性内存最有应用前景的作用之一是构建高性能并发的数据结构。作为一个示例，思考创建一个并发红 / 黑树所涉及的困难：一个基于锁的实现很难制定一个无周期锁获取顺序，因为一个操作在到达其目标节点之前并不知道需要多少次重新平衡；一个非阻塞实现可能需要原子地修改许多内存位置，以便在插入操作或者删除操作期间重新平衡。对于事务，这些复杂数据结构的维护操作可以通过将修改操作原子化地完成，而无须程序员精心设计复杂的同步协议。

事务的另一个优越之处是允许数据结构导出丰富的接口。设想一个并发的哈希表：程序员可能需要比传统的 insert/remove/contains 更多的方法。对于事务，使用一个通用的 modifyKey(k，λ) 方法成为可能，其中程序员可以原子地进行以下操作：（1）找到具有匹配键的条目；（2）将 λ 函数应用于与该键相关联的值；（3）使用计算结果更新值。事务性内存是一种通向可组合的、模块化的、通用的并发数据结构的途径。

虽然事务性内存可以将任意一个顺序操作转换为并发操作，但它不保证可伸缩性。程序员必须确保他们的数据结构没有明显的可伸缩性瓶颈。例如，如果哈希表中的每次插入和删除操作都必须更新数据元素总数的计数，则事务不能防止并发的计数器更新发生冲突。此外，事务性内存与锁定没有什么不同，它也要求对一个数据的所有并发访问都通过所使用的同步机制达成一致。正如允许一个线程对另一个线程同时锁定的数据元素执行非同步访问是不正确的一样，允许对同时以事务方式访问的数据元素执行非事务性访问也是不正确的。最后，在使用软件事务性内存时，程序在将内存从事务性访问状态转换为非事务性访问状态时必须非常小心。最危险的例子是内存回收：如果一个事务断开节点与数据结构的连接，然后提交，随后尝试释放该节点，则必须确保没有并发（注定要中止）事务仍在访问该节点。我们在练习题中探讨这个“**私有化**（privatization）”问题。

20.9 章节注释

从 Linux 内核 2.4 到 Linux 内核 2.6 的转换涉及提高多处理器性能的重大努力。结果，顺序锁成为一种广泛应用的技术[98]。Hans Boehm[20] 详细讨论了在 C++ 中使用顺序锁时所面临的挑战。衷心感谢 Hans 解释了顺序锁的细微之处，并提出了使用 C++ 20 的 std::atomic_ref< > 的解决方案。

现代微处理器中的事务性锁消除是基于一种更通用的机制（被称为**硬件事务性存储器**（hardware transactional memory）），这是由 Maurice Herlihy 和 Eliot Moss[74] 首次提出的多处理器通用程序设计模型。Nir Shavit 和 Dan Touitou[157] 提出了第一个不需要专门硬件的事务性内存，该方法在每个加载和存储上使用软件工具。

本章介绍的“所有权记录”算法是 Dave Dice、Ori Shalev 和 Nir Shavit[35] 的 TL2 算法的变体。基于值的方法是由 Luke Dalessandro、Michael Spear 和 Michael Scott[33] 提出的。

将事务硬件用于锁消除是由 Ravi Rajwar 和 James Goodman[146, 145] 提出的。与事务性内存一样，存在仅使用软件来实现锁消除的方法[149]。

支持事务性内存的商用硬件系统的比较请参考文献[133]。Harris、Larus 和 Rajwar[59] 给出了硬件事务性内存和软件事务性内存的权威调查报告。

20.10　练习题

练习题 20.1　设 G 是一个全局变量，H 是堆上分配的一个变量。G 和 H 都是具有多个字段的结构，程序员希望使用一个顺序锁来保护每个字段。为什么必须对 H 使用安全内存回收策略，而不用对 G 使用安全内存回收策略呢？

练习题 20.2　参考练习 20.1。如果数据结构受到"读取锁 - 写入锁"的保护，并且有一个线程要读取 H，那么该线程需要安全的内存回收策略吗？请阐述理由。

练习题 20.3　在使用所有权记录实现事务性内存时，我们使用了一个简单的向量来存储事务读取集。假设有 2^{16} 个所有权记录，使用一个强大的哈希函数将地址映射到所有权记录。一个事务在读取同一个所有权记录两次之前需要进行多少次随机选择的访问？

练习题 20.4　在 20.6.2 节中，我们认为所有权记录上的错误冲突会限制吞吐量。在练习题 20.3 中，考虑一个有 2^{16} 个所有权记录的系统。如果每个线程都发出 W 个写入操作，那么对于两个线程，当 W 的值为多少时，错误冲突的概率会超过 50%？

练习题 20.5　继续练习题 20.4 中的示例，如果有八个线程，当 W 的值为多少时，错误冲突的概率会超过 50%？

练习题 20.6　重复练习题 20.5，只是假设有 2^{20} 个所有权记录。

练习题 20.7　顺序事务性内存的实现可以在执行时更新内存位置，并维护一个**撤消日志**（undo log），以便在事务中止时还原值，而不是在一个**重做日志**（redo log）中缓存写入操作。但这种方式会导致一个微妙的复杂性：当事务中止时，如果需要释放所有权记录，那么事务无法恢复所有权记录的旧值。为什么不能恢复呢？请考虑这样一种情况：事务 T_1 执行对内存位置 X 的一个写入操作，然后在读取内存位置 Y 时中止，而事务 T_2 执行对内存位置 X 的一个读取操作，该读取操作与 T_1 的两个操作同时进行。

练习题 20.8　假设 T_A 是一个连续中断多次的事务，系统中的事务总数为 T_i。假设争用管理器为 T_A 提供了以下两个选项：

- 阻止新事务启动，等待所有当前事务提交后，然后开始。
- 阻止新事务启动，并立即开始。

以上两个选项你选择哪一个？为什么？在证明你的答案时，考虑特定的工作负载特征可能会有所帮助。

练习题 20.9　选择软件事务性内存或者硬件事务性内存会影响你对练习 20.8 的解答吗？

练习题 20.10　我们声称一个事务在每次读取新的内存位置时都需要确保其读取集的有效性。如果没有，则注定要中止的事务可能会产生一个可见的错误。在两个事务之间创建一个交错操作，如果一个事务在每次读取后没有执行验证，则可能会产生被零除的错误。

练习题 20.11　在基于锁的程序设计中，一个常见的习惯用法是锁定数据结构，断开部分链接，然后解锁数据结构。这样做将断开连接部分"私有化"到执行断开连接的线程，因为其他线程无法再访问该部分。

事务性编程带来的一个挑战是，预测线程可能不知道它们注定要中止，并且这些预测线程对断开连接部分的事务性访问可能与断开连接线程的非事务性访问产生冲突。

创建一个工作负载，其中一个线程的事务通过在某个点拆分链表来私有化链表，而另一个线程的事务正在遍历链表。描述事务线程中可能发生的错误现象。

练习题 20.12　考虑一下练习题 20.11 的解决方案。20.6.1 节中的算法是否容易受到该错误的影响？请阐述理由。

练习题 20.13　考虑一下练习题 20.11 的解决方案。20.6.2 节中的算法是否容易受到该错误的影响？请阐述理由。

软件基础

A.1 引言

本附录描述了用于理解本书的示例和编写并发程序所需的基本程序设计语言结构。在大多数情况下，我们使用 Java 语言，但也可以使用其他高级语言和库来表达同样的思想。在此，我们将概述用于理解本书内容所需的软件概念，包括 Java、C++ 和 C#。本节的阐述不可能面面俱到，如果读者有疑问，请查阅相关程序设计语言或者库的最新文档。

A.2 Java

在 Java 程序设计语言使用的并发模型中，**线程**（thread）通过调用对象的方法来操作**对象**（object）[⊖]，并通过使用各种程序设计语言和库的结构来协调可能存在的并发调用。接下来我们将首先阐述本文中所使用的各种 Java 基本构造。

A.2.1 线程

一个**线程**（thread）执行一个单一的顺序程序。在 Java 中，线程是 java.lang.Thread（或者其子类）的实例。java.lang.Thread 提供了一些方法，用于创建线程、启动线程、挂起线程、等待线程的完成。

首先，创建一个实现 Runnable 接口的类。该类的 run( ) 方法完成所有的工作。例如，下面是一个打印字符串的简单线程示例：

```
public class HelloWorld implements Runnable {
  String message;
  public HelloWorld(String m) {
    message = m;
  }
  public void run() {
    System.out.println(message);
  }
}
```

通过将一个 Runnable 对象作为参数来调用 Thread 类的构造函数，可以将一个 Runnable 对象转换为一个线程，如下所示：

```
final String m = "Hello world from thread " + i;
Thread thread = new Thread(new HelloWorld(m));
```

Java 提供了一种称为**匿名内部类**（anonymous inner class）的语法快捷方式，允许用户无须显式地定义一个 HelloWorld 类：

⊖ 从技术上而言，线程也是对象。

```
final String message = "Hello world from thread " + i;
thread = new Thread(new Runnable() {
  public void run() {
    System.out.println(message);
  }
});
```

上述代码片段创建了一个实现 Runnable 接口的匿名类，其 run( ) 方法的行为如代码所示。创建了一个线程后，必须启动该线程：

```
thread.start();
```

这个方法调用使线程开始运行（也就是执行 run( ) 方法）。调用 start( ) 方法的线程立即返回。如果调用方希望等待线程执行完成，则必须**连接**（join）线程：

```
thread.join();
```

调用程序会被阻塞，直到被连接线程的 run( ) 方法返回。

图 A.1 描述了一个 main( ) 方法，用于初始化多个线程、启动这些线程、等待这些线程的完成，然后打印出一条消息。该方法首先创建一个由线程组成的数组，并使用匿名内部类语法在第 2～10 行代码中初始化数组元素。在循环语句的结束部分，该方法创建了一个由若干休眠线程所组成的数组。在第 11～13 行代码中，该方法启动这些线程，并且每个线程都执行 run( ) 方法来显示各自的消息。最后，在第 14～16 行代码中，该方法等待每个线程任务的完成。

```
1  public static void main(String[] args) {
2    Thread[] thread = new Thread[8];
3    for (int i = 0; i < thread.length; i++) {
4      final String message = "Hello world from thread " + i;
5      thread[i] = new Thread(new Runnable() {
6        public void run() {
7          System.out.println(message);
8        }
9      });
10   }
11   for (int i = 0; i < thread.length; i++) {
12     thread[i].start();
13   }
14   for (int i = 0; i < thread.length; i++) {
15     thread[i].join();
16   }
17 }
```

图 A.1 本方法初始化一系列 Java 线程，然后启动这些线程，并等待这些线程运行结束

A.2.2 管程

Java 提供了许多方法来同步对共享数据的访问，包括内置的方法和通过包提供的方法。此处我们描述一种被称为**管程**（monitor）的内置模型。管程是一种简单并且常用的方法。我们在第 8 章中讨论过管程。

假设由我们来负责电话呼叫中心的软件。在高峰时段，拨入电话到达的速度比接听的速度要快。当一个拨入来电到达时，交换机软件会将该来电放入一个队列中，同时会播放一条语音公告，向来电者保证我们已经意识到拨入来电是非常重要的，并且拨入来电将按到达的顺序依次接听。**接线员**（operator，负责接听拨入电话的工作人员）指派一个**接线员线程**（operator thread）从拨入来电队列中出队并接听下一个拨入电话。当接线员完成一个拨入电话的操作后，他或她会从来电队列中将下一个拨入来电出队并接听。

图 A.2 显示了一个简单但却是错误的队列类。拨入来电被保存在数组 calls 中，其中 head 是要被删除的下一个拨入来电的索引，tail 是数组中下一个空闲元素位置的索引。

```
1  class CallQueue {    // 代码存在错误
2    final static int QSIZE = 100;  // 任意大小
3    int head = 0;                  // 下一个要出队的元素
4    int tail = 0;                  // 下一个空闲元素的索引位置
5    Call[] calls = new Call[QSIZE];
6    public enq(Call x) {           // 由交换台线程调用
7      calls[(tail++) % QSIZE] = x;
8    }
9    public Call deq() {            // 由接线员线程调用
10     return calls[(head++) % QSIZE]
11   }
12 }
```

图 A.2 一个错误的队列类

如果两个接线员同时尝试将一个拨入来电出队，则这个类将无法正常工作。对于如下的表达式：

```
return calls[(head++) % QSIZE]
```

不可能作为一个**原子**（atomic，即不可分割）步骤来执行。相反，编译器将生成类似于如下形式的代码：

```
int temp0 = head;
head = temp0 + 1;
int temp1 = (temp0 % QSIZE);
return calls[temp1];
```

两个接线员线程可能同时执行这些语句：他们同时执行第一行代码，然后执行第二行代码，依此类推。最后，两个接线员都会执行出队操作并接听同一个拨入来电，这可能会困扰来电客户。

为了使这个队列能够正常工作，我们必须确保一次只有一个接线员线程可以将下一个拨入来电出队，这种特性称为**互斥**（mutual exclusion）。Java 提供了一种有用的内置机制来支持互斥。每个对象都有一个（隐式）**锁**（lock）。如果一个线程 A **获取**（acquire）了对象的锁（或者等价地说，**锁定**了该对象），那么在线程 A **释放**（release）锁（或者等价地说，解锁该对象）之前，其他线程都不能获取这个锁。如果一个类声明一个方法是 synchronized（同步的），那么该方法在被调用时隐式地获取锁，并在返回时释放锁。

以下是一种能够确保 enq( ) 和 deq( ) 方法满足互斥机制的实现方法：

```
public synchronized T deq() {
  return call[(head++) % QSIZE]
}
public synchronized enq(T x) {
  call[(tail++) % QSIZE] = x;
}
```

一旦对同步方法的调用获得了对象的锁，对该对象的同步方法的任何其他调用都将被阻塞，直到锁被释放为止。（对其他对象的调用受制于其他锁，因此不会被阻塞。）同步方法的主体通常称为**临界区**（critical section）。

同步不仅仅是互斥。如果接线员线程尝试从来电队列中将一个拨入来电出队，但是此时队列中没有等待的拨入来电，该如何处理呢？这样的一个调用可能会抛出异常或者返回null，但是接线员线程除了重试之外还应该做什么呢？为此，接线员线程等待拨入来电的出现是合情合理的。以下是对这个问题解决方案的第一次尝试：

```
public synchronized T deq() { // 不正确
  while (head == tail) {}; // 队列为空时，自旋
  call[(head++) % QSIZE];
}
```

这种尝试不仅是错误的，而且是一种灾难性的错误。出队线程在同步方法内等待，锁定了其他所有线程，包括可能尝试将拨入来电加入到队列中的交换台线程。这将产生一个**死锁**（deadlock）：持有锁的出队线程在等待一个入队线程，而入队线程则在等待出队线程释放锁。两者相互等待，结果任何一种事情都永远不会发生。

从这个示例中我们了解到，如果一个执行同步方法的线程需要等待某些事情发生，那么该线程必须在等待时**解锁**（unlock）对象。等待的线程应该定期重新获取锁，以测试线程是否可以继续执行。如果是，则线程继续执行；如果不是，则线程释放锁并返回继续等待。

在Java中，每个对象都提供一个wait( )方法，该方法可以解锁对象并挂起调用者。当一个线程正在等待时，另一个线程可以锁定并更改对象。稍后，当被挂起的线程恢复时，该线程会在对象从wait( )调用返回之前再次锁定该对象。下面是一个修改过的、但仍然是错误的出队方法[⊖]：

```
public synchronized T deq() { // 仍然错误
  while (head == tail) { wait(); }
  return call[(head++) % QSIZE];
}
```

每个接线员线程都在寻找一个需要应答的拨入来电，反复测试来电队列是否为空。如果来电队列为空，则释放锁并等待；如果来电队列不为空，则移除并返回一个拨入来电。与此类似，一个入队线程将检查缓冲区是否已满。

一个等待的线程什么时候会被唤醒呢？当发生重大事件时，程序必须**通知**（notify）等待的线程。notify()方法最终会从一组等待的线程中任意选择并唤醒其中一个等待线程。当该线程被唤醒时，它会像其他线程一样竞争锁。当该线程重新获取锁时，它从wait()调用返回。我们无法控制选择哪个等待线程。与之相对应，notifyAll( )方法最终会唤醒所有等待的

⊖ 这个程序将产生编译错误，因为wait()调用可能引发一个InterruptedException异常，而这个异常必须被捕获或者重试。正如“程序注释8.2.1”中所讨论的，实际代码必须处理此类异常，但我们通常省略此类处理程序，以使示例更易于阅读。

线程。每次对象被解锁时，这些新唤醒的线程中的其中一个将重新获取锁并从 wait( ) 调用返回。我们无法控制线程重新获取锁的顺序。

在呼叫中心的示例中，假设有多个接线员线程和一个交换台线程。假设交换台线程决定按照以下的方式优化 notify( ) 的使用。如果交换台线程将一个来电呼叫添加到一个空队列中，那么交换台线程应该只通知一个被阻塞的出队线程，因为只有一个来电呼叫需要处理。这种优化虽然看起来合理，但也存在着缺陷。假设接线员线程 A 和 B 都发现队列为空，并被阻塞等待处理所有的来电呼叫。交换台线程 S 将一个来电呼叫放入队列中，并调用 notify( ) 来唤醒一个接线员线程。但是，由于通知是异步的，因此存在延迟。交换台线程 S 返回，然后在队列中放入另一个来电呼叫，因为队列中已经有一个等待的来电呼叫，所以交换台线程不会通知其他线程。交换台线程的 notify( ) 最终生效，唤醒了线程 A，但没有唤醒线程 B，即使还有一个来电呼叫需要线程 B 应答。这类问题被称为**唤醒丢失**（lost-wakeup）问题：一个或者多个等待的线程在所等待的条件变为真时，并没有被通知。有关更详细的讨论，请参见 8.2.2 节。

A.2.3 让步和睡眠

除了 wait( ) 方法允许持有一个锁的线程释放锁并暂停外，Java 还为不持有锁的线程提供了其他暂停方法。yield( ) 调用可以用来暂停线程，请求调度程序运行其他的线程。调度程序决定是否暂停该线程，以及何时重新启动该线程。如果没有其他线程可以执行，则调度程序会忽略 yield( ) 调用。16.4.2 节描述了让步如何成为防止活锁的一种有效方法。调用 sleep(*t*)（其中 *t* 是一个时间值）指示调度程序在该时间段内不运行该线程。调度程序可以随时重新启动线程。

A.2.4 线程本地对象

让每个线程拥有自己的私有变量实例往往是非常有用的。Java 通过 ThreadLocal<T> 类支持这种**线程本地对象**（thread-local），这个类管理类型为 *T* 的对象集合，每个对象对应于一个线程。因为线程本地变量没有内置到 Java 语言中，所以其接口有些复杂并且不易于使用。然而，线程本地对象非常有用，并且我们会经常使用这些对象。因此，下面我们概述线程本地对象的使用方法。

ThreadLocal<T> 类提供了 get( ) 和 set( ) 方法，分别用于读取和更新线程的本地值。ThreadLocal<T> 类还提供了一个 initialValue 方法，在线程第一次尝试获取线程本地对象的值时调用该方法。为了适当地初始化每个线程的局部值，我们定义了 ThreadLocal<T> 类的一个子类，它重写了父类的 initialValue( ) 方法。

说明这个机制的最好方法是通过一个示例。在我们的许多算法中，都会假设在 *n* 个并发线程中，每个线程都有一个介于 0 和 $n-1$ 之间的唯一线程本地标识。为了提供这样一个标识，我们来说明如何使用一个静态方法来定义 ThreadID 类：get( ) 方法返回调用线程的标识。当一个线程第一次调用 get( ) 方法时，该线程将被分配下一个未使用的标识。随后这个线程对 get( ) 方法的每一次调用，都将返回该线程的标识。

图 A.3 描述了使用一个线程本地对象来实现这个实用类的最简单方法。第 2 行代码声明了一个整数型字段 nextID，该字段用于保存下一个要产生的标识。第 3～7 行代码定义了一个内部类，这个内部类只能在 ThreadID 类的主体中访问。该内部类用来管理线程的标识。

它是 ThreadLocal<Integer> 的子类，重写了 initialValue( ) 方法，将下一个未使用的标识符分配给当前线程。

```
1  public class ThreadID {
2    private static volatile int nextID = 0;
3    private static class ThreadLocalID extends ThreadLocal<Integer> {
4      protected synchronized Integer initialValue() {
5        return nextID++;
6      }
7    }
8    private static ThreadLocalID threadID = new ThreadLocalID();
9    public static int get() {
10     return threadID.get();
11   }
12   public static void set(int index) {
13     threadID.set(index);
14   }
15 }
```

图 A.3　ThreadID 类：为每个线程指定一个唯一的标识

下面是如何使用 ThreadID 类的一个示例：

```
thread = new Thread(new Runnable() {
  public void run() {
    System.out.println("Hello world from thread " + ThreadID.get());
  }
});
```

由于内部的 ThreadLocalID 类只被使用一次，所以给它命名没有什么实际意义（同样的原因，给感恩节火鸡命名也是没有任何意义的）。取而代之的是，通常我们会使用前面描述的匿名类。

程序注释 A.2.1

在类型表达式 ThreadLocal<Integer> 中，我们之所以使用 Integer 而不是 int，因为 int 是一个基本数据类型，并且在尖括号中只允许使用诸如 Integer 之类的引用类型。自 Java 1.5 版本开始，一个名为 autoboxing 的特性基本上允许我们可以互换使用 int 和 Integer，例如：

```
Integer x = 5;
int y = 6;
Integer z = x + y;
```

有关更多的细节，请查阅 Java 参考手册。

A.2.5　随机化

随机化（Randomization）是算法设计的一个重要工具。例如，本书中的几个算法都使用随机化来减少争用。当使用随机化时，了解所使用的随机数发生器的特性是非常重要的。例如 Math.random 方法使用单个 java.util.Random 类的全局实例来生成随机数。尽管 Random

是线程安全的，但是多个线程对同一实例的并发调用可能会引入争用和同步。

为了避免这种争用，我们使用 java.util.concurrent 包的 ThreadLocalRandom 类，顾名思义，该类为每个线程维护一个单独的随机数生成器[⊖]。静态方法 current( ) 返回与调用者关联的随机数生成器；建议在使用 ThreadLocalRandom 类时始终调用此方法。例如，为了生成从 0 到 $k-1$ 之间的随机整数，我们调用：

```
ThreadLocalRandom.current().getInt(k)
```

ThreadLocalRandom 类生成的随机数在密码学上是不安全的。如果需要这种安全性，请考虑使用 java.security.SecureRandom 来取而代之。然而，如果使用 java.security.SecureRandom，那么请注意不要让多个线程同时访问同一个随机数生成器，以免引入争用。

A.3 Java 内存模型

在读取或者写入共享对象的字段时，Java 程序设计语言不能保证可线性化，甚至不能保证顺序一致性。为什么不能满足这两个特性呢？主要原因在于严格遵守顺序一致性将禁止广泛使用的编译器优化，包括寄存器分配、公共子表达式消除、冗余读取消除等，所有这些都涉及对内存读写进行重新排序。在一个单线程计算中，这种重新排序对于优化程序是透明不可见的；但是在一个多线程计算中，一个线程可以监视另一个线程并观察到无序的执行。

Java 内存模型满足松弛内存模型的**基本特性**（fundamental property）：如果一个程序的顺序一致性执行遵循一定的规则，那么在松弛模型中该程序的每次执行仍然是满足顺序一致性的。在本节中，我们将描述确保 Java 程序顺序一致的规则。我们不会尝试涵盖一整套规则，因为它过于庞大和复杂。取而代之的是，我们关注的是一组简单明了的规则，这些规则足以满足大多数目的。

```
1  public static Singleton getInstance() {
2    if (instance == null) {
3      synchronized(Singleton.class) {
4        if (instance == null)
5          instance = new Singleton();
6      }
7    }
8    return instance;
9  }
```

图 A.4　一种双重检查锁

图 A.4 描述了一种**双重检查锁**（double-checked locking），这是一种曾经很常见的程序设计习惯用法，它是 Java 缺乏顺序一致性的代价。这里，Singleton 类管理 Singleton 对象的单个实例，该实例可以通过 getInstance() 方法来访问。在第一次调用 getInstance() 方法时会创建 Singleton 对象实例。必须同步此方法以确保只创建一个实例，即使有若干个线程观察到实例为 null 也是如此。但是，一旦创建了 Singleton 对象实例，就不需要进一步的同步操作了。作为一种优化，图 A.4 中的代码只有在观察到实例为 null 时才会进入同步块。一旦线程

⊖ 从技术上讲，这是一个**伪随机数发生器**（pseudorandom number generator）。

进入了同步块，它会在创建实例之前**再次检查**实例是否仍然为 null。

这种模式是不正确的：在第 5 行代码中，构造函数调用看起来发生在 instance 字段被赋值之前，但是 Java 内存模型允许这些步骤无序发生，结果使得部分初始化的 Singleton 对象对其他线程可见。

在 Java 内存模型中，所有的对象都驻留在一个共享内存中，每个线程都有一个私有的工作内存，其中包含已读取或者写入字段的高速缓存副本。在没有显式同步（稍后解释）的情况下，写入字段的线程可能不会立即将该更新传播到共享内存；而在共享内存中的字段副本更改值时，读取字段的线程可能不会更新其工作内存。当然，Java 虚拟机可以自由地保持这些高速缓存副本的一致性，实际上它们经常这样做，但不需要这样做。在这一点上，我们只能保证线程自己的读取和写入对该线程来说是按顺序发生的，并且线程读取的任何字段值都被写入该字段（也就是说，值不会凭空突然出现）。

某些语句是**同步事件**（synchronization event）。术语“同步”通常意味着某种形式的原子性或者互斥性。然而，在 Java 中，“同步”还意味着协调线程的工作内存和共享内存。某些同步事件会导致线程将高速缓存的更改写回共享内存，从而使这些更改对其他线程可见。其他同步事件会导致线程使其缓存的值无效，迫使线程从共享内存中重新读取字段值，从而使其他线程的更改可见。同步事件是可线性化的：它们是全序的，所有线程都会就该顺序达成一致。接下来我们将讨论不同类型的同步事件。

A.3.1　锁和同步块

一个线程可以通过进入一个 synchronized 块或者方法来实现互斥，synchronized 块或者方法获取一个隐式锁，或者获取一个显式锁（例如从 java.util.concurrent.locks 包中的 ReentrantLock）。这些方法对内存行为具有相同的影响。

如果对特定字段的所有访问都受同一个锁的保护，那么对该字段的读取和写入都是可线性化的。具体地说，当一个线程释放一个锁时，其工作内存中修改过的字段被写回共享内存，在保持其他线程可以访问的锁的同时执行修改。当一个线程获取锁时，它会使其工作内存失效，以确保从共享内存中重新读取字段。这些条件共同确保了对受单个锁保护的任何对象的字段的读取和写入都是可线性化的。

A.3.2　易变性字段

易变性（Volatile）字段是可线性化的。读取一个易变性字段就像获取一个锁：工作内存失效，并且从内存中重新读取易变性字段的当前值。写入一个易变性字段就像释放一个锁：易变性字段会立即写回内存。

尽管读取和写入一个易变性字段对内存一致性的影响与获取锁和释放锁相同，但多次读取和写入操作并不具有原子性。例如，如果 x 是一个易变性变量，那么如果并发线程可以修改 x，表达式 x++ 不一定会递增 x。还需要某种形式的互斥。易变性变量的一种常用模式是一个字段被多个线程读取但只被一个线程写入。

此外，编译器不会删除对 volatile 字段的访问，也不会删除对同步方法的共享内存的访问。

程序注释 A.3.1

对于数组，需要特别注意：如果包含数组的某个字段或者变量被声明为 volatile，则只对该字段或者变量的访问同步，对数组元素的访问没有同步。因此，当对数组元素的访问必须同步时，我们必须使用提供这种同步访问的特殊数组类型。

java.util.concurrent.atomic 包中包含了提供可线性化内存的类，例如 AtomicReference<*T*> 或者 AtomicInteger。compareAndSet() 方法和 set() 方法的作用类似于 volatile 字段的写入操作，get() 方法的作用则类似于 volatile 字段的读取操作。

A.3.3 final 字段

回想一下，声明为 final 的字段一旦初始化后就不能修改。一个对象的 final 字段在其构造函数中被初始化。如果构造函数遵循某些简单的规则（在下面的段落中描述），那么任何 final 字段的正确值将对其他线程可见，而无须进行同步。例如，在图 A.5 所示的代码中，调用 reader() 方法的线程保证能观察到 x 等于 3，因为 x 是一个 final 字段；但是并不能保证 y 等于 4，因为 y 不是 final 字段。

```
1  class FinalFieldExample {
2    final int x; int y;
3    static FinalFieldExample f;
4    public FinalFieldExample() {
5      x = 3;
6      y = 4;
7    }
8    static void writer() {
9      f = new FinalFieldExample();
10   }
11   static void reader() {
12     if (f != null) {
13       int i = f.x; int j = f.y;
14     }
15   }
16 }
```

图 A.5 使用 final 字段的构造函数

但是，如果构造函数同步不正确，可能会观察到 final 字段的值被更改了。规则很简单：在构造函数返回之前，不能从构造函数中释放 this 引用。

图 A.6 描述了一个事件驱动系统中错误的构造函数的一个示例。在这里，一个 EventListener 类向 EventSource 类注册自己，使得对监听器对象的引用可以供其他线程访问。这段代码看起来是安全的，因为注册是构造函数中的最后一步，但其实是不正确的，因为如果另一个线程在构造函数完成之前调用事件监听器的 onEvent() 方法，那么 onEvent() 方法就不能保证看到正确的 x 值。

```
1  public class EventListener { // 代码中包含错误
2    final int x;
3    public EventListener(EventSource eventSource) {
4      eventSource.registerListener(this); // 注册事件源...
5    }
6    public onEvent(Event e) {
7     ... // 处理事件
8    }
9  }
```

图 A.6 错误的 EventListener 类

总之，如果字段是 volatile 或者受所有读取线程和写入线程获取的唯一锁保护，则对字段的读取和写入都是可线性化的。

A.4 C++

在2011年的C++标准（C++ 11）之前，C++没有对线程的本地支持。相反，与C一样，它依赖于操作系统特定的机制来执行线程。这种依赖付出了一个高昂的代价：代码不能跨操作系统移植，程序员也不能对代码的正确性进行形式化的推理。

自2011年以来，C++提供了一个并发模型，包括线程、锁、条件变量和std::atomic< >变量。为了使用这些功能，程序员必须包含如下相应的头文件：

```
#include <thread> // 线程对象；自C++11版本以来
#include <mutex> // 互斥锁；自C++11版本以来
#include <atomic> // 原子变量；自C++11版本以来
#include <shared_mutex> // 读取锁/写入锁；自C++14版本以来
#include <condition_variable> // 条件变量；自C++14版本以来
```

可能还需要在编译时提供一个标志来启用这些特性（例如，-std=c++11或者-std=c++14）。C++标准每三年更新一次，并且自从C++ 11版本以来的每次更新都会增加额外的并发特性。

A.4.1 C++中的线程

std::thread对象表示一个线程。此对象的构造函数可以使用函数或者lambda表达式作为参数，还可以提供所使用的函数或者lambda的参数，如图A.7中的示例所示。(在某些操作系统上，例如某些类型的Linux，链接器可能需要设置与pthread相关的标志（例如，-lpthread）才能编译程序。

```
1  #include <iostream>
2  #include <thread>
3
4  void f1() { std::cout << "Hello from f1" << std::endl; }
5  void f2(int a, int b) {
6    std::cout << "f2 invoked with " << a << ", " << b << std::endl;
7  }
8
9  int main() {
10   std::thread t1(f1);
11   t1.join();
12   std::thread t2(f2, 1, 2);
13   t2.join();
14   std::thread t3(f2, 5, 7);
15   t3.join();
16   int i = 7;
17   std::thread t4([&]() {
18     std::cout << "lambda invoked with captured i == " << i << std::endl;
19   });
20   t4.join();
21   std::thread t5(
22       [&](int a) {
23         std::cout << "lambda invoked with captured i == " << i
24                   << " and a == " << a << std::endl;
25       },
26       1024);
```

图A.7　在C++中创建和连接线程的示例

```
27    t5.join();
28    auto f = [&](int k) {
29      f1();
30      f2(i, i * k);
31    };
32    std::thread t6(f, 99);
33    t6.join();
34  }
```

图 A.7 （续）

在第 10 行和第 12 行代码中，通过提供线程应该运行的函数的名称来创建这些线程。在前一种情况下，函数不带参数。在后一种情况下，该函数接受两个整数作为参数，这些参数也传递给线程构造函数。

此外，可以通过为线程提供 lambda 表达式来创建一个线程。第 17～32 行代码的例子说明了线程可以使用给定 lambda 表达式来运行的一些方法。

与 Java 不同，在 C++ 中使用单个调用创建线程并开始执行线程。一个程序在终止之前必须对其所有线程调用 join[㊀]。一个常见的习惯用法是将创建的所有线程都存储在 std::vector 中，这样就可以很容易地找到并连接这些线程。下面是一个示例：

```
std::vector<std::thread> threads;
for (int i = 0; i < 16; ++i)
  threads.push_back(std::thread(f, i));
for (int i = 0; i < 16; ++i)
  threads[i].join();
```

A.4.2 C++ 中的锁

C++ 中最常用的锁是 std::mutex、std::recursive_mutex 和 std::shared_mutex。程序员通过使用 std::mutex 的 lock( ) 方法和 unlock( ) 方法来获取和释放 std::mutex。还有一个 try_lock( ) 方法，用于防止线程在试图获取另一个线程所持有的锁时被阻塞：

```
std::mutex m;
...
m.lock();
f();
m.unlock();
...
if (m.try_lock()) {
  f();
  m.unlock();
} else {
  std::cout << "couldn't acquire lock" << std::endl;
}
```

std::recursive_mutex 维护一个内部计数器和 ID 字段，这样试图锁定一个已经拥有的锁的线程就不会阻塞，只需要递增计数器。一个线程解锁（unlock( )）一个递归锁（recursive_mutex）的次数必须与它锁定该锁的次数相同。std::shared_mutex 除了支持 std::mutex 的所有

㊀ 通过使用线程的 detach( ) 方法可以避免此要求。

操作，还提供了 lock_shared( )、unlock_shared( ) 和 try_lock_shared( ) 方法，这些方法允许线程将其用作一个“读取 – 写入”锁。

虽然 C++ 没有 finally 块，但是其**资源获取即初始化**（resource-acquisition-is-initialization，RAII）的模式可以实现相同的效果：如果一个对象被构建在栈上，它的析构函数会在对象超出范围时运行。std::lock_guard 包装器对象用于管理锁的获取和释放：

```
std::mutex m;
...
{
  std::lock_guard<std::mutex> g(m);
  // mutex m  被锁定
  if (i == 9)
    return; // 释放m，因为g被析构
  f();
  // 释放m，因为g被析构
}
```

A.4.3 条件变量

C++ 14 版本中添加了一个新的语言特征：条件变量（condition variable）。条件变量可用于创建行为类似于 Java 管程的对象。但是，程序员必须显式地管理互斥体和条件变量之间的关联。

但也因此产生了一个复杂的问题：std::lock_guard 不允许程序员解锁和重新锁定互斥锁，即只要 std::lock_guard 在作用范围内，就必须获取互斥锁。当使用条件变量使一个线程等待时，会破坏临界区的原子性。为此，线程必须释放锁。如果程序员在使用条件变量时不得不放弃 lock_guard 的便利性，那将是一件非常遗憾的事。幸运的是，虽然 std::unique_lock 包装器类似于 lock_guard，但也允许线程解锁和重新锁定底层的互斥锁。示例如图 A.8 所示。

```
1  #include <condition_variable>
2  #include <iostream>
3  #include <mutex>
4  #include <string>
5  #include <thread>
6
7  std::mutex m;
8  std::condition_variable cv_full, cv_empty;
9  int data;
10 bool data_ready;
11
12 void consumer_thread(int items) {
13   for (int i = 0; i < items; ++i) {
14     std::unique_lock<std::mutex> g(m);
15     cv_full.wait(g, []() { return data_ready; });
16     std::cout << "consumed " << data << std::endl;
17     data_ready = false;
18     cv_empty.notify_one();
19   }
20 }
21 void producer_thread(int count, int *items) {
```

图 A.8　C++ 中使用条件变量的一个示例

```
22      for (int i = 0; i < count; ++i) {
23        std::unique_lock<std::mutex> g(m);
24        cv_empty.wait(g, []() { return !data_ready; });
25        data = items[i];
26        std::cout << "produced " << data << std::endl;
27        data_ready = true;
28        cv_full.notify_one();
29      }
30    }
31    int main() {
32      int items[] = {1, 1, 2, 3, 5, 8, 13, 21, 34, 55};
33      std::thread producer(producer_thread, 10, items);
34      std::thread consumer(consumer_thread, 10);
35      producer.join();
36      consumer.join();
37    }
```

图 A.8 （续）

std::condition_variable 变量对象要求通过一个 unique_lock 来访问其关联的互斥锁。std::condition_variable 对象提供了两种不同的 wait( ) 方法。我们使用更高级的版本，该版本将一个谓词作为第二个参数，并使用该参数来决定何时停止等待。考虑第 24 行代码中对 wait( ) 的调用。该行代码可以改写为：

```
while (data_ready)
  cv_empty.wait(g);
```

虽然这段代码是等价的，但大多数程序员更喜欢使用谓词，这样可以无须考虑条件变量（例如 Java 管程）会受到虚假唤醒的影响。

条件变量还提供让程序员控制线程等待方式的方法（例如，通过超时方法）。条件变量还提供了一个 notify_all( ) 方法，用于唤醒等待条件变量的所有线程。C++ 允许程序员在保持锁的同时调用 notify_one( ) 方法或者 notify_all( ) 方法；同时也允许在不持有锁的同时调用 notify_one( ) 方法或者 notify_all( ) 方法。尽管在某些情况下，不持有锁的通知可能更快，但是当调用一个 notify 函数时，当线程持有锁时，对代码正确性的维护会更加容易。

A.4.4 原子变量

C++ 内存模型允许程序员对程序的正确性进行推理。内存模型定义各个线程生命周期事件之间的先后发生顺序（例如，通过线程构造函数和对 join( ) 方法的调用），并确保程序员可以在对使用同一个公共互斥锁的各个线程之间创建的顺序进行推理。对于细粒度排序，C++ 定义了 std::atomic< > 类型，它类似于 Java 中的 volatile。默认情况下，这些变量在编译器中永远不会被缓存在寄存器中，使用 std::atomic< >，意味着对于常规数据访问和其他 std::atomic< > 访问都满足屏障性和顺序性（编译期间和执行期间都满足屏障性和顺序性）。

与 Java 中的 volatile 类似，std::atomic< > 可以表示原子标量值、原子浮点值和原子指针。还可以有指向 std::atomic< > 的指针，这是对 Java 中 volatile 的改进。通过操作符重载，std::atomic< > 整数支持算术运算和逻辑运算的“获取和修改（fetch-and-modify）”操作。例如，在下面的代码中，*x* 的增量将通过硬件的“读取 – 修改 – 写入（read-modify-write）”操作实现，并且不会受到争用的影响：

```
std::atomic<int> counter;
...
{
  counter++;
  --counter;
  counter *= 16;
  counter ^= 0xFACE;
}
```

std::atomic< > 类型还提供 compare_exchange_strong() 方法，用于执行“比较和设置（compare-and-set）”操作。

当访问一个 std::atomic< > 变量时，程序员可以将其视为一个非原子类型。例如，以下代码是合法的：

```
std::atomic<int> my_int;
my_int = 7;
int local = my_int;
```

当某个程序使用这种语法时，编译器将强制执行它所能执行的最严格的顺序。也就是说，原子加载将阻止后续访问在它之前发生，存储操作则将阻止之前的访问在它之后发生，任何“读取 – 修改 – 写入（read-modify-write）”操作都将阻止跨越它的任何重新排序。程序员可以通过使用显式加载和存储方法来放松这些顺序的限制：

```
std::atomic<int> my_int;
my_int.store(7);
int local = my_int.load();
```

默认情况下，load( ) 方法和 store( ) 方法确保严格的顺序，但是可以通过指定一个附加参数（例如 std::memory_order_relaxed）来放宽保证。在某些程序中，这样的放宽保证可以显著提高性能。在第 20 章中简要地探讨过这一观点。

A.4.5　线程本地存储

在 C++ 中，变量可以使用 thread_local 说明符，这表明每个线程都可以读取和写入某个变量的不同逻辑实例。例如，在图 A.9 中的代码中，多个线程递增同一个共享计数器，同时递增线程本地计数器。

```
thread_local int local_counter = 0;
std::atomic<int> global_counter(0);
std::mutex m;

void increment(int howmany) {
  for (int i = 0; i < howmany; ++i) {
    local_counter++;
    global_counter++;
  }
  std::lock_guard<std::mutex> g(m);
  std::cout << "Thread exiting with local = " << local_counter
            << " and global = " << global_counter << std::endl;
}
```

图 A.9　一个使用线程本地变量的 C++ 程序

```
int run_threads(int thread_count, int increments_per_thread) {
  std::vector<std::thread> threads;
  for (int i = 0; i < thread_count; ++i)
    threads.push_back(std::thread(increment, increments_per_thread));
  for (int i = 0; i < thread_count; ++i)
    threads[i].join();
}
```

图 A.9 （续）

如果我们使用多个线程调用 run_threads（例如 run_threads(4, 1048576)），则全局计数器的最终值将等于传递给每个线程的 increments_per_thread 的值之和。线程同时递增全局计数器。当线程递增全局计数器时，它们也会增加本地计数器（local_counter）。但是，每个线程的增量针对的是每个线程的副本。因此，在 local_counter 上没有争用，并且当程序完成时，它的值并不等于全局计数器（global_counter）。

A.5 C#

C# 是一种类似于 Java 的语言，运行在微软的 .Net 平台上。

A.5.1 线程

C# 提供了一个类似于 Java 的线程模型。C# 线程由 System.Threading.Thread 类实现的。当创建一个线程时，通过向线程传递一个 ThreadStart **委托**（delegate，一种指向所要调用的方法的指针）来告知线程需要执行的任务。例如，下面是一个打印简单消息的方法：

```
void HelloWorld()
{
   Console.WriteLine("Hello World");
}
```

然后，我们将这个方法转换为一个 ThreadStart 委托，并将该委托传递给该线程的构造函数：

```
ThreadStart hello = new ThreadStart(HelloWorld);
Thread thread = new Thread(hello);
```

C# 提供了一种称为**匿名方法**（anonymous method）的语法快捷方式，允许我们直接定义一个委托，例如，可以将前面的步骤组合到单一的表达式中：

```
Thread thread = new Thread(delegate()
{
   Console.WriteLine("Hello World");
});
```

和 Java 一样，当线程被创建以后，必须**启动**（start）线程：

```
thread.Start();
```

这个调用导致线程开始运行，而调用程序则立即返回。如果调用方希望等待线程完成，则必须**连接**（join）线程：

```
thread.Join();
```

调用方被阻塞，直到线程的方法返回为止。

图 A.10 描述了一个方法，该方法初始化多个线程，启动这些线程，等待这些线程完成，然后打印出一条消息。该方法创建了一个由多个线程组成的数组，并用该方法自己的 ThreadStart 委托来初始化每个线程。然后我们启动这些线程，每个线程执行它自己的委托，显示其自己的消息。最后，等待每个线程完成，并在每个线程全部完成时将显示一条消息。除了有少部分的语法差异之外，这段代码与我们使用 Java 编写的代码非常类似。

```
1  static void Main(string[] args)
2  {
3     Thread[] thread = new Thread[8];
4     // 创建线程
5     for (int i = 0; i < thread.Length; i++)
6     {
7        String message = "Hello world from thread" + i;
8        ThreadStart hello = delegate()
9        {
10          Console.WriteLine(message);
11       };
12       thread[i] = new Thread(hello);
13    }
14    // 启动线程
15    for (int i = 0; i < thread.Length; i++)
16    {
17       thread[i].Start();
18    }
19    // 等待线程完成
20    for (int i = 0; i < thread.Length; i++)
21    {
22       thread[i].Join();
23    }
24    Console.WriteLine("done!");
25 }
```

图 A.10 这个方法初始化一系列 C# 线程，启动这些线程，等待这些线程完成，然后打印一条消息

A.5.2 管程

对于简单的互斥，C# 提供了**锁定**（lock）一个对象的功能，非常类似于 Java 中的 synchronized 修饰符：

```
int GetAndIncrement()
{
   lock (this)
   {
      return value++;
   }
}
```

与 Java 不同的是，C# 不允许使用 lock 语句直接修改方法。相反，lock 语句用于封装方法体。

并发数据结构需要的不仅仅是互斥：它们还需要等待条件并给条件发出信号的能力。

与 Java 中的每个对象都是隐式的管程不同，在 C# 中必须显式地创建与对象关联的管程。为了获取一个管程锁，应该调用 Monitor.Enter(this) 方法；而为了释放一个锁，应该调用 Monitor.Exit(this) 方法。每个管程都有一个隐式条件，该条件通过调用 Monitor.Wait(this) 方法来等待；通过调用 Monitor.Pulse(this) 方法或者 Monitor.PulseAll(this) 方法，可以分别唤醒一个或者所有休眠的线程。图 A.11 描述了如何使用 C# 管程实现一个有界队列的示例。

```
1   class Queue<T>
2   {
3       int head, tail;
4       T[] call;
5       public Queue(int capacity)
6       {
7           call = new T[capacity];
8           head = tail = 0;
9       }
10      public void Enq(T x)
11      {
12          Monitor.Enter(this);
13          try
14          {
15              while (tail - head == call.Length)
16              {
17                  Monitor.Wait(this); // 队列已满
18              }
19              calls[(tail++) % call.Length] = x;
20              Monitor.Pulse(this);  // 通知等待中的出队线程
21          }
22          finally
23          {
24              Monitor.Exit(this);
25          }
26      }
27      public T Deq()
28      {
29          Monitor.Enter(this);
30          try
31          {
32              while (tail == head)
33              {
34                  Monitor.Wait(this); // 队列为空
35              }
36              T y = calls[(head++) % call.Length];
37              Monitor.Pulse(this);  // 通知等待的所有入队线程
38              return y;
39          }
40          finally
41          {
42              Monitor.Exit(this);
43          }
44      }
45  }
```

图 A.11 有界 Queue 类

A.5.3　线程本地对象

C# 提供了一种非常简单的方法来使静态字段线程成为本地的线程：只需在字段声明前面加上属性 [ThreadStatic]：

```
[ThreadStatic]
static int value;
```

因为初始化只需要进行一次，而不是对每个线程一次，所以不需要为 [ThreadStatic] 字段提供初始值。相反，每个线程将会发现该字段初始时为相应类型的默认值：整数为 0，引用为 null，等等。

图 A.12 描述了如何实现 ThreadID 类的代码（图 A.3 是对应的 Java 版本）。关于这个程序有一点需要讨论。线程第一次检查它的 [ThreadStatic] 标识时，该字段的值为 0，这是整数的默认值。为了区分没有初始化的 0 和线程 ID 的 0，此字段保存的线程 ID 偏移了一个位置：线程 0 的字段值为 1，依此类推。

```
1     class ThreadID
2     {
3         [ThreadStatic] static int myID;
4         static int counter;
5         public static int get()
6         {
7             if (myID == 0)
8             {
9                 myID = Interlocked.Increment(ref counter);
10            }
11            return myID - 1;
12        }
13    }
```

图 A.12　ThreadID 类使用 [ThreadStatic] 为每个线程提供一个唯一标识的实现

A.6　附录注释

Java 程序设计语言是由 James Gosling[52] 所发明的。C 语言的发明归功于 Dennis Ritchie。基本的管程模型归功于 Tony Hoare[77] 和 Per Brinch Hansen[57]，尽管他们使用了不同的等待和通知机制。Java（以及后来的 C#）所使用的机制最初是由 Butler Lampson 和 David Redell[107] 提出的。

硬件基础

一个计算机新手正在试图通过关闭电源然后重新打开电源来修复一台工作不正常的 Lisp 机器。奈特看到学生所做的事情，严厉地批评道："当你不知道问题出在什么地方的时候，仅仅通过重启计算机是解决不了问题的。"说完之后，奈特关掉计算机电源接着又打开电源，计算机就开始正常工作了。

（摘自"AI Koans"，一本 20 世纪 80 年代在麻省理工学院（MIT）流行的笑话集）

B.1 引言（和一个难题）

我们无须掌握大量有关计算机体系结构的知识，就能够很好地编写一个单处理器的程序。但是，想要编写多处理器程序却并非如此。除非我们了解什么是多处理器，否则无法在多处理器上实现有效的程序设计。下面通过一个难题来说明这一点。考虑两个在逻辑上是等价的程序，但其中一个效率远远低于另一个程序。更加不幸的是，简单的程序同时效率也很低下。如果缺乏对现代多处理器体系结构的基本理解，则无法解释这种差异，也无法避免这种危险。

下面是该难题的相关背景：假设两个线程共享一个资源，在同一时刻该资源只能被一个线程所使用。为了防止并发使用，每个线程必须在使用资源之前锁定资源，使用完资源后再解锁资源。我们在第 7 章中讨论了许多实现锁的方法。针对这个问题，我们考虑两种简单的实现，两种方法都将锁看作是一个简单的布尔字段。如果该布尔字段的值为 false，则锁是空闲的；否则表明锁正在被使用中。我们可以使用 getAndSet(v) 方法来控制锁，该方法以原子方式将其参数 v 与布尔字段的值交换。为了获得锁，线程调用 getAndSet(true) 方法。如果调用返回 false，那么锁是空闲的，调用者成功地锁定了对象。否则，表明对象已被锁定，线程必须稍后重试。线程只需要简单地将 false 值存储到布尔字段中即可释放锁。

在图 B.1 中，"**测试 – 设置**（test-and-set）"锁（TASLock）不断地调用 getAndSet(true) 方法（第 4 行代码），直到方法返回 false 为止。与之相对比，在图 B.2 中，"**测试 – 测试 – 设置**（test-and-test-and-set）"锁（TTASLock）则不断地读取锁的字段（通过调用第 5 行的 state.get( ) 方法）直到返回 false，然后才调用 getAndSet() 方法（第 6 行代码）。必须要注意的是，读取锁的值的操作是原子操作，并且将 getAndSet( ) 方法应用于锁的值的操作也是原子操作，但它们的组合不是原子操作：在线程读取锁的值和调用 getAndSet( ) 之间，锁的值有可能已经发生了更改。

```
1  public class TASLock implements Lock {
2    ...
3    public void lock() {
4      while (state.getAndSet(true)) {} // 自旋
5    }
6    ...
7  }
```

图 B.1 TASLock 类

```
public class TTASLock implements Lock {
  ...
  public void lock() {
    while (true) {
      while (state.get()) {}; // 自旋
      if (!state.getAndSet(true))
        return;
    }
  }
  ...
}
```

图 B.2　TTASLock 类

在继续讨论之前，读者应该会认为 TASLock 和 TTASLock 算法在逻辑上是相同的。原因很简单：在 TTASLock 算法中，读取到锁是空闲的并不能保证下一次对 getAndSet( ) 方法的调用会成功，因为其他线程可能在读取锁和尝试获取锁之间的这段时间间隔内获取了锁。那么，在试图获取锁之前，为什么还要浪费精力去读取锁呢？

这是一个令人费解的问题：虽然这两个锁的实现在逻辑上可能是等价的，但是它们的性能表现却截然不同。在 1989 年的一个经典实验中，安德森（Anderson）在当时的一些多处理器机器上测量了执行一个简单测试程序所需的时间。他测量了 n 个线程执行一个较小的临界区一百万次所花费的时间。图 B.3 显示了每种锁所花费的时间，绘制的图形是线程数量的函数。在理想的情况下，TASLock 和 TTASLock 曲线都将与底部的理想曲线一样平坦，因为每次运行的增量相同。然而，我们可以看到两条曲线都向上倾斜，表明锁导致的延迟随着线程数量的增加而增加。然而，奇怪的是，TASLock 锁比 TTASLock 锁要慢得多，特别是当线程的数量增加时情况更为明显。这是什么原因呢？

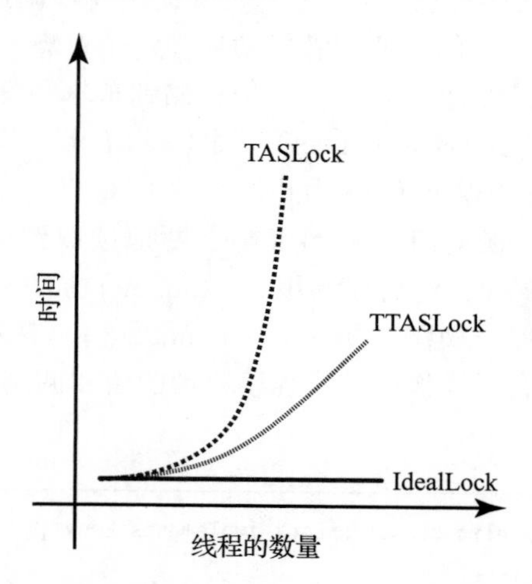

图 B.3　TASLock、TTASLock 和理想锁的示意图性能

本附录涵盖了如何编写高效的并发算法和数据结构所需的关于多处理器体系结构的许多知识。沿着这条思路，我们将解释图 B.3 中曲线产生发散现象的原因。

本附录将主要讨论以下内容：

- **处理器**（processor）是执行软件**线程**（thread）的硬件设备。线程的数量通常比处理器的数量多，每个处理器运行一个线程一段时间后，将该线程放置在一边，然后转向执行另一个线程。
- **互连线**（interconnect）是连接处理器与处理器以及处理器与内存之间的通信媒介。
- **存储器**（memory，有时也指内存）是一种存储数据的层次结构组件，包含一个或者多个级别的小容量**高速缓存**（cache）以及大容量但速度相对较慢的**主内存**（main memory）。理解这些存储级别如何交互对于理解许多并发算法的实际性能至关重要。

从我们的角度来看，一种系统架构的原则决定了其他的一切：**处理器和主内存相距甚远**。处理器从内存中读取一个数据需要较长时间。处理器将一个数据写入内存也需要较长时间，而处理器确保该数据已经在内存中存在则需要更长的时间。访问内存更像是邮寄信件，而不是打电话。我们在本附录中讨论的几乎所有内容都是在努力减少处理器访问内存所花费的时间（“高延迟”）。

处理器和内存的速度会随着时间的推移而变化，但它们的**相对**（relative）性能却变化缓慢。考虑以下的类似情形。设想现在是 1980 年，我们正在负责曼哈顿市中心的信使服务。虽然在宽敞的马路上汽车的速度比自行车要快，但在交通拥挤的道路上自行车的效率却要高过汽车，所以我们选择骑自行车。尽管自行车和汽车背后的技术都有所进步，然而，上面系统**体系结构**（architectural）的对比仍然适用。就像现在一样，如果我们正在设计一个城市的信使服务，应该使用自行车而不是汽车。

B.2 处理器和线程

一个多处理器系统是由多个硬件**处理器**（processor）组成，其中每个处理器执行一个顺序程序。在讨论多处理器体系结构时，基本的时间单位是指令周期：处理器获取和执行单个指令所需的时间。从绝对速度上来看，指令周期时间随着技术的进步而变化（从 1980 年的每秒 1000 万次指令周期到 2005 年的大约每秒 30 亿次指令周期），并且它们在不同的平台上也有所不同（控制烤面包机的处理器的指令周期比控制 Web 服务器的处理器的指令周期要长）。然而，如果采用指令周期表示指令的相对成本时，诸如内存访问之类的指令相对成本则变化缓慢。

线程（thread）是一个顺序程序。相对于处理器是一种硬件设备而言，线程则是一种软件结构。处理器可以运行一个线程一段时间，然后将该线程放在一边转而去运行另一个线程，这是一个称为**上下文切换**（context switch）的事件。一个处理器可能会因为各种原因而搁置一个线程，或者从调度中删除该线程。线程有可能已经发出了一个内存请求，而该请求需要一段时间才能得到满足；或者该线程已经运行了一段足够长的时间，从而轮到另一个线程运行。当从调度中删除一个线程时，该线程可能会在另一个处理器上恢复执行。

B.3 互连线

互连线（interconnect）是处理器与内存之间以及处理器与处理器之间通信的媒介。目前主要有两种互连结构：**对称多处理**（symmetric multiprocessing，SMP）和**非均衡内存访问**（nonuniform memory access，NUMA）。如图 B.4 所示。

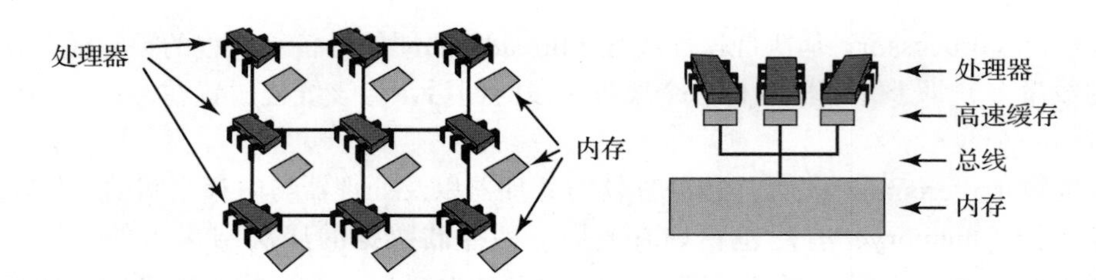

图 B.4　右边是带高速缓存的对称多处理体系结构（SMP），左边是不带高速缓存的非均衡内存访问体系结构（NUMA）

在一个对称多处理体系结构（SMP）中，处理器和内存采用**总线**（bus）互连线结构，一种类似于小型以太网的广播媒介。处理器和主存储器都有**总线控制器单元**（bus controller unit），负责发送和监听总线上广播的消息。（监听有时被称为**窥探**（snooping））对称多处理（SMP）体系架构更容易构建，但是它们不能扩展到大量的处理器，因为总线最终会过载。

在一个非均衡内存访问体系结构（NUMA）中，一系列的**节点**（node）通过点对点网络相互连接，就像一个小型的局域网。每个节点包含一个或者多个处理器和一个本地内存。一个节点的本地内存可以供其他节点访问，所有节点的内存一起形成一个由所有处理器共享的全局内存。非均衡内存访问体系结构（NUMA）的名称反映了这样一个事实：处理器访问驻留在自己节点上的内存的速度比访问驻留在其他节点上的内存的速度快。网络比总线更复杂，需要更加复杂的协议，但对于大量处理器而言，网络比总线具有更好的可扩展性。

对称多处理体系结构（SMP）和非均衡内存访问体系结构（NUMA）之间的划分是一种简化：例如，一些系统具有混合架构，同一集群中的处理器通过总线进行通信，而不同集群中的处理器则通过网络进行通信。

从程序员的角度来看，无论底层平台是基于总线、网络还是混合互连似乎并不重要。然而，理解互连是处理器之间共享的有限资源则非常重要。如果一个处理器占用了太多的互连线带宽，那么其他处理器就可能会被延迟。

B.4　主内存

处理器共享一个**主内存**（main memory）。主内存是一个按**地址**（address）索引的大型**字**（word）数组。字或者地址的大小取决于平台，但通常是 32 位或者 64 位。稍微简化一下，一个处理器通过将包含所需地址的消息发送到主内存来读取主内存中的值，响应消息包含相关**数据**（data），即位于该地址中的主内存内容。一个处理器通过将地址和新数据发送到主内存来写入一个值，当新数据被写入后，主内存会发回一个确认消息。

B.5　高速缓存

在现代计算机体系结构中，访问一个主内存可能需要数百个时钟周期，因此存在这样一种危险，即一个处理器可能会花费大量时间等待主内存的响应请求。为了缓解这个问题，现代计算机系统引入了一个或者多个**高速缓存**（cache，全称为高速缓冲存储器，简称高速缓存）：高速缓存是靠近处理器的小容量内存，因此比主内存要快得多。这些高速缓存在逻辑上位于处理器和主内存之间：当一个处理器试图从给定的主内存地址读取一个值时，处理器首先查看该值是否已经在高速缓存中，如果已经在高速缓存中，处理器就不需要执行较慢的主内存访问。如果找到了所需地址的值，则称为处理器**命中**（hit）了高速缓存；否则称为高速缓存未命中（miss）。同样，如果处理器试图写入的地址在高速缓存中，则不需要对主内存执行较慢的访问。在高速缓存中满足的请求比例称为高速缓存**命中比率**（hit ratio），或者称为**命中率**（hit rate）。

高速缓存是非常有效的，因为大多数程序都表现为一个高度的**局部性**（locality）：如果一个处理器读取或者写入一个内存地址（也称为存储单元、内存单元或者内存位置），那么很可能很快就会再次读取或者写入同一个内存位置。此外，如果一个处理器读取或者写入一个内存位置，那么它也可能很快会读取或者写入**附近**的内存位置。为了利用第二个观察结论，高速缓存通常以比单个字更大的**粒度**（granularity）运行：高速缓存包含一组相邻的字，称为**高速缓存线**（cache line），有时也称为**高速缓存块**（cache block）。

实际上，大多数处理器都包含两到三个级别的高速缓存，称为**一级缓存**（L1 cache）、**二级缓存**（L2 cache）和**三级缓存**（L3 cache）。除最后一个（即三级缓存，也是容量最大的）高速缓存外，所有高速缓存通常与处理器位于同一个芯片上。一个一级缓存的访问通常需要一到两个时钟周期。与处理器位于同一个芯片上的二级缓存的访问需要大约 10 个时钟周期。最后一级缓存（不管是二级缓存还是三级缓存）的访问通常需要几十个时钟周期。这些高速缓存的访问时间比内存访问所需的数百个时钟周期要快得多。当然，这些时间因平台而异，许多多处理器甚至具有更为精细的高速缓存结构。

在最初的提议中，非均衡内存访问体系结构（NUMA）不包括高速缓存，因为当初人们认为本地内存就已经足够了。然而，后来商业性的非均衡内存访问体系结构确实包含了高速缓存。有时候使用术语**高速缓存一致的 NUMA**（cache-coherent NUMA，cc-NUMA）表示具有高速缓存的非均衡内存访问体系结构。在这里，为了避免歧义，除非我们明确地表述，否则我们所使用的非均衡内存访问体系结构 NUMA 都是高速缓存一致的。

高速缓存的生产成本很高，因此其容量比内存要小得多：在同一时刻只有一小部分内存单元可以同时放入高速缓存中。因此，我们希望高速缓存保留使用率最高的内存单元的值。这意味着当一个内存单元需要高速缓存并且高速缓存已满时，有必要**收回**（evict）一个高速缓存线，如果该高速缓存线未被修改，则直接丢弃；如果该高速缓存线已被修改，则将其写回到主内存中。由**替换策略**（replacement policy）决定要替换哪一个高速缓存线，以便为新的内存单元腾出空间。如果替换策略可以自由替换任何一个高速缓存线，则称该高速缓存是**完全关联的**（fully associative）。另一方面，如果只能替换唯一的一个高速缓存线，则称该高速缓存是**直接映射的**（direct-mapped）。如果我们折衷这两种方案，允许替换大小为 k 的高速缓存线集合中的任何一个缓存线来为给定的内存单元腾出空间，则称该高速缓存是 **k 路组相关联的**（k-way set associative）。

B.5.1 一致性

当一个处理器读取或者写入被另一个处理器缓存的内存地址时，就会发生**共享**（Sharing）现象，或者不那么客气地说，就会发生**内存争用**（memory contention）现象。如果两个处理器都在读取数据而没有进行修改，则数据可以同时被高速缓存到两个处理器的高速缓存中。但是，如果一个处理器尝试更新共享的高速缓存线，则另一个处理器的副本必须**失效**（invalidated），以确保处理器不会读取过期的值。一般而言，这个问题称为**高速缓存一致性**（cache-coherence，高速缓冲存储器一致性，也称缓存一致性、高速缓存间一致性）。文献中包含了各种非常复杂和巧妙的高速缓存一致性协议。接下来我们首先讨论高速缓存线的各种状态的命名，然后讨论一种最常用的称为 MESI（发音为“messy”）的协议。（现代处理器倾向于使用具有其他附加状态的更复杂协议。）以下是高速缓存线的四种状态：

- Modified（被修改的）：该高速缓存线已被修改，最终必须写回到主存中。其他的处理器不能再缓存这个高速缓存线。
- Exclusive（独占的）：该高速缓存线未被修改，但其他的处理器不能缓存该高速缓存线。
- Shared（共享的）：该高速缓存线未被修改，并且其他的处理器可能已缓存了该高速缓存线。
- Invalid（无效的）：该高速缓存线中不包含任何有意义的数据。

接下来通过一个简短的示例来说明这个协议，如图 B.5 所示。为了简单起见，我们假设处理器和内存通过总线连接。

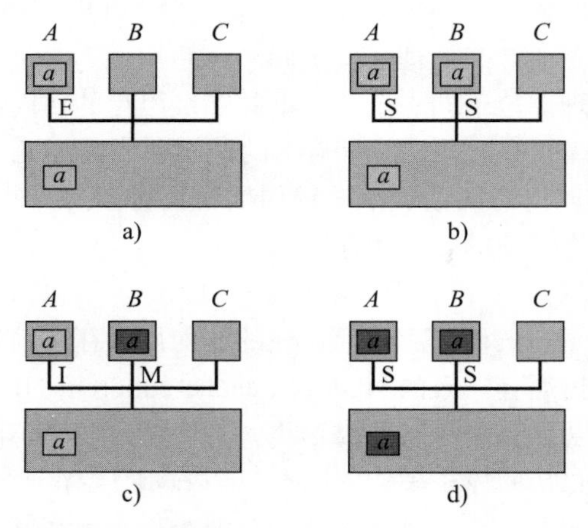

图 B.5　MESI 缓存一致性协议的状态转换示例。在图 B.5a 中，处理器 *A* 从地址 *a* 读取数据，并以“**独占的**（exclusive）”状态将数据存储在其高速缓存中。在图 B.5b 中，当处理器 *b* 试图从同一地址 *a* 读取数据时，处理器 *A* 检测到地址冲突，并使用相关数据进行响应。此时，地址 *a* 同时被处理器 *A* 和 *B* 以“**共享的**（shared）”状态缓存。在图 B.5c 中，如果处理器 *B* 写入共享地址 *a*，它会将其状态更改为“**被修改的**（modified）”，并广播一条消息，警告处理器 *A*（以及可能缓存了地址 *a* 的数据的任何其他处理器）将其缓存线状态设置为“**无效的**（invalid）”。在图 B.5d 中，如果处理器 *A* 随后从地址 *a* 读取数据，它将广播一个请求，而处理器 *B* 则通过将修改后的数据发送到处理器 *A* 和主存来作出响应，从而使两个副本都处于“**共享的**（shared）”状态

处理器 *A* 从地址 *a* 读取数据，并以“**独占的**（exclusive）”状态将数据存储在其高速缓存中。当处理器 *B* 试图从同一地址 *a* 读取数据时，处理器 *A* 检测到地址冲突，并使用相关数据进行响应。此时，地址 *a* 同时被处理器 *A* 和 *B* 以“**共享的**（shared）”状态缓存。如果处理器 *B* 写入共享地址 *a*，它会将其状态更改为“**被修改的**（modified）”，并广播一条消息，警告处理器 *A*(以及可能缓存了地址 *a* 的数据的任何其他处理器）将其缓存线状态设置为“**无效的**（invalid）”。如果处理器 *A* 随后从地址 *a* 读取数据，它将广播一个请求，而处理器 *B* 则通过将修改后的数据发送到处理器 *A* 和主存来作出响应，从而使两个副本都处于“**共享的**（shared）”状态。

当处理器访问逻辑上不同的数据时，由于它们正在访问的内存单元位于同一个缓存线上而导致发生冲突的现象称为**错误共享**（false sharing）。这种情形反映了一种难于处理的权衡

问题：较大的缓存线有利于局部性，但会增加错误共享的可能性。通过确保独立线程可以同时访问的数据对象在内存中的间隔足够远，可以降低错误共享的可能性。例如，让多个线程共享一个字节数组会导致错误共享，但是让它们共享一个双精度整型数组，则出现错误共享的可能性就会变小。

B.5.2 自旋

如果一个处理器反复测试内存中的某个字，等待另一个处理器更改该字，则称该处理器正在**自旋**（spinning）。根据体系结构的不同，自旋可能会对整个系统性能产生显著的影响。

在没有高速缓存的对称多处理体系结构 SMP 上，自旋是一种非常糟糕的想法。每次处理器读取内存时，它都会消耗总线带宽却没有完成任何有用的工作。由于总线是一种广播媒介，这些直接对内存的请求可能会阻止其他处理器取得演进。

在没有高速缓存的非均衡内存访问体系结构 NUMA 上，如果有问题的地址驻留在处理器的本地内存中，那么自旋是可以接受的。尽管没有高速缓存的多处理器体系结构很少见，但当我们考虑涉及自旋的同步协议时，仍然需要确认该协议是否允许每个处理器在自己的本地内存上自旋。

在带有高速缓存的对称多处理体系结构 SMP 或者非均衡内存访问体系结构 NUMA 上，自旋仅消耗非常少的资源。处理器第一次读取地址时，会产生一个高速缓存未命中，并将该地址的内容加载到缓存线中。此后，只要这些数据保持不变，处理器就只需从自己的高速缓存中重新读取，而不消耗互连线带宽，这一过程称为**本地自旋**（local spinning）。当高速缓存状态发生变化时，处理器将产生一次高速缓存未命中，观察到数据已发生变化，并停止自旋。

B.6 考虑高速缓存的程序设计（或问题求解）

至此我们已经了解了足够的背景知识，可以解释为什么附录 B.1 中讨论的 TTASLock 要优于 TASLock。TASLock 每次将 getAndSet(true) 方法应用于锁时，它都会在互连线上发送一条消息，从而导致大量的通信流量。在对称多处理体系结构 SMP 中，产生的通信流量可能足以使互连线饱和，从而延迟了所有的线程，包括一个正在试图释放锁的线程，甚至包括那些没有争用锁的线程。相比之下，当锁很忙时，TTASLock 会自旋，读取一个本地高速缓存的锁副本，并且不会产生互连线上的通信流量，从而说明了它具有更好的性能。

然而 TTASLock 本身离理想情况仍相距甚远。当锁被释放时，锁的所有高速缓存副本都将失效，所有等待的线程都会调用 getAndSet(true) 方法，从而导致通信流量的激增，虽然比 TASLock 的通信流量要小，但仍然是非常可观的。

我们在第 7 章中讨论过高速缓存与锁的交互问题。这里，我们讨论一些简单的方法来构造数据以避免错误共享。

- 独立访问的对象或者字段应对齐并填充，以便它们最终位于不同的缓存线上。
- 将只读数据与需要被频繁修改的数据分离开来。例如，考虑一个链表，其结构是固定不变的，但其元素的值字段会经常更改。为了确保修改不会减慢链表的遍历速度，可以对齐并填充值字段，以便每个字段都占满一个缓存线。
- 在允许的情况下，将一个对象拆分为一些线程本地片段。例如，一个用于统计的计数器可以拆分为一个由若干计数器构成的数组，每个线程一个计数器，每个计数器位于不同的缓存线上。拆分计数器允许每个线程更新自己的副本，从而避免了由于单个共享计数器而导致的无效通信流量。

- 如果使用一个锁来保护需要被频繁修改的数据，那么尝试将锁和数据保留在不同的缓存线上，以便尝试获取锁的线程不会干扰锁的持有者对数据的访问。
- 如果使用一个锁来保护不常争用的数据，那么尝试将锁和数据保持在同一个缓存线上，这样获取锁的同时也会将一些数据加载到高速缓存中。

B.7　多核和多线程体系结构

如图 B.6 所示，在多核体系架构中，多个处理器被放置在同一个芯片中。该芯片上的每个处理器通常都有自己的一级高速缓存，但它们共享一个公共的二级高速缓存。处理器可以通过这个共享的二级高速缓存高效地进行通信，从而避免了通过内存并调用繁琐的高速缓存一致性协议的需求。

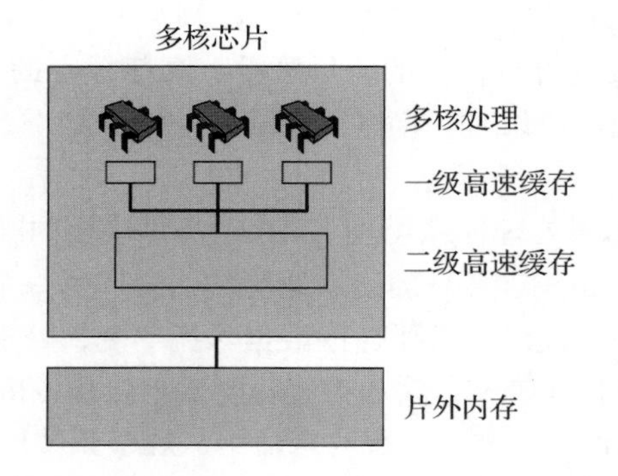

图 B.6　多核对称多处理体系结构 SMP。二级缓存是位于芯片上的，并由所有处理器共享，而内存则位于芯片之外

在一个**多线程**（multithreaded）体系结构中，单个处理器可以同时执行两个或者多个线程。许多现代处理器具有大量的内部并行性。它们可以无序地执行指令，或者并行地执行指令（例如，同时使固定单元和浮点单元保持忙碌），甚至可以在分支或者数据计算之前预测性地执行指令。为了使硬件单元保持忙碌，多线程处理器可以混合来自多个流的指令。

现代处理器体系结构将多核与多线程结合起来，其中多个单独的多线程内核可以驻留在同一个芯片上。在一些多核芯片上，上下文切换所花费的代价非常低，并且可以在非常精细的粒度上执行，基本上下文切换是在每条指令上进行的。因此，多线程可以用于抵消访问内存的高度延迟：每当一个线程访问内存时，处理器就允许另一个线程执行。

B.7.1　松弛的内存一致性

当一个处理器要将一个值写入内存时，该值被保留在高速缓存中并标记为**脏**（dirty）值，以表明该值最终必须要写回到主内存中。对于大多数现代处理器而言，当写入请求被发出时并不会直接作用于内存中，而是将它们收集到一个被称为**写缓冲区**（write buffer，或者**存储缓冲区**（store buffer））的硬件队列中，并在稍后的某个时刻一起应用于内存上。写缓冲区有如下两个优点：首先，同时发出多个请求通常使得效率更高，这种现象称为**批处理**（batching）；其次，如果一个线程不止一次地写入同一个地址，先前的请求就可以被丢弃，从而节省了内存的开销，这种现象称为**写吸收**（write absorption）。

采用写缓冲区会产生一个非常重要的结果：读取和写入被发送到内存的顺序不一定是它们在程序中发生的顺序。例如，回想一下第1章中关于互斥的正确性存在一条至关重要的标志原则：如果两个处理器各自先写入自己的标志，然后读取对方的标志位，那么其中一个处理器将看到另一个处理器新写入的标志值。但若采用写缓冲区方式，则该结论将不再成立：因为有可能两个处理器都在写入，每个写入都在各自的写缓冲区中，但是在每个处理器读取对方在内存中的标志位置时，这些写入可能还没有应用到共享内存中。因此，两个处理器都看不到对方的标志。

编译器则让事情变得更糟糕。编译器擅长在单处理器架构上优化性能。通常，这种优化需要**重新排序**（reordering）一个线程对内存的读取和写入操作次序。这种重新排序对于单线程程序而言是不可见的，但是对于多线程程序来说，由于线程可能会观察到写入发生的顺序，因此可能会产生非预期的结果。例如，如果一个线程使用数据填充缓冲区，然后设置一个指示符将缓冲区标记为已满，那么并发线程可能会在看到新数据之前先看到该指示符集，从而导致线程读取过时的值。附录A.3中描述的错误的**双重检查锁**（double-checked locking）模式是Java内存模型的非直观因素产生的错误陷阱的一个例子。

不同的体系结构对于内存读取和写入的重新排序程度提供了不同的保证。一个总体原则是，最好不要依赖这种保证，而是使用接下来所描述的代价更高的技术来防止这种重新排序。

所有的体系结构都提供了一个**内存屏障**（memory barrier）指令（有时称为内存栅栏（fence）），它强制写入操作按照发出的顺序进行，但要付出一定的代价。内存屏障刷新写缓冲区，确保在屏障之前发出的所有写操作对发出屏障的处理器可见。内存屏障通常由原子“读取－修改－写入”操作（例如getAndSet( )方法）或者由标准并发库自动插入。因此，只有当处理器对临界区之外的共享变量执行读取和写入指令时，才需要显式地使用内存屏障。

一方面，内存屏障的代价较高（数百个时钟周期或者更多），因此只有在必要时才能使用。另一方面，由于同步错误很难追踪，因此应该大量使用内存屏障，而不是依赖于复杂的特定于平台的关于内存指令重新排序限制的保证。

Java语言本身允许对对象字段的读取和写入在synchronized方法或者代码块之外时进行重新排序。Java提供了一个volatile关键字，确保对synchronized代码块或者方法之外的volatile对象字段的读取和写入不会被重新排序。（atomic< >模板为C++提供了类似的保证）。使用这个关键字代价会比较高昂，所以只有在必要时才使用。我们注意到，原则上可以使用volatile字段来保证双重检查锁的正常工作，但这没有多大意义，因为无论如何访问volatile变量都需要同步。

到此为止，我们介绍完了有关多处理器硬件的入门知识。接下来我们继续在特定数据结构和算法的上下文中讨论这些体系结构概念。一种新的模式将会出现：多处理器程序的性能高度依赖于与底层硬件的协同作用。

B.8 硬件同步指令

正如第5章所讨论的，任何现代的多处理器体系结构都必须支持强大的同步原语，以实现通用性，也就是说，能够提供并行计算的通用图灵机等价形式。因此，在Java和C++语言中，其同步的实现（从自旋锁、管程，到最复杂的无锁数据结构），都依赖于这种专用的硬件指令（也称为硬件原语）。

现代体系结构通常提供两种通用同步原语中的一种。AMD、Intel 和 Oracle 的体系结构中支持“**比较和交换**（compare-and-swap，CAS）”指令。该指令接受三个参数：内存中的地址 *a*、期望值 *e* 和更新值 *v*，并返回一个布尔值。该指令原子地执行以下操作：如果地址 *a* 处的内存包含期望值 *e*，则将更新值 *v* 写入该地址并返回 true；否则，使内存值保持不变，并返回 false。

在 Intel 和 AMD 体系结构上，CAS 指令被称为 CMPXCHG；在 Oracle SPARC 系统上，它被称为 CAS[⊖]指令。Java 语言的 java.util.concurrent.atomic 库中提供原子布尔、整数和引用类，这些类通过一个 compareAndSet( ) 方法实现 CAS。（因为我们的大多数例子都是采用 Java 语言，所以我们经常引用 compareAndSet( ) 方法来代替 CAS。）C++ 语言的 atomic< > 模板提供了相同的功能。

CAS 指令存在一个缺陷。CAS 最常用的用法如下：一个应用程序从给定的内存地址读取值 *a*，并为该内存位置计算新的值 *c*。仅当该地址处的值 *a* 在读取后没有发生更改的前提下，才能将新值 *c* 存入。可能有人会认为，使用预期值 *a* 和更新值 *c* 调用 CAS 指令可以实现这个目标。然而存在着这样的一个问题：一个线程可能使用另一个值 *b* 覆盖了值 *a*，随后又将值 *a* 写入了该地址。CAS 指令将使用值 *c* 替换值 *a*，但是这也许并不是应用程序所预期的结果（例如，如果地址中存放的是一个指针，那么新值 *a* 可能是一个回收对象的地址）。这个问题被称为 **ABA 问题**（ABA problem），并在第 10 章中详细讨论过。

另一个硬件同步原语是如下的一对指令：链接加载（load-linked）和条件存储（store-conditional）（LL/SC）。链接加载指令从一个地址 *a* 读取数据，随后条件存储指令尝试在该地址存储一个新值。如果自某个线程发出较早的链接加载指令后，该地址 *a* 的内容没有被更改，则条件存储指令将成功。如果这段时间间隔中地址 *a* 的内容发生了更改，则条件存储指令失败。

有一些体系结构支持 LL/SC 指令：Alpha AXP（ldl_l/stl_c）、IBM PowerPC (lwarx/stwcx) MIPS ll/sc 和 ARM (ldrex/strex)。LL/SC 指令不受 ABA 问题的影响，但在实践应用中，通常会严格限制线程在一条链接加载指令和相匹配的条件存储指令之间能做的工作。上下文切换、另一个链接加载指令，或者另一个加载指令和存储指令可能会导致条件存储指令失败。

建议尽量保守地使用原子字段及其相关方法，因为它们通常基于 CAS 或者 LL/SC 指令。执行一条 CAS 或者 LL/SC 指令比加载指令或者存储指令所需的时钟周期要多得多：它包括内存屏障，防止乱序执行以及防止各种编译器优化。准确的成本代价则取决于许多因素，不仅在不同的体系结构中不同，而且在同一体系结构中指令的不同应用也会导致结果的不同。可以说，CAS 或者 LL/SC 指令比简单的加载或者存储操作要慢一个数量级。

B.9　附录注释

Tom Anderson [12] 进行了关于自旋锁的经典实验。John Hennessy 和 David Patterson [63] 对计算机体系结构进行了综合论述。MESI 协议是由英特尔奔腾处理器所使用的协议 [83]。考虑高速缓存的程序设计技巧改编自 Benjamin Gamsa、Orran Krieger、Eric Parsons 和 Michael Stumm[49]。Sarita Adve 和 Karosh Gharachorloo[1] 对内存一致性模型进行了出色的综述。

⊖ SPARC 上的 CAS 指令返回的不是布尔值，而是对应内存地址的先前值，该值可以用于重试失败的 CAS 指令。英特尔奔腾上的 CMPXCHG 指令能有效地同时返回布尔值和先前值。

B.10 练习题

练习题 B.1 线程 A 必须等待另一个处理器上的一个线程更改内存中的标志位。调度程序可以允许线程 A 自旋，并重复地重新测试标志，也可以结束线程 A 的调度，以允许其他线程运行。假设操作系统将处理器从一个线程切换到另一个线程总共需要花费 10 毫秒。如果操作系统结束调度线程 A 后并立即重新调度该线程，那么操作系统将花费 20 毫秒。然而，如果线程 A 在时刻 t_0 开始自旋，而标志位在时刻 t_1 改变，那么操作系统将花费 t_1-t_0 时间来执行无用操作。

预测（prescient）调度器是一个可以预测未来的调度器。如果调度器预见到标志将在小于 20 毫秒的时间内更改，那么进行自旋是有意义的，因为花费时间小于 20 毫秒，而结束调度和重新调度一个标志位将花费 20 毫秒。另一方面，如果标志位的更改所花费的时间超过 20 毫秒，那么用另一个线程替换线程 A 的执行是有意义的，因为所花费时间不超过 20 毫秒。

程序的任务是实现一个调度器，在同样的情况下，这个调度器所花费的时间决不会超过预测调度器在相同情况下所花费时间的两倍。

练习题 B.2 设想你是一名律师，需要为某一特定的观点提供最好的辩护。请问你将如何为以下观点进行辩护："如果上下文切换所花费的时间可以忽略不计，那么处理器就不需要高速缓存了，至少对于包含大量线程的应用程序来说应该如此。"

加分点：评论你的论证。

练习题 B.3 考虑一个具有 16 条缓存线的直接映射高速缓存，索引值为 0 到 15，其中每个缓存线都包含 32 个字。

- 解释如何根据移位和掩码操作将一个地址 a 映射到一个缓存线。对于这个问题，假设地址是针对字而不是字节：地址 7 指的是内存中的第 8 个字。
- 对于在一个 64 个字的数组中循环四次的程序，计算该程序的最佳命中率和最差命中率。
- 对于在一个 512 个字的数组中循环四次的程序，计算该程序的最佳命中率和最差命中率。

练习题 B.4 考虑一个具有 16 条缓存线的直接映射高速缓存，索引值为 0 到 15，其中每个缓存线包含 32 个字。

再考虑一个 32×32 的二维字数组 a。该数组在内存中的布局是使得 [0, 0] 的下一个元素是 [0, 1]，依此类推。假设高速缓存最初是空的，但是 [0, 0] 被映射到缓存线 0 的第一个字。

考虑以下**列优先**（column-first）遍历次序：

```
int sum = 0;
for (int i = 0; i < 32; i++) {
  for (int j = 0; j < 32; j++) {
    sum += a[i,j];  // 第二维变化得比较快
  }
}
```

以及以下的**行优先**（row-first）遍历次序：

```
int sum = 0;
for (int i = 0; i < 32; i++) {
  for (int j = 0; j < 32; j++) {
    sum += a[j,i];  // 第一维变化得比较快
  }
}
```

比较两次遍历所产生的高速缓存未命中的数量，假设最早的高速缓存线最先被替换。

练习题 B.5 在高速缓存一致性协议 MESI 中，区分独占模式和被修改模式的优势是什么？区分独占模式和共享模式的优势是什么？

练习题 B.6 实现图 B.1 和图 B.2 中所示的"**测试 - 设置**（test-and-set）"锁和"**测试 - 测试 - 设置**（test-and-test-and-set）"锁。在多处理机上测试它们的相对性能，并对结果进行分析。

参考文献

[1] Sarita Adve, Kourosh Gharachorloo, Shared memory consistency models: a tutorial, Computer 29 (12) (1996) 66–76.

[2] Yehuda Afek, Hagit Attiya, Danny Dolev, Eli Gafni, Michael Merritt, Nir Shavit, Atomic snapshots of shared memory, Journal of the ACM 40 (4) (1993) 873–890.

[3] Yehuda Afek, Dalia Dauber, Dan Touitou, Wait-free made fast, in: STOC '95: Proceedings of the Twenty-Seventh Annual ACM Symposium on Theory of Computing, ACM Press, New York, NY, USA, 1995, pp. 538–547.

[4] Yehuda Afek, Gideon Stupp, Dan Touitou, Long-lived and adaptive atomic snapshot and immediate snapshot (extended abstract), in: Symposium on Principles of Distributed Computing, 2000, pp. 71–80.

[5] Yehuda Afek, Eytan Weisberger, Hanan Weisman, A completeness theorem for a class of synchronization objects, in: PODC '93: Proceedings of the Twelfth Annual ACM Symposium on Principles of Distributed Computing, ACM Press, New York, NY, USA, 1993, pp. 159–170.

[6] A. Agarwal, M. Cherian, Adaptive backoff synchronization techniques, in: Proceedings of the 16th International Symposium on Computer Architecture, May 1989, pp. 396–406.

[7] Ole Agesen, David Detlefs, Alex Garthwaite, Ross Knippel, Y.S. Ramakrishna, Derek White, An efficient meta-lock for implementing ubiquitous synchronization, ACM SIGPLAN Notices 34 (10) (1999) 207–222.

[8] M. Ajtai, J. Komlós, E. Szemerédi, An $O(n \log n)$ sorting network, in: Proc. of the 15th Annual ACM Symposium on Theory of Computing, 1983, pp. 1–9.

[9] G.M. Amdahl, Validity of the single-processor approach to achieving large scale computing capabilities, in: AFIPS Conference Proceedings, Atlantic City, NJ, AFIPS Press, Reston, VA, April 1967, pp. 483–485.

[10] James H. Anderson, Composite registers, Distributed Computing 6 (3) (1993) 141–154.

[11] James H. Anderson, Mark Moir, Universal constructions for multi-object operations, in: PODC '95: Proceedings of the Fourteenth Annual ACM Symposium on Principles of Distributed Computing, ACM Press, New York, NY, USA, 1995, pp. 184–193.

[12] Thomas E. Anderson, The performance of spin lock alternatives for shared-memory multiprocessors, IEEE Transactions on Parallel and Distributed Systems 1 (1) (1990) 6–16.

[13] Nimar S. Arora, Robert D. Blumofe, C. Greg Plaxton, Thread scheduling for multiprogrammed multiprocessors, in: Proceedings of the Tenth Annual ACM Symposium on Parallel Algorithms and Architectures, ACM Press, 1998, pp. 119–129.

[14] James Aspnes, Maurice Herlihy, Nir Shavit, Counting networks, Journal of the ACM 41 (5) (1994) 1020–1048.

[15] David F. Bacon, Ravi B. Konuru, Chet Murthy, Mauricio J. Serrano, Thin locks: featherweight synchronization for Java, in: SIGPLAN Conference on Programming Language Design and Implementation, 1998, pp. 258–268.

[16] K. Batcher, Sorting networks and their applications, in: Proceedings of AFIPS Joint Computer Conference, 1968, pp. 307–314.

[17] R. Bayer, M. Schkolnick, Concurrency of operations on B-trees, Acta Informatica 9 (1977) 1–21.

[18] Robert D. Blumofe, Charles E. Leiserson, Scheduling multithreaded computations by work stealing, Journal of the ACM 46 (5) (1999) 720–748.

[19] Hans-J. Boehm, Threads cannot be implemented as a library, in: Proceedings of the 2005 ACM SIGPLAN Conference on Programming Language Design and Implementation, PLDI '05, ACM, New York, NY, USA, 2005, pp. 261–268.

[20] Hans-J. Boehm, Can seqlocks get along with programming language memory models?, in: Proceedings of the 2012 ACM SIGPLAN Workshop on Memory Systems Performance and Correctness, Beijing, China, June 2012, pp. 12–20.

[21] Elizabeth Borowsky, Eli Gafni, Immediate atomic snapshots and fast renaming, in: PODC '93: Proceedings of the Twelfth Annual ACM Symposium on Principles of Distributed Computing, ACM Press, New York, NY, USA, 1993, pp. 41–51.

[22] Anastasia Braginsky, Alex Kogan, Erez Petrank, Drop the anchor: lightweight memory management for non-blocking data structures, in: Proceedings of the 25th ACM Symposium on Parallelism in Algorithms and Architectures, Montreal, Quebec, Canada, July 2013.

[23] Trevor Brown, Reclaiming memory for lock-free data structures: there has to be a better way, in: Proceedings of the 34th ACM Symposium on Principles of Distributed Computing, Portland, OR, June 2015.

[24] James E. Burns, Nancy A. Lynch, Bounds on shared memory for mutual exclusion, Information and Computation 107 (2) (December 1993) 171–184.

[25] James E. Burns, Gary L. Peterson, Constructing multi-reader atomic values from non-atomic values, in: PODC '87: Proceedings of the Sixth Annual ACM Symposium on Principles of Distributed Computing, ACM Press, New York, NY, USA, 1987, pp. 222–231.

[26] Costas Busch, Marios Mavronicolas, A combinatorial treatment of balancing networks, Journal of the ACM 43 (5) (1996) 794–839.

[27] Tushar Deepak Chandra, Prasad Jayanti, King Tan, A polylog time wait-free construction for closed objects, in: PODC '98: Proceedings of the Seventeenth Annual ACM Symposium on Principles of Distributed Computing, ACM Press, New York, NY, USA, 1998, pp. 287–296.

[28] Graham Chapman, John Cleese, Terry Gilliam, Eric Idle, Terry Jones, Michael Palin, Monty Phyton and the Holy Grail, 1975.

[29] David Chase, Yossi Lev, Dynamic circular work-stealing deque, in: SPAA '05: Proceedings of the Seventeenth Annual ACM Symposium on Parallelism in Algorithms and Architectures, ACM Press, New York, NY, USA, 2005, pp. 21–28.

[30] Alonzo Church, A note on the entscheidungsproblem, The Journal of Symbolic Logic (1936).

[31] Nachshon Cohen, Erez Petrank, Efficient memory management for lock-free data structures with optimistic access, in: Proceedings of the 27th ACM Symposium on Parallelism in Algorithms and Architectures, Portland, OR, June 2015.

[32] T. Craig, Building FIFO and priority-queueing spin locks from atomic swap, Technical Report TR 93-02-02, University of Washington, Department of Computer Science, February 1993.

[33] Luke Dalessandro, Michael Spear, Michael L. Scott, NOrec: streamlining STM by abolishing ownership records, in: Proceedings of the 15th ACM Symposium on Principles and Practice of Parallel Programming, Bangalore, India, January 2010.

[34] Jeffrey Dean, Sanjay Ghemawat, MapReduce: simplified data processing on large clusters, in: Proceedings of the 6th Conference on Symposium on Operating Systems Design & Implementation - Volume 6, OSDI'04, USENIX Association, Berkeley, CA, USA, 2004, p. 10.

[35] Dave Dice, Ori Shalev, Nir Shavit, Transactional locking II, in: Proceedings of the 20th International Symposium on Distributed Computing, Stockholm, Sweden, September 2006.

[36] David Dice, Implementing fast Java monitors with relaxed-locks, in: Java Virtual Machine Research and Technology Symposium, 2001, pp. 79–90.

[37] David Dice, Virendra J. Marathe, Nir Shavit, Lock cohorting: a general technique for designing NUMA locks, ACM Transactions on Parallel Computing 1 (2) (2015) 13.

[38] E.W. Dijkstra, The structure of the THE multiprogramming system, Communications of the ACM 11 (5) (1968) 341–346.

[39] Danny Dolev, Nir Shavit, Bounded concurrent time-stamping, SIAM Journal on Computing 26 (2) (1997) 418–455.

[40] Martin Dowd, Yehoshua Perl, Larry Rudolph, Michael Saks, The periodic balanced sorting network, Journal of the ACM 36 (4) (1989) 738–757.

[41] Arthur Conan Doyle, A Study in Scarlet and the Sign of Four, Berkley Publishing Group, ISBN 0425102408, 1994.

[42] Cynthia Dwork, Orli Waarts, Simple and efficient bounded concurrent timestamping and the traceable use abstraction, Journal of the ACM 46 (5) (1999) 633–666.

[43] C. Ellis, Concurrency in linear hashing, ACM Transactions on Database Systems 12 (2) (1987) 195–217.

[44] Facebook, Folly: Facebook Open-source Library, https://github.com/facebook/folly/, 2017.

[45] F.E. Fich, D. Hendler, N. Shavit, Linear lower bounds on real-world implementations of concurrent objects, in: Proc. of the 46th Annual Symposium on Foundations of Computer Science, FOCS 2005, 2005, pp. 165–173.

[46] Michael J. Fischer, Nancy A. Lynch, Michael S. Paterson, Impossibility of distributed consensus with one faulty process, Journal of the ACM 32 (2) (1985) 374–382.

[47] C. Flood, D. Detlefs, N. Shavit, C. Zhang, Parallel garbage collection for shared memory multiprocessors, in: Proc. of the Java TM Virtual Machine Research and Technology Symposium, 2001.

[48] K. Fraser, Practical Lock-Freedom, Ph.D. dissertation, Kings College, University of Cambridge, Cambridge, England, September 2003.

[49] B. Gamsa, O. Kreiger, E.W. Parsons, M. Stumm, Performance issues for multiprocessor operating systems, Technical report, Computer Systems Research Institute, University of Toronto, 1995.

[50] H. Gao, J.F. Groote, W.H. Hesselink, Lock-free dynamic hash tables with open addressing, Dis-

tributed Computing 18 (1) (2005) 21–42.
[51] James R. Goodman, Mary K. Vernon, Philip J. Woest, Efficient synchronization primitives for large-scale cache-coherent multiprocessors, in: Proceedings of the Third International Conference on Architectural Support for Programming Languages and Operating Systems, ACM Press, 1989, pp. 64–75.
[52] James Gosling, Bill Joy, Guy Steele, Gilad Bracha, The Java Language Specification, third edition, Prentice Hall PTR, ISBN 0321246780, 2005.
[53] A. Gottlieb, R. Grishman, C.P. Kruskal, K.P. McAuliffe, L. Rudolph, M. Snir, The NYU ultracomputer - designing an MIMD parallel computer, IEEE Transactions on Computers C-32 (2) (February 1984) 175–189.
[54] M. Greenwald, Two-handed emulation: how to build non-blocking implementations of complex data structures using DCAS, in: Proceedings of the 21st Annual Symposium on Principles of Distributed Computing, ACM Press, 2002, pp. 260–269.
[55] S. Haldar, K. Vidyasankar, Constructing 1-writer multireader multivalued atomic variables from regular variables, Journal of the ACM 42 (1) (1995) 186–203.
[56] Sibsankar Haldar, Paul Vitányi, Bounded concurrent timestamp systems using vector clocks, Journal of the ACM 49 (1) (2002) 101–126.
[57] Per Brinch Hansen, Structured multi-programming, Communications of the ACM 15 (7) (1972) 574–578.
[58] Tim Harris, A pragmatic implementation of non-blocking linked-lists, in: Proceedings of 15th International Symposium on Distributed Computing, DISC 2001, Lisbon, Portugal, in: Lecture Notes in Computer Science, vol. 2180, Springer Verlag, October 2001, pp. 300–314.
[59] Tim Harris, James R. Larus, Ravi Rajwar, Transactional Memory, 2nd edition, Synthesis Lectures on Computer Architecture, Morgan and Claypool, 2010.
[60] S. Heller, M. Herlihy, V. Luchangco, M. Moir, W.N. Scherer III, N. Shavit, A lazy concurrent list-based set algorithm, in: Proc. of the Ninth International Conference on Principles of Distributed Systems, OPODIS 2005, 2005, pp. 3–16.
[61] Danny Hendler, Nir Shavit, Non-blocking steal-half work queues, in: Proceedings of the Twenty-First Annual Symposium on Principles of Distributed Computing, ACM Press, 2002, pp. 280–289.
[62] Danny Hendler, Nir Shavit, Lena Yerushalmi, A scalable lock-free stack algorithm, in: SPAA '04: Proceedings of the Sixteenth Annual ACM Symposium on Parallelism in Algorithms and Architectures, ACM Press, New York, NY, USA, 2004, pp. 206–215.
[63] J.L. Hennessy, D.A. Patterson, Computer Architecture: A Quantitative Approach, Morgan Kaufmann Publishers, 1995.
[64] D. Hensgen, R. Finkel, U. Manber, Two algorithms for barrier synchronization, International Journal of Parallel Programming (ISSN 0885-7458) 17 (1) (1988) 1–17.
[65] M. Herlihy, A methodology for implementing highly concurrent data objects, ACM Transactions on Programming Languages and Systems 15 (5) (November 1993) 745–770.
[66] M. Herlihy, Y. Lev, V. Luchangco, N. Shavit, A provably correct scalable skiplist (brief announcement), in: Proc. of the 10th International Conference on Principles of Distributed Systems, OPODIS 2006, 2006.
[67] M. Herlihy, V. Luchangco, M. Moir, The repeat offender problem: a mechanism for supporting lock-free dynamic-sized data structures, in: Proceedings of the 16th International Symposium on DIStributed Computing, vol. 2508, Springer-Verlag Heidelberg, January 2002, pp. 339–353.
[68] M. Herlihy, V. Luchangco, M. Moir, Obstruction-free synchronization: double-ended queues as an example, in: Proceedings of the 23rd International Conference on Distributed Computing Systems, IEEE, 2003, pp. 522–529.
[69] Maurice Herlihy, Wait-free synchronization, ACM Transactions on Programming Languages and Systems 13 (1) (1991) 124–149.
[70] Maurice Herlihy, Yossi Lev, Nir Shavit, A lock-free concurrent skiplist with wait-free search, 2007.
[71] Maurice Herlihy, Beng-Hong Lim, Nir Shavit, Scalable concurrent counting, ACM Transactions on Computer Systems 13 (4) (1995) 343–364.
[72] Maurice Herlihy, Nir Shavit, On the nature of progress, in: Proceedings of the 15th International Conference on Principles of Distributed Systems, OPODIS'11, Springer-Verlag, Berlin, Heidelberg, 2011, pp. 313–328.
[73] Maurice Herlihy, Nir Shavit, Moran Tzafrir, Concurrent cuckoo hashing, Technical report, Brown University, 2007.
[74] Maurice P. Herlihy, J. Eliot B. Moss, Transactional memory: architectural support for lock-free data structures, in: Proceedings of the 20th International Symposium on Computer Architecture, San Diego, CA, May 1993.
[75] Maurice P. Herlihy, Jeannette M. Wing, Linearizability: a correctness condition for concurrent ob-

jects, ACM Transactions on Programming Languages and Systems 12 (3) (1990) 463–492.
[76] C.A.R. Hoare, "Algorithm 63: partition," "Algorithm 64: quicksort," and "Algorithm 65: find", Communications of the ACM 4 (7) (1961) 321–322.
[77] C.A.R. Hoare, Monitors: an operating system structuring concept, Communications of the ACM 17 (10) (1974) 549–557.
[78] Richard Horsey, The Art of Chicken Sexing, Cogprints, 2002.
[79] M. Hsu, W.P. Yang, Concurrent operations in extendible hashing, in: Symposium on Very Large Data Bases, 1986, pp. 241–247.
[80] J.S. Huang, Y.C. Chow, Parallel sorting and data partitioning by sampling, in: Proceedings of the IEEE Computer Society's Seventh International Computer Software and Applications Conference, 1983, pp. 627–631.
[81] Richard L. Hudson, Bratin Saha, Ali-Reza Adl-Tabatabai, Benjamin Hertzberg, A scalable transactional memory allocator, in: Proceedings of the International Symposium on Memory Management, Ottawa, ON, Canada, June 2006.
[82] Galen C. Hunt, Maged M. Michael, Srinivasan Parthasarathy, Michael L. Scott, An efficient algorithm for concurrent priority queue heaps, Information Processing Letters 60 (3) (1996) 151–157.
[83] Intel Corporation, Pentium Processor User's Manual, Intel Books, 1993.
[84] A. Israeli, L. Rappaport, Disjoint-access-parallel implementations of strong shared memory primitives, in: Proceedings of the 13th Annual ACM Symposium on Principles of Distributed Computing, Los Angeles, CA, August 14–17, 1994, pp. 151–160.
[85] Amos Israeli, Ming Li, Bounded time stamps, Distributed Computing 6 (5) (1993) 205–209.
[86] Amos Israeli, Amnon Shaham, Optimal multi-writer multi-reader atomic register, in: Symposium on Principles of Distributed Computing, 1992, pp. 71–82.
[87] Mohammed Gouda, James Anderson, Ambuj Singh, The elusive atomic register, Technical Report TR 86.29, University of Texas at Austin, 1986.
[88] Prasad Jayanti, Robust wait-free hierarchies, Journal of the ACM 44 (4) (1997) 592–614.
[89] Prasad Jayanti, A lower bound on the local time complexity of universal constructions, in: PODC '98: Proceedings of the Seventeenth Annual ACM Symposium on Principles of Distributed Computing, ACM Press, New York, NY, USA, 1998, pp. 183–192.
[90] Prasad Jayanti, Sam Toueg, Some results on the impossibility, universality, and decidability of consensus, in: WDAG '92: Proceedings of the 6th International Workshop on Distributed Algorithms, Springer-Verlag, London, UK, 1992, pp. 69–84.
[91] D. Jimenez-Gonzalez, J.J. Navarro, J.-L. Lirriba-Pey, Cc-radix: a cache conscious sorting based on radix sort, in: Proc. of the 11th Euromicro Conference on Parallel, Distributed and Network-Based Processing, 2003, pp. 101–108.
[92] Lefteris M. Kirousis, Evangelos Kranakis, Paul M.B. Vitányi, Atomic multireader register, in: Proceedings of the 2nd International Workshop on Distributed Algorithms, Springer-Verlag, London, UK, 1988, pp. 278–296.
[93] M.R. Klugerman, Small-depth counting networks and related topics, Technical Report MIT/LCS/TR-643, MIT Laboratory for Computer Science, 1994.
[94] Michael Klugerman, C. Greg Plaxton, Small-depth counting networks, in: STOC '92: Proceedings of the Twenty-Fourth Annual ACM Symposium on Theory of Computing, ACM Press, New York, NY, USA, 1992, pp. 417–428.
[95] D. Knuth, The Art of Computer Programming: Fundamental Algorithms, vol. 3, Addison-Wesley, 1973.
[96] Clyde P. Kruskal, Larry Rudolph, Marc Snir, Efficient synchronization of multiprocessors with shared memory, ACM Transactions on Programming Languages and Systems 10 (4) (1988) 579–601.
[97] V. Kumar, Concurrent operations on extendible hashing and its performance, Communications of the ACM 33 (6) (1990) 681–694.
[98] Christoph Lameter, Effective synchronization on Linux/NUMA systems, in: Proceedings of the May 2005 Gelato Federation Meeting, San Jose, CA, May 2005.
[99] L. Lamport, On interprocess communication, Distributed Computing 1 (1986) 77–101.
[100] Leslie Lamport, A new solution of Dijkstra's concurrent programming problem, Communications of the ACM 17 (5) (1974) 543–545.
[101] Leslie Lamport, Time, clocks, and the ordering of events, Communications of the ACM 21 (7) (July 1978) 558–565.
[102] Leslie Lamport, How to make a multiprocessor computer that correctly executes multiprocess programs, IEEE Transactions on Computers C-28 (9) (September 1979) 690.
[103] Leslie Lamport, Specifying concurrent program modules, ACM Transactions on Programming Languages and Systems 5 (2) (1983) 190–222.

[104] Leslie Lamport, Invited address: solved problems, unsolved problems and non-problems in concurrency, in: Proceedings of the Third Annual ACM Symposium on Principles of Distributed Computing, 1984, pp. 1–11.
[105] Leslie Lamport, On interprocess communication (part II), Distributed Computing 1 (1) (January 1986) 203–213.
[106] Leslie Lamport, A fast mutual exclusion algorithm, ACM Transactions on Computer Systems 5 (1) (January 1987) 1–11.
[107] B. Lampson, D. Redell, Experience with processes and monitors in Mesa, Communications of the ACM 2 (23) (1980) 105–117.
[108] Doug Lea, http://docs.oracle.com/javase/6/docs/api/java/util/concurrent/ConcurrentHashMap.html, 2007.
[109] Doug Lea, http://docs.oracle.com/javase/6/docs/api/java/util/concurrent/ConcurrentSkipListMap.html, 2007.
[110] Doug Lea, Java community process, JSR 166, concurrency utilities, http://www.jcp.org/en/jsr/detail?id=166, 2003.
[111] Shin-Jae Lee, Minsoo Jeon, Dongseung Kim, Andrew Sohn, Partitioned parallel radix sort, Journal of Parallel and Distributed Computing 62 (4) (2002) 656–668.
[112] C. Leiserson, H. Prokop, A minicourse on multithreaded programming, http://supertech.csail.mit.edu/papers/minicourse.pdf, 1998.
[113] Li Ming, John Tromp, Paul M.B. Vitányi, How to share concurrent wait-free variables, Journal of the ACM 43 (4) (1996) 723–746.
[114] Wai-Kau Lo, Vassos Hadzilacos, All of us are smarter than any of us: wait-free hierarchies are not robust, in: STOC '97: Proceedings of the Twenty-Ninth Annual ACM Symposium on Theory of Computing, ACM Press, New York, NY, USA, 1997, pp. 579–588.
[115] I. Lotan, N. Shavit, Skiplist-based concurrent priority queues, in: Proc. of the 14th International Parallel and Distributed Processing Symposium, IPDPS, 2000, pp. 263–268.
[116] M. Loui, H. Abu-Amara, Memory requirements for agreement among unreliable asynchronous processes, in: F.P. Preparata (Ed.), Advances in Computing Research, vol. 4, JAI Press, Greenwich, CT, 1987, pp. 163–183.
[117] Victor Luchangco, Daniel Nussbaum, Nir Shavit, A hierarchical CLH queue lock, in: Euro-Par, 2006, pp. 801–810.
[118] P. Magnussen, A. Landin, E. Hagersten, Queue locks on cache coherent multiprocessors, in: Proceedings of the 8th International Symposium on Parallel Processing, IPPS, IEEE Computer Society, April 1994, pp. 165–171.
[119] Jeremy Manson, William Pugh, Sarita V. Adve, The Java memory model, in: Proceedings of the 32nd ACM SIGPLAN-SIGACT Symposium on Principles of Programming Languages, POPL '05, ACM, New York, NY, USA, 2005, pp. 378–391.
[120] Yandong Mao, Robert Morris, Frans Kaashoek, Optimizing MapReduce for multicore architectures, Technical Report MIT-CSAIL-TR-2010-020, MIT-CSAIL, 2010.
[121] Virendra J. Marathe, Mark Moir, Nir Shavit, Composite abortable locks, in: Proceedings of the 20th International Conference on Parallel and Distributed Processing, IPDPS'06, IEEE Computer Society, Washington, DC, USA, 2006, p. 132.
[122] Paul E. McKenney, Selecting locking primitives for parallel programming, Communications of the ACM 39 (10) (1996) 75–82.
[123] Paul E. McKenney, Exploiting Deferred Destruction: an Analysis of Read-Copy-Update Techniques in Operating System Kernels, PhD thesis, OGI School of Science and Engineering at Oregon Health and Sciences University, 2004.
[124] John Mellor-Crummey, Michael Scott, Algorithms for scalable synchronization on shared-memory multiprocessors, ACM Transactions on Computer Systems 9 (1) (1991) 21–65.
[125] M.M. Michael, M.L. Scott, Simple, fast and practical non-blocking and blocking concurrent queue algorithms, in: Proc. of the Fifteenth Annual ACM Symposium on Principles of Distributed Computing, ACM Press, 1996, pp. 267–275.
[126] Maged M. Michael, High performance dynamic lock-free hash tables and list-based sets, in: Proceedings of the Fourteenth Annual ACM Symposium on Parallel Algorithms and Architectures, ACM Press, 2002, pp. 73–82.
[127] Maged M. Michael, Hazard pointers: safe memory reclamation for lock-free objects, IEEE Transactions on Parallel and Distributed Systems 15 (6) (June 2004) 491–504.
[128] Jaydev Misra, Axioms for memory access in asynchronous hardware systems, ACM Transactions on Programming Languages and Systems 8 (1) (1986) 142–153.
[129] Mark Moir, Practical implementations of non-blocking synchronization primitives, in: PODC '97: Proceedings of the Sixteenth Annual ACM Symposium on Principles of Distributed Computing, ACM Press, New York, NY, USA, 1997, pp. 219–228.

[130] Mark Moir, Laziness pays! Using lazy synchronization mechanisms to improve non-blocking constructions, in: PODC '00: Proceedings of the Nineteenth Annual ACM Symposium on Principles of Distributed Computing, ACM Press, New York, NY, USA, 2000, pp. 61–70.

[131] Mark Moir, Daniel Nussbaum, Ori Shalev, Nir Shavit, Using elimination to implement scalable and lock-free fifo queues, in: SPAA '05: Proceedings of the Seventeenth Annual ACM Symposium on Parallelism in Algorithms and Architectures, ACM Press, New York, NY, USA, 2005, pp. 253–262.

[132] James H. Morris, Real programming in functional languages, Technical Report 81-11, Xerox Palo Alto Research Center, 1981.

[133] Takuya Nakaike, Rei Odaira, Matthew Gaudet, Maged M. Michael, Hisanobu Tomari, Quantitative comparison of hardware transactional memory for Blue Gene/Q, zEnterprise EC12, Intel Core, and POWER8, in: Proceedings of the 42nd Annual International Symposium on Computer Architecture, Portland, OR, June 2015.

[134] Richard Newman-Wolfe, A protocol for wait-free, atomic, multi-reader shared variables, in: PODC '87: Proceedings of the Sixth Annual ACM Symposium on Principles of Distributed Computing, ACM Press, New York, NY, USA, 1987, pp. 232–248.

[135] Isaac Newton, I. Bernard Cohen (Translator), Anne Whitman (Translator), The Principia: Mathematical Principles of Natural Philosophy, University of California Press, 1999.

[136] R. Pagh, F.F. Rodler, Cuckoo hashing, Journal of Algorithms 51 (2) (2004) 122–144.

[137] Christos H. Papadimitriou, The serializability of concurrent database updates, Journal of the ACM 26 (4) (1979) 631–653.

[138] Gary Peterson, Myths about the mutual exclusion problem, Information Processing Letters 12 (3) (June 1981) 115–116.

[139] Gary L. Peterson, Concurrent reading while writing, ACM Transactions on Programming Languages and Systems 5 (1) (1983) 46–55.

[140] S.A. Plotkin, Sticky bits and universality of consensus, in: PODC '89: Proceedings of the Eighth Annual ACM Symposium on Principles of Distributed Computing, ACM Press, New York, NY, USA, 1989, pp. 159–175.

[141] W. Pugh, Concurrent maintenance of skip lists, Technical Report CS-TR-2222.1, Institute for Advanced Computer Studies, Department of Computer Science, University of Maryland, 1989.

[142] W. Pugh, Skip lists: a probabilistic alternative to balanced trees, ACM Transactions on Database Systems 33 (6) (1990) 668–676.

[143] C. Purcell, T. Harris, Non-blocking hashtables with open addressing, in: Proceedings of International Symposium on Distributed Computing, 2005, pp. 108–121.

[144] Zoran Radović, Erik Hagersten, Hierarchical backoff locks for nonuniform communication architectures, in: Ninth International Symposium on High Performance Computer Architecture, Anaheim, California, USA, February 2003, pp. 241–252.

[145] Ravi Rajwar, James R. Goodman, Speculative lock elision: enabling highly concurrent multithreaded execution, in: Proceedings of the 34th IEEE/ACM International Symposium on Microarchitecture, Austin, TX, December 2001.

[146] Ravi Rajwar, James R. Goodman, Transactional lock-free execution of lock-based programs, in: Proceedings of the 10th International Conference on Architectural Support for Programming Languages and Operating Systems, ASPLOS-X, ACM Press, 2002, pp. 5–17.

[147] M. Raynal, Algorithms for Mutual Exclusion, The MIT Press, Cambridge, MA, 1986.

[148] John H. Reif, Leslie G. Valiant, A logarithmic time sort for linear size networks, Journal of the ACM 34 (1) (1987) 60–76.

[149] Amitabha Roy, Steven Hand, Tim Harris, A runtime system for software lock elision, in: Proceedings of the EuroSys2009 Conference, Nuremberg, Germany, March 2009.

[150] L. Rudolph, Z. Segall, Dynamic decentralized cache schemes for MIMD parallel processors, in: Proceedings of the 11th Annual International Symposium on Computer Architecture, ACM Press, 1984, pp. 340–347.

[151] L. Rudolph, M. Slivkin-Allalouf, E. Upfal, A simple load balancing scheme for task allocation in parallel machines, in: Proceedings of the 3rd Annual ACM Symposium on Parallel Algorithms and Architectures, ACM Press, July 1991, pp. 237–245.

[152] Michael Saks, Nir Shavit, Heather Woll, Optimal time randomized consensus — making resilient algorithms fast in practice, in: SODA '91: Proceedings of the Second Annual ACM-SIAM Symposium on Discrete Algorithms, Society for Industrial and Applied Mathematics, Philadelphia, PA, USA, 1991, pp. 351–362.

[153] Michael L. Scott, Non-blocking timeout in scalable queue-based spin locks, in: PODC '02: Proceedings of the Twenty-First Annual Symposium on Principles of Distributed Computing, ACM Press, New York, NY, USA, 2002, pp. 31–40.

[154] Michael L. Scott, William N. Scherer, Scalable queue-based spin locks with timeout, ACM SIGPLAN Notices 36 (7) (2001) 44–52.

[155] Maurice Sendak, Where the Wild Things Are, HarperCollins, ISBN 0060254920, 1988.

[156] O. Shalev, N. Shavit, Split-ordered lists: lock-free extensible hash tables, Journal of the ACM 53 (3) (2006) 379–405.

[157] N. Shavit, D. Touitou, Software transactional memory, Distributed Computing 10 (2) (February 1997) 99–116.

[158] Nir Shavit, Asaph Zemach, Diffracting trees, ACM Transactions on Computer Systems 14 (4) (1996) 385–428.

[159] Eric Shenk, The consensus hierarchy is not robust, in: PODC '97: Proceedings of the Sixteenth Annual ACM Symposium on Principles of Distributed Computing, ACM Press, New York, NY, USA, 1997, p. 279.

[160] Ambuj K. Singh, James H. Anderson, Mohamed G. Gouda, The elusive atomic register, Journal of the ACM 41 (2) (1994) 311–339.

[161] Justin Talbot, Richard M. Yoo, Christos Kozyrakis, Phoenix++: modular MapReduce for shared-memory systems, in: Proceedings of the Second International Workshop on MapReduce and Its Applications, MapReduce '11, ACM, New York, NY, USA, 2011, pp. 9–16.

[162] R.K. Treiber, Systems programming: coping with parallelism, Technical Report RJ 5118, IBM Almaden Research Center, April 1986.

[163] Alan Turing, On computable numbers, with an application to the entscheidungsproblem, Proceedings of the London Mathematical Society (1937).

[164] John D. Valois, Lock-free linked lists using compare-and-swap, in: Proceedings of the Fourteenth Annual ACM Symposium on Principles of Distributed Computing, ACM Press, 1995, pp. 214–222.

[165] Paul Vitányi, Baruch Awerbuch, Atomic shared register access by asynchronous hardware, in: 27th Annual Symposium on Foundations of Computer Science, IEEE Computer Society Press, Los Angeles, Ca., USA, October 1986, pp. 233–243.

[166] W.E. Weihl, Local atomicity properties: modular concurrency control for abstract data types, ACM Transactions on Programming Languages and Systems 11 (2) (1989) 249–282.

[167] William N. Scherer III, Doug Lea, Michael L. Scott, Scalable synchronous queues, in: PPoPP '06: Proceedings of the Eleventh ACM SIGPLAN Symposium on Principles and Practice of Parallel Programming, ACM Press, New York, NY, USA, 2006, pp. 147–156.

[168] P. Yew, N. Tzeng, D. Lawrie, Distributing hot-spot addressing in large-scale multiprocessors, IEEE Transactions on Computers C-36 (4) (April 1987) 388–395.

推荐阅读

大规模并行处理器程序设计（英文版·原书第3版）

作者：David B. Kirk 等　ISBN：978-7-111-66836-7　定价：139.00元

本书是并行编程领域的必读之作，被图灵奖得主David Patterson誉为“天赐之书”。书中融会了两位作者多年来的教学和科研经验，被伊利诺伊大学厄巴纳-香槟分校（UIUC）、麻省理工学院（MIT）等名校用作教材。

全书内容简洁、直观、实用，强调计算思维能力和并行编程技巧，通过三个阶段的阶梯式教学逐步优化程序性能，最终实现高效的并行程序。书中不仅深入讲解了并行模式、性能、CUDA动态并行等各项技术，而且用丰富的应用案例来阐释并行程序的开发过程。此外，本书还免费提供配套的Illinois-NVIDIA GPU教学工具箱，以及教学PPT、实验作业、项目指南等资料。

推荐阅读

多处理器编程的艺术（英文版·原书第2版）

作者：Maurice Herlihy 等 ISBN：978-7-111-69569-1 定价：199.00元

本书由Gödel奖（理论计算机领域最高荣誉）得主领衔撰写，第1版被世界各地的大学选作教材，同时成为技术人员的重要参考书。第2版紧跟技术趋势，涉及大量前沿研究成果，涵盖当前主流算法，可进一步帮助读者实现或改进并行算法，解决大数据时代的海量计算难题。